国家卫生健康委员会“十四五”规划教材
全国高等学校**制药工程专业第二轮**规划教材
供制药工程专业用

制药分离工程 第2版

主　编　李　华
副主编　向皞月　傅　收

编　者（以姓氏笔画为序）

于　巍（沈阳药科大学）
石晓华（郑州大学化工学院）
曲桂武（滨州医学院）
向皞月（中南大学化学化工学院）
朵芳芳（新乡学院）
刘永海（南京中医药大学）
刘建文（湖北大学化学化工学院）
李　华（郑州大学化工学院）
余河水（天津中医药大学）
谷志勇（天津法莫西医药科技有限公司）
张景亚（河南中医药大学）
孟繁钦（牡丹江医学院）
陈万仁（郑州大学综合设计研究院有限公司）
傅　收（河南豫辰药业股份有限公司）

人民卫生出版社
·北　京·

图书在版编目(CIP)数据

制药分离工程/李华主编. —2版. —北京：人民卫生出版社，2023.10

ISBN 978-7-117-35361-8

Ⅰ. ①制… Ⅱ. ①李… Ⅲ. ①药物－化学成分－分离－生产工艺－高等学校－教材 Ⅳ. ①TQ460.6

中国国家版本馆CIP数据核字(2023)第185058号

制药分离工程

Zhiyao Fenli Gongcheng

第2版

主　　编：李　华

出版发行：人民卫生出版社（中继线 010-59780011）

地　　址：北京市朝阳区潘家园南里19号

邮　　编：100021

E - mail：pmph @ pmph.com

购书热线：010-59787592　010-59787584　010-65264830

印　　刷：北京铭成印刷有限公司

经　　销：新华书店

开　　本：850×1168　1/16　　印张：24

字　　数：568千字

版　　次：2014年5月第1版　　2023年10月第2版

印　　次：2023年12月第1次印刷

标准书号：ISBN 978-7-117-35361-8

定　　价：88.00元

打击盗版举报电话：010-59787491　E-mail：WQ @ pmph.com

质量问题联系电话：010-59787234　E-mail：zhiliang @ pmph.com

数字融合服务电话：4001118166　E-mail：zengzhi @ pmph.com

出版说明

随着社会经济水平的增长和我国医药产业结构的升级，制药工程专业发展迅速，融合了生物、化学、医学等多学科的知识与技术，更呈现出了相互交叉、综合发展的趋势，这对新时期制药工程人才的知识结构、能力、素养方面提出了新的要求。党的二十大报告指出，要“加强基础学科、新兴学科、交叉学科建设，加快建设中国特色、世界一流的大学和优势学科。”教育部印发的《高等学校课程思政建设指导纲要》指出，“落实立德树人根本任务，必须将价值塑造、知识传授和能力培养三者融为一体、不可割裂。”通过课程思政实现“培养有灵魂的卓越工程师”，引导学生坚定政治信仰，具有强烈的社会责任感与敬业精神，具备发现和分析问题的能力、技术创新和工程创造的能力、解决复杂工程问题的能力，最终使学生真正成长为有思想、有灵魂的卓越工程师。这同时对教材建设也提出了更高的要求。

全国高等学校制药工程专业规划教材首版于 2014 年，共计 17 种，涵盖了制药工程专业的基础课程和专业课程，特别是与药学专业教学要求差别较大的核心课程，为制药工程专业人才培养发挥了积极作用。为适应新形势下制药工程专业教育教学、学科建设和人才培养的需要，助力高等学校制药工程专业教育高质量发展，推动“新医科”和“新工科”深度融合，人民卫生出版社经广泛、深入的调研和论证，全面启动了全国高等学校制药工程专业第二轮规划教材的修订编写工作。

此次修订出版的全国高等学校制药工程专业第二轮规划教材共 21 种，在上一轮教材的基础上，充分征求院校意见，修订 8 种，更名 1 种，为方便教学将原《制药工艺学》拆分为《化学制药工艺学》《生物制药工艺学》《中药制药工艺学》，并新编教材 9 种，其中包含一本综合实训，更贴近制药工程专业的教学需求。全套教材均为国家卫生健康委员会“十四五”规划教材。

本轮教材具有如下特点:

1. 专业特色鲜明，教材体系合理　本套教材定位于普通高等学校制药工程专业教学使用，注重体现具有药物特色的工程技术性要求，秉承“精化基础理论、优化专业知识、强化实践能力、深化素质教育、突出专业特色”的原则来合理构建教材体系，具有鲜明的专业特色，以实现服务新工科建设，融合体现新医科的目标。

2. 立足培养目标，满足教学需求　本套教材编写紧紧围绕制药工程专业培养目标，内容构建既有别于药学和化工相关专业的教材，又充分考虑到社会对本专业人才知识、能力和素质的要求，确保学生掌握基本理论、基本知识和基本技能，能够满足本科教学的基本要求，进而培养出能适应规范化、规模化、现代化的制药工业所需的高级专业人才。

3. 深化思政教育，坚定理想信念 以习近平新时代中国特色社会主义思想为指导，将“立德树人”放在突出地位，使教材体现的教育思想和理念、人才培养的目标和内容，服务于中国特色社会主义事业。各门教材根据自身特点，融入思想政治教育，激发学生的爱国主义情怀以及敢于创新、勇攀高峰的科学精神。

4. 理论联系实际，注重理工结合 本套教材遵循“三基、五性、三特定”的教材建设总体要求，理论知识深入浅出，难度适宜，强调理论与实践的结合，使学生在获取知识的过程中能与未来的职业实践相结合。注重理工结合，引导学生的思维方式从以科学、严谨、抽象、演绎为主的“理”与以综合、归纳、合理简化为主的“工”结合，树立用理论指导工程技术的思维观念。

5. 优化编写形式，强化案例引入 本套教材以“实用”作为编写教材的出发点和落脚点，强化“案例教学”的编写方式，将理论知识与岗位实践有机结合，帮助学生了解所学知识与行业、产业之间的关系，达到学以致用的目的。并多配图表，让知识更加形象直观，便于教师讲授与学生理解。

6. 顺应“互联网 + 教育”，推进纸数融合 在修订编写纸质教材内容的同时，同步建设以纸质教材内容为核心的多样化的数字化教学资源，通过在纸质教材中添加二维码的方式，“无缝隙”地链接视频、动画、图片、PPT、音频、文档等富媒体资源，将“线上”“线下”教学有机融合，以满足学生个性化、自主性的学习要求。

本套教材在编写过程中，众多学术水平一流和教学经验丰富的专家教授以高度负责、严谨认真的态度为教材的编写付出了诸多心血，各参编院校对编写工作的顺利开展给予了大力支持，在此对相关单位和各位专家表示诚挚的感谢！教材出版后，各位教师、学生在使用过程中，如发现问题请反馈给我们（发消息给“人卫药学”公众号），以便及时更正和修订完善。

人民卫生出版社

2023年3月

前 言

随着社会的发展，人们的生活水平不断提高，对健康的重视程度也越来越高，而人民的健康离不开高科技的制药工业。近年来，制药工业作为国民经济的支柱产业持续蓬勃发展。制药分离工程是制药工业的重要部分，其主要任务是研究药物的提取、分离与纯化理论和技术，是制药工业产品产业化的关键环节，是各种新医药产品实现现代化的必经之路。鉴于药物的纯度和杂质含量与其药效、毒副作用、价格等息息相关，制药分离工程在制药工业中具有重要的作用与地位。

本书根据全国高等学校制药工程专业国家卫生健康委员会“十四五”规划教材编写原则与要求，系统介绍了目前制药工程领域常见的或具有产业化前景的制药工程中的制药分离理论和技术。旨在引导学生通过本课程的学习，熟悉各种制药分离技术的基本原理、基本方法，了解其主要特点、应用范围，掌握制药过程中的分离技术设计思路及工艺开发能力，为培养高级制药工程专业人才奠定基础。本书主要供全国高等学校四年制制药工程及相关专业作为教材使用，也可供医药科研单位与药品、生产开发单位的技术人员作为科研参考书使用。

本书在汲取生物分离、化工分离、中药分离等相关教材的优点和与制药工业分离纯化密切相关的其他内容基础上，博采多校专业教师的教学经验和科研成果，以案例形式编写而成，本书具有如下基本特点。

1. 本书分为预处理、一般分离纯化、高度纯化以及进一步的成品加工、清洁生产等五大部分，内容上更为完整和系统化。

2. 在各章开头均简要给出课程目标和教学重点，有利于指导学习者有的放矢地学习；各章后面附有相关的学习思考题和练习题，有利于学习者检验学习效果。此外，为拓展学生视野，各章还特别提供了一系列内容丰富、形式多样的拓展阅读材料，可为有兴趣、有潜力的学生开展大学生科技创新活动提供参考。

3. 在原有教材基础上，凭借行业专家的丰富实践经验，以及编者多年从事制药分离工程教学和科研工作的经验，引入了一些具有化学制药、生物制药及中药制药典型特点的应用案例，以案例为导引展开原理、工艺技术、设备、安全、环保与经济等方面的讨论式、启发式教学内容，更有利于学生理解与掌握有关的分离纯化原理和方法。希望通过案例形式，不仅能够满足传授基本原理的需要，而且能让学生真切地接触到实际工业流程，使教材具有更强的实践性，更能接近工业实际，加强制药工程专业学生所必须具备的全局观念与整体意识。

4. 在编写教材时注重将一些难理解的知识点制作成动画，使理论知识更形象化，便于学生理解和掌握；录制了一些关于药品分离纯化过程和技术的微视频，将企业搬进课堂，学生可通过视觉和实践学习，对接岗位实际，同时有针对性地进行提问，有利于提高学生学习的兴趣。

5．各章后面增加了目标测试内容，既便于教师随堂测试，又能够辅助学生作课前预习、课后复习。

本书共分为 15 章，具体分工是：第一章由李华、傅收编写，第二章由孟繁钦、傅收编写，第三章由刘永海、傅收编写，第四章由李华、张景亚、傅收编写，第五章由李华、石晓华、傅收编写，第六章由朵芳芳、谷志勇编写，第七章由于巍、谷志勇编写，第八章由曲桂武、谷志勇编写，第九章由张景亚、谷志勇编写，第十章由于巍、谷志勇编写，第十一章由余河水、陈万仁编写，第十二章由刘建文、李华、陈万仁编写，第十三章由李华、石晓华、陈万仁编写，第十四章由向皞月、陈万仁编写，第十五章由向皞月、陈万仁编写。李华对全书内容进行了构思和设计，并进行了统稿和审核，李华、石晓华对全书进行了校对。傅收、谷志勇、陈万仁作为行业专家，对本书的案例编写提出了积极的建议和宝贵意见。

本教材在编写过程中，得到了人民卫生出版社、编者所在学校各级领导的大力支持和校内外许多专家的帮助，在此深表谢意。同时对本书撰写中所引用资料的作者一并致以深切的敬意和谢意。

由于水平有限、经验不足，收集的资料有限，同时由于制药分离技术发展迅猛，书中难免有错漏之处，谨请专家和读者给予批评指正，以便今后修改、完善。

李　华

2023 年 5 月于郑州大学

目 录

ER1-1　第一章绪论（课件）

第一章　绪论

1. **课程目标**　对制药分离纯化过程在制药工业中的地位和作用有初步的认识，掌握制药分离对象的特点及制药分离纯化过程中的一般工艺过程和技术，认识到在选择和优化制药分离纯化工艺时，除了满足技术和经济要求外，还需要考虑其对生态环境及社会的影响，对制药分离过程的内涵有基本的认识。
2. **教学重点**　制药分离纯化过程在制药工业中的重要地位和作用；制药分离纯化的一般工艺过程构成及其特点。

一、制药分离工程的作用

（一）制药工业概述

制药工业是国民经济的重要组成部分，医药产品是保护人民健康和生命的特殊商品，事关国家强盛与民族兴旺，因而得到政府的高度重视。许多国家和地区，制药工业的发展速度多年来都快于其他工业，中国也是如此。特别是 20 世纪 90 年代以来，我国制药工业以每年 20% 左右的速度增长，逐渐成为国民经济的重要支柱产业。

（二）分离技术在制药过程中的作用

由于药物的纯度和杂质含量与其药效、毒副作用等息息相关，使得分离技术在制药过程中的地位和作用非常重要。

无论化学制药、中药制药或生物制药，其制药过程均包括原料药生产和制剂生产两个阶段。原料药属于制药工业的中间产品，是药品生产的物质基础，必须加工制成适于服用的药物制剂，才能成为制药工业的终端产品。制药分离工程的主要研究对象是原料药生产过程中的分离技术。

原料药的生产一般包括两个阶段。第一阶段是将基本原材料通过化学合成（合成制药），微生物发酵、酶催化反应等（生物制药），或提取（中药制药），而获得含有目标药物成分的混合物。在化学合成或生物制药过程中，该阶段以制药工艺学为理论基础，针对所需合成的药物成分的分子结构、光学构象等要求，制订合理的化学合成或生化合成工艺路线和步骤，确定适当的反应条件，设计或选用适当的反应器，完成合成反应操作以获得含药物成分的反应产物。而对于中药制药，该阶段则是根据中药的主要化学组成及其与临床疗效的相关性，设计科学、合理的提取工艺路线，对中药材进行初步提取，以获得含有药效物质的粗品。因此，第一阶段是原料药制造过程的开端和基础。

原料药生产的第二阶段常称为下游加工过程。该过程主要是采用适当的分离技术，将反应产物或天然产物粗提取品中的药物成分进行分离纯化，使其成为高纯度的、符合药品标准的原料药。一般而言，化学合成制药的分离技术与精细化工分离技术基本相同；而生物制药和中药制药的分离纯化技术相对特殊一些。就分离纯化而言，原料药生产（尤其生物制药和中药制药）与化工生产相比，对原料药的分离要求要比一般化工产品严格得多。药物分离纯化技术往往需要对化工分离技术加以改进和发展，才能用于制药生产。

在原料药生产的下游加工过程中，将反应产物或中药粗提取品中的药物成分纯化成为符合药品标准的原料药一般常须经过复杂的多级加工程序，即多个分离纯化技术的集成。例如，生物发酵液经过初步纯化（或称产物的提取）、高度纯化（或称产物的精制）后还需要根据产物的最终用途和要求采用浓缩、结晶、干燥等工序进行成品加工。对于中药制药工程而言，通常第一阶段多用浸取方法得到粗提物，然后一般需要经过沉淀、纯化、浓缩、干燥等多个步骤才能将粗提物中含有的大量溶剂、无效成分或杂质分离除去，使最终获得的中药原料药产品的纯度和杂质含量符合中药制剂加工的要求。

基于上述原因，原料药生产的下游加工过程分离纯化处理通常步骤多、要求严，其费用占产品生产总成本的比例一般在 50%～90% 之间。其中，化学制药分离过程成本占 30%～70%，生物制药分离过程成本占 50%～90%，中药制药分离过程成本>90%。由于分离纯化技术是生产获得合格原料药的重要保证，研究和开发分离纯化技术，对提高药品质量和降低生产成本具有举足轻重的作用。只有经过分离和纯化等过程才能制得符合使用要求的高纯度药品，因此制药分离工程是各类医药产品工业化中的必要手段，具有不可取代的地位。

二、制药分离纯化过程的特点

（一）制药分离对象的特点

医药产品具有很高的质量标准，且生产过程受到质量控制法规的严格约束。所以其分离纯化过程，不同于一般的精细化工产品和生物产品的生产，而具有其自身的特点。

（1）溶液中产物浓度很低，例如以质量百分含量计，抗生素为 1%～3%、酶为 0.1%～0.5%、维生素 B_{12} 为 0.002%～0.003%、胰岛素不超过 0.01% 等，而杂质的含量却很高，且杂质往往与目的产物结构相似，很难分离。

（2）药物原料液杂质多。例如，不同发酵液中的细胞组成差异较大，这类发酵液混合物不仅含有大分子量（分子量）物质，如核酸、蛋白质、多糖、类脂、磷脂和脂多糖，还包含了低分子量物质，即大量存在于代谢途径的中间产物，如氨基酸、有机酸和碱；混合物不仅包括可溶性物质，也包括了以胶体悬浮物和粒子形态存在的组分，如细胞、细胞碎片、培养基残余组分、沉淀物等。总之，生物制药培养液中组分的总数较大，并且难以进行精确地测定，更何况各组分的含量还会随着细胞所处环境的变化而变化。

（3）有效成分的稳定性差。无论是大分子量还是小分子量制药产物都可能存在产物活性的稳定性问题。产物失活主要是化学或微生物引起的降解。产物只有在窄的 pH 和温度变化范围内才可能不出现化学降解的情况，如蛋白质一般稳定性范围很窄，超过此范围，将发生功能的变性和失活。微生物的降解作用是因为所有细胞中存在不同的降解酶，如蛋白酶、脂酶等，其都能使活性分子被破坏成失活分子。由于升温能够加速这些降解酶的作用，在制备蛋白质、酶或相似产品时，应在尽可能低的温度和快的速度下操作。另外还应防止发酵产物染菌，因为这可能产生毒素和降解酶，从而引入新的杂质或导致产品的损失。

（4）对最终产品的质量要求严格。由于药品是直接涉及人类健康和生命的特殊商品，原料药的产品质量必须符合《中国药典》（2020 年版）的要求，特别是对产品所含杂质的种类及其含量均有严格的规定。例如，青霉素产品对其中的一种杂质——青霉噻唑蛋白类（强过敏原），必须控制放射免疫分析值（RIA 值）小于 100（相当于检测灵敏度提高到了 1.5×10^{-6}g）。

由于制药生产过程产品的收率低、含量少、质量要求高，分离过程一般较复杂。制药分离工程的实施在不少情况下需要付出很大的代价，这是由于制药过程中浓度特别低的水溶液原料和高纯度产品之间的巨大差异造成的，加上产物的稳定性差，导致其回收率不高，像抗生素产品一般都要损失 20% 左右。若一个产品需要 6 个分离步骤，即使每步操作的收率均达到了 90%，此时的总收率也只有 53%。特别是基因工程生产的蛋白质，常常含有大量性质相近的杂蛋白，普遍认为收率达到 30%～40% 就很好了。因此，开发新的制药分离技术和设备是提高经济效益或减少投资的重要途径。

（二）制药分离纯化过程中的一般工艺过程和技术

沿着制药过程从原料到产品的顺序，制药分离纯化过程分为四个基本的分离阶段：①溶液的预处理与固液分离；②初步纯化；③高度纯化；④成品加工。

（1）溶液的预处理与固液分离（或称不溶物的去除）：发酵液的固液分离常用方法为过滤和离心分离。通过这两个过程均可得到清液和固态浓缩物（滤渣）两部分。

（2）初步纯化（或称产物的提取）：产物的初步纯化过程就是产物的提取过程，通过这一阶段的操作，除去与目标产物性质有较大差异的杂质，使产物的浓度大幅度提高。这是一个多单元协同操作的结果。可采用蒸发、沉淀、吸附、萃取和膜分离等单元操作。

（3）高度纯化（或称产物的精制）：产物的高度纯化过程就是其精制过程，这一阶段操作主要是除去与目标产物性质相近的杂质。在这个过程中常常采用对目标物具有高选择性的分离方法。能够有效完成这一分离过程的技术首选色谱分离技术。目前这一阶段的单元操作包括色谱、超滤、电泳与亲和沉淀等。

（4）成品加工（或称产品的精制）：经过上述几个阶段的分离纯化过程，初步获得所需的产品，要进入市场流通阶段，还需要根据产品的用途、质量要求进行最后的加工及产品的精制。成品形式与产品的最终用途有关，有液态产品，也有固态产品。这一阶段的单元操作有浓缩、结晶与干燥。

三、制药分离原理与分类

（一）制药分离的原理

一股或 n 股物流作为原料进入分离装置，在分离装置中对原料施加能量或者分离剂（在利用化学能时使用)，对混合物各组分所持有的性质差产生作用，使分离得以进行，产生两个以上的产品。分离过程的概念性描述见图 1-1。

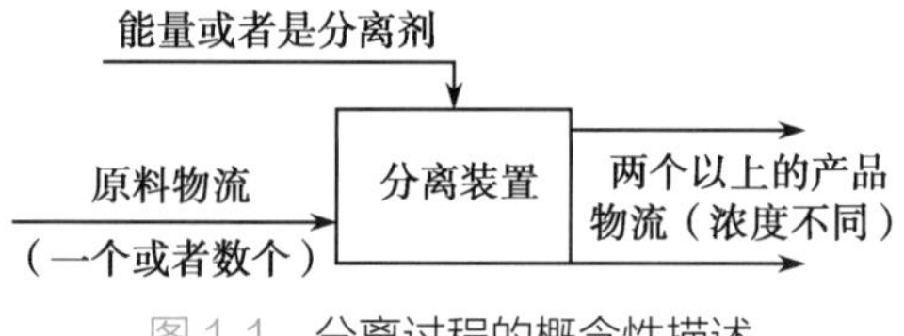

图 1-1 分离过程的概念性描述

分离之所以能够进行，是由于混合物待分离的组分之间，其在物理、化学、生物学等方面的性质，至少有一个存在着差异。我们把这些差异，按其物理、化学以及生物学性质进行分类。

1. 物理性质

(1) 力学性质: 密度、摩擦因数、表面张力、尺寸、质量。

(2) 热力学性质: 熔点、沸点、临界点、转变点、蒸气压、溶解度、分配系数、吸附平衡。

(3) 电磁性质: 电导率、介电常数、迁移率、电荷、淌度、磁化率。

(4) 输送性质: 扩散系数、分子飞行速度。

2. 化学性质

(1) 热力学性质: 反应平衡常数、化学吸附平衡常数、离解常数、电离电位。

(2) 反应速度性质: 反应速度常数。

3. 生物学性质　生物学亲和力、生物学吸附平衡、生物学反应速度常数。

在上述物理以及化学性质当中，属于混合物平衡状态的参数有: 溶解度、分配系数、平衡常数等; 属于各个组分自身所具有的性质有: 密度、迁移率、电离电位等; 而属于生物学方面的性质，可以认为有: 由生物体高分子及大分子复合后的相互作用、立体构造、有机体的复杂反应，以及三者综合作用产生的特殊性质等。

这些性质上的差异与能量的组合，可以有各种形式，并且对发生作用的方式还可以进行很多推敲与改进。到目前为止，人们设计了许多分离方法，并努力加以完善以致实用化。制药分离过程主要是利用待分离物系(原料)中的有效活性成分与共存杂质之间在物理、化学及生物学性质方面的差异进行分离。根据热力学第二定律，混合过程属于自发过程，而分离则需要外界能量。因所用分离方法、设备和投入能量方式的不同，使得分离产品的纯度、能耗大小以及分离过程的绿色程度有很大差别。

(二) 制药分离技术的分类

制药分离操作通常分为机械分离和传质分离两大类。机械分离过程的分离对象是非均相混合物，可根据物质的大小、密度的差异进行分离，例如过滤、重力沉降、离心分离、旋风分离和静电除尘等。另一大类为传质分离，主要用于各种均相混合物的分离，其特点是有质量传递现象发生。依据物理化学原理的不同，工业上常用的传质分离过程又分为平衡分离过程和速率分离过程。

1. 平衡分离过程　该过程是借助分离媒介(如热能、溶剂或吸附剂)使均相混合物系变为两相系统，再以混合物中各组分在处于相平衡的两相中分配关系的差异为依据而实现分离。其传质推动力为偏离平衡态的浓度差。根据两相状态的不同，平衡分离可分为: ①气体传质过程(如吸收、气体的增湿和减湿等); ②气液传质过程(如精馏等); ③液液传质过程(如液液萃取等); ④液固传质过程(如浸取、结晶、吸附、离子交换、色谱分离等); ⑤气固传质过程(如固体干燥、吸附等)。

相际的传质过程都以其达到相平衡为极限，因此需要研究相平衡以便决定物质传递过程进行的极限，为选择合适的分离方法提供依据。另一方面，由于两相的平衡需要经过相当长的时间后才能建立，而实际操作中，相际的接触时间一般是有限的，因此需要研究物质在一定接触时间内由一相迁移到另一相的量，即传质速率。传递速率与物质性质、操作条件等诸多因素有关。例如，精馏是利用各组分挥发度的差别实现分离目的，液液萃取则是利用萃取剂与被萃取物分子之间溶解度的差异将萃取组分从混合物中分开。

2. 速率分离过程 该过程是在某种推动力（如浓度差、压力差、温度差、电位梯度和磁场梯度等）的作用下，有时在选择性透过膜的配合下，利用各组分扩散速率的差异实现组分的分离。这类过程的特点是所处理的物料属于同一相态，仅有组成差别。速率分离过程可分为两大类：①膜分离（如超滤、反渗透、电渗析等）；②场分离（如电泳、磁泳、高梯度磁力分离等）。

综上所述，传质分离过程所含单元操作在制药工业领域的下游加工过程中经常被使用，是制药工程领域重要的分离技术。部分制药分离技术的分离机制见表 1-1。

表 1-1 制药分离技术及其分离机制

单元操作		分离机制
膜分离	微滤	压力差、筛分
	超滤	压力差、筛分
	反渗透	压力差、筛分
	透析	浓度差、筛分
	电渗析	电荷、筛分
	渗透汽化	气液相平衡、筛分
萃取	浸取	固液相平衡
	超声波协助浸取	固液相平衡
	微波协助浸取	固液相平衡
	有机溶剂萃取	液液相平衡
	反胶束萃取	液液相平衡
	双水相萃取	液液相平衡
	超临界流体萃取	超临界流体相平衡
电泳	凝胶电泳	筛分、电荷
	等电点聚焦	筛分、电荷、浓度差
	等速电泳	筛分、电荷、浓度差
	区带电泳	筛分、电荷、浓度差
离心	离心过滤	离心力、筛分
	离心沉降	离心力
	超离心	离心力

四、发展趋势

（一）发展历程

药品生产是从传统医药开始的，后来演变到从天然物质中分离提取天然药物，进而逐步开发和建立了化学药物的工业生产体系。我国最早的分离技术可以追溯到夏、商朝的蒸酒技术，古代人们在制造糖和食盐工业中掌握了蒸发浓缩和结晶技术，掌握了用蒸馏方法从煤焦油分离纯化中提取矿物油。汉代张仲景所著《伤寒杂病论》方药中所记载的各种煎药方法是中医药学宝贵的文化遗产之一，也是早期制药分离技术，后来发展成为溶剂提取法和水蒸气蒸馏法。这些早期的生产活动都以分散的手工业方式进行，主要依靠世代相传的经验和技艺，尚未形成科学的体系。

分离工程是随着18世纪英国工业革命逐渐诞生并发展起来的。1901年英国学者戴维斯(George Edwards Davis)首先提出了分离操作的概念，1923年美国麻省理工学院的刘易斯和麦克亚当斯首次建立了分离工程理论，为分离技术的发展奠定了理论基础。

分离工程的理论和技术在20世纪得到了充足的发展，一批分离工程著作先后问世，尤其是“三传一反”概念的提出，使分离工程建立在更基本的质量传递基础上，从界面的分子现象和流体力学现象进行分离工程的基础研究，并用定量的数学模型描述分离过程，用于分析已有的分离设备，设计新的过程和设备。20世纪70年代后，制药分离技术趋向复杂化、高级化，应用也更加广泛，随着科学技术的不断发展，最初的分离技术和后继出现的分离技术相互交叉、渗透、融合，新的分离技术不断出现。主要有超临界流体萃取法、膜分离技术、超微粉碎技术、中药絮凝分离技术、半仿生提取法、超声提取法、旋流提取法、加压逆流提取法、酶法、大孔树脂吸附法、超滤法、分子蒸馏法等。这些新技术的推广应用，降低了生产成本，提高了产品质量，推动了医药的现代化进程，为我国的医药工业走向国际市场奠定了基础。

（二）未来发展方向

目前，在我国制药领域，依然以传统的分离提纯技术为主，存在分离技术设备简单、工艺流程单一等缺点，集成优化和高效节能的成套装备虽然开发出来，但未广泛应用。充分利用各种先进的提取分离纯化技术、先进的装备及自动化控制与在线检测系统的优势，开发出先进、适用的药物提取分离技术流程，并使其得到推广和应用是制药分离工程的发展趋势。当前应该着重从基础理论研究和分离纯化新技术的开发、技术集成两方面进行研究和开发。

1. 基础理论研究

(1)研究非理想溶液中溶质与添加物料之间的选择性反应机制，以及系统外各物理因子对选择性的影响效应，从而研制高选择性的分离剂，改善对溶质的选择性。

(2)研究界面区的结构、控制界面现象和探求界面现象对传质机制的影响，从而指导改善具体单元操作及过程速度，如改善萃取或膜分离操作和结晶速度等。作为制药分离工程设计基础的热力学和动力学等基础理论几乎还是空白，常常依靠中试加以解决，所以，必须加大力度开展这方面的研究。

(3)下游加工过程数学模型的建立。在化学工业中，数学模拟技术的使用已有多年的历史，但是在制药分离工程领域，尤其是生物制药方面才刚刚开始，亟待发展和完善，急需获得合适的过程模拟软件，以对制药分离纯化过程进行分析、设计和技术经济评估等。

2. 分离纯化新技术的开发与技术集成

(1)新技术开发：包括对技术在新的应用领域的开拓，吸纳先进的技术和新型材料，探寻新的分离原理，进而开发出新的分离技术。如快速蛋白液相色谱(fast protein liquid chromatography，FPLC)，FPLC是专门用来分离蛋白质、多肽及多核苷酸的系统，是HPLC近年来的一项重要革新，它不但保持了 HPLC 的快速、高分辨率等特性，而且还具有柱容量大、回收效率高及不易使生物大分子失活等特性。因此，FPLC 近年来在分离蛋白质、多肽及寡核苷酸等方面得到了广泛应用。再如，液 / 液聚结器技术用于去除溶剂中微量水，使溶剂能够循环使用，在现代制药生产中也得到了广泛应用。

（2）技术集成

1）在发达国家，药物从投料开始，整个操作在连续封闭环境下进行，自动化程度高，经粉碎后的药材定时投入提取设备，提取液连续从提取罐中排出，药液和药渣均在封闭的管道中运行，保持了环境的整洁，提高了药材资源的利用率，提取率是常规的 3～4 倍。由于自动出渣离心机分离效率高，整个生产过程采用计算机控制，避免了人为因素造成的产品质量不稳定的情况。因此，我国在大力研发推广适宜于工业化应用的提取分离新技术时，应加强自主创新和技术集成，提高自动化控制水平，使我国中药提取技术和产品整体大幅度提高，增强在国际市场的竞争力，将资源优势变为经济效益。

2）传统分离技术的提高完善和新技术的研发。①传统分离技术不断提高和完善，如精馏、吸收都是传统的操作，精馏、吸收中采用新型的填料，使精馏、吸收效率大大提高。②推进多种新技术和传统分离、纯化技术的结合，形成融合技术：分离技术的集成化是提高分离效果和选择性的有效途径。如利用生物亲和作用的高度特异性与其他分离技术如膜分离、双水相萃取、反胶束萃取、沉淀分级、色谱和电泳等相集成，相继出现了亲和过滤、亲和双水相萃取、亲和反胶束萃取、亲和沉淀、亲和色谱和亲和电泳等亲和纯化技术；干燥技术和等离子体技术结合，出现的等离子体干燥等，提高了大规模分离技术的分离精度。

3）生物技术下游工程与上游工程相结合。发酵与分离偶合，简化产物提取过程，增加产率。发酵与分离偶合过程的研究是当今生物化学工程领域里的研究热点之一。

我国制药分离技术已经得到了全面的发展。但是相对于发达国家仍有很大的提升空间。主要原因在于我国在制药分离工程技术的发展上相对比较缓慢，同时分离技术中所需要的设备与发达国家存在差距。

药物的研发、分离纯化是一个长期的过程。随着经济的快速发展，以及国家对药品行业的投入力度加大，我国制药工业一定能够取得飞速发展。

学习思考题

1. 查阅文献，谈谈我国制药分离技术的现状和发展趋势，与发达国家存在哪些差距？作为未来的制药工程师，肩负的光荣使命和社会责任有哪些？

2. 制药分离纯化加工的一般工艺过程可分为几个阶段？有哪些主要的单元技术及其特点？

3. 选择制药分离纯化技术时应该考虑哪些主要因素？为什么？

4. 为什么需要综合运用多种分离纯化技术？列举几个制药生产过程中制药分离工程的应用实例。

5. 制药分离工程技术未来的发展动向有哪些？

ER1-2　第一章　目标测试

（李　华　傅　收）

参 考 文 献

[1] 耿信笃. 现代分离科学理论导引. 北京：高等教育出版社，2001.
[2] 尹芳华，钟璟. 现代分离技术. 北京：化学工业出版社，2009.
[3] 李淑芬，白鹏. 制药分离工程. 北京：化学工业出版社，2009.
[4] 加西亚. 生物分离过程科学. 刘铮，詹劲，等译. 北京：清华大学出版社，2004.
[5] 叶庆国，陶旭梅，徐东彦. 分离工程. 2版. 北京：化学工业出版社，2017.

ER2-1　第二章原料的预处理与固液分离（课件）

第二章　原料的预处理与固液分离

1. **课程目标**　在了解中药及天然药物、化学制药等医药工业原料预处理基本方法的基础上，理解原料预处理技术的基本原理和应用范畴，培养学生分析、解决制药生产初始阶段面对不同类型原料，选择不同预处理方案的能力。在了解固体颗粒、液体和悬浮液性质的基础上，掌握固液分离的基本概念、三种分离方法的分离原理及影响因素。理解过滤、沉降、离心、分离效率、含湿量的基本概念，熟悉固液分离技术的特点、过滤介质与助滤剂及其应用条件，能描述典型过滤设备的结构、工作原理，熟悉新型过滤介质与分离技术，使学生能综合考虑物料性质、过滤方法与设备等方面的因素，选择或设计适宜的固液分离技术。
2. **教学重点**　细胞破碎常规方法；过滤、沉降与离心的基本原理；过滤基本方程和沉降基本方程。

第一节　原料的预处理

为保证化学药物、中药与天然药物、生物制品新药的安全性、有效性和质量可控性，应对相关的原料进行必要的预处理，这属于药品生产环节中的粗加工范畴。从制药工业整体角度出发，制药原料的预处理主要内容包括：①中药与天然药物原料的清洗、精选、软化及切片或粉碎；②固体化学原料药的重结晶、沉析、萃取以及液体原料药的精馏、萃取等预处理；③生物材料中杂质的去除。

一、中药与天然药物原料的预处理

中药与天然药物的原料主要来源于自然界的动物、植物、矿物等，具有原料预处理过程的特殊性。植物药和动物药为生物全体或部分器官、分泌物等，通常掺杂各种杂质；而矿物药多为天然矿石或动物化石，常夹有泥沙等。对不同类型的药材，采用的预处理方法也有所不同。

（一）原料的净选、清洗及软化

1. 净选　净选是天然来源原料药处理的第一道工序，是指中药材在切制、炮制或调配、制剂前，选取规定的药用部位，除去非药用部位、杂质及霉变品、虫蛀品、灰屑等，使其达到药用的净度标准的处理方法，经过净选后的中药材称为净药材。

（1）非药用部位的去除：采用去茎、去根、去枝梗、去粗皮、去壳、去核等方法除去不作为药用的部位。

ER2-2　非药用部位的去除

（2）杂质的去除：去除方法包括挑选、筛选、风选等。

1）挑选：是指用手或夹子等工具，拣出混在药材中的杂质、变质品及按大小对药材进行分档的操作。如乳香、没药等常含有木屑；藿香、紫苏等叶类药材常含有枯枝、腐叶及杂草等。

2）筛选：是根据药材所含杂质性状、大小等的不同，选用不同规格的筛，以筛除药材中夹杂的沙石、杂质，或分开不同大小药材的过程。常用于果实种子类药材、花类药材、块茎类药材的筛选。

3）风选：根据药物和杂质的轻重差异，借助风力将药材与杂质分开的操作。如用簸箕通过扬簸或用风车通过扇风去除杂质。常用于种子果实类药材和花叶类药材的净制。

净选时应注意：①检查需要净选的中药材，并称量、记录；②净选操作必须按工艺要求分别采用拣选、风选、筛选、剪切、刮削、剔除、刷擦、碾串等方法，清除杂质或分离并除去非药用部分，使药材符合净选质量标准要求；③拣选药材应设工作台，工作台表面应平整，不易产生脱落物；④风选、筛选等粉尘较大的操作间应安装捕吸尘设施；⑤经质量检验合格后交至下一道工序或入净材库。

2. 清洗　中药材的清洗是其预处理加工的必要环节，目的是除去药材中的泥沙和杂物。根据药材的种类及清洗的目的，可分为水洗和干洗两种方式。

（1）水洗：是通过翻滚、碰撞、喷射等方法，用清水将药材所附着的泥土或不洁物洗净。主要设备是洗药机，洗药机有多种类型，如滚筒式、刮板式、履带式等，其中滚筒式较为常见，其结构如图 2-1 所示。

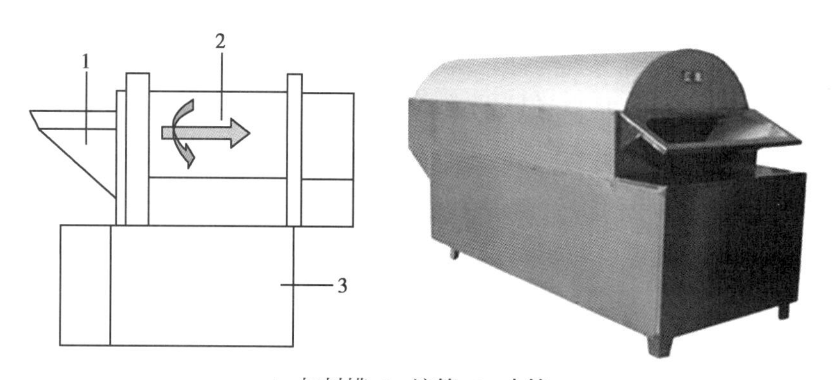

1. 加料槽；2. 滚筒；3. 水箱。

图 2-1　滚筒式洗药机的结构示意图和外观图

（2）干洗：是使药材表皮脱落或对药材表面进行机械摩擦、挤压，使吸附、嵌入或夹杂在药材表面、缝隙的杂物分离的一种方法。这种药材清洗方式不用水，避免了有效成分随清洗用水的流失。干洗的主要设备是干式表皮清洗机，如图 2-2 所示。

中药材清洗时应符合以下要求：①清洗药材用水应符合国家饮用水标准；②清洗厂房内应有良好的排水系统，地面不积水，易清洗，耐腐蚀；③洗涤药材的设备或设施内表面应平整、光洁、易清洗、耐腐蚀，不与药材发生化学反应或吸附药材；④药材洗涤应使用流动水，用过的水不得用于洗涤其他药材，不同的药材不宜在一起洗涤；⑤按工艺要求对不同的药材采用淘洗、漂洗、喷淋洗涤等方法；⑥洗涤后的药材应及时干燥。

图 2-2　干式表皮清洗机外观结构图

3. 软化　药材完成净制后，只有部分药材可以直接进行鲜切或干切，大多数药材还需要进行适当的软化处理才能切片。

软化时应注意：①需要软化的药材按其大小、粗细、软硬程度，分别采用淋、洗、泡、润等方法；②控制好药材软化用水量及时间，做到"药透水尽"，不得出现药材伤水腐败、变霉、产生异味等变质现象；③药材软化符合切制要求后应及时切制；④采用真空加温软化或冷压软化，其工艺技术参数应经验证确认。

ER2-3　药材软化的方法

（二）药材的切片和粉碎

1. 药材的切片　药材的切片指将净选后的药材切成各种形状、厚度不同的"片子"，一般通称饮片。根据药材的质地，按照"质松宜厚""质坚宜薄"的原则，常切制为块、段、丝、直片、斜片、厚片、薄片、极薄片 8 种规格，如表 2-1 所示。其目的是保证煎药或提取质量和效率，或有利于进一步炮制、调配及贮存。

表 2-1　饮片规格及相关药材

类型	规格	适宜药材	药物举例
块	边长为 8～12mm 的立方块	煎熬时易糊化，需要切成不等的块状	阿胶丁等
段（咀、节）	长段（10～15mm）称节，短段称咀	全草类和形态细长的药材，内含成分易于煎出	薄荷、荆芥、益母草、木贼、麻黄、党参等
丝	细丝（2～3mm），宽丝（5～10mm）	皮类、叶类和较薄果皮	细丝：黄柏、厚朴、桑白皮等 宽丝：荷叶、枇杷叶、瓜蒌皮
直片（顺片）	厚度为 2～4mm	形状肥大、组织致密、色泽鲜艳，需要突出其鉴别特征的药材	大黄、天花粉、升麻、附子等
斜片	厚度为 2～4mm	长条形而纤维性强的药材	甘草、黄芪、鸡血藤等
厚片	厚度为 2～4mm	质地松泡、黏性大、切薄片易破碎的药材	茯苓、山药、天花粉、泽泻、升麻、大黄等
薄片	厚度为 1～2mm	质地致密坚实、切薄片不易破碎的药材	白芍、乌药、三棱、天麻等
极薄片	厚度为 0.5mm 以下	木质类及动物、角质类药材	羚羊角、鹿角、苏木、降香等

（1）切片的基本方法：中药材常见的切制方法主要有切、镑、刨、锉、劈 5 种类型。切可通过手工和机器进行操作，手工切制生产量小、劳动强度大，但切出的饮片平整、平滑，类型和规格齐全，外形美观，弥补了机器切制的不足；镑是将药材镑成极薄片的操作工艺，主要适用于动物角质类或木质类药材，如羚羊角、水牛角、苏木、降香等；刨是用刨刀将药材刨成刨花样薄片的操作，主要适用于木质类药材，如檀香、松节、苏木等；锉是用钢锉把药材锉为粉末

的过程，主要适用于质地坚硬的贵重药材，如水牛角、羚羊角等；劈是用斧类工具将药材劈砍成块或不规则厚片的操作，主要适用于木质类药材，如降香、松节等。

（2）切片的主要设备：切药机形式多样，常见的有往复式切药机和旋转式切药机。

1）往复式切药机：由切刀组织、传送带、压辊、电机和曲轴箱等组成，结构如图 2-3 所示。工作时，曲轴带动切刀组织产生上下往复动作，传送带与压辊共同配合，将原料送至刀口，切制成所需厚度的饮片、细条或碎块。宜切制根及根茎类、叶类、全草类药材，不宜切颗粒状药材。

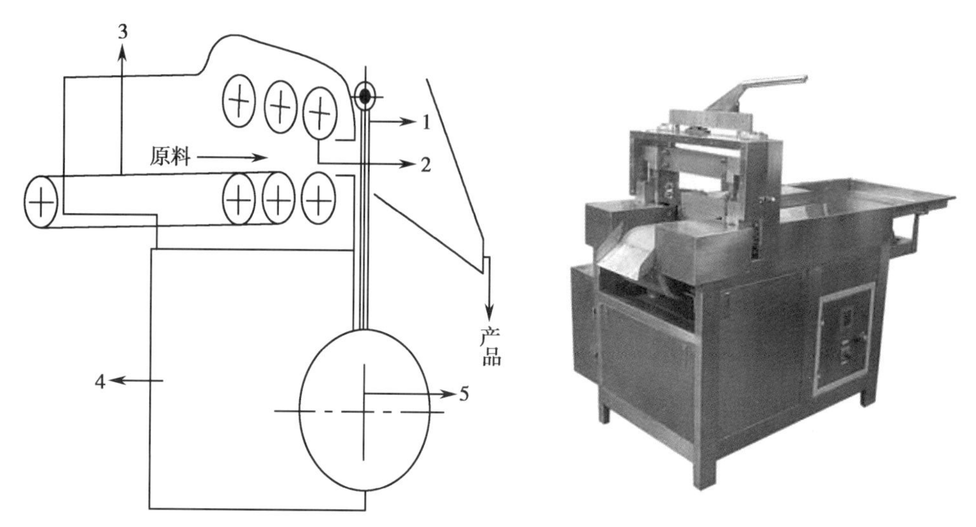

1. 刀片；2 压辊；3. 传送带；4. 变速箱；5 曲轴。

图 2-3　往复式切药机的结构示意图和外观结构图

2）旋转式切药机：由电机、转盘和片厚调节装置等组成，结构如图 2-4 所示。药材经上下履带传送至刀门，装有 3～4 把刀片的转盘由电机带动不断旋转，将物料切成片状或条状碎块。旋转式切药机采用顶推式送药、可以切制多种形状的药材。

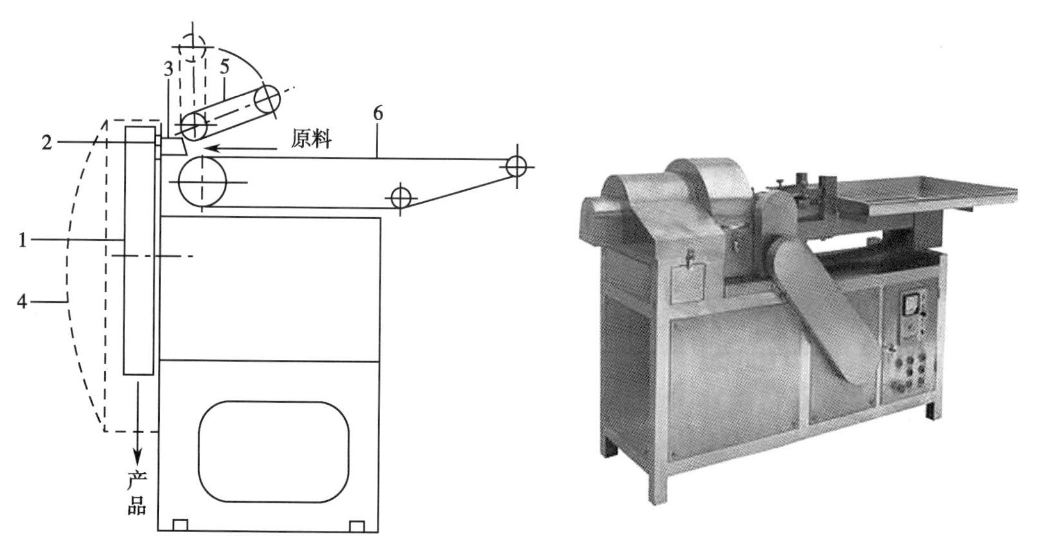

1. 刀盘；2. 刀片；3. 刀门；4. 护罩；5. 上履带；6. 下履带。

图 2-4　旋转式切药机的结构示意图和外观结构图

2. 药材的粉碎 粉碎是中药预处理的重要单元操作，其目的是使不同大小的颗粒粉碎成基本均匀的颗粒或使结合在一起的不同物质分离开来。粉碎质量的好坏直接影响产品的质量和性能。药物粉碎的难易，主要取决于药物的结构和性质，如硬度、脆性、弹性水分、重聚性等。中药以天然动、植物及矿物为主体，其情况较为复杂，不同中药的组织结构和形状不同，它们所含的成分不同，比重不同，生产加工工艺对粉碎度的要求也不同。根据药物的性质、生产要求及粉碎设备的性能，可选用不同的粉碎方法，如单独和混合粉碎、干法和湿法粉碎、低温粉碎、超微粉碎等。

1）单独和混合粉碎：单独粉碎是将一味中药单独进行粉碎的方法，以便用于在不同的制剂中配伍应用。需要单独粉碎的药物包括：①氧化性药物和还原性药物，如火硝、硫黄、雄黄等；②贵重药物和刺激性药物以及芳香挥发性药物，如冰片、麝香、马钱子、蟾酥等；③树脂树胶类药，如乳香、没药等。

处方中某些性质及硬度相似的药物，则可全部或部分掺合在一起共同粉碎，这样既可避免黏性药物单独粉碎时粘壁及附聚，又可使粉碎和混合操作同时进行，这种粉碎方法称为混合粉碎。复方制剂中的多数药材均可采用此法粉碎。对处方中含有油脂较多的药物，可采用串油法粉碎。对质软而黏的药物和含糖分较多的药物可采用串研法粉碎。

2）干法和湿法粉碎：干法粉碎是将干燥药材直接粉碎的方法。药材应先采用晒干、阴干、烘干等方法充分干燥，使水分降低到一定限度（一般应少于 5%），再进行粉碎。根据药材特性可采用混合粉碎、单独粉碎或特殊处理后混合粉碎等粉碎方法。

湿法粉碎是将药料中加入适量水或其他液体与之一起进行研磨粉碎的方法，通常所选用的液体是以药物遇湿不膨胀、两者不起变化且不影响药效为原则。由于水或其他液体小分子渗入药物颗粒裂隙，使其分子间引力减少而利于粉碎。适用于某些刺激性较强或有毒的药物，以免干法粉碎时粉尘飞扬，如冰片、薄荷脑等；有些难溶于水的药物，如珍珠、滑石等要求粉碎成极细粉时，常采用水飞法粉碎。

3）低温粉碎：利用物料在低温状态的脆性增加，借助机械拉引应力而破碎的方法。适用于在常温下较难粉碎的物料、软化点低的物料、熔点低及具有热可塑性的物料，如树脂、树胶、干浸膏等。另外，对于富含糖分、具有一定黏性的中药也可采用低温粉碎。低温粉碎一般的方法有：①物料先进行冷却，迅速通过高速撞击粉碎机粉碎，碎料在设备内滞留的时间短暂；②粉碎机壳通入低温冷却水，物料在冷却下进行粉碎；③将干冰或液化氮气与物料混合后进行粉碎；④综合上述冷却方法进行粉碎。

4）超微粉碎：通常将中药材粉碎至粒径在 5μm 以下，植物药细胞破壁率达 95% 以上的粉碎，可以称为超微粉碎。超微粉碎所得粉体称为超微粉，粉碎体粒径为 1～100nm 的称为纳米粉体；粒径为 0.1～1μm 的称为亚微米粉体；粒径大于 1μm 的称为微米粉体。超微粉碎不仅适合于不同质地的药材，而且可使药材成分的溶出迅速完全，起效更快。与以往的纯机械粉碎方法完全不同，超微细粉化技术采用超音速气流粉碎、冷浆粉碎等方法，粉碎过程中不产生局部过热，且在低温下进行，粉碎速度快，因而最大程度地保留了中药生物活性物质及各种营养成分，可提高药效。

二、化学原料药的预处理

（一）固体原料药

在固体化学药品原料药规模化预处理中，结晶操作是一种常用、重要且简便的提高原料药纯度和除去其中共存杂质的有效手段。结晶与沉析可对应于固体从溶液中析出的过程。一般来说，结晶是指析出物为晶体的过程，而沉析是指析出物为非晶体的过程。溶液结晶通常是采用蒸发溶剂或冷却降低溶解度的方式来进行，沉析多为通过加入物质改变溶解度而得到。沉析可用于原料的初步分离，结晶则可用于其进一步纯化。可以直接将原料药在合适的溶剂中以合适的浓度、温度在结晶罐中结晶，对于不易结晶的原料亦可以将其简单衍生化后进行结晶。结晶中的理想溶剂应在沸点附近，对结晶物质溶解度高而在低温下溶解度又很小，如 *N*,*N*- 二甲基甲酰胺（*N*,*N*-Dimethylformamide，DMF）、苯、甲苯、乙醇、环己烷等。结晶过程中，通常是溶液浓度高，降温快，析出结晶的速度也快些。但是其结晶的颗粒较小，杂质也可能多些。有时自溶液中析出的速度太快，超过化合物晶核形成分子定向排列的速度，往往只能得到无定形粉末。有时溶液太浓、黏度大反而不易结晶化。如果溶液浓度适当，温度慢慢降低，有可能析出结晶较大而纯度较高的结晶。有的化合物其结晶的形成需要较长的时间。固体原料药还可用制备色谱法进行精制，即利用如吸附力、分子形状及大小及分子亲和力等物理化学性质的差异，使有效成分和共存杂质在固定相和流动相中的分布程度不同，从而使各组分以不同的速度移动而达到纯化原料药的目的。

（二）液体原料药

对于液态的原料可以通过精馏的方法进行提纯，从而与不同沸点的液态杂质分开。在整个精馏过程中，气、液两相逆流接触，进行相际传质。液相中的易挥发组分进入气相，气相中的难挥发组分转入液相。对不形成恒沸物的物系，只要设计和操作得当，馏出液将是高度集中的易挥发组分，精馏塔底产物将是高度集中的难挥发组分。

此外，固、液态化学原料药的预处理还可采用萃取的方法进行。萃取是利用原料药溶质组分与共存的杂质在两个互不混溶的液相（如水相和有机溶剂相）中的竞争性溶解和分配性质上的差异来进行的分离操作。采用简单的分离操作即可将含有较多原料药中有用成分的一相与含有较多杂质的另一相分开，再通过回收溶剂的环节即可有效提高原料药纯度，目前已在制药工业中得到广泛应用。

三、原料药的干燥

（一）植物原料药的干燥

为防止切制好的药材或饮片发生霉烂变质，需要及时对其进行干燥，另外饮片干燥后便于称量。在干燥中需要注意：①根据药材性质和工艺要求选用不同的干燥方法和干燥设备，但不能露天干燥；②除另有规定外，干燥温度一般不宜超过 80℃，含挥发性物质的不超过 60℃；③干燥设备及工艺的技术参数应经验证确认；④干燥设备进风口应有适宜的过滤装置，出风口应有防止空气倒流的装置。

植物原料药的常用干燥设备如下。

1. 烘干箱 以蒸汽、燃油或燃气为热源，热风炉为螺旋结构，以避免燃烧的烟气污染药材。烘干箱为敞开式结构，干燥速度快，进出物料极为方便，易清洗残留物料。适合小批量多品种生产，具有风干功能。因此，特别适合饮片干燥。

2. 带式干燥机 物料从进料端由加料装置被连续均匀地分布到传送带上，传送带具有用不锈钢丝网或穿孔不锈钢薄板制成的网目结构，以一定速度传动；空气经过滤、加热后，垂直穿过物料和传送带，物料被干燥后传送至卸料端，整个干燥过程是连续的。由于干燥有不同阶段，干燥室一般被分隔成若干个区间，每个区间可以独立控制温度、风速、风向等运行参数。带式干燥机操作灵活，湿物料进料、干燥过程在完全密封的箱体内进行，劳动条件较好，可避免粉尘外泄，但是占地面积大、运行时噪声较大。适用于透气性较好的片状、条状、颗粒状和部分膏状物料的干燥。

3. 红外干燥设备 是利用红外线辐射器产生的电磁波被物料表面吸收后转变为热量，使物料中的湿分受热汽化而干燥的一种方法。其特点是干燥速度快，适合多种形态物料的干燥，产品质量好，具有较强的杀菌、杀虫及灭卵能力，节约能源，造价低，便于自动化生产，可减轻劳动强度。目前，远红外干燥（far-ultrared drying）在原料药、饮片等脱水干燥及消毒过程中都有广泛应用，并能较好地保留中药成分。

4. 微波干燥机 微波干燥（microwave drying）系指将微波能转变为热能使湿物料干燥的方法，制药生产中常使用微波频率为2 450MHz。其具有干燥速度快、温度低、时间短、加热均匀、产品质量好、具有灭菌功能等优点。由于微波能深入物料内部，干燥时间是常规热空气加热时间的1%～10%，特别适用于干燥过程中内部水分难以去尽的物料的干燥。

（二）化学原料药的干燥

化学原料药的干燥主要包括除去固体、液体原料中的水分和有机溶剂等。可以选用的干燥设备主要有以下几种。

1. 真空干燥箱 干燥箱是密封的，内部安装有多层空心隔板，工作状态时，用真空泵抽走由物料中汽化的水汽或其他蒸汽，从而维持干燥器中的真空度，使物料在一定的真空度下达到干燥。此设备易于控制，可冷凝回收被蒸发的溶剂，被干燥药物不受污染，热效率高。

2. 三合一设备 是指可将过滤、洗涤、干燥三道工序在同一设备中进行，在医药行业非常具有代表性。由于设备形式不同，又可分为带式、罐式和离心式等类型，带式又有步进式和连续式两种，主要是滤带的前进方式不同，工作流程完全相同。物料由加料器均匀地铺在滤带上，滤带由传动装置拖动在干燥机内移动。在洗涤、过滤段进行溶剂洗涤，真空冷抽回收溶剂母液；干燥段热空气进入，真空排出并冷凝回收溶剂。此设备用于大产量成批生产，适用于透气性较好的颗粒物料的干燥，成品干燥均匀，在我国维生素C和青霉素行业应用很广。

3. 流化床干燥器 此类设备有单层流化床、多层流化床、卧式多室流化床、脉冲流化床、旋转快速干燥器振动流化床、离心流化床和内热式流化床等。药品干燥受流动性影响大的，多选用振动流化床。干燥器由振动电机产生激振力使机器振动，物料在给定方向的激振力作用下跳跃前进，同时床底输入热风使物料处于流化状态，物料颗粒与热风充分接触，进行剧烈的传热传质过程，此时热效率最高。上腔处于微负压状态，湿空气由引风机引出，干料由排料口排出，从而达到理想的干燥效果。此设备流化均匀，无死角，温度分布均匀，热效率高。适用于颗粒、粉、条、丝、梗状物料干燥，像淀粉、葡萄糖及很多大批量生产的药用中间体均可选用。

4. 喷雾干燥器 是将流化技术应用于液态物料干燥的一种有效设备，利用雾化器将液态物料分散成微细的雾滴，将雾滴抛掷于热气流中，通过快速的热量交换和质量交换，使湿物料中的水分迅速汽化而达到干燥。此设备适用于溶液、乳浊液、悬浊液、糊状液等流动性好的液状物料干燥。链霉素、庆大霉素和多种生物提取物的干燥都可选用此设备。

5. 气流干燥装置 是将湿物料加入干燥器内，随热气流并流输送进行干燥，在热气流中分散成粉粒状，是一种热空气与湿物料直接接触进行干燥的方法。适用于易脱水的颗粒、粉末状物料，可迅速除去物料水分（主要是表面水分）。其特点为干燥效率高、热损失小、结构简单，由于气速高以及物料在输送过程中与壁面的碰撞及物料之间的相互摩擦，整个干燥系统的流体阻力很大，因此动力消耗大。干燥器的主体较高，约在 10m 以上。此设备在制药行业主要用于土霉素和部分保健品的生产。

6. 真空冷冻干燥机 是将物料预先冻结至冰点以下，使物料中的水分变成冰，然后降低体系压力，冰直接升华为水蒸气，因而又称为升华干燥。冷冻干燥特别适用于热敏性、易氧化的物料，如生物制剂、抗生素等药物的干燥处理，属于热传导式干燥器。大量血制品、人工培养药物、抗体、疫苗等生产大多选用真空冷冻干燥机。

四、原料药的保存及灭菌

（一）原料药的保存

对于暂不投入生产、对热不稳定的中药材、化学原料药及生物制品，都需要采取适当的方式进行保存，否则如蛋白质、微生物之类的原料药可能会发生变性或失去生物活性。关于原料药的保存应达到以下基本要求。

（1）包装贮存前应再次检查、清除劣质品及异物，包装器材（袋、盒、箱、罐等）应是无污染、新的或清洗干净、干燥、无破损，包装应有批包装记录，内容有品名、批号、规格、重量、产地、工号、日期。

（2）易破碎的药品原料应装在坚固的箱盒内；剧毒、麻醉、珍贵药材应特殊包装，并贴上相应的标记，加封。

（3）原料药批量运输时，不应与其他有毒、有害物质混装；运载容器应具有较好的通气性，以保持干燥，遇阴雨天应严密防潮。

（4）原料药仓库应通风、干燥、避光，最好有空调及除湿设备，地面为混凝土或可冲洗并具有防鼠、防虫设施；原料包装应存放在货架上，与墙壁保持足够距离，并定期抽查，防止虫蛀、霉变、腐烂、泛油等现象发生。

此外，在应用传统贮藏方法的同时，还应注意选用现代贮藏保管新技术、新设备。

（二）原料药的灭菌

灭菌（sterilization）是指运用物理、化学、生物方法杀灭物体上的一切微生物（包括细菌芽孢)，达到无菌程度的消毒。根据 GMP 相关规定，化学原材料药、中药材及生物制品生产企业在设计建厂或厂房改造时，就要考虑选择合适的原料药灭菌方式，考虑是否建立相应的灭菌设施。常用的灭菌设备主要有以下几类。

1. 热压灭菌柜 热压灭菌柜是以蒸汽为灭菌介质，将一定压力的饱和蒸汽，直接通入灭菌柜内，对待灭菌品进行加热。设备全部用坚固的合金制成，带有夹套的灭菌柜内备有带轨道的格车，分为若干格。格架上可摆放待灭菌物品。灭菌柜顶部有两只压力表，一只指示蒸汽夹套的压力，另一只指示柜内的蒸汽压力，两只压力表中间是反映柜内温度的温度表，灭菌柜上方还装有安全阀和里柜放气阀。在灭菌器的一侧装有总来气阀、里柜进气阀、外柜排气阀以及柜外放水阀等。

2. 微波灭菌机 微波灭菌机是利用微波的热效应和非热效应(生物效应)相结合实现灭菌目的的设备，热效应使微生物体内蛋白质变性失活，非热效应干扰微生物正常的新陈代谢，破坏微生物生长条件，起到物理、化学灭菌所没有的特殊作用，并且能在低温(70～80℃)达到灭菌的效果。但是该设备不适用于含水量低的药材和药粉。

3. 臭氧粉料灭菌机 原理是臭氧以氧原子的氧化作用破坏微生物膜的结构，以实现杀菌作用。臭氧在水中的杀菌速度较氯快，但是不适用于易氧化的原料药。臭氧粉料灭菌机采用真空上料，然后经自动投料装置进入混合悬浮箱，利用气力混合器投加高纯度、高浓度臭氧，使粉料悬浮在混合悬浮箱内，并瞬间达到灭菌浓度，经除尘装置进行气粉分离，洁净的气体通过风管经风机进入气力混合器进行循环使用，从而达到消毒灭菌的目的，并能实现粉料的充分混合。其设计思路符合臭氧粉料灭菌需充分混合的条件，并且灭菌无死角。

第二节　细胞破碎

生物加工过程中，很多目标产物不能分泌到胞外的培养液中，而保留在细胞内，如青霉素酰化酶、碱性磷酸酶等胞内酶，大部分外源基因表达产物和植物细胞产物等。此类生物产物需要收集菌体或细胞后，进行细胞破碎，使目标产物选择性地释放到液相中，才能进一步分离纯化。

细胞的结构根据细胞种类而异。动物、植物和微生物细胞的结构相差很大，而原核细胞和真核细胞又有所不同。动物细胞没有细胞壁，只有由脂质和蛋白质组成的细胞膜，易于破碎。植物和微生物细胞的细胞膜外还有一层坚固的细胞壁。细胞壁常由多糖物质和磷酸酯类组成，因其结构比较细密而坚硬，所以细胞破碎的主要阻力来自细胞壁。

一、细胞破碎方法

细胞破碎是指用机械、化学、物理化学和微生物学方法打破细胞壁和细胞膜，使产物从细胞中释放出来的过程。细胞破碎的方法种类繁多，根据是否外加作用力可分为机械破碎法与非机械破碎法两大类，如图 2-5 所示。

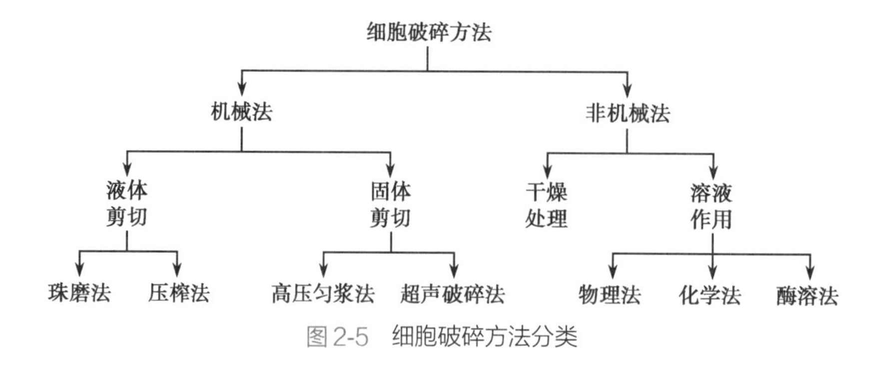

图 2-5　细胞破碎方法分类

（一）机械破碎法

机械破碎法处理量大、破碎效率高、速度快，是工业规模细胞破碎的主要手段。细胞的机械破碎方法主要有高压匀浆法、珠磨法和超声破碎法等。

1. 高压匀浆法　高压匀浆法是借助于高压匀化作用的液体剪切作用使细胞破碎。所用设备是高压匀浆器，其结构如图 2-6 所示。高压匀浆器的破碎原理是利用高压使细胞浆液通过止逆阀进入泵体内，在高压下迫使其在排出阀的小孔中高速冲出，并射向撞击环。由于突然减压和高速冲击，使细胞受到高的液相剪切力而被破碎。

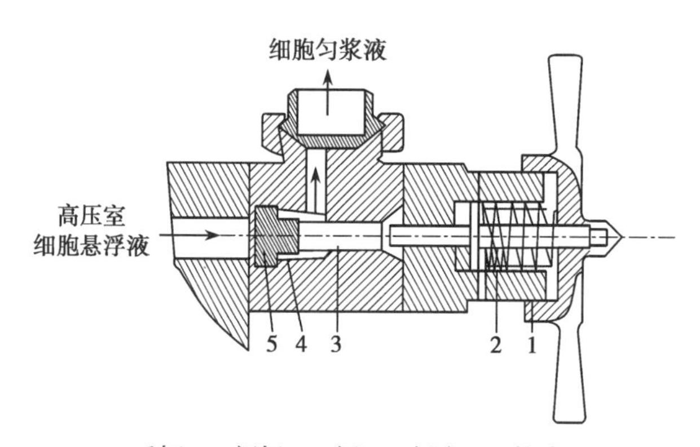

1. 手柄；2. 阀杆；3. 阀；4. 阀座；5. 撞击环。
图 2-6　高压匀浆器结构简图

细胞浆液经单次高压匀浆后，常只有部分细胞破碎，不能达 100% 的细胞破碎率。为此，须在收集完细胞匀浆后进行第二次、第三次或更多次的破碎，这是高压匀浆法的缺点。为避免操作烦琐，也可将细胞匀浆进行循环破碎。但要避免过度破碎带来产物的损失，以及细胞碎片进一步变小，影响后面对碎片的分离。

高压匀浆中影响细胞破碎的因素主要有压力、循环操作次数和温度。通常，压力增大和破碎次数增加均可提高破碎率，但当压力增大到一定程度后对匀浆器的磨损较大。

一般来说，酵母菌较细菌难破碎，处于静止状态的细胞较处于快速生长状态的细胞难破碎，在复合培养基上培养的细胞比在简单合成培养基上培养的细胞较难破碎。不同的悬浮液对高压匀浆的效果也有不同的影响。当压力低于 30MPa 时，破碎的效果很差；当压力为 30～60MPa 时，蛋白质释放量迅速增加；当压力大于 60MPa 后，蛋白质释放量增加的势头将减弱。因此，操作压力的选择非常重要。从提高破碎效率的角度说，应当选择尽可能高的压力；从降低能耗和延长设备寿命的角度说，又应避免在很高的压力下操作，因为高压会造成设备主要部件过度磨损。

高压匀浆法适用于酵母和大多数细菌细胞的破碎，料液细胞质量浓度可达到 200g/L 左右。团状和系状菌易造成高压匀浆器堵塞，一般不宜使用高压匀浆法。高压匀浆操作每升高 10MPa 上升温度 2～3℃，为保护目标产物的生物活性，须对料液做冷却处理，多级破碎操作中须在级间设置冷却装置。因为料液通过匀浆器的时间很短，通过匀浆器后迅速冷却，可有效防止温度上升，保护产物活性。

2. 珠磨法 珠磨法是将微生物细胞悬浮液与直径小于 1mm 的玻璃小珠、石英砂及氧化铝等研磨剂一起快速搅拌或研磨，研磨剂之间以及研磨剂和细胞之间的互相剪切、碰撞，促使细胞破裂，释放出内含物。在珠液分离器的作用下，研磨剂被滞留在破碎室内，浆液流出，从而实现连续操作。珠磨机的结构如图 2-7 所示。

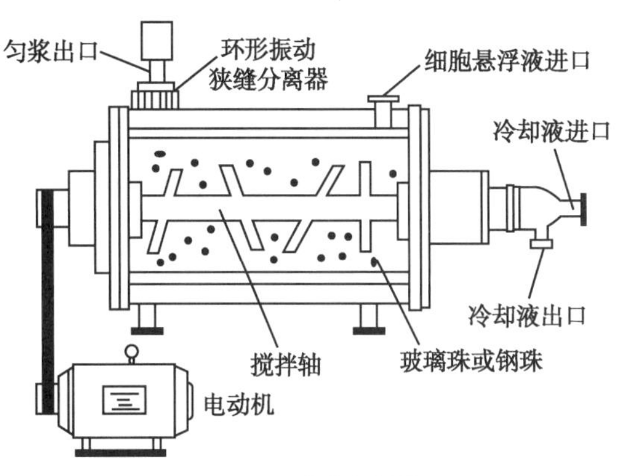

图 2-7 珠磨机结构

影响珠磨机效率的因素包括珠磨机自身的结构参数及操作参数。当珠磨机结构确定后，操作参数如转速、进料速度、珠子直径与用量、细胞浓度、冷却温度等可以调节。珠磨机是采用夹套冷却的方式实现温度控制，一般情况下能够将温度控制在要求的范围内。珠磨破碎的能耗与细胞破碎率成正比。提高破碎率，需要增加装珠量，或延长破碎时间，或提高转速，这些措施不仅会导致电能消耗的增加，而且还会产生较多的热量，引起浆液温度升高，从而增加制冷费，因此总能量消耗增加。

3. 超声破碎法 超声破碎法是利用发射 15～20kHz 的超声波探头进行细胞破碎。其破碎机理尚未完全清楚，可能与空化现象引起的冲击波和剪切力有关。超声破碎法的效率与声频、声能、处理时间、细胞浓度及菌种类型等因素有关。

超声破碎法在实验室规模应用较普遍，适用于多数微生物的破碎，处理少量样品时操作简便，液量损失少。但是超声破碎法的有效能量利用率极低，操作过程会产生大量的热，因此操作须在冰水或有外部冷却的容器中进行。由于该法对冷却的要求相当苛刻，所以工业化应用潜力有限。

（二）非机械破碎法

非机械破碎法包括物理、化学和生物的方法。化学法和物理法是借助渗透压、洗涤剂增溶或者有机溶剂溶解，使细胞壁破碎或变脆弱。该类方法比较温和，产品不易发生不可逆性变性。细胞的化学破碎和酶解法在技术上可运用于多种操作水平，在一定条件下可较大规模地用以获得许多产品。

1. 渗透冲击法 渗透冲击法是最为温和的一种细胞破碎法，适用于易于破碎的细胞，如动物细胞和革兰氏阴性菌。该方法是将细胞置于高渗透压的介质中，如较高浓度的盐、甘油或蔗糖溶液，由于渗透压作用，细胞内水分向外渗出，细胞发生收缩，当达到平衡后，将介质突然稀释或将细胞转置于低渗透压的水或缓冲溶液中，在渗透压的作用下，水渗透通过细胞壁和细胞膜进入细胞，使细胞壁和膜膨胀破裂。

2. 化学渗透法 化学渗透法是用某些有机溶剂（苯、甲苯）、抗生素、表面活性剂（十二烷基硫酸钠）、金属螯合剂（乙二胺四乙酸）、变性剂（盐酸胍、脲）等化学药品处理细胞，改变细胞壁或细胞膜的通透性，从而使内含物有选择地渗透出来。化学渗透取决于化学试剂的类型及细胞壁和细胞膜的结构与组成，不同化学试剂对各种微生物作用的部位和方式有所不同，如表面活性物质可促使细胞某些组分溶解，其增溶性有助于细胞的破碎，有机溶剂能分解细胞壁中的类脂。

化学渗透法与机械破碎法相比，对产物释出具有一定的选择性；细胞外形保持完整；碎片少，有利于后分离；核酸释出量少，浆液黏度低，便于进一步提取。但是化学渗透法时间长，效率低，化学试剂具有毒性，通用性差。

3. 酶溶法 酶溶法是利用生物酶将细胞壁和细胞膜部分或完全消化溶解的方法。溶酶同其他酶一样具有高度的专一性。蛋白酶只能水解蛋白质，葡聚糖酶只对葡聚糖起作用，因此利用溶酶系统处理细胞必须根据细胞的结构和化学组成选择适当的酶，并确定相应的使用次序。

通过调节温度、pH 或添加有机溶剂，诱使细胞产生溶解自身的酶的方法也是一种酶溶法，称为自溶。例如，酵母在 45～50℃下保温 20 小时左右，可发生自溶。

酶溶法具有选择性释放产物、核酸泄出量少、细胞外形完整等优点。但也存在明显的不足：①溶酶价格高，限制了大规模使用，若回收溶酶以降低成本，则又增加了分离纯化溶酶的操作；②通用性差，不同菌种需要选择不同的酶，而且也不易确定最佳的溶解条件。

二、细胞破碎评价及其方法选择

（一）细胞破碎评价

细胞破碎评价主要以细胞破碎率来定量表征，这对于破碎工艺的选择、工艺放大和工艺条件优化等有着非常重要的作用。

细胞破碎率（S）定义为被破碎细胞的数量占原始细胞数量的百分比，即

$$S=\frac{N_0-N}{N_0}\times 100\% \qquad 式(2\text{-}1)$$

由于原始细胞数量 N_0 与未损害的完整细胞数量 N 难以很清楚地确定，因此破碎率的准确评价非常困难。目前 N_0 和 N 主要通过直接和间接两种方式获得。

1. 直接计数法 通过显微镜直接观察，统计破碎前后单位液体中完整细胞或活细胞的个数，从而计算出细胞破碎率。

（1）平板计数：直接对适当稀释后的样品进行计数，可以通过平板计数技术或在血细胞计数器上通过显微镜观察来进行染色细胞的最终计数。平板计数技术耗时长，而且只有活细胞才能被计数，不活的完整细胞虽大量存在却不能计数，因此会产生很大的误差。如果细胞有团聚的倾向，则误差更大。

（2）显微镜计数：显微镜计数相对平板计数来讲快速而简单，但是，非常小的细胞不仅给

计数过程带来困难，而且也很难区分未损害的完整细胞与略有损害的细胞，这时可采用涂片染色的办法来解决计数问题。在使用对比相的情况下，活细胞、死细胞和破碎细胞则容易被辨认，活细胞呈现亮点，而死细胞和破碎细胞则呈现为黑影。该方法主要的困难是寻找一种合适、可用的细胞染色技术。

2. 间接计数法 间接计数法是在细胞破碎后，测定悬浮液中细胞破碎释放出来的可溶性化合物如蛋白质、酶等的量，再将其与所有细胞破碎时该化合物的最大释放量进行对比，从而计算出细胞破碎率。通常是将破碎后的细胞悬浊液离心分离去除完整细胞和细胞碎片等固体物，然后对上清液进行物质含量或活性的定量分析，并与 100% 破碎所获得的标准数值比较。

（二）细胞破碎方法的选择

选择细胞破碎的方法时，应与整个提取精制过程相联系，在保证目标产物高收率的前提下，使纯化成本最低。需要综合考虑的影响因素包括：细胞的数量和细胞生理的强度；产物对破碎条件的敏感性，如温度、化学试剂、酶等；要达到的破碎程度及破碎所必要的速度等。具有大规模应用潜力的生化产品应选择适合于放大的破碎技术，同时还应把破碎条件和后续的提取步骤结合考虑。一般原则为：若提取的产物在细胞质内，需要用机械破碎法；若在细胞膜附近则可用较温和的非机械破碎法；若提取的产物与细胞膜或细胞壁相结合时，可采用机械法和化学法相结合的方法，以促进产物溶解度的提高或缓和操作条件，但要保持产物的释放率不变。

第三节 固液分离

固液分离是指借助一定的手段把由固相和液相组成的非均相体系中的固体和液体分开的单元操作。在制药工艺流程中，原料药、成药、辅料的生产及制药废水的处理都离不开液相与固相的分离操作，其手段主要包括过滤、沉降及离心分离三大类，其各有应用特点及相应的适用对象和范围。在制药生产过程中，必须根据待处理对象的性质，选择适宜的固液分离方法和设备，才能够实现合理的固液分离工艺过程。

一、物料的性质

混合物中固体颗粒的形状、尺寸、密度、比表面积，液体的密度、黏度、挥发性、表面张力，以及悬浮液的固相含量、密度与黏度等，都会对固液分离方法的选择、分离过程中颗粒沉降或者过滤速度的快慢、分离效果的好坏、滤饼层的渗透性及滤饼的比阻等性质产生重要影响。因此，全面地了解混合物的性质是进行固液分离的首要任务。

（一）固体颗粒性质

颗粒是固态物质的一种形态，通常小于毫米级的固体粒子才称为颗粒。由于颗粒的几何尺寸微小，其物理化学特性不同于一般宏观固态物质，其特性主要包括比表面积、孔隙度、颗粒形状、颗粒尺寸、粒度分布、密度。这些特征会影响到颗粒 - 介质系统的黏度，颗粒的沉降、过滤等分离特性。

1. 比表面积 是单位体积或质量的多孔颗粒所具有的表面积，单位是 m^2/m^3 或 m^2/g。由于颗粒尺寸小，单位体积颗粒具有的表面积比一般固体物质大 7～8 个数量级，从而使颗粒体具有许多特性。

2. 孔隙度 是颗粒之间的孔隙体积与其表观体积之比，通常用百分数表示。

3. 流动性 颗粒体特别是较大的颗粒，自然堆积时没有团聚效应，孔隙度稳定，表观为有明显的流动性，可依容器形状而改变体积形状。

4. 颗粒形状 由于液体具有表面张力，液体颗粒总是成为圆球形，所以液体颗粒的形状是均一的。与此相反，固体颗粒的形状则很少一致。晶体类的物料尽管可形成形状均一的颗粒，但在工业生产中，由于后续处理方式不同，会造成晶体的破碎，所以绝大多数固体颗粒呈不规则形状。但在做理论计算时，通常又将颗粒作为球形对待，因此成为理论计算与实际情况不符的原因之一。

5. 颗粒尺寸 固液分离的对象是固体颗粒群与液体形成的混合物，其中有许多属于悬浮液，有的则是胶体，从混合物中颗粒群的颗粒尺寸来说，前者所含颗粒的最大直径可达毫米范围，而后者一般在微米或亚微米范围。这些液体中的颗粒群的行为又随颗粒尺寸有很大差异，有的颗粒分散性好，能形成单个粒子，有的则易形成聚集状态很难分散。颗粒尺寸的测定应以完全分散后的单个颗粒为准。

（1）粒径定义：颗粒群一般是由尺寸不同、形状不规则的颗粒组成的。对于形状不规则的单个颗粒直径有各种测定方法，根据所测结果是颗粒的线性尺寸还是它的本身特性，基本上可以用当量球径、当量圆径和统计直径 3 种形式来描述。

ER2-4 粒径的表达形式

（2）粒度分布：当单个颗粒的粒径定义后，求出不同尺寸的粒径在给定的颗粒群中各自所占的比例或百分数，即代表该颗粒群的粒度分布。对于给定的颗粒群物料，粒度分布的表达方式有：①以个数表示的粒度分布；②以长度表示的粒度分布；③以表面积表示的粒度分布；④以质量（或体积）表示的粒度分布。不同类型的粒度分布，是由不同的颗粒尺寸测定方法得出的。

6. 颗粒密度 不论在重力或离心力条件下，固体颗粒在其穿过的液体内以什么速度沉降都与固液之间的密度差成正比。液体密度较易测定，并能从手册中查得。而对于液体中颗粒的密度值，由于其相互黏结成团或包埋少量液体和空气，因此必须根据实际情况认真考察，判断理论计算和实测之间的差异。

7. 黏性和散粒性 粒子之间或粒子与物体表面之间存在黏性力，这种力的作用使粒子在相互碰撞中导致粒子的凝聚。

ER2-5 黏性力

8. 电性 在粒子的生成和处理过程中可使颗粒表面荷电。颗粒表面荷电的原因主要包括：①颗粒表面的晶格离子在溶液中选择性溶解或表面组分在溶液中选择性解离；②水溶液中的晶格同名离子，当达到一定浓度后不可避免地要在颗粒表面发生选择性吸附；③表面晶格缺陷会因固体晶格中非等电量的类质同象替换，间隙原子、空位等，引起表面电荷失衡而使颗粒表面荷电。

ER2-6 液体的性质

（二）液体的性质

液体的密度、黏度、表面张力、挥发性等物理性能是直接影响固液分离过程的因素。

（三）悬浮液的特性

当固体颗粒不溶于液体且混合在一起时，就构成悬浮液。悬浮液的特性与两相自身的特性有关，同时还有两相共存所产生的新特性。这些特性均不同程度地影响着固液分离操作。

1. 密度 由于固体颗粒的掺入，悬浮液的密度不再是原液体的密度。悬浮液的密度可以根据悬浮液的固相含量、固相和液相的密度计算，公式为：

$$\rho=\frac{100}{\frac{100-C}{\rho_L}+\frac{C}{\rho_S}}\qquad 式（2-2）$$

式中，ρ 为悬浮液的密度，g/ml；C 为悬浮液中的固相质量浓度，%；ρ_L 为悬浮液中的液相密度，g/ml；ρ_S 为悬浮液中的固相密度，g/ml。

2. 黏度 若液体中存在分散的固体颗粒，就增大了液体抗剪切变形的能力，悬浮液的黏度随液体中固相浓度的增大而增加。悬浮液的黏度计算公式为：

$$\mu_s=\frac{1+0.5\phi}{(1-\phi)^4}\mu_L\qquad 式（2-3）$$

式中，μ_s 为悬浮液的黏度，Pa•s；μ_L 为液相的黏度，Pa•s；ϕ 为悬浮液中的固相容积浓度，以分数表示。

3. 固含量 在悬浮液中固体颗粒与液体的比例混合，对其分离过程的影响是十分重要的，为此常需要对悬浮液标明其固含量多少。固含量的大小可用固体颗粒的质量占悬浮液总质量的百分数来表示，称作质量百分含量。前文已经提到固含量对悬浮液黏度的影响，因此固含量对固液分离操作的影响是不可忽视的。例如悬浮液的固含量达到一定值后，颗粒间距小，互相制约，将在沉降分离中出现干涉沉降的现象，进而影响沉降速度。

4. 电泳现象及 ζ 电位 当固体颗粒晶格不完整时，会使晶体表面有剩余离子，或是一些低溶解度的离子型晶体，在水中就会由于水的极性使周围有一层电荷所环绕，形成双电子层。双电子层围绕着颗粒，并延伸到含有电解质的分散介质中，双电子层与分散介质之间的电势差称为 ζ 电位。颗粒自身荷有的剩余电荷还会造成荷有相同电荷的颗粒之间相互排斥，当对分散介质施以外加电场时，荷电颗粒也会产生相应的定方向运动。这些现象既影响着颗粒间的团聚长大，也影响着过滤介质的堵塞性能，因此也是固液分离技术中应关注的问题。

二、过滤

过滤是利用某种多孔介质构成的障碍场，在推动力作用下使悬浮液中的液体透过介质，固体颗粒被过滤介质截留，从而实现固液分离的操作，其基本原理如图 2-8 所示。过滤的推动力可以是重力、压力差、真空或离心力。通常将多孔性材料称为过滤介质或滤材，待澄清的物料称为料浆或滤浆，通过过滤介质的液体称为滤液，截留于过滤介质上的固体称为滤饼或滤渣，洗涤滤饼后得到的液体称为洗涤液。常见的过滤操作有深层过滤和滤饼过滤两类。

（一）过滤基本理论

1. 滤饼过滤 是指过滤过程中固体粒子在过滤介质之上形成滤饼，而液体则透过滤饼和介质成为滤液，如图 2-9（a）所示。因过滤是在介质的表面进行，所以亦称表面过滤。

（1）过滤基本过程：滤饼过滤过程可分为两个阶段。初始阶段，会有部分粒径小于过滤介质孔隙的粒子进入介质的孔道，并透过过滤介质进入滤液中，致使早期的滤液呈混浊状。随着过滤的进行，在孔道内颗粒会迅速产生“架桥”现象，如图 2-9（b）所示，架起的桥会拦住细小粒子透过过滤介质，因而被截留住的大粒子和小粒子逐渐累积成薄饼层，乃至厚饼层。此后，由于滤饼的空隙小，很细小的颗粒亦被截留，使滤液变清，过滤便转入了滤饼过滤阶段。

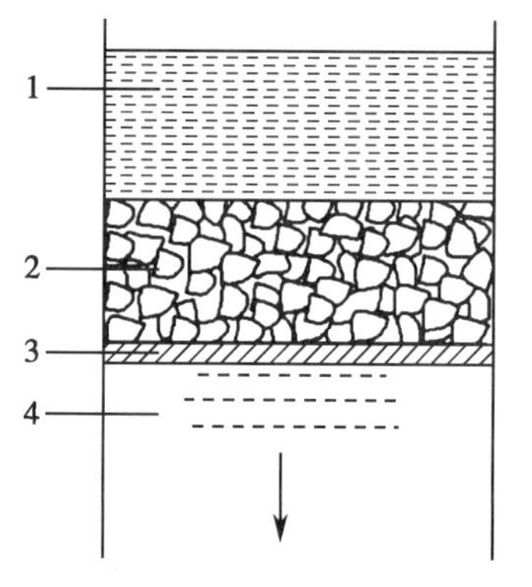

1. 滤浆；2. 滤饼；3. 过滤介质；4. 滤液。

图 2-8 过滤操作示意图

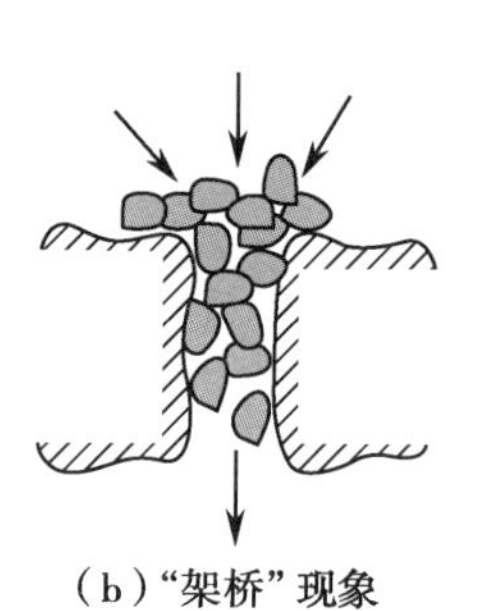

（a）滤饼过滤 （b）“架桥”现象

图 2-9 滤饼过滤

较低浓度悬浮液的过滤中，颗粒容易进入并堵塞过滤介质的孔道，使滤液无法顺利地通过，所以滤饼过滤通常用于处理固体体积浓度大于 1% 或颗粒直径在 1μm 以上的悬浮液。对于稀释悬浮液，可借助人为地提高进料浓度的方法，也可以加助滤剂作为掺浆，以尽快形成滤饼过滤，同时由于助滤剂具有很多小孔，所以增强了滤饼的渗透性，从而使低浓度的和一般难以过滤的滤浆能够进行滤饼过滤。

（2）过滤基本方程：在过滤初期，由于滤饼形成与粒子进入介质孔道均未发生，过滤介质和液体均清洁，液流处于流速较低的层流状态。在此前提条件下，法国学者达西（Darcy）模拟电学欧姆定律提出了著名的达西定律，给出了体积流速与压降的关系。

$$\frac{\Delta P}{L}=\frac{\mu}{K_p}\cdot\frac{\mathrm{d}V}{\mathrm{d}t}\cdot\frac{1}{A} \qquad \text{式(2-4)}$$

式中，A 为过滤面积，m^2；ΔP 为滤层两侧的压力差，Pa；L 为介质厚度，m；μ 为液体的体的教度，Pa•s；K_p 为介质的渗透性系数，m^2；t 为过滤时间，s；V 为累积的滤液体积，m^3。

若令 $R_m=L/K_P$，则式（2-4）可改写为：

$$\frac{\mathrm{d}V}{\mathrm{d}t}=\frac{\Delta p\cdot A}{\mu\cdot R_m} \qquad \text{式(2-5)}$$

式中，R_m 为过滤介质阻力，m^{-1}。

如果被过滤的液体是洁净的，则以上各式中的参数均为常数，因此得到了恒定压差下的恒定流速，即累积滤液体积 V 与时间 t 有线性关系，如图 2-10 中线 1 所示。而过滤液体为混悬液时，则会在介质上形成逐渐增厚的滤饼，此情况下 V 与 t 的关系如图 2-10 中线 2 所示。即滤饼过滤过程中受到两个阻力，其中一个是介质阻力 R_m，另一个是滤饼阻力 R_c。因此可得恒压情况下的滤饼过滤基本方程式为：

$$\frac{dV}{dt}=\frac{\Delta p \cdot A}{\mu(R_m+R_c)} \qquad 式(2\text{-}6)$$

在过滤操作中，一旦过滤介质的材质、规格、型号等参数确定后，介质阻力 R_m 就是常量，随着过滤的进行，其值恒定不变。但 R_c 是变量，随着过滤时间的推移，由于滤饼逐渐变厚，其值将逐渐增大。滤饼是由滤液中夹带的固体在过滤表面上的堆积所造成，所以滤饼厚度 L 正比于滤液体积 V。也就是说，通过的滤液量越多，沉积在过滤表面上的固体也就越多，滤饼就越厚。而且，过滤表面上固体的沉积量还与滤浆带有的固体量 ρ_0 有关，如果滤浆带有的固体量越多，固体沉积量也一定越多。除此之外，滤饼厚度 L 又反比于过滤面积 A，因为过滤面积越大，滤饼就越宽坦，同样量的固体沉积，得到的滤饼就越薄，滤饼阻力可表示为：

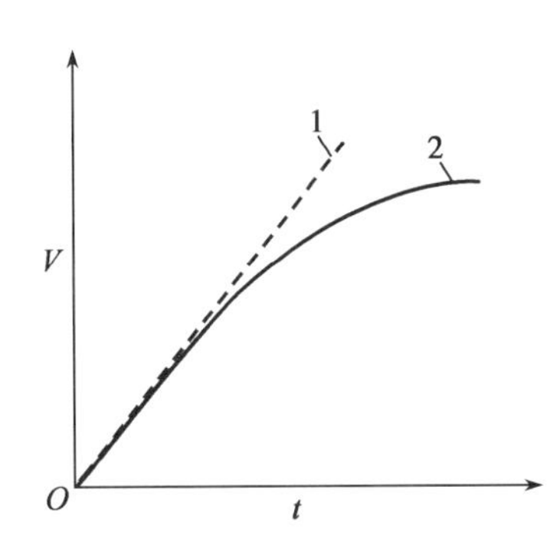

1. 洁净液体；2. 混悬液。

图 2-10　累积滤液体积与时间的关系

$$R_c=a\rho_0\frac{V}{A} \qquad 式(2\text{-}7)$$

式中，a 为滤饼的比阻，反映了滤饼的性质。

从而，过滤基本方程可进一步表达为：

$$\frac{dV}{dt}=\frac{\Delta p \cdot A}{\mu(a\rho_0 V/A+R_m)} \qquad 式(2\text{-}8)$$

该方程式有如下的初始条件：$t=0$，$V=0$，该条件表明当过滤开始时没有滤饼。式（2-8）经积分并整理后可得：

$$\frac{At}{V}=K\frac{V}{A}+B \qquad 式(2\text{-}9)$$

式（2-9）中，$K=\frac{\mu a\rho_0}{2\Delta p}$，$B=\frac{\mu R_m}{\Delta p}$。由此可知，若以（$V/A$）为横坐标，以（$At/V$）为纵坐标作图，可得一直线，其斜率为 K，截距为 B。K 是压力降 Δp 及滤饼性质 a 的函数；而 B 则与滤饼性质无关，但正比于介质阻力 R_m。如果 R_m 可以忽略，则式（2-9）可简化为以下形式：

$$t=\frac{\mu a\rho_0}{2\Delta p}\left(\frac{V}{A}\right)^2 \qquad 式(2\text{-}10)$$

式（2-10）反映了 t、Δp、V、A 等重要变量之间的关系，其在过滤计算中常被使用，但是该式只适用于不可压缩滤饼。

滤饼可分为不可压缩滤饼和可压缩滤饼两类。不可压缩滤饼刚性较大，故在 Δp 的作用之下，过滤过程中滤饼不会变形，过滤的阻力也无明显变化。此时，滤饼的比阻 a 与 Δp 无关。而可压缩滤饼则比较软，在压力作用下滤饼被压紧，过滤孔道骤然变小，过滤阻力增加。所以，需要对可压缩滤饼的比阻 a' 进行校正。

$$a' = a\Delta p^{s} \quad \text{式(2-11)}$$

式中，s 为压缩指数，是反映滤饼压缩性大小的值，从 0（刚性不可压缩滤饼）变到近乎 1.0（极易压缩的滤饼）。通常 a' 的值在 0.1～0.8 之间。s 及 a 值，可从 a' 对 Δp 的对数表中确定。当 s 值很大时，需要考虑使用助滤剂来对悬浮液进行预处理。发酵液中的固体物大多是柔软的微生物细胞，因此由发酵液过滤获得的滤饼，几乎全是可压缩滤饼。这里要指出的是，尽管滤饼可压缩，但由式（2-8）给出的过滤方程的基本形式，并不会因此而发生变化，所改变的仅是 K 值和 Δp 之间的关系。由此对可压缩滤饼而言，式（2-10）相应地变为：

$$t = \frac{\mu a' \rho_0}{2\Delta p^{1-s}}\left(\frac{V}{A}\right)^2 \quad \text{式(2-12)}$$

【例 2-1】 过滤含有蛋白酶的发酵液。从枯草杆菌的发酵液中提取蛋白酶之前必须先把菌体分离除去。为去除枯草杆菌便于过滤，先在发酵液内加入 1.5 倍的生物物质的助滤剂，得到含固体 4.6%（质量分数）的发酵液，其黏度为 8.6×10^{-3}Pa•s。过滤试验设备为直径 6cm 的布氏漏斗，与真空泵相连接，在 26 分钟内能过滤发酵液 100cm^3。另外，用同类发酵液进行的前期研究表明，其滤饼的压缩指数 s 等于 2/3。

现在板框压滤机的中试设备内，需要过滤此类发酵液 4 000L。该过滤机具有 16 个框，每框面积为 3 550cm^2，框与框之间的空间足够大，以至在滤毕 4 000L 发酵液之前，框间不会被滤渣填满。过滤介质的阻力可以忽略不计，使用的过滤压力降为 1.72×10^5Pa。试计算：①在 1.72×10^5Pa 压力下，过滤完这些发酵液需要多长时间？②在上述 2 倍压力下过滤，则过滤完同样的发酵液又需要多长时间？

解：首先计算滤饼的性质，因为介质阻力可以忽略，故根据式（2-9）代入相应的实验值，并把 Δp 计为 1.013×10^5Pa，得：

$$\mu a' \rho_0 = \frac{2t\Delta p^{1-s}A^2}{V^2} = \frac{2\times\frac{26}{60}\times(1.013\times10^5)^{1/3}\times\frac{\pi}{4}\times6^2}{100^2} = 0.114\ 2(\text{h}\cdot\text{Pa}^{1/3}\cdot\text{cm}^{-2})$$

此 $\mu a'\rho_0$ 的单位很少见，但使用方便。

①现使用同样的公式求取板框过滤时的过滤时间。其中，$\Delta p = 1.72\times10^5$Pa，$V$ = 4 000L = 4m^3。因板框过滤系在框的两侧进行，故实际过滤面积为框面积的 2 倍，即 $A = 2\times16\times3\ 550$ = 113 600cm^2 = 11.36m^2。

故

$$t = \frac{0.114\ 2\times10^4}{2\times(1.72\times10^5)^{1/3}}\times\frac{4}{11.36}\approx 3.62(\text{h})$$

注意，这里黏度及发酵液的浓度并没有在计算中使用，它们仅以 $\mu a'\rho_0$ 的形式出现。

②如果压力降至①的 2 倍，则由同样的方程式可得：

$$t \approx 2.87\text{h}$$

由此可见，时间缩短不多，这是因为该滤饼的可压缩性很大。

2. 深层过滤 当过滤介质采用砂子、硅藻土、颗粒活性炭等堆积介质时，介质层内部形成长而弯曲的通道，且通道尺寸大于颗粒直径。当颗粒随着液体流入介质的孔道时，在重力、扩散和惯性等作用下，颗粒在运动过程中趋于孔道壁面，并在表面力和静电力作用下附着在壁面上而与液体分开，如图 2-11 所示。此种过滤方式的特点是过滤在过滤介质内部进行，过滤介质表面无固体颗粒层形成，由于过滤介质孔道细小，过滤阻力较大，一般只用于生产能力大，而流体中颗粒小，且固体体积浓度在 0.1% 以下的场合，如制药用水的净化等。

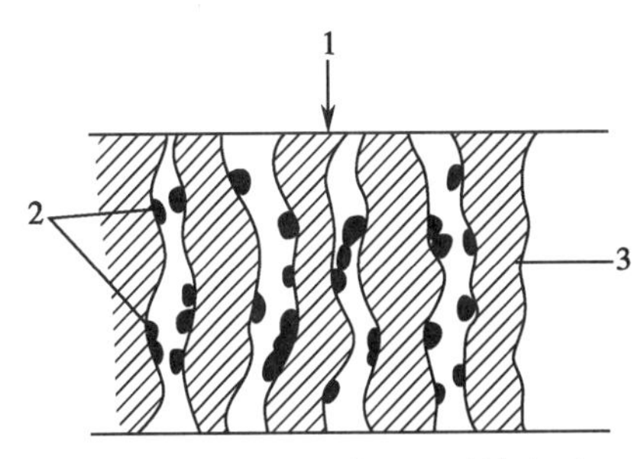

1. 滤浆；2. 固体颗粒；3. 过滤介质。
图 2-11　深层过滤

在深层过滤中，颗粒的运动主要包括：①迁移行为，即固体颗粒在随悬浮液流动的过程中运动至过滤介质内部孔隙的表面；②附着行为，固体颗粒迁移到过滤介质的滤粒表面时，在重力、静电作用力和范德瓦耳斯力等作用下，固体颗粒与过滤介质表面吸附，两者间相互作用力的性质与大小决定能否吸附与吸附的强弱；③脱落行为，当颗粒或颗粒团与过滤介质表面的结合力较弱时，它们会从介质孔隙的表面上脱落下来。

深层过滤的过滤效率受物料的性质及介质的性能影响，主要表现在：①过滤效率与物料粒度、密度及形状有关；②过滤介质孔隙越不规则、比表面积越大、弯道越多，过滤效果越好；③流速越高，过滤效率越低；④随着料浆温度升高，其黏度降低，滤液质量随之提高；⑤对于迁移过程中重力起主导作用的过滤，下流式过滤器的效率高于上流式过滤器，但对于迁移行为是以扩散作用力或流体运动作用力起主导作用的过滤，则上流式与下流式过滤器的效率无差异。

（二）过滤介质

1. 特性　过滤介质是实现过滤的基本条件，应具备较好的各种性能。

（1）物理、机械性能：包括机械强度、蠕变或拉伸抗力、边缘稳定性、抗摩擦性、振动稳定性、可制造工艺性、密封性、可供应指标等性能指标，这些指标均影响介质的过滤性能及使用寿命。不同类型结构的过滤机对过滤介质物理、机械性能要求有差异，如板框过滤机与叶片过滤机相比，对滤布的机械强度要求更高。

（2）对固体颗粒的捕集能力：即截留的最小粒子尺寸。捕集能力取决于介质本身的孔隙大小及分布情况，关系到过滤的分离次序。介质能截留的最小粒子的尺寸，如表 2-2 所示。

表 2-2　各类介质能截留的最小粒子尺寸

过滤介质种类	滤纸	滤布	烧结金属	金属丝织物	多孔陶瓷	多孔塑料板	滤膜
最小粒径 /μm	5	10	3	5	1	3	0.005

（3）清洁介质的流阻：流阻的大小既影响对粒子的截留，又影响过滤设备的运转成本，所以在过滤介质的选择上必须考虑介质的流阻。流阻值的大小受介质上孔的尺寸和单位面积上的孔数的影响。介质的孔隙率取决于其材料的性质和介质的制造方法，因此不同介质的流阻值差异很大。

（4）稳定性能：由于过滤过程所处理的物料种类繁多，其化学性质各不相同。如酸性、碱性和强氧化性等，而且都在一定的温度下进行过滤。这就要求所选用的过滤介质能在被处理的物料中具有良好的化学稳定性、热稳定性、生物学稳定性及动态稳定性。

1）化学稳定性：有时是造成过滤介质失效的主要因素。例如在强碱过滤时，必须使用聚丙烯纤维布，而不是聚酯布。

2）热稳定性：是指过滤介质的最高允许工作温度。它除了取决于介质本身的性质外，还取决于过滤介质所处的化学环境。

3）生物学稳定性：合成纤维通常不受生物学影响。而对天然纤维来说很重要，如棉花。

4）动态稳定性：是指过滤介质上的纤维或碎屑掉入滤液中的可能性，这种掉入有时会造成药品质量严重的后果。

由上述内容不难发现，过滤操作中对过滤介质的要求众多。实际上，不可能找到一种过滤介质具备所有过滤过程要求的特性。通常根据过滤的主要目的选择过滤介质，即如果主要目的可得到最大限度的满足，个别要求可以放宽。

2. 种类　过滤介质的种类众多，按照过滤原理可分为表面过滤介质和深层过滤介质。表面过滤介质多用于回收有价值的固相产品，如滤布、滤网等；深层过滤介质主要用于回收有价值的液相产品，如砂滤层、多孔塑料等。有的过滤介质兼具表面过滤介质和深层过滤介质的作用，综合两种过滤原理实现固液分离。

按材质分类，可分为天然纤维（如棉、麻、丝等）、合成纤维（如涤纶、锦纶等）、金属、玻璃、塑料及陶瓷过滤介质等。按结构分类，可分为柔性、刚性及松散性等过滤介质，具体分类如表2-3所示。

表2-3　过滤介质分类

结构类型	形状	材质及形式
柔性	织物类	金属：丝编织、条状滤网 非金属：天然、合成纤维织物
	非织物类	金属：板状、不锈钢纤维毡 非金属：滤纸、非织造布、高分子有机滤膜
刚性	多孔类	塑料、陶瓷、金属、玻璃
	滤芯或膜类	高分子滤芯、无机膜
松散	颗粒状或块状	活性炭、石英砂、磁铁矿、无烟煤等

（三）新型过滤介质

1. 烧结金属过滤介质　将金属粉末压成薄片、管状物或其他形状后，在模具中进行高温烧结（所谓烧结，是指将金属置于真空中，使之受热至温度为熔点温度的90%，并施加一定时间的压力，使金屑各接触点的原子互相扩散而结合在一起）而成。成品介质的孔径、孔径分布、强度及渗透性，取决于金屑粉末的细度、压制及烧结工艺。最常用的烧结金属材料是不锈钢和青铜。此外，还有镍、蒙乃尔合金、钛及铝等。烧结金属分为10个等级：0.1、0.2、0.5、1、2、5、10、20、40及100。其中的数字对应着介质的平均孔径，如0.2～20的过滤等级，其绝对额定值是1.4～35μm（液体过滤时）和0.1～100μm（气体过滤时）。

2. 多孔陶瓷　用耐火材料（硅酸铝、碳化硅、四氮化三硅）制成矩形、圆形和管形等形状，其具有很好的耐化学腐蚀性（除了氢氟酸之外的酸和碱）和高温稳定性，但过滤速度较慢。

3. 微孔滤膜　由特种纤维素酯或高分子聚合物制成，是具有筛分过滤作用的多孔固体连续介质。其厚度为 0.12～0.15mm，孔径为 0.025～14μm，孔隙率可达 80% 左右，微孔滤膜主要用来对一些只含微量悬浮粒子的液体进行精密过滤，如制药工业的无菌过滤。微孔滤膜的化学稳定性因材质而异，一般可耐稀酸、稀碱、非极性溶剂等。但不耐丙酮、乙醚及乙醇等极性溶剂，也不耐强碱。微孔滤膜的缺点是强度较低、易堵塞及价格较高。

（四）助滤剂

若流体中所含的固体颗粒很细且悬浮液的黏度较大，这些细小颗粒可能会将过滤介质的孔隙堵塞，形成较大阻力。同时细颗粒形成的滤饼阻力大，致使过滤过程难于进行。另一方面，有些颗粒例如细胞或胶体粒子在压力作用下会产生变形，空隙率减小，其过滤阻力随着操作压力的增加而急剧增大。为了防止过滤介质孔道的堵塞或降低可压缩滤饼的过滤阻力，可采用加入助滤剂的方法。

ER2-7　助滤剂

（五）过滤设备

1. 板框式压滤机　作为加压过滤机的代表，历史最久，目前在制药生产过程中使用广泛。该设备是由许多交替排列的滤板与滤框共同支承在机架上，并可在架上滑动，用一端的压紧装置将它们压紧，使交替排列的滤板和滤框构成一系列密封的滤室，如图 2-12 所示。滤板和滤框的个数可根据生产任务自由调节，一般为 10～60 块，过滤面积为 2～80m^2，操作压力一般为 0.3～0.5MPa。

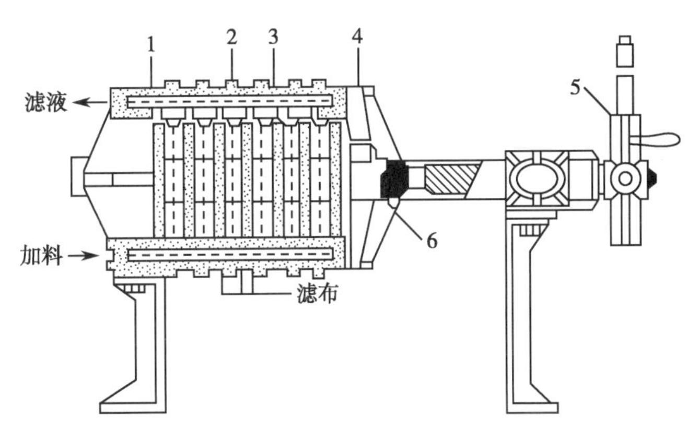

1. 固定板；2. 滤框；3. 滤板；4. 压紧板；5. 压紧手轮；6. 滑轨。

图 2-12　板框式压滤机

在板框式压滤机中，滤板表面制有沟槽，其凸起部位的作用为支撑滤布并有利于滤液的排出，滤框的作用为积集滤渣和承挂滤布，板、框之间的滤布作为过滤介质的同时还起密封垫片的作用。滤板、滤框和滤布的两个上角均有小孔，组装叠合后构成两条通道。右上角为原液通道，左上角为洗涤液通道。每个滤框的右上角有暗孔与原液通道相通，过滤时原液由此暗孔进入滤框内部的空间，滤液透过滤框两侧的滤布，顺滤板表面的凹槽流下。滤板下角的暗孔装有滤液出口阀，过滤后的滤液即由此阀排出，而滤饼则被滤布阻挡，积集于滤框内部。各板、框的左上角为洗涤液通道，洗涤液由此进入，以洗涤滤框内的滤饼。

有的滤板分为两组，即过滤板及洗涤板，组装时相间排列，即：过滤板→滤框→洗涤板→滤框→过滤板……为避免次序混淆，在板、框的外缘标有记号：有 1 个点的为过滤板，有 2 个点的为滤框，有 3 个点的则为洗涤板。排列时以“1→2→3→2→1……”的顺序排列。

板框式压滤机操作方式基本是间歇式，每个操作循环可分为四个阶段：①压紧，压滤机操作前须查看滤布有无打折或重叠现象，电源是否已正常连接，检查后即通过压紧装置将滤板、滤框和滤布压紧。②进料，当压滤机压紧后，开启进料泵，并缓慢开启进料阀门，进料压力逐渐升高至正常压力。这时观察压滤机出液情况和滤板间的渗漏情况，过滤一段时间后压滤机出液孔出液量逐渐减少，这时说明滤室内滤渣正在逐渐充满，当出液口不出液或只有很少量液体时，证明滤室内滤渣已经完全充满形成滤饼。如需要对滤饼进行洗涤操作，即可随后进行，如不需要洗涤即可进行卸饼操作。③洗涤，压滤机滤饼充满后，关停进料泵和进料阀门。开启洗涤泵，缓慢开启进洗液或进风阀门，对滤饼进行洗涤。操作完成后，关闭洗液泵及其阀门。④卸饼，首先关闭进料泵和进料阀门、进洗液装置和阀门，通过压紧装置活塞杆带动压紧板退回，退至合适位置后，人工逐块拉动滤板卸下滤饼，同时清理黏在密封面处的滤渣，防止滤渣夹在密封面上影响密封性能，产生渗漏现象。至此一个操作周期完毕。

板框式压滤机的出液形式有两种，一种形式为洗涤液及滤液由各板通过阀门直接排出，其流动方式被称作明流式。另一种形式为滤液由板框的下角通道汇集排出，此流动方式被称作暗流式。采用明流式可观察板框的过滤情况，如发现滤液混浊，可将该板的阀门关闭，而不妨碍设备操作。暗流式构造简单，常用于不宜与空气接触的滤液。

板框式压滤机的优点是结构简单、操作容易、故障少、保养方便、机器使用寿命长、占地面积小、对各种物料适应能力强、过滤面积选择范围广、所得滤饼含水量少；缺点是间歇操作、劳动强度大、操作条件差、滤布损耗非常快。

2. 叶片压滤机 其核心部件是矩形或圆形的滤叶，滤叶由金属多孔板或金属网制造，内部具有空间供滤液通过，外部覆以滤布。若干块平行排列的滤叶组转成一体，插入密封槽内，结构如图 2-13 所示。

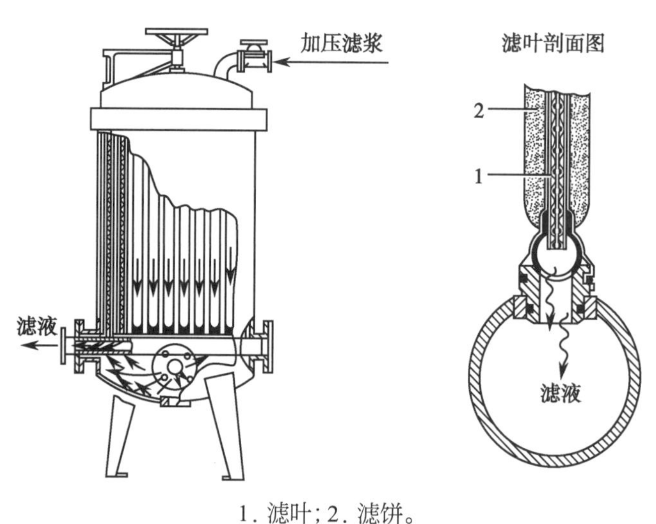

1. 滤叶；2. 滤饼。

图 2-13 圆形滤叶压滤机

过滤时，用泵将料浆压入机壳，在压力差的作用下，滤液穿过滤布进入滤叶内部，汇集到下部总管流出，颗粒沉积在滤布上形成滤饼。过滤结束后，进行洗涤，洗涤液的路径与滤液完全相同。洗涤后，用振动器或压缩空气反吹卸滤饼。

叶片压滤机设备紧凑，过滤面积大，机械化程度高，卫生条件较好，且密封操作，适用于无菌过滤。但是该设备的结构比较复杂，造价较高，过滤介质的更换比较复杂。

3. 转筒真空过滤机 转筒真空过滤机是工业上应用最广的一种连续操作的过滤设备，其主体是一个转动的水平圆筒，称为转鼓。其表面装有一层用于支承的金属网，网的外周覆以滤布，采用纵向隔板将转鼓的内腔分隔为若干个扇形小室，每个小室都有一根管道与转鼓侧面圆盘的一个端孔相连，如图 2-14(a)所示。该圆盘被固定于转鼓并随转鼓一起转动，称为转动盘，其结构如图 2-14(b)所示。转动盘与另一个静止的圆盘相配合，后者盘面上开有 3 个圆弧形的凹槽，这些凹槽均通过孔道分别与滤液排出管（连接真空系统）、洗水排出管（连接真空系统）和压缩空气管相连通。由于该圆盘静止不动，故称为固定盘，其结构如图 2-14(c)所示。当固定盘与转动盘的表面紧密贴合时，转动盘上的小孔与固定盘上的凹槽将对应相通，称为分配头。

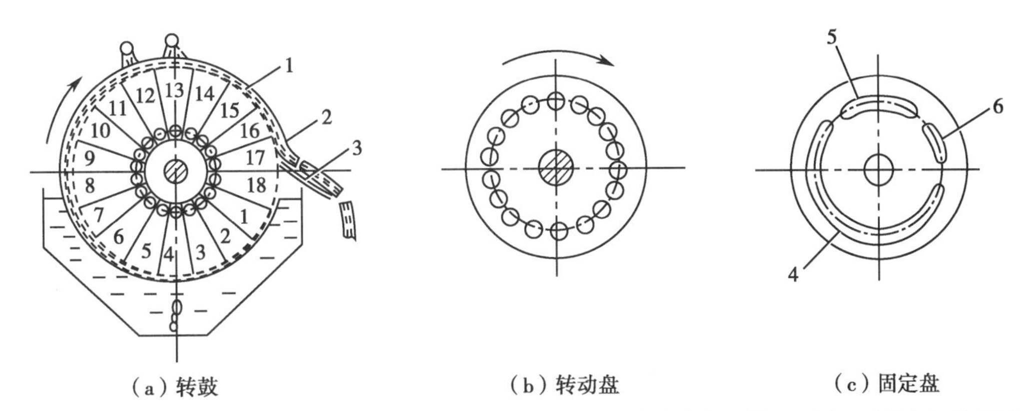

1. 转筒；2. 滤饼；3. 刮刀；4. 吸走滤液的真空凹槽；5. 吸走洗水的真空凹槽；6. 通入压缩空气的凹槽。

图 2-14 转鼓、转动盘及固定盘的结构

转筒真空过滤机工作时，筒的下部浸入料浆中，转动盘随转鼓一起旋转。凭借分配头的作用，使得相应的转筒表面上的各部位分别处于被抽吸或被吹送的状态。于是，在转鼓旋转一周的过程中，每个扇形小室所对应的转鼓表面可依次按过滤、洗涤、吸干、吹松、卸饼的顺序逐级完成过滤操作。

转筒真空过滤机可实现过滤、洗涤、卸料连续自动操作，自动化程度高，劳动强度低，适用性广。在过滤细且黏的物料时采用预涂助滤剂的方法也比较方便，只要调整刮刀的切削深度就能使助滤剂层在较长时间内发挥作用。但是该设备体积庞大、占地面积大、结构复杂、价格贵、过滤推动力小、滤饼洗涤不充分，此外它不宜用于过滤高温悬浮液。

三、重力沉降分离

重力沉降分离是借助于重力的作用，利用非均相混合物间的密度差，使颗粒发生下沉或上浮，从而实现颗粒与流体间的分离。重力沉降通常作为非均相混合物分离的第一道工序，常常在沉降槽中进行，设备构造简单，操作容易。

（一）沉降分离原理及基本方程

工业上所处理的非均相混合物中颗粒的浓度一般较高，致使沉降过程中颗粒之间存在明

显的相互作用，其沉降明显区别于自由沉降，应属干扰沉降。此沉降过程用修正斯托克斯定律来描述

$$u_t = \frac{gd^2(\rho_s - \rho)}{18\mu_e} \qquad 式(2\text{-}13)$$

式中，d 和 ρ_s 分别为颗粒粒度和颗粒密度；g 为重力加速度；ρ 为介质的表观密度，$\rho = \varepsilon\mu_e + (1+\varepsilon)\rho_p$；$\mu_e$ 为悬浮体系的表观黏度，$\mu_e = \mu_m/\varphi$。其中，ε 为悬浮体系中介质的体积分率，即空隙率；μ_m 为介质的黏度；φ 为悬浮液的经验校正因子，为悬浮体系空隙率的函数，$\varphi = 1/10^{1.82(1-\varepsilon)}$。

由式（2-13）可得出，当颗粒的粒度 d 和密度 ρ_s 一定时，悬浮体系中介质的体积分率越小。也就是说，颗粒的浓度越大，介质的表观密度越大，表观黏度也越大，使得沉降速度越小。式（2-13）也可表达为

$$u_t = \frac{gd^2(\rho_s - \rho)}{18\mu}\varepsilon\varphi \qquad 式(2\text{-}14)$$

由式（2-14）可知，悬浮体系中颗粒浓度的增加使大颗粒的沉降速度减慢，小颗粒的沉降速度加快。对于粒度差别不超过6∶1的悬浮液，所有粒子以大体相同的速度沉降。

（二）沉降分离的影响因素

重力沉降的分离效果除受分散相和连续相之间的密度差影响外，还与分散相颗粒的大小、形状、浓度、连续相（或介质）的黏度、凝聚剂和絮凝剂的种类及用量、沉降面积、沉降距离以及物料在沉降槽中的停留时间等因素有关。

1. 颗粒的性质 对相同体积的同种物质，球形或近似球形颗粒的沉降速度要比非球形颗粒快。非球形颗粒在沉降时的取向、可变形颗粒的变形等均会影响颗粒的沉降速度。小颗粒比表面积大，在悬浮液中，会产生小颗粒聚集形成较大的集合体，还可发生大颗粒沉降过程中带动小颗粒一同下沉，结果使粒度不同的颗粒以大体相同的速度沉降。

2. 颗粒的浓度 在液体中增加均匀分散的颗粒的数量，会减小单独颗粒的沉降速度。低浓度悬浮液中单个颗粒或絮凝团在液体中自由沉降；中浓度悬浮液中，絮凝团相互接触，如果悬浮液的高度足够，则进行沟道式的沉降；高浓度悬浮液中，由于缺乏足够的高度或者接近容器底部剩余的液体量较少，不能形成回流沟道，液体只能通过原始颗粒间的微小空间向上流动，从而导致相对低的沉降速度。

3. 介质的性质 介质的密度越小，其与颗粒的密度差就越大，越有利于沉降；同时，颗粒的沉降速度与介质的黏度成反比，因此，可通过调节悬浮液的温度来改变沉降速度。

4. 凝聚剂和絮凝剂 凝聚与絮凝均能使胶体或悬浮液中微细固体聚集，使颗粒尺寸变大，从而大大提高沉降速度。通常凝聚对微细颗粒作用明显，产生的凝聚体粒度小，密实、易碎，但碎后又可重新凝聚。而絮凝体的特点是粒度大、疏松、强度大，但碎后一般不再成团。如果颗粒本身的表面存在可利用的离子条件，即使不添加絮凝剂也可发生自动絮凝。

5. 沉降设备特性 随着物料在沉降设备内停留时间的增加，设备的分离效率不断提高，但停留时间延长导致处理能力减小。沉降设备的处理能力与沉降面积成正比，与停留时间成反比。由于缩短沉降距离可在不改变沉降面积的前提下减少所需的沉降空间，这样就产生了

斜板浓缩机或斜板隔油池，即所谓的浅池原理。靠近沉降颗粒的静止容器壁会干扰颗粒周围流体的正常流型，从而降低颗粒沉降速度。如果容器直径 D 与颗粒直径 d 之比大于 100，可忽略容器壁对颗粒沉降速度的影响。

悬浮液的高度一般不影响沉降速度或最终获得的沉淀速度。当固体浓度高时，沉降设备应能提供足够的悬浮液高度。直立且横截面不随高度而变的沉降设备，其形状对沉降速度影响甚微。如果横截面积或容器壁倾斜度有变化时，则应考虑设备器壁对沉降过程的影响。

（三）沉降分离设备

重力沉降分离由于沉降效率较低，在制药工业生产中多用于部分微生物制药分离的预处理。天然药物沉淀分离过程和制药用水的预处理及废水处理等方面，其他固液分离环节使用相对较少。实现重力沉降分离的设备称为沉降槽，也称浓缩机、澄清器等。按其使用方式分为间歇式和连续式两类。

1. 间歇式沉降槽 是带有锥底的柱 - 锥形圆槽。操作时料浆被置于槽内，静置足够的时间后，待料浆出现分级后，用泵或虹吸管将上部清液抽出，增浓后的沉渣则从底部的出料口排出。中药前处理工艺中的水提醇沉或醇提水沉工艺可选用间歇式沉降槽来完成。

2. 连续式沉降槽 为一大口径的浅槽，其底部略呈锥形，如图 2-15 所示。操作时，料浆经中央加料口送至液面以下约 0.3～1.0m 处，并迅速地分散于槽内。随后，在密度差的推动下，清液将向槽的上部流动，并由顶端的溢流口连续流出；与此同时，沉积在底部的固体物均被以转速为 0.1～1r/min 缓慢转动的倾斜耙刮动并送入底部排渣口排出。

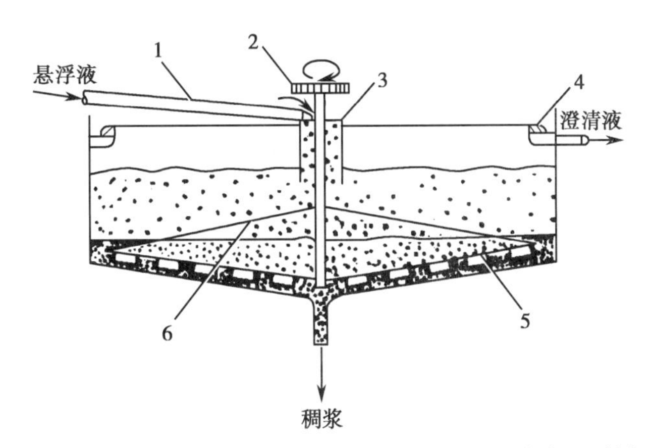

1. 进料槽道；2. 转动机构；3. 料井；4. 溢流槽；5. 叶片；6. 转耙。

图 2-15 连续式沉降槽

四、离心分离

离心分离是利用不同物质之间的密度、形状和大小的差异，依靠离心力的作用使液相非均一系分离的一种方法，主要于分离混悬液和乳浊液。其优点为速度快、效率高、液相澄清度好、可连续化操作。当固体颗粒很小或溶液黏度很大、过滤速度很慢，甚至难以过滤时，离心分离往往十分有效。

（一）离心分离原理

离心沉降是在离心惯性力作用下，用沉降方法分离固液混合体系，使其中的粒子与液体分离开的分离技术。可见，离心分离的基础是颗粒的沉降。

当球形颗粒在重力场中的液体内沉降时，其沉降速度 u_t 为：

$$u_t = \frac{gd^2(\rho_s - \rho)}{18\mu_e} \qquad 式(2\text{-}15)$$

式中，d 为颗粒直径；ρ_s、ρ 分别为颗粒与液体的密度；g 为重力加速度。

同理，颗粒在离心力场中沉降，采用离心加速度 $\omega^2 r$ 替代重力场中的重力加速度 g，即可得到颗粒的沉降速度 u_ω。

$$u_\omega = \frac{d^2(\rho_s - \rho)}{18\mu_e}\omega^2 r \qquad 式(2\text{-}16)$$

式中，ω 为旋转角速度，rad/s；r 为颗粒的旋转半径。沉降速度 u_ω 与角速度 ω 的二次方和旋转半径 r 成正比，提高角速度 ω 或者旋转半径 r，便可获得很高的沉降速度，改善分离效果。

将同一粒子在同种流体中所受离心力与重力之比称为离心分离因数，以 α 表示。其是反映离心分离设备性能的重要指标，其表达式为：

$$\alpha = \frac{\omega^2 r}{g} \qquad 式(2\text{-}17)$$

由式(2-17)得知，对于一定物料，转鼓的直径越大，转速越快，分离因数就越大。但由于设备强度、材料、振动、摩擦等方面的原因，两者的增加不能是无限度的。

（二）离心分离设备

用于离心分离的设备称为离心机。制药分离过程常用的离心机主要有三足式离心机、卧式刮刀卸料离心机、管式高速离心机及碟片式离心机等。

1. 三足式离心机 三足式离心机是制药工业中最常用的过滤式离心设备，其转鼓、外壳及传动装置均固定于机座上，机座借助 3 个装有压力弹簧的拉杆悬吊于各自的支脚之上，起到缓冲和减震作用。工作时，传动装置带动转鼓旋转，外壳起到收集滤液的作用，其结构如图 2-16 所示。

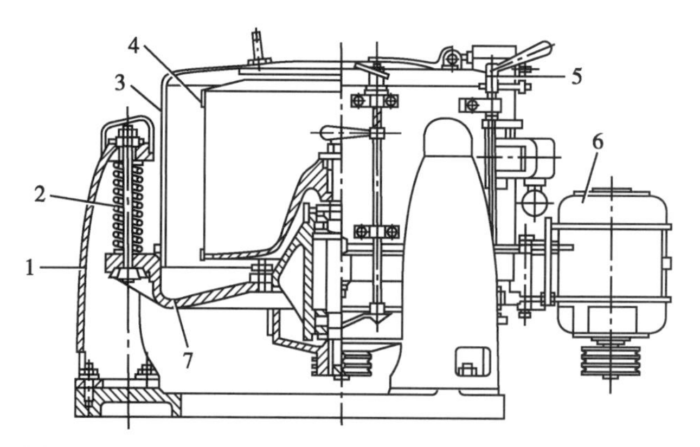

1. 支柱；2. 拉杆；3. 外壳；4. 转鼓；5. 制动器；6. 电动机；7. 机座。

图 2-16 三足式离心机

三足式离心机具有结构简单、操作平稳、占地面积小、固体粒子不易被磨损等优点。适用于分离粒径为 0.05～5mm 的悬浮液，并可通过控制分离时间来达到产品湿度的要求，比较适宜于小批量多品种物料的分离。缺点是上部出料，间歇操作，劳动强度大，除非有自动卸料装置；滤饼上下不均匀，上薄下厚，下部传动系统维护不便，且可能有液体漏入传动系统而发生腐蚀。

2. 卧式刮刀卸料离心机 卧式刮刀卸料离心机在固定机壳内，转鼓装在水平的主轴上，由一悬臂式主轴带动，鼓内装有进料管、冲洗管、耙齿；还有一个固定的料斗，内装一个可上下移动的长形刮刀，如图 2-17 所示。工作时，悬浮液从进料管加入连续运转的卧式转鼓中，借助机内耙齿使物料均匀分布。当滤饼达到一定厚度时，停止加料，进行洗涤、脱水，通过液压装置控制刮刀上移卸料，再清洗转鼓。

卧式刮刀卸料离心机占地面积小，安装简单，进料、洗涤、脱水、卸料、洗网可实现自动操作，生产效率高，适合于中细粒度悬浮液的脱水及大规模生产；但是设备结构复杂，振动严重，刮刀寿命短，晶体破损率高，转鼓可能漏液到轴承箱。

3. 管式离心机 主要结构特点为细长无孔转鼓（直径 70～160mm，长径比 4～8）悬挂于离心机上端的橡胶挠性驱动轴上，其下部与中空轴连接，中空轴置于机壳底部的导向轴衬内，如图 2-18 所示。

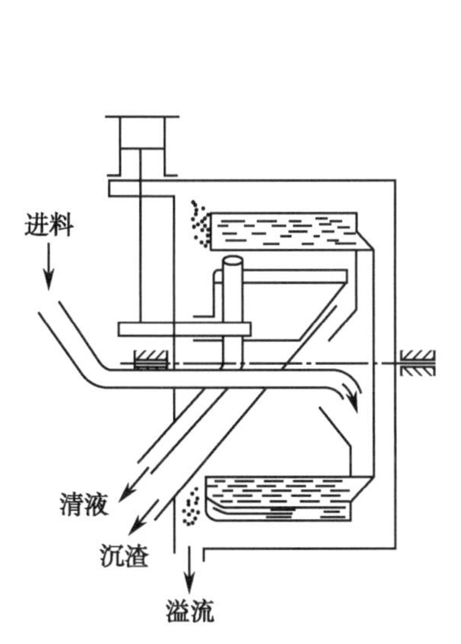

图 2-17 卧式刮刀卸料离心机

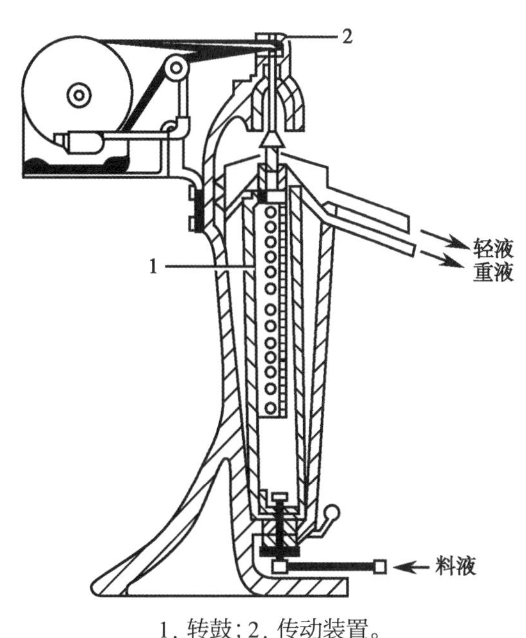

1. 转鼓；2. 传动装置。

图 2-18 管式离心机

工作时料液在加压条件下由转子底部的进料管进入转鼓，筒内有 3 块辐射状挡板，带动液体随转鼓旋转。由于重液和轻液（或固体颗粒和清液）的密度存在差异，在高速离心力的作用下，料液被分为内、外两层，密度较小的轻液（或清液）位于转鼓中央，而重液（或固体颗粒）则向管壁运动。

管式离心机适于分离稀薄的混悬液及不易分离的乳浊液，如生化制药、分离酵母菌。其优点为结构紧凑、运转可靠、分离因数高，缺点为容量小、固液分离时为间隙操作。

4. 碟片式离心机 又称分离板式离心机，其结构是具有一个密封的转鼓，内装十至上百个倒锥形碟片叠置成层，由一个垂直轴带动而高速旋转，如图 2-19 所示。工作时料液从中心进料口加入，穿行通过碟片，在离心力的作用下，重液（或固体颗粒）沿各碟片的内表面沉降，并连续向鼓壁移动，由出口连续排出（颗粒则沉积于鼓壁上，可采用间歇或连续的方式除去）；而轻液（或清液）则沿各碟片的斜面向上移动，由顶部的环形缝排出。

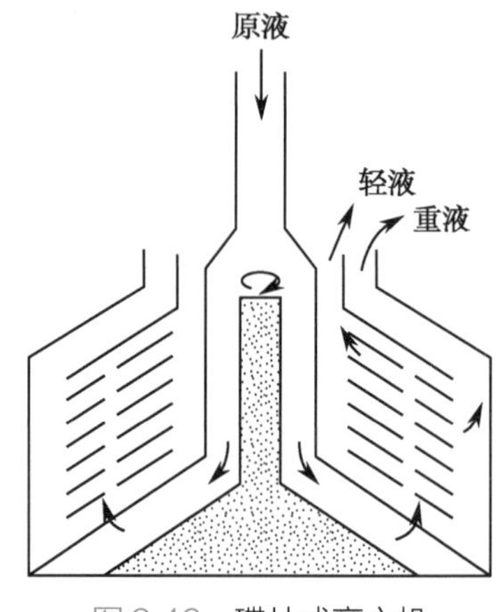

图 2-19 碟片式离心机

碟片式离心机可根据固体卸料方式不同将其分为人工排渣、喷嘴排渣和活塞排渣三种型式：①人工排渣碟片式离心机为避免经常拆卸除渣，适用于处理固体浓度小于 2% 的悬浮液，如抗生素的提取、疫苗的生产等澄清作业；②喷嘴排渣碟片式离心机其转鼓呈双锥型，四周分布有喷嘴，能连续排渣，适于处理固体颗粒粒度 0.1～100μm 的悬浮液，如羊毛脂分离提取；③活塞排渣碟片式离心机的转鼓内有与碟片同轴的排渣活塞装置，活塞可上下移动，自动启闭排渣口，断续自动排渣，适于处理颗粒直径 0.1～500μm 的悬浮液。

5. 螺旋卸料式离心机 该设备根据主轴方位分为立式和卧式两种，其结构如图 2-20、图 2-21 所示。通常采用卧式的较多。

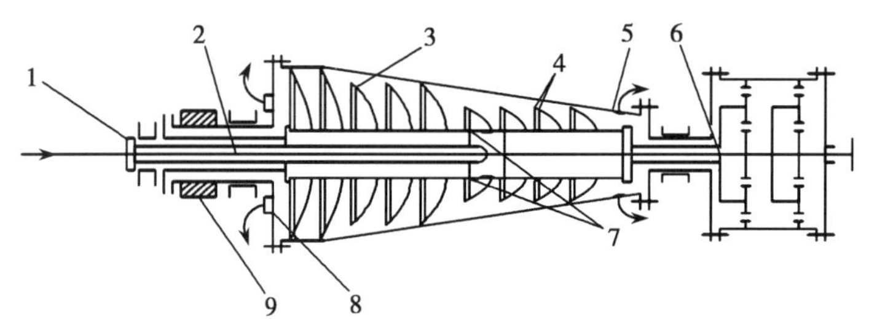

1. 卸料口；2. 进料管；3. 螺旋推送器；4. 锥形转鼓；5. 卸料口；6. 减速箱；7. 进料孔；8. 溢出口；9. 皮带轮。
图 2-20 卧式螺旋卸料式离心机

螺旋卸料式离心机转鼓为圆锥形，内有螺旋卸料器，进料管为螺旋输送器的空心轴，在此空心轴上某一轴向位置（偏向底流口）开有进料孔，溢流口（若干个溢流孔）在转鼓的大端，底流口（排渣孔）在转鼓的小端。

工作时，悬浮液经加料管进入转鼓，沉降到鼓壁的沉渣由螺旋输送器输送到转鼓小端的排渣孔排出。螺旋与转鼓同向回转，但具有一定的转速差（由差速器实现），分离液经转鼓大端的溢流孔排出。

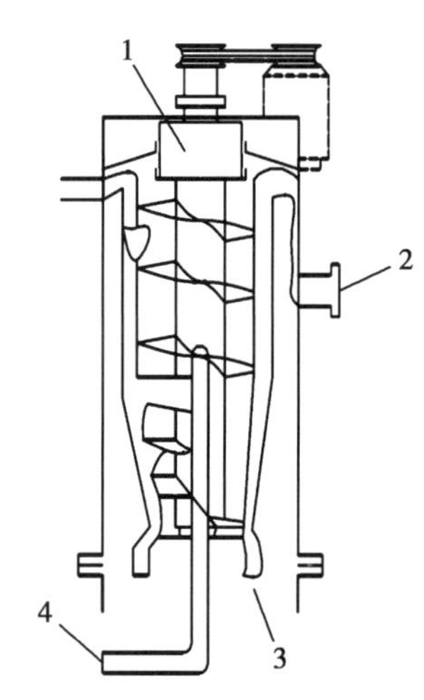

1. 齿轮箱；2. 分离液；3. 固体颗粒；4. 供给液。
图 2-21 立式螺旋卸料式离心机

螺旋卸料式离心机为连续式离心机，最大

分离因数可达 6 000，操作温度可高达 300℃，操作压力一般为常压，适于处理颗粒粒度 2～5μm、固体含量 1%～50% 的悬浮液。

五、固液分离进展

技术水平的高低、设备质量的优劣对于实现生产过程的现代化和实现工艺的先进性都具有重要意义。随着科学技术和工业生产的不断发展，固液分离设备在结构形式、分离效率、自动化水平、功能集成、产品质量和可靠性方面发展迅速。

（一）性能方面

1. 大规格 为了适应资源利用，能源多元化开发，工业和生活废水处理与再利用的大处理量，需求更大规格的固液分离设备，提高单机生产能力，如 2 000m^2 压滤机、ϕ3 000 离心分离机等。

2. 高速率 随着企业不断增强的高效意识，为了提高设备工作效率和满足特殊物料的分离，要求更高过滤速度和运转速度的设备，如高速率旋叶压滤机、音速离心分离机等，并采用了磁力与针状轴承整机全速动平衡技术。

3. 高精度 随着医药卫生、精细化工等行业的发展，很多要求固液分离的浆体中的固形物颗粒粒度都很细，且有越来越细之势。为了提高滤液的澄清度和降低滤渣的含湿量，需要更高精度设备，如高精度十字流动态过滤机、精密膜分离器等。

4. 高压力 为降低滤渣的含液量，以减少干燥能耗和进一步处理的工作量，降低固液分离总成本，需借助固液分离设备更高的工作压力，如新型板框式压滤机，其工作压力最高可达 7.0MPa。

（二）新材料方面

随着强度高、刚性好、耐磨、抗腐蚀性能优异的新型材料应用于分离设备，设备的机械性能得以大大提高，如新型工程塑料、陶瓷、氯化聚氯乙烯、合成树脂构成的复合材料及零件表面镀镍磷技术等。

为了提高分离精度和效率，更多的新材料被应用于制备过滤介质并得以工业应用，如各种物料相适应的新型滤布、微孔复合膜滤布、烧结网等。

（三）多功能集成

随着制药、生物化工、精细化工、新材料等高新技术产业的发展，为了防止贵重制品的污染和节能，研发出集反应、过滤、干燥和节能减排等功能为一体的设备，如带压榨功能的水平带式过滤机、将蒸发及真空技术结合的多功能加压过滤机等。

（四）全自动化

为了提高生产率和适应特殊场合的需要，对于全自动化作业的设备，向电脑控制、机器人操作方面发展，如数控水平带型过滤机，无人操作碟型分离机等。

（五）机型多样化

为了应对高压缩性、高分散性、高黏性、高精度的难分离物料、微粒子进行有效的分离和复杂物系的提纯，需要研制多样化专用分离设备。由于目前工业产品零件仍趋于标准化，为提高设备应变能力，在产品结构和功能设计上通常采用复合式或积木式组合，以实现多样化机型的需求，如自动翻袋型分离机、超导高梯度磁分离机、同位素激光分离机、超声波过滤机等。

第四节　案例分析

案例 2-1　藻蓝蛋白的提取分离

螺旋藻（Spirulina）是"节旋藻"（Arthrospira）的俗称，属于蓝藻门蓝藻纲颤藻科螺旋藻属的低等原核生物。藻蓝蛋白是螺旋藻中重要的活性成分之一，其组成不仅有纯天然蓝色色素，还富含丰富的蛋白质，其中包括人体 8 种必需的氨基酸，是很好的蛋白质补充剂，具有丰富的营养价值。

问题：查阅相关文献，根据螺旋藻藻蓝蛋白的性质，选定有效的分离方法，确定工艺路线，对设定的工艺路线进行分析比较，不仅要求技术上的可行性，还要体现经济性、环保性。

分析讨论：

已知：根据案例所给的信息，待分离的物质为螺旋藻藻蓝蛋白，先要查找螺旋藻藻蓝蛋白的性质，根据其性质，选定几种有效的分离纯化方法。

找寻关键：藻蓝蛋白是胞内蛋白质，水溶性，破碎藻细胞的细胞壁、细胞膜将其从细胞内释放到提取溶剂中是提取前处理中最为关键的一步。

工艺设计：

从螺旋藻中提取藻蓝蛋白，工艺如图 2-22 所示。

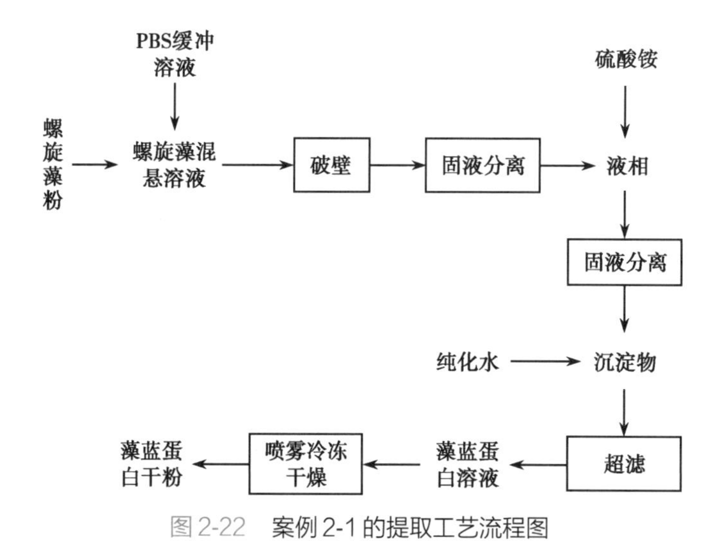

图 2-22　案例 2-1 的提取工艺流程图

适量螺旋藻粉按料液比 1∶20 加入 PBS 缓冲液（pH 7.0，0.1mol/L），浸泡 2 小时，得螺旋藻混悬液。破碎藻细胞后，进行固液分离，收集螺旋藻粗提液。将硫酸铵加入螺旋藻粗提液中，搅拌使其饱和度达到 50%，在 4℃条件下静止保存 4 小时后，固液分离，收集沉淀。将上述沉淀物用纯化水溶解，稀释至 0.1% 终浓度，采用膜分离设备（截留分子量 5 000，压力 0.2MPa）脱盐浓缩。控制进风温度 −40℃，物料温度 30℃，将脱盐后的藻蓝蛋白溶液冷冻喷雾干燥。

待真空度小于 10Pa 后破除真空，得到藻蓝蛋白。

细胞破碎的方法：

（1）高速匀浆法的提取工艺：采用高速匀浆法破碎螺旋藻藻细胞的工艺流程如图 2-23 所示。

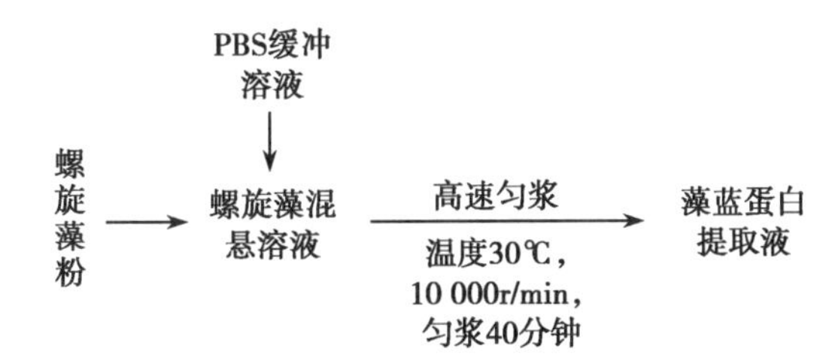

图 2-23　高速匀浆法破碎螺旋藻藻细胞的工艺流程图

控制温度为 30℃，将螺旋藻混悬液经 10 000r/min 高速匀浆 40 分钟。

（2）高压微射流均质法的提取工艺：采用高压微射流均质法破碎螺旋藻藻细胞的工艺流程如图 2-24 所示。

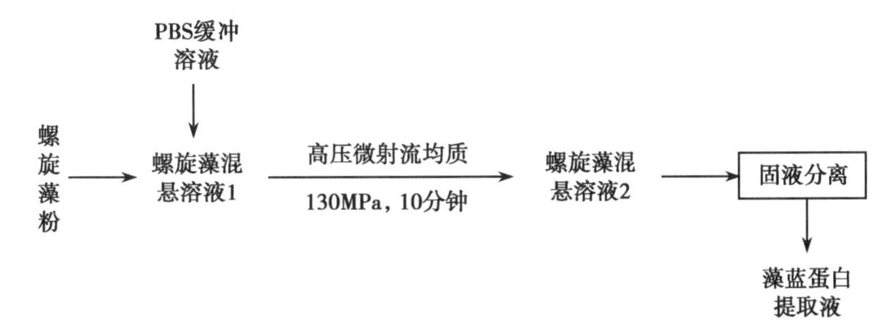

图 2-24　高压微射流均质法破碎螺旋藻藻细胞的工艺流程图

将螺旋藻混悬液用高压微射流均质机于 130MPa 循环处理 10 分钟。

（3）酶处理法的提取工艺：采用酶处理法破碎螺旋藻藻细胞的工艺流程如图 2-25 所示。

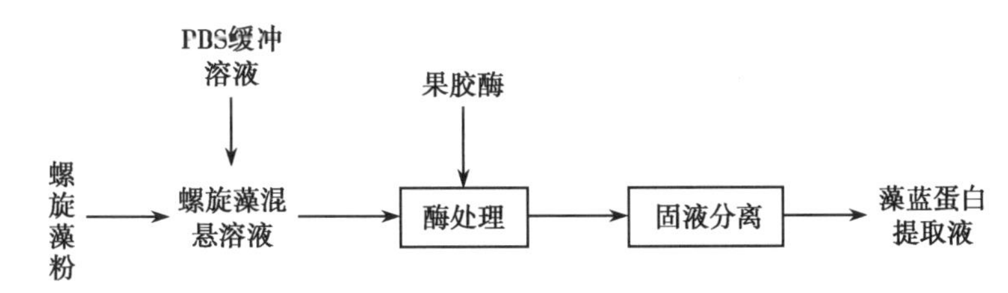

图 2-25　酶处理法破碎螺旋藻藻细胞的工艺流程图

将藻粉质量的 0.8% 的果胶酶加入螺旋藻混悬液中，于该酶最适宜条件下酶解 2 小时。

假设：用反复冻融法提取螺旋藻藻蓝蛋白，对提取效率有什么影响?

分析与评价：通过显微镜观察藻细胞破碎程度，发现高压微射流处理螺旋藻藻细胞破碎率最高，其次为高速匀浆法，果胶酶处理破碎细胞的效果最差。高压微射流均质处理螺旋藻后，观察不到细胞，细胞破壁率达 99.7%。高速匀浆法藻细胞破壁率达到 85%，高速匀浆法处理后显微观察可看到大量的藻细胞碎片，比酶解法高 27%。

因此，高压微射流均质破碎藻细胞的效果最好。然而，高压微射流均质法样品处理量较低，且易产生高温破坏藻蓝蛋白活性，且成本较高。相比之下，高速匀浆法处理藻蓝蛋白得率较高，具有较好的破碎藻细胞效果，与高压微射流均质相比，具有成本低、易操作、处理量大等优点。为此，最终确定采用高速匀浆法对螺旋藻悬浮液进行细胞破碎。

学习思考题

1. 简述制药原料预处理的内容及其必要性。
2. 细胞破碎方法可分为哪两类？选择依据是什么？
3. 简述表面过滤与深层过滤的机制和应用范围。
4. 影响固液分离的主要因素包括哪些?
5. 简述离心沉降与离心分离的原理和主要设备。

ER2-8　第二章　目标测试

（孟繁钦　傅　收）

参考文献

[1] 宋航. 制药分离工程. 上海：华东理工大学出版社，2011.

[2] 郭立玮. 制药分离工程. 北京：人民卫生出版社，2014.

[3] 柯学. 药物制剂工程. 北京：人民卫生出版社，2014.

[4] 宋航，李华. 制药分离工程. 北京：科学出版社，2020.

第三章　沉淀分离

ER3-1　第三章　沉淀分离（课件）

1. **课程目标**　在了解沉淀分离的基本原理基础上，熟悉各种不同沉淀分离方法的特点及应用条件。掌握沉淀分离的工艺基本流程以及原理、工业应用等知识，培养学生具备初步的分析、解决沉淀分离工艺和工业化生产中实际问题的能力。
2. **教学重点**　不同沉淀分离的基本概念、原理及应用。

第一节　盐析法

对于常见的两性电解质，如蛋白质、多肽、氨基酸等，它们在高盐离子强度的溶液中溶解度会下降，从而发生沉降析出的现象称为盐析。盐析分离就是利用各种生物大分子如蛋白质等，在浓盐溶液中溶解度的差异，通过向溶液中溶解一定数量的中性盐，使目标蛋白或杂蛋白析出从而达到纯化分离的方法。

一、两性电解质表面特性

常见的多肽、蛋白质等两性电解质，大多能溶于水溶液中，因多肽链中的氨基酸残基疏水折叠及所带电荷不同，造成其表面形成了疏水、亲水及荷电不同的区域（图 3-1），由于库仑力作用使溶液中带相反电荷的离子（称反离子）被吸附在其周围，从而在界面上形成双电层结构。双电层可分为两部分结构：一为紧靠蛋白质表面的一层不流动反离子，称为紧密层；二为紧密层外围反离子浓度逐渐降低直到为零的部分（图 3-2），称为分散层，双电层中存在距离表面由高到低（绝对值）的不同电位分布，双电层的性质与该电位分布呈一定函数关系。接近紧密层和分散层交界处的电位值称为 ξ 电位（Zeta 电位），带电粒子间的静电相互作用取决于该 ξ 电位（绝对值）的大小。由于粒子表面电位为一个定值，所以分散层厚度越小，电位越小，若分散层的厚度为零，则 ξ 电位为零，即该粒子处于等电的状态，不产生静电相互作用。当双电层的电位足够大时，导致静电排斥作用可以抵消分子间的相互吸引作用（分子间范德瓦耳斯力），使蛋白质溶液处于稳定状态，除双电层外，在蛋白质分子周围存在与蛋白质分子紧密以及疏松结合的水化层。紧密结合的水化层可达到 0.35g/g 蛋白质，而紧密结合外围的疏松结合的水化层可达到蛋白质分子质量的 2 倍以上。蛋白质周围的水化层也造成蛋白质相互隔离形成稳定的胶体溶液从而防止蛋白质积聚沉淀。

由于以上两种作用，蛋白质等生物大分子物质以亲水胶体形式存在于水溶液中，无外界影响时，常常呈稳定的分散状态。

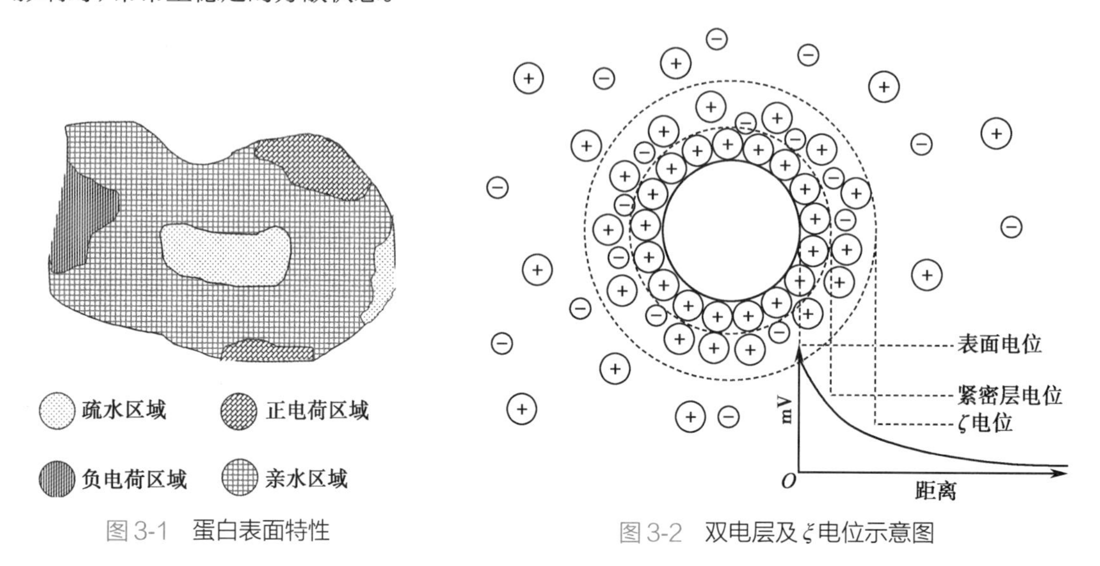

图 3-1 蛋白表面特性　　图 3-2 双电层及ξ电位示意图

二、盐析原理

蛋白质在溶液中能保持分散状态的主要原因：①蛋白质分子周围的双电层使蛋白质分子相互隔离，降低了范德瓦耳斯力的吸引作用；②蛋白质周围的水化层能阻碍蛋白质凝聚。

当向蛋白质溶液中逐渐加入中性盐时，会产生两种现象：一是低盐浓度情况下，随着中性盐离子强度的增高，蛋白质溶解度逐渐增大，称为盐溶现象。二是在高盐浓度时，蛋白质溶解度随之减小，则发生了盐析作用。产生盐析作用的其中一个原因是盐离子与蛋白质分子表面具相反电性的离子基团结合形成离子对，因面导致蛋白质的电性部分被盐离子中和，使蛋白质分子之间相互的静电排斥作用减弱而容易相互靠拢，聚集形成沉淀。盐析作用的另一个原因是中性盐的亲水性比蛋白质大，盐离子在水中形成水化面破坏了蛋白质表面的水化膜，暴露出疏水区域，由于疏水作用促进了相互聚集发生沉淀，该机理示意图见图 3-3。

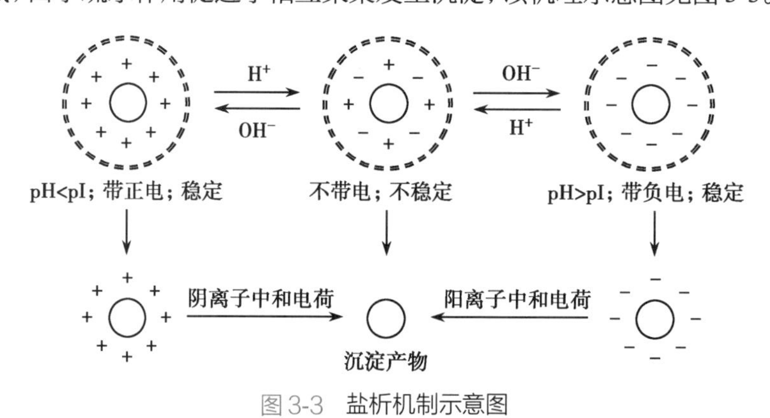

图 3-3 盐析机制示意图

（一）Cohn 方程

蛋白质的溶解度与盐浓度之间的关系常用 Cohn 经验公式描述。

$$\lg S=\beta-K_S I \qquad 式(3-1)$$

式中，S 为蛋白质溶解度，mol/L；K_s 称为盐析常数；I 为盐离子强度，$I=\frac{1}{2}\sum c_i Z_i^2$，其中，$c_i$ 为离子 i 的摩尔浓度，mol/L；Z_i 为 i 离子的电荷数。Cohn 方程的物理意义是：当盐离子强度为零时，蛋白质溶解度的对数值 lg$S$ 是图中直线向纵轴延伸的截距 β（图 3-4），它与盐的种类无关，但与温度、pH 和蛋白质种类有关，K_s 是盐析常数，为直线的斜率，与蛋白质和盐的种类相关，与温度和 pH 无关。

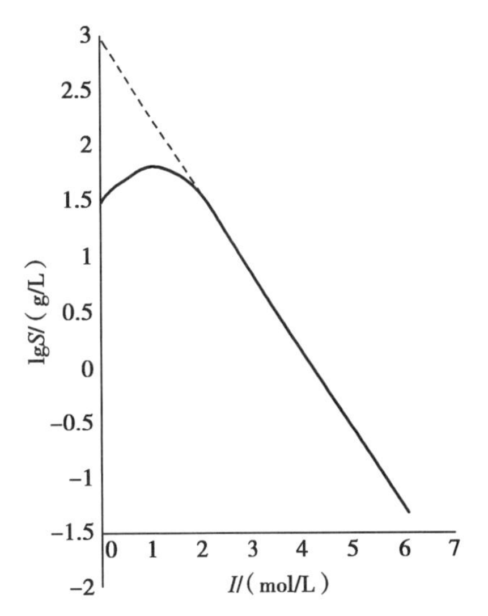

图 3-4　碳氧血红蛋白 lg$S$ 与硫酸铵离子强度 I 关系图（pH=6.6，25℃）

（二）**盐析分类**

根据 Cohn 方程，常将盐析分成以下两种类型。

1. 在一定的 pH 和温度下仅改变离子强度进行盐析，称作 K_s 盐析法。该法常用于分离工作的前期，通过向溶液中加入固体中性盐或盐的饱和溶液，来改变溶液的离子强度，导致目标产物或杂质分别沉淀析出，在离子强度增加的过程中，被盐析物质的溶解度往往剧烈下降，易产生杂质和目标产物的共沉现象，因此其分辨率不高。

2. 在一定离子强度下仅改变 pH 和温度进行盐析，称作 β 盐析法。该法因溶质溶解度变化慢，分辨率较好，多用于分离的后期阶段，甚至可用于结晶。

（三）**盐析方法的优、缺点及应用范围**

盐析的优点是不需特殊设备，成本低廉；操作简便、安全，应用范围广，一般不会引起分离产物的变性。缺点是分离过程选择性较低，沉淀物中常夹带杂质，常常作为分离的前处理手段。本法主要用于蛋白质等生物大分子的回收或粗分离。

三、影响盐析的因素

（一）**溶质种类的影响**

图 3-5 显示了几种不同蛋白质在硫酸铵溶液中的盐析曲线。另外，蛋白质沉淀的速度可用盐析分布曲线表示，如图 3-6 所示。蛋白质开始时的沉淀速度十分迅速，然后逐步减慢，从开始沉淀到结束，形成尖的峰。因此，利用不同蛋白质盐析分布曲线在水平轴上的位置不同，可采取先后加入不同量无机盐的方法来选择性地分级沉淀不同蛋白质。

（二）**溶质浓度的影响**

对高浓度的蛋白质混合液进行盐析时，由于分子间的相互吸附作用，大量目标蛋白质沉淀时会吸附一定数量的特种杂质蛋白质，而产生共沉淀作用，从而降低分辨率，影响分离效果。通常，蛋白质浓度大时，沉淀所需中性盐浓度低，共沉淀作用强，分辨率低；蛋白质浓度较小时，沉淀所需中性盐浓度高，共沉淀作用弱，分辨度较高。因此，在盐析时首先需要进行预实验，根据结果确定最佳的蛋白质溶液的浓度。比如对溶液稀释可使原本重叠的两条蛋白质盐析曲线拉开距离而达到分离的目的；在工业生产分离蛋白时，也可提高溶液浓度，减少用盐量而降低成本，实际操作中一般将蛋白质的浓度控制在 2%～3% 为宜。

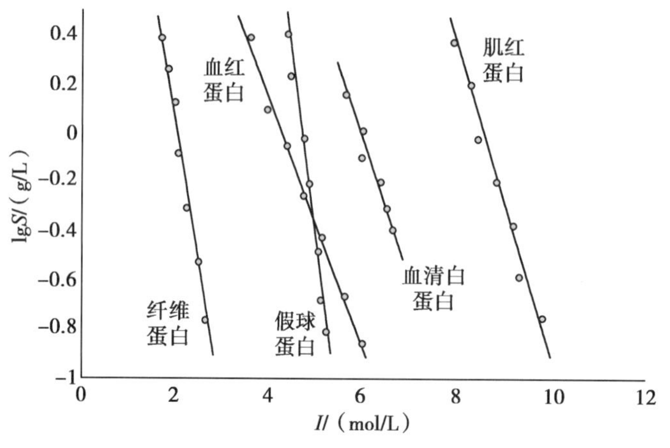

图 3-5　硫酸铵离子强度与蛋白析出关系

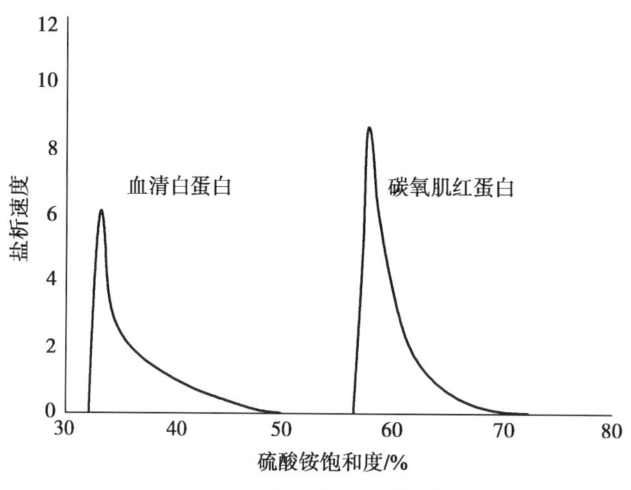

图 3-6　盐析分布曲线举例

（三）pH 的影响

一般蛋白质分子表面所带的净电荷越多，溶解度则越大，当外界环境造成其表面净电荷为零（等电点）时，则溶解度达到一个相对的最低值，因此通过调节溶液的 pH 或加入与蛋白质分子表面极性基团能够结合的离子（称反离子）能够有效改变它的溶解度。工业中通过调整蛋白质溶液的 pH 至沉淀目标产物等电点附近来达到盐析目的。这样做所需要的中性盐较少，可以部分地减弱共沉作用，盐析的选择性也高。该操作过程中需要特别注意的是，蛋白质等高分子化合物的表观等电点易受介质环境的影响，尤其是在高盐溶液中，分子表面电荷分布发生变化时，等电点可能会发生偏移，与负离子结合的蛋白质，其等电点常向 pH 减小的方向移动。当蛋白质分子结合较多的 Mg^{2+}、Zn^{2+} 等阳离子时等电点则向 pH 升高的方向偏移，所以实际操作时需要通过预实验灵活调整，以达到最佳工艺方案。

（四）盐析温度的影响

一般来说，在低盐浓度下蛋白质等大分子的溶解度与其他无机物、有机物相似，温度升高，溶解度随之升高。但在高盐浓度下，它们的溶解度则反而降低。只有少数蛋白质，如胃蛋白酶、大豆球蛋白等例外，它们在高盐浓度下的溶解度随温度的升高而增高。另外，卵球蛋白的溶解度几乎不受温度影响。由于多数生物大分子，特别是蛋白质易受热变性，所以盐析一般会选择在室温下进行，因此盐析温度常常不作为一个优选的工艺优化变量。

（五）盐的种类

离子强度在盐析中对溶质的溶解度起着决定性的影响。盐离子强度是由离子浓度和离子化合价决定的，早在1988年Hofmeister就对一系列含盐溶液中沉淀蛋白质的行为进行了研究，得出半径小的高价离子在盐析时的作用效应较强，低价的半径大离子作用则较弱；同时，阴离子比阳离子盐析作用强，尤其是高价阴离子，下面列出了被称为Hofmeister序列的两类离子盐析效果强弱的经验规律。

阳离子：

$Ti^{3+} > Al^{3+} > H^{+} > Ba^{2+} > Sr^{2+} > Ca^{2+} > Mg^{2+} > Cs^{+} > Rb^{+} > NH^{4+} > K^{+} > Na^{+} > Li^{+}$

阴离子：

$C_6H_5O_7^{3-} > C_4H_4O_6^{2-} > SO_4^{2-} > F^{-} > IO_3^{-} > H_2PO_4^{-} > Ac^{-} > BrO_3^{-} > Cl^{-} > ClO_3^{-} > Br^{-} > NO_3^{-} > ClO_4^{-} > I^{-}$

实际选用具体盐析用盐时还需要考虑以下问题。

1. 盐析用盐应该具有较大溶解度，能较容易配制成高离子强度溶液。同时，溶解度受温度影响应较小，有利于实际的操作。即使是在较低温度下，盐析用盐也不会结晶析出。

2. 盐析用盐不能影响溶质等大分子的生物活性，且盐析用盐在使用操作中，不能引入其他杂质。

3. 盐溶液密度不能太高，以便于被分离产物的沉降和离心分离。

4. 容易获取、价格低廉。

目前常用的盐析用盐包括硫酸钠、硫酸铵、磷酸盐等，它们的主要性质特征见表3-1。

表3-1　盐析使用常见盐的性质

盐的名称	盐析能力	溶解度	溶解度与温度关系	缓冲能力	备注
硫酸铵	大	大	小	小	价格低
硫酸钠	大	较小	大	小	价格略高
磷酸钠	小	较小	大	大	价格高

由于硫酸铵具有盐析效应强、溶解度大、温度影响小、价格便宜等特点，在盐析中使用最为广泛。使用硫酸铵做盐析时需要注意以下问题。

1. 硫酸铵为强酸强碱盐，在水中溶解后，溶液的pH会降低，该饱和溶液的pH一般在4.5～5.5之间，如果需要，推荐用浓氨水调节至中性。

2. 硫酸铵在使用时，在高pH和高浓度下会释放氨，对金属有一定腐蚀性。

3. 残留在食品中的少量硫酸铵可能影响食品口味，同时，临床医疗中有毒性。

4. 可能会对盐析产物的检测结果产生一定影响。

由于硫酸钠溶解度较低，且受环境温度影响较为明显，主要应用于热稳定性高的胞外蛋白质的盐析，应用不如硫酸铵广泛，其他盐类如磷酸盐、柠檬酸盐也可用于盐析，但因这类盐的溶解度低，且易与某些金属离子形成沉淀，应用也不如硫酸铵广泛。

四、盐析操作

（一）盐析用盐计算

常见的生产和实验中的盐析一般用盐为硫酸铵。操作方式一般有两种：一是直接加入固体粉末，注意操作时需要缓慢、分批加入并充分搅拌，使其完全溶解以防止溶液局部浓度过高，该法在实际工业规模生产中常采用；另一种是缓慢加入相应的饱和溶液，常在实验室和小规模生产中采用这种方式，它可有效防止溶液的浓度不均匀，但加量较多时，料液会被一定程度的稀释。

硫酸铵的加入量，一般用“饱和度”来表征和描述浓度大小，“饱和度”指浓度相当于饱和溶解度的对应百分数。20℃时硫酸铵的饱和浓度为4.06mol/L（536.34g/L），密度为1.235kg/L，可用1.0L水中加入761g硫酸铵配制成饱和溶液，此时的浓度为100%饱和度，盐析操作中为了使目标溶液达到所需要的饱和度，应加入硫酸铵的量，由式（3-2）可以计算：

$$X=\frac{G(P_2-P_1)}{1-AP_2}$$ 式（3-2）

式中，X为1L溶液所需加入硫酸铵的质量，g；G为对应温度下1L饱和硫酸铵溶液中溶解的硫酸铵克数；P_1和P_2分别为初始和最终溶液的饱和度（%）；A为常数，0℃时等于0.29，10℃和20℃时等于0.3，25℃和30℃时等于0.31。

如果加入的是硫酸铵饱和溶液，为达到一定饱和度，所需加入的硫酸铵饱和溶液的体积可由式（3-3）求得：

$$V_a=V_0\frac{G(P_2-P_1)}{1-AP_2}$$ 式（3-3）

式中，V_a为加入的饱和硫酸铵溶液的体积，L；V_0为蛋白质溶液的初始体积，L；其余参数同式（3-2）。

实际操作中常将以上公式数据制成表格，方便快速查阅，见表3-2。

表3-2 0℃时硫酸铵溶液达到所需饱和度需要添加固体硫酸铵数量 单位：g/100ml

	0℃时硫酸铵终浓度，%饱和度																
	20	25	30	35	40	45	50	55	60	65	70	75	80	85	90	95	100
	固体硫酸铵添加量/（g/100ml）																
0	10.6	13.4	16.4	19.4	22.6	25.8	29.1	32.6	36.1	39.8	43.6	47.6	51.6	55.9	60.3	65.0	69.7
5	7.9	10.8	13.7	16.6	19.7	22.9	26.2	29.6	33.1	36.8	40.5	44.4	48.4	52.6	57.0	61.5	66.2
10	5.3	8.1	10.9	13.9	16.9	20.0	23.3	26.6	30.1	33.7	37.4	41.2	45.2	49.3	53.6	58.1	62.7
15	2.6	5.4	8.2	11.1	14.1	17.2	20.4	23.7	27.1	30.6	34.3	38.1	42.0	46.0	50.3	54.7	59.2
20	0	2.7	5.5	8.3	11.3	14.3	17.5	20.7	24.1	27.6	31.2	34.9	38.7	42.7	46.9	51.2	55.7
25		0	2.7	5.6	8.4	11.5	14.6	17.9	21.1	24.5	28.0	31.7	35.5	39.5	43.6	47.8	52.2
30			0	2.8	5.6	8.6	11.7	14.8	18.1	21.4	24.9	28.5	32.3	36.2	40.2	44.5	48.8
35				0	2.8	5.7	8.7	11.8	15.1	18.4	21.8	25.4	29.1	32.9	36.9	41.0	45.3

续表

	固体硫酸铵添加量/(g/100ml)																
40					0	2.9	5.8	8.9	12.0	15.3	18.7	22.2	25.8	29.6	33.5	37.6	41.8
45						0	2.9	5.9	9.0	12.3	15.6	19.0	22.6	26.3	30.2	34.2	38.3
50							0	3.0	6.0	9.2	12.5	15.9	19.4	23.0	26.8	30.8	34.8
55								0	3.0	6.1	9.3	12.7	16.1	19.7	23.5	27.3	31.3
60									0	3.1	6.2	9.5	12.9	16.4	20.1	23.1	27.9
65										0	3.1	6.3	9.7	13.2	16.8	20.5	24.4
70											0	3.2	6.5	9.9	13.4	17.1	20.9
75												0	3.2	6.6	10.1	13.7	17.4
80													0	3.3	6.7	10.3	13.9
85														0	3.4	6.8	10.5
90															0	3.4	7.0
95																0	3.5
100																	0

（二）盐析方法

分步盐析法是最常见的常规操作方法，通过增加盐浓度的方法可以从溶液中逐步沉淀分离出多种待分离成分，实际分离过程中为了排除两种甚至多种成分共析出的干扰，可先在较高的盐浓度下将目标产物夹带杂质一同沉淀，作为初步盐析，然后再将该混合沉淀用较低浓度盐溶液平衡，从而进一步析出目标产物，该法称为反抽提法。如图 3-7 所示，盐析目标蛋白不出现沉淀的饱和度不超过 30%，全部沉淀的饱和度约 58%，因此，可盐析操作的饱和度范围为 30%～58%。在该范围内，可选择性的分离目标蛋白。

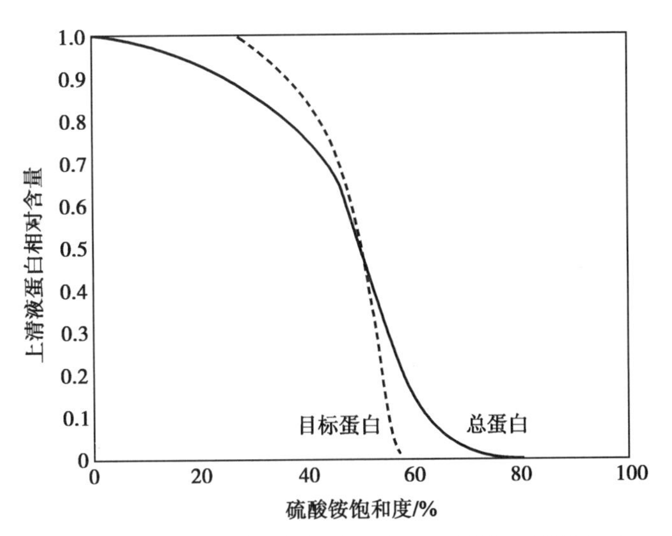

图 3-7　盐析上清液蛋白相对含量与硫酸铵饱和度关系图

五、案例分析

案例 3-1　藻蓝蛋白的分离纯化

螺旋藻是地球上最古老的物种之一，具有丰富的营养成分，在畜牧、环境保护、医药、化妆品、食品等领域都有着广泛的应用。藻蓝蛋白是螺旋藻中重要的营养成分，具有抗癌性、抗氧化性、抗衰老性、抗炎性等特性。如何从螺旋藻中提取纯化藻蓝蛋白，是实现蓝藻资源化的一个重要途径，且将会获得极高的经济效益。

问题：藻蓝蛋白传统纯化方法有羟基磷灰石层析法、凝胶层析法、离子交换法、双水相萃取法等。以上的几种方法中，都需要先用到盐析的方法对藻蓝蛋白进行初步的纯化，然后再进行后续纯化分离，因此，盐析的这一步工艺非常关键。现有的传统盐析工艺主要问题是盐析分离后的蛋白含量较低，这样极大影响了后续步骤的分离效率及收率。

查阅相关文献，选择合适的盐析方法，不仅要求技术上可行，还要具备较好的经济性。

已知：原有的盐析工艺为除杂和产物沉淀在同一步进行，因此，该方法难以同时达到既要除杂又要高收率得到产物沉淀的良好效果。

寻找关键：采用两步甚至多步盐析工艺方案，针对性的解决本案的关键问题——提高除杂效果及纯化分离产物。

工艺设计：考虑到纯化效率和经济性的平衡等原因，设计三种盐析方案，分别为一步盐析法、二步盐析法、六步盐析法。

1. 一步盐析纯化工艺 一步盐析需要在盐析中即能够脱除杂质又能够纯化蛋白，因此需要盐析的浓度达到合理的平衡点。一步盐析的工艺流程见图 3-8。

工艺：一步盐析中选取硫酸铵饱和度为 27%，藻蓝蛋白浓度为 1.45g/L，pH 为 6.8，盐析时间为 20 分钟。按照本工艺，藻蓝蛋白纯度最终为 1.2，蛋白的质量百分比收率约为 2.3%。

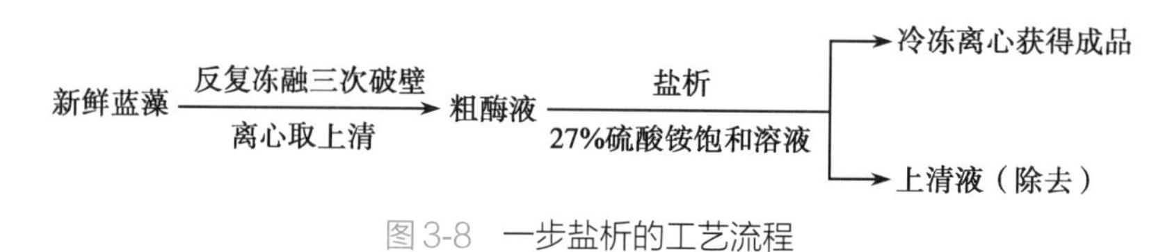

图 3-8　一步盐析的工艺流程

2. 二步盐析纯化工艺 在二步盐析工艺中，第一步盐析主要目的为脱去杂质，第二步盐析主要目的为沉淀目标蛋白。由此，第一步盐析浓度可相对较低，以避免影响蛋白活性，第二步盐析浓度在第一步基础上适当增加。以增加整个纯化工艺的产品纯度和收率，工艺流程见图 3-9。

工艺：一步盐析中选取硫酸铵饱和度为 17%，藻蓝蛋白浓度为 1.45g/L，pH 为 6.8，盐析时间为 15 分钟；二步盐析中选取硫酸铵饱和度为 35%，pH 为 6.8，盐析时间为 15 分钟，按照本工艺，藻蓝蛋白纯度最终可达到 2，蛋白的质量百分比收率约为 3%。

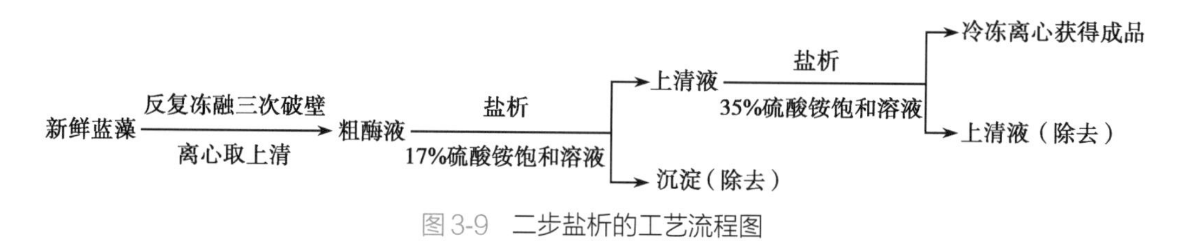

图 3-9　二步盐析的工艺流程图

3. 六步盐析纯化工艺 六步盐析工艺中，第一步至第五步盐析主要目的为脱去杂质，最后一步盐析主要目的为沉淀目标蛋白。由此，第一步至第五步盐析浓度可相对较低，最后一步盐析浓度则较高。

工艺：一步盐析中选取硫酸铵饱和度为12%，藻蓝蛋白浓度为1.45g/L，pH为6.8，盐析时间为15分钟；二步盐析中选取硫酸铵饱和度为19%，pH为6.8，盐析时间为15分钟；三步盐析中选取硫酸铵饱和度为12%，pH为6.8，盐析时间为15分钟；四步盐析中选取硫酸铵饱和度为19%，pH为6.8，盐析时间为15分钟；五步盐析中选取硫酸铵饱和度为12%，pH为6.8，盐析时间为15分钟；六步盐析中选取硫酸铵饱和度为37%，pH为6.8，盐析时间为15分钟。最终，藻蓝蛋白纯度最终可达到3.7，蛋白的总质量百分比收率约为1%。工艺流程见图3-10。

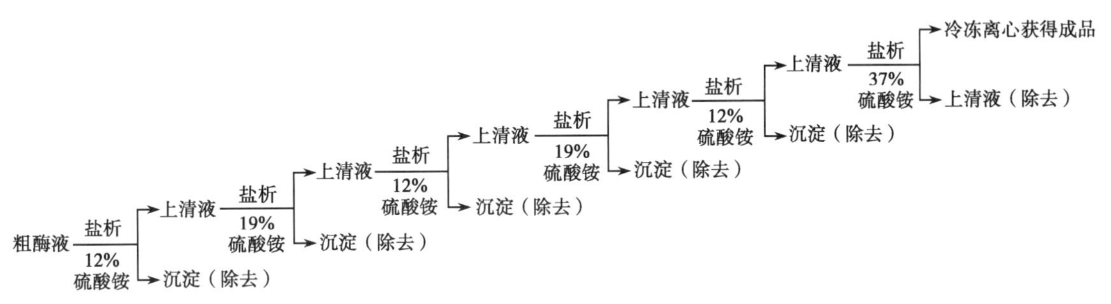

图3-10　六步盐析的工艺流程图

假设：假设在盐析过程中，盐析用盐以硫酸钠取代硫酸铵是否合适？为什么？

分析评价：一步盐析方案，工艺最为简单，操作需要的盐、容器体积等都最小，但是蛋白含量和盐收率都相对较低；六步盐析方案，蛋白含量最佳，但相对收率偏低，同时，其操作过程复杂，耗时长，盐析用盐消耗巨大，生产成本偏高。而二步盐析工艺，则有效地结合了除杂效果和适用工业化的两个核心因素，将盐析步骤确定为第一步脱杂，第二步盐析得到产物，既保证了相对简单的工艺流程和盐析用盐的消耗，同时也有高的产物含量和满意的收率。另外，在上述三种不同盐析工艺中，整个盐析过程都不调节pH，主要原因为：盐析工艺工业生产中，往往含蛋白溶液的浓度较低，调节pH过程如果稍有操作不当，往往会有局部超调的风险，同时耗时长，这些因素都增加了蛋白变性损耗等风险。综上，不调节pH的两步盐析工艺方案较为合理。

第二节　有机溶剂沉淀法

一、原理

向水溶液中加入一定量具有亲水性的有机溶剂，从而降低待分离产物的溶解度，使其沉淀析出的方法，称为有机溶剂沉淀法。该方法基本原理包括静电作用和脱水作用，而脱水作用往往占主要地位。具体如下：

1. 一定量具有亲水性的有机溶剂加入溶液后，溶剂本身与水分子间有较强的水合作用，导致溶液中自由水的浓度降低，从而减小了亲水溶质分子表面原有水化层的厚度，使其疏水区域暴露而脱水析出。另外，有些有机溶剂可以改变蛋白质或酶类生物活性物质的空间结构，从而出现变性沉淀。

2. 一定量具有亲水性的有机溶剂加入溶液后，降低了介质的介电常数，减小了溶质分子之间的静电排斥力，而促进发生沉淀，根据库仑公式：

$$F=\frac{q_1q_2}{\varepsilon r^2} \tag{式(3-4)}$$

式中，q_1、q_2 分别为两个带电质点的电荷量；r 为质点间的距离；ε 为介电常数，F/m。在质点电量不变、质点间距离不变的条件下，带电质点间的静电引力与介质的介电常数成反比，表 3-3 是一些常用有机溶剂的相对介电常数。

表 3-3　部分溶剂的相对介电常数

溶剂种类	相对介电常数	溶剂种类	相对介电常数
水	80	20% 乙醇	70
2.5mol/L 甘氨酸	137	40% 乙醇	60
2.5mol/L 尿素	84	60% 乙醇	48
丙酮	22	乙醇	24
甲醇	33	丙醇	23

常用的沉淀用有机溶剂为乙醇和丙酮，它们的相对介电常数都较低，同盐析沉淀方法类似，有机溶剂沉淀分离法也是一种经典的分离技术，其沉淀物可用离心方法进一步分离，该法的共沉淀作用较盐析低，所得产物的纯度较高，分离的选择性好，乙醇和丙酮等有机溶剂易挥发回收，产物也无须脱盐处理，该分离工艺可广泛应用于食品及药品行业；同时，其缺点也不容忽视，主要为产率较盐析低，而且对于生物大分子，有机溶剂容易使其变性失活。

二、影响因素

（一）温度

有机溶剂与水混合时往往会放热使溶液温度升高，这一定程度上加强了有机溶剂对蛋白质的变性作用，因此，该方法需要控制在低温操作。但低温会促使溶质溶解度下降，实际操作中常将待分离的溶液和有机溶剂预冷至 0～4℃，然后逐步在搅拌下，使其混合均匀，防止溶剂局部过浓引起的变性作用和选择性下降。

（二）溶液 pH 影响

许多蛋白质在接近等电点有较好的沉淀效果，因此在蛋白质有机溶剂沉淀时可通过调整 pH，使沉淀效果增强，提高产品收率，同时还可提高分辨率，但需要注意的是，并不是所有的蛋白质都是如此，甚至有少数蛋白质在等电点不稳定。在控制溶液 pH 时要特别注意。

（三）离子强度

离子强度一般选择在 0.01～0.05mol/L 范围内，通常不超过 5%，较低离子强度的条件往往有利于沉淀作用，甚至还有保护蛋白质、防止变性、减少水和溶剂相互溶解及稳定介质 pH 的作用。

（四）样品浓度

样品较稀时，溶剂用量增加，降低溶质收率，且蛋白质易产生变性，但低浓度样品共沉作用小，选择性高；浓度高的样品会产生明显共沉作用，降低收率，但可减少溶剂用量，变性的危险性也较小，所以一般样品的初浓度以0.5%～2%为佳。

（五）金属离子影响

在用溶剂沉淀生物高分子时，金属离子可能对沉淀过程产生助沉效应，如Zn^{2+}、Ca^{2+}等可与某些蛋白质形成复合物，且复合物的溶解度会明显降低，但并不影响生物活性，因此可促进沉淀形成，并降低溶剂耗量。需要注意的是应避免与这些金属离子能形成难溶盐的阴离子的存在（如磷酸根）。

三、溶剂的选择

沉淀用有机溶剂的选择，主要应考虑以下几方面因素。

（1）相对介电常数小，沉淀作用强。

（2）毒性小，挥发性适中。

（3）能与水无限混溶。

（4）变性作用小。

1. 乙醇 具有沉淀作用强，沸点适中，无毒等优点，广泛用于沉淀蛋白质、核酸、多糖等生物高分子及核苷酸、氨基酸等。

2. 丙酮 沉淀作用大于乙醇。用丙酮代替乙醇作沉淀剂一般可以减少用量1/4到1/3。但因其具有沸点较低，挥发损失大，对肝脏有一定毒性，着火点低等缺点，使它的应用不及乙醇广泛。

3. 甲醇 沉淀作用于乙醇相当，但对蛋白质的变性作用比乙醇、丙酮都小，由于口服剧毒，使其不能广泛应用。

4. 其他溶剂 如二甲基二酰胺、二甲基亚砜、2-甲基-2,4-戊二醇（MPD）和乙腈也可做沉淀剂用，但远不如上述乙醇、丙酮、甲醇使用普遍。

四、案例分析

案例3-2 中药和络舒肝片的醇沉法脱杂和提取

和络舒肝片是一种传统的中药制剂，该药剂由大黄、三棱、昆布、半边莲、五灵脂、黑豆等二十味中药材构成，本品具有疏肝理气、清化湿热、活血化瘀、滋养肝肾的功能，适用于慢性迁延性肝炎、慢性活动性肝炎及早期肝硬化等病症的治疗。

问题：和络舒肝胶囊传统生产工艺规定的提取方法为一步水煎煮法，往往加水量超过药材重量的25倍，以浸膏得率及浸膏中大黄素的含量为测定指标。一步水煎煮法具有用水量大、需要时间长、能耗大、浸膏黏度大、不易粉碎且易吸潮、稳定性差等缺点。因此，现今已逐渐被加热回流提取方法所取代。但是，加热回流提取法具有溶解性强、提取效率高的特点，导致提取产物除活性物质外，还有大量的无效成分（包括蛋白质、淀粉、黏液质等）也被提取出来，造成药效下降，质量难以控制。查阅相关文献，选择一种针对性的适配加热回流提取法的脱杂工艺路线，不仅要求技术上可行，还要有较好的经济性。

已知：由于加热回流提取法溶解性强、提取效率高，但杂质含量高，故该法在提取工艺上可行，但加热回流提取法需要适配合适的脱杂工艺进行脱杂纯化。

寻找关键：如何将加热回流提取法产物的高杂质有效脱杂，提高产物纯度？

工艺设计：

1. **二步水浸取法** 传统一步水煎煮法提取工艺，往往水用量超过药材重量的 25 倍，且提取效果不佳，为改进该工艺，现将一步法改进为两步法，以降低水总用量和提高提取率。

工艺：第一步，取大黄等 20 味待水提取中药材，精确称量置于容器中，加入体积质量比 10∶1 的水，浸泡 12 小时，过滤，称量药液体积计算吸水倍数，浸取液待用。第二步，将前步过滤后药材投入容器中，加入第一步浸取水总质量的 0.8 倍作为二次浸提水，浸泡 12 小时，过滤，合并两次的浸取液，减压浓缩得产物。产品的出膏率约为 19%，大黄素质量百分比含量为 0.04%。较一步煎煮法，后者有约 1.1～1.3 倍的提高，同时，总用水量也有一定的降低。工艺流程见图 3-11。

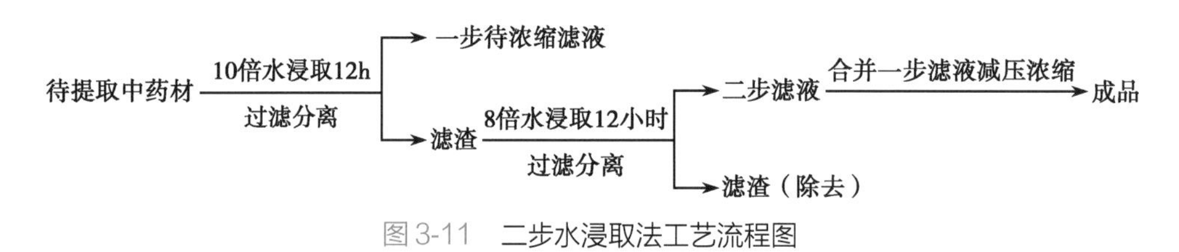

图 3-11 二步水浸取法工艺流程图

2. **回流提取醇沉法脱杂法** 加热回流提取法提取后的浸膏采用醇沉的方法除去无效杂质成分，可以降低自然沉降法浸膏中杂质的含有量，从而降低片重，提高有效成分的含量，又可增强药效，减少患者的服用量，同时，醇沉法脱杂毒性较低，经济性较好。

工艺：将加热回流提取方法得到的和络舒肝片提取液，在减压蒸馏下，将提取液浓缩至 0.4g/ml 时，向稠膏中加入质量相等的浓度分别为 75% 的乙醇 / 水溶液，静置 12 小时，过滤，将滤液进行减压浓缩，直至醇味全部消失，并回收乙醇。将减压浓缩后的和络舒肝片浸膏进行减压干燥直至恒重，确定浸膏得率及浸膏中大黄素的含量，即得到纯化后的和络舒肝片的干膏，工艺流程图见图 3-12。

图 3-12 回流提取醇沉法脱杂法工艺流程图

假设：回流提取后，能否采用盐析法替换醇沉法去杂质？如果可以，前期应该进行怎样的预实验来确保结果的有效性和科学性？

分析评价：首先，对于二步水煎煮法而言，虽然较一步煎煮法在节约用水、产物的提取率和大黄素质量百分比含量等指标上都有一定的进步，但效果并不显著。其次，对于回流提取醇沉法脱杂法，通过对醇沉前后的出膏率和大黄素含量比较可知，醇沉前出膏率约为 25%，醇沉后出膏率约为 21%，变化并不大，但是大黄素质量百分比由原来的 0.06%，提高至原含量的 2 倍以上。综合上述可知，加热回流提取法和醇沉脱杂工艺结合提取制备和络舒肝片，能够提高有效成分的提取率，还能够保证有效成分纯度，具有较明显的优势。

第三节　等电点沉淀法

一、原理

蛋白质等两性电解质，它的电荷性质与溶液的 pH 有关，当溶液的 pH 为某一特定值时，蛋白质电荷为零，对应溶液 pH 常用 pI 表示，称为等电点。不同蛋白质的 pI 不同（表 3-4）。当溶液 pH>pI 或者 pH<pI 时，蛋白质分别带负电和正电。

表 3-4　部分蛋白质和酶的 pI

蛋白质	pI	蛋白质	pI	蛋白质	pI
胃蛋白酶	1.0	β 乳球蛋白	5.2	胰凝乳蛋白酶	9.5
卵清蛋白酶	4.6	γ 乳球蛋白	6.6	细胞色素	10.65
血清蛋白	4.9	血红蛋白	6.8	溶菌酶	11.0
尿素激酶	5.0	肌红蛋白	7.0		

蛋白质等两性电解质在溶液 pH 处于其等电点时，其表面净电荷为零，相互之间无静电排斥作用，所以易积聚形成沉淀，溶解度也最低。因此，通过调节溶液的 pH，利用该原理进行沉淀分离的方法称为等电点沉淀，该方法具有操作简便、试剂消耗及杂质引入少、无须后续脱盐操作等多个优点。等电点沉淀主要用于对 pH 变化耐受能力较强的多肽及蛋白质的分离。需要注意的是，两性电解质在等电点及等电点附近仍可能有一定的溶解度，所以该法可能会造成较低收率，另外，许多生物分子的等电点比较接近，因此，等电点沉淀很少单独使用。该方法常常与盐析、有机溶剂沉淀等法联合使用。

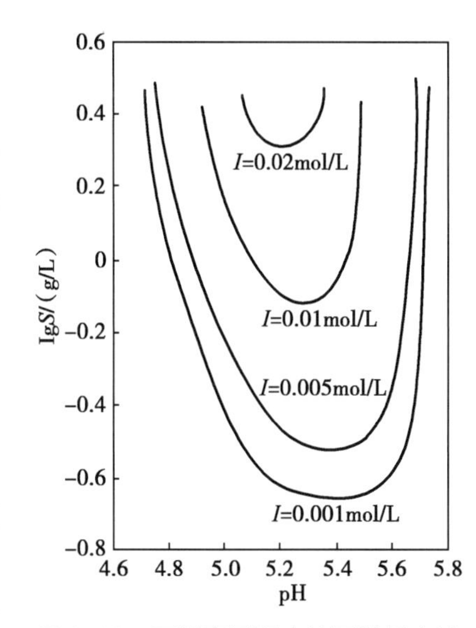

图 3-13　不同离子强度的同种蛋白溶解度与 pH 关系

二、影响因素

（一）离子强度

等电点沉淀操作一般需要在低离子强度下调整溶液 pH = pI，由于通常蛋白质 pI 在酸性范围内，所以等电点沉淀操作中一般需要加入适量无机酸，如盐酸、磷酸和硫酸等来调节 pH，见图 3-13。

（二）适用对象

等电点沉淀法较适合对水溶性较大的蛋白质进行分离。但需要注意的是，有些蛋白水中溶解度过大，在 pH＝pI 时，也不易产生沉淀，此时等电点沉淀则无法单独使用。

（三）其他需要注意的问题

1. 生物分子的等电点易受溶液中存在不同阴、阳离子的影响发生变化，蛋白质分子结合阳离子，如 Ca^{2+}、Mg^{2+}、Zn^{2+} 时，等电点会升高；若结合阴离子，如 Cl^-、SO_4^{2-}、HPO_4^{2-} 时，则等电点会降低，自然界中许多蛋白质较易结合阴离子，使 pI 值下降。

2. 有些蛋白质在等电点附近不稳定，所以在使用等电点沉淀时还应考虑目标产物的稳定性。

3. 无论是单独使用或与溶剂沉淀法共同使用进行分离，都必须严格监控溶液的离子强度。

三、案例分析

案例 3-3　木棉花超氧化物歧化酶的分离纯化

超氧化物歧化酶（superoxide dismutase，SOD）是一种广泛存在于生物体内的酸性金属酶，在 pH 5.3～9.5 的范围内可稳定存在，对 pH 不敏感，热稳定性较高，一般在 70℃以上才会失活。根据现有的研究，SOD 共有 5 种类型，分别为 Cu/Zn-SOD、Mn-SOD、Fe-SOD、Ni-SOD、Co-SOD。木棉花中可能主要含有前三种成分。

问题：常见植物样品，如木棉花所含的超氧化物歧化酶含量都较低，这给获得高纯度、高活性以及高收率的木棉花超氧化物歧化酶带来了困难，查阅相关文献，选择合适的纯化分离工艺，不仅要求技术上可行，还要有较好的经济性。

已知：鉴于常见植物样品中所含的超氧化物歧化酶含量都较低的特点，简单的单步、两步的分离纯化的效率无法达到要求，因此需要选择采用三步分级沉淀法纯化分离 SOD。

寻找关键：本案例中，有机溶剂沉淀可以高效地去除杂质，但是由于产物在有机溶剂或有机溶剂水溶液中的溶解度较大，导致难以沉淀纯化，因此需要采用等电点沉淀法来最终纯化产物。

工艺设计：为满足纯化要求，采用两步丙酮沉淀脱杂，然后进行等电点沉淀的工艺，见图 3-14。三步的溶液皆为丙酮水溶液，以方便工业规模生产操作。

1. 一步丙酮沉淀除杂　向提取液中加入等体积的预先冷冻至 0℃以下的丙酮，搅拌 15 分钟后，高速离心 15 分钟以上，取沉淀，－20℃下放置 30 分钟；然后将沉淀溶于 10 倍体积的浓度为 0.05mol/L pH 7.8 的磷酸缓冲液，获得粗酶液，备用。

2. 丙酮二次沉淀除杂　在上述提取的上清液中加入 1.2 倍的预先冷冻至 0℃以下丙酮溶液，进行同样的操作步骤，离心，取沉淀，冷冻，加磷酸缓冲液后得丙酮二次沉淀的粗酶液，保存备用。

3. 丙酮等电点沉淀　将提取液用稀盐酸调节 pH 至 5.0，缓慢且时长不少于 30 分钟，然后加入等体积的丙酮，搅拌均匀，离心高速离心 15 分钟以上，留取上清液；再缓慢且时长不少于 30 分钟，调节 pH 至 4.0，设置同样的参数进行离心，获得 SOD 沉淀，－20℃下放置 30 分钟；取出后溶于 10 倍体积的浓度为 0.05mol/L pH 7.8 的磷酸缓冲液，获得精制酶液。

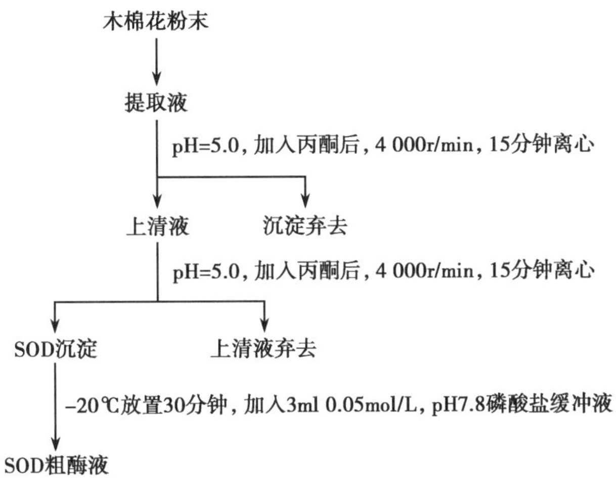

图 3-14　木棉花 SOD 提取纯化工艺流程图

假设：本案例中能否将第三步的丙酮等电点沉淀更改为增加丙酮含量的方法来直接沉淀纯化产物，为什么？

分析评价：对于蛋白质含量较少的植物样品木棉花，选用两步丙酮沉淀除杂，然后等电点沉淀方法，能够克服蛋白含量低的问题，纯化效果好，提取条件温和，符合大规模生产工艺要求。

第四节　高聚物沉淀法

溶液中，高分子聚合物分子吸附多个微粒的架桥作用使溶液中微粒形成絮凝团沉淀，高聚物沉淀的本质是絮凝现象。高聚物絮凝剂包括非离子型和离子型聚合物两种。比较盐析法、有机溶剂沉淀等方法而言，聚合物沉淀产生的聚集物本身体积要较其他沉淀方法得到分离物体积大得多，沉淀的粒径大且疏松，同时，结构强度较大，破碎后一般不再成团。

一、原理

（一）吸附力特点

高聚物依靠其分子中的不同官能团吸附固着溶液中的颗粒，该吸附作用可以分为物理吸附和化学吸附两种类型

1. 物理吸附

（1）静电吸附：高聚物沉淀剂对带有相反电荷颗粒表面产生吸附，作用力较强，该作用过程几乎不可逆。

（2）偶极吸引：非离子型高聚物沉淀剂可由于偶极或诱导偶极而吸附离子晶体表面，偶极吸附的强度较弱。

（3）范德瓦耳斯力作用：是暂时偶极作用，该作用表现为中性分子或原子之间的吸引作用，强度较弱。

（4）疏水作用：聚合物分子的某些非极性基（如长链烷基、苯基等）与水颗粒表面的作用。

2. 化学吸附

（1）化学键：聚合物沉淀剂的官能团与溶质中的金属离子可以形成共价键或离子键，从而产生不溶解的化合物。

（2）配位键：聚合物沉淀剂可借配位键在颗粒表面形成络合物或螯合物。

（3）氢键：氢原子与负电性强的原子（O、S、N、F）之间形成的强作用力称为氢键，聚合物沉淀剂的官能团可以与溶质借助氢键形成链接，氢键往往是聚合物分子在颗粒表面吸附的主要作用力之一。

（二）吸附状态

高分子聚合物有很多活性功能团，分子链中可有多处活性位点吸附于颗粒表面，而未吸附的部分常常以无规则的链端伸向溶液。

二、高聚物种类

高聚物絮凝剂的种类较多，有天然和人工合成两类，按官能团分类，主要为阴离子型、阳离子型和非离子型三大类，见表3-5。

表3-5 高分子絮凝剂常见特征官能团

分类	常见官能团
阴离子絮凝剂特征官能团	COOH SO_3H OSO_3H
阳离子絮凝剂特征官能团	NH_2 NHR NR_2 NR_3
非离子型絮凝剂特征官能团	OH CN $CONH_2$

天然常见的高分子絮凝剂主要有淀粉、纤维素、壳聚糖、硅藻酸钠、动物胶、白明胶、丹宁、古尔胶等。天然高分子絮凝剂还可经过化学修饰以适应不同的需要，常见的天然高分子絮凝剂易得且价格低廉，但这类物质具有分子量一般较低且不恒定的问题。因此，工业应用中一般更多的使用人工合成的高分子絮凝剂，此类絮凝剂具备分子量可控、价格相对低廉的特性，市售常见人工合成高分子絮凝剂见表3-6。

表3-6 市售常见人工合成高分子絮凝剂

类型	名称
非离子型	聚丙烯酰胺、聚氧化乙烯
阳离子型	聚乙烯吡啶盐、聚胺基甲基丙烯酰胺、聚乙烯咪唑啉、聚乙烯亚胺、氯甲基氧丙烷亚烷基二胺重缩合物、聚酰胺基聚胺
阴离子型	聚丙烯酸钠、聚苯乙烯磺酸、聚丙烯酰胺部分水解物、聚磺化甲基化聚丙烯酰胺、乙烯聚合聚丙烯酸二烷基胺乙酯、聚二烯丙基季铵盐

三、聚合物沉淀影响因素

影响聚合物絮凝沉淀效果的影响因素主要有两方面：一是絮凝剂性质；二是悬浮物性质（悬浮物结构特征、pH、温度等）。

（一）**絮凝剂性质**

1. 分子量 高分子絮凝剂一般为线形链状结构的化合物，分子量越大，所含的对应有效官能团就越多，吸附能力也就越强。同时，分子量大，更有利于架桥作用，因而絮凝作用越强。但是，一般絮凝剂分子量越大，则溶解性越差，因而对絮凝剂分子量的选择，需要综合多种因素考虑。

2. 特征基团的影响 阳离子絮凝剂适合于处理颗粒带负电的胶体或悬浮液，一般溶液应呈酸性至中性。若溶液 pH 在碱性范围，则应选择季铵盐絮凝剂。反之，阴离子絮凝剂常用于处理带正电的胶体和悬浮液，溶液 pH 呈碱性或中性。虽然实际胶体或悬浮液中的颗粒常常带负电荷，但由于阴离子絮凝剂的价格要比阳离子絮凝剂便宜，所以阴离子絮凝剂在实际生产中应用更为广泛。与阳离子絮凝剂和阴离子絮凝剂相比，非离子絮凝剂受溶液 pH 和不同盐的波动影响较小，该类絮凝剂在中性或碱性条件下，絮凝效果不及阴离子絮凝剂，但在酸性条件下，絮凝效果优于阴离子絮凝剂。

（二）**悬浮液性质**

1. 悬浮物的影响 悬浮物颗粒表面的 ζ 电位越高，悬浮液越稳定，ζ 电位越低，越有利于凝聚；颗粒越细，碰撞概率越小，越难絮凝，所以一般对于粒度较细的胶体或悬浮液可先用盐或有机溶剂凝聚后再絮凝。

2. pH 的影响 pH 一方面是影响絮凝剂的溶解及其分子在溶液中的伸展状态；另一方面是影响颗粒表面的电荷。

3. 溶液温度的影响 溶液温度对絮凝效果的影响十分显著。温度升高，分子运动的动能增加，则溶液的黏度降低；反之，则黏度增加。溶液黏度增加的不良后果是胶粒的布朗运动减弱，降低凝聚作用。其次是黏度增加溶液的剪切力增大，从而影响絮凝体的增长。水温降低，絮凝剂在溶液中的分散速度降低，导致吸附反应变慢。同时，温度降低，颗粒表面的水化作用增强，这样同样影响絮凝剂分子在颗粒表面的吸附。

四、案例分析

案例 3-4 蒲公英水提液的纯化

蒲公英为菊科植物蒲公英、碱地蒲公英或同属数种植物的干燥全草，是中医临床常用清热解毒中药之一，其所含咖啡酸为其抗菌抗病毒的主要有效成分。目前提取工艺以“提高有效成分含量，且尽可能在制备中减少其有效成分损失，进而降低病人对蒲公英提取物制剂的服用量”为核心指标。

问题：现有传统的醇沉工艺技术对蒲公英水提液的纯化工艺具有以下待改进地方。

1. 药液的澄清度不够。

2. 有效成分的保留率不高。

3. 采用的乙醇醇沉工艺，造成工艺实施过程中具有溶液体积较大、生产周期长、生产成本相对较高等缺点。

4. 乙醇作为易燃物，具备一定的生产安全隐患。

查阅相关文献，选择合适的改进分离工艺，不仅要求技术上可行，还要有较好的经济性。

已知：传统醇沉的替代方法可选聚合物絮凝沉淀法，该法往往有更高的脱杂效率，因此可采用聚合物絮凝澄清技术对蒲公英水提液进行纯化。

寻找关键：选择符合要求的脱杂剂是本案关键，原因如下。

1. 选择合适的除杂效果更佳的絮凝剂脱杂，不但可降低整体工艺操作液体体积，而且可以提高脱杂工艺效率。

2. 加入的絮凝剂应该保证生产安全性、无毒性、经济性。

工艺设计：通过比较，本案选择采用了安全的天然成分絮凝剂——壳聚糖，对蒲公英水提液进行纯化。具体步骤为：将传统方法水提得到的提取液，进行减压浓缩，以保证壳聚糖加入后的维持合理浓度以及除杂效果。药液浓缩程度为 1∶8，然后加入对应质量分率为 30% 的壳聚糖，缓慢利用稀酸碱液调节药液 pH 为 5.0～6.0，控制容器搅拌速度为 150r/min，控制容器内温度为 60℃，保持 12 小时。然后取样，精密量取滤液与絮凝前药液适量，测定咖啡酸保留率、药液透光率及浸膏得率，工艺流程见图 3-15。

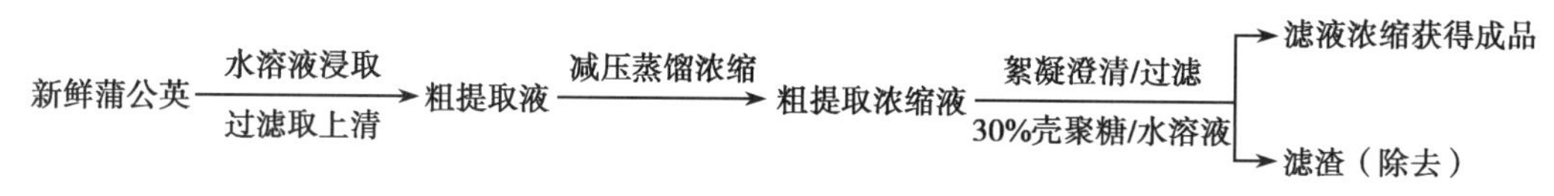

图 3-15　蒲公英水提液纯化的工艺流程图

假设：本案中，如果采用其他种类的絮凝剂来替换本案使用的壳聚糖，哪些絮凝剂是适合的？需要考虑的主要因素有哪些？

分析评价：与传统的醇沉工艺进行对比，采用壳聚糖絮凝澄清工艺对蒲公英水提液进行精制，不但药液的澄清度高，而且有效成分的保留率亦有提高，效果较为满意。另外，壳聚糖絮凝澄清工艺相对于醇沉工艺，具有操作简便、生产过程总体积降低、生产安全、周期短、生产成本低等优点。

第五节　其他沉淀方法

一、成盐沉淀

生物大分子和小分子等活性物质一般都可以生成盐类复合物沉淀，此法可分为：

1. 金属离子沉淀　许多有机物包括蛋白质在内，在碱性溶液中带负电荷，都能与金属离子形成沉淀，所用的金属阳离子，根据它们与有机物结合的机制可分为三大类：第一类包括二价阳离子中的锰离子、铁离子、钴离子、铬离子、铜离子和锌离子等，它们主要作用于羧酸、胺及杂环等含氮化合物；第二类包括二价阳离子中的钙离子、钡离子、镁离子等，这些金属离子能和羧酸起作用，仅对含氟物质的配基没有亲和力；第三类金属包括二价阳离子中的铅离子、汞离子和一价的银离子等，这类金属离子对含硫氢基的化合物具有特殊的亲和力。

2. 有机酸沉淀 含氮的有机酸，如苦味酸、苦酮酸、三氯乙酸和鞣酸等，能够通过与有机分子的碱性功能团形成复合盐，从而沉淀析出。以鞣酸为例，其分子结构可看作是一种没食子酸酰基葡萄糖，为多元酚类化合物，其分子上有羧基和多个羟基。由于蛋白质分子中富含氨基、亚氨基和羧基等，这样就有可能使蛋白质分子与鞣酸分子间形成众多的氢键而结合在一起，从而形成巨大的复合颗粒沉淀下来。鞣酸沉淀蛋白质的能力与蛋白质种类、溶液的 pH 及鞣酸本身的种类和使用添加的浓度有关，由于鞣酸与蛋白质的结合牢固，导致用一般方法不易将它们分开，故多采用竞争结合法，即选用比蛋白质更强的结合剂与鞣酸结合，使蛋白质游离释放出来，这类竞争性结合剂常见的有乙烯氮戊环酮（polyvinylpyrrolidone，PVP），它与鞣酸形成氢键的能力很强，此外聚乙二醇、聚氧化乙烯及山梨糖醇甘油酸酯也可用来从鞣酸复合物中通过结合力差异而分离蛋白质。

以上复合盐类一般具有较低的溶解度，易沉淀析出，如沉淀为金属阳离子复合盐，可通过 H_2S 使金属变成硫化物而除去；若为有机酸盐或磷钨酸等无机酸复合盐，则可加入较强适量无机酸并用乙醚萃取，同时值得注意的是，重金属和某些有机酸或无机酸与蛋白质形成复合盐后，有时可能造成蛋白质发生不可逆沉淀，应用此类方法分离时，必须进行预实验确认。

二、选择变性沉淀

由于溶液中溶质和杂质的物理或化学性质敏感性不同，因此选择特定的方法使其中杂质产生变性沉淀，达到分离提纯目的称为选择变性沉淀，此法主要用于蛋白质、酶和核酸等常见的生物大分子的分离。

（一）热变性沉淀

利用热稳定性差的蛋白质可以发生变性沉淀的特点，在较高温度下，可根据蛋白质的热稳定性的差异进行蛋白质的热沉淀，从而分离纯化稳定性高的目标产物。如超氧化物歧化酶是一种对热较稳定的酶，可以耐受 60℃甚至更高的温度，通常采用有机溶剂沉淀法纯化。因此，利用该酶热稳定的特点，在提纯操作中先加热沉淀部分杂蛋白，再联合有机溶剂沉淀法，可大大减少有机溶剂的用量并提高提纯纯度。

（二）选择性酸碱变性

利用蛋白质和酶等大分子活性物质对于溶液中不同 pH 的稳定性不同的特点，使杂蛋白变性沉淀，该法通常是在分离纯化流程中附带进行的一个分离纯化步骤。

（三）表面活性剂和有机溶剂变性

不同蛋白质和酶等大分子活性物质对于表面活性剂和有机溶剂的敏感性和稳定性不同，在分离纯化过程中利用此特点可以使敏感性强的杂蛋白先变性沉淀，而目标产物则留在溶液中，此法通常都在冰浴或冷冻室中进行，以保护蛋白质和酶等大分子活性物质的生物活性。

三、案例分析

案例 3-5　蜂蜜蛋白的提取

蜂蜜是蜜蜂科昆虫中华蜜蜂或意大利蜂所酿的蜜，具有抗诱变、抗炎、美容养颜等多种营养和生物活性。蜂蜜蛋白类物质来源于蜜源植物或者蜜蜂本身，包括蜜蜂唾液腺和咽的分泌物、花蜜以及花粉，含量约为0.1%～0.5%。

问题：查阅相关文献，选择一条合适的分离蜂蜜蛋白的纯化路线，不仅要求技术上可行，还要具备较好的经济性。

已知：蜂蜜蛋白类物质来源于蜜源植物以及蜜蜂头部王浆腺分泌的王浆主蛋白 MRJP-1、MRJP-2、MRJP-5 和 MRJP-7，其中以 MRJP-1 含量最高。不同蜜源的蜂蜜均含 MRJP 1～5、抗菌肽 defensin-1 和 α- 葡糖苷酶。同时，蜂蜜中氮含量组成的 40%～65% 来源于蛋白质，剩余的氮含量主要来源于游离氨基酸，以脯氨酸、谷氨酸、丙氨酸等 7 种氨基酸最常见。目前常见的工业分离纯化蜂蜜蛋白的可选工艺方案为硫酸铵沉淀法和乙醇沉淀法。

寻找关键：由于蜂蜜蛋白为多种蛋白及多肽的混合物，因此不易用简单的等电点沉淀等方法分离纯化。同时，蜂蜜中的氮含量组成的 40%～65% 来源于蛋白质或氨基酸，因此，寻找一种能与蜂蜜蛋白或其氨基酸上碱性氨基相互作用并形成有效沉淀的方法是提高分离选择性和效率的关键。

工艺设计：设计三种不同纯化工艺，他们的总工艺流程见图 3-16，由于产物蛋白具有易变性的特点，因此三种不同的工艺中，都具有相同的预冷环节。

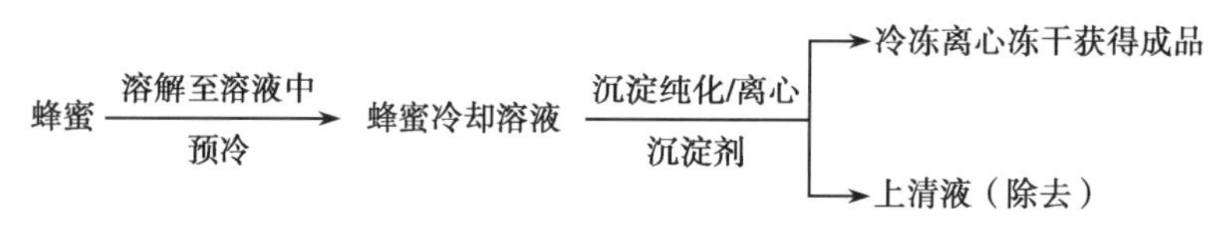

图 3-16　蜂蜜蛋白提取的工艺流程图

1. 三氯乙酸（TCA）沉淀法工艺　将蜂蜜泵入含 20% TCA 水溶液的容器中，将容器在冷冻盐水中冷却至 −20℃，并保存 30 分钟以使蜂蜜蛋白沉淀，沉淀后的溶液于 4℃高速离心机内离心 10 分钟，去除上清液，然后沉淀用超纯水洗涤，并进行二次离心，进一步达到纯化目的。然后，重复洗涤步骤两次，将最终的沉淀物溶解在超纯水中，冷冻并冻干，得产物。考马斯亮蓝法测定蛋白质含量。

2. 硫酸铵沉淀法工艺　将蜂蜜泵入已经预冷至 4℃的含缓冲液（20mmol/L Tris-HCl，100mmol/L NaCl，pH 7.5）的容器中，搅拌 15 分钟，然后经过过滤机过滤，除去花粉粒。上清液用浓度为 80% 的硫酸铵在 4℃下沉淀 1 小时，并用高速离心机 4℃下离心 10 分钟，然后沉淀用超纯水洗涤，并进行二次离心，进一步达到纯化目的。接着，重复洗涤步骤两次，收集蛋白质沉淀物并溶解在适量超纯水中，冷冻并冻干，得产物。考马斯亮蓝法测定蛋白质含量。

3. 乙醇沉淀法　将蜂蜜泵入含超纯水的容器中，混匀并在 4℃预冷。4℃条件下，向混匀的蜂蜜溶液中加入等体积 −20℃冷无水乙醇，在冰浴上持续温和地搅拌 45 分钟，300r/min，然后，4℃高速离心 10 分钟，弃去上清液，所得沉淀即为蜂蜜蛋白质，沉淀复溶于超纯水中，冻干得产物。考马斯亮蓝法测定蛋白质含量。

假设：本案例中，能否用其他的沉淀剂来替换三氯乙酸？需要考虑的主要因素有哪些？

分析评价：首先，三种工艺中，TCA 因能与蜂蜜蛋白或其氨基酸上碱性氨基相互作用形成沉淀，从而达到了选择性分离的目的，因此该沉淀法所得蛋白质含量最高，但需要注意的是，该法纯化操作过程应在低温下进行，原因是 TCA 存在下，糖苷键在水溶液中易水解，同时蛋白易变性。乙醇沉淀法所得蛋白质含量次之，与 TCA 沉淀法类似，乙醇沉淀法也需要在低温下进行，其原因是乙醇存在下，蛋白易变性。硫酸铵沉淀所得蛋白质含量最少，究其原因，可能是蜂蜜蛋白部分为糖蛋白，糖蛋白中糖苷键具有高度亲水性，因此在水溶液中更易溶解，导致了最终蛋白含量偏低。

由于蜂蜜蛋白易水解、变性，三种方法都需要在低温下操作，但 TCA 方法蛋白含量最高。另外，虽然 TCA 单位重量价格略高于硫酸铵和乙醇，但其相对用量小且工艺要求的生产总体积小，因此 TCA 沉淀法较为合适。

学习思考题

1. 如何确定盐析工艺中应该有几步盐析较合理？确定的依据是什么？

2. 有机溶剂沉淀中，常用乙醇作为沉淀用溶剂，是否可以用其他溶剂，如甲醇或者丙酮等替代乙醇？应该注意的问题是什么？

3. 等电点沉淀时，需要调节 pH 至目标蛋白的等电点，请结合案例思考，在工业化生产时，调节 pH 过程中需要注意的问题是什么？

4. 人工合成高分子絮凝剂可分为三大类，分别为阴离子型、阳离子型和非离子型。请思考，在实际工业应用中，应该如何区别和选择？

5. 对于蜂蜜蛋白提取，在上述案例中提供的三种方案之外，能否根据已经学习过的知识，再设计一种或更多种不同的纯化方案？同时，请解析设计的思路。

6. 通过分析形成沉淀的基本原理和工业化应用的适用性两个方面，比较盐析法和有机溶剂沉淀法各自的优缺点。

7. 请基于等电点沉淀的基本原理，分析说明该分离方法主要的应用场景，以及为什么该方法在实践中一般不单独使用？

ER3-2 第三章 目标测试

（刘永海 傅 收）

参 考 文 献

[1] 宋航，李华. 制药分离工程（案例版）. 北京：科学出版社，2020.

[2] 郭立玮. 制药分离工程. 北京：人民卫生出版社，2014.
[3] 张发宇，赵冰冰，蔡静，等. 盐析法纯化新鲜蓝藻中藻蓝蛋白工艺条件的研究. 环境工程技术学报，2015，5(6)：499-503.
[4] 刘鑫阳，郜晋楠，段开红，等. 2 步盐析法纯化螺旋藻中藻蓝蛋白. 内蒙古农业大学学报(自然科学版)，2019，40(1)：60-66.
[5] 历娜，李桂荣，王缨，等. 和络舒肝片提取工艺方法的研究. 人参研究，2021，33(4)：45-47.
[6] 张小雪，李青容，刘敏宜，等. 木棉花超氧化物歧化酶分离工艺的研究. 汕头大学学报(自然科学版)，2019，34(2)：52-61.
[7] 夏新华，谭红胜. 蒲公英水提液絮凝澄清工艺研究. 中国中药杂志，2006，31(19)：1632-1634.
[8] 谢博，傅红，杨方. 响应面法优化椴树蜂蜜蛋白提取工艺. 食品研究与开发，2021，42(6)：134-140.
[9] 李军生，何仁，江权燊，等. 蜂蜜淀粉酶在鉴别蜂蜜掺假中的应用研究. 食品科学，2004，25(10)：59-62.

ER4-1　第四章
萃取技术（课件）

第四章　萃取技术

1. **课程目标**　在了解固液萃取的基本过程、液液萃取和分配定律、分配平衡基本概念的基础上，掌握固液萃取及有机溶剂萃取的基本概念及分离原理、工艺基本流程及其影响主要因素、工业应用范围及特点，培养学生分析、解决工艺研究和工业化生产中复杂分离问题的能力。了解典型萃取设备的结构及工作原理，使学生能综合考虑萃取分离技术发展程度、环保、安全、职业卫生及经济方面的因素，从而能够选择或设计适宜的萃取分离技术。
2. **教学重点**　固液萃取、液液萃取的基本原理及实际应用；掌握一般萃取方式和多级萃取过程萃取级数的计算方法。

第一节　固液萃取

固液萃取是利用溶质在溶剂中溶解度的不同，使原料中的某种溶质和其他组分得到分离的方法。

固液萃取广泛应用于湿法冶金工业、化学工业、食品工业和制药工业中，以获取具有应用价值组分的浓溶液，或者用来获取不溶性固体中所夹杂的可溶性物质。在自然界中，大多数金属矿都是以多组分存在的，所以有价值的金属需要通过萃取后才能从矿石中分离出来。例如用硫酸或氨溶液从矿石中浸取而得到铜，用氰化钠溶液浸取分离来提取金。利用浸取法还可以提取或回收铝、钴、锰、锌、铀等。以天然物质为原料，应用浸取法可得到各种有机物质，例如用温水从甜菜中提取糖，用有机溶剂从大豆、花生、米糠、玉米、棉籽中提取食用油，用水浸取各种树皮提取丹宁，从植物的根叶中用水或有机溶剂提取各种医药物质，用有机溶剂来提取鱼油，从粗毛中回收油脂等。

一、固液萃取的基本概念

固液萃取（又称浸取）是指用溶剂将固体原料中的可溶组分提取出来的操作。固液萃取是历史悠久的单元操作之一，该操作在中药有效成分的提取中最常使用，如用温水从甜菜中提取糖、从植物的根叶中用水或者有机溶剂提取各类活性物质等。本章主要以中药材的浸取为例来阐述固液萃取。

中药浸取过程就是将药材中的可溶性组分从中药的固体基块中转移到液相溶剂中，从而得到含有溶质的提取液的过程。因此，提取过程实质上是溶质由固相转移到液相的传质过程。在浸取操作中，凡用于药材浸出的液体称为浸取溶剂（简称溶剂或提取剂），浸取药材后得到的液体称浸取液（浸出液），浸取后的残留物称为药渣。

中药材中所含成分非常复杂，概括起来可分为四类：①有效成分，指起主要药效作用的物质，如生物碱、黄酮类化合物、挥发油等物质；②辅助成分，指本身没有特殊疗效，但能增强或缓和有效成分作用的物质，或是有利于有效成分浸出或增强制剂稳定性的物质，如大黄中所含的鞣质可以缓和大黄蒽醌苷的泻下作用；③无效成分，是指无生物活性，不起药效的物质，有的甚至会影响浸出效能、制剂的稳定及外观和药效等，如树脂、黏液质、果胶等；④组织成分，指一些构成药材细胞或其他不溶性的物质，如纤维素、石细胞、栓皮等。浸取过程大多数是为了得到或分离出有效成分，因此，尽可能地将中药材中的有效成分或组分群提取或分离出来，是固液浸取的重要任务。

二、固液提取的原理与影响因素

（一）提取原理

药材可分为植物、动物和矿物三大类。矿物类中药无细胞结构，其成分可直接溶解或分散悬浮于溶剂中；动植物中药经粉碎后，对破碎的细胞来说，其所含成分可被溶出、胶溶或洗脱下来。对具有完好细胞结构的动植物中药来说，细胞内的成分向细胞外转移浸出，需要经过一个复杂的传质过程。

目前有关中药提取过程的传质理论很多，如双膜理论、扩散边界层理论、溶质渗透理论等。下面以植物药材为例，对固液提取过程原理作详细说明。

将中药材看成由溶质（可溶物）和药渣（惰性固体）所组成，药材中的可溶物由固相转移到液相中，得到含有溶质的提取液，这个过程是传质动力学过程，理论依据是扩散原理。整个传质过程主要经历了浸润与渗透、解吸与溶解、浸出成分的扩散三个相互联系的阶段。

1. 浸润与渗透阶段 新鲜药材的细胞中，含有多个可溶性或不溶性物质。植物细胞结构如图4-1所示，药材经干燥后，组织内的水分被蒸发，细胞逐渐萎缩，细胞液中的物质呈结晶或无定形状态沉淀于细胞中，从而使细胞内出现孔隙，并充满了空气。当药材被粉碎时，一部分细胞可能破裂，其中所含成分可直接由溶剂浸出，并转入提取液中。大部分细胞在粉碎后仍保持完整状态，当与溶剂接触时，首先能够浸润物料，附着在干燥植物药材表面，由于溶剂的作用，使干皱的植物细胞膨胀，细胞壁的通透性得以恢

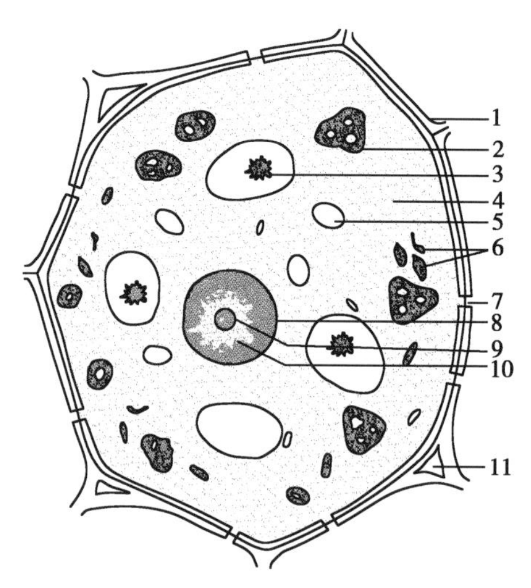

1. 细胞壁；2. 叶绿体；3. 晶体；4. 细胞质；5. 液泡；6. 线粒体；7. 纹孔；8. 细胞核；9. 核仁；10. 核液；11. 细胞间隙。

图4-1 植物细胞构造示意图

复并形成通道。基于溶剂静压力和植物毛细管作用，溶剂通过细胞膜、毛细管及细胞间隙渗入细胞组织中，即浸取过程的浸润与渗透阶段。

溶剂在上述过程中能否使中药表面润湿并进入细胞组织中，与溶剂及中药材性质及二者之间的界面情况有直接关系。如果中药材与溶剂之间的附着力大于溶剂分子的内聚力，则药材易被浸润；如果溶剂分子的内聚力大于中药材与溶剂之间的附着力，则药材不易被浸润。

在溶剂中加入适量表面活性剂，可降低界面张力，促进溶剂尽快润湿药材。也可在加入溶剂后的密闭容器内抽真空或挤压，以排出组织细胞内的空气，使溶剂更容易通过细胞壁向组织细胞渗透。

2. 解吸与溶解阶段 中药材各成分之间或与细胞壁之间，存在着一定的吸附作用，当溶剂渗入药材组织内部或细胞中时，必须首先解除彼此间的吸附作用（即解吸过程），继而使一些有效成分以分子、离子或胶体粒子等形式分散于溶剂中（即溶解过程）。

解吸与溶解是两个紧密相连的阶段，其快慢主要取决于溶剂对目标成分的亲和力大小，一般来说遵循“相似相溶”的规律。

提取过程中，应选择具有解吸作用的溶剂，如水、乙醇等，必要时可通过加热提取或于溶剂中加入酸、碱、甘油及表面活性剂，来加速分子的运动或增加某些有效成分的溶解性，来促进目标成分的解吸与溶解。

3. 扩散阶段 当浸出溶剂溶解了大量溶质后，由于植物药材细胞内的各成分浓度远高于细胞外溶剂中的浓度，细胞内外产生了溶质浓度差，从而产生了内高外低的渗透压，细胞内高浓度的液体不断向周围低浓度方向扩散，直至内外浓度相等，渗透趋于平衡时，扩散过程终止。

溶质由细胞内向细胞外的扩散过程，分为内扩散和外扩散两个阶段，内扩散就是细胞内的成分随着已经进入胞内的溶剂，穿过细胞壁，扩散到细胞外；外扩散是溶剂将各个可溶性成分，经植物药材的毛细管通道，扩散到溶剂主体中去。

扩散的实质是溶质从高浓度向低浓度方向渗透的过程，推动力来自浓度差或浓度梯度。

（二）固体浸取传质模型

为进一步解决固液提取技术的高效率问题，有必要深入理解扩散和传质效率。在研究浸取过程时，通常把固体药物看成由可溶物（溶质）和不溶物（载体或基质）组成，而浸取的实质是溶质由复杂的植物基质中通过内外扩散传递到液相溶剂的传质过程。虽然药材基质和溶质均很复杂，很难定量研究中药材的浸取速率，但由于固液萃取的传质过程是以扩散原理为基础，可借用质量传递理论中的菲克第一定律对中药材的提取速率进行近似描述。

1. 浸取速率方程（由菲克第一定律推导） 浸取过程实际上包括分子扩散和流体的运动引起的对流扩散，而对流传质过程用菲克第一定律表示应为分子扩散与涡流扩散共同的结果。

分子扩散速率是在单位时间内，垂直单位面积上，沿扩散方向通过的分子物质的量。分子扩散速率决定了固液提取的效率。

如图 4-2 所示，当传递是在液相内扩散距离 dz 进行，分子扩散速率可用菲克第一定律表示：

$$J_{AT}=-(D+D_E)\frac{\mathrm{d}c_\mathrm{A}}{\mathrm{d}z} \qquad 式(4\text{-}1)$$

式中，J_{AT} 为物质 A 的扩散通量，或称扩散速率，kmol/(m^2•s)；$\frac{dc_A}{dz}$ 为物质 A 在 z 方向上的浓度梯度，kmol/m^4；D 为分子扩散系数，m^2/s；D_E 为物质 A 的涡流扩散系数，m^2/s。式中的负号表示物质 A 沿着浓度降低的方向进行扩散。

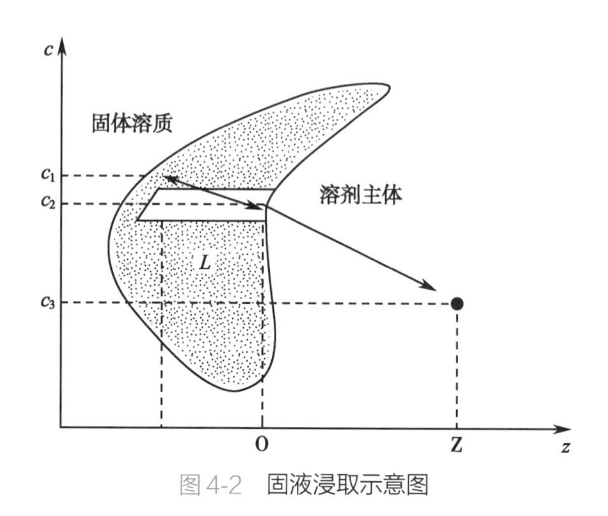

图 4-2　固液浸取示意图

由式(4-1)可知，欲求分子扩散速率 J_{AT}，需要得到扩散系数 D 及 D_E。D_E 不仅与流体物性有关，而且还主要受流体湍动程度的影响，会随位置而改变，故难以测定和计算。

在理想状态时(静止无流动液体中)，例如对于发生在某一提取容器内的浸取过程，可近似认为是分子扩散，而涡流扩散系数 D_E 可忽略不计，式(4-1)可简化为：

$$J_{AT} = -D\frac{dc_A}{dz} \qquad \text{式(4-2)}$$

根据式(4-2)可知，分子扩散速率与分子扩散系数和浓度梯度相关，分子扩散系数 D 越大，分子扩散速率越快，增加分子的浓度梯度也能增加分子扩散速率，相应的固液提取效率也会增加。在实际固液提取中，提取溶剂往往是流动的，物质的浓度梯度随时间发生改变，且随着高浓度物质所在位置而改变。

2. 扩散系数 *D*　分子扩散系数是在单位时间、单位浓度梯度的条件下，垂直通过单位面积所扩散的分子的质量或物质的量。扩散系数表示其扩散能力，是物质的特性常数之一，同一物质的扩散系数会随着介质的性质、温度、压力及浓度而变化。在固液提取中，有的植物药材可以通过相关物性手册查到，但大多缺乏扩散系数的相关数据。目前，求解扩散系数的方法大多采用斯托克斯 - 爱因斯坦(Stokes-Einstein)方程[式(4-3)]或威尔盖(Wike)方程[式(4-4)]。

$$D_{AB} = \frac{9.96 \times 10^{-17} T}{\mu_B V_A^{1/3}} \qquad \text{式(4-3)}$$

式(4-3)为斯托克斯 - 爱因斯坦方程。式中，D_{AB} 为分子扩散系数，m^2/s；V_A 为正常沸点下溶质的摩尔体积，m^3/kmol；μ_B 为溶剂 B 的黏度；T 为绝对温度，K。

式(4-3)适用于大分子物质 A 扩散到小分子溶剂 B 中，物质 A 的分子量大于 1 000，非水合的大分子溶质，溶液中的溶质摩尔体积大于 0.5m^3/kmol，且假定物质分子是球状颗粒，在层流状态下缓缓运动的情况。

由斯托克斯 - 爱因斯坦方程可知，物质 A 的扩散系数与其摩尔体积、提取溶剂的黏度和提取温度相关。温度升高，提取溶剂的黏度减小，则分子 A 在溶剂 B 中的扩散系数增大。

$$D_{AB}=4.7\times10^{-7}(\varphi M_B)^{1/2}\frac{T}{\mu_B V_A^{\ 0.6}} \qquad 式(4\text{-}4)$$

式(4-4)为威尔盖方程。式中，D_{AB} 为分子扩散系数，m^2/s；φ 为溶剂的缔合参数，对于水为 2.6，甲醇为 1.9，乙醇为 1.5，苯、乙烯、庚烷以及其他不缔合溶剂均为 1.0；M_B 为溶剂的摩尔质量，kg/kmol；μ_B 为溶剂 B 的黏度；V_A 正常沸点下溶质的摩尔体积，$m^3/kmol$；T 为绝对温度，K。

式(4-4)适用于溶质为小分子的稀溶液。

由威尔盖方程可知，小分子物质 A 的扩散系数除与其摩尔体积、提取溶剂的黏度和提取温度相关外，还与溶剂的缔合参数及溶剂的摩尔质量有关。

在理解扩散系数后，要完整理解和掌握固液提取速率，尚需要理解固液提取的总传质系数 K。

3. 总传质系数 K　根据固液浸取过程机制，植物药材在提取过程中，总传质系数应由内扩散系数、自由扩散系数和对流扩散系数组成。因此，固液提取的总传质系数 H 由药材内扩散系数 $D_{内}$、自由外扩散系数 $D_{自}$和分子在流动提取剂的对流扩散系数 $D_{对}$组成。

$$H=\frac{1}{\dfrac{h}{D_{内}}+\dfrac{S}{D_{自}}+\dfrac{L}{D_{对}}} \qquad 式(4\text{-}5)$$

式中，H 为浸取时的总传质系数，cm^2/s；h 为药材内部组织和毛细管的边界层厚度(其中边界层是高雷诺数绕流中紧贴物面的黏性力不可忽略的流动薄层)，cm；S 为药材表面的边界层厚度，cm；L 为药材颗粒尺寸，cm；$D_{内}$为内扩散系数，cm^2/s；$D_{自}$为自由扩散系数，cm^2/s；$D_{对}$为对流扩散系数，cm^2/s。

从式(4-5)可知，扩散系数 $D_{内}$、$D_{自}$和 $D_{对}$增加，总传质系数增加；边界层厚度和药材颗粒尺寸增大，总传质系数相应减小。

扩散系数 $D_{内}$、$D_{自}$和 $D_{对}$与分子的大小、提取溶剂的黏度和提取温度相关，而且因为植物内部毛细管空间较外部主体溶剂狭窄和曲折，分子在植物内部的运动速度缓慢，所以药材内扩散系数 $D_{内}$远小于自由外扩散系数 $D_{自}$，分子在流动提取剂的对流扩散系数 $D_{对}$大于自由外扩散系数 $D_{自}$，特别是搅拌过程中，$D_{对}$远大于 $D_{自}$。由以上分析可知，在固液提取过程中，内扩散系数 $D_{内}$的大小决定了总传质系数，也决定了固液提取的提取效率。

4. 提取速率方程　在理解分子扩散速率方程、明白扩散系数和总传质系数相关概念的内涵后，可以通过以上基础知识得到固液提取速率方程，由此计算提取效率。由分子扩散速率方程、扩散系数和传质系数可知，固液提取的速率方程为：

$$J=-(D_{内}+D_{自}+D_{涡})dc/dz \qquad 式(4\text{-}6)$$

由传质系数可知，h 为药材内部组织和毛细管的边界层厚度，S 为药材表面的边界层厚度，L 为药材颗粒尺寸，它们均可作为扩散距离。由此对式(4-6)进行积分处理，结合传质系数公式[式(4-5)]可得药材的提取速率方程：

$$J = K\Delta c \qquad 式(4\text{-}7)$$

式中，Δc 为有效成分在药材内和外部主体提取溶剂的浓度之差，$kmol/m^3$。在实际固液提取中，因为提取溶剂在流动，药材固体与液相主体中有效成分的浓度差并非为定值，Δc 可用下式进行表示：

$$\Delta c = \frac{\Delta c_{始} - \Delta c_{终}}{\ln\left(\dfrac{\Delta c_{始}}{\Delta c_{终}}\right)} \qquad 式(4\text{-}8)$$

式中，$\Delta c_{始}$和 $\Delta c_{终}$分别为提取开始和结束时药材中的固液两相中有效成分的浓度差，$kmol/m^3$。综合以上可知，固液提取的速率方程为

$$J = K\frac{\Delta c_{始} - \Delta c_{终}}{\ln\left(\dfrac{\Delta c_{始}}{\Delta c_{终}}\right)} \qquad 式(4\text{-}9)$$

（三）固液提取过程的影响因素

影响提取过程速度及效率的因素很多，根据浸取过程的传质理论模型，一般有溶剂的性质、药材的性质（表面状态、粒度等）和操作工艺（提取温度、压力、提取次数及时间）等。

1. 溶剂性质的影响

（1）常见溶剂分类：固液提取溶剂的选择是影响提取效率、安全和环保的重要因素，常见的溶剂为水和有机溶剂。

1）水：水是固液提取最常用的提取溶剂。水具有极性大、溶解范围宽、成本低、对环境无危害、使用安全等特点，水可用来提取植物药材中有机酸盐、生物碱盐类、苷类、蛋白质、多糖类、色素、酶等。但因为水的溶解范围宽，常将植物药材中大量的无效成分提取出来，给后续分离和制剂工艺带来一定困难，而且水的沸点较有机溶剂高，浓缩水提取液的能耗高于有机溶剂提取工艺。

有的固液提取工艺还在提取溶剂水中添加适量辅助剂，如酸、碱和表面活性剂，其目的是增加植物药材中的有效成分的溶解度和稳定性，以提高提取得率，同时还可减少杂质的提取率。如用水提取生物碱类物质时，为提高生物碱的提取得率，添加少量盐酸与生物碱类生成水溶性的盐，可增加生物碱的提取得率；水提取甘草中的甘草酸时，加入适量的氨水溶液，使得甘草酸生成甘草酸盐，可增加了水溶性，同时也增加了提取得率。

常用的酸类辅助剂主要是盐酸、硫酸、乙酸和酒石酸，常用的碱类辅助剂是氨水和碳酸钠，有时还会用表面活性剂做辅助提取剂。

2）乙醇：乙醇是一种常用的有机提取溶剂。与水互溶，具有挥发性，易于回收，易燃。常将乙醇与水混合作为提取剂，以增强对植物药材中有效成分提取的选择性，可从植物药材中选择性地提取有效成分。从提取工艺报道来看，提取剂为乙醇水溶液，乙醇的浓度不同提取的有效成分也相应发生改变，如小于 50% 的乙醇溶液可用来提取蒽醌类、皂苷类、酚酸类、苦味质等物质；浓度在 50%～70% 的乙醇溶液可用于提取苷类、生物碱类等成分；而浓度大于 90% 的乙醇溶液适用于提取挥发油、萜类、小分子有机物等成分。

3）三氯甲烷：三氯甲烷是一种常见的弱极性溶剂。三氯甲烷回收方便，能与乙醇、丙酮、

乙酸乙酯等有机溶剂混溶，能提取非极性有效成分，如萜类、小分子有机物、挥发油和树脂等成分。三氯甲烷低毒和麻醉性，在空气中光照时，可分解为光气和氯化氢。一般在产品的精制工艺上少量使用。

4）乙醚：乙醚是一种常见的弱极性有机溶剂。乙醚挥发性强、易回收、易燃易爆、溶解的选择性较强，可用来提取植物药材的蜡质、单萜、环烯醚萜、游离生物碱、挥发性等成分。从生产安全角度来看，乙醚一般仅用于提取有效成分后续工艺的精制。

5）石油醚：石油醚是一种非极性溶剂。石油醚挥发性强、方便回收、易燃易爆、溶解选择性强，可提取植物药材中的小分子挥发物、萜类、植物蜡质和少部分生物碱等成分。在固液提取工艺中，因易燃易爆，石油醚使用的安全环境要求很高，石油醚常用作植物药材提取的脱脂剂。

（2）溶剂的选择和应用：常见溶剂的使用包括溶剂的选择和应用方法的确定。不同溶剂对药材各种化学成分的浸出效果不同，选择溶剂常需要考虑的是提高提取得率、经济节约、使用安全环保，针对性质不同的药材化学成分要使用不同的浸出溶剂。中药提取生产常用的溶剂有水、酸性水溶液、碱性水溶液、乙醇、各种浓度的稀乙醇、丙酮、轻汽油等。

提取溶剂的选择原则如下。

1）以提取植物药材中有效成分的性质为选择依据。在进行固液提取之前，对待提取的植物药材中的目标成分的化学结构、极性、溶解性、稳定性等有清晰的认识，根据相似相溶的原理，查阅类似相关研究报道，选择与目标成分性质相近的提取溶剂，使目标成分在提取溶剂中具有最大溶解度，实现高得率，并兼顾安全和节约。如某植物药材通过水煎煮后制成药剂，在临床应用时疗效较好，按照《中国药典》（2020年版）进行质量检查时，相关指标均符合药典要求，在考虑该制剂的提取工艺时，应选择水作为提取溶剂。若需要分离的成分是极性不强的生物碱、皂苷、黄酮类等物质时，应选择与之极性类似的一类提取溶剂，再根据相关文献报道从中优选安全和价廉的提取溶剂。

2）以不同浓度的乙醇水溶剂为优先选择对象。从以上常用的有机溶剂的性质、特点和功能来看，有机溶剂如三氯甲烷、乙醚和苯等，虽然溶解的选择性较强，易于回收，但易燃易爆，不大作为提取溶剂。而乙醇与水混合后，能调配成不同浓度，可加强其溶解的选择性，从而实现选择性地提取植物药材中有效成分的目的，而且乙醇易于回收，无毒无害，方便操作。

3）以经济节约为选择溶剂的依据。固液提取生产的最终目的是服务社会和获得利润，如果该溶剂的市场价相对较高，或者还需特殊的设备配套，大幅提高生产成本，即使该溶剂选择性再好，也不推荐使用。

2. 药材的影响因素 药材的粒度越小，其比表面积就越大，相应的传质表面积越大，按照分子扩散和传质理论来分析这有利于扩散阶段的进行，从而使提取速度更快，固液提取的效率增加。但若药材粒度过细，药材的吸附作用增强，反而使传质速度受到影响，而且增大了后续提取液和药物残渣的分离难度；同时药材粉碎得过于细小，同时破裂的组织细胞多，使得大量的无效成分、淀粉、蛋白质、树脂、胶体和不溶物等杂质同时被提取出来，使得提取液中的杂质增加，增大了后续固液分离和产品纯化的难度。所以在植物药材的粉碎时应综合考虑粒度大小的问题，选择适当的粉碎粒径。

3. 操作工艺的影响 植物药材提取过程中，除药材本身的性质和提取溶剂等因素影响提取效率外，在实际提取工艺中，相关的操作工艺条件也对提取效率产生重要影响，这些操作工艺条件包括压力、温度、pH 环境、提取时间及次数等。

ER4-2　固液萃取操作工艺的影响

三、固液萃取的提取方法

常规的药材固液萃取的提取方法有浸渍法、煎煮法、渗滤法、回流提取法和压榨法等。

（一）浸渍法

浸渍法是中药提取中简便且最常用的一种提取方法，浸渍法通常在常温下或适当加温条件下进行，因而适用于有效成分遇热易分解以及含有大量淀粉、树胶、果胶、黏液质的中药材和新鲜及易于膨胀或糊化的药材，提取溶剂多用乙醇。浸渍法比较简单易行，但提取效率比较低，提取时间较长，提取溶剂的用量也比较大。浸渍法的流程如图 4-3 所示，原料经粉碎和预处理后加入提取罐中，加入一定配比的溶剂，密闭提取罐，适当搅拌，浸泡一定时间，将植物药材中的有效成分转移至溶剂中，最终通过固液分离除去药渣，得到提取液。

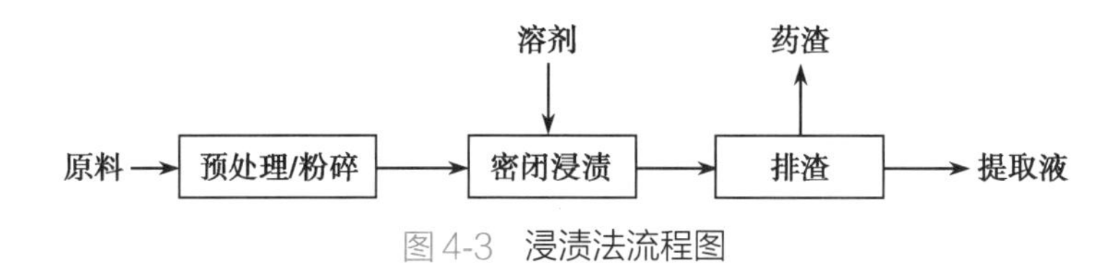

图 4-3　浸渍法流程图

由于浸渍法在静态常温和搅拌的条件下进行操作，简单易行，适用于易膨胀、有黏性植物药材的提取。但提取效率低于非静态条件的提取技术，操作时间长，溶剂用量大，为增加提取效率，需要反复浸泡，特别是针对贵重和有效成分含量低的植物药材。浸渍法有传统浸渍法和《中国药典》法两种。

（1）传统浸渍法：药酒、酊剂的制备常用这种方法。通常在常温或适当加温条件下进行，浸渍时间不等，常温浸渍可长达数月，加温浸渍也需数日，提取剂的用量没有统一规定。习惯上大多结合处方药材的性质、当地气温条件和长期的生产实践经验，对具体品种采用适当的提取条件。

（2）《中国药典》法：取适当粉碎的中药材，装入密闭提取罐中，加入溶剂后密闭、搅拌或震荡，浸渍 3～5 小时或按规定时间，使有效成分溶出。滤过提取液，压榨滤渣得残渣和压榨液，除去残渣，将提取液和压榨液合并，常温静置 72 小时后，滤过沉淀物，得最终提取液。

与冷浸法比较，热浸法的工艺流程如图 4-4 所示，将植物药材装入提取罐后，加热浸渍。浸渍温度由所使用的溶剂的性质决定，如以挥发性强的乙醇为溶剂，温度应控制在 40～60℃范围内，以挥发性不强的水作溶剂，温度控制在 60～80℃范围内。由于采用加温操作，植物药材中的成分扩散速率和传质速率增加，提取效率较冷浸法高，提取时间缩短，但提取出来的无效物质和杂质相应增加，需要进一步精制。此外，加温后，密闭体系体积持续膨胀，提取罐内部压力增加，则操作安全性不能保证，于是提取罐的上方安装冷凝器来冷凝加温后挥发的有机溶剂（如图 4-4 所示），这样既能保证密闭环境加温提取，又解决提取罐因内部压力增加而导致的不安全因素，这种提取方法称为回流提取法，本质上属于热浸法，其工艺特点是溶剂可循环使用，浸取更加完全，缺点是由于物料加温时间增加，不适于热敏性物料和挥发性物料的提取。

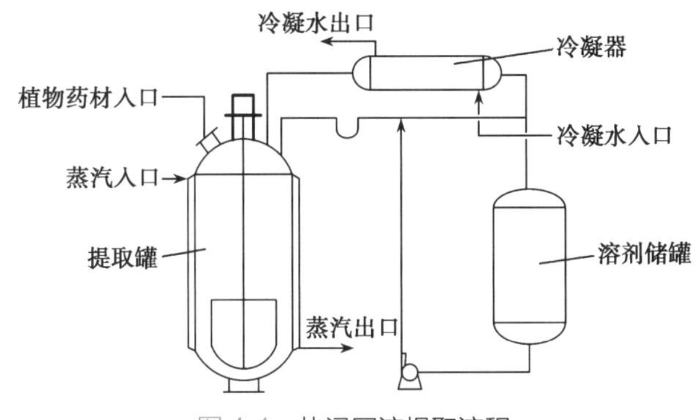

图 4-4　热浸回流提取流程

（二）煎煮法

煎煮法是最传统的提取方法。该方法是以水为溶剂，将预处理过的药材加热煎煮一定时间，将有效成分提取出来的一种常用方法。煎煮次数一般为 2～3 次，经沉淀和过滤，分离出药渣和其他固体杂质，收集各次的煎出液。

煎煮法适用于有效成分能溶于水，且对湿、热均稳定的药材的提取。传统制备汤剂皆采用煎煮法，同时煎煮法也是制备散剂、丸剂、颗粒剂、片剂及注射剂的基本提取方法之一。但用水煎煮，提取出的成分比较复杂，除有效成分外，往往还有许多杂质及少量脂溶性成分，不利于提取液的进一步加工。

在传统操作中，煎煮法常用的用具是砂锅、铜锅、铜罐及木桶等，目前中药生产中多采用敞口倾斜式夹层锅，规模生产的煎煮设备大多为多功能提取罐（图 4-5），整个提取过程是在一个密闭的可循环系统中完成的，可进行常温常压提取，也可以进行高温高压提取或低温低压提取。

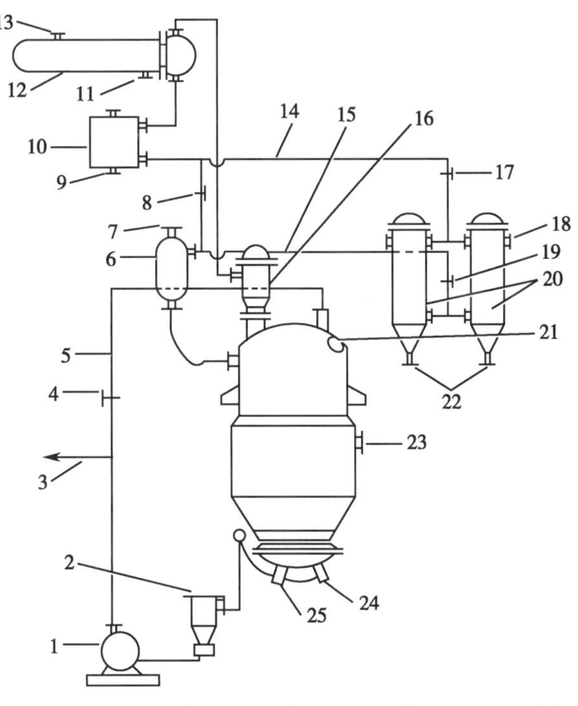

1. 水泵；2. 管道过滤器；3. 至浓缩工段；4. 阀门；5. 强制循环；6. 气液分离器；7. 排空；8，17，19. 阀门；9，11. 进水口；10. 冷却器；12. 热交换器；13. 出水口；14. 油水液管；15. 芳香水回流；16. 泡沫捕捉器；18. 芳香油出口；20 油水分离器；21. 加料口；22. 放水阀；23. 间接加热蒸汽进口；24. 排液口；25. 直接加热蒸汽进口。

图 4-5　多功能提取罐示意图

（三）渗滤法

渗滤法固液提取类似于多次浸渍法，渗滤法是将预处理并粉碎成粗粉的药材装入上大下小的渗滤罐中（如图 4-6 所示），从上方连续地添加提取溶剂，溶剂渗过药材层，在向下流动过程中浸出药材中有效成分的方法。中药生产中的渗滤设备有陶缸和锥形渗滤筒，现代生产中多用圆柱形渗滤设备。渗滤法所需设备简单，操作简单，能耗降低，适用于含量低、易挥发、剧毒成分提取，不适用于黏度高、流动性差、易膨胀物料的提取，但渗滤法耗时长，所需溶剂量较大。

渗滤法的主要工艺流程如图 4-7 所示：将处理好的植物药材置于密闭容器中，加入相当于药材粗粉量 60%～70% 的溶剂均匀润湿后，密闭放置 15 分钟至 6 小时，使药材充分溶胀后备用。渗滤操作时，先取过滤介质轻铺在渗滤设备的底部，然后将已润湿膨胀的药粉分次装入渗滤设备中，每次装入后，都要压平。装完药材后，用过滤介质将上面覆盖，并加上一些瓷块之类的重物，以免物料浮起，再压好带孔隔板。打开渗滤罐底部阀门，从罐上方加入溶剂，将物料之间的空气由罐底阀门排出，待提取液从出口流出时，关闭罐底阀门，再继续添加溶剂至高出药粉数厘米，密闭放置 24～48 小时，使溶剂充分渗透扩散。渗滤时，渗沥液流出速度，除特殊情况或特殊要求外，一般以 1kg 药材进行计算，流出速度控制在 0.06～0.3L/h。渗滤过程中须随时补充溶剂，以便充分提取药材中的有效成分。提取溶剂的用量一般为药材粉末量的 4～8 倍。

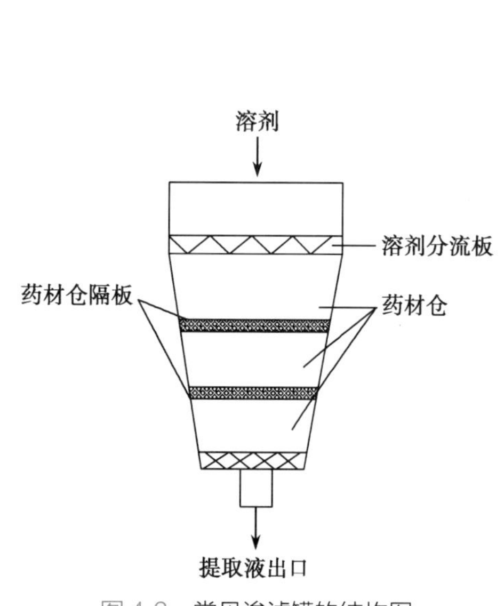

图 4-6　常见渗滤罐的结构图

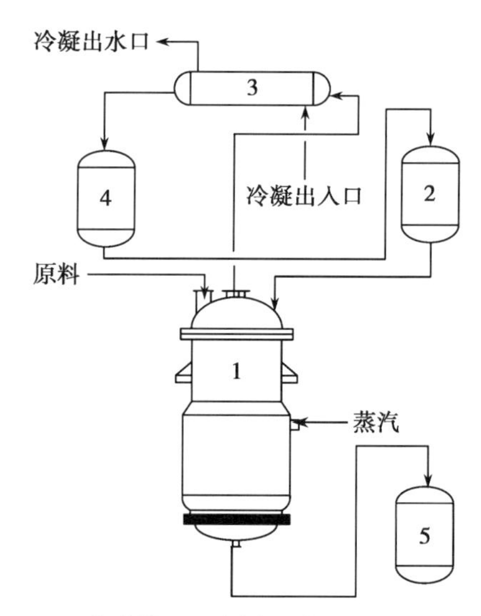

1. 渗滤罐；2. 溶剂贮罐；3. 冷凝器；
4. 冷凝溶剂贮罐；5. 渗滤贮罐。

图 4-7　渗滤法工艺流程

在渗滤操作中，溶剂连续流过植物药材而不断溶出其中的有效成分，自上而下，溶剂中有效成分的浓度逐渐增加，最后以最高浓度溶液离开渗滤罐。渗滤法是一种经典的动态提取方法。目前，渗滤法仍然是实验室及中药生产中常用的中药提取方法之一。

（四）回流提取法

回流提取法是指以乙醇等易挥发的有机溶剂为提取溶媒，对药材和提取溶媒进行加热，其中挥发性溶剂馏出后又被冷凝，重新回到浸出器中继续参与浸提过程，循环进行，直至有效成分浸提基本完全的提取方法。按照固液浸取时传质推动力的不同，回流提取法可分为回流热浸法和索氏浸提法两种。

1. 回流热浸法　将药材及提取溶媒加至回流浸提罐中，浸泡一段时间，对其进行加热，沸腾后保持微沸状态继续浸提，蒸发的溶媒上升至冷凝器中，在此释放潜热后冷凝成液体并自然流回浸提罐，到规定时间后将回流液滤出，再添加新溶媒继续回流数次，合并各次回流浸出液。在每次浸提的过程中，加入的提取溶媒中浸出成分的初始浓度一般为零，随着浸提时间的延长，溶媒中浸出成分浓度逐渐增加直至饱和（或至溶出速率明显下降）。经 2～3 次回流浸提后，浸提过程完成。

2. 索氏浸提法　在索氏提取罐中加入药材与提取溶媒，浸泡一段时间后开始加热，当溶剂加热沸腾后，蒸汽通过导气管上升，被冷凝为液体滴入提取器中。当液面超过虹吸管最高处时，即发生虹吸现象，溶液回流入提取罐。与回流热浸法不同的是，索氏浸提过程中始终保持浸提液与药材之间有较大的传质推动力，这是靠不断地从索氏提取罐中抽出部分浸提液并进入蒸发浓缩罐中回收溶媒，蒸出的溶媒蒸气在冷凝器中冷凝后流入溶媒贮液罐，再自贮液罐中向索氏浸提罐中连续加入与抽出量相等的新鲜溶媒，新鲜溶媒的加入与抽出等量的浸提液去蒸发器，保证了浸提罐中传质推动力恒为最大。索氏浸提法利用溶剂回流和虹吸原理，使固体物质每一次都能为纯的溶剂所提取，所以提取效率较高。

（五）压榨法

压榨法是利用机械加压的方法使植物药材组织发生较大的形态变化，导致整体组织破碎，通过挤压将植物药材中的液体与其固体组织分离的方法。如图 4-8 所示，其提取流程是：物料通过料斗进入压榨机内，经过螺旋杆的挤压和推送，所得压榨液从压榨机的下面流出，残渣经螺杆向前推送，到达残渣出口。压榨法不破坏植物药材中的化学成分，保持组成成分物理化学性质不变，适用于热敏性物料、挥发性物质、水溶性物质，如蛋白质、氨基酸、酶等成分的提取。

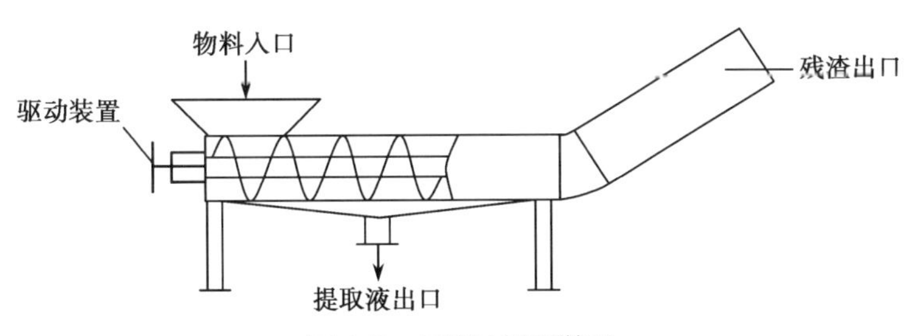

图 4-8　压榨法提取装置

以处理的对象不同，压榨法分为水溶性物料压榨法和脂溶性物料压榨法。

1. 水溶性物料压榨法　本法压榨的目标产物是热敏性的水溶性物质，如酶、氨基酸等。操作如下：将新鲜的植物药材除去杂质，洗净，用粉碎机将植物药材粉碎为浆状，置于压榨机的料斗中，开启压榨机，随着物料持续进入压榨机，并不断加水洗涤物料，通过压榨液的颜色和薄层层析法判断目标成分的浓度，直到目标成分全部榨取出来为止。

2. 脂溶性物料压榨法　本榨取法的目标产物是挥发性成分和油溶性成分，所压榨的植物药材一般是果实、种子和皮等。操作如下：压榨前将植物药材进行蒸炒等预处理，使药材组织和细胞得以破坏，将预处理好的药材置于压榨机中进行物理挤压、植物内部相互挤压，使脂溶性成分不断从物料的缝隙中被挤压出来。

（六）水蒸气蒸馏法

水蒸气蒸馏法是指将含挥发性成分药材的粗粉或饮片，浸泡湿润后，直火加热蒸馏或通入水蒸气蒸馏，也可对药材边煎煮边蒸馏，药材中的挥发性成分随水蒸气蒸馏而带出，经冷凝后收集馏出液。

水蒸气蒸馏的基本原理是道尔顿定律，互不相溶也不起化学作用的液体混合物的蒸气总压等于该温度下各组分饱和蒸气压（即分压）之和。因此尽管各组分本身的沸点高于混合液的沸点，但当分压总和等于大气压时，液体混合物即开始沸腾并被蒸馏出来。

水蒸气蒸馏法适用于能随水蒸气蒸馏而不被破坏的中药成分的提取。此类成分一般应具有以下条件：①沸点多在100℃以上；②与水不互溶或仅微溶；③在100℃时应有一定的蒸气压。将药材与水一起加热，当被提取成分的蒸气压和水的蒸气压总和为一个大气压时，液体开始沸腾，水蒸气将挥发性成分一并带出。一般需要再蒸馏一次，以提高馏出液的纯度和浓度，最后收集一定体积的蒸馏液；但蒸馏次数不宜过多，以免挥发油中某些成分氧化或分解。

一般将水蒸气蒸馏法分为三种形式：水中蒸馏、水上蒸馏和水气蒸馏。处理各种芳香植物时，在使用蒸馏手段提取精油之前，往往还需要对植物原料进行某些前处理。如果是草类植物或者采油部位是花、叶、花蕾、花穗等，一般可以直接装入蒸馏器进行加工处理；但如果采油部位是根茎等，则一般须经过水洗、晒干或阴干、粉碎等步骤，甚至还要经过稀酸浸泡及碱中和；此外，有些芳香植物还需要首先经过发酵处理。

（七）提取方法的选择原则

以上是几种常见的固液提取方法技术和工艺流程，在实际操作中，选择合适的提取方法，应该遵从"具体问题具体分析"的观点，从安全、有效、经济和环保的原则出发，根据所提取药材（单味药和复方药）中的有效成分的性质，综合选择合适的固液提取方法。如所提取的有效成分是热敏性成分，则选择冷浸法、渗滤法等操作温度较低的提取方法为好，若所提取的成分稳定性较好，可采用热浸法、煎煮法或者是热渗滤法等，若所提取的有效成分为挥发性的成分，如藿香、厚朴、当归和冰片等可选择压榨法、回流提取发等方法。

四、固液强化提取技术

固液强化提取技术主要利用近年来的新技术强化和改善浸出效率。其中，超声波和微波辅助提取技术尤其受到重视。

（一）超声波辅助提取

超声波是在物质介质中传播的一种弹性机械波。常规人耳能听到的声波频率为20～20 000Hz，而超声波的频率高于20kHz，人耳无法听到，故名"超声波"。产生超声波最简单的方法是让声源以高于20kHz的频率振动，由此辐射出去即是超声波。

超声波的主要特征为：①波长短，可近似看成直线传播；②振动剧烈，能量集中，可产生高温。正因为超声波具有一些特殊的物理性质，随着科学的发展，超声技术已被应用到各个领域中，如工业上，人们可以用超声波进行清洗、干燥、杀菌等工序。近年来，超声波技术在中药及天然药物提取中得到了广泛的应用。

超声波辅助提取法（ultrasound-assisted extraction）是利用超声波增大物质分子运动频率和速度，增加溶剂穿透力，提高药物溶出速度和溶出次数，缩短提取时间的浸取方法。

1. 超声波的作用原理 超声波在介质中传播，由于超声波是机械波，超声波与介质相互作用，使得介质发生物理变化，产生力学、热学和电磁学等效应，目前已发现超声波具有三大典型效应，即热效应、机械效应和空化效应。超声波辅助提取主要就是利用超声波这些特殊的物理性质来进行中药材的提取。

（1）机械效应：超声波在介质中的传播是机械振动能量的传播，其在介质中有效地进行搅动和流动，强化介质的扩散和传播，从而使介质中的颗粒被粉碎；另外，在超声环境中，植物药材中堵塞毛细管的小颗粒容易被机械效应疏通，使得浸润渗透和扩散置换更易进行，最终使得有效成分更快得以提取。这就是超声波的机械效应。

（2）热效应：由于超声波频率较高，能量较大，在介质中传播时，其超声能可以不断地被介质的质点所吸收转化为热能，并被介质吸收而使温度升高。在植物药材超声提取中，因为热效应使得提取溶剂温度升高，加速有效成分的溶解速度，从而增强提取效率，而且这种使得提取溶剂温度升高的方式是局部和瞬间发生的，所以不会破坏植物药材中有效成分的结构和活性。

（3）空化效应：空化作用是超声波作用于液体介质时，超声波使得液体内显现拉应力并形成负压，负压导致周边液体中的少量气体过饱和，形成气泡从液体中逸出；同时拉应力把液体介质"撕开"一个空洞形成小气泡，以上超声波在液体介质中形成小气泡的作用称为空化效应。在固液提取方面，空化效应导致提取溶剂不断产生大量小气泡，这些小气泡不断破灭，并产生数千大气压的瞬间爆破压力，进而冲击着植物药材的内部和外表，促使植物药材细胞破壁或者使得细胞变形，这样就使得溶剂更易渗透到细胞内部，加快解吸、溶解和扩散置换过程，增强提取效率。

总之，在超声波的辅助提取下，植物药材中的有效成分作为溶剂中的质点而获得运动速度和动能。而且在超声波的机械效应、热效应和空化效应的共同作用下，受到相关作用力，使得提取率增加。

2. 超声波辅助提取的影响因素 超声波辅助提取的影响因素主要包括超声波频率、超声波强度、温度、时间、溶剂等。

ER4-3 超声波辅助提取的影响因素

3. 超声波辅助提取的工艺流程 超声波辅助提取法在中药提取的应用中已显示出明显的优势，超声波技术在中药成分的不同阶段产生不同作用，这一特点特别对于替代一些提取方法落后、生产周期长的中药生产方面，具有良好的应用前景。

通常情况下，利用超声技术提取，工艺流程一般包括以下几步：①药材破碎；②药材与溶剂充分混合，置于超声设备中进行超声；③通过过滤、离心等方法除去残渣，得到提取液。

4. 超声波辅助提取的常用设备 超声提取器的用途很多，主要用于生物和组织细胞的破碎、中草药有效成分的提取等。除此之外，还可用于低能量状态下激活细菌、DNA 的提取和剪切、基因导入等。超声波设备的基本构造如图 4-9，主要包括超声波发生器（超声频电源）、换能器振子和处理容器三部分。超声辅助提取的关键部位是超声波发生器，通常有三种类型（表 4-1）。

表 4-1 三种振荡器对比

超声波发生器类型	超声频率
机械式振荡器	20～30kHz
磁致伸缩振荡器	20～30kHz
电致伸缩振荡器	100kHz～1GHz

（二）微波辅助提取

微波是一种频率介于 300MHz～300GHz 之间，波长在 1mm～1m 之间的非电离电磁波，最早应用于通讯和军事。

因微波具有选择性高、穿透性强、反射性强等特点，自 20 世纪 50 年代起，就被广泛用于加热、杀菌、灭虫等。

微波辅助提取法，又称微波萃取技术（microwave-assisted extraction，MAE），是利用微波发生器来提高提取效率的一种技术。该方法是指使用适合的溶剂从药用植物、矿物、动物组织等固体物料中辅助提取特定化学成分的技术和方法。微波辅助提取法广泛应用于固液提取，具有较大的发展潜力。

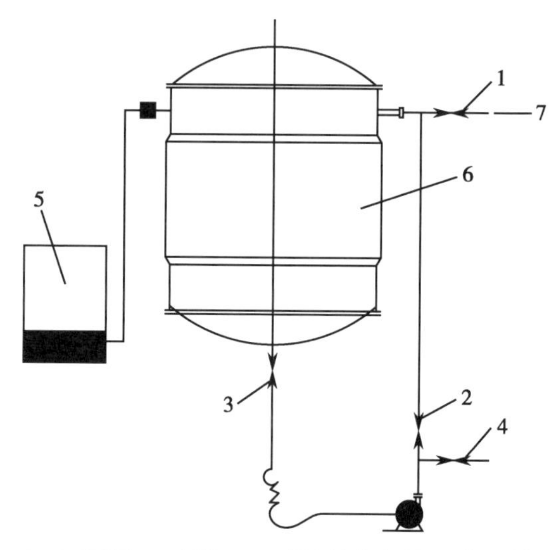

1～3. 阀门；4. 出液口；5. 超声波发生器；6. 提取罐；7. 进液口。

图 4-9 超声波辅助提取器

1. 微波辅助提取的原理 微波是一种波长介于红外与无线电波之间的电磁波，微波以直线方式传播，具有反射、折射、衍射等光学特性，而极性溶剂如水、乙醇等液体具有吸收、穿透和反射微波的性质。微波频率与分子转动频率紧密联系，微波的能量是偶极子转动和离子迁移引发分子转动的非离子化辐射能。当微波通过吸收、穿透和反射方式传播到极性分子表面时，引发分子瞬时极化，并以每秒 24.5 亿次的速度高速旋转，使得分子之间产生高频摩擦和碰撞，迅速产生大量热能。因此，因微波能以直线方式传播到分子表面，可通过控制微波的频率，改变极性分子的转动速度，从而改变分子产生的热量；停止微波，则分子停止转动，分子即停止产生热量，这个热量是微波作用对象自身产生的，热量产生均匀，没有高温热源和温度梯度，物料受热时间短，因此热量利用率较高。

基于以上作用特点，微波有助于提高固液提取的提取效率。当微波作用于浸泡在以水做溶剂的固液提取时，微波以直线方式作用于水和植物药材，由于植物药材内部细胞含有水，植物药材内部的水和外部的水溶剂同时吸收微波能，产生大量的热量，使得提取温度升高。一方面植物药材内部细胞的温度迅速升高，水汽化产生的压力将细胞膜和细胞壁冲破，使得细胞外的溶剂快速进入细胞内，溶解细胞内有效成分，并快速扩散至外部水中；另一方面，微波作用下，植物药材表面的水分子高速旋转，使得附在药材表面的水膜变薄，固液提取的外扩散阻力减小，传质系数增加，增强提取效率。因此微波辅助提取的提取率高，提取时间短，溶剂量消耗减少。

但微波提取只适用于热稳定性有效成分的提取，对于热敏性活性物质，微波提取易使其失活。而且，微波提取适合细胞中具有大量水分的药材，否则细胞难以吸收微波产生热量，使得细胞破碎，胞内有效成分难以释放出来。微波适用于极性溶剂，否则无法吸收微波能进行内部加热，一般微波所常用的溶剂是水、甲醇、乙醇、异丙醇、丙酮、乙酸、二氧甲烷、三氯乙酸、己烷等溶剂。生产中应针对不同的植物药材，优化选择不同的微波频率和提取溶剂，以提高提取效率。

2. 微波辅助提取的影响因素 微波辅助提取的影响因素有破碎度、分子极性、溶剂、微波提取频率、功率和时间等。

0404

ER4-4 微波辅助提取的影响因素

3. 微波辅助提取的特点 微波具有波动性、高频性、热特性和非热特性，这决定了微波提取具有以下特点。

（1）试剂用量少，节能，污染小。

（2）加热均匀，且热效率较高。传统热萃取是以热传导、热辐射等方式自外向内传递热量，而微波提取是一种“体加热”过程，即内外同时加热，因而加热均匀，热效率较高。微波提取时没有高温热源，因而可消除温度梯度，且加热速度快，物料的受热时间短，因而有利于热敏性物质的萃取。

（3）微波提取不存在热惯性，因而过程易于控制。

（4）微波提取无须干燥等预处理，简化了工艺，减少了投资。

（5）微波提取的处理批量较大，萃取效率高，省时。与传统的溶剂提取法相比，可节省50%～90%的时间。

（6）微波提取的选择性较好。由于微波可对萃取物质中的不同组分进行选择性加热，因而可使目标组分与基体直接分离开来，从而可提高提取效率和产品纯度。

（7）微波提取的结果不受物质含水量的影响，回收率较高。

基于以上特点，微波提取常被誉为“绿色提取工艺”。但是，微波提取也存在一定的局限性。例如，微波提取仅适用于热稳定性物质的提取，对于热敏性物质，微波加热可能使其变性或失活。又如，微波提取要求药材具有良好的吸水性，否则细胞难以吸收足够的微波能而将自身击破，产物也就难以释放出来。再如，微波提取过程中细胞因受热而破裂，一些不希望得到的组分也会溶解于溶剂中，从而使微波提取的选择性显著降低。

4. 微波辅助提取的工艺流程 通常情况下，微波提取一般按以下几个步骤来进行（图4-10）。

（1）挑选物料，然后进行预处理（清洗、切片或混合），以便充分吸收微波能。

（2）将物料和合适的萃取剂混合，放置于微波设备中，接受微波辐射。

（3）从萃取相中分离滤去残渣。

（4）获得目标产物。

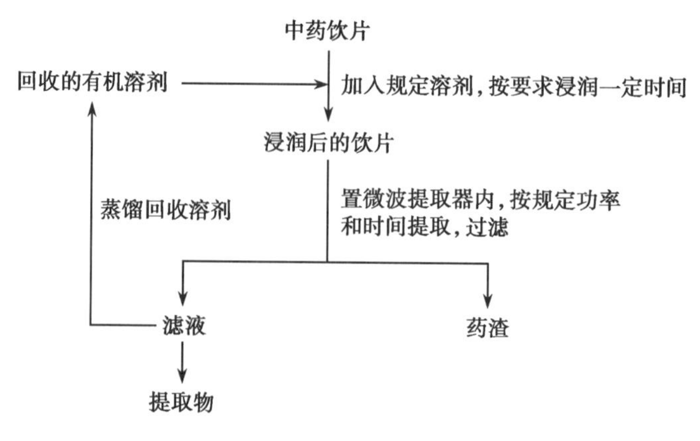

图 4-10　微波辅助提取的工艺流程

5. **微波辅助提取的常用设备**　微波辅助提取设备主要由微波加热装置，提取容器和用于功率选择、控温控压等的附件组成（图 4-11）。目前报道的微波提取方法一般有三种：常压法、高压法、连续流动法。而微波加热体系有密闭式和敞开式两类。

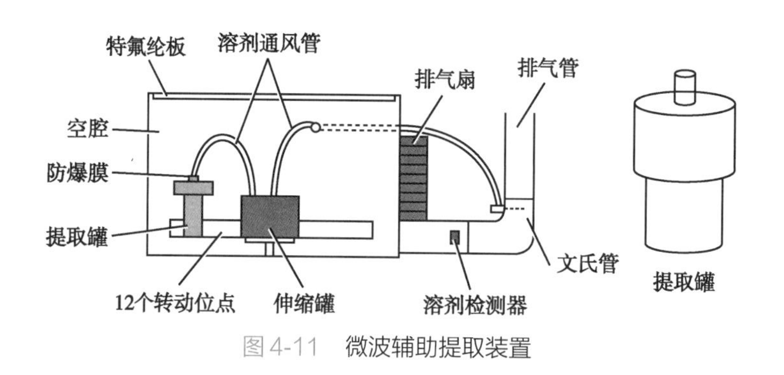

图 4-11　微波辅助提取装置

（1）常压法：常压法一般是指在敞开容器中进行微波提取的一种方法，其设备主要是直接使用普通家用微波炉或用微波炉改装成的微波提取设备，通过调节脉冲间断时间的长短来调节微波输出能量，目前国内外大部分的研究都采用这种设备（图 4-12）。

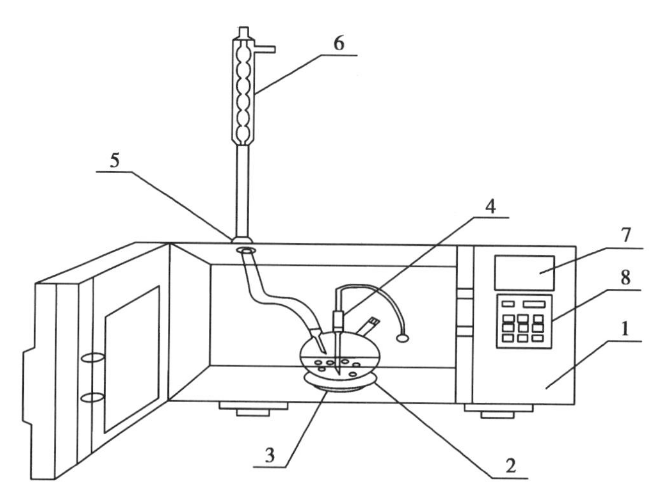

1. 微波炉；2. 表面皿；3. 瓶架；4. 空气鼓泡装置；5. 铜管；6. 冷凝管；7. 显示屏；8. 控制面板。

图 4-12　常压微波回流装置示意图

（2）高压法：高压法是使用密闭萃取罐的微波提取法，其优点是萃取时间短、试剂消耗少，这种方法是目前报道最多的一种方法。高压法的装置一般要求为带有功率选择，有控制温度、压力和时间附件的微波制样设备。

一般由聚四氟乙烯材料制成专用密闭容器作为萃取罐，它能允许微波自由通过，耐高温高压且不与溶剂反应。用于微波协助萃取的设备有两类，一类是微波提取罐，另一类为连续微波提取器。两者的主要区别是：一个是分批处理物料，类似于多功能提取罐；另一个是以连续方式工作的提取设备，具体参数一般由生产厂家根据使用厂家要求设定。使用的微波频率一般为 2 450MHz 或 915MHz。

（3）连续流动法：连续流动法是指萃取溶剂连续流动而样品随之流动或固定不动的一种微波萃取体系。目前国内外有关连续流动法的报道很少，流动提取装置如图 4-13 所示。

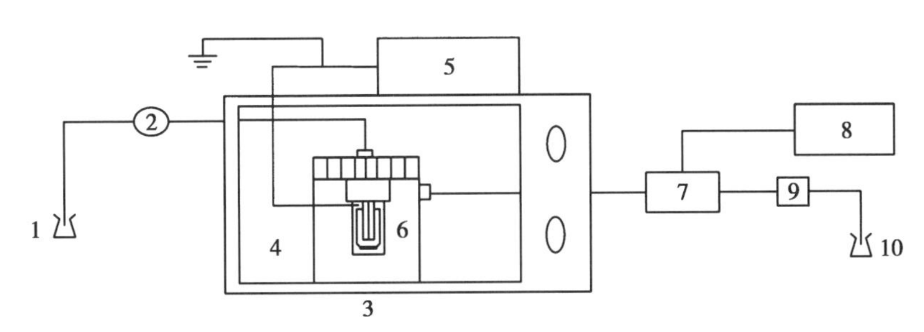

1. 萃取剂；2. 泵；3. 微波炉；4. 萃取单元；5. 温度控制器；6. 热电耦；7. 检测器；8. 记录仪；9. 限流器；10. 收集瓶。

图 4-13　连续流动提取装置示意图

（三）加酶辅助提取

天然植物的细胞壁及细胞间质由纤维素、半纤维素、果胶等物质构成，植物的有效成分往往被包裹在细胞壁内。中药提取过程中，细胞原生质中的有效成分向提取介质扩散时，必须克服细胞壁及细胞间质的双重阻力。酶提取法就是利用纤维素酶、果胶酶、蛋白酶等（主要是纤维素酶），破坏植物的细胞壁，以促使植物有效成分最大限度溶解分离出的一种方法。在酶提取法的提取工艺中，酶的选择、酶浓度、pH、酶解温度、酶解时间都会影响植物提取物的提取率。

加酶提取技术的优点：①对原料进行酶解预处理，不仅可提高有效成分的提取率，而且能改善有效成分的分布，提高产品的药用价值。②加酶提取可缩短提取时间，同时又能提高有效成分的提取率，具有很大的利用价值。例如用复合酶解法结合热水浸提法提取香菇多糖，与传统热水浸提法相比，提取时间缩短了一半，提取率提高了 2 倍。③加酶辅助提取法反应条件温和，能保持天然产物的构象，不破坏其立体结构和生物活性，有利于保持有效成分原有的药效。④加酶辅助提取法在原有工艺基础上仅增加一个操作单元，因此不必对原有工艺进行大的改变，而且操作简单易行，对设备的要求不高。

第二节　液液萃取

一、液液萃取的基本概念及原理

（一）分配定律和分配常数

萃取（solvent extraction）是利用溶质在互不相溶的两相之间分配系数的不同而使溶质得到纯化或浓缩的方法。

溶质的分配平衡规律即分配定律是指在恒温恒压条件下，溶质在互不相溶的两相中达到分配平衡时，如果其在两相中的分子量相等，则其在两相中的平衡浓度之比为常数，这个常数称为分配常数（partition constant）。

$$A=\frac{X}{Y}=\frac{\text{萃取相浓度}}{\text{萃余相浓度}} \qquad \text{式(4-10)}$$

式（4-10）的适用条件为：①稀溶液；②溶质对溶剂的互溶度没有影响；③溶质在两相中必须以同一种分子形态存在。

式（4-10）不适合化学萃取，因溶质在各相中并非以同一种分子状态存在。

多数情况下，溶质在各相中并非以同一种分子形态存在，特别是化学萃取中，常用溶质在两相中的总浓度之比来表示溶质的分配平衡，称分配系数（partition coefficient）m。

$$m=\frac{C_{2,t}}{C_{1,t}} \qquad \text{式(4-11)}$$

或

$$m=\frac{y_t}{x_t} \qquad \text{式(4-12)}$$

其中，$C_{1,t}$ 和 $C_{2,t}$ 是溶质在相 1 和相 2 中的总摩尔浓度，x_t 和 y_t 为溶质在相 1 和相 2 中的总摩尔分数。显然，分配常数是分配系数的一种特殊情况。式（4-12）的适应条件：高、低浓度溶液。

在生物产物的液液萃取中，一般产物的浓度均较低，当产物浓度很低时，分配系数为常数，可表示成简单的 Henry 型平衡关系：

$$y=mx \qquad \text{式(4-13)}$$

当溶质浓度很高时，式（4-13）不再适用，很多情况下，可用 Langmuir 型平衡关系表示：

$$y=\frac{m_1x^n}{m_2+x^n} \qquad \text{式(4-14)}$$

式中，m_1，m_2 和 n 为常数。

（二）分离因数

在制药工业生产过程中，天然药物提取液、化学药物的反应液及微生物药物发酵液中的溶质并非是单一的组分，除了目标产物外，还存在有杂质。萃取时难免会把杂质一同带到萃取液中，为了定量地描述某种萃取剂对料液混合物中各种物质选择性分离的难易程度，引入分离因数（separation factor）的概念，常用 β 表示。

$$\beta = \frac{y_A / x_A}{y_B / x_B} = \frac{K_A}{K_B} \quad 式(4\text{-}15)$$

如果原料中有两种溶质，A（产品）与 B（杂质），由于溶质 A、B 的分配系数不同，如 A 的分配系数大于 B，于是经萃取后，溶剂相中 A 的含量就较 B 多，这样经萃取后 A 和 B 得到了一定程度的分离，产品的纯度提高。β 越大表示萃取剂选择性越好，若 $\beta=1$，则说明该操作条件下萃取剂不能把产物和杂质两种物质分开。

二、液液萃取相平衡

液液萃取相平衡决定过程的方向、推动力和过程的极限，因此液液相平衡是研究液液萃取过程的重要基础数据。在萃取过程中，每一液相至少要涉及三个组分，即溶质 A、原溶剂 B 和萃取剂 S，若所选择的萃取剂和原溶剂两相不相溶或基本上不溶，则萃取相和萃余相中都只含有两个组分，其平衡关系就类似于吸收操作中的溶解度曲线，可在直角坐标上标绘。但若萃取剂和原溶剂部分互溶，于是萃取相和萃余相中都含有三个组分。此时，为了既可以表示出被萃取组分在两相间的平衡分配关系，又可以表示出萃取剂和原溶剂两相的相对数量关系和互溶状况，通常采用三角形坐标图表示其平衡关系，即三角形相图。

（一）三角形相图

三角形相图的基本原理 / 构成及应用，在化工原理、物理化学等相关课程已有涉及。

（二）液液相平衡数据的获得

液液萃取平衡数据是进行萃取流程设计和设备计算的基本依据。一般流程的工艺研究工作均要从平衡数据的测定开始。实验测定、活度系数模型计算是获得液液平衡数据的常用方法。

1. 实验测定 液液相平衡数据的测定实质上就是通过确定液液相平衡的溶解度曲线或平衡联接线，得到液液相平衡的相图。实验室中确定溶解度曲线或平衡连接线的实验方法主要有混合分层法和浊度法。

2. 液液相平衡数据的预测及其关联方法 图解法关联液液相平衡数据，是建立在经验方法的基础上，故在应用范围上受到限制。而非电解质溶液的活度系数的各种计算方法由于是由溶液理论为基础而发展起来的，并把过量热力学函数与萃取体系中的组分浓度相关联，所以已经得到广泛的应用，尤其是在物理萃取体系中。

溶液浓度可以由活度系数 γ 的值来求得。因此，如何求取非电解质溶液中组分的活度系数就成为学者们研究的对象。有关溶液活度系数的计算模型可参看相关的专著或学术期刊。

三、液液萃取过程及理论计算

有机溶剂萃取的工艺过程分为单级萃取和多级萃取，其设备主要分为混合 - 澄清式萃取器（mixer-settler）和塔式微分萃取器（differential extraction column）两大类。

（一）单级萃取的计算

只用一个混合器和一个分离器的萃取称为单级萃取。混合 - 澄清式萃取器由料液与萃取剂的混合器和用于两相分离的澄清器构成，如图 4-14 所示。

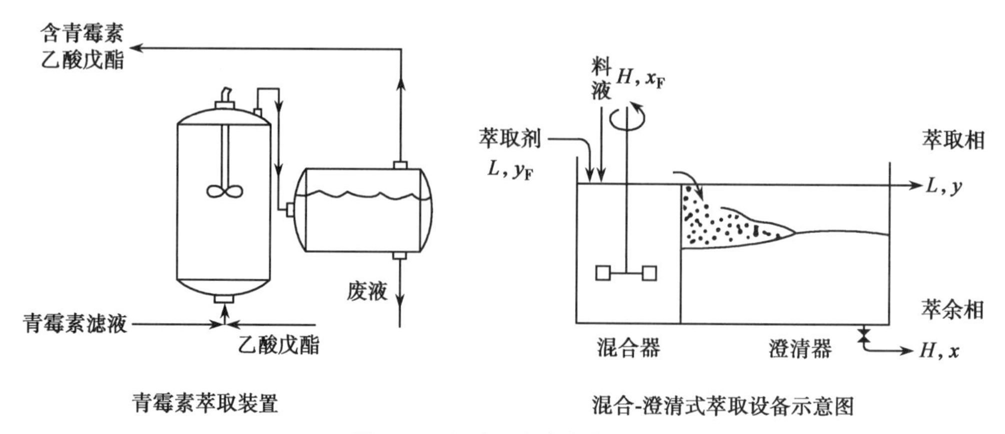

图 4-14 混合 - 澄清式萃取器

混合 - 澄清式萃取器可进行间歇或连续的液液萃取。在连续萃取操作中，要保证在混合器中有充分的停留时间，以使溶质在两相中达到或接近分配平衡。混合 - 澄清式萃取器萃取过程的计算，可用解析法或图解法。

1. 解析法 从料液的初始浓度，计算平衡时的最终浓度。欲达这一目的，需用两个关系式，溶质的物料衡算式和平衡关系式。

物料衡算式：

$$Hx_F + Ly_F = Hx + Ly \qquad 式(4\text{-}16)$$

假定传质处于平衡状态：

$$y = mx \qquad 式(4\text{-}17)$$

式中，x 和 y 分别是萃余相中和萃取相中溶质的浓度。

初始萃取相中溶质浓度一般为零（$y_F=0$），所以：

$$Hx_F = Hx + Ly \qquad 式(4\text{-}18)$$

进而可得萃取后轻重两相溶质在平衡时的浓度：

$$y = \frac{mx_F}{1+E} \qquad 式(4\text{-}19)$$

$$x = \frac{x_F}{1+E} \qquad 式(4\text{-}20)$$

$$E = \frac{mL}{H} = \frac{yL}{xH} \qquad 式(4\text{-}21)$$

其中，E 为萃取因子，即萃取平衡后萃取相和萃余相中溶质量之比。E 值反映萃取后溶剂相内溶质量与水相内的溶质量之比。因此，E 值大，则表示萃取后大部分的溶质转移至溶剂相内。

ϕ 表示萃余分率，则：

$$\phi = \frac{Hx}{Hx_F} = \frac{1}{1+E} \qquad 式(4\text{-}22)$$

从而萃取分率 η 为：

$$\eta = 1-\phi = \frac{E}{1+E} \qquad 式(4\text{-}23)$$

η 表示经一次萃取后，有多少溶质被萃取出来。η 值越大越好。E 和 η 都是萃取操作中的重要参数。

例 4-1： 利用乙酸乙酯萃取发酵液中的放线菌素 D（actinomycin D），pH 3.5 时分配系数 $m=57$。令 $H=450\text{L/h}$，单级萃取剂流量为 39L/h。计算单级萃取的萃取率。

解：

单级萃取的萃取因子：$E=\dfrac{mL}{H}=57\times 39/450=4.94$

单级萃取率：$\eta=\dfrac{E}{1+E}=4.94/(1+4.94)=0.832$

由例 4-1 可看到存在的问题是：效率低，为达到一定的萃取率，需大量萃取剂。单级萃取的特点为：只用一个混合器和一个澄清器；流程简单，但萃取效率不高，产物在水相中含量仍较高。

2. 图解法 解析法清楚易懂，计算也方便，但如果平衡关系不呈简单的直线关系，甚至不能用公式表达时，这时对萃取的计算，只能用图解法。图解法，同样是基于平衡关系 $y=f(x)$ 和物料衡算关系。

$$y=\left(\frac{H}{L}\right)(x_F-x) \qquad \text{式(4-24)}$$

把式（4-24）标绘于同一坐标纸上，如图 4-15 所示。

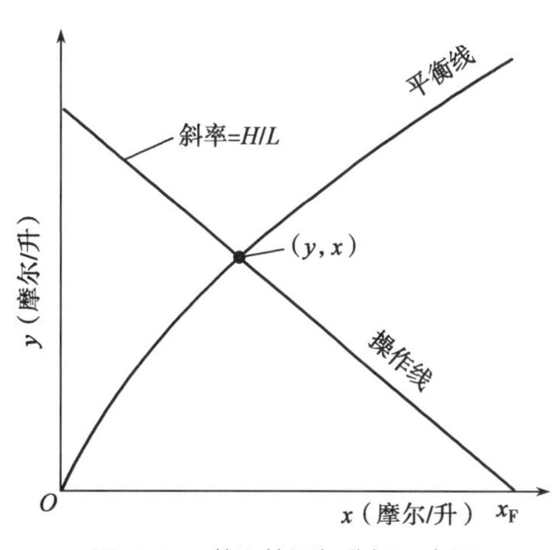

图 4-15 萃取的图解分析示意图

由平衡关系描述的曲线称为平衡线，由物料衡算关系表示的曲线称为操作线。他们的交点便是萃取后的 y 和 x 值。其他萃取方式图解法同此，不再重复叙述。

（二）多级错流萃取的计算

单级接触萃取由于只萃取一次，萃取效率不高。为达到一定的萃取收率，间歇操作时需要的萃取剂量较大，或者连续操作时所需萃取剂的流量较大。所以需要采取多级萃取。

多级错流接触萃取：将多个混合 - 澄清器单元串联起来，各个混合器中分别通入新鲜萃取剂，而料液从第一级通入，分离后分成两个相，萃余相流入下一个萃取器，萃取相则分别由各级排出，混合在一起，再进入回收器回收溶剂，回收得到的溶剂仍做萃取剂循环使用的萃取操作称为多级错流接触萃取，典型的多级错流接触萃取工艺流程示意图如图 4-16 所示。

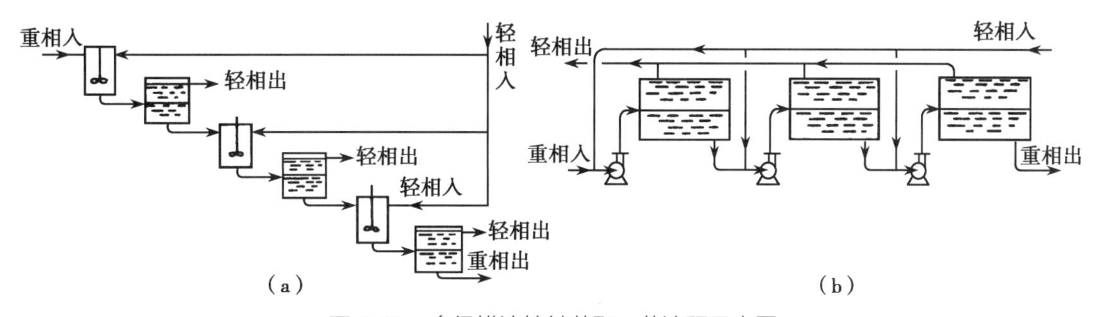

图 4-16 多级错流接触萃取工艺流程示意图

(a)艾德连式；(b)泵混合分离器。

为了工艺计算，可将上述多级错流接触萃取操作进一步表达为如图 4-17 所示的工艺计算框图，图中每一个方块表示一个混合 - 澄清单元。

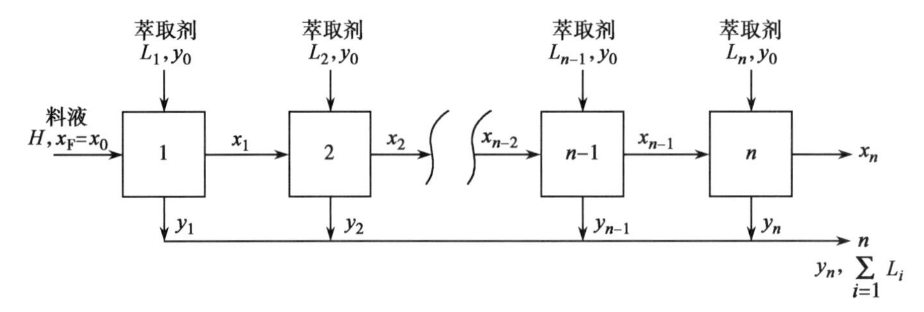

图 4-17　多级错流接触萃取流程工艺计算框图

在使用解析法计算时，经过 n 级错流接触萃取，最终萃余相和萃取相中溶质浓度分别表示为 x_n 和 Y_n。

$$Y_n = \frac{\sum_{i=1}^{n} L_i y_i}{\sum_{i=1}^{n} L_i} \qquad \text{式(4-25)}$$

假设每一级中溶质的分配均达到平衡状态，并且分配平衡符合线性关系，则：

$$y^i = mx^i (i=1, 2, \cdots, n) \qquad \text{式(4-26)}$$

如果通入每一级的萃取剂流量均相等（$=L$），则第 i 级的物料衡算式为：

$$Hx^{i-1} + Ly_0 = Hx^i + Ly^i \qquad \text{式(4-27)}$$

其中，y_0 为萃取剂中溶质浓度。若 $y_0=0$，则：

$$x_i = \frac{x_{i-1}}{1+E} \qquad \text{式(4-28)}$$

即

$$x_1 = \frac{x_0}{1+E} = \frac{x_F}{1+E} \qquad \text{式(4-29)}$$

$$x_2 = \frac{x_1}{1+E} = \frac{x_F}{(1+E)^2} \qquad \text{式(4-30)}$$

依此类推，得：

$$x_n = \frac{x_F}{(1+E)^n} \qquad \text{式(4-31)}$$

因而，萃余的溶质（未被萃取）分率为$\phi_n = \frac{Hx_n}{Hx_F} = \frac{1}{(1+E)^n}$，而萃取分率 η 则为：

$$\eta = 1 - \phi_n = \frac{(1+E)^n - 1}{(1+E)^n} \qquad \text{式(4-32)}$$

当 $n \to \infty$ 时，萃取分率 $1-\phi_n=1(E>0)$。

如每一级溶质分配为非线性平衡，或每一级萃取剂流量不等，则各级的萃取因子 E_i 也不相同，可采用逐级计算法。萃余率为：

$$\phi_n' = \frac{1}{\prod_{i=1}^{n}(1+E_i)} \qquad \text{式(4-33)}$$

所以，萃取率为 $1-\phi'_n$。

例 4-2： 利用乙酸乙酯萃取发酵液中的放线菌素 D，pH 为 3.5 时分配系数 $m=57$。采用三级错流萃取，令 $H=450\text{L/h}$，三级萃取剂流量之和为 39L/h。分别计算 $L_1=L_2=L_3=13\text{L/h}$ 和 $L_1=20$、$L_2=10$、$L_3=9\text{L/h}$ 时的萃取率。

解： 萃取剂流量相等时，即 $E=\dfrac{mL}{H}=1.65$，由式 $1-\phi_n=\dfrac{(1+E)^n-1}{(1+E)^n}$ 可得：

$$1-\phi_3=0.946。$$

若各级萃取剂流量不等，则 $E_1=2.53$，$E_2=1.27$，$E_3=1.14$，由式 $1-\phi'_n=1-\dfrac{1}{\prod\limits_{i=1}^{n}(1+E_i)}$ 得 $1-\phi'_3=0.942$，所以，$1-\phi_3>1-\phi'_3$。

可见，三级错流萃取高于例 4-1 的单级萃取（单级萃取率 =0.832）。

多级错流萃取的特点：

优点：由几个单级萃取单元串联组成，萃取剂分别加入各萃取单元；萃取推动力较大，萃取效率较高。

缺点：仍需要加入大量萃取剂，因而产品浓度稀，需要消耗较多能量回收萃取剂。

（三）多级逆流萃取过程

多级逆流接触萃取：将多个混合 - 澄清器单元串联起来，分别在左右两段的混合器中连续通入料液和萃取液，使料液和萃取液逆流接触，即构成多级逆流接触萃取，图 4-18 是在三级逆流萃取装置中用乙酸戊酯从发酵液中分离青霉素的工艺流程示意图，多级逆流接触萃取工艺计算如图 4-19 所示。

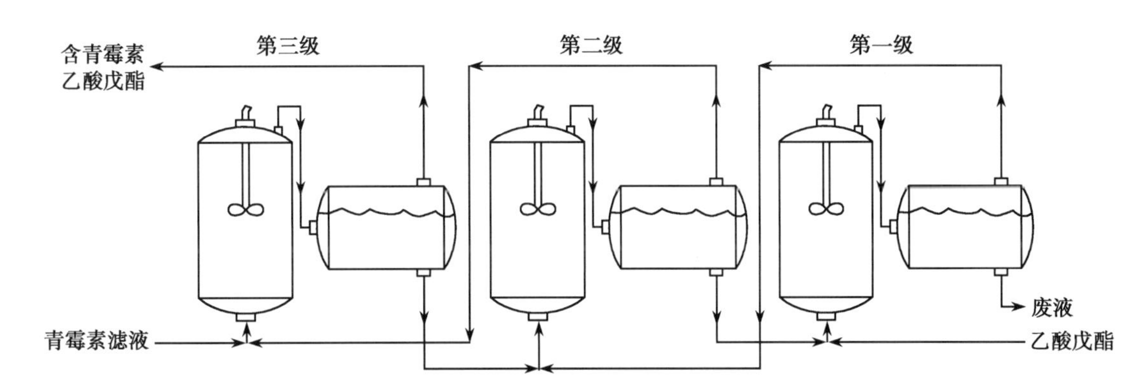

图 4-18　三级逆流萃取装置中用乙酸戊酯从发酵液中分离青霉素工艺流程示意图

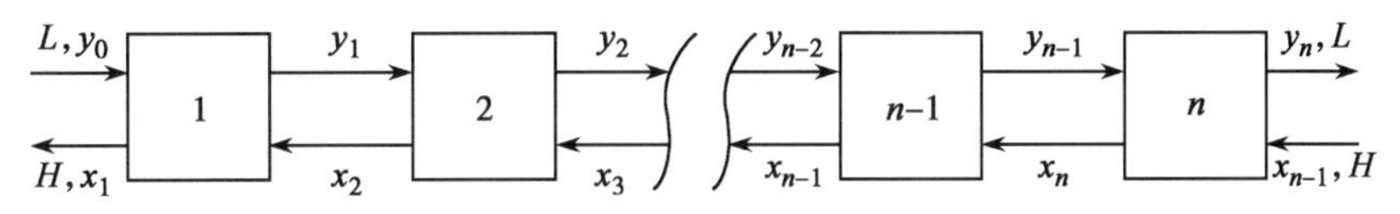

图 4-19　多级逆流接触萃取流程工艺计算框图

萃取过程：萃取剂（L）从第一级通入，逐次进入下一级，从第 n 级流出；料液（H）从第 n 级通入，逐次进入上一级，从第一级流出。最终萃取相和萃余相中溶质浓度分别为 y_n 和 x_1。

假设各级中溶质的分配均达到平衡，并且分配平衡符合线性关系。$y_i=mx_i$（$i=1,2,\cdots,n$），

第 i 级的物料衡算式为：$Ly_i+Hx_i=Ly_{i-1}+Hx_{i+1}(i=1,2,\cdots,n)$。

对于第一级（$i=1$），设 $y_0=0$，得 $x_2=(1+E)x_1$，同样对于第二级，$x_3=(1+E+E^2)x_1$。类推，第 n 级，$x_{n+1}=(1+E+E^2+\cdots+E^n)x_1$ 或：

$$x_F=\frac{E^{n+1}-1}{E-1}x_1 \qquad 式（4\text{-}34）$$

式（4-34）为最终萃余相和进料中溶质浓度之间的关系。

另外可得萃余分率为：

$$\phi_n=\frac{Hx_1}{Hx_F}=\frac{E-1}{E^{n+1}-1} \qquad 式（4\text{-}35）$$

而萃取分率为：

$$1-\phi_n=\frac{E^{n+1}-E}{E^{n+1}-1} \qquad 式（4\text{-}36）$$

例 4-3： 设例 4-2 中操作条件不变（$L=39L/h$），计算采用多级逆流接触萃取时使收率达到 99% 所需的级数。

解： $E=mL/H=4.94$；因为收率为 99%，即 $1-\varphi_n=0.99$，则上式得 $n=2.74$，故需要三级萃取操作。

可计算采用三级逆流萃取的收率为 99.3%，高于例 4-2 的错流萃取，说明多级逆流接触萃取效率优于多级错流萃取。

多级逆流萃取的特点：亦由几个单级萃取单元串联组成，料液走向和萃取剂走向相反，只在最后一级中加入萃取剂，故和错流萃取相比，萃取剂耗量较少，因而萃取液平均浓度较高，产物收率最高。

由此可见，在三种萃取方式中，多级逆流萃取率最高，溶剂用量最少，所以工业上普遍采用多级逆流萃取方式。

四、案例分析

案例 4-1　青霉素的提取

青霉素是利用特定的菌种，经培养发酵，控制其代谢过程，使菌种产生青霉菌。随着发酵工艺的不断改进，发酵单位已提高到 60 000～85 000U/ml，但发酵液中青霉素的含量只有 4% 左右，发酵完成后，发酵液中除了含有很低浓度的青霉素外，还含有大量的其他杂质，这些杂质包括菌种本身、未用完的培养基（蛋白质类、糖类、无机盐类、难溶物质等）、微生物的代谢产物及其他物质。由于含有杂质多，而且青霉素在水溶液中也不稳定，必须及时将青霉素从发酵液中提取出来，并通过初步纯化的方法，得到浓度较高的青霉素提取液。

问题： 查阅有关文献，根据青霉素的性质，选定有效的分离纯化方法，确定工艺路线，对设定的工艺路线进行分析比较，不仅要求技术上的可行性，还要体现经济性、环保性。

分析讨论：

已知： 根据案例所给的信息，待分离的物质是青霉素，先要查找青霉素的性质，根据青霉素的性质，选定几种有效的分离纯化方法。

青霉素的特性：青霉素是一种酸性抗生素，青霉素盐如青霉素钾或钠盐为白色结晶性粉末，无臭或微有特异性臭，有吸湿性，遇酸、碱、重金属离子及氧化剂等即迅速失效，极易溶于水，微溶于乙醇，不溶于脂肪油或液状石蜡。青霉素在水溶液中极不稳定，而晶体状态的青霉素比较稳定，故一般均以固态晶体保存，使用前才用水溶解。

找寻关键：液液萃取过程的关键是萃取剂的选择。

萃取剂选择原则：根据相似相溶的原理，选择与目标产物性质相近的萃取剂，使溶质在萃取相中有最大的溶解度，易分离，有机溶剂还应稳定、毒性低，价廉易得、易回收和再利用。

工艺设计：

1. 青霉素的三种提取工艺 青霉素是由青霉菌经发酵而得到。根据其在酸性条件下易溶于有机溶剂，在碱性条件下成盐而易溶于水的特性，可用液液萃取法从发酵液中提取青霉素。常见的提取工艺有以下几种。

（1）液液萃取法的提取工艺：依据案例内容，液液萃取法的提取工艺流程如图 4-20 所示。

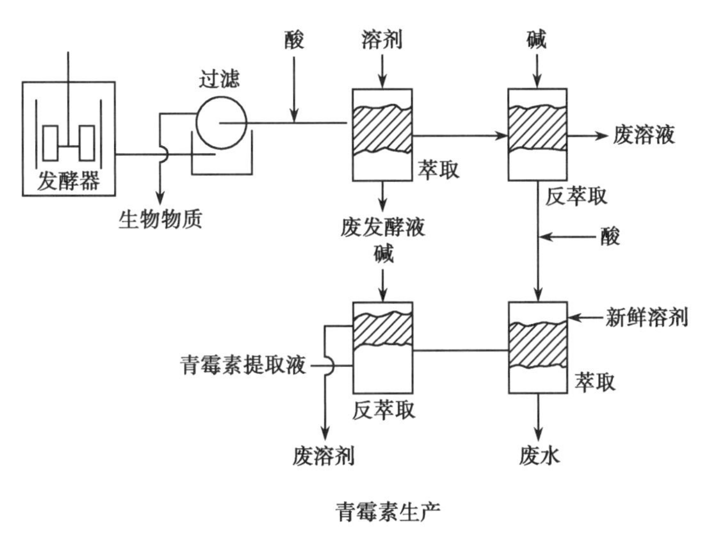

图 4-20 青霉素的液液萃取工艺流程

发酵液经过滤，除去菌丝，然后进行萃取，青霉素是一种弱有机酸，pK_a 为 2.75。在酸性（pH＝2 左右）是游离酸，溶于有机溶剂；在中性（pH＝7 左右）是盐，溶于水。pH 对其分配系数有很大影响。在较低 pH 下有利于青霉素在有机相中的分配，当 pH>6.0 时，青霉素几乎完全分配于水相中。选择适当的 pH，不仅有利于提高青霉素的收率，还可根据共存杂质的性质和分配系数，提高青霉素的萃取选择性。

（2）DBED 沉淀法结合液液萃取的提取工艺：DBED 沉淀法结合液液萃取的提取工艺流程如图 4-21 所示。

利用能与青霉素结合成盐，而该盐在水中的溶解度小的有机碱二苄基乙二胺盐酸盐（DBED）作为沉淀剂，直接从发酵滤液中沉淀青霉素，然后再在酸性的情况下将青霉素转入乙酸丁酯，经脱水、脱色后得到浓度较高的青霉素精制液。

（3）中空纤维膜的提取工艺：本案例中，采用中空纤维膜的提取工艺流程如图 4-22 所示。

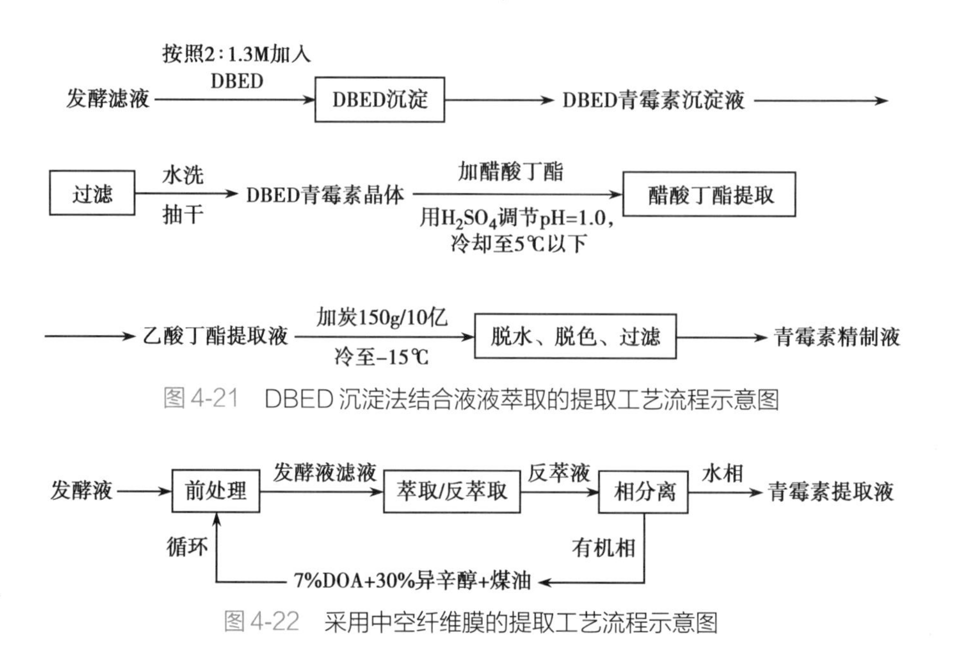

图 4-21　DBED 沉淀法结合液液萃取的提取工艺流程示意图

图 4-22　采用中空纤维膜的提取工艺流程示意图

2. 青霉素的提取工艺要点　因为青霉素水溶液不稳定，故发酵液预处理、提取和精制过程要保持条件温和、快速，防止降解。在提炼过程中要遵循下面四个原则：时间短、温度低、pH 适中、勤清洗消毒。

（1）发酵液预处理：发酵液中除含有青霉素外（浓度约 0.1%～4.5%），绝大部分是菌丝、未用完的培养基、易污染杂菌、产生菌的代谢产物如蛋白质、色素等。蛋白质的存在会产生乳化，使溶媒和水相分离困难，预处理的目的是去除发酵液中的蛋白质，防止或减轻萃取时产生乳化现象。

（2）pH 和温度：在青霉素提取时，pH 的高低对青霉素的收率及产品质量均有重要影响，必须严格控制。从发酵液萃取到乙酸丁酯时，pH 选择 2.8～3.0，从乙酸丁酯反萃取到水相时，pH 选择 6.8～7.2。为了避免 pH 波动，采用缓冲液使发酵液 pH 维持在 6.8～7.2，以提高青霉素产量。温度会影响青霉素的分配系数和萃取速率，选择适当的操作温度，有利于青霉素的回收，且青霉素在较高温度下不稳定，故萃取一般在较低温度（10℃以下）下进行。

假设：假如萃取剂乙酸丁酯换成乙酸乙酯，对萃取分离有什么影响？

分析：

1. 几条工艺路线的分析比较　液液萃取工艺可连续进行，周期短，收率高，产品质量较好，但萃取剂用量大，需超速离心设备和通风防火防爆措施等。DBED 沉淀法可从发酵滤液直接沉淀青霉素制取青霉素钠盐，浓缩倍数高，比液液萃取工艺节省大量有机溶媒，在设备方面节省了不锈钢材和高速离心机，可用一般设备生产，节省投资。中空纤维膜实现了从发酵滤液中同步分离和富集青霉素的新型提取工艺。与现行的乙酸丁酯溶剂萃取工艺相比，萃取和反萃取在同一设备内进行，省去了冷却和溶剂的蒸馏回收提纯过程，极大地简化了工艺流程，所需设备体积小，溶剂消耗量小，后续处理简单，降低了生产能耗，提高了提取效率，降低了生产成本，具有更高的经济价值。

2. 几条工艺路线的经济效益分析

（1）提取率、产量比较：以日处理 360t 青霉素发酵液为例，发酵液中青霉素浓度约为 60 000U/ml。采用 3 种生产工艺分别处理该青霉素发酵液，液液萃取法收率以 75% 计，DBED

沉淀法收率以 75% 计，中空纤维膜工艺收率以 80% 计，如表 4-2 所示，中空纤维膜工艺较液液萃取法和 DBED 沉淀法的青霉素 G 年产量可增加约 198t，以市价 8 美元 / 十亿单位计，年可增收约 1 848 万元。

表 4-2 几种提取工艺的经济成本比较（以日处理 360t 青霉素发酵液为基准） 单位：t

原料 / 产物	液液萃取工艺产量 / 用量	DBED 沉淀法工艺产量 / 用量	中空纤维膜工艺产量 / 用量
60 000U/ml	360.0	360.0	360.0
萃取剂损失量	13.1～16.3（乙酸丁酯）	—	7.0（7%DOA + 煤油 + 30% 异辛醇）
反萃液	36.0（2.7M 碳酸钾溶液）	—	140.0（0.5M 碳酸钾溶液）
水（仅考虑洗涤过程中洗涤用水）	36.0	—	0.0
青霉素 G	9.8	9.8	10.4

（2）萃取剂用量比较：液液萃取法工艺中，乙酸丁酯的水溶性较大，导致所用乙酸丁酯的损失量较大。国内多家工厂的乙酸丁酯消耗指标为 0.8～1.0kg/ 十亿单位青霉素 G，乙酸丁酯市场价为 7 500 元 /t，每生产十亿单位青霉素 G 约需乙酸丁酯的成本为 6.0～7.5 元，则日消耗费用约为 9.8 万～12.2 万元；而中空纤维膜工艺中采用的混合萃取剂均微溶于水，其损失量小于发酵滤液量的 1.0%，市场价为 DOA 35 000 元 /t、煤油 4 500 元 /t、异辛醇 10 000 元 /t，1t 混合萃取剂约为 8 300 元，则中空纤维膜工艺中溶剂的日消耗费用仅为 5.8 万元。

（3）过程能耗比较：溶剂萃取工艺要求低温（10℃以下）操作，冷却过程需大量能耗，而中空纤维膜工艺中可在常温条件下操作，可减少能量消耗。且中空纤维膜工艺中不需要对循环使用的萃取剂进行蒸馏提纯以及对萃余液中的溶剂进行蒸馏回收过程，因此，中空纤维膜工艺中的能耗大大降低。如表 4-3 所示，每生产十亿单位青霉素 G 盐可降低能耗约 5.4×10^4kJ。在能耗方面，中空纤维膜工艺每年可节省约 600 万元。同时，由于中空纤维膜工艺省去了萃余废液蒸馏回收溶剂工序和废溶媒蒸馏提纯工序，也不存在冷却过程，故又可省去蒸馏回收溶媒、冷却过程的厂房和设备投资等数百万元。

表 4-3 液液萃取工艺回收溶媒过程能量衡算（以日处理 360t 青霉素发酵液为基准）

过程	所用热量 /kJ
回收萃余液中溶媒	8.6×10^8
回收废溶媒	3.2×10^7
合计	8.9×10^8

评价：由青霉素性质可知，青霉素属热敏物质，整个提取过程都在低温下快速进行，并严格控制 pH，以减少提取过程中青霉素的损失。同一种产品可以采用多种不同的生产路线，到底采用哪种生产路线，必须对路线进行经济评价分析，找到技术先进、产品成本低、收率高、投资少、能耗低，同时又环保的工艺路线。选用的三种工艺中，液液萃取法是工业生产中普遍应用的方法，其他两种方法未应用于工业生产。

小结：

（1）合适的溶剂可以选择性地从液体混合物中分离一种或多种组分。

（2）尽管液液萃取是一种相当成熟的分离技术，但是要找到合适的溶剂和高的传质效率，还需要做相当多的实验探索和努力。

（3）液液萃取的传质速率通常比汽 - 液系统低，柱效也低。

（4）溶剂选择需要考虑组分之间的相互作用等很多物理和化学的因素。

（5）液液萃取的分配系数受 pH、温度、盐和溶质的化合价影响；氢键力、离子配偶、路易斯酸碱的相互作用也会影响有机溶剂的分配系数。

学习思考题

1. 液液萃取操作，如何选择有机溶剂？
2. 良好的萃取剂有什么重要特性？
3. pH 对萃取产品有什么影响？
4. 固液提取的基本原理是什么？
5. 固液提取影响因素有哪些？
6. 固液提取方法有哪些？试说明各自优缺点。
7. 多级提取工艺和单级提取工艺的特点是什么？
8. 为什么银杏叶较三七更易提取？
9. 提高提取率的方法有哪些，举例说明。
10. 某种花类药材，有效成分为水溶性黄酮类和挥发油类，最适用的提取设备是什么？
11. 以灯盏花乙素提取工艺为例，比对几种工艺生产方案的优缺点，提出经济、有效、安全和环保的工艺流程，绘制工艺流程框图，并对工艺进行说明。

ER4-5　第四章　目标测试

（李　华　张景亚　傅　收）

参考文献

[1] 李淑芬，白鹏. 制药分离工程. 北京：化学工业出版社，2009.
[2] 宋航. 制药分离工程. 上海：华东理工大学出版社，2011.
[3] 郭立玮. 制药分离工程. 北京：人民卫生出版社，2014.
[4] 索建兰，沈峰，米海林. 三七总皂苷提取工艺的研究. 药物分析杂志，2011，3（6）：1197-1198.
[5] 孔繁晟，贲永光，曾昭智，等. 三七总皂苷超声提取工艺研究. 广东药学院学报，2011，27（4）：379-381.
[6] 张素萍. 中药制药工艺与设备. 北京：化学工业出版社，2005.

ER5-1　第五章
反胶束萃取与双水相
萃取技术（课件）

第五章　反胶束萃取与双水相萃取技术

1. **课程目标**　理解反胶束萃取的基本概念、分离原理和主要影响因素。理解双水相萃取的基本概念和特点、双水相体系的形成和类型、双水相萃取的分离原理和影响分配平衡的主要因素。使学生能根据待分离体系的特点、环保、安全、职业卫生及经济方面的因素，运用所学的理论，进行新型分离技术的设计，培养学生分析和解决实际问题的能力。
2. **教学重点**　反胶束萃取、双水相萃取的基本原理及实际应用；影响反胶束萃取蛋白质的主要因素；影响双水相萃取物质平衡分配的主要因素。

第一节　反胶束萃取

一、反胶束萃取概述

传统的分离方法，如有机溶剂液液萃取技术，由于具有操作连续、多级分离、放大容易和便于控制等优点，已在抗生素等物质的生产中广泛应用，并显示出优良的分离性能。但却难以应用于一些生物活性物质（如蛋白质）的提取和分离。因为绝大多数蛋白质都不溶于有机溶剂，若使蛋白质与有机溶剂接触，会引起蛋白质的变性；另外，蛋白质分子表面带有许多电荷，普通的离子缔合型萃取剂很难奏效。因此，研究和开发易于工业化的、高效的生化物质分离方法已成为当务之急。反胶束萃取是20世纪80年代中期发展起来的一种新型萃取方法，非常适合于分离纯化氨基酸、肽和蛋白质等生物分子，特别是蛋白质类生物大分子。反胶束萃取技术为活性生物物质的分离开辟了一条具有工业应用前景的新途径，它的突出优点如下。

（1）有很高的萃取率和反萃取率，并具有选择性。

（2）分离、浓缩可同时进行，过程简便。

（3）能解决蛋白质（如胞内酶）在非细胞环境中迅速失活的问题。

（4）由于构成反胶束的表面活性剂往往具有细胞破壁功效，因而可直接从完整细胞中提取具有活性的蛋白质和酶。

（5）反胶束萃取技术的成本低，溶剂可反复使用等。

二、反胶束的形成及其基本性质

（一）反胶束的形成

将表面活性剂溶于水中，当表面活性剂的浓度超过一定的数值时，表面活性剂就会在水溶液中聚集在一起形成聚集体，称为胶束（micelle）。水相中的表面活性剂聚集体其亲水性的极性端向外指向水溶液，疏水性的非极性“尾”向内相互聚集在一起。同理，当向非极性溶剂中加入表面活性剂时，如表面活性剂的浓度超过一定的数值时，也会在非极性溶剂内形成表面活性剂的聚集体。与在水相中不同的是，非极性溶剂内形成的表面活性剂聚集体，其疏水性的非极性尾部向外，指向非极性溶剂，而极性头向内，与在水相中形成的微胶束方向相反，因而称之为反胶束或反向胶束（reversed micelles）。其中，极性头排列在内形成的极性核具有溶解极性物质的能力，极性核溶解水后，就形成了“水池”。其示意图如图 5-1 所示。胶束或反胶束的形成均是表面活性剂分子自聚集的结果，是热力学稳定体系。

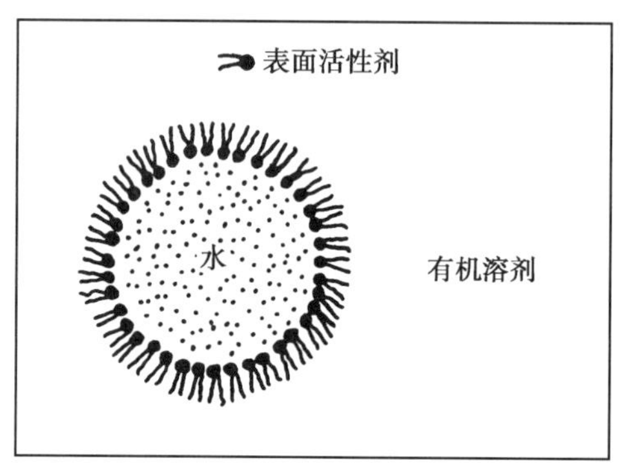

图 5-1　反胶束模型

（二）反胶束的优点

ER5-2　表面活性剂不同聚集体的微观构造

1. 极性“水池”具有较强的溶解能力。

2. 生物大分子由于具有较强的极性，可溶解于极性“水池”中，从而防止与外界的有机溶剂接触，减少变性作用。反胶束为生物活性物质提供了易于生存的亲水微环境，因此反胶束萃取可用于蛋白质等生物分子的分离纯化。

3. 由于“水池”的尺度效应，可以稳定蛋白质的立体结构，增加其结构的刚性，提高其反应性能。因此，反胶束也可作为酶固定化体系，用于水不溶性底物的生物催化。

（三）构成反胶束的表面活性剂种类

表面活性剂的存在是构成反胶束的必要条件，阴离子型、阳离子型和非离子型表面活性剂都可在非极性溶剂中形成反胶束。在用反胶束萃取技术分离蛋白质的研究中，使用得最多的是阴离子型表面活性剂 AOT（aerosol OT），其化学名称是琥珀酸二（2- 乙基己基）酯磺酸钠（sodium di-2-ethyl-hexylsulfosuccinate）。AOT 容易获得，其特点是具有双链，形成反胶束时无须加入助表面活性剂，且有较好的强度；它的极性基团较小，所形成的反胶束空间较大，半径为 170nm，有利于生物大分子进入。

$$\begin{array}{llllllll} & & & CH_3 \\ & & & | \\ & & & CH_2 \\ & & & | \\ CH_2 & -COOCH_2 & - & CH & -CH_2 & -CH_2 & -CH_2 & -CH_3 \\ | \\ CH & -COOCH_2 & - & CH & -CH_2 & -CH_2 & -CH_2 & -CH_3 \\ | & & & | \\ SO_3Na & & & CH_2 \\ & & & | \\ & & & CH_3 \end{array}$$

AOT 的分子结构

其他常用的表面活性剂有溴代十六烷基三甲铵（CTAB）、溴化十二烷基二甲铵（DDAB）、氯化三辛基甲铵（TOMAC）等。而常用于反胶束萃取系统的非极性有机溶剂有环己烷、庚烷、辛烷、异辛烷、己醇、硅油等。AOT/异辛烷/水体系最常用。它的尺寸分布相对来说是均一的，含水量为4～50时，流体力学半径为2.5～18nm，每个胶束中含有表面活性剂分子35～1 380个。AOT/异辛烷体系对于分离核糖核酸酶、细胞色素c、溶菌酶等具有较好的分离效果，但对于分子量大于30 000的酶，则不易分离。

ER5-3　其他常用表面活性剂结构

三、反胶束萃取蛋白质的基本原理

（一）反胶束萃取的基本原理

从宏观上看蛋白质进入反胶束溶液是一个协同过程。在有机溶剂相和水相两宏观相界面间的表面活性剂层，同邻近的蛋白质分子发生静电吸引而变形，接着两界面形成含有蛋白质的反胶束，然后扩散到有机相中，从而实现了蛋白质的萃取。改变水相条件（如pH、离子种类或离子强度），又可使蛋白质从有机相中返回到水相中，实现反萃取过程。微观上，如图5-2所示，是从主体水相向溶解于有机溶剂相中纳米级的、均一且稳定的、分散的反胶束微水相中的分配萃取。从原理上，可当作“液膜”分离操作的一种。

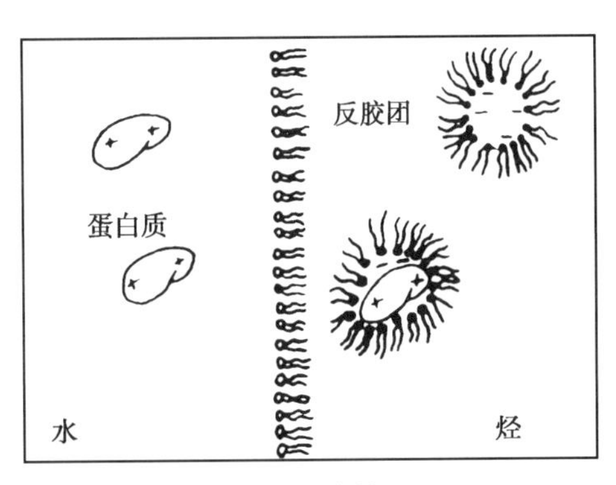

图5-2　反胶束萃取原理

其特点是萃取进入有机相的生物大分子被表面活性分子所屏蔽，从而避免了与有机溶剂相直接接触而引起的变性、失活。pH、离子强度、表面活性剂浓度等因素会对反胶束萃取产生影响。通过对它们的调整，对分离场（反胶束）-待分离物质（生物大分子等）的相互作用加以控制，能实现对目的物质高选择性的萃取和反萃取。另外，因有机相内反胶束中微水相体积最多仅占有机相的几个百分点，所以它同时也是一个浓缩操作。只要直接添加盐类，就能从已和主体水相分开的有机相中分离出含有目的物的浓稠水溶液。

（二）蛋白质向反胶束溶解的几种可能模型

目前，对于蛋白质的溶解方式，人们已先后提出如图5-3所示的四种可能。图5-3（1）为水壳模型；图5-3（2）蛋白质中的亲脂部分直接与非极性溶剂的碳氢化合物相接触；图5-3（3）蛋白质被吸附在微胶束的“内

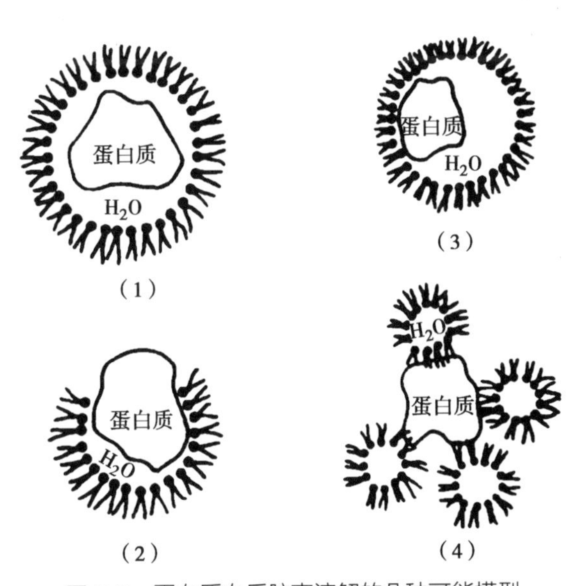

图5-3　蛋白质向反胶束溶解的几种可能模型

壁”上；图 5-3（4）蛋白质被几个微胶束所溶解，微胶束的非极性尾端与蛋白质的亲脂部分直接作用。目前水壳模型证据最多，也最为常用。在水壳模型中，蛋白质居于“水池”的中心，周围存在的水层将其与反胶束壁（表面活性剂）隔开，水壳层保护了蛋白质，使它的生物活性不会改变。该模型较好地解释了蛋白质在反胶束内的状况，尤其适合对亲水性蛋白质溶解方式的解释。

（三）蛋白质溶入反胶束相的推动力

生物分子溶入反胶束相的主要推动力是表面活性剂和蛋白质的静电相互作用、反胶束与生物分子的空间相互作用和疏水性相互作用。下面以研究得较多的 AOT/ 异辛烷体系为对象，以空间性、静电性、疏水性相互作用的分离特性及效果作以下归纳。

1. 静电相互作用 在反胶束萃取体系中，表面活性剂与蛋白质都是带电的分子，因此静电相互作用是萃取过程的一种主要推动力。当水相 pH 偏离蛋白质等电点时，由于溶质带正电荷（pH$<$pI）或负电荷（pH$>$pI），与表面活性剂发生强烈的静电相互作用，影响溶质在反胶束相的溶解率。理论上，当溶质所带电荷与表面活性剂相反时，由于静电引力的作用，溶质易溶于反胶束，溶解率较大，反之则不能溶于反胶束相中。以表 5-1 所示的酶、蛋白质为例，考察他们从主体水相向反胶束内微水相中的萃取或反方向的反萃取时静电性相互作用，以及 pH 对这种作用的几种影响情况。

表 5-1 蛋白质的分子量和等电点

蛋白质	M	pI
细胞色素 c	12 400	10.6
核糖核酸酶 a	13 700	7.8
溶菌酶	14 300	11.1
木瓜蛋白酶	23 400	8.8
牛血清白蛋白（BSA）	65 000	4.9

（1）对于小分子蛋白质（M$<$20 000），pH$>$pI 时，蛋白质不能溶入胶束内，但在等电点附近，急速变为可溶。当 pH$<$pI 时，即在蛋白质带正电荷的 pH 范围内，它们几乎完全能溶入胶束内（图 5-4）。

（2）蛋白质分子量增大到一定程度，即使 pH$<$pI，萃取率也会降低（即立体性相互作用效果增大）。

（3）分子量更大的 BSA，全 pH 范围内几乎都不能萃取（即静电相互作用效果无限小，可忽略不计）。此时，AOT 浓度如较通常条件（50～100mmol/L）增加到 200～500mmol/L，逐渐变为可萃取。

（4）降低 pH，正电荷量增加，似乎有利于萃取率的提高。事实上，缓慢减小 pH，萃取率从某一 pH 开始，急速减小。这可能是蛋白质的 pH 变性所造成的。蛋白质和水相中微量的 AOT 在静电、疏水性等的相互作用下，在水相中生成了缔合体，引起蛋白质变性，不能正常地溶解于反胶束相。

（5）添加 KCl 等无机盐，因离子强度的增加和静电屏蔽的作用，使静电性相互作用变弱，一般萃取率下降（图 5-5）。而且它对有机相具有脱水作用，使反胶束的含水率 W_0 减小（W_0 为反胶束“水池”中溶入水和表面活性剂的摩尔比，见图 5-6)，使立体性相互(排斥)作用增大。

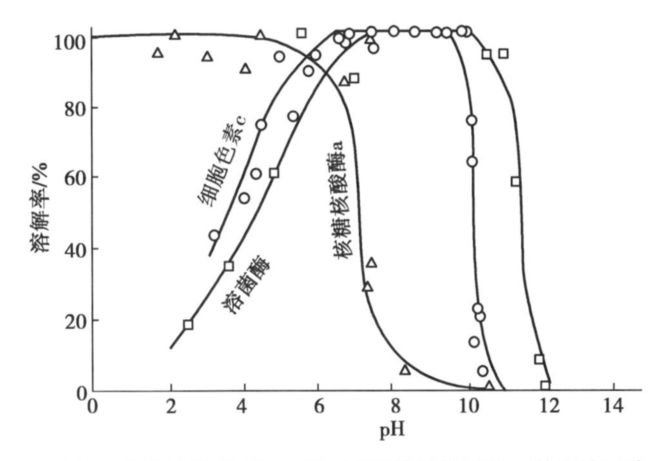

图 5-4 pH 对细胞色素 c、溶菌酶和核糖核酸酶 a 萃取的影响

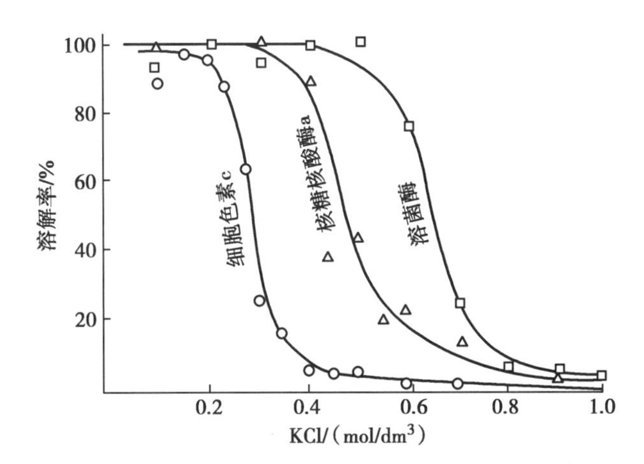

图 5-5 KCl 浓度对细胞色素 c、溶菌酶和核糖核酸酶 a 萃取的影响

2. 空间相互作用 反胶束“水池”的大小可以用 W_0 的变化来调节，其会影响大分子如蛋白质的增溶或排斥，达到选择性萃取的目的，这就是空间排阻作用。研究表明，随着 W_0 的降低，反胶束直径减小，空间排阻作用增大，蛋白质的萃取率下降。

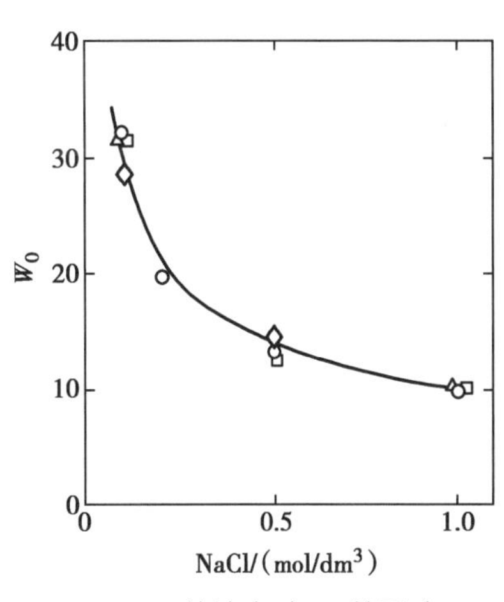

图 5-6 盐浓度对 W_0 的影响

另外，空间排阻作用也体现在蛋白质分子大小对分配系数的影响上。随着蛋白质分子量的增大，蛋白质分子和胶束间的空间性相互作用增加，分配系数(溶解率)下降。用动态光散射法测定，发现反胶束粒径并非一致，而是存在一个粒径分布。由图 5-6 可知，胶束的粒径分布(分离场)随盐浓度和 AOT 浓度的增加而发生显著的变化。蛋白质溶入与否，对它几乎没有影响。

如分离场不受蛋白质种类的影响，可通过控制反胶束粒径，高效分离纯化蛋白质。如图 5-7 所示，随着蛋白质分子量的增加，分配系数 K_{pI}(蛋白质等电点处的分配系数)迅速下降，当分子量超过 20 000 时，分配系数很小。该实验在蛋白质等电点处进行，排除了静电性相互作用的影响。表明随分子量的增加，空间位阻作用增大，蛋白质萃取率下降。因此可以根据蛋白质间分子量的差异，利用反胶束萃取实现蛋白质的选择性分离。从图中还可知道，即使萃取溶入胶束的蛋白质的种类和分子量不同，分离场的特性（胶束平均直径和含水率）几乎不变。

3. 其他的相互作用 关于疏水性相互作用和特异性相互作用，还研究不多。即使是疏水性比其他蛋白质大的木瓜酶，由于其 K_{pI} 也可被统一性地关联在图 5-7 之中，所以在蛋白质的场合下，疏水性相互作用对蛋白质分配特性的影响不大。

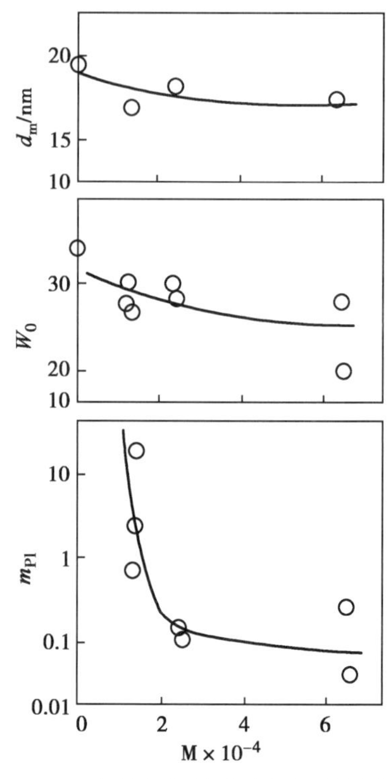

图 5-7 蛋白质平均分子质量的影响

四、反胶束萃取技术的应用

（一）反胶束萃取技术提取分离酶和蛋白质

反胶束萃取技术用于提取分离蛋白质的研究较多，一般包括前萃和反萃，前萃是指使蛋白质进入反胶束极性核内，反萃是指破坏反胶束极性核使蛋白质进入水相，达到蛋白质提取纯化的目的。

从色杆菌培养的产物制备得到含两种脂酶的混合物，它们的分子量和等电点都不相同（脂酶 A 的分子量为 1 202 000，pI 为 3.7；脂酶 B 的分子量为 30 000，pI 为 7.3）。用 AOT/ 异辛烷反胶束系统萃取，在 pH6.0 和低离子强度（50mmol/L KCl）条件下，脂酶 B 带正电荷，容易溶解在反胶束中；而脂酶 A 由于体积排阻和静电效应被排出胶束相，存在于水相。

从胶束相中反萃脂酶 B，可以使用与水混溶的有机溶剂，效果较好的是加入 2.5%（体积分数，以两相总体积算）的乙醇到胶束相（pH 9.0），离子强度与萃取相同。加入乙醇是为了减少脂酶与表面活性剂、有机溶剂的疏水作用，使其回收到水相中。结果脂酶 A 纯化 4.3 倍，脂酶活性收率 91%；脂酶 B 纯化 3.7 倍，收率 76%。

（二）反胶束萃取技术提取分离氨基酸

反胶束对氨基酸具有相当强的萃取能力，氨基酸是以带电离子的形式被萃取。同种氨基酸不同电离状态离子，其被萃取能力各不相同。具有不同结构的氨基酸分布于反胶束体系的不同部位，疏水性氨基酸主要存在于反胶束界面，亲水性氨基酸主要溶解在反胶束的极性“水池”中，通过改变氨基酸在水溶液中的电离状态会影响氨基酸的总分配比。氨基酸离子与形成反胶团的表面活性剂离子之间的静电作用越强，氨基酸的萃取率越高；水溶液中的盐浓度越大，氨基酸的萃取率越低。

一般用于形成反胶束的表面活性剂有两类：一类是阴离子表面活性剂 AOT，一类是季铵盐阳离子表面活性剂 TOMAC。这两类反胶束适用于低盐浓度的氨基酸料液，如发酵液的萃取分离，对于同时含有多种氨基酸且盐浓度高的料液如胱氨酸母液则不能适用。

相关实验探讨了 AOT/ 异辛烷反胶束体系对色氨酸的进行萃取分离的效果。实验表明，在 AOTA 浓度 60mol/L，萃取 pH 为 2.0，离子强度 0.1mol/L，反萃取 pH 为 10，离子强度为 1mol/L 的条件下，经过一次萃取，色氨酸的回收率可以达到 70% 左右。

另有一个研究采用二（2- 乙基己基）磷酸胺作为表面活性剂形成的反胶束进行胱氨酸的萃取。此种反胶束具有较其他反胶束更强的萃取能力，且具有良好的吸水性能，适合于从高盐浓度的水溶液中萃取出氨基酸。萃取之后可直接用盐酸破坏反胶束以达到反萃目的。用于萃取盐浓度高达 4.5mol/L 的胱氨酸母液中成功获得满意的萃取率，并开发了从胱氨酸母液中提取精氨酸的工艺。

（三）反胶束萃取技术提取分离抗生素

反胶束用于抗生素分离的研究报道较少。但有关报道均表明，反胶束用于抗生素的分离提取是可行的。

印度相关研究选用 AOT[二 -（2- 乙基己基）琥珀酸磺酸钠]/ 异辛烷反胶束系统研究了红霉素、放线酮、青霉素 G、土霉素萃取率，考察了 pH、电解质、AOT 浓度对萃取率的影响。四种抗生素在 pH 4.0～4.5 都有最大的萃取率。在 pH＝4.5 时疏水性抗生素如土霉素的萃取率为 75%，而含有氨基糖基团的抗生素如红霉素的萃取率只有 30%，放线酮在 pH 4.0 时呈电中性，通过疏水作用其萃取率也达到 72%，而具有芳香环的苄青霉素在 pH＝3.5 时，其萃取率却仅有 10%，研究人员认为反胶束萃取抗生素除了静电作用、疏水作用，还有溶质与水的形成的氢键也起重要的作用。如苄青霉素有自由的羧基、红霉素有自由的羟基可以与水形成氢键，因此，这两种抗生素的萃取率都不高。

我国也报道了反胶束萃取青霉素 G 的研究结果。研究人员研究了十六烷基三甲基溴化铵（cetyl trimethyl ammonium bromide，CTAB）/ 正辛醇 / 三氯甲烷的反胶束系统萃取青霉素时 pH 对萃取率的影响，其结果与印度的研究结果有所不同，在一定的条件下，青霉素的萃取率与 pH 无关。另外增大 NaCl 浓度，青霉素的萃取率也呈下降趋势，但萃取率变化不是很大。

五、案例分析

案例 5-1　蛋白质混合物的分离

已知含有核糖核酸酶 a、细胞色素 c 和溶菌酶三种蛋白质的混合溶液，其分子量和 pI 见表 5-2，盐浓度和 pH 的影响见图 5-8 和图 5-9。如何将它们从混合液中分离出来？

表 5-2　三种蛋白质的分子量和 pI

蛋白质	M/KD	pI
细胞色素 c	12 400	10.6
核糖核酸酶 a	13 700	7.8
溶菌酶	14 300	11.1

问题：如何根据已知条件，通过控制水相 pH 和 KCl 浓度，将它们从混合液中分离出来，并能保持蛋白质的活性。

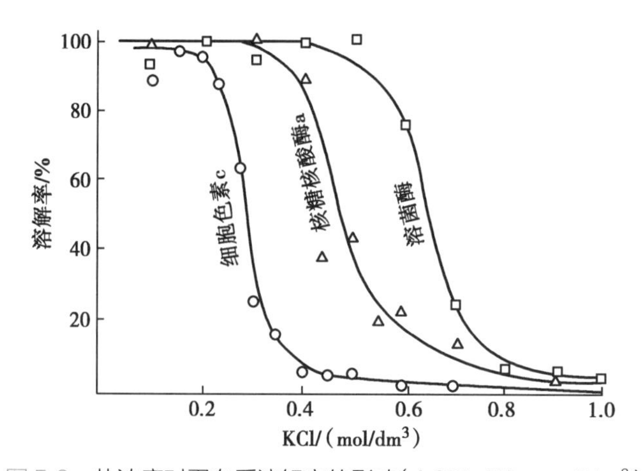

图 5-8　盐浓度对蛋白质溶解率的影响（AOT=50mmol/dm³）

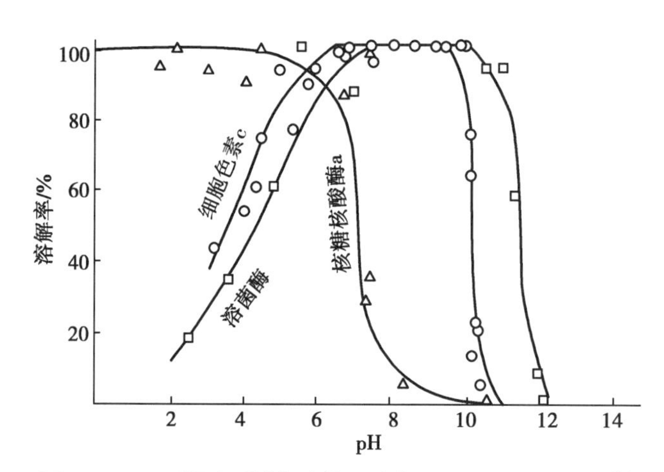

图 5-9　pH 对蛋白质溶解率的影响（AOT=50mmol/dm³）

工艺设计：蛋白质混合物的分离工艺，如图 5-10 所示。

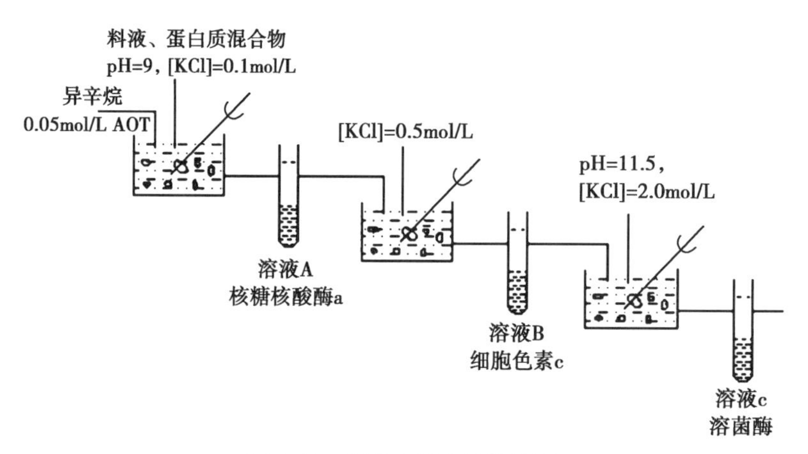

图 5-10　蛋白质混合物的分离

图 5-10 是采用 AOT/ 异辛烷体系的反胶束萃取法分离含有核糖核酸酶 a、细胞色素 c 和溶菌酶三种蛋白质的混合溶液的分离过程示意图。通过调节溶液的离子强度和 pH，可以控制各种蛋白质的溶解度，从而使之相互分离。第一步，调节体系状态为 pH=9、c(KCl)=0.1mol/L，

此时核糖核酸酶 a 不溶于胶束，而留在水相中；第二步，对进入反胶束中的细胞色素 c 和溶菌酶用 pH = 9、c(KCl) = 0.5mol/L 的水溶液反萃取，此时，因离子强度增大，细胞色素 c 在反胶束中溶解度大大降低而进入水相；第三步，对仍留在有机相中的溶菌酶用 pH = 11.5、c(KCl) = 2.0mol/L 的水溶液反萃取，使溶菌酶从反胶束中进入水相，从而实现了三种蛋白质的分离。

假设：若调节体系状态为 pH = 2，会发生什么情况？

分析与评价：反胶束萃取法工艺流程简单，分离效率高，能耗低，可保护蛋白质活性稳定，是蛋白质等各种活性物质分离、提取的重要方法。

第二节　双水相萃取

一、双水相萃取概述

双水相萃取技术是基于液液萃取理论，同时考虑保持生物活性所开发的一种新型液液萃取分离技术。由 Albertson 于 1955 年首先提出其概念，此后，这项技术在动力学研究、双水相亲和分离、多级逆流层析、反应分离偶合等方面都取得了一定的进展。

双水相萃取的特点是用两种互不相溶的聚合物，如聚乙二醇（polyethylene glycol，PEG）和葡聚糖（dextran，Dex）进行萃取，而不用常规的有机溶剂为萃取剂。因为所获得的两相，水含量均很高，一般达 70%～90%，故称双水相系统（aqueous two-phase system，ATPS）。

双水相萃取的优点如下。

（1）每一种水相含水量均很高，为生物物质提供了一个良好的环境；并且聚乙二醇和葡聚糖和无机盐对生物物质无毒害作用。用这种体系的溶剂处理发酵液，不必担心生物活性物质会变性受害；甚至，这些亲水性聚合物对蛋白质等生物物质，还能起到保护和稳定的作用。

（2）双水相萃取法不仅可从澄清的发酵液中提取物质，还可以从含有菌体的原始发酵液或细胞匀浆液中直接提取蛋白质，免除过滤操作的麻烦。

（3）分相时间短，自然分相时间一般为 5～15 分钟。

（4）界面张力小（10^{-7}～10^{-4}mN/m），有助于强化相际间的质量传递。

（5）不存在有机溶剂残留问题。

双水相萃取技术作为一种新型的分离技术，克服了常规萃取有机溶剂对生物物质的变性作用，提供了一个温和的活性环境，操作过程中能够保持生物物质的活性和构象，整个操作可以连续化，能使蛋白质的纯度提高 2～5 倍，设备需要量降低 70%～90%。双水相技术已经实现了细胞器、细胞膜、病毒等多种生物体和生物组织，以及蛋白质、酶、核酸、多糖、生长素等大分子生物物质的分离与纯化，并取得了较好的成效。近年来，双水相萃取技术的分离对象进一步扩大，已包括了抗生素、多肽和氨基酸、重金属离子和植物有效成分中的小分子物质。

二、双水相萃取的原理

（一）双水相的形成

常见的各种萃取体系中，一般其中一相是水相，而另外一相是和水不相溶的有机相。而双水相萃取，顾名思义，是指被萃物在两个水相之间进行分配。那么，两个水相是如何进行分相的呢？

ER5-4 双水相发现

目前发现，在聚合物—盐或聚合物—聚合物系统混合时，会出现两个不相混溶的水相，例如在水溶液中的聚乙二醇和葡聚糖，当各种溶质均在低浓度时，可以得到单相匀质液体；当溶质的浓度增加时，溶液会变得浑浊，在静止的条件下，会形成两个液层，实际上是其中两个不相混溶的液相达到平衡，在这种系统中，上层富集了聚乙二醇，而下层富集了葡聚糖。

当两种高分子聚合物互相混合时，其结果是分层还是混为一相，主要取决于两个因素：体系熵的增加和分子间作用力。根据热力学定律可知，在混合过程中，体系熵的增加只与分子数量有关，而与分子大小无关。因此，大分子间混合与小分子间混合相比，其体系熵的增加是相同的。分子间作用力则与分子量有关，分子量越大，分子间作用力也越大。综合以上分析可知，当两种大分子物质相混合时，其混合结果主要是由分子间作用力决定。两种聚合物分子间如存在相互排斥作用，即某种分子的周围将聚集同种分子而非异种分子，达到平衡时，就有可能分成两相，而两种聚合物分别进入一相中，这种现象就称为聚合物的“不相溶性”。

葡聚糖和聚乙二醇这两个亲水成分的不相溶性，可由它们各自分子结构的不同所产生的相互排斥来说明：葡聚糖本质上是一种几乎不能形成偶极现象的球形分子，而聚乙二醇是一种具有共享电子对的高密度直链聚合物。各个聚合物分子都倾向于在其周围有相同形状、大小和极性的分子，同时由于不同类型分子间的斥力大于同它们的亲水性有关的相互吸引力，因此聚合物发生分离，形成两个不同的相，并由此而产生了双水相萃取。

由此可知，双水相萃取的原理与水 - 有机相萃取一样，仍然是依据物质在两相间的选择性分配，不同的是双水相萃取中物质的分配是在两互不相溶的水相之间进行的。当物质进入双水性体系后，由于表面性质、电荷作用和各种力（如憎水键、氢键和离子键等）的存在和环境的影响，使其在上、下相中进行选择性分配，从生物转化介质（发酵液、细胞碎片匀浆液）中将目标蛋白质分离在一相中，回收的微粒（细胞、细胞碎片）和其他杂质性的溶液（蛋白质、多肽、核酸）在另一相中。其分配规律服从能斯特分配定律。

利用物质在不相溶的两水相间分配系数的差异进行萃取的方法，称双水相萃取（aqueous two-phase extraction）。

（二）双水相的类型

常用的双水相体系（aqueous two-phase system，ATPS）有：

（1）高聚物 - 高聚物双水相体系，如 PEG/Dex 体系，该系统上相富含 PEG，下相富含 Dex。

ER5-5 常见的双水相体系

（2）高聚物 - 无机盐双水相体系，如 PEG/ 无机盐等体系，该系统上相富含 PEG，下相富含无机盐。

（3）低分子有机物 - 无机盐双水相体系。

（4）表面活性剂双水相体系。

甲基纤维素和聚乙烯醇属高聚物 / 高聚物型双水相体系，因其黏度太高而限制了它们的应用，PEG 和 Dex 因其无毒性和良好的可调性而得到广泛的应用。近年发展较快的离子液体 - 无机盐双水相体系，结合了离子液体和双水相的优点，如蒸气压低、不易乳化、分离效率高、绿色环保、极性范围宽、可连续操作，是一种高效而温和的新型绿色分离体系。表面活性剂双水相体系结合了表面活性剂和双水相的优点，不仅选择性好、含水量高，同时具有亲水基和亲油基的特点，在疏水物质的分离中有很大优势。

（三）双水相的相图

水性两相的形成条件和定量关系常用相图表示，图 5-11 是 PEG/Dex 体系的相图。

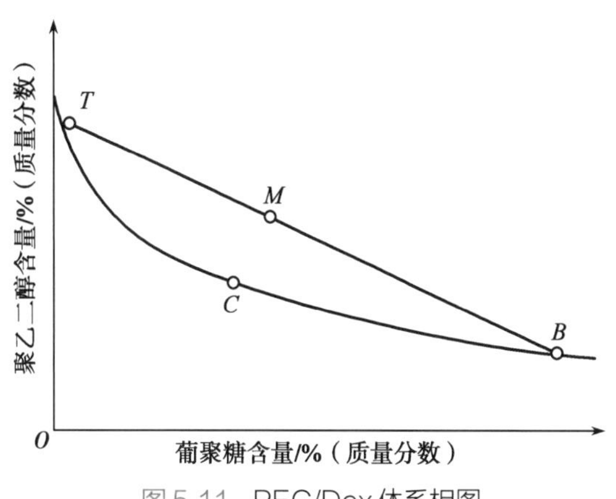

图 5-11　PEG/Dex 体系相图

图中把均匀区与两相区分开的曲线，称为双结线。双结线下方为均匀区，该处 PEG、Dex 在同一溶液中，不分层；双结线上方即为两相区，两相分别有不同的组成和密度。上相组成用 T（Top）表示，下相组成用 B（Bottom）表示。由图 5-11 可知，上相主要含 PEG，下相主要含 Dex，如点 M 为整个系统的组成，该系统实际上由 T、B 所代表的两相组成，TB 为系线。两相平衡时，符合杠杆规则，v_T 表示上相体积，v_B 表示下相体积，则：

$$\frac{v_T}{v_B}=\frac{BM}{MT} \qquad \text{式(5-1)}$$

式中，BM 是 B 点到 M 点的距离；MT 是 M 点到 T 点的距离。

当点 M 向下移动时，系线长度缩短，两相差别减小，到达 C 点时，系线长度为 0，两相间差别消失而成为一相，因此 C 点为系统临界点。从理论上说，临界点处的两相应该具有同样的组成、同样的体积，且分配系数等于 1。

（四）双水相萃取的分配平衡

溶质在双水相中的分配系数：与溶剂萃取相同，溶质在双水相中的分配系数也用 $m=\frac{C_2}{C_1}$ 表示。其中，C_2 和 C_1 分别表示平衡时上相和下相中溶质的总浓度。

生物分子的分配系数取决于溶质与双水相系统间的各种相互作用，其中主要有静电作用、疏水作用和生物亲和作用等。因此，分配系数是各种相互作用的和。

$$\ln m=\ln m_e(\text{静电作用})+\ln m_h(\text{疏水作用})+\ln m_l(\text{生物亲和作用})$$

（1）静电作用：非电解质型溶质的分配系数不受静电作用的影响，利用相平衡热力学理论可推导下述分配系数表达式

$$\ln m=-\frac{M\lambda}{RT} \qquad \text{式(5-2)}$$

式中，m 为分配系数；M 为溶质的分子量；λ 为与溶质表面性质和成相系统有关的常数；R 为气体常数，J/(mol·K)；T 为绝对温度，K。

因此，溶质的分配系数的对数与分子量之间呈线性关系，在同一个双水相系统中，若 $\lambda>0$，不同溶质的分配系数随分子量的增大而减小。同一溶质的分配系数随双水相系统的不同而改变，这是因为式中的入随双水相系统而异。

实际的双水相系统中通常含有缓冲液和无机盐等电解质，当这些离子在两相中分配浓度不同时，将在两相间产生电位差。此时，荷电溶质的分配平衡将受相间电位的影响，从相平衡热力学理论推导溶质的分配系数表达式为：

$$\ln m = \ln m_0 + \frac{FZ}{RT}\Delta\varphi \qquad \text{式(5-3)}$$

$$\Delta\varphi = \frac{RT}{(Z^+ - Z^-)F}\ln\frac{m_-}{m_+} \qquad \text{式(5-4)}$$

式中，m_0 为溶质净电荷（pH = pI）为零时的分配系数，F、R 和 T 分别为法拉第常数、气体常数和绝对温度；$\Delta\varphi$ 为相间电位，Z 为溶质的净电荷数，m_+ 和 m_- 分别为电解质的阳离子和阴离子的分配系数，Z^+ 和 Z^- 分别为电解质的阳离子和阴离子的电荷数。

因此，荷电溶质的分配系数的对数与溶质的净电荷数成正比，由于同一双水相系统中添加不同的盐产生的相间电位不同，故分配系数与静电荷数的关系因无机盐而异。

（2）疏水作用：一般蛋白质表面均存在疏水区，疏水区占总表面积的比例越大，疏水性越强。所以，不同蛋白质具有不同的相对疏水性。

1）在 pH 为等电点的双水相中，蛋白质主要根据表面疏水性的差异产生各自的分配平衡。同时，疏水性一定的蛋白质的分配系数受双水相系统疏水性的影响。

2）双水相系统的相间疏水性差用疏水性因子 HF（hydrophoblc factor）表示，HF 可通过测定疏水性已知的氨基酸在其等电点处的分配系数 m_{aa} 测算。

（3）生物亲和作用：在双水相萃取体系中，生物亲和作用会影响到分配系数。

ER5-6　生物亲和作用

三、影响双水相萃取的因素

影响分配平衡的主要参数有成相聚合物的分子量和浓度、体系的 pH、体系中盐的种类和浓度、体系中菌体或细胞的种类和浓度、体系温度等。选择合适的条件，可以达到较高的分配系数，从而较好地分离目的物。

（一）聚合物的分子量和浓度

成相聚合物的分子量和浓度是影响分配平衡的重要因素。若降低聚合物的分子量，则能提高蛋白质的分配系数，这是增大分配系数的一种有效手段。例如，PEG/Dex 系统的上相富含 PEG，蛋白质的分配系数随着葡聚糖分子量的增加而增加。但随着 PEG 分子量的增加而降低。也就是说，当其他条件不变时，被分配的蛋白质易为相系统中低分子量高聚物所吸引，易为高分子量高聚物所排斥。这是因为成相聚合物的疏水性对亲水物质的分配有较大的影响，同一聚合物的疏水性随分子量的增加而增加，当 PEG 的分子量增加时，在质量浓度不变的情况下，其两端羟基数目减少，疏水性增加，亲水性的蛋白质不再向富含 PEG 相中聚集而转向另一相。

选择相系统时，可改变成相聚合物的分子量以获得所需的分配系数，以使不同分子量的蛋白质获得较好的分离效果。

一般来说，双水相体系的组成越接近临界点，可溶性生物大分子如蛋白质的分配系数越接近 1，蛋白质可均匀分配于两相；偏离临界点时，它的分配系数值大于 1 或者小于 1。也就是说，成相系统的总浓度越高，偏离临界点越远，系线就越长，上相和下相相对组成的差距就越大，蛋白质越容易分配于其中的某一相。

以 PEG/$(NH_4)_2SO_4$ 双水相体系萃取糖化酶为例：在$(NH_4)_2SO_4$ 浓度固定不变的条件下，增加 PEG400 的浓度有利于糖化酶在上相的分配，当 PEG400 浓度在 25%～27% 时，分配系数高达 47.3，浓度过高则不利于酶在上相的分配。当 PEG400 浓度固定为 26% 时，增加$(NH_4)_2SO_4$ 浓度，糖化酶的分配系数也会增加，但当$(NH_4)_2SO_4$ 浓度超过 16% 时，酶蛋白会因盐析作用过强而产生沉淀，不利于酶的分配萃取。

（二）盐的种类和浓度

盐的种类和浓度对分配系数的影响主要反映在对相间电位和蛋白质疏水性的影响。

盐对相间电位 $\Delta\varphi$ 的影响：

相间电位 $\Delta\varphi$ 的表达式为：$\Delta\varphi=\dfrac{RT}{(Z^{+}-Z^{-})F}\ln\dfrac{m_{-}}{m_{+}}$，各种离子在 PEG/Dex 系统中的分配系数 m_+ 和 m_- 见图 5-12。

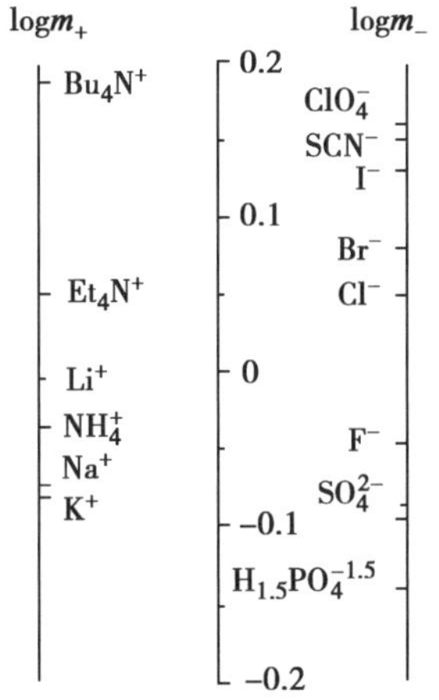

图 5-12　各种离子在 PEG/Dex 系统中的分配系数 m

由图 5-12 可知，$H_{1.5}PO_4^{1.5-}$离子在 PEG/Dex 系统的 m 小。因此，利用 pH>7 的磷酸盐缓冲液很容易改变 $\Delta\varphi$，使带负电蛋白质有较高的分配系数。

盐对蛋白质疏水性 ΔHFS 的影响：分配系数和疏水作用之间的关系可以用式（5-5）表示。

$$\ln m=HF(HFS+\Delta HFS)+\frac{FZ}{RT}\Delta\varphi \qquad \text{式(5-5)}$$

其中，HF 和 HFS 分别表示双水相系统和蛋白质的疏水性，ΔHFS 为蛋白质疏水性增量。由于盐析作用，盐浓度增加，则蛋白质表面疏水性增大，影响蛋白质表面疏水性增量 ΔHFS，从而影响蛋白质的分配系数。

盐对双水相系统的影响：盐的浓度不仅影响蛋白质表面疏水性，而且扰乱双水相系统，改变上、下相中成相物质的组成和相体积比。

利用这一特点，通过调节双水相系统中盐浓度，可选择性萃取不同的蛋白质。

在双水相体系萃取分配中，磷酸盐的作用非常特殊，其既可以作为成相盐形成 PEG/ 盐双水相体系，又可以作为缓冲剂调节体系的 pH。由于磷酸不同价态的酸根在双水相体系中有不同的分配系数，因而可通过调节双水相系统中不同磷酸盐的比例和浓度来调节相间电位，从而影响物质的分配，进而有效地萃取分离不同的蛋白质。

（三）pH

pH 对分配系数的影响主要有两个方面：第一，由于 pH 能影响蛋白质的解离度，故调节 pH 可改变蛋白质的表面电荷数，从而改变分配系数；第二，pH 影响磷酸盐的解离程度，即影响 PEG/ 磷酸盐双水相系统的相间电位和蛋白质的分配系数。某些蛋白质 pH 的微小变化会使分配系数改变 2～3 个数量级。

（四）温度

温度主要是影响双水相系统的相图，影响相的高聚物组成，只有当相系统组成位于临界点附近时，温度对分配系数才有较明显的作用，远离临界点时，影响较小。

分配系数对操作温度不敏感。所以大规模双水相萃取一般在室温下进行，不需要冷却，这是因为：

（1）成相聚合物 PEG 对蛋白质稳定，常温下蛋白质一般不会发生失活或变性。

（2）常温下溶液黏度较低，容易相分离。

（3）常温操作节省冷却费用。

（五）细胞的浓度

细胞浓度是影响萃取的一个重要参数，它会影响蛋白质等可溶性生物活性大分子的分配。大量细胞或细胞碎片的存在也会使体系两相的黏度尤其是下相的黏度增加，并且可能会不同程度的扰乱成相系统，使上、下相体积比降低，蛋白质更多地被转移到下相中，从而影响蛋白质收率。一般来说，1kg 萃取体系中加入 200～400g 湿细胞为宜。

四、双水相萃取技术的应用

（一）在提取酶和蛋白质中的应用

这是双水相体系研究和应用最多的方面，对发酵液、细胞培养液，以及植物、动物组织中细胞内、外的酶和蛋白质均可提取。绝大多数是用 PEG 作上相成相聚合物，葡聚糖、盐溶液和羟甲基淀粉的其中一种作下相成相物质。

相关学者利用 PEG 3350 与柠檬酸钠组成 PEG/ 柠檬酸钠双水相体系从牛胰腺中萃取胰蛋白酶，在 pH 为 5.2 时具有最佳分配性能。增加 NaCl 的浓度到 0.7% 以及减少相比到 0.1 时能在上相获得 60% 的胰蛋白酶，是纯化前的 3 倍。胰蛋白酶质量浓度增大到整个体系的 25%（*W*/*W*）时，对产率和纯化因子都没有特别大的影响。

另一研究用聚乙二醇 / 磷酸盐双水相体系分离转基因牛奶中的乳清蛋白，研究了牛奶乳清蛋白中 4 种成分牛血清白蛋白（bovine serum albumin，BSA）、α- 乳清蛋白（α-lactalbumin，ALA）、β- 乳球蛋白（β-lactoglobulin，BLG）、α- 抗胰蛋白酶（α-antitrypsin，AAT）在双水相体系中的分配行为。BSA 和 ALA 富集在 PEG 相，分配系数分别达到了 10.0 和 27.0，BLG 和 AAT 对磷酸盐相更具有亲和性，分配系数分别为 0.07 和 0.01。pH 增大会使这些蛋白质的分配系数增加，然而 PEG 分子量的增加会使分配系数减少。使用 PEG1500、pH 为 6.3，以及相比 R 为 4∶1 时，对于 AAT 能达到最佳萃取条件，产率达到 80%，纯化因子为 1.5～1.8 之间。

（二）在提取中药活性成分中的应用

中药体系中微量成分较多，且初生代谢产物和次生代谢产物共存，有效成分与无效成分共存，相互干扰严重，采用传统的分离纯化手段需要经过提取、萃取和多次反复的色谱分离才能得到高纯化合物。分离步骤繁多、烦琐耗时、产率偏低，很难满足后续活性筛选、结构改造等研究的需要。因此，选择适当的方法，简化分离步骤，一直受到学者的关注和重视。

双水相萃取技术作为一种绿色环保的新型分离技术，在中药活性成分分离领域得到了广泛的应用，其研究主要集中于黄酮、生物碱、萜类、多酚、色素和蒽醌等几类化合物，但分离多局限于样品初级回收，分离对象多为中药的有效组分，需要集成色谱分离手段才能得到高纯单体化合物。

甘草是一种应用价值很高的中药，甘草的主要成分是具有甜味的皂苷——甘草皂苷，又称甘草酸。基于与水互溶的有机溶剂和盐水相的双水相萃取体系具有价廉、低毒、较易挥发等特点，相关学者采用乙醇 / 磷酸氢二钾新型双水相萃取体系，研究从甘草中提取甘草盐的新工艺。此体系的两相分配完全，分配系数达 12.8，收率为 98.3%。此双水相体系具有无须反萃取、避免使用黏稠水溶性高聚物、易回收、易处理、操作简便等特点。

黄芩是一种疗效确切的传统中药，黄芩苷是黄芩的主要有效成分，通过采用非离子表面活性剂聚乙二醇 - 磷酸二氢钾 - 水双水相体系分离纯化黄芩苷，萃取率为 98.6%。此双水相体系操作方法简便、萃取率高、方法重复性好，可使用工业化生产。

（三）在提取抗生素中的应用

发酵法生产抗生素的过程中，由于发酵液中成分比较复杂，目标产物含量低，分离方法步骤烦琐，因而易导致产品回收率低。而利用双水相萃取从发酵液中提取抗生素时，只要条件选择合适，就可直接处理发酵液，且基本消除乳化现象，在一定程度上提高了萃取收率。

相关学者采用 8% PEG2000 与 20%$(NH_4)_2SO_4$ 组成的双水相体系直接萃取青霉素 G 发酵液，分配系数高达 58.39，浓缩倍数为 3.53，回收率为 93.67%，青霉素 G 对糖的分离因子和对杂蛋白的分离因子分别为 13.36 和 21.9。

离了液体双水相萃取青霉素是一项高效分离新技术，有研究用$[B_{mim}]BF_4/NaH_2PO_4$ 双水相体系分离了青霉素 G 钾盐，体系 pH 为 4～5 时，青霉素的萃取率可达 93.7%，萃取过程不发生乳化现象，且青霉素的降解率也有所降低。有研究采用相同的体系萃取青霉素后，又采用憎水性离子液体$[B_{mim}]PF_6$ 对富离子液体相进行了二次萃取，以此实现离子液体与青霉素的分离。

五、案例分析

案例 5-2　胞内酶提取

许多有应用价值的产品如酶、蛋白质等主要从微生物中获得，而且大部分的微生物代谢产物是胞内物质，必须破碎细胞壁才能释放这些胞内酶用于提取分离，但破壁后，细胞颗粒尺寸的变化给分离带来了困难，同时这类产品的活性和功能对 pH、温度和离子强度等环境因素特别敏感，试采用合适的分离方法让胞内酶从混合物中分离出来。

问题： 有机溶剂易使胞内酶变性，如何选定有效的分离纯化方法，让胞内酶从混合物中分离出来，同时能保证胞内酶的活性稳定？

工艺设计： 胞内酶提取工艺。

由于胞内酶属胞内产品，须经细胞破碎后才能提取、纯化，但细胞颗粒尺寸的变化给固液分离带来了困难，同时这类产品的活性和功能对 pH、温度和离子强度等环境因素特别敏感，它们在有机溶剂中的溶解度低且会变性，因此传统的溶剂萃取方法并不适合。采用在有机溶剂中添加表面活性剂产生反胶束的办法可克服这些问题，但存在相的分离问题，因此，胞内酶提取常用双水相萃取法。

双水相萃取胞内酶的工艺流程主要由三部分组成：胞内酶的萃取、PEG 的循环、无机盐的循环。

1. 胞内酶的萃取 胞内酶提取的第一步是将细胞破碎得到匀浆液，但匀浆液黏度很大，有微小的细胞碎片存在，欲将细胞碎片除去，以前是依靠离心分离的方法，但非常困难。

双水相系统可用于细胞碎片以及酶的进一步精制。双水相体系萃取胞内酶时，用 PEG-Dextran 系统从细胞匀浆液中除去核酸和细胞碎片。第一步，选择合适的条件，在系统中加入 0.1mol/L NaCl 可使核酸和细胞碎片转移到下相（Dextran 相），产物酶位于上相，分配系数为 0.1～1.0。第二步，选择适当的盐组分加入分相后的上相中，使其再形成双水相体系来进行纯化，这时如果 NaCl 浓度增大到 2～5mol/L，几乎所有的蛋白质、酶都转移到上相，下相富含核酸。第三步，将上相收集后透析，加至 PEG- 硫酸铵双水相系统中进行萃取，产物酶位于富含硫酸铵的下相，进一步纯化即可获得所需的产品。

2. PEG 的循环 双水相萃取过程中，成相材料的回收和循环使用，不仅可以减少废水处理的费用，还可以节约化学试剂，降低成本。PEG 回收有两种方法：一种是加入盐使目标蛋白质转入富盐相来回收 PEG（图 5-13）；另一种是将 PEG 相通过离子交换树脂，用洗脱剂先洗去 PEG，再洗出蛋白质。常用的方法是将第一步萃取的 PEG 相或除去部分蛋白质的 PEG 相循环利用（图 5-14）。

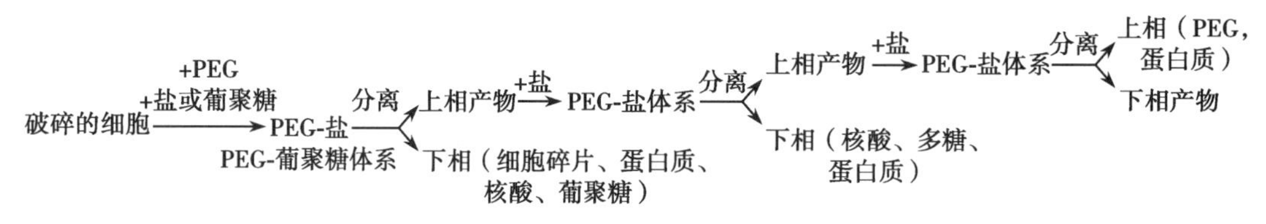

图 5-13 双水相体系萃取酶的工艺流程

3. 无机盐的循环 将含有硫酸铵的盐相冷却、结晶，然后用离心机分离收集。其他方法有电渗析法、膜分离法回收盐类或除去 PEG 相的盐。

假设： 若利用 PEG/ 盐系统萃取胞内酶，当系统中氯化钠浓度变化时，分配系数随 pH 如何变化，其选择性、经济性、相分离情况和 PEG/Dextran 系统相比，有何不同？

分析： 根据胞内酶和细胞碎片分子量、等电点、带电特性、亲水性等差别，使用 PEG/Dextran 系统，利用静电、疏水和添加合适浓度的氯化钠盐溶液，将细胞碎片分配到下相（盐相），分布在上相中的蛋白质通过加入适量的盐，进行第二次双水相萃取，目的是除去核酸和

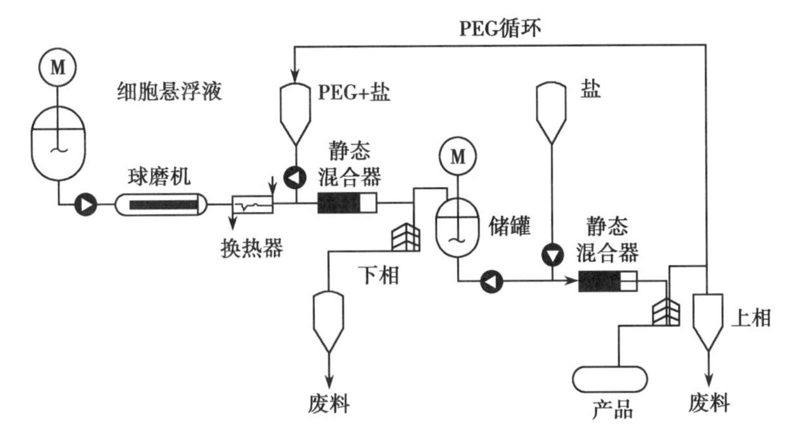

图 5-14　连续双水相萃取流程

多糖，它们的亲水性较强，因而易分配在盐相中，蛋白质停留在上相 PEG 中，在第三次萃取中，通过调节 pH，使蛋白质分配在下相(盐相)，以便和主体 PEG 分离，色素因其憎水性分配在上相，盐相中的蛋白质通过分离弃除残余的 PEG，主体 PEG 可循环使用。

评价：双水相萃取法可选择性地使细胞碎片分配于双水相系统的下相，目标产物分配于上相，同时实现目标产物的部分纯化和细胞碎片的除去，省去利用离心法或膜分离法除去碎片的操作过程，用于胞内蛋白质的分离纯化是非常有利的。目前，双水相萃取法已广泛应用于细胞、细胞器、蛋白质、酶、核酸、病毒、细菌、海藻、叶绿素、线粒体、菌体等的分离与提取。双水相萃取法工艺简单、原材料成本较低、平衡时间短、含水量高、截面张力小、易于放大，是一种极有前途的新型分离技术。

六、双水相萃取技术的发展

（一）新型双水相系统的开发

目前，常用的双水相体系是聚乙二醇 / 葡聚糖体系和聚乙二醇 / 磷酸盐体系。在实际应用中，高聚物 / 高聚物体系对生物活性物质变性作用低，界面吸附少，但是所用的聚合物如葡聚糖是医疗上的血浆代用品，价格很高，用粗品代替精制品又会造成葡聚糖相黏度太高，使分离困难。成相聚合物价格昂贵是阻碍该技术应用于工业生产的主要因素。而高聚物 / 无机盐体系成本相对低，黏度小，但是高浓度的盐废水不能直接排入生物氧化池，其可行性受环保限制，且有些盐会使敏感的生物物质失活。因此，寻求廉价绿色新型双水相体系成为双水相萃取技术的主要发展方向之一。

研究发现用变性淀粉、乙基羟基纤维素、麦芽糊精、阿拉伯树胶等有机物取代昂贵的葡聚糖，用羟基纤维素取代 PEG，聚乙烯醇或聚乙烯吡咯烷酮取代 PEG 等，可制得廉价的双水相体系。磷酸盐则可被硫酸钠、硫酸镁、碳酸钾等取代。目前已开发出的几种成本较低的代替葡聚糖的聚合物中，比较成功的是用 PPT 取代昂贵的葡聚糖。近年来出现的离子液体双水相体系综合了离子液体和双水相体系的优点，开辟了新的萃取分离体系。与传统的双水相体系相比，离子液体双水相体系具有分相时间短、黏度低、萃取过程不易乳化且离子液体可以回收利用等优点。

还有一些新型功能双水相系统，使得高聚物易于回收或萃取过程操作简便。如去污剂形成的双水相体系，用阴离子表面活性剂十二烷基硫酸钠和阳离子表面活性剂溴化十二烷基三乙铵的混合体系，在一定浓度和混合比范围内形成两相，两相容易分离，表面活性剂的用量小且可循环使用，称为表面活性剂双水相体系，不仅操作成本低、萃取效果好，还为活性物质提供了更温和的环境，这种体系成功应用于牛血清蛋白和牛胰蛋白酶的萃取中。

再如，一种成相聚合物的双水相体系，上相几乎 100% 是水，聚合物位于下相，如 EOPO，即环氧乙烷（ethylene oxide，EO）和环氧丙烷（propylene oxide，PO）的随机共聚物简称 EOPO，构成的水溶性热分离高聚物。PEG/UCON（乙烯基氧与丙烯基氧共聚物的商品名）/ 水体系、UCON/ 水体系，这些体系分相的依据仍是聚合物之间的不相溶性，但此性质与特定的临界温度有关。此类双水相系统也被称作热分离型（温敏聚合物）双水相系统，它们的优点之一是聚合物易于回收，可实现循环利用。

（二）双水相技术的集成化与偶合

双水相萃取技术作为一个很有发展前景的生物分离单元操作，虽然其在某些方面存在着其他分离技术无与伦比的优势，但是它也存在一些不足，如易乳化、相分离时间较长、成相聚合物的成本较高、单次分离效率不高等，一定程度上限制了双水相萃取技术的工业化应用。故将双水相萃取技术与其他技术集成具有明显的优势，具体表现如下：①通过与磁场作用、超声波作用、气溶胶技术集成，改善了双水相分配技术中的相分离时间较长、易乳化等问题，为双水相萃取技术的进一步完善和走向工业化奠定了基础；②通过与亲和沉淀、高效层析等新型生化分离技术集成，实现了充分利用双方优势、提高分离效果、简化分离流程的目的；③通过与生物转化、化学渗透释放和电泳技术的集成，为解决规模化生产以及细胞或酶的循环利用问题提供了新的思路。

ER5-7　亲和双水相体系

双水相萃取技术具有设备简单、容易放大的优点，是一种应用前景广阔的新型生物分离技术。但是，要实现工业化应用还有很多问题亟待解决：①聚合物比较昂贵，生物产品分离成本高；②目前双水相萃取技术只能用在目标产物的初步分离，限制了其技术优势的发挥；③双水相技术的成相机理和热力学模型还不成熟，对于过程放大缺乏指导意义。随着生物技术的发展，必将促进双水相萃取体系的完善，从而进一步显示出双水相体系萃取分离技术在生物物质分离中的独特优点。

学习思考题

1. 反胶束是怎样构成的？反胶束萃取的基本原理是什么？

2. 为什么说反胶束萃取技术为活性生物物质的分离开辟了一条具有工业应用前景的新途径？反胶束萃取的突出优点有哪些？

3. 怎样提高双水相体系对蛋白质萃取的选择性？

4. 在恒温恒压条件下，影响物质在 PEG/Dextran 双水相体系中分配的因素有哪些？分配系数 m 分别怎样变化？

5. 何谓双水相萃取？常见的双水相构成体系有哪些？在恒温恒压下，影响物质在 PEG/Dex 双水相体系中分配的因素有哪些？分配系数 m 怎样变化？

6. 胰蛋白酶的等电点为 10.6，在 PEG/ 磷酸盐（磷酸二氢钾和磷酸氢二钾的混合物）系统中，随 pH 的增大，胰蛋白酶的分配系数随 pH 如何变化？

7. 肌红蛋白的等电点为 7.0，如何利用 PEG/Dx 系统萃取肌红蛋白？当系统中分别含有磷酸盐和氯化钾时，分配系数随 pH 如何变化？并以图示说明。

8. 牛血清白蛋白（bovine serum albumin，BSA）和肌红蛋白（myoglobin，Myo）的等电点分别为 4.7 和 7.0，表面疏水性分别为 −220kJ/mol 和 −120kJ/mol。

（1）双水相系统的组成和性质对肌红蛋白萃取选择性的影响。

（2）应选择什么样的双水相系统，可确保 Myo 的萃取选择性较大？

ER5-8　第五章　目标测试

（李　华　石晓华　傅　收）

参 考 文 献

[1] 喻昕. 生物药物分离技术. 北京：化学工业出版社，2008.

[2] 方成开，周庆，卢志生. 青霉素提炼新工艺的研究及经济效益评估，湿法冶金，2001，20(2)：57-65.

[3] 张雪荣. 药物分离与纯化技术. 北京：化学工业出版社，2005.

[4] 冯淑华，林强. 药物分离纯化技术. 北京：化学工业出版社，2009.

[5] 杨世林，热娜•卡斯木. 天然药物化学. 北京：科学出版社，2010.

第六章　超临界流体萃取技术

ER6-1　第六章
超临界流体萃取
技术（课件）

1. **课程目标**　熟悉超临界 CO_2 流体萃取的特性、萃取工艺流程的设计、设备的基本结构与工作过程。掌握超临界流体萃取的基本特性、基本原理、特点及萃取 - 分离过程的基本模式。
2. **教学重点**　超临界流体萃取的基本特性与特点；超临界 CO_2 流体萃取的特性；超临界萃取工艺。

第一节　概述

超临界流体萃取（supercritical fluid extraction，SFE）是以超临界流体为萃取剂，利用超临界流体具有高度增强溶解能力的性质，实现对原料中溶质的有效萃取分离的方法。其基本原理是：超临界流体溶剂与被萃取物料接触，使物料中的某些物质（称为萃取物）被超临界流体溶解并携带，从而与物料中的其他成分（称为萃余物）分离，之后通过降低压力或调节温度等，降低超临界流体的密度，从而降低其溶解能力，使超临界流体解析出其携带的萃取物，以达到萃取分离的目的。超临界萃取过程与传统的溶剂萃取相比具有鲜明的技术优势。

（1）超临界流体具有极强的溶解能力，能实现从固体中提取有效成分。

（2）可通过温度、压力的调节改变超临界流体的溶解能力的大小，因而超临界流体萃取具有较好的选择性。

（3）超临界流体传质系数大，可大大缩短分离时间。

（4）萃取剂的分离回收容易。

早在 1879 年，英国学者 J. B. Hannay 和 James Hogrth 就发现了一些高沸点物质如氧化钴、碘化钾和溴化钾等能在高压乙醇或乙醚中溶解，而且无机盐在超临界乙醇中的溶解能力与系统压力有关。系统压力增加时，无机盐溶解；但当系统压力下降时，这些无机盐又会沉淀下来，第一次通过实验证明了超临界流体的溶解能力。此后，不少学者如 Villard、Prins、Pilat 等对固体溶质在超临界流体中的溶解度进行了大量研究，使人们初步认识到 SFE 具有分离能力。到 20 世纪 60 年代，人们发现处于超临界状态下的流体对固体或液体溶质的溶解能力要比其在常温常压下的溶解能力高几十倍，甚至几百倍。1976 年德国 Zosel 博士成功地利用超临界二氧化碳流体脱除咖啡豆中的咖啡因，成为超临界萃取的第一个工业化项目。由于超临

界 CO_2 流体兼具有气体和液体的特性，具有良好的溶解能力和传质性能，而且无毒、无味、无残留、价廉、易精制，采用超临界 CO_2 流体萃取工艺生产的脱除了咖啡因的咖啡能保留咖啡原有的色、香、味，所以新的咖啡因脱除工艺有着传统有机溶剂萃取工艺无法比拟的优点。同时，随着环境污染问题日益突出，各国政府开始采取各种措施限制或禁止一些工业有害溶剂的大量使用。超临界流体萃取作为一种高效节能的环境友好新型分离技术在很多领域受到广泛重视，得到了快速发展。1978 年德国建成了年处理量达 27 000t 的咖啡豆脱除咖啡因的超临界 CO_2 萃取工业化装置。并于同年在德国 Essen 首次召开了“超临界流体萃取”国际会议，探讨该新技术的基础理论、工艺过程和设备等。在随后的几年中，英国、德国、美国、日本等国也先后建成了采用超临界 CO_2 流体萃取技术提取啤酒花浸膏的工业化生产装置。此后，该技术得到广泛的应用和发展，并且为了提高 CO_2 的萃取能力和选择性，与其他分离纯化技术如精馏、分子蒸馏、膜分离、吸附、结晶等联用。

随着人类健康意识的提高，以及对食品、药品等产品越来越严格的法规和限量标准的实施，工业界必须考虑使用洁净的、对环境无污染的工艺加工食品、药品，从而推动了超临界流体萃取技术在医药工业、食品工业、香料工业以及化学工业中的应用。

在医药工业中，超临界流体萃取技术可用于提取分离植物药中的有效成分，精制热敏性生物制品药物，分离脂质类混合物；近年来，随着我国中药现代化进程的实施推进，超临界 CO_2 流体萃取技术被广泛用于各种中药有效成分的提取和纯化，并受到广泛重视，被誉为“安全、高效、稳定、可控”的现代中药关键技术。超临界流体萃取技术在医药工业中的具体应用主要包括以下几个方面。

（1）从药用植物中萃取生物活性分子，如挥发油、生物碱、蒽醌类、多烯不饱和脂肪酸。

（2）从多种植物中萃取抗癌物质，特别是从红豆杉树皮和枝叶中提取紫杉醇。

（3）脱除抗生素中的溶剂，例如青霉素 G 钾盐、链霉素硫酸盐制品中的溶剂。

（4）提纯各种天然或合成的活性物质，去除植物药中的重金属或杀虫剂等。

（5）对各种天然抗菌或抗氧化萃取物进行再加工，如罗勒、串红、百里香、蒜、洋葱、春黄菊、辣椒粉、甘草和茴香子等。

一、超临界流体的性质

超临界流体（supercritical fluid）是指流体处于其临界温度（T_c）和临界压力（P_c）以上的状态即超临界状态时，即使继续增大压力，气体也不会液化，只是密度会极大地增加，并具有类似于液体的性质，但其黏度和扩散系数仍接近于气体。图 6-1 是典型的纯流体温度 - 压力示意图，纯物质都有确定的三相点 T_p，在其三相点 T_p 处，气 - 液 - 固三相呈平衡状态共存。图中 $A \sim T_p$ 线表示气 - 固平衡的升华曲线，$B \sim T_p$ 线表示液 - 固平衡的熔融曲线，$T_p \sim C_p$ 线

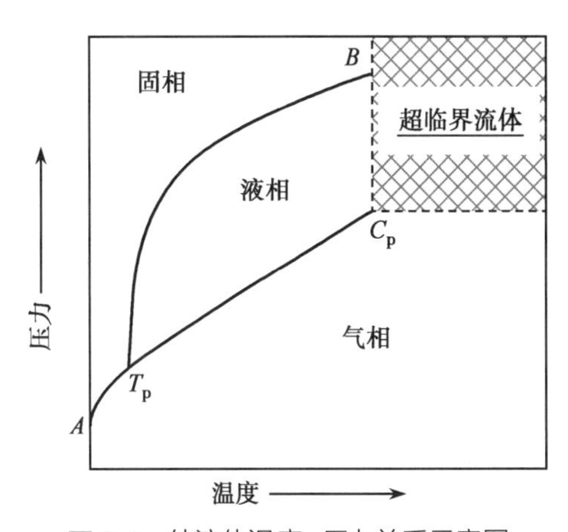

图 6-1 纯流体温度 - 压力关系示意图

表示气-液平衡蒸气压曲线。其中，阴影部分是超临界区域。

从图中看出，物质的状态随着温度和压力的增加，沿着气液平衡线变化，在到达临界点时，气、液两相界面消失，因此流体在超临界状态下具有不同于气体和液体的性质。超临界流体与气体和液体传递性质的比较见表6-1。

表6-1 超临界流体与气体和液体性质的比较

物理性质	气体（101.325kPa，15～30℃）	超临界流体		液体（101.325kPa，15～30℃）
		T_c，P_c	T_c，$4P_c$	
密度/（kg/m^3）	0.6～2.0	（0.2～0.5）$\times 10^3$	（0.4～0.9）$\times 10^3$	（0.6～1.6）$\times 10^3$
黏度/（Pa·s）	（1～3）$\times 10^{-5}$	（1～3）$\times 10^{-5}$	（3～9）$\times 10^{-5}$	（20～300）$\times 10^{-5}$
自扩散系数/（m^2/s）	（0.1～0.4）$\times 10^{-4}$	0.7×10^{-7}	0.2×10^{-7}	（0.2～2.0）$\times 10^{-9}$

结合图6-1与表6-1可归纳出以下几点。

（1）超临界流体的溶解性能强：超临界流体的密度接近于液体，远大于气体的密度，由于物质的溶解度通常与溶剂的密度成正比，因此超临界流体具有与液体溶剂相近的溶解能力。

（2）超临界流体的扩散性能好：超临界流体的扩散系数介于气体和液体之间，而黏度接近于气体，因此超临界流体具有类似气体易于扩散和运动的特性，传质速率大大高于液体。

（3）超临界流体的性能易于调控：在临界点附近，压力和温度的微小变化，都可引起流体密度很大的变化，从而使溶解度发生较大的改变。另外，临界点附近的压力和温度微小变化也会导致其他流体性质（如扩散系数、黏度、热导率等）产生显著变化。这一特性对于萃取和反萃取至关重要，工业生产中可以通过控制压力和温度的变化来调整物质的溶解度，从而实现超临界流体的萃取分离。

二、超临界流体萃取的特点

超临界流体萃取是根据超临界流体的特性，用超临界流体作为萃取溶剂的一种萃取技术。超临界流体萃取过程包括：超临界流体的形成；溶质在超临界流体中的扩散传质（萃取过程）；溶质与流体的分离。通过比较超临界流体萃取与传统溶剂萃取分离，可知其均是利用分离物质在两相之间的分配差异来实现分离的，其主要差别是萃取剂的特性不同，一个是常态的有机溶剂，另一个是超临界流体。超临界流体的特性决定了超临界流体萃取的工艺特点，超临界流体萃取分离技术与传统的萃取分离技术相比具有如下显著优势：

1. 萃取效率高 超临界流体兼具气体和液体的特性，既有液体的溶解能力，又有气体良好的流动性、挥发性和传递性能，能较好地扩散到溶质的内部，因而是一种高效的萃取分离技术。

2. 操作参数易于控制 整个超临界流体萃取过程是在临界点附近进行的，仅就萃取剂本身而言，超临界萃取的萃取能力取决于流体的密度，而流体的密度很容易通过调节压力和温度来加以控制，使萃取剂的溶解能力发生较大改变，这样就可以实现选择性萃取溶质的目的。

3. 溶剂可循环使用 就分离过程而言，对于传统萃取技术，往往有复杂、高能耗的后续浓缩分离过程，而超临界流体萃取结束后，由于超临界流体变为液体或气体而没有相界面存在，临界点附近流体的汽化潜热很小，且一般溶剂与溶质间的挥发度差异很大，因此，通过调整体压力或温度等即可很方便地实现溶质与溶剂的分离，使萃取剂可循环使用，生产效率高，节约成本。另外，超临界流体萃取为一种环境友好型分离技术，采用超临界 CO_2 萃取剂无须在有机溶剂中完成，具有无毒、无味、不易燃爆、不腐蚀、价格便宜、易于精制、绿色环保、无溶剂残留的优点。

4. 适合分离热敏性物质 超临界萃取工艺的操作温度与所用萃取剂的临界温度有关，目前最常用的萃取剂 CO_2 的临界温度（31.3℃）接近室温，能有效防止热敏性物质的热解和氧化。这一特点使超临界萃取技术用于天然产物的提取成为研究热点。

但超临界流体萃取技术也具有一定的局限性，由于其为高压技术，对设备要求高，投资大，维护费用相对也较高，普及应用有一定困难。

三、常用萃取剂

（一）超临界萃取溶剂概述

虽然超临界流体的溶剂效应普遍存在，但在实际应用中需要综合考虑超临界流体对溶质的溶解性、选择性、临界点以及是否会发生化学反应等一系列问题。其中，须重点考虑超临界流体的临界温度和临界压力这两个物理性质。因为过高的临界压力会导致设备造价大幅度增加，同时会加大升降压循环过程中的能耗，而过高的临界温度会引起天然产物中有效成分的分解和破坏。另外，超临界流体对溶质的溶解度要尽可能高，以尽量减少溶剂的用量；超临界流体应具有较高的选择性，以得到高纯度的萃取物；被选用的超临界流体还应具有一定的化学稳定性，不腐蚀设备，廉价易得，使用安全等。因此，可用作超临界萃取剂的溶剂并不多。表 6-2 列出了常用的超临界流体萃取剂及其临界性质。

表 6-2 常用的超临界流体萃取剂及其临界性质

萃取剂	沸点 /℃	临界参数		
		临界温度（T_c）/℃	临界压力（P_c）/MPa	临界密度（ρ_c）/（kg/m^3）
二氧化碳	−78.5	31.3	7.37	468
氨	−33.4	132.3	11.27	240
甲醇	64.7	240.5	8.10	272
乙醇	78.4	243.4	6.20	276
异丙醇	82.5	235.5	4.60	273
乙烯	−103.7	9.5	5.07	200
丙烯	−47.7	91.9	4.62	233
甲烷	−164.0	−83.0	4.60	160
乙烷	−88.0	32.4	4.89	203
丙烷	−44.5	96.8	4.12	220
正丁烷	0.05	152.0	3.68	228
正戊烷	36.3	196.6	3.27	232

续表

萃取剂	沸点/℃	临界参数		
		临界温度(T_c)/℃	临界压力(P_c)/MPa	临界密度(ρ_c)/(kg/m^3)
正己烷	39.0	234.0	2.90	234
苯	80.1	288.9	4.89	302
甲苯	110.4	318.6	4.11	292
乙醚	34.6	193.6	3.56	267
水	100	374.3	22.00	344

由表 6-2 列出的数据可以看出，虽然理论上这些物质都可以作为超临界流体萃取剂，但可实际应用于超临界萃取的溶剂为数不多，须综合考虑廉价易得、较低的临界温度和临界压力、安全环保等因素。从经济性和环保性方面考虑，CO_2 是最合适的超临界萃取剂。

水的临界参数值（T_c 为 374.3℃，P_c 为 22.05MPa）较高，因此不适宜用作超临界流体萃取剂，但因极其廉价、稳定，且环境友好，现已被广泛用于超临界流体反应过程，例如超临界水氧化过程。

（二）超临界二氧化碳

如前文所述，虽然理论上很多物质都可以作为超临界流体萃取剂，但最常用的超临界流体是 CO_2，目前约 90% 以上的超临界萃取应用研究均使用 CO_2 为萃取剂。

1. 超临界 CO_2 流体的特点

（1）CO_2 的临界温度为 31.3℃，操作接近室温，临界压力为 7.37MPa，属于中等压力，一般易于达到。在对植物药材有效成分进行提取时，植物药材有效成分损失小，且能避免次生化反应的发生，这是其他提取方法所无法比拟的，因此超临界 CO_2 在分离提取具有热敏性、易氧化分解的成分方面具有广阔的应用前景。

（2）CO_2 的临界密度为 468kg/m^3，是常用超临界萃取剂中相对较高的。超临界 CO_2 流体对有机物有很强的溶解能力和良好的选择性，其萃取能力取决于流体密度，可以通过改变操作温度和压力来改变超临界 CO_2 流体的密度，从而改变其溶解能力，并实现选择性萃取。

（3）萃取效率高，提取速度快，生产周期短。超临界 CO_2 萃取（动态）循环一开始，分离便开始进行，一般 2～4 小时即可基本完全提取，无须浓缩等步骤。

（4）CO_2 无毒、无味、不燃、不腐蚀、价廉易得、易于精制和回收、无溶剂残留。

（5）超临界 CO_2 还具有氧化灭菌作用，有利于保护和提高天然产物的质量。

总之，超临界 CO_2 流体具有常温、无毒、环境友好、使用安全简便、萃取时间短、产品质量高等特点。但与传统的有机溶剂相比，超临界 CO_2 流体萃取也存在一定的局限性：①其对脂溶性成分的溶解能力较强而对水溶性成分的溶解能力较低；②设备造价较高，比较适用于高附加值产品的提取。

2. 超临界 CO_2 流体相图　溶质在超临界流体中的溶解能力取决于超临界流体的密度，而超临界流体的密度又受其温度和压力的影响，因而超临界 CO_2 流体密度的变化规律即为 CO_2 作为萃取剂的重要参数依据。图 6-2 为 CO_2 相图，从图中可以看出 CO_2 流体密度与压力和温度的变化关系。O 点（$T = -56.7℃$，$P = 0.525\text{MPa}$）为气液固三相共存的三相点，OA 线为 CO_2 的固液平衡曲线，即 CO_2 的熔点随压力变化的曲线，随着压力的增加，CO_2 固体的熔点升高；OB 线为 CO_2 气固平衡升华曲线；OC 线为 CO_2 气液平衡蒸气压曲线，沿着 OC 线继续提高温度和压力，达到临界点 C 点（$T_c = 31.3℃$，$P_c = 7.37\text{MPa}$）。在临界点 C 点之后，气液界面消失，系统性质均一，处于临界温度 T_c 和临界压力 P_c 以上的 CO_2 被称为超临界 CO_2 流体（图 6-2 中阴影部分）。

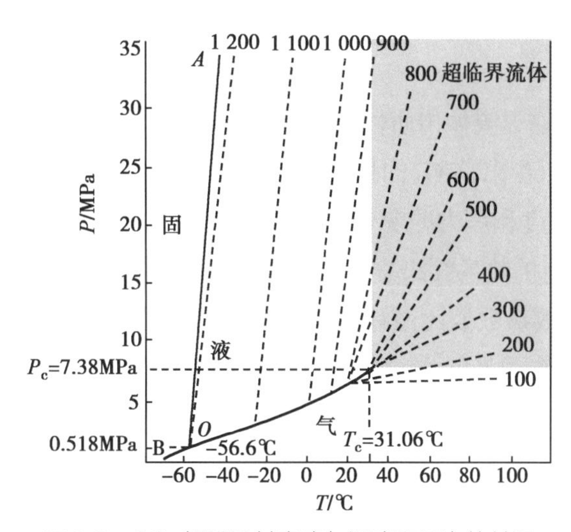

图 6-2　CO_2 相图及其密度与温度和压力的关系

超临界 CO_2 流体密度的变化规律可由其对比温度 T_r（实际温度与临界温度的比值 T/T_c）和对比压力 P_r（实际压力与临界压力的比值 P/P_c）决定。图 6-3 为 CO_2 在超临界区域及其附近的对比压力（P_r）- 对比密度（ρ_r）- 对比温度（T_r）之间的关系曲线。其中，阴影部分是超临界流体萃取的实际操作区域，大致在对比压力 $P_r = 1 \sim 6$，对比温度 $T_r = 0.95 \sim 1.40$，对比密度在 $\rho_r = 0.5 \sim 2.0$ 的范围内。在图中阴影部分区域，超临界流体有非常大的可压缩性，即在此区域范围，超临界流体压力和温度稍有变化将会相当大的改变 CO_2 流体的密度。在 $1.0 < T_r < 1.2$ 时，溶剂的对比密度可从气体般的对比密度（$\rho_r = 0.5$，$\rho = 240\text{kg/m}^3$）压缩到液体般的对比密度

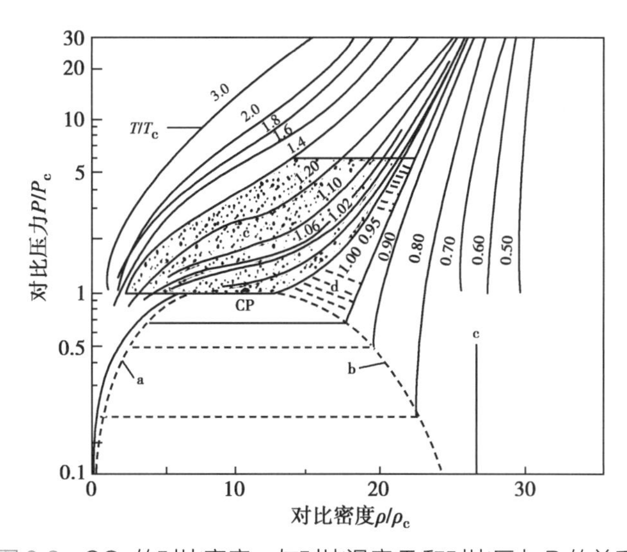

图 6-3　CO_2 的对比密度 ρ_r 与对比温度 T_r 和对比压力 P_r 的关系

（$\rho_r=2$）。因此，可以适当调控流体的压力和温度使超临界 CO_2 流体的密度得到较大范围的改变，当超临界流体密度较高时可对溶质进行萃取，又可通过调节压力或温度来大大降低超临界流体的密度，从而使其溶解能力降低，使溶剂与溶质成功分离。因此，压力和温度是超临界萃取过程的重要参数。

3. 超临界 CO_2 流体的传递性能 在物质的分离和提纯过程中，分离过程的可能性、过程进行的程度以及过程进行的速率等都需要掌握，在超临界萃取工业装置的设计和放大过程中，溶剂的溶解度和分配系数等热力学数据、流体的扩散系数和传递速率等动力学数据都必不可少。

扩散系数是影响超临界流体传质性能的重要参数。CO_2 的扩散系数与温度和压力的关系见图 6-4。从图中可以看出，CO_2 的扩散系数随着温度的升高而增大，随着压力的增加而减小；在临界点附近，温度和压力的变化对扩散系数的影响极度明显。一般来说，超临界流体的密度接近于液体，而扩散系数却与气体类似，溶质在常规液体中的扩散系数在 $10^{-5}cm^2/s$ 附近，超临界流体的扩散系数要比液体高 2 个数量级左右，远大于溶质在常规液体中的扩散系数，因此溶质在超临界 CO_2 流体中的传质能力介于气体和液体之间，明显优于液相过程。

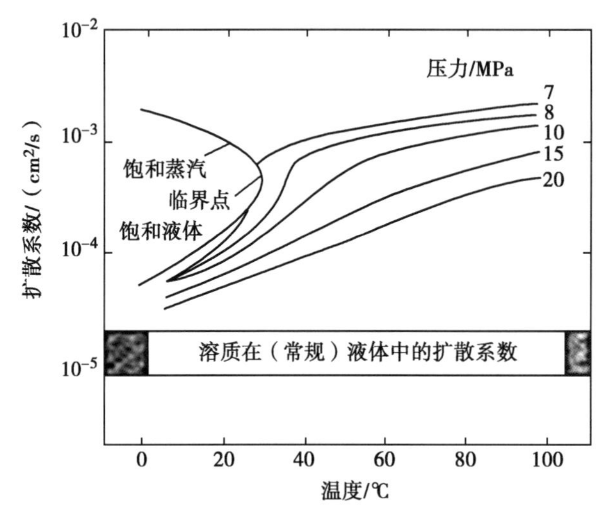

图 6-4 CO_2 的扩散系数与温度和压力的关系

黏度也是影响超临界流体传质的一个重要参数，超临界流体的黏度接近于气体。由图 6-5 可见，在低于临界压力（7.37MPa）时，各温度下流体的黏度数值基本不变且相近。当温度在超临界点附近（37℃）时，CO_2 的黏度随压力升高先急剧增大随后变化稍缓。在远临界点的温度（77℃）时，流体的黏度随压力的升高而持续增加。图 6-6 为压力与超临界 CO_2 的黏度和密度的关系图，在 40℃时，当压力低于临界点时，黏度和密度基本恒定，随着压力的增大，黏度和密度明显增大，且压力对黏度和密度影响有区别，尤其在临界点到 16MPa 范围内，CO_2 的密度会随压力的增大迅速上升，而黏度的变化则相对较缓慢。正因有这样的变化趋势，为利用压力调控和优化超临界 CO_2 的溶解能力和传质速率提供了便利条件。另外，当压力超过 16MPa 时，CO_2 的黏度和密度均随压力的增加而缓慢增大。

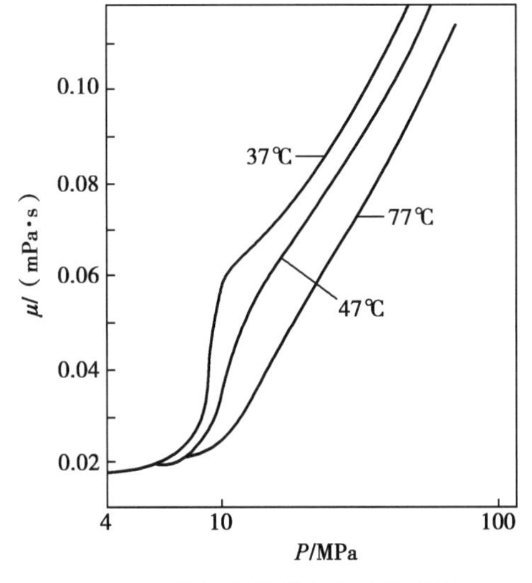

图 6-5　CO_2 的黏度与压力的关系

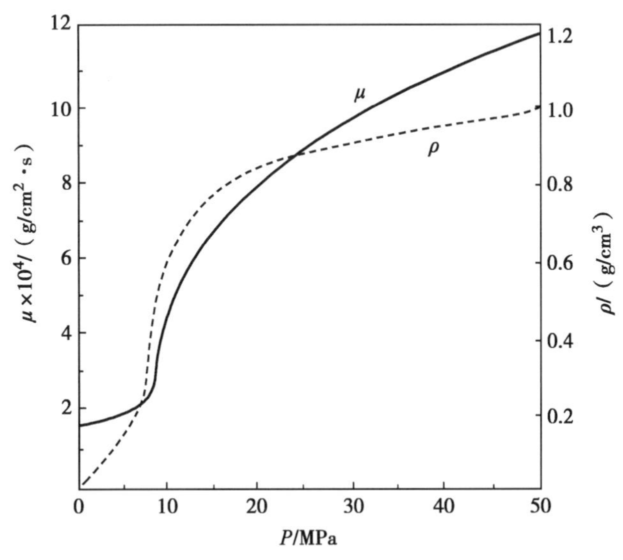

图 6-6　CO_2 的黏度、密度与压力的关系

4. 超临界 CO_2 流体对溶质的溶解性能

（1）溶解度的测定：超临界 CO_2 流体对溶质的溶解性能与其密度密切相关。压力升高或温度降低时会使超临界 CO_2 流体的密度增加，进而提高超临界 CO_2 流体对溶质的溶解能力；相反，当系统压力降低或温度升高时，超临界 CO_2 流体的密度减小，则其对溶质的溶解能力明显下降，使溶质从超临界 CO_2 流体中析出。因此，可通过改变压力或温度的方式来实现对溶质的有效萃取和分离。

超临界流体萃取技术需要在高压条件下操作进行，技术要求高，设备价格昂贵，操作成本高，获取精确数据相对困难。目前测量溶解度的方法分为静态法和流动法，其中以流动态质量法应用最为广泛。但是流动态质量法要求用纯物质在高压下测定，在技术操作上有一定的难度，且溶质与溶质之间的相互作用对溶解度的测定也有一定的影响，因此文献中的溶解度数据比较缺乏。在开发和设计实际超临界萃取过程时，研究者往往需要自行测定溶质在超临

界 CO_2 流体中的溶解度或对其进行定性估算。

Stahl 等提出"溶质初始被萃取压力"的方法，可用于定性测得超临界 CO_2 流体的溶解性能：将待萃取样品放在微型高压釜（2ml）中，萃取物通过毛细管直接喷到薄层色谱板上，并用薄层色谱法鉴定被萃取的化合物。表 6-3 为温度为 40℃，压力为 0～40MPa 范围内部分化合物被萃取的初压数据。

表 6-3　40℃超临界 CO_2 流体萃取若干物质的初始压力

	化合物	分子量	碳原子数	官能团	熔点 /℃	沸点 /℃	被萃取初压 /MPa
稠环化合物	萘	128	10		80	218	7.0（强）
	菲	178	14		101	340	8.0
	芘	202	16		156	393	9.0
	并四苯	228	18		357	升华	30.0（弱）
酚类	苯酚	94	6	1- 羟基	43	181	7.0（强）
	邻苯二酚	110	6	1，2- 二羟基	105	245	8.0
	苯三酚	126	6	1，2，3- 三羟基	133	309	8.0
	对苯二酚	110	6	1，4- 二羟基	173	285	10.0
	间苯三酚	126	6	1，3，5- 三羟基	218	升华	12.0（弱）
芳香族羧酸	苯甲酸	122	7	1- 羧基	122	249	8.0
	水杨酸	138	7	1- 羧基，1- 羟基	159	升华	8.5
	对羟基甲酸	138	7	1- 羧基，1- 羟基	215		12.0
	龙胆酸	154	7	1- 羧基，2- 羟基	205		12.0
	五倍子酸	170	7	1- 羧基，3- 羟基	255		不能萃取
	香豆素	146	9	1- 酮基	71	301	7.0（强）
	7- 羟基香豆素	162	9	1- 羟基，1- 酮基	230	升华	10.0
	6，7- 二羟香豆素	178	9	2- 羟基，1- 酮基	276	升华	不能萃取
类脂化合物	十四烷醇	214	14	1- 羟基	39	263	7.0
	胆固醇	386	27	1- 羟基	148	360	8.5
	甘油三油酸酯	885	57	3- 酯基		235	9.0

通过实验总结得到超临界 CO_2 流体溶解度规律如下。

1）分子量较低的弱极性碳氢化合物和类脂有机化合物，如酯、醚、醛、内酯、环氧化合物等在 7～10MPa 压力范围表现出良好的溶解能力。

2）引入极性基团（如羟基—OH、羧基—COOH）会使化合物的溶解度降低，增加超临界萃取过程的萃取难度。对于苯的衍生物，如芳香族羧酸类，带有一个羧基和两个羟基的化合物，需要在相对较高的压力下才能发生萃取，而对于带有一个羧基和三个（包括三个）以上羟基的化合物在没有夹带剂的条件下是无法被萃取出的。

3）化合物分子量越高，超临界萃取的难度越大。分子量在 200～400 范围内的组分容易萃取，对于极性更强的物质（如糖类、氨基酸类）几乎不溶于超临界 CO_2 流体，很难采用超临界 CO_2 流体萃取的方式提取。

（2）影响超临界 CO_2 流体溶解能力的因素：影响超临界 CO_2 流体溶解能力的因素有很多，其中包括被萃取物（即溶质）的性质（如样品的物理形态、粒度、黏度等）和超临界 CO_2 流体所处的状态（包括超临界 CO_2 流体的温度、压力、流量、是否使用夹带剂等），在实际萃取过程中表现出不同的性质，诸多因素交织在一起使超临界 CO_2 萃取过程变得较为复杂。

1）温度：萃取温度是影响超临界 CO_2 流体溶解能力的一个重要参数。一般情况下，温度升高，物质在超临界 CO_2 流体中的溶解度先降低后升高，会出现一个峰谷。图 6-7 为萜类化合物苧烯和香芹酮在 8.0MPa 压力下，在超临界 CO_2 流体中的溶解度等压线与温度和密度的关系。在温度大于 35℃时，随着温度的升高，超临界 CO_2 流体密度下降，两种化合物的溶解度也下降；在 50～60℃范围内，苧烯和香芹酮在超临界 CO_2 流体中的溶解度降至最小值，稍后随着温度的升高，相应的溶解度又逐渐增大。图 6-8 为石竹烯和缬草烷酮在压力为 8.0MPa 下，在超临界 CO_2 流体中的溶解度等压线，数据显示，随着温度的升高两个萜类化合物的溶解度也出现最低值，不过由于化合物分子量比前两者高，相应的溶解度最低点在 80℃左右出现。

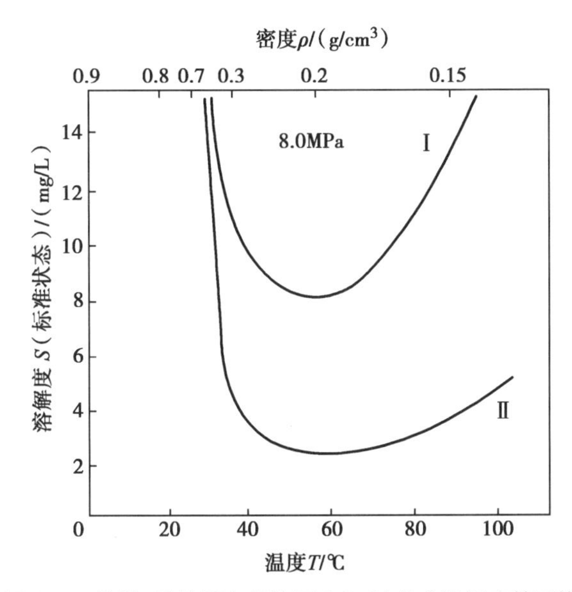

图 6-7　苧烯、香芹酮在超临界 CO_2 流体中溶解度等压线

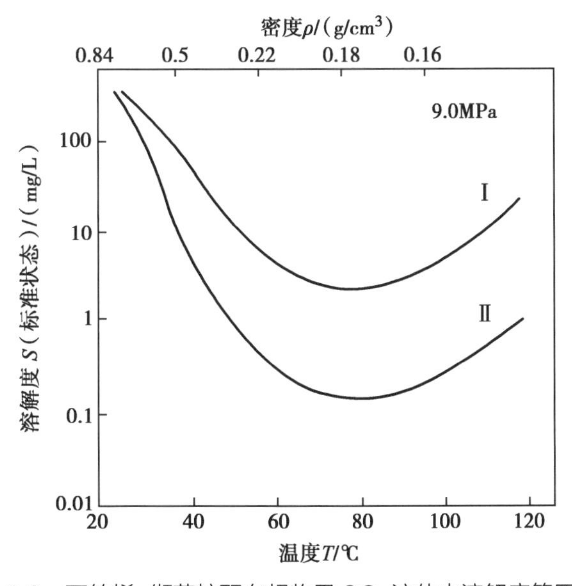

图 6-8　石竹烯、缬草烷酮在超临界 CO_2 流体中溶解度等压线

温度对超临界 CO_2 流体溶解度的影响主要体现在以下两个方面：一是随着温度的升高，CO_2 流体密度降低，溶剂化效应下降，导致物质在其中的溶解度减小；二是在一定的萃取压力下，随着温度的升高，物质的蒸气压增大，溶质的挥发性增强，促使其在超临界 CO_2 流体中的溶解度增大。两种因素当前者占主导地位时，溶解度呈下降趋势，当后者占主要地位时，溶解度呈上升趋势。

2）压力：萃取压力也是影响超临界 CO_2 流体萃取过程的重要参数之一。研究发现，超临界 CO_2 流体对溶质的溶解能力与其压力的关系可以用超临界 CO_2 流体的密度与压力的关系来表示。在一定压力范围内，超临界 CO_2 流体的溶解能力与其密度成正比，而超临界 CO_2 流体的密度则取决于流体的压力和温度。图 6-9 为 40℃时 CO_2 流体的密度与压力的关系曲线图，由图可见，在 7～20MPa 范围内，随着压力的增大，CO_2 流体的密度急剧增加，稍后逐渐变缓。也就是说，在临界点附近，压力的微小变化可以对 CO_2 流体的密度产生极大地影响。因此，在超临界 CO_2 流体萃取过程中，可以通过调节萃取压力来控制 CO_2 流体的密度，从而获得较好的选择性。虽然压力越高，越有利于提取率的提高，但在实际生产应用中，压力过高会导致设备寿命降低，增加运营成本。因此，需要采用适当的压力来提高溶解度。

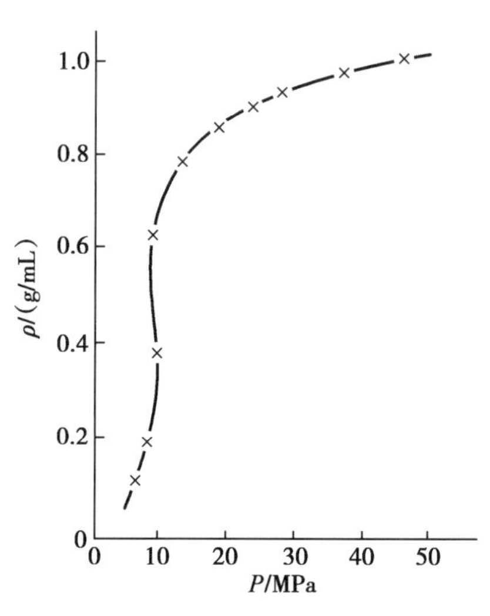

图 6-9 CO_2 流体的密度 - 压力关系

3）萃取时间：在实际萃取过程中，萃取时间又可具体分为静态萃取时间和动态萃取时间。静态萃取是指在达到设定的超临界萃取温度和压力条件下，在 CO_2 流体流量为零时，保持超临界 CO_2 流体在萃取釜中一段时间，以便于 CO_2 流体向基质内部扩散和渗透，与溶质充分接触，达到溶解平衡。动态萃取是在特定的超临界萃取温度和压力下，保持恒定的 CO_2 流体流量进行的萃取过程。适当延长动态萃取时间，可以提高溶质的萃取率，但随着动态萃取时间的延长，被萃取物料中的目标组分会减少，使传质推动力降低，导致萃取率下降。并且，在实际工业萃取过程中，较长的萃取时间会加重提取设备的损耗，增加生产成本，因此需要选择合适的萃取时间。

4）CO_2 流体流量：在超临界 CO_2 流体萃取系统中，CO_2 流体流量的变化对萃取过程的影响比较复杂。一方面，当 CO_2 流体流量增加时，超临界 CO_2 流体的流速增大，其在萃取釜内与物料接触时间缩短，不利于萃取操作的进行，尤其对溶解度较小或从原料中向外扩散很慢的组分影响会更加明显，如皂苷类、多糖类等。但同时，CO_2 流体流量增大时，较大的流速可以带动萃取物料进行搅拌，利于传质过程，特别是对于一些溶解度较大、含量高的组分，适当加大 CO_2 流体流量能大大提高生产效率。因此，在实际生产过程中，应该综合考虑各方面因素，寻找最佳的 CO_2 流体流量。

5）原料粒度：大多数固体物料经适当的粉碎后利于萃取效果的增强，因为原料粒度越小，溶质与超临界 CO_2 流体的接触面积越大，利于 CO_2 流体向物料内部扩散，即溶质的萃取率随原料粒度的减小而增大。另外，如果原料中目标组分的含量很高，在整个传质过程中，固体表面的对流传质起主要作用，则原料的粒度对萃取过程的影响并不显著。相反，若物料粉碎过细，物料在萃取釜内会形成高密度床层，导致表面流动阻力增加，并阻塞 CO_2 流体流动通道，将会严重影响萃取操作。

6）夹带剂：夹带剂又称为携带剂，在超临界流体萃取过程中，可以与流体溶剂混匀，挥发性介于待萃取物质与超临界组分之间，可以提高溶解度和选择性的一类物质。当超临界流体萃取使用单一化合物时，溶解性和选择性往往受到一定程度的限制。如选用最广泛的流体为 CO_2，因其低极性在某种程度上对极性或亲脂性化合物造成了限制，为了增加其潜在的应用范围，改变溶质的溶解度及超临界流体的选择性，可以在超临界 CO_2 流体萃取过程中加入夹带剂，如甲醇、甲苯、丙酮、乙酸乙酯、水等（一般不超过 5%），可以使待萃取物在超临界 CO_2 流体中的溶解度提高 10 倍以上。但夹带剂的使用也存在一定的负面作用，如萃取物中夹带剂的残留问题，因此选择夹带剂要综合考虑夹带剂的性质、被萃取物性质以及避免使用有害物质。

四、超临界萃取工艺类型

（一）超临界流体萃取的基本流程

超临界流体萃取的工艺流程需要根据具体的萃取对象和分离任务来确定，主要包括萃取和分离两个阶段。以超临界 CO_2 流体萃取过程为例，能否采用超临界 CO_2 流体萃取工艺进行萃取提纯主要取决于溶质在萃取段和分离段的溶解度是否存在差异，即在萃取段超临界 CO_2 流体对溶质有较大的溶解能力，以便于更大程度地将溶质提取精制，而在分离段则要求溶质在超临界 CO_2 流体中的溶解度较小，以使其能从超临界 CO_2 流体中分离出来。

常规超临界 CO_2 流体萃取的流程见图 6-10。萃取剂依次经过高压泵压缩升压至超临界萃取压力，经过换热器升温至超临界温度，使其处于超临界流体状态；进入萃取釜与待分离提纯的原料充分混合进行萃取提纯至溶解平衡；随后溶解于超临界 CO_2 流体中的溶质随流体离开萃取釜，在分离釜内溶质与萃取剂分离，萃取剂可循环使用。

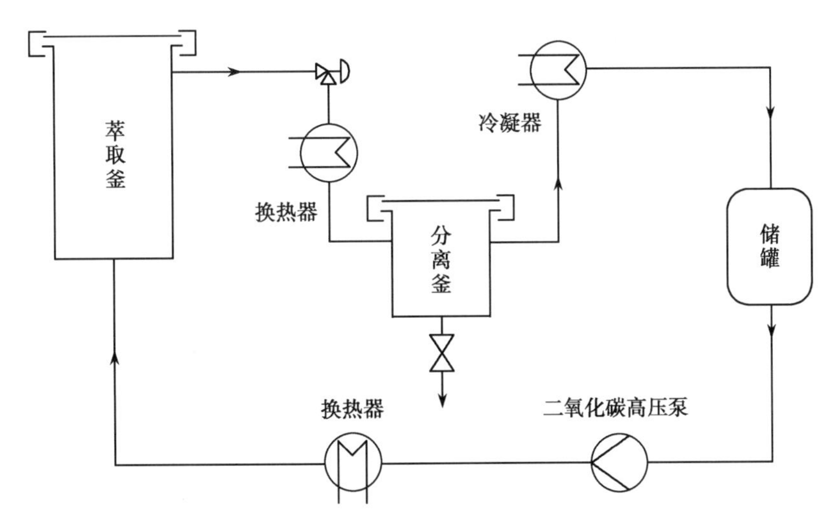

图 6-10　常规超临界 CO_2 流体萃取流程

根据分离方式不同一般将超临界流体萃取工艺分为以下四种：恒温变压流程、恒压变温流程、恒温恒压吸附流程和吸收法流程。

1. 恒温变压流程 恒温变压流程的特点是萃取釜和分离釜温度相同，而萃取釜压力高于分离釜压力。萃取溶解平衡后进入分离阶段，溶质随超临界流体经过膨胀阀降压后进入分离釜，利用低压下 CO_2 流体对溶质的溶解度远低于高压下的溶解度这一特性，通过降低分离段的压力而降低溶质在 CO_2 流体中的溶解度，以使溶质在分离釜中成功析出，萃取溶剂经压缩机升压后可循环使用，见图 6-11。该工艺操作方式简单，可用于对高沸点、热敏性、易氧化物质的萃取，但存在操作压力大、对设备要求高、投资成本较高等不足。

2. 恒压变温流程 恒压变温流程的特点是萃取釜和分离釜压力相同，通过温度的变化来实现溶质与萃取剂的分离，即在分离釜中通过加热升温使溶质在 CO_2 流体中的溶解度降低达到分离的目的，见图 6-12。该工艺操作压力不变，可以节省压缩能耗，但温度变化对 CO_2 流体溶解度的影响远小于压力变化的影响，且升高温度有可能对热敏性组分不利，因此，此操作方式在科研和实际生产过程中应用较少。

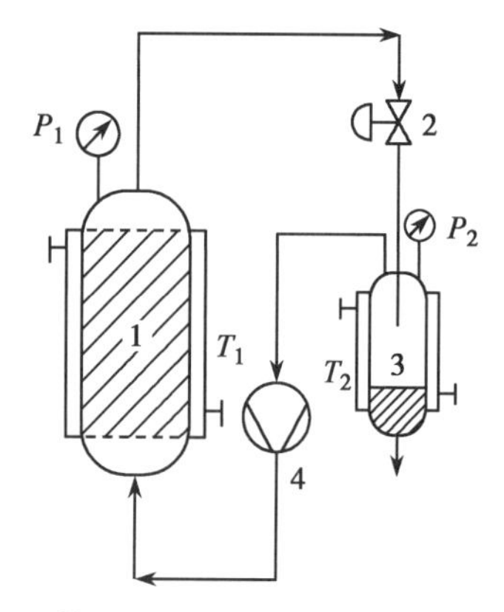

1. 萃取器；2. 膨胀阀；3. 分离罐；
4. 压缩机（循环泵）。

图 6-11 降压法（$P_1>P_2$）

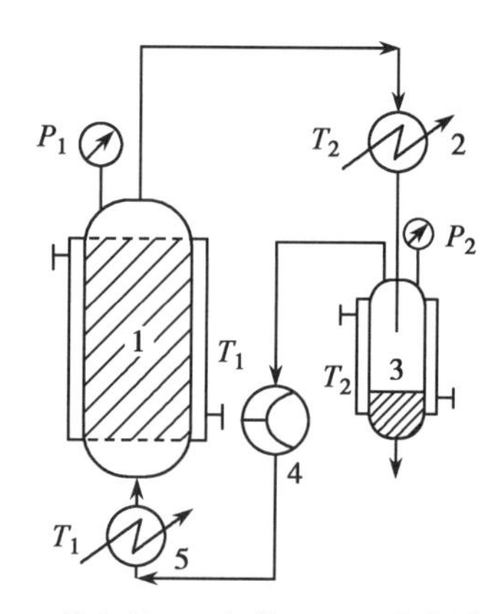

1. 萃取器；2. 加热器；3. 分离罐；
4. 循环泵；5. 冷却器。

图 6-12 等压变温法（$P_1=P_2$，$T_1<T_2$）

3. 恒温恒压吸附流程 恒温恒压吸附流程中萃取和分离过程温度和压力均相同。利用分离釜中填充的吸附剂对溶质的选择性吸附而将溶质与萃取剂分离，通过定期再生吸附剂以实现目标组分的提取，如图 6-13 所示。吸附剂可以是液体（如水、有机溶剂等），也可以是固体（如活性炭等）。该流程比上述恒温变压和恒压变温流程操作简单，相对能耗较低，但必须选择价廉的且易于再生的吸附剂。该流程一般用于对产品中少量杂质的脱除过程，如果吸附的溶质为目标产品，须对萃取物进行脱附提取。

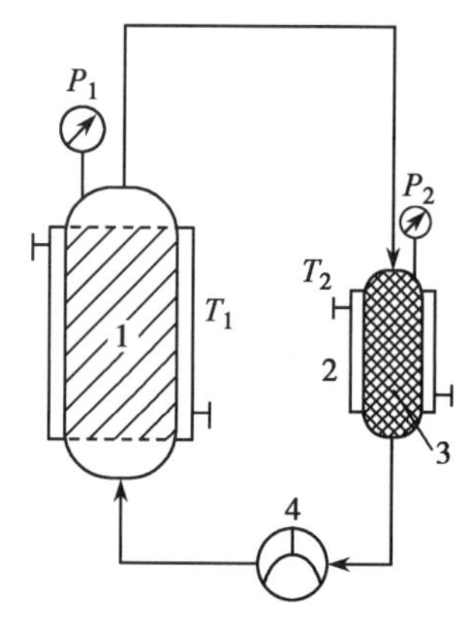

1. 萃取器；2. 吸附分离罐；3. 吸附剂；4. 循环泵。

图 6-13 恒温恒压吸附法（$T_1=T_2$，$P_1=P_2$）

4. 吸收法流程 吸收法是利用萃取剂和溶质在吸收剂（水、有机溶剂等）中的溶解度不同而将其分离的一种操作。操作基本同吸附法。萃取后，将溶解有萃取物的超临界流体萃取剂从底部导入吸收罐中，然后逆流上升与吸收罐顶部导入的吸收剂相接触，利用吸收剂将溶质选择性吸收分离后，萃取剂循环使用，吸收剂经蒸发塔脱溶质后再送回吸收罐中循环使用。

（二）超临界流体萃取的设备

由于萃取对象不同，后期分离方式及处理规模也不同，使得超临界流体萃取设备的结构选择、设备尺寸等存在很大差异。典型的超临界萃取系统的主要设备包括萃取釜、分离釜和加压设备（如压缩机、高压泵等）等。其中萃取釜是超临界萃取系统的核心设备，以超临界 CO_2 流体萃取研究为例，由于萃取系统中待萃取物大部分是固体物料，所以本节仅就固体物料的超临界萃取装置做简要介绍。

1. 萃取釜 萃取釜是整个超临界流体萃取技术的关键，其设计的科学性及合理性直接关系到萃取过程能否顺利进行。超临界萃取器的设计常根据萃取工艺的需要，结合待萃取物料的性质、分离操作方式、产品规格要求、生产处理规模及工艺控制条件等相关因素，选择和确定设备的规模、结构形式、装卸料方式和制造工艺等。由于高压下连续进出固体物料技术还达不到工业化要求，为满足固体物料频繁添加和卸出的需要，国际上普遍使用全镗快开盖式高压釜，图 6-14 为一种比较典型的间歇式固体物料萃取器结构图。

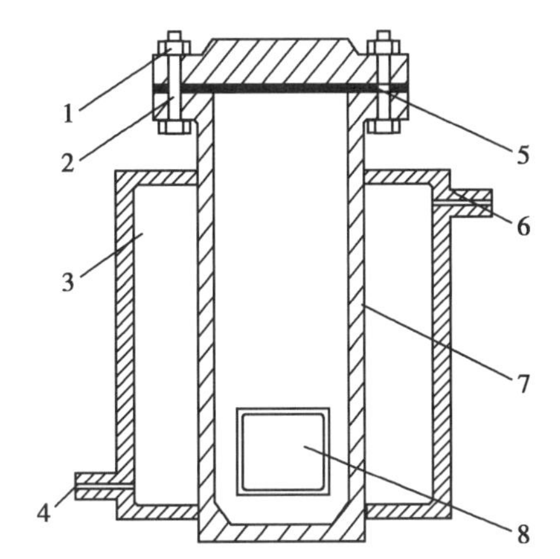

1. 法兰盖；2. 螺栓；3. 水冷套筒；4. 进水口；5. 透镜垫；6. 出水口；7. 筒体；8. 提篮。

图 6-14 间歇式萃取器

超临界流体萃取是在高压下进行的工艺操作，萃取釜必须耐高压、耐腐蚀、密封性好以及操作方便、安全等。

（1）萃取釜密封结构：为保证萃取釜能够正常连续运行，萃取釜结构的密封性和密封材料的选择至关重要。由于萃取釜中密封元件的受力不同，密封结构又可分为强制型密封和自紧式密封。强制型密封完全依靠外力（如螺栓）对密封元件施加压力来实现密封；自紧式密封主要利用介质的压力对密封元件施加载荷。鉴于超临界流体萃取过程要求操作方便，尽可能减少非操作时间以降低过程的生产成本，工业化萃取釜一般均采用径向式自紧密封结构。

目前国内外大型超临界萃取设备多采用自紧式密封环和卡箍快开结构，如图 6-15 所示。该结构密封压力可达 75MPa，具有尺寸紧凑、操作方便、密封性能好等优点。除卡箍式快开结构外，有些公司生产的小型实验室设备采用的是线接触型密封方式，如图 6-16 所示，因接触比压高，因此密封可靠，密封压力可达 70MPa，但该密封结构对金属材料的性能有非常高的要求，普遍应用起来有一定的困难。

（2）萃取釜密封材料：密封材料的选择对超临界流体萃取过程非常重要，由于超临界流体具有较强的溶解和渗透能力，若密封材料选择不合适，使用时高压超临界流体会渗入密封圈，导致密封圈发生溶胀变形，从而无法满足萃取釜快开的要求。

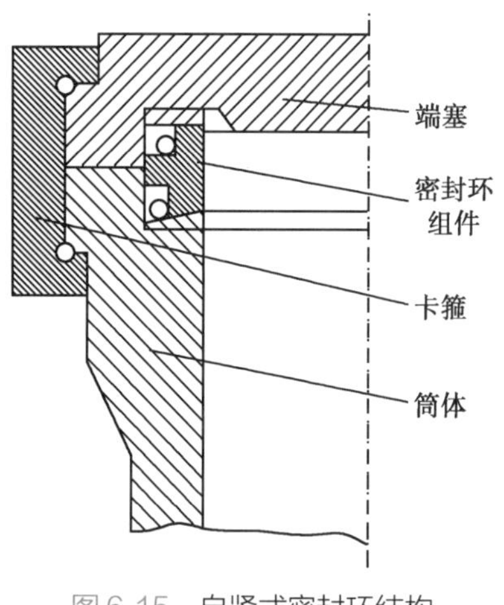

图6-15　自紧式密封环结构

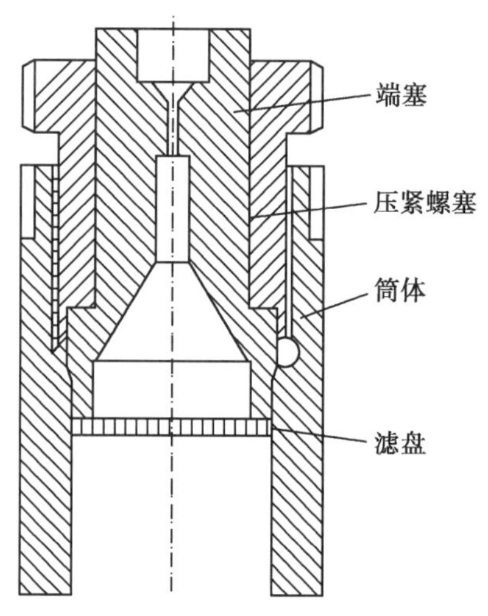

图6-16　线接触型密封结构

丁腈橡胶"O"形圈具有优良的不透气性能、耐油性能及良好的耐热性和耐水性，与有机试剂长期接触后仍能保持原有的强度和良好的物理性能，常被用作超临界萃取釜的密封元件。但丁腈橡胶在超临界 CO_2 流体中仍然会发生一定的溶胀，须经常更换。

目前，国内研制出了一种特殊材质的内衬金属环密封圈，可完全避免溶胀现象，能在卸压后马上开盖，可很好地满足快开要求。

2. 分离釜　溶质伴随着超临界流体萃取剂从萃取釜出来后进入分离釜，分离釜是溶质与萃取剂进行分离的场所，为保证有足够的分离空间，其内一般不设进料管道和其他辅助设施。根据溶质性质和采用的分离原理不同，分离釜一般可分为以下三种形式：轴向进气分离釜、旋流式分离釜和内设换热器分离釜。

轴向进气分离釜是最常用的一种分离器，该类分离釜采用夹套式加热，结构简单，清洗方便。但不适用于气体流速过大的情况，因为气体流速较大时，进气会吹起未及时卸掉的萃取物，并将形成的液滴夹带出分离器，从而导致萃取收率下降，严重时可能会堵塞下游管道系统。

旋流式分离釜由旋流室和收集室两部分组成，旋流式分离器可以很好地解决轴向进气分离器的不足，其不仅能破坏雾点，而且还能供给足够的热量使溶剂蒸发，即使不减压，也能有很好的分离效果。

内设换热器分离釜是一种高效分离器，在其内部设有管壳式换热器，利用自然对流或强制对流与超临界萃取剂进行换热。需要注意的是，在选用此类分离器时，必须考虑萃取物是否容易在换热器表面沉积、萃取物对温度是否敏感等。例如在啤酒花的萃取分离过程中，可能会有大量的萃取物附着在换热器表面，导致传热效果变差及溶质的变性。

3. 加压设备　超临界流体萃取装置须在高压下操作，因此加压设备是超临界流体形成并得以进行萃取过程的核心部件。按照输送设备类型可分为压缩机和高压泵两种。采用压缩机的优点是系统流程简单、设备维护方便，所用萃取剂流体无须冷凝成液体即可直接加压循环使用，且在分离时可以将压力降到很低，便于更加完全地实现溶质的解析。缺点在于压缩机的体积和噪声都较大，输送流体流量较小，工作效率低，难以满足工业化过程对流体的大量需求，因此仅用于一些实验室的小规模应用。高压泵的优点是输送流体流量大、效率高、噪声小、能耗低、操作稳定可靠等。缺点是流体必须液化后才能进泵，因此流程中需要配备深冷系统，国内外较大规模的工业化超临界流体萃取过程一般都采用高压泵升压。

五、萃取夹带剂

1. 夹带剂的定义及分类 夹带剂（也称为共溶剂、提携剂或修饰剂）是在纯超临界流体中加入的一种少量的，可与之混匀的，挥发性介于超临界流体和被萃取溶质之间的物质。在纯的超临界流体中加入少量的夹带剂，能大大改善超临界流体的溶剂性能，提高溶质在超临界流体中的溶解度，改善萃取的选择性，还能够提高萃取率和改善产品品质。这样便有可能使超临界流体萃取在较低的压力下得以实现。因此，选择合适的夹带剂对超临界萃取的工业化应用具有重大的现实意义和经济价值。

按其极性不同可分为极性夹带剂和非极性夹带剂两种。极性夹带剂由于临界温度很高，本身不能作为超临界溶剂，极性夹带剂与极性溶质分子间形成氢键或其他化学作用力，可使溶质的溶解度有很大改善。非极性夹带剂与分子间的作用力主要是色散力，它与分子的极化率有关，极化率越大，色散力就越大；纯气体溶剂极化率一般很小，如 CO_2 的极化率在所有碳氢化合物中是除甲烷之外最小的，为增加对溶质的溶解度，可以加入极化率高的非极性夹带剂。

单一组分的超临界流体对溶质的溶解能力和选择性常有较大的局限性，例如超临界 CO_2 流体是非极性溶剂，根据相似相溶原理，只能对分子量较低的非极性亲脂性物质有较好的溶解能力，而对极性较强的溶质（如内酯、黄酮、生物碱等）的溶解能力明显不足，这在一定程度上限制了该技术的实际应用。为提高单一组分超临界流体的溶解性能，通过向其中加入适量适当的极性或非极性并可与之混溶的第二种溶剂（即夹带剂），来调节其极性，这样可大大提高超临界萃取剂的溶解能力。一般情况下，具有良好溶解性能的溶剂都是比较好的夹带剂，如水、甲醇、乙醇、丙酮、乙腈、乙酸乙酯等，其中乙醇是最常用的夹带剂，虽然其极性不如甲醇，但乙醇无毒且易与 CO_2 流体混合，因此在超临界 CO_2 流体萃取天然产物系统操作中，广泛采用乙醇作为夹带剂。

2. 夹带剂的作用及其机理 夹带剂的作用主要表现为以下四点：①大大增加被分离组分在超临界流体中的溶解度；②提高溶剂的选择性；③增加溶质溶解度对温度、压力的敏感程度，使被萃取组分在操作压力不变的情况下，适当提高温度，就可使溶解度大大降低；④能改变溶剂的临界参数。当萃取温度受到限制时，如对热敏物质，溶剂的临界温度越接近溶质的最高允许操作温度，则溶解度越高。若用单组分溶剂不能满足这一要求时可使用混合溶剂，如对某热敏性物质，最高允许操作温度为68℃，没有合适的单组分溶剂，但 CO_2 的临界温度为31℃、丙烷为97℃，两者以适当比例混合，可获得最佳的临界温度。

夹带剂在萃取过程中的作用机制主要是其与溶质分子之间的相互作用，包括范德瓦耳斯力和特定的分子间作用力，如色散力（与分子极化率呈正相关）、氢键或其他各种化学作用力等。一般来说，少量夹带剂的加入对溶剂的密度影响不大，而影响溶解度和选择性的决定性因素就是夹带剂与溶质分子间的特殊作用。

3. 夹带剂的选择 选用适当的夹带剂可大大提高被萃取溶质在超临界流体中的溶解度，但夹带剂对超临界流体体系的影响是十分复杂的，目前尚缺乏足够的理论研究。大量实验研究表明，夹带剂的作用会由于超临界溶剂及溶质的不同而不同。因此，选择合适的夹带剂对超临界流体萃取起着至关重要的作用。

夹带剂的加入虽然能拓宽超临界流体萃取技术的应用范围，但同时也会带来一些负面影响。由于夹带剂的加入，使得一些萃取物中有夹带剂的残留，这就失去了超临界流体萃取无溶剂残留的优点。同时，工业化生产上也增加了夹带剂的分离和回收工艺设计及运行等方面的困难。因此，加强超临界流体萃取中夹带剂作用机制的实验和理论研究，开发出新型、容易与产物分离、安全无害的夹带剂是当前超临界流体萃取技术的研究重点之一。另外，从实际工业化应用方面考虑，在超临界萃取工艺中，应综合权衡利弊，尽量避免或减少夹带剂的使用，以提高操作的经济性。

第二节 超临界流体萃取技术的应用实例

超临界流体萃取(supercritical fluid extraction，SFE)技术作为一种独特、高效、清洁、节能的分离方法，在天然产物有效成分的提取与分离方面展现出其独特的优势。该技术利用其流体的高密度、低黏度的双重特性，在较低温度下就能够进行提取，可有效防止目标成分在高温下变质，改善和提高产品的质量。SFE 技术可用于分离、提纯、浓缩、干燥、灭菌以及聚合反应等过程的研究和实际生产中，其应用范围已经渗透到生物技术、环境污染治理技术等高新技术领域。

一、超临界流体萃取技术在医药工业方面的应用及实例

随着国际间合作加强，国际化影响力逐步显现。目前，中医药已传播至 196 个国家和地区，我国与 40 余个外国政府、地区主管机构和国际组织签订了专门的中医药合作协议，开展了 30 个较高质量的中医药海外中心、75 个中医药国际合作基地、31 个国家中医药服务出口基地建设工作。世界卫生组织接受认可中医药作为传统医学的重要组成部分，并敦促各成员国将传统医学纳入各国医疗保健体系中。中药提取分离是指通过一系列方法，将中药材原料进行加工，以得到所需药物或其半成品的过程，包括预处理、提取和分离、浓缩、干燥和制剂等环节。SFE 技术作为一种新型的分离技术，在很大程度上可以避免传统药物提取过程的缺陷，而且不会对环境产生污染，为我国传统中药的现代化提供了一条重要途径。

超临界 CO_2 流体萃取技术用于中草药有效成分的提取分离是目前医药领域最广泛的应用之一。关于直接利用超临界 CO_2 流体萃取中草药中活性成分的报道已有很多，涉及的中草药或天然植物在百种以上。与传统方法相比，超临界 CO_2 流体萃取仅需要调整很少的参数就可实现中草药的提取，分离得到的有效成分纯度高、杂质少、无有机残留，这些优点对资源稀缺的大自然中草药提取尤为重要。超临界 CO_2 流体萃取能够用于挥发油、生物碱类、香豆素

和木脂素类、黄酮类、萜类、多糖和皂苷类、醌类等多种中草药有效成分的提取。

1. 挥发油及挥发性成分 挥发油也称精油，存在于植物的根、茎、叶、花、果实中，是中药中常见的一类有效成分，具有发汗、解表、止咳、祛风、镇痛、杀菌等多种功效。传统提取挥发油常采用水蒸气蒸馏(steam distillation，SD)法，但该工艺收率较低，且在提取过程中高温容易导致有效成分分解，因而会影响产品的品质。挥发油所含化学成分分子量较小，沸点低，在超临界 CO_2 流体中溶解性好，大多数挥发油都可以采用超临界 CO_2 流体进行萃取。萃取系统在低温下操作，可避免有效成分的破坏和分解，因此萃取产物品质上乘，且产品收率较高，是一类最适合用超临界 CO_2 流体进行提取的成分。

有研究采用超临界 CO_2 流体萃取法对蛇床子萃取成分进行分析，结果表明，超临界 CO_2 流体萃取法的产率较水蒸气蒸馏法高出 8 倍，蛇床子超临界萃取物中不仅含有香豆素，还含有蛇床子素，且蛇床子超临界萃取物中香豆素的相对含量约为水蒸气蒸馏法提取的香豆素成分相对含量的 60 倍。因此，超临界 CO_2 流体萃取法可以有效提取中药蛇床子的多种香豆素类成分，其方法为其他同类中药的开发和药学鉴定提供了参考依据。

中国科学院新疆理化技术研究所，公开了一种用 CO_2 超临界萃取技术提取芳香新塔花全草中挥发油的方法(CN101524402A 公开日 2009-09-09)。这种方法与传统的 SD 法提取挥发油的方法相比，SFE 无须溶剂，可在常温下进行，并且 CO_2 无毒、无残留，能耗低，气源来源稳定，可循环使用，提取工艺简单，萃取效率高，其挥发油的收率可达到 1.8% 以上。另外，这种方法克服了传统 SD 法对新塔花挥发油提取中存在的费时、费能和产品带有水分残留的缺点。植物药挥发性成分的超临界 CO_2 流体萃取实例见表 6-4。

表 6-4 植物药挥发性成分的超临界 CO_2 流体萃取实例

科名	名称	药用部位	提取物的收率及特点	
			SFE 法	SD 法
姜科	生姜	根茎	4.3%(3h)，橙黄色稠油状液体，富含姜黄素，保持生姜的天然风味	2.2%(5h，120℃过热蒸气)，基本不含姜黄素，风味与生姜有较大差异
	姜黄	侧根茎	4.0%(2h)，油香且纯正	1.66%(6h)，油香气较淡
	莪术	根茎	1.0%(3h)，可提供不同萜类化合物	
	草果	果实	1.05%(3h)，主要成分为 1，8 桉油精	0.68%(5h)，主要成分为醇类
	草豆蔻	种子	清澈、透明、亮棕色，浓烈的草豆蔻香气	
伞形科	川芎	根茎	含量 1.57%，10.3%(4h)，淡黄色油状物，香气较浓	1.4%(甲醇提取)，0.18%(6h)，淡黄色油状物，香气较浓
	小茴香	果实	6.8%(3h)，淡黄色半透明油状物	1.5%(6h)，淡黄色油状物
	当归尾	根	1.5%(3h)，棕色油液，藁本内酯含量 19.82%	0.32%(6h)，棕黄色油液
	蛇床子	果实	10%(3h)，蛇床子素含量为 22.6%	
菊科	木香	根	2.52%(2h)，去氢藁本内酯含量 37.0%	0.43%(2h)，去氢藁本内酯含量 11.5%
	苍术	根茎	5.12%(1h)	1.31%(5h)
	黄花蒿	全草	3.5%，青蒿素含量为 16%，得到一系列 SD 法提取不到的组分	

续表

科名	名称	药用部位	提取物的收率及特点	
			SFE 法	SD 法
百合科	大蒜	地下鳞茎	蒜素 3.77g/kg	蒜素 1.48g/kg
胡颓子科	沙棘	果实	油收率达 90%	
柳叶菜科	月见草	种子	色泽纯正，γ- 亚麻酸 9.5%	色泽不理想，γ- 亚麻酸 7.8%
木兰科	辛夷	花	4.15%(80min)	2.4%

2. 生物碱类的提取 生物碱是中药有效成分中非常重要的一类，也是植物药中研究比较多的一类成分。大部分生物碱化学结构比较复杂，多含有含氮杂环结构，具有显著的生物活性，如吗啡是很好的镇痛药，长春新碱、紫杉醇等具有较好的抗癌活性等。

大多数生物碱以有机酸盐、无机酸盐、酯、苷等形式存在于植物体内，由于超临界 CO_2 流体对其溶解度较低，为提高生物碱在超临界 CO_2 流体中的溶解度和萃取率，一般需要用碱性试剂对其进行预处理，使结合的生物碱游离出来，另外，加入适宜的夹带剂如甲醇、乙醇、丙酮、三氯甲烷等可以提高生物碱的溶解度。

有学者进行了超临界 CO_2 流体萃取荷叶总生物碱工艺研究，传统的溶剂提取一般都采用三氯甲烷，整个过程烦琐耗时且污染环境，对实验人员的健康也会造成一定影响，本实验采用超临界 CO_2 流体萃取技术研究荷叶总生物碱的提取工艺条件。以萃取温度、萃取压力、夹带剂流速、萃取时间为工艺参数，通过单因素试验和正交试验相结合的方法，最后确定出最佳工艺参数，且荷叶总生物碱的收率较高。

黄连中生物碱的提取方法多采用醇提法，但存在溶剂残留且收率低等问题，另外，醇提法时间相对较长，会造成易氧化成分的破坏。有研究采用超临界 CO_2 萃取工艺并利用单因素和正交实验的方法，考查萃取压力、萃取温度、萃取时间和物料粒度等因素对黄连中生物碱得率的影响，确定最佳萃取工艺条件，此条件下黄连中生物碱萃取率高，稳定、准确，萃取时间明显缩短且重现性好。

3. 黄酮类化合物的提取 黄酮类化合物主要存在于芸香科、唇形科、豆科、伞形科、银杏科与菊科等植物中，具有广泛的生物活性且毒性小，因此，可被制成很多制剂并可长期使用。如葛根素具有明显的扩张冠状动脉的作用，银杏黄酮有抗氧化、抗肿瘤等作用，故引起了国内外的广泛关注。但其分子量一般较大，低压超临界 CO_2 流体萃取效果不佳，因此可通过增加压力、使用夹带剂等方法来提高溶剂的溶解力，达到萃取的目的。

有研究分别采用乙醇回流提取和超临界 CO_2 萃取工艺提取银杏叶中的银杏黄酮，通过对提取物中的活性成分进行定性和定量分析，结果发现，两种方法提取的物质相同，但超临界 CO_2 流体萃取物中总黄酮的质量分数(35.28%)要高于乙醇提取物中总黄酮的含量(27.1%)。超临界流体萃取工艺条件为：压力 20MPa、萃取温度 35～40℃，萃取产物中不存在有机溶剂和重金属残留，且低温操作有利于保持银杏叶中有效成分的天然品质。

4. 多糖及皂苷类的提取 糖是植物光合作用的主要产物，占植物体的 50%～80%，是植物细胞的重要营养物质。研究发现，某些多糖具有多方面的生物活性，在抗肿瘤、抗病毒、降血糖、抗凝血、抗炎、抗衰老等方面发挥着重要作用。

多糖和皂苷类是药材提取物中分子式较大且结构复杂的化合物。皂苷（saponin）是固醇的低聚配糖体或三萜类化合物的总称，多糖（polysaccharide）常由多个单糖基通过糖苷键连接而成，二者具有降血糖、降血脂、增强机体免疫功能、降血糖、抗炎、抗肿瘤和抗病毒等药理活性。多糖和皂苷类化合物的分子量比较大，羟基比较多，具有较强的极性，传统的提取方法是甲醇回流提取法，用超临界 CO_2 流体提取收率较低，需要加入夹带剂或提高压力来提高产率。

相关人员对人参皂苷的超临界 CO_2 流体萃取进行了强化研究，结果表明，以人参粉为原料、70% 乙醇溶液为夹带剂，采用预浸 - 动态萃取法，萃取压力 30MPa，萃取温度 45℃，萃取时间 4 小时，夹带剂用量 200ml，两次超临界 CO_2 流体萃取率均低于传统溶剂法，但其具有分离工艺简单、无溶剂残留、保护热敏性物质等优点。有研究在用超临界 CO_2 流体萃取雪灵芝时发现，仅用纯超临界 CO_2 流体而不添加夹带剂时，即使在很高的压力下也无法萃取总皂苷及多糖，当同样条件下加入夹带剂时，随着夹带剂极性的增大，萃取物多糖及总皂苷的收率随之增大，所得总皂苷和多糖的收率分别达到传统提取工艺的 18.9 倍及 1.62 倍。

5. 香豆素和木脂素的提取　香豆素又称香豆精，是具有苯并 α- 吡喃酮母核的一类化合物，多以游离态与糖结合成苷的形式存在。多数香豆素及其苷具有多方面的生物活性，如秦皮中的七叶内酯和七叶苷具有抗菌作用，是治疗细菌性痢疾的有效成分，后者还有保护血管通透性的作用。另外，还有些香豆素具有光敏性，能吸收紫外线，例如补骨脂中的补骨脂素和异补骨脂素是治疗白癜风的有效成分。

小分子香豆素因其具有挥发性，可采用传统的水蒸气蒸馏法提取，对于大分子难挥发的香豆素可采用碱溶酸沉、溶剂法等进行提取。对于游离态的香豆素和木脂素采用超临界 CO_2 流体萃取技术提取是一种非常有效的方法，通过采用多级分离或与精馏技术相结合的方式可以获得有效成分含量较高的提取物。但对于分子量较大或极性较强的成分，需要加入适当的夹带剂，而对于以苷的形式存在的组分，则较难使用超临界 CO_2 流体技术进行萃取。

二、超临界流体萃取技术在食品工业方面的应用

随着科技的发展，人们对食品安全问题愈发关注。超临界流体萃取用于食品加工的绿色分离萃取技术备受青睐，并成为国内外的研究热点。在食品领域，国内外已成功通过超临界流体萃取技术去除食品中的有害成分、提取食品中的有益成分，极大地提高了产品的质量，满足了人们对“绿色食品”和天然产物的需求。

1. 在去除不利物质方面的应用　加工无咖啡因咖啡：许多人在喝咖啡时，希望能降低咖啡因的含量，传统的方法为溶剂萃取法，得到的产品纯度低，残留溶剂，效果不明显。随着超临界萃取技术的出现，1978 年德国的 HAG 公司开始使用超临界 CO_2 流体萃取脱降咖啡因，效果显著。其原理是预先将咖啡豆清洗，加蒸汽和水预泡（起助溶的作用，增加咖啡因浓度），接着将其倒入萃取器中萃取，后经过分离器分离。通过该过程，咖啡因的含量明显降低。

精白米的脱脂处理：食品原料中基本上都含有脂质，由于脂质易氧化，会降低食品原料的品质，可采用超临界 CO_2 流体对食品原料进行脱脂。经超临界萃取后，脂肪含量降低，同时表面上附着的胚芽和米糠也脱落了，明显改善了大米的品质。

除去蛋黄、奶油中的胆固醇：用超临界二氧化碳技术提取胆固醇，可保留原有的油脂等成分，同时提高面包的拉伸性。

2. 在提取功能性物质方面的应用

（1）提取啤酒花中的有效成分：用传统方法提取时，得到的产物不仅不纯还混有溶剂。使用超临界流体萃取法时，应将啤酒花磨成粉碎状（增大接触面积），有利于提高萃取率。超临界 CO_2 流体萃取法不仅将有效成分全部提取出来，还可将农药等有害物质除去，保证了啤酒花的香味。

（2）提取植物中的功能性物质：超临界 CO_2 流体萃取技术萃取后可仍旧保持原料中的成分，可以供后续使用，且提取率高，与压榨法相比节省了很多原料。植物中的亚油酸、亚麻酸、维生素 E 以及 8 种人体必需氨基酸均可以通过超临界流体萃取技术提取出来。因此，超临界流体萃取技术广泛应用于开发保健用油品上，如米糠油、胚芽油、葡萄籽油等。

（3）分离提取二十碳五烯酸和二十二碳六烯酸：深海鱼油及其副产品可以为人体提供大量所需的多不饱和脂肪酸，包括二十碳五烯酸（EPA）和二十二碳六烯酸（DHA）。据报道，这些物质具有降血脂、防血栓、保护血管的功效，是新一代治疗心脑血管疾病的药物。但是它们极易被氧化，易受热破坏，所以很难用传统方法提取出来。因此，直接萃取鱼油实际上只能起到精炼鱼油的作用，并不能完全将其萃取分离开来。用乙醇为夹带剂能显著提高超临界流体的萃取率。用超临界 CO_2 萃取与尿素包合法相结合，可以对不同链长的脂肪酸进行分离，还可以对相同链长但饱和度不同的脂肪酸进行分离，并对鱼油中的多不饱和脂肪酸如 EPA 和 DHA 进行分离。

（4）提取食品中的调味料和香料：超临界 CO_2 流体能用于提取水果、蔬菜等香味成分。利用超临界 CO_2 与夹带剂可萃取海藻中的胡萝卜素以及番茄红素等。此外，利用该技术还能实现辣椒脱辣，制造出人们满意的天然食品。超临界萃取技术可以在较低压力下有效地将色素中的黄色和辣味成分除去，从而获得完全脱辣、杂质含量低的高品质辣椒红色。

（5）超临界流体萃取技术在烟草中的应用：烟草中的烟碱，是一种对中枢神经系统有兴奋作用的生物碱，可以作为蔬菜水果等的杀虫剂，传统提取方法能耗大、提取率低，利用超临界流体萃取技术可以得到高纯度的烟碱。除此之外，超临界流体萃取技术还可以提取烟草中的茄尼醇和烟草挥发油及香料。

表 6-5～表 6-7 分别为采用超临界流体萃取技术从植物、海产品、食品副产品中提取生物活性成分的相关提取工艺参数。

表 6-5 超临界流体萃取技术从植物中提取生物活性成分

原料	生物活性成分	生物活性功能	提取工艺		
			溶剂	压力 /MPa、温度 /℃	时间 /min
苋属植物种子	角鲨烯、生育酚	抗氧化活性	CO_2 + 乙醇	65、40	180
酒神菊树叶	阿特匹林 C	抗氧化活性	CO_2	40、60	260
野茶树	脂肪酸和抗氧化剂	抗氧化活性	CO_2	32、45	90
姜	酚类	抗氧化活性	CO_2 + 丙烷	CO_2：25、60 丙烷：10、60	180

续表

原料	生物活性成分	生物活性功能	提取工艺		
			溶剂	压力/MPa、温度/℃	时间/min
绿茶	咖啡因	兴奋剂	CO_2+乙醇	23、65	120
萱草属植物	叶黄素、玉米黄质	抗氧化活性	CO_2	60、80	30
厚朴	和厚朴酚	抗氧化活性、抗炎	CO_2	40、80	60
芒果叶	酚类	抗氧化活性	CO_2+乙醇	40、55	180
帽蕊木	生物碱		CO_2+乙醇	30、65	45
橄榄树叶	酚类	抗肿瘤活性	CO_2+乙醇	15、40	120
披萨草	挥发油	抗炎	CO_2	30、40	60
月桂树	萜类	杀虫活性和据食作用	CO_2	20、50	660
南瓜	类胡萝卜素	抗氧化活性	CO_2+乙醇	25、80	60
迷迭香	酚类	抗氧化活性	CO_2	30、40	300
迷迭香	挥发性成分	抗氧化活性(食品)	CO_2+乙醇	15、40	180
迷迭香+菠菜	酚类二萜	抗氧化活性	CO_2	30、40	300
薄荷	酚类	抗氧化活性	CO_2+乙醇	45、40	60
绿薄荷	挥发油	抗氧化活性	CO_2	9、35	30
草莓	总酚	抗氧化活性	CO_2+乙醇	60、48	60
百里香	麝香草酚、香芹酚	抗病毒活性	CO_2	30、40	480
松萝	地衣酸	抗菌活性	CO_2	30、40	150

表6-6　超临界流体萃取技术从海产品中提取生物活性成分

原料	生物活性成分	生物活性功能	提取工艺		
			溶剂	压力/MPa、温度/℃	时间/min
螺旋藻	脂肪酸、γ-亚麻酸	抗炎、预防心血管疾病	CO_2+乙醇	30、40	90
虾壳、尾巴	脂肪酸、虾青素	抗炎、抗氧化	CO_2+乙醇	30、50	100
虾头、壳	脂肪酸、虾青素	抗炎、抗氧化	CO_2	40、60	200
小球藻	叶黄素	抗氧化	CO_2+乙醇	40、40	45
小球藻C-C	多酚、类黄酮	抗氧化、抗癌	CO_2+乙醇	31、50	20
鱼副产品	脂肪酸	抗炎、预防心血管疾病	CO_2	25、40	90
鲭鱼皮肤	脂肪酸	抗炎、预防心血管疾病	CO_2	35、75	180
鱼油	脂肪酸	抗炎、预防心血管疾病	CO_2	20、40	30
雨声红球藻	虾青素	抗氧化(食用油)	CO_2+乙醇	50、75	150
单针藻属	虾青素	抗氧化	CO_2+乙醇	20、60	60
微拟球藻	脂质、玉米黄质	抗炎、预防心血管疾病	CO_2+乙醇	35、50	90
北部虾副产品	脂肪酸	抗炎、预防心血管疾病	CO_2	35、40	90
栅藻	叶黄素、β-胡萝卜素	抗氧化	CO_2	40、60	300
裂壶藻	脂肪酸DHA	抗炎、预防心血管疾病	CO_2+乙醇	35、40	30
条纹石首鱼	多不饱和脂肪酸	抗炎、预防心血管疾病	CO_2	30、60	150

表 6-7　超临界流体萃取技术从食品副产品中提取生物活性成分

原料	生物活性成分	生物活性功能	提取工艺		
			溶剂	压力 /MPa、温度 /℃	时间 /min
橄榄油	酚类	抗氧化活性	CO_2	35、40	60
葡萄渣	多酚	抗氧化活性	CO_2+乙醇	35、40	340
香蕉片	类胡萝卜素、脂肪酸	抗氧化活性	CO_2	30、50	220
番茄汁	番茄红素	抗氧化活性	CO_2	35、40	180
番茄皮、种子	番茄红素	抗氧化活性	CO_2	40、90	180
番茄种子	番茄红素	抗氧化活性	CO_2+乙醇	35、75	120
葡萄皮	白藜芦醇	抗氧化活性	CO_2+乙醇	40、35	180
葡萄籽	花青素	抗氧化活性	CO_2+乙醇	30、50	60
石榴种子	酚类	抗氧化活性	CO_2+乙醇	30、50	30
嘉宝果	多酚、花青素	抗氧化活性	CO_2+乙醇	30、60	180
密瓜籽	植物甾醇	抗氧化活性	CO_2	40、80	180
橙子	类黄酮、酚酸、萜类	抗氧化活性、抑菌	CO_2+乙醇	30、50	300
棕榈仁蛋糕	棕榈油	抑菌活性	CO_2	41.36、70	60
桃仁	亚油酸	LDL 胆固醇	CO_2+乙醇	30、50	150
甜椒	维生素 E、维生素 A	不同保护作用	CO_2	24、60	120
咖啡壳、渣	咖啡因	抗氧化活性	CO_2+乙醇	30、60	270
茶粕	山柰酚	抗氧化活性	CO_2+乙醇	45、80	150
茶梗	咖啡因	兴奋剂	CO_2+乙醇	25、65	180
甘蔗残渣	植物甾醇	降胆固醇	CO_2	35、60	360
麦麸	酚类	抗氧化活性	CO_2	40、80	215

三、超临界流体萃取技术在环境工程方面的应用

制药工业对环境的污染主要来自原料药生产，原料药生产具有“三多一低”的特点，即产品品种多，生产工序多，原料种类多，而原料利用率低。如果生产过程中未利用的原料不加回收，就会造成几十倍，甚至几百倍于药品的原料以三废的形式排放于环境之中，对环境的危害十分严重。

1. 在废水治理中的应用　通过采用直接接触法对除草剂废水进行超临界 CO_2 净化的研究表明，利用超临界 CO_2 净化来自莠丁酯生产装置的废水可使莠醇含量降低 0.2%；净化来自甜菜生产装置的废水可使其 COD 降低 22.0%；净化来自甲草胺生产装置的废水可使其 COD 降低 21.0%，甲草胺降低 30.0%。与传统方法相比，采用 SFE 技术无论在去除效果还是在投资操作费用方面都优于其他方法。

有研究在 440℃、24MPa 的条件下，利用超临界水氧化技术对乙酰螺旋霉素废水进行处理，COD 去除率可达 86.7%。

2. 在固体废物处理中的应用　土壤受多氯联苯（PCBs）污染后对环境安全和人体健康构成巨大的潜在威胁。常规处理方法是将被 PCBs 污染的土壤用液氮冷冻后送到专门工厂进

行焚烧，该处理方法费用高昂，而使用超临界 CO_2 流体萃取技术能经济快速地分离污染土壤中的全部 PCBs。有研究利用碳酸钾分解产生 CO_2 在其超临界状态下处理被 PCBs 污染的土壤，在 10MPa 压力、305.6K 温度条件下经过 1～3.5 分钟的萃取即可使土壤中 PCBs 的含量从 247mg/ml 降到 2～3mg/ml，去除率高达 99% 以上。

3. 在大气污染中的应用 苯、苯酚等含苯环化合物是制药工业中常用原料药之一，而这些含苯环化合物的有机废水化学结构稳定，传统的焚烧法、湿式氧化法很难去除其中的有害物质。目前大多用苯、甲苯、二甲苯（统称三苯）作溶剂和稀释剂。工业三苯蒸气对人体有较大的毒性，危害操作工的身心健康，它会使中枢神经急性中毒，或慢性中毒而破坏骨髓造血机能。超临界流体萃取技术在环境工程中的应用大多采用活性炭吸附法，该法有较好的效果，但无法直接实现活性炭的再生，故经济性差。运用超临界 CO_2 流体再生活性炭法治理三苯废气可完全再生活性炭；以超临界态 CO_2 流体作萃取剂，对活性炭具有扩孔作用，可增加活性炭的吸附容量，多次再生的活性炭吸附容量几乎不变；超临界 CO_2 萃取技术可更充分的回收三苯溶剂。

多环芳烃（PAHs）是一种严重危害环境的强致癌污染物，多数以吸附在飘尘上的形式存在且含量常在痕量级。有研究运用超临界流体萃取与气相色谱 / 质谱联用技术对兰州市大气飘尘中有机污染物进行测定表明，在 26.0MPa 压力、80℃温度下，以 0.5ml 甲醇作为改性剂，用 CO_2 流体作为超临界萃取介质，静态萃取 10 分钟后再以 0.5ml/min 的流速动态萃取 30 分钟，对实际样品进行了定性、定量分析，共检测出 69 种有机污染物。该法简便、快速，适用于大气飘尘中有机污染物的测定。

四、超临界流体萃取技术的局限性与发展前景

超临界流体具有独特的物理性质，是一种环境友好的绿色溶剂。超临界流体萃取技术是一种新型、清洁、高效的绿色分离方法、绿色工艺，科技界和工业界都对其赋予了极大的关注，以期采用超临界流体技术解决一些现实的工业难题：如何使用超临界 CO_2 流体作为有机溶剂替代品，应用在医药、生物、食品及环保等领域；应用超临界流体技术制备粒度分布优良的粒子，用于电子、通讯、陶瓷、激光技术等领域；在环境保护方面用以有效解决废水及城市污泥中难以分解的污染物质，而且不会给环境带来二次污染。在我国实施中药现代化进程中，超临界流体萃取技术被视为环境友好的绿色新型工艺，可用于中药有效成分的高效提取和分离。超临界流体萃取与传统的有机溶剂提取相比，具有无残留溶剂、收率高、提取时间短、有效成分高度浓缩、药理效果好、毒性低等优势。随着人们对其研究的进一步深入，它将会在更广领域展示出光明的应用前景，尤其是在中医药研究领域，在中药的提取分离、中药复方制剂的开发中将会显示出更大潜力，超临界流体萃取技术是中药现代化的关键技术，更是实现中药现代化的重要途径。因此，超临界流体萃取技术在我国中药现代化的进程中，将会具有非常广阔的应用前景。

当然，超临界流体萃取技术目前还存在一些局限性，主要表现为：超临界流体萃取技术通常为高压技术，对设备要求高，高压设备的昂贵使工艺设备一次性投入较大，同时对操作人员

素质要求较高，故投资风险大，在成本上难以和传统工艺竞争；人们对超临界流体状态本身缺乏透彻理解，故对超临界流体萃取热力学及传质理论研究远不如传统分离技术，有关实验和理论的累积离实际的需求还有一定的距离；商业利益促使技术保密性也制约着该技术的快速发展。任何新技术、新工艺都需要经历很长的一段发展历程，需要经历大量的科学研究与实践。超临界流体萃取技术是一种颇具生命力的、环境友好的、新型高效分离技术。

超临界流体萃取技术是一种具有广阔应用前景的"绿色工艺"，符合当今世界注重可持续发展的潮流，为正在兴起的"绿色化学"提供了一种新的思路。无论是科学研究还是实际应用，超临界流体萃取技术在更广阔领域中有着潜在的应用可能。

五、案例分析

案例 6-1 超临界 CO_2 流体萃取青蒿素的生产工艺

背景资料：青蒿素（artemisinin）是一种无色针状晶体，熔点为 156～157℃，易溶于三氯甲烷、丙酮、乙酸乙酯和苯，可溶于乙醇、乙醚，微溶于冷石油醚，几乎不溶于水。因其具有特殊的过氧基团，它对热不稳定，易受湿、热和还原性物质的影响而分解。青蒿素最早是由我国著名科学家屠呦呦在 20 世纪 70 年代从复合花序植物黄花蒿（即中药青蒿）中提取发现的，因为其在抗疟疾、抗肿瘤、抗真菌、抗病毒、抗肺纤维化、免疫调节及抗菌等方面具有明显的疗效，特别是在过去几十年间对抗疟疾的治疗中，发挥了巨大的作用，尤其是对于脑型疟疾和抗氯喹疟疾具有明显的治疗效果，相继挽救了全球 150 多万人的生命，被世界卫生组织公认为"世界唯一有效的疟疾治疗特效药"。采用青蒿素联合疗法治疗疟疾，成功率接近 100%，被许多非洲人民称为"东方神药"，在国际上赢得广泛赞誉。为表彰这一特殊贡献，瑞典皇家卡罗林医学院授予中国科学家屠呦呦诺贝尔生理学或医学奖。

青蒿素的化学合成、生物合成及组织培养相继成功，但由于收率低、成本高而难以投入工业化生产，目前青蒿素及其衍生物的生产仍主要依赖于天然资源。除黄花蒿外，尚未发现含有青蒿素的其他天然植物资源。提取青蒿素的方法主要包括有机溶剂提取、超临界流体萃取、微波萃取等。利用超临界萃取青蒿素相对于传统的水蒸气蒸馏法和有机溶剂提取法有其独特的优点。但由于超临界萃取成本较高，在工业生产中的应用并不是很广泛。青蒿素在黄花蒿中的含量较低，一般在 0.6% 左右，利用超临界流体萃取可以将青蒿素的纯度提高到 10% 以上，因此其具有一定的经济效益。

问题：青蒿素在黄花蒿中的含量不高，一般低于 1%，而且黄花蒿的自然资源不甚丰富。另外，青蒿素药用成分多为胞内产物，提取时有效成分从胞内释放，扩散进入提取介质比较慢，影响提取率，增加操作成本。

寻找关键：通过查阅文献，根据青蒿素的性质选定有效的分离纯化方法，确定合适的提取工艺，强化传质过程，缩短提取周期，提高提取效率，从而降低生产成本，提高经济效益。

萃取工艺：目前青蒿素的主要来源还是从黄花蒿中提取，而青蒿素热稳定性差，必须严格控制提取的温度，避免青蒿素被破坏，从而影响产率。青蒿素的生产工艺有多种，对于生产工艺的选择，应该先根据工厂的实际情况进行经济及安全评价，寻找低成本、低能耗、高产出、技术成熟安全的工艺路线。以下列举了青蒿素的三种提取工艺。

1. 超临界流体萃取法 萃取前对黄花蒿叶进行清洗预处理，除去灰尘和杂质，由于青蒿素不溶于水，因此可以选择流动水洗处理原药材，清洗后及时进行干燥。为了提高提取质量和效率，进行萃取前需要对药材进行粉碎处理，取净药材黄花蒿用粉碎机粉碎成10～20目的细粉。粉碎的目的：①均化，使不同大小的颗粒粉碎成基本均匀的颗粒；②解离，使结合在一起的不同物质分离开来，进而提高超临界流体萃取对青蒿素的提取率。图6-17为超临界CO_2流体萃取的基本工艺流程简图。

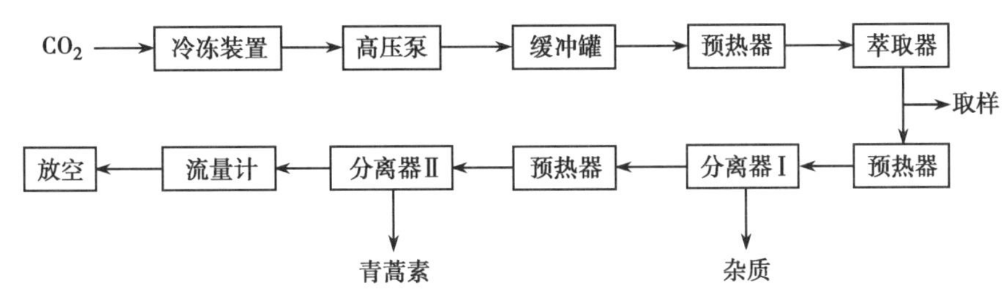

图6-17 超临界CO_2流体萃取青蒿素的工艺框图

如图6-18所示，黄花蒿草经粉碎筛分后装入萃取器，从CO_2储罐出来的CO_2经冷却后成液态，再由高压泵压缩后进入缓冲罐，经预热器加热后温度约为45℃进入萃取塔，与原料黄花蒿进行紧密接触并发生传质过程。溶有溶质的超临界CO_2流体从萃取塔上部流出，进入分离器Ⅰ，压力从15MPa降至约7.5MPa，压力降低使少许CO_2汽化从液相变成气相，使CO_2流体产生干冰或雾点而成为冷流体，体系温度达到零度以下。为消除这种现象，使CO_2流体在进入分离器Ⅰ前先进行夹套热水升温预热处理。经两级预热，两级减压后，进入分离器Ⅰ和分离器Ⅱ（为了使分离更完全，采用两次分离）。从分离器顶部出来的CO_2（温度约40℃，压力约为4MPa）经流量计测量流量后循环使用（或放空）。预热器、萃取器和分离器温度均由恒温水浴控制恒定温度。

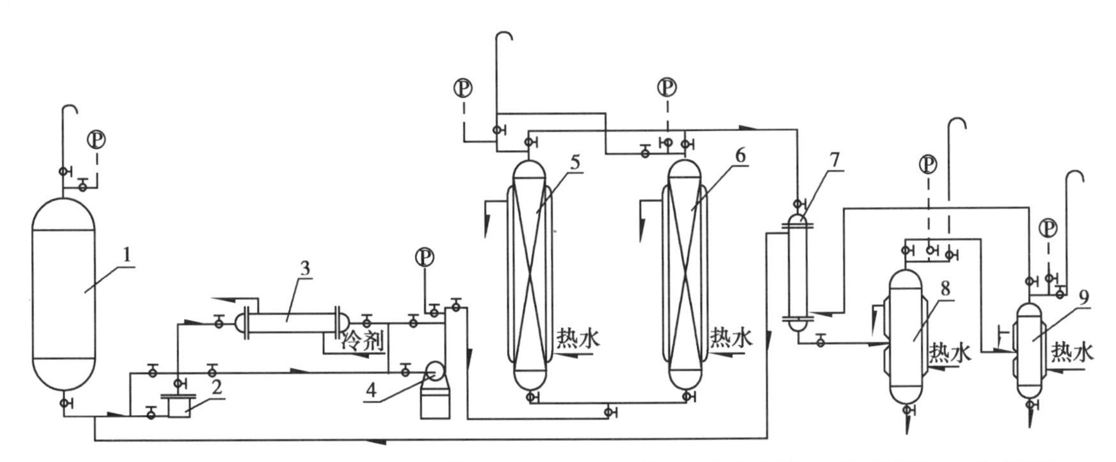

1. CO_2储罐；2. 过滤器；3. 过冷器；4. 柱塞泵；5、6. 萃取塔；7. 热交换器；8. 分离器Ⅰ；9. 分离器Ⅱ。

图6-18 超临界CO_2流体萃取青蒿素的工艺流程图

2. 有机溶剂萃取法 青蒿素易溶于有机溶剂，主要有醇类（甲醇、乙醇等）、醚类（乙醚等）、烃类（正己烷、环己烷、二氯甲烷、三氯甲烷、石油醚、溶剂汽油等）和酮类（丙酮）等，几乎不溶于水，有机溶剂萃取法是目前广泛使用的提取方法，也是工业大规模提取青蒿素所采用的方法。图 6-19 为有机溶剂浸提青蒿素的工艺流程图。

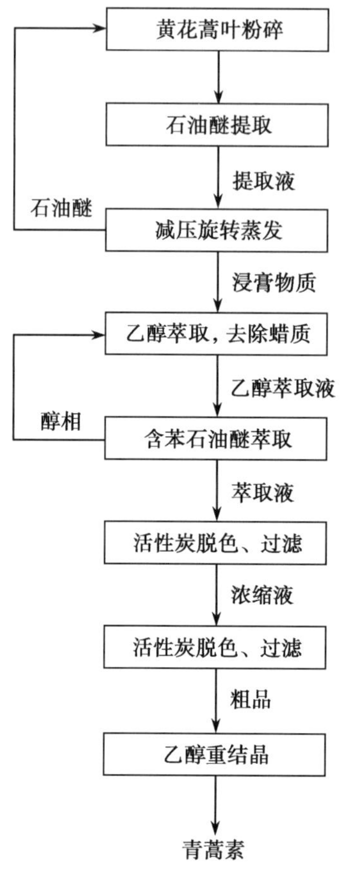

图 6-19　有机溶剂浸提青蒿素的工艺流程

首先，将黄花蒿的叶子和花蕾用石油醚浸泡，将石油醚提取液减压蒸馏浓缩后，用 95% 乙醇在 40～50℃下搅拌进行脱蜡，然后向此萃取液中，加入活性炭脱色，将过滤液浓缩后冷却结晶得到粗品，再重结晶得到青蒿素。

3. 大孔吸附树脂萃取法　如图 6-20 所示，先将黄花蒿粗粉用 60% 乙醇室温浸泡 6 小时后，开始渗漉。ADS-17 树脂为二乙烯苯氢键型吸附树脂，它具有表面吸附和氢键吸附的双重作用。树脂对青蒿素具有较大的吸附量，而且易于解吸，是较为理想的树脂。以 ADS-17 树脂上柱，用 90% 乙醇作洗脱剂，吸附、解吸均保持 2BV/h（BV/h 即每小时流过床层的流动相的体积为树脂床体积的倍数）的流速，青蒿素得率和提取率分别高达 0.3% 和 75% 以上，其含量大于 99%。

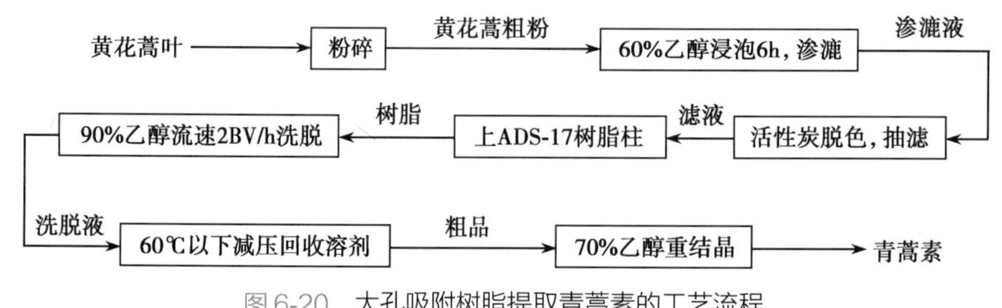

图 6-20　大孔吸附树脂提取青蒿素的工艺流程

假设： 如果要进一步获得高纯度青蒿素，是否可以加入夹带剂进行超临界流体提取？可以加入哪些夹带剂？

分析与评价： 超临界 CO_2 流体萃取方法，分离提取青蒿素，采用 CO_2 作为溶剂，价格低，无毒，不燃，可以循环使用，生产不造成环境污染。且 CO_2 流体萃取工艺简单，周期短，操作温度接近常温，青蒿素在此温度范围几乎不发生热裂解等化学反应。另外，通过改变 CO_2 密度和操作参数可改变 CO_2 对青蒿素的溶解性。但缺点是操作需要高压设备，一次性投资成本较高。有机溶剂法提取青蒿素，工艺路线成熟，易于工业化，但是需要多次萃取浓缩，过程烦琐，能耗高，周期长，成本高，有机溶剂易燃易爆等。大孔吸附树脂法提取，选择性好，分离效能高，树脂可重复使用，可降低成本，但大孔树脂需要再生，对其精制以及再生要求高，对环境污染大。

学习思考题

1. 在采用超临界流体萃取技术提取青蒿素时，为什么要预先对中药材黄花蒿进行粉碎处理？
2. 就青蒿素本身性质而言，超临界流体萃取技术提取黄花蒿中青蒿素的突出优势是什么？
3. 什么是超临界流体？为什么说超临界流体萃取兼具精馏和液相萃取的双重特性？
4. 超临界流体萃取具有哪些特点？
5. 影响超临界流体溶解性能的因素有哪些？
6. 试分析在超临界 CO_2 流体萃取系统中，如何选择合适的夹带剂来提高萃取效率。
7. 试对超临界流体萃取中使用夹带剂的作用机理、优点和问题进行讨论。
8. 试对超临界流体萃取技术在天然产物的提取方面的优势与局限性进行评价。

ER6-2　第六章　目标测试

（朵芳芳　谷志勇）

参 考 文 献

[1] HANNAY J B, HOGARTH J. On the artificial formation of the diamond. Proc Roy Soc, 1880, 30(200-205): 178-188.

[2] 苗笑雨，谷大海，程志斌，等. 超临界流体萃取技术及其在食品工业中的应用. 食品研究与开发，2018，39(5)：209-218.

[3] 娄在祥，柳杨，王洪新. 超临界 CO_2 萃取法提取库尔勒香梨精油及其成分分析研究. 世界科技研究与发展，2011，33(3)：366-368.

[4] 刘娜. 超临界流体萃取技术在中药提取的应用. 广州化工，2017，45(24)：31-33.

[5] 王颖滢，蒋益虹，陈杰华，等. 超临界CO_2流体萃取荷叶总生物碱工艺研究. 中国食品学报，2011，11(6)：35-41.
[6] 佟若菲，张秋爽，朱雪瑜. 黄连中生物碱的超临界CO_2萃取工艺研究. 天津药学，2010，22(5)：71-73.
[7] 宫艳玲，马沛生，王军，等. 超临界流体在化工环境保护中的应用. 化工进展，2001，20(8)：1-5.
[8] 樊红秀，刘婷婷，刘鸿铖，等. 超临界萃取人参皂苷及HPLC分析. 食品科学，2013，34(20)：121-126.
[9] 廖周坤，姜继祖，王代远，等. 超临界CO_2萃取藏药雪灵芝中总皂苷及多糖的研究. 中草药，1998，29(9)：601-602.
[10] YU J J. Removal of Organophosphate Pesticides from Wastewater by Supercritical Carbon Dioxide Extraction. Water Research，2002，36(4)：1095-1101.
[11] 于恩平. 用超临界流体萃取方法处理多氯联苯污染物. 北京化工学院学报(自然科学版)，1994，21(4)：11-19.
[12] 游静，陈淑莲，王国俊. 超临界流体萃取对大气飘尘中有机污染物的分析. 分析测试技术与仪器，1999，5(2)：25-29.

第七章　水蒸气蒸馏及分子蒸馏技术

ER7-1　第七章
水蒸气蒸馏及分子
蒸馏技术（课件）

1. **课程目标**　在了解水蒸气蒸馏及分子蒸馏基本概念的基础上，掌握水蒸气蒸馏及分子蒸馏的分离原理、工艺基本流程及其主要影响因素、工业应用范围及特点，培养学生分析、解决工艺研究和工业化生产中复杂分离问题的能力。熟悉水蒸气蒸馏及分子蒸馏的特点及应用条件，了解典型水蒸气蒸馏及分子蒸馏设备的结构及工作原理，使学生能综合考虑水蒸气蒸馏及分子蒸馏技术发展程度、环保、安全、职业卫生及经济方面的因素，从而能够选择或设计适宜的水蒸气蒸馏及分子蒸馏分离工艺流程。
2. **教学重点**　水蒸气蒸馏及分子蒸馏的基本原理及实际应用；水蒸气用量的计算解析方法以及典型水蒸气蒸馏工艺流程。

第一节　水蒸气蒸馏

水蒸气蒸馏的发明和应用源于人类从植物提取香精油以用作香料。所谓精油，是指广泛存在于植物体内的一类主要由萜类、脂肪族、芳香族化合物组成的油状混合物。由于其大多数都具有芳香气味，在常温下有挥发性，不溶于水，并能随水蒸气蒸出，所以又称为挥发油（volatile oil）或芳香油（aromatic oil）。在远古时代，人类提取精油的初期方法仅利用了植物中的原有水分把精油夹带出来。为了提高产品的产量和质量，后来采用了加水或水蒸气蒸馏的方法。

水蒸气蒸馏（steam distillation）是将水蒸气通入含有不溶或微溶于水但有一定挥发性的有机物的混合物中，并使之加热沸腾，使待提纯有机物在低于100℃的情况下随水蒸气一起被蒸馏出来，从而达到分离提纯的目的。水蒸气蒸馏是中药生产中提取和纯化挥发油的主要方法。

一、水蒸气蒸馏的原理

根据道尔顿分压定律可知，对于理想气体而言，混合气体的总压等于单独将各个组分的气体放置于同一容器所产生的压力的和。由此可推论，当与水不相混溶的物质与水共存时，整个体系的蒸气压应为各组分蒸气压之和，即：

$$P=P_A+P_B \qquad 式(7\text{-}1)$$

其中，P 代表总的蒸气压，P_A、P_B 为各物质的蒸气压。根据道尔顿分压定律，混合物蒸气中各个气体分压（P_A、P_B）之比等于它们的物质的量（n_A、n_B）之比，即：

$$\frac{n_A}{n_B}=\frac{P_A}{P_B} \qquad 式(7\text{-}2)$$

且 $n_A=m_A/M_A$；$n_B=m_B/M_B$，其中 m_A、m_B 为各物质在一定容积中蒸气的质量，M_A、M_B 为物质 A 和 B 的分子量。因此：

$$\frac{m_A}{m_B}=\frac{M_An_A}{M_Bn_B}=\frac{M_AP_A}{M_BP_B} \qquad 式(7\text{-}3)$$

由式（7-3）可知，两种物质在馏液中的相对质量（即在蒸汽中的相对质量）与它们的蒸气压和分子量成正比。

水蒸气蒸馏是在一个含有挥发性成分的混合物中通入水蒸气，挥发性成分不与水互溶，按照道尔顿分压定律，在操作条件 100℃和一个标准大气压条件下，体系总压应等于水蒸气分压和混合物各组分蒸气分压之和，当体系总压等于一个大气压时，体系便开始沸腾，各挥发性组分和水蒸气一起蒸发和冷凝，因为各挥发性成分和水几乎不互溶，蒸馏结束后，可将水去除，最终得到挥发性成分。水蒸气蒸馏包括常规水蒸气蒸馏和过热水蒸气蒸馏。

从以上定义可知，组分在 100℃左右和一个大气压条件下具有一定蒸气压才能被蒸发出来，如果组分摩尔质量较大，沸点较高，在一定温度下蒸气压较低，则该组分无法被分离出来。所以，水蒸气蒸馏法适用于提取挥发性的成分，且该不溶于水的挥发性成分须具有较好的稳定性，在水蒸气蒸馏期间不发生化学变化。

（一）常规水蒸气蒸馏

常规水蒸气蒸馏符合道尔顿分压定律，体系总蒸气压与混合体系中二者间的相对量无关，在 100℃或低于 100℃条件下，各组分包括水的分压之和为常压并保持不变，因此，水蒸气蒸馏时混合组分的沸点保持不变，直至其中的不溶于水的挥发物全部蒸馏分离出来。

例 7-1：某药厂生产时产生含环庚酮的废水，需要采用水蒸气蒸馏分离回收环庚酮，在一个标准大气压（101 325Pa）下操作。已知环庚酮的沸点为 179℃，摩尔质量为 112，在一个标准大气压下，废水的沸点为 99℃（99℃时的纯水的蒸气压为 97 736Pa）。试计算水蒸气蒸馏馏出液中环庚酮的质量分数。

解：根据道尔顿分压定律，环庚酮和水的蒸气压分压之和应等于标准大气压，因此，在 99.0℃时环庚酮的蒸气压为：

$$P_{环庚酮}=P-P_{水}=101\ 325-97\ 736=3\ 589\text{Pa}$$

由式（7-3）可知，水蒸气蒸馏馏出液中水与环庚酮的质量之比为：

$$\frac{m_{水}}{m_{环庚酮}}=\frac{M_{水}P_{水}}{M_{环庚酮}P_{环庚酮}}=\frac{18\times97\ 736}{112\times3\ 589}=4.38$$

即环庚酮的质量分数为 $1/(1+4.38)\times100\%=19\%$

环庚酮与水的质量比 $\frac{m_{环庚酮}}{m_{水}}=\frac{3\ 589\times112}{97\ 736\times18}\approx0.228$

由例 7-1 可知，每蒸出 1g 水，就有 0.228g 环庚酮被蒸出，馏出液中水的质量分数为 81%，环庚酮的质量分数为 19%；水蒸气蒸馏需要消耗大量水，能耗较高；水蒸气蒸馏可在 100℃或更低温度下进行，且能蒸馏分离沸点高于 100℃的挥发性成分；体系中水和环庚酮的分压之和等于一个大气压。

另外，由式（7-3）可知，M_A 的摩尔质量越大，分子间的作用力越强，相应的蒸气压越小。如果采用常规水蒸气蒸馏分离 M_A，在一个标准大气压和 100℃下操作，M_A 的蒸气压可达 500Pa 左右，其在馏出液中的含量仅为 1%。提高馏出液中 M_A 的含量，可通过增加水蒸气蒸馏的次数和蒸馏时间，但同时也致使其生产效率降低，另外，还可利用过热水蒸气提高体系的操作温度，提高 M_A 的蒸气分压，使得 M_A 在馏出液中的含量增加，达到提取效率增加的目的，此种操作方式称为过热水蒸气蒸馏。

（二）过热水蒸气蒸馏

在常压下，饱和状态下的水称为饱和水，其对应的蒸汽是饱和水蒸气，常见水蒸气蒸馏均在饱和状态下操作，称为饱和水蒸气蒸馏。为提高水蒸气蒸馏的效率，使其中蒸气压较小的成分被分离出来，对饱和蒸汽继续加热，使温度上升，成为过热水蒸气，采用过热水蒸气蒸馏的操作模式称为过热水蒸气蒸馏。过热水蒸气蒸馏的原理是提高操作温度从而提高被提取物的蒸气压，使其被水蒸气蒸馏分离出来。

例 7-2： 由例 7-1 求得环庚酮在馏出液中的含量为 19 %，若通入 133℃的过热水蒸气进行蒸馏，其中环庚酮的蒸气分压增加为 30 255Pa，水的分压为 71 070Pa，试求环庚酮在馏出液中的含量。

解： 由例 7-1，根据已知条件，当通入 133℃的过热水蒸气进行蒸馏时，馏出液中环庚酮的含量为

$$\frac{m_{\text{环庚酮}}}{m_{\text{水}}}=\frac{112\times 30\ 255}{18\times 71\ 070}=2.6$$

$$\frac{2.6}{1\times 2.6}\times 100\%=72\%$$

由例 7-2 可知，采用过热水蒸气能有效地提高水蒸气蒸馏的效率，但被分离对象的化学性质在操作温度范围内要稳定，不发生任何化学变化。

综上，水蒸气蒸馏操作温度大多在 100℃左右或者高于 100℃，适用于化学性质稳定的挥发性成分的分离，不适合热敏性、易氧化和易水解的挥发性成分的分离。另外，水蒸气蒸馏需要消耗水蒸气，有时为提高蒸馏产率，需要反复用水蒸气蒸馏数次，提取时间长，能耗较高。

二、水蒸气用量的计算

对水蒸气蒸馏进行工艺计算的过程中，水蒸气的使用量是水蒸气蒸馏工艺中最关键的参数，本节将分别从饱和水蒸气蒸馏和过热水蒸气蒸馏工艺出发，介绍水蒸气用量的计算方法。

（一）饱和水蒸气蒸馏的水蒸气用量计算

前文的内容已经详细介绍了饱和水蒸气蒸馏的概念和原理，以单组分水蒸气蒸馏为例，由式（7-3）可知，单组分 A 与对应所消耗水蒸气量的比值等于组分 A 与水的饱和蒸气压和各自分子量的比值。

设采用水蒸气蒸馏产出组分 A 的质量为 m_A，则带出 m_A 量所需的水蒸气量可由式（7-4）计算得到。

$$m_B = \frac{m_A M_B P_B}{M_A P_A} \qquad 式（7-4）$$

通常，式（7-4）计算得到的水蒸气量只是水蒸气蒸馏出组分 A 所需的量，没有将加热物料和使组分 A 汽化及弥补热损失所消耗的蒸汽量计算在内，而且，离开蒸馏锅的水蒸气通常并未被产品蒸气所饱和，所以实际消耗蒸汽的量大于式（7-4）所计算的理论量，故在实际生产中，在得到理论量的基础上，还须除以饱和系数 φ（0.6～0.8），以计算出实际消耗的水蒸气量。

例 7-3：某厂采用饱和水蒸气蒸馏法提取香茅油，一个大气压下操作，每天需要产出 50kg 的香茅油（假设得到的成品纯度为 100%，分子量为 154），试计算水蒸气蒸馏温度和消耗水蒸气的理论用量。

已知：香茅油与水不互溶，100℃时，对应的香茅油和水的饱和蒸气压分别为 4 666.3Pa 和 101 325.0Pa，在 90℃时，对应的香茅油和水的饱和蒸气压为 2 399.8Pa 和 69 994.3Pa。

解：操作压力为一个大气压 101 325.0Pa，混合体系的沸点应在 90～100℃，通过插值法计算体系沸点温度，即蒸馏温度 t。

已知：在 100℃时，水蒸气蒸馏体系的总压 $P_{总} = 101\,325.0 + 4\,666.3 = 105\,991.3$Pa

在 90℃时，水蒸气蒸馏体系的总压 $P_{总} = 69\,994.3 + 2\,399.8 = 72\,394.1$Pa。

即：

$$\frac{105\,991.3 - 72\,394.1}{100 - 90} = \frac{105\,991.3 - 101\,325.0}{100 - t}$$

求解以上方程可得 $t = 98.6$℃，即体系的蒸馏温度为 98.6℃。继续通过插值法可求得 98.6℃时香茅油和水的饱和蒸气压为 4 346.3Pa 和 96 938.7Pa。

根据式（7-4）可得：

$$m_{水} = \frac{m_{香茅油} M_{水} P_{水}}{M_{香茅油} P_{香茅油}} = \frac{50 \times 18 \times 96\,938.7}{154 \times 4\,346.3} = 130.3\text{kg}$$

即水蒸气蒸馏分离 50kg 香茅油相应消耗理论水蒸气量为 130.3kg。

（二）过热水蒸气蒸馏的水蒸气用量计算

在水蒸气蒸馏工艺中，如果继续对饱和水蒸气加热，温度进一步上升，最终成为过热水蒸气，此时温度高于 100℃，水蒸气在蒸馏锅内不冷凝，锅内无水层，在这种操作条件下，水的分压（$P_{水}$）不等于饱和水蒸气压（$P^0_{水}$），但按照道尔顿分压定律，此时 $P_{总}$仍等于水的分压（$P_{水}$）和组分分压（$P_{组分}$）之和，即 $P_{总} = P_{水} + P^0_{组分}$。

则：

$$P_{水} = P_{总} - P^0_{组分} \qquad 式（7-5）$$

由式（7-4）可得：

$$m_{水} = \frac{m_{组分} M_{水} P_{水}}{M_{组分} P_{组分}} \qquad 式（7-6）$$

假设被蒸馏物与水完全不互溶，则：

$$\frac{P_{水}}{P_{组分}}=\frac{P_{水}^{0}}{P_{组分}^{0}} \quad 式(7-7)$$

联立式(7-5)~式(7-7)可得:

$$m_{水}=\frac{m_{组分}M_{水}(P_{总}-P_{组分}^{0})}{M_{组分}P_{组分}^{0}} \quad 式(7-8)$$

由式(7-8)可知,通入过热水蒸气后,此时蒸馏温度高于100℃,通过总压$P_{总}$即可求得过热水蒸气蒸馏所消耗的水蒸气量,随着总压的升高,消耗的水蒸气增加。另外,如果$P_{总}$逐渐降低,而$P^{0}_{组分}$的蒸气压保持不变,则消耗的水蒸气量减少。当总压等于组分饱和蒸气压时,消耗的水蒸气为零,说明体系在真空条件下操作。

例7-4:某厂采用过热水蒸气蒸馏法提取香茅油,假设体系总压$P_{总}$和蒸馏温度分别为113 324.0Pa和100℃,每天需要产出50kg的香茅油(设纯度为100%,分子量为154),试计算过热水蒸气蒸馏法所消耗水蒸气的理论用量。

已知:香茅油与水不互溶,在100℃对应的香茅油和水的饱和蒸气压为4 666.3Pa和101 325.0Pa。

解:由式(7-7)可得:

$$m_{水}=\frac{m_{组分}M_{水}(P_{总}-P_{组分}^{0})}{M_{组分}P_{组分}^{0}}=\frac{50\times18\times(113\ 324.0-4\ 666.3)}{154\times4\ 666.3}=136.1(\text{kg})$$

即过热水蒸气蒸馏分离50kg香茅油相应消耗理论水蒸气量为136.1kg。

由例7-4可知,过热水蒸气蒸馏消耗的水蒸气量大于饱和水蒸气蒸馏的用量,且操作温度高于饱和水蒸气蒸馏工艺温度。

三、水蒸气蒸馏的应用

(一)中草药中有效成分的分离和提取

水蒸气蒸馏可用于中草药中有效成分的提取和分离,中草药中的挥发油(如艾草精油、香茅油等)、一些小分子的生物碱(如麻黄碱、烟碱、槟榔碱等)和小分子酚类物质(如丹皮酚)等,在水中溶解度极低,且在高温下易挥发或分解,不适用于高温分离方法。水蒸气蒸馏法因其操作温度适中,可以很好地实现中草药中有效成分的分离和提取。如在松脂加工过程中,把采集的松脂进行水蒸气蒸馏,可得到液态的松节油和固态的松香。如提取艾草精油时,采用水蒸气蒸馏法,在较低温度下可快速、高效获取高纯度艾草精油。

(二)回收有机溶剂

化学原料药在合成及精制过程中,会产生一定量的有机溶剂与水的混合废液。其中,有些有机溶剂在水中溶解度低(如正辛醇、环庚酮等),重力分层无法得到高纯度产品,可采用水蒸气蒸馏法进行分离、回收这些有机溶剂,最后再采用减压蒸馏等方法提纯,实现有机溶剂的回收再利用。因水蒸气蒸馏所需加热量较小,对于溶剂回收具有较高的经济价值。

(三)与其他方法联合提取中草药有效成分

水蒸气蒸馏可与超声波提取法、盐析法等其他方法联合,提取中药中的挥发性有效成分,提高提取效率。如采用超声波辅助水蒸气蒸馏法提取茴香精油，随着超声波功率的增大，超声波处理时间和水蒸气蒸馏时间的延长，精油的提取率逐渐增大并达到平衡。还可采用盐析法降低金银花挥发性成分在水中的浓度，再结合水蒸气蒸馏法提取金银花挥发油。

第二节　分子蒸馏

分子蒸馏（短程蒸馏）是一种在高真空度条件下进行非平衡分离操作的连续蒸馏过程。由于在分子蒸馏过程中操作系统的压力很低（0.1～100Pa），混合物易挥发组分的分子可以在温度远低于沸点时挥发，而且在受热情况下停留时间很短，因此，该过程已成为分离目的产物最温和的蒸馏方法，特别适合于分离低挥发度、高沸点、热敏性和具有生物活性的物料。目前，分子蒸馏已成功应用于制药行业。

一、分子蒸馏的基本原理和特点

（一）分子蒸馏基本概念

1. 分子平均自由程　分子在两次连续碰撞之间所走的路程的平均值称为分子平均自由程。根据理想气体的动力学理论，分子平均自由程可通过下式计算得到：

$$\lambda = \frac{RT}{\sqrt{2}\pi d^2 N_A p} \qquad \text{式(7-9)}$$

式中，λ 为分子平均自由程，m；d 为分子直径，m；T 为蒸发温度，K；p 为真空度，Pa；R 为普适气体常数（8.314）；N_A 为阿伏加德罗常数（$6.02 \times 10^{23}mol^{-1}$）。

根据分子平均自由程公式可知，不同种类的分子由于其分子有效直径不同，其平均自由程也不同，即不同种类分子，从统计学观点看，其逸出液面后不与其他分子碰撞的飞行距离是不相同的。分子蒸馏的分离作用就是利用液体分子受热会从液面逸出，而不同种类分子逸出后其平均自由程不同这一性质来实现的。

分子平均自由程长度是设计分子蒸馏器的重要参数，一般在设计时要求其设备结构满足分离物质的分子在蒸发表面和冷凝表面之间所经过的路程小于分子平均自由程，这样才能使得大部分汽化的分子到达冷凝表面而不至于与其他气体分子相碰撞而返回。式（7-9）是在理想气体处于平衡条件的假设下推导得到的，然而分子蒸馏器中的实际情况是分子在蒸发过程中处于非平衡状态，所以计算结果与实际情况存在偏差，更加准确的方法可通过求解 Boltzmann 方程得到。

2. 蒸发速率　蒸发速率是分子蒸馏过程十分重要的物理量，是衡量分子蒸馏器生产能力的标志。在绝对真空下，表面自由蒸发速度应等于分子的热运动速度，两组分理想混合物的理论分子蒸发速率为：

$$G_i = p_i^0 \left(\frac{M_i}{2\pi RT} \right)^{1/2} \qquad \text{式(7-10)}$$

$$G_i = \sum x_i G_i \qquad \text{式(7-11)}$$

式中，G_i 为组分的蒸发处理量，kg/h；p_i^0 为组分 i 的饱和蒸气压，Pa；M_i 为组分 i 的摩尔质量，kg/mol；T 为绝对温度，K；R 为普适气体常数（8.314）；x_i 为组分 i 的摩尔分数；G 为总蒸发处理量，kg/h。

实际上，由于物料性质、设备形状及操作参数等多种因素的影响，分子的蒸馏速度远小于理想值，为此，人们提出了多种理论的或经验的修正参数。Stephan 在进料温度与蒸馏温度相同、对流传热与传导传热相比是可以忽略、分子蒸馏只是表面现象的假设下，对式（7-10）进行了修正：

$$G_i = p_i^0\left(\frac{M_i}{2\pi RT}\right)^{1/2}[1-(1-f)(1-e^{-\frac{h}{k\lambda}})^n] \qquad \text{式(7-12)}$$

其中：

$$f = \frac{A_c}{A_c + A_e} \qquad \text{式(7-13)}$$

$$\lg k = 0.2 + 1.38(f + 0.1)^4 \qquad \text{式(7-14)}$$

式中，A_c 为冷凝面积，m^2；A_e 为蒸发面积，m^2；h 为冷凝面与蒸发面之间的距离，m；λ 为蒸发潜热，J/kg；n 为每立方米所含的气体分子数。

在离心式分子蒸馏器中由于液膜的厚度非常小（0.003～0.006cm），扩散阻力可以忽略，因此假设分子蒸馏只是表面现象是合理的。但是在降膜式分子蒸馏器中，液膜的厚度较大（0.1～0.3cm），必须考虑扩散阻力。因此上面的模型不适用于降膜式分子蒸馏器，Micov 等利用 Navier-stokes 扩散方程建立了两组分的降膜式分子蒸馏器的蒸发速率方程：

$$G_{i1} = X_{i1}p_i^0(T_1)\sqrt{2\pi RM_iT_1} - X_{i2}p_i^0(T_2)\sqrt{2\pi RM_iT_2} \qquad \text{式(7-15)}$$

$$G_{i2} = X_{i2}p_i^0(T_2)\sqrt{2\pi RM_iT_2} - X_{i1}p_i^0(T_1)\sqrt{2\pi RM_iT_1} \qquad \text{式(7-16)}$$

此模型是建立在蒸发温度和冷凝温度均不变，传热和传质在实验过程中是稳定不变的前提下。在工业化应用中由于液膜的表面温度无法测量，一般以壁面温度代替，但是由于液膜的传热阻力总是存在的，因此计算结果与实验结果存在一定的偏差。

3. 分离因数　分离因数是衡量液相分子蒸发后进入气相和气液表面捕捉气相分子能力的参数，温度和被分离物质的分子量对分离因数影响很大。下面以二元溶液为例，对分离因数进行说明。在普通蒸馏中，液相与气相能达到动态的相平衡，并以相对挥发度 α 表示其分离能力。

理想溶液：

$$\alpha = \frac{p_1}{p_2} \qquad \text{式(7-17)}$$

非理想溶液：

$$\alpha = \frac{p_1\gamma_1}{p_2\gamma_2} \qquad \text{式(7-18)}$$

式中，α 为普通蒸馏时的分离因数；p_1、p_2 为组元 1、2 的饱和蒸气压；γ_1、γ_2 为组元 1、2 的活度系数。

对于分子蒸馏来说，由于是不可逆过程，其分离因数 α_M 如下。

理想溶液：

$$\alpha_M = \frac{p_1}{p_2}\sqrt{\frac{M_2}{M_1}} \qquad \text{式(7-19)}$$

非理想溶液：

$$\alpha = \frac{p_1\gamma_1}{p_2\gamma_2}\sqrt{\frac{M_2}{M_1}} \qquad \text{式(7-20)}$$

比较式(7-17)～式(7-20)可得：

$$\alpha_M = \alpha\sqrt{\frac{M_2}{M_1}} \qquad \text{式(7-21)}$$

式中，α_M为分子蒸馏时的分离因数。

分析上述各式可知，分子蒸馏的分离能力为普通蒸馏的$\sqrt{\frac{M_2}{M_1}}$倍，分子蒸馏可用于分离蒸气压十分相近而分子量有所差别的化合物。

（二）分子蒸馏过程

如图7-1所示，分子蒸馏过程可分为如下四步：

1. 分子从液相主体到蒸发表面 在不同设备中，分子通过扩散从液相主体进入蒸发表面，液相中的扩散速度是控制分子蒸馏速度的主要因素，因此在设备设计时，应尽量减薄液层的厚度及强化液层的流动（如采用刮膜式分子蒸馏器）。

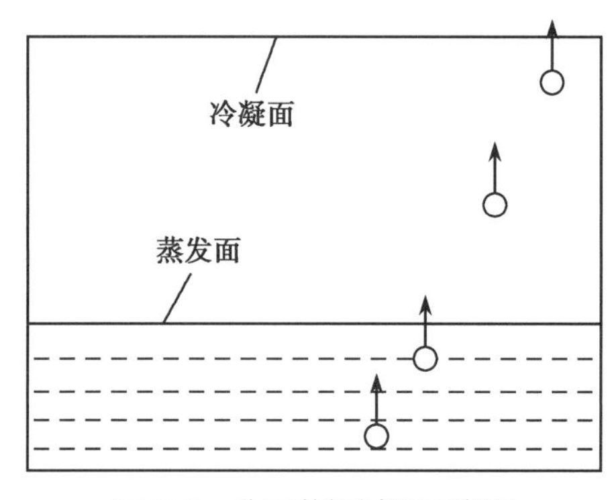

图7-1 分子蒸馏过程示意图

2. 分子在液层表面上的自由蒸发 蒸发速度随着温度的升高而上升，但分离因素有时却随着温度的升高而降低。所以，应以被加工物料的热稳定性为前提，选择合理的蒸馏温度。

3. 分子从蒸发表面向冷凝面飞射 蒸汽分子从蒸发面向冷凝面飞射的过程中，可能彼此相互碰撞，也可能和残存于蒸发面与冷凝面之间的空气分子碰撞。由于蒸发分子都具有相同的运动方向，故它们自身的碰撞对飞射方向和蒸发速度影响不大。而残气分子在蒸发面与冷凝面之间呈杂乱无章的热运动状态，故残气分子数目的多少是影响挥发物质飞射方向和蒸发速度的主要因素。实际上，只要在操作系统建立起足够高的真空度，使得蒸发分子的平均自由程大于或等于蒸发面与冷凝面之间的距离，则飞射过程和蒸发过程就可以很快地进行，若再继续提高真空度就毫无意义了。

4. 分子在冷凝面上冷凝 只要保证蒸发面与冷凝面之间有足够的温度差（一般大于60℃）、冷凝面的形状合理且光滑，则冷凝步骤可以在瞬间完成，且冷凝面的蒸发效应对分离过程没有影响。

（三）分子蒸馏过程的特点

分子蒸馏与普通减压蒸馏和减压精馏是不同的，区别主要如下。

1. 分子蒸馏的蒸发面与冷凝面距离很短，被蒸发的分子从蒸发面向冷凝面飞射的过程中，蒸汽分子之间发生碰撞的概率很小，整个系统可在很高的真空度下工作；而普通减压精馏过程，不论是板式塔还是填料塔，蒸汽分子要经过很长的距离才能冷凝为液体，在整个过程中，蒸汽分子要不断地与塔板（或填料）上的液体以及与其他蒸汽分子发生碰撞，整个操作系统存在一定的压差，因此整个过程的真空度远低于分子蒸馏过程。

2．通常减压精馏是蒸发与冷凝的可逆过程，液相和气相间可以形成相平衡状态；分子蒸馏过程中，蒸汽分子从蒸发表面逸出后直接飞射到冷凝面上，几乎不与其他分子发生碰撞，理论上没有返回蒸发面的可能性，因而，分子蒸馏过程是不可逆的。

3．普通蒸馏的分离能力只与分离系统各组分间的相对挥发度有关，而分子蒸馏的分离能力不但与各组分间的相对挥发度有关，而且与各组分的分子量有关。

4．通常蒸馏有鼓泡、沸腾现象，而分子蒸馏是液膜表面的自由蒸发过程，没有鼓泡、沸腾现象。

二、分子蒸馏的流程与设备

一套完整的分子蒸馏装置主要包括分子蒸发器、脱气系统、进料系统、加热系统、冷却系统、真空系统和控制系统。图 7-2 所示是分子蒸馏装置的工艺流程。

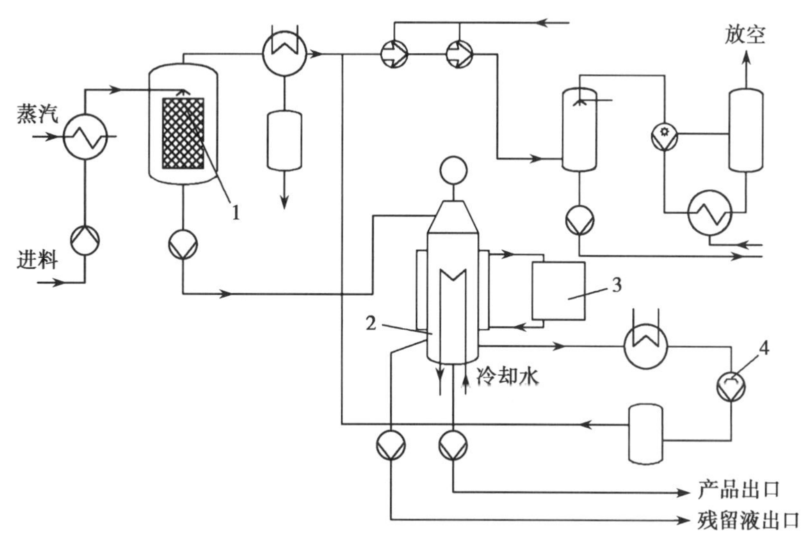

1．脱气系统；2．分子蒸发器；3．加热器；4．真空系统。

图 7-2　分子蒸馏装置工艺流程图

需要特别加以注意的是脱气系统。脱气系统是将待处理物料中溶解的各种气体在高真空条件下排出，以防料液在进行分子蒸馏的过程中发生爆沸。常用的脱气设备有降膜式、喷射式、填充式和层板式。

分子蒸馏装置的核心部分是分子蒸发器，其型式主要有四种：静止式蒸发器、降膜式蒸发器、刮膜式蒸发器和离心式蒸发器，下面分别加以介绍。

（一）静止式

静止式分子蒸馏器出现最早、结构最简单，其特点是具有一个静止不动的水平蒸发表面。

静止式设备生产能力低、分离效果差、热分解危险性大，现已基本被淘汰。

（二）降膜式

降膜式分子蒸馏器的优点是液膜厚度小，液体在重力作用下沿蒸发表面流动，被加热物料在蒸馏温度下的停留时间短，热分解的危险性小，蒸馏过程可以连续进行，生产能力大。缺点是液体分配装置难以完善，很难保证所有的蒸发表面都被液膜均匀的覆盖，即容易出现沟流现象；液体流动时常发生翻滚现象，所产生的雾沫夹带也常溅到冷凝面上，降低了分离效果；由于液体是在重力的作用下沿蒸发表面向下流的，故降膜式分子蒸馏设备不适合用于分离黏度很大的物料，否则将导致物料在蒸发温度下的停留时间加长。

（三）刮膜式

刮膜式蒸馏器是由同轴的两个圆柱管组成，中间是旋转轴，上下端面各有一块平板。加热蒸发面和冷凝面分别在两个不同的圆柱面上，其中加热系统是通过热油、蒸汽或热水来进行的。进料喷头在轴的上部，其下是进料分布板和刮膜系统。中间冷凝器是蒸发器的中心部分，固定于底层的平板上。

ER7-2　刮膜式蒸馏器

刮膜式分子蒸馏器广泛应用于实验室和工业生产中。其优点是：①液膜厚度小；②在刮膜器的作用下，可以避免沟流现象的出现，能保证液膜在蒸发表面均匀分布；③被加热的物料在蒸馏温度下的停留时间短，热分解的危险性小，而且可以通过改变刮膜器的形状来控制液膜在蒸发面的停留时间；④蒸馏过程可以连续进行，生产能力大；⑤可以在刮膜器的后面加挡板，使得雾沫夹带的液体在挡板上冷凝，在离心力的作用下回到蒸发面；⑥向下流的液体得到充分搅动，从而强化了传热和传质。为了保证密封性，刮膜式分子蒸馏器的结构和降膜式分子蒸馏器相比复杂一些，但与离心式相比，它的结构还是比较简单的。

（四）离心式

离心式分子蒸馏器具有旋转的蒸发表面，操作时进料在旋转盘中心，靠离心力的作用在蒸馏器表面进行分布，其优点是：①液膜非常薄，流动情况好，生产能力大；②物料在蒸馏温度下停留时间非常短，可以分离热稳定性极差的有机化合物；③由于离心力的作用，液膜分布很均匀，分离效果较好。但离心式分子蒸馏设备结构复杂，真空密封较难，设备的制造成本较高。由于刮膜式分子蒸馏设备的优点，当今世界分子蒸馏设备供应商主要生产刮膜式分子蒸馏器，只有极少数的厂商生产离心式分子蒸馏器。

三、分子蒸馏的应用

分子蒸馏作为一种温和、高效、清洁的分离技术，受到国内外科研工作者的青睐，其已经广泛应用于制药行业中，以下简单介绍近年来分子蒸馏在制药行业的应用进展。

（一）中草药有效成分的提取分离

中药现代化面临的瓶颈问题之一在于有效成分的分离提纯，而中药有效成分中常常含有高沸点、热敏性、易分解的物质，分子蒸馏正适合于对这类物质的分离提纯。

有研究采用超临界 CO_2 萃取和分子蒸馏联用的技术对连翘挥发油进行提取和分离。结论是采用分子蒸馏法可以在较温和的条件下将连翘挥发油主要有效成分萜品醇-4和α-萜品醇进行分离，而超临界CO_2萃取和分子蒸馏联用的技术也为中药有效成分的提取分离提供了一条可行的路线。有研究利用超临界CO_2萃取-分子蒸馏技术对独活化学成分进行了分离提纯。结果表明，超临界萃取产物经过分子蒸馏分离后，化学成分明显减少，分子蒸馏产物中药用有效成分的相对含量也明显提高。另一个研究采用分子蒸馏技术对川芎的超临界萃取产物进行了提取和分离。与川芎的超临界萃取物相比，经分子蒸馏得到的川芎挥发油的化学成分明显减少，挥发油中的主要成分2,3-丁二醇、α-蒎酸、桧烯等含量明显提高。

（二）制药中间体的分离提纯

这方面的研究是近年来关于分子蒸馏应用的新尝试，开辟了将该项技术用于西药关键生产环节的探索。天津大学相关研究人员采用分子蒸馏法分离合成抗组胺药的重要中间体对乙酰氨基苯乙酸乙酯，以改变对位和间位同分异构体产物的比例，为后续的结晶除杂奠定了基础。通过4级分子蒸馏操作，使间位和对位产物的质量比由0.948降到0.405，达到了结晶分离技术对同分异构体两组分相对含量的要求。有研究应用刮膜式分子蒸馏装置对帕罗西汀进行提纯，得到提纯帕罗西汀的最适宜工艺条件。通过初步估计，以年产1 000kg帕罗西汀计算，可产生利润约7 000万元，体现了分子蒸馏技术在高附加值产品中的应用价值。

（三）天然维生素E的提取

维生素E具有许多生理功能，是治疗和辅助治疗一系列疾病的有效药物。随着近代医学和营养学的发展，一系列动物试验已经证实，天然维生素E无论在生理活性还是在安全性上均优于合成维生素E。天然维生素E主要存在于富含维生素E的动植物组织中，如小麦胚芽油、大豆油及油脂加工的副产物脱臭馏分和油渣中，因维生素E具有热敏性，且沸点很高，用普通的真空精馏很容易使其分解；而用萃取法，需要的步骤繁杂，收率较低。用离心型分子蒸馏器在240℃以下和0.5Pa压力下蒸馏经碱精制的豆油（含0.19%维生素E），维生素E馏分即可收集得到。在−10℃从丙酮中通过结晶尽可能地除去胆固醇，并通过皂化作用除去甘油酯后，在不皂化的物质中存在的维生素E用分子蒸馏法进一步浓缩得到浓度为61%的维生素E混合物。

（四）从鱼油中分离DHA、EPA

二十碳五烯酸（EPA）和二十二碳六烯酸（DHA）具有很高的药用价值和营养价值，对大脑功能有活化作用，在治疗和防治动脉粥样硬化、阿尔茨海默病以及抑制肿瘤等方面都有较好疗效。鱼油中DHA含量为5%～36%，EPA含量为2%～16%。由于DHA和EPA是分别含5、6个不饱和双键的脂肪酸。对其进行分离提纯难度很大，且在高温下很容易聚合。国内外已对EPA和DHA进行了广泛的研究，为了获取高纯度的EPA和DHA，采用的方法有低温溶剂区分法、酶解浓缩法、分子蒸馏法、尿素沉淀法、超临界流体萃取法、硝酸银法等。国内实际应用的工业大规模精制方法有真空精馏法和分子蒸馏法。相比较而言，分子蒸馏法具有经济性和易于连续生产的特点。在进行分子蒸馏之前，需要用乙醇将其酯化，然后才可安全地将其分离到需要的纯度。表7-1为用多级分子蒸馏器分离提纯EPA和DHA的结果。

表 7-1 多级分子蒸馏器分离提纯 EPA 和 DHA 的结果

种类	气味	色值	水分及挥发物 /%	酸价 /（mgKOH/kg）	碘价（以 I 计）/（mg/kg）	过氧化值 /（mg/kg）
原料油	强烈鱼油腥味	11.33	0.2	6.7	157	14.4
酯化原料油	强烈鱼油腥味	32.10	0.2	2.1	149	40.1
三级分子蒸馏鱼油	较淡鱼油腥味	2.09	0.01	1.0	170	8.2
四级分子蒸馏鱼油	稍有鱼油味	0.11	0.01	0.5	294	4.1
五级分子蒸馏鱼油	很淡鱼油味	0.12	0.01	0.2	333	4.3

（五）共轭亚油酸的生产

共轭亚油酸的生产一般首先从富含亚油酸的植物油中提取高纯度的亚油酸，经共轭化反应和分离纯化得到共轭亚油酸，在分离纯化这一步分子蒸馏法优势明显。有研究采用分子蒸馏法提纯共轭亚油酸，得到的碳 9、11 双键产物和碳 10、12 双键产物的纯度分别高达 93.1% 和 95.3%。其他研究也对分子蒸馏浓缩提纯共轭亚油酸的工艺进行了分析，并介绍了该工艺中设备的特点。

（六）脱除中药制剂中的残留农药和有害重金属

由于目前大宗中药材一般都是人工种植，传统的道地药材越来越少，为防止人工种植过程中病虫害对药材的危害和追求高产量，药农一般都给种植的药材施肥和喷洒农药，这样往往造成药材中残留农药和重金属超标。当采用这样的药材制成中成药制剂时，一般也存在残留农药和重金属超标的问题。采用分子蒸馏技术对中药制剂中的残留农药和重金属进行脱除，是比其他传统方法更高效和有效的分离手段。

第三节 案例分析

案例 7-1 艾草精油水蒸气蒸馏提取工艺

背景资料：艾草作为药物用于治疗疾病已有 2 000 多年的历史，在临床上主要应用于各类杀虫止痒、出血证、内科、妇科等疾病。现代人对艾草有效化学成分的研究表明，艾草的化学成分主要有挥发油、黄酮类、鞣质类、三萜类等。艾草挥发油含量较高，具有特殊气味，是很早就被用于“辟疫”（禳毒气）的菊科植物。由于艾草的特殊功效，大量高效的提取艾草精油具有很好的社会和经济意义。

问题：查阅有关资料，根据艾草精油的性质，选定有效的分离纯化方法，确定工艺路线，对设定的工艺路线进行分析比较，不仅要求技术上的可行性，还要体现经济性、环保性。

已知：艾草精油存在于艾草茎及叶子中，植物药材中含大量蛋白质及葡聚糖等非有效成分，分离时应予考虑。艾草精油不溶于水，易溶于有机溶剂，易于挥发。

找寻关键：艾草精油与水不互溶，易挥发，可采用水蒸气蒸馏的方法提取分离。

艾草精油易溶于有机溶剂，采用萃取的方法可实现提取，但应考虑萃取剂与目标产物分离的难度及成本，从提取成本考虑选用最经济的提取工艺。

提取中应考虑艾草原料中杂质对艾草精油纯度和提取率的干扰。

工艺设计：

方案一：水蒸气蒸馏法

工艺流程见下图 7-3：

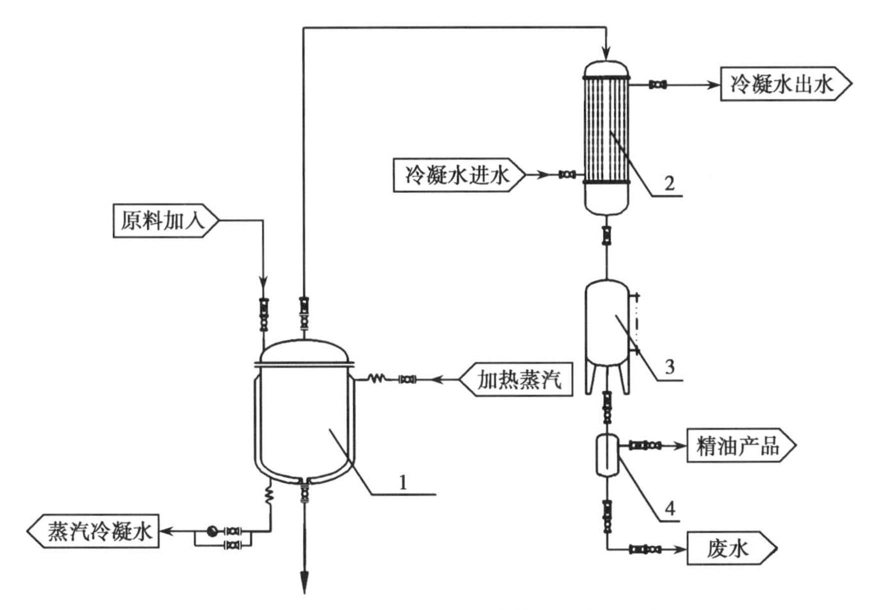

1. 蒸馏釜；2. 冷凝器；3. 中间储罐；4. 油水分离器。

图 7-3　水蒸气蒸馏法提取艾草精油工艺流程图

（1）取新鲜艾草的茎、叶，用水浸泡 20 分钟，洗净，烘干，粉碎过 100 目筛，备用。

（2）取粉碎后的艾草粉末，加至蒸馏釜中，加入适量的 NaCl 和蒸馏水，水蒸气通入蒸馏釜中，得到含油水蒸气。

（3）含油水蒸气从蒸馏釜排出，经冷凝器冷凝，进入中间储罐静置，再经油水分离器进行分离，得到精油。

方案二：超临界 CO_2 流体萃取法

（1）将新鲜艾草的茎、叶洗净并浸水，装入筛篮中并整体浸没到液氮中处理，提起并置于室温下 5～10 分钟，然后再浸没到液氮中处理，如此反复 2～3 次。

（2）将步骤（1）中的艾草低温烘干、粉碎，得艾草粉末。

（3）采用超临界 CO_2 流体萃取法对艾草粉末进行萃取。

（4）含有萃取物的 CO_2 流体从萃取釜中流出，进入分离釜进行减压分离，得到艾草精油。本艾草精油的提取方法，避免了艾草提取过程中有效成分的损失，提高了艾草精油的品质和产率。

假设：水蒸气蒸馏提取分离艾草精油时，蒸馏以后的油水分离方法还有哪些？能否选用适当的单元操作提高分离效果，使产品纯度达到 99% 以上？

分析与评价：方案二采用超临界 CO_2 作为萃取剂提取精油，提取产品纯度较高，可达到

99% 以上，且不需要二次回收溶剂，减少了废水排放和环境污染，但超临界萃取设备复杂且能耗较高，需要大量的能量获得超临界状态的 CO_2，经济成本较高，不适合大批量生产。

方案一采用氯化钠水溶液浸泡艾草，能有效去除蛋白质、葡聚糖等杂质，减少精油提取过程中杂质的产生，避免了艾草提取过程中有效成分的损失，提高了艾草精油的品质和产率。方案一采用水蒸气蒸馏，对比方案二，能耗低，产品纯度可达 98%，产量大，设备简单易操作，经济效益较好。蒸馏以后的油水分离操作可采用塔器提高分离效果，即蒸馏釜上方蒸汽出口直接接填料塔下方气体进口，可提高分离效果。

两种方案各有优缺点，应根据具体产品要求、投资要求、成本要求等综合考虑选用何种方案。目前工业生产多数应用的为方案一，因其成本低、效率高而被广泛应用。在实际选用时，还应根据原料特性及设备参数，通过实验调整具体操作参数，如过筛目数、NaCl 和蒸馏水用量、回流时间等。

案例 7-2　香茅油提取工艺

背景资料：香茅油又称香草油或雄刈萱油，由香茅的全草经水蒸气蒸馏而得。淡黄色液体，有浓郁的山椒香气，主要成分是香茅醛、香叶醇和香茅醇。提取得到的香茅醛，可供合成羟基香茅醛、香叶醇和薄荷脑。也可用作杀虫剂、驱蚊药和皂用香料。

我国生产香茅油有很多年历史，1921 年引入中国台湾试种，1935 年传入广东，目前，我国香茅油年产量已达到 3 000t 以上，但世界市场对香茅油的年需求量达到 6 000t 以上。高效、节能是香茅油生产商一直以来追求的目标。

问题：传统水蒸气蒸馏的方式不能重新利用馏出水，不能将其回流再用，这些水大部分要排放掉，因此工厂会有大量的废水产生，如不处理就排放将污染环境；另外锅炉烧草渣，烟气中灰尘较多，烟气有时也会带有异味，也需要处理后才能排放。在环保法规日益严格的今天，香茅油生产必须做到符合环保要求，因此一些过去的生产工艺也要改进。请给出适当的改进工艺，并说明改进理由。

已知：香茅油主要成分是香茅醛、香叶醇和香茅醇，均为易挥发物质，且难溶于水。因其沸点较低，在采用水蒸气蒸馏时，应严格控制冷凝温度，防止产品挥发、损失，冷却水占本工艺中能耗的大部分。

找寻关键：为降低能耗，应从冷却水用量及循环使用方面改进工艺。

工艺设计：如图 7-4 所示，为一种高出油率、高生产效率以及不污染环境的香茅油生产的设备配置实例。

（1）采用分层放料蒸馏模式，出油率要比不分层放料的蒸馏方式提高 20% 左右，当一般不分层蒸馏香茅油的出油率为 0.6% 时，用分层放料来蒸馏出油率可达 0.8%，增收很明显。

（2）冷却系统在图 7-4 中有冷却器 8 和冷却塔 24。这个冷却器是气流旋流冷却器，其冷却面积为 $20m^2$ 以上，可迅速将蒸馏汽冷却成 30～40℃的液体，其冷却用水每小时进水量为 30～$40m^3$。

（3）冷却器的冷却水由冷却塔循环供给，冷却器输出热水返回冷却塔经由风扇和大面积的填料降温后，再由水泵重新泵入冷却器使用，由此不断循环。

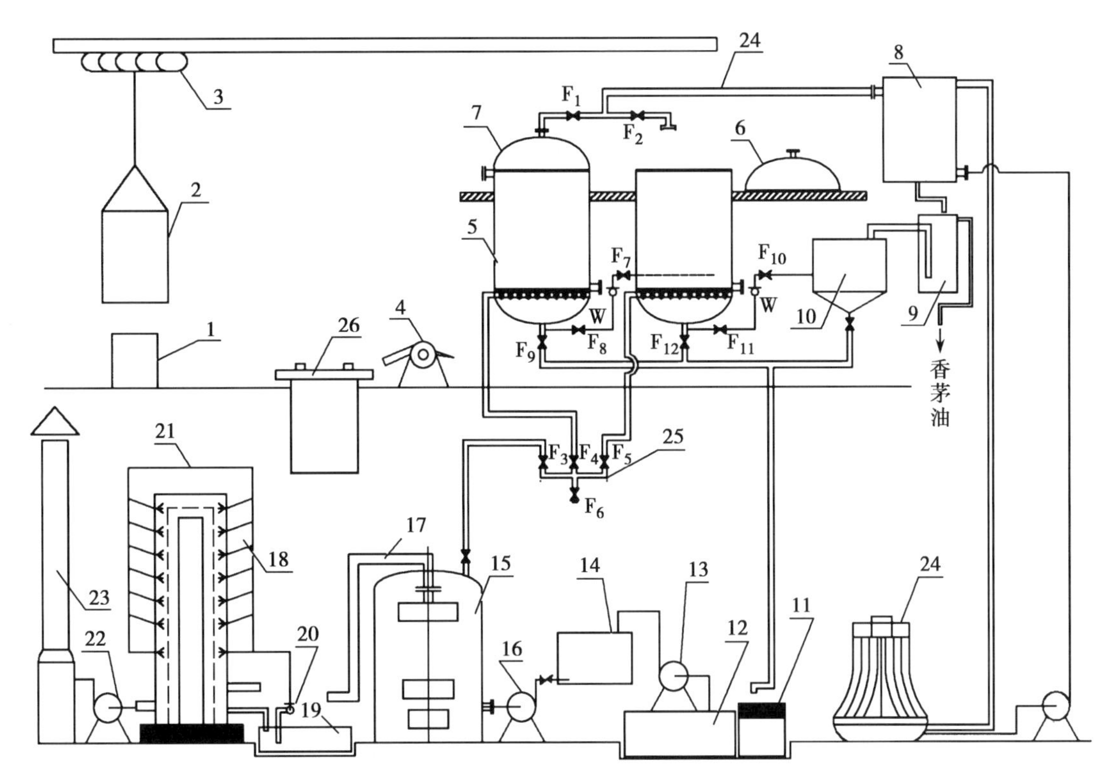

1. 分层网框；2. 料篮；3. 吊车；4. 切草机；5. 蒸馏锅；6. 锅盖；7. 压码；8. 冷却器；9. 油水分离器；10. 储水罐；11. 过滤网；12. 废水池；13. 水泵；14. 锅炉供水箱；15. 低压锅炉；16. 锅炉水泵；17. 烟道管；18. 喷淋塔；19. 喷淋水储池；20. 水泵；21. 喷淋系统；22. 引风机；23. 烟囱；24. 冷却塔；25. 蒸汽分配管；26. 料篮坑；F_1～F_{12}. 阀门。

图 7-4 高出油率的香茅油生产工艺流程

假设：操作中冷却水温度超高，是否影响分离效果？

分析与评价：工艺中产生的冷却水不会排放，也不含有芳香油成分，是相对清洁的水，但在不断被升温、降温过程中有大量水分挥发掉，会影响分离效果，因此需要不断补充水。工厂的冷却塔每天要补充水 500kg 左右，这些水也可以使用蒸馏废水。

由上述各项分析可知，该工艺几乎没有污水排放，烟气可达标排放，燃料绿色循环自给自足，出油率较高，经济效益较好，对环境友好。与传统工艺相比，改进的工艺优点突出，经济效益好，适合大范围推广。

案例 7-3 罗汉果苷Ⅴ的提取

背景资料：罗汉果是葫芦科多年生藤本植物，其叶心形，雌雄异株，夏季开花，秋天结果。中医以其果实入药，含有罗汉果糖苷、多种氨基酸和维生素等药用成分，主治肺热痰火咳嗽、咽喉炎、扁桃体炎、急性胃炎、便秘等，是广西桂林著名特产。

罗汉果中含有丰富的糖苷，在干果中总含量为 3.78%～3.86%，在糖苷中含量最多的是罗汉果苷Ⅴ，其含量为总糖苷的 22% 左右。罗汉果苷Ⅴ的甜度为蔗糖的 256 倍，味甜而纯正，无异味，回味感强，热稳定性好，可作为食品、菜肴的甜味剂，且热量较低，是肥胖病人及不适于用糖食的糖尿病人理想的食糖代用品，并且具有祛痰镇咳平喘的功效。

问题：查阅有关文献，根据罗汉果苷Ⅴ的性质，选定有效的分离纯化方法，确定工艺路线，对设定的工艺路线进行分析比较，不仅要求技术上的可行性，还要体现经济性、环保性。

已知：根据案例所给的信息，待分离的物质是罗汉果中的罗汉果苷Ⅴ。植物药材组成复杂，罗汉果中还富含果胶、黏液质等多糖类成分和蛋白质、氨基酸等蛋白类化学成分，这些成分的存在严重影响罗汉果皂苷类有效成分的提取和分离纯化。此外，罗汉果中的皂苷类化合物具有起泡性，易形成胶体溶液，加大分离纯化的难度；加上果实中的果胶等多糖以及蛋白质等成分对泡沫的协同增效作用，使得提取液在浓缩过程中产生大量的泡沫而很难浓缩至高固形物含量，经常发生跑料现象，明显降低产品收率。

找寻关键：工业化生产高含量、高品质的罗汉果苷Ⅴ提取物需要克服如下技术难点：

（1）降低果胶、蛋白质等起泡物质的干扰，降低生产难度，降低物料损失。

（2）分离纯化得到含量高、口感良好，以及呈现纯白色泽的高含量罗汉果苷Ⅴ产品。

工艺设计：

方案一：分子蒸馏法

分子蒸馏法的工艺流程如下：

粉碎→过筛→超声浸泡→回流抽滤→减压浓缩→第一次分子蒸馏→第二次分子蒸馏→冷冻干燥→成品

详述如下：

（1）将罗汉果粉碎后，过 40～60 目筛网获得罗汉果粉末。用 80% 的乙醇溶解，放入超声波清洗器中，在 200kHz 的条件下超声浸泡 30 分钟。

（2）超声浸泡结束后，回流提取 5 小时，然后抽滤，收集滤液。滤液经减压浓缩除去大部分溶剂得到罗汉果浸膏（该浸膏为一种黏稠状流动性的膏体），罗汉果浸膏的收率为 30.12%。

（3）罗汉果浸膏在蒸馏温度为 40℃，蒸馏压力为 0.1Pa 的条件下进行第一次分子蒸馏，得到罗汉果浸膏轻组分 1#、重组分 2#，罗汉果重组分 2# 收率为 36.51%；重组分 2# 在蒸馏温度为 60℃、蒸馏压力为 0.1Pa 的条件下进行第二次分子蒸馏，得到含罗汉果苷Ⅴ的轻组分 3#（其中罗汉果浸膏轻组分 3# 的收率为 3.63%）。

（4）将含罗汉果苷Ⅴ的轻组分 3# 经冷冻干燥机冷冻干燥 24 小时，得到白色粉末状晶体，即为罗汉果苷Ⅴ成品。

将上述罗汉果浸膏经第一次分子蒸馏得到罗汉果重组分 2# 进行高效液相检测，结果发现：重组分 2# 中罗汉果苷Ⅴ含量为 53%；将经第二次分子蒸馏得到的罗汉果苷Ⅴ成品进行高效液相检测，发现其纯度为 98.52%。

方案二：层析法

多步的层析法的工艺流程如下：

破碎→糖化→水提取→浓缩→沉降离心→离子交换树脂精制→大孔树脂精制→浓缩→氧化铝精制→浓缩→喷雾干燥→成品

详述如下：

（1）糖化：取鲜罗汉果 1 000kg 破碎，然后将占鲜罗汉果重量 3‰～7‰的糖化酶溶解于 1 000L 的自来水中，将破碎的鲜罗汉果放入其中搅拌均匀，于 35～45℃保温放置 2～4 小时。

（2）水提取和浓缩：将糖化好后的鲜罗汉果用自来水进行提取。于 90℃以上温度提取 3

次，合并3次提取滤液真空减压75℃以下浓缩至投料鲜罗汉果重量的4倍。

（3）沉降离心：浓缩后的提取液沉降离心分离。

（4）离子交换树脂精制：预先将占鲜罗汉果质量1/10的D-201强碱性阴离子交换树脂装入树脂柱，然后将离心液通过树脂柱，收集流出液，再用纯化水洗至无甜味为止，合并所有流出液。

（5）大孔树脂精制：预先将占鲜罗汉果质量0.4倍的ADS-17大孔吸附树脂装入树脂柱中，将经过离子交换树脂后的洗脱液通过树脂柱，再用纯化水洗至流出液无色透明。

（6）浓缩回收乙醇：将解吸液真空减压75℃以下浓缩至投料鲜罗汉果重量的0.5倍。

（7）氧化铝精制：预先将占鲜罗汉果质量1/25的氧化铝装入树脂柱中，同时将浓缩液用纯化水稀释，将稀释液通过氧化铝柱，收集全部流出液，再用纯化水洗柱全无甜味止，收集所有流出液。

（8）浓缩和喷雾干燥：将流出液真空减压75℃以下浓缩到11～15Be，再喷雾干燥制成成品。

罗汉果苷Ⅴ成品进行高效液相检测，其纯度约60%。

方案三：硅胶柱层析法

硅胶柱层析法的工艺流程如下：

破碎溶解→粗提→硅胶柱上样→洗脱→浓缩→干燥→成品

详述如下：

（1）粗提得到的罗汉果粗苷（含罗汉果苷Ⅴ38.53%），溶于95%乙醇中。

（2）200～300目硅胶20g干法装柱于内径2.5cm玻璃柱内，上样。

（3）以二氯甲烷/乙醇高于1的比例共洗柱，然后换用二氯甲烷/乙醇等比例的流动相洗脱。于第二次洗脱开始后流动相有一定量进入硅胶时，开始收集流分，直至第二次洗脱完毕。

（4）所收集的流分浓缩干燥，得到产品。

罗汉果苷Ⅴ成品进行高效液相检测，其纯度约68%。

假设：罗汉果苷Ⅴ产品高温下分解，如何选择分离方案。

分析与评价：方案三通过硅胶柱层析对含有罗汉果苷Ⅴ的粗苷进行分离提纯，得到的最终产品纯度仅在68%，该方法制备罗汉果苷Ⅴ存在步骤烦琐、产品纯度较低等缺点。方案二采用糖化酶解、水提、浓缩、离子交换树脂脱色、大孔吸附树脂分离以及氧化铝柱层析精制，并经最后的浓缩干燥得到成品。该方法经过多步的层析，同样存在操作过程烦琐、耗时较长等缺陷。

方案一采用分子蒸馏技术制备罗汉果苷Ⅴ的方法，其主要包括原料超声萃取、罗汉果浸膏制备、两次分子蒸馏等操作，通过在原料预处理阶段将罗汉果粉碎，超声浸泡来提高罗汉果浸膏提取效率，通过分子蒸馏技术将罗汉果浸膏进一步分离纯化得到纯度较高的罗汉果苷Ⅴ轻、重组分。整体工艺过程中温度较低不会对香味物质进行破坏，原料来源于自然界，在制备过程中并无引入有害物质，不存在有毒溶剂残留问题。本方案所制备的罗汉果苷Ⅴ纯度较高，达到98.50%以上，远高于方案二和方案三。但从能耗上比较，方案一较其他两种方案略高一些，实际应用中应予以考虑。

学习思考题

1. 水蒸气蒸馏过程中，加入蒸馏水的用量如何确定？
2. 水蒸气蒸馏过程中，水蒸气的回流速度是否对蒸馏过程产生影响？
3. 水蒸气蒸馏过程中，冷却水的用量如何确定？
4. 分子蒸馏过程中，操作参数如何确定，对分离结果会有哪些影响？
5. 本方案除采用分子蒸馏作为主要分离手段以外，还用到了哪些分离方法？
6. 简述水蒸气蒸馏的蒸馏原理。
7. 分子蒸馏的分离原理是什么？举例说明主要应用于哪些场合？
8. 水蒸气蒸馏适用于分离什么样的混合物？
9. 水蒸气蒸馏消耗的能量主要用于哪步操作，如何降低能耗？
10. 分子蒸馏过程的特点有哪些？

ER7-3　第七章　目标测试

（于　巍　谷志勇）

参 考 文 献

[1] Royal Society of Chemistry.Extracting limonene from oranges by steam distillation.registered charity number 207890.(2018-03-31)[2021-09-08]. https://edu.rsc.org/.

[2] 陆让先. 芳香油生产工艺与技术. 北京：化学工业出版社，2020.

[3] 宋航，李华. 制药分离工程(案例版). 北京：科学出版社，2020.

[4] 郭洪涛. 一种高收率艾草精油的提取方法. CN201810428191.X.2018-08-28[2021-10-20]. http://pss-system.cnipa.gov.cn/sipopublicsearch/patentsearch/showViewList-jumpToView.shtml

[5] 张思萌. 一种利用分子蒸馏制备罗汉果糖苷V的方法. CN201811086658.3.2018-09-18[2021-10-20]. http://pss-system.cnipa.gov.cn/sipopublicsearch/patentsearch/showViewList-jumpToView.shtml

第八章　膜分离技术

ER8-1　第八章
膜分离技术（课件）

1. **课程目标**　通过本课程的学习，使学生掌握微滤、超滤、纳滤、反渗透、渗透蒸发、膜蒸馏、电渗析等膜过程的原理及相应膜组件的工作方式；结合本书中的案例，了解相关膜分离技术在制药领域中的应用及进展，从而培养学生分析和解决实际问题的能力，为今后在制药工业及相关行业中熟练应用膜分离技术打下坚实基础。
2. **教学重点**　微滤、超滤、纳滤、反渗透、渗透蒸发、膜蒸馏、电渗析等膜分离过程的原理及其特点，能对成熟的膜组件结构进行描述。同时，本章还提供了膜技术在制药或相关领域的工程应用案例，建议在教学时结合其他分离技术进行讲解，以加深学生理解膜技术在制药工艺中的地位和作用。

膜分离（membrane separation）是利用固体半透膜或液膜对混合物（气体或液体）中各组分的渗透性差异对特定组分进行浓缩、分离和纯化，实现这一过程的推动力是膜两侧的压力差、浓度差、电位差等。膜分离过程可在常温下无相变实现（渗透蒸发除外），非常适合药品生产、水处理等领域，是当今分离科学中最重要的技术之一。

第一节　概述

一、膜分离技术的发展史

人类对膜现象的认识，最早始于生物膜。早在1748年，法国人Abbe Nollet首次发现了水会自发地穿过猪膀胱而进入酒精溶液中的渗透现象。1854年苏格兰化学家Thomas Graham发现了透析现象。1861年Schmidt首次公开用牛心胞膜截留可溶性阿拉伯胶的实验结果，堪称世界上第一次超滤试验。1864年Traube成功研制出人类历史上第一张人造膜——亚铁氰化铜膜，标志着工业化制膜的开始。但膜技术的真正工业化应用，应该从1925年德国厂商Sartorius制造的微滤膜用于分离极细离子开始。

20世纪中叶后，随着物理化学、聚合物化学、生物学、医学和生理学等学科的快速发展，伴随着各种新型膜材料及制膜技术的不断涌现，膜的不同功能也被人们进一步应用，如物质分离（包括本章重点介绍的各种膜技术）、能量转换（如光 - 电转化膜）、物质转化（如膜生物反应器）、物质识别（如膜生物传感器）等，但开发时间最长、技术最成熟、应用最广泛的是膜的分离功能。

本章将着重介绍在制药领域广泛应用的具有物质分离功能的膜，简称分离膜。各种膜分离技术作为一门新型的高分离、浓缩、提纯及净化技术开始在石油化工、食品生产、生物医药、环境保护等领域得到广泛应用。

我国膜技术研究始于20世纪50年代。1958年，中国化学研究所研发出我国第一张离子交换膜——聚乙烯醇离子交换膜。1967年，中国海洋大学和中科院化学所制备出我国的反渗透膜——醋酸纤维素膜，为我国膜科学技术发展打下了良好的基础。目前，中国有超过100个高校与研究院所从事膜科学技术研究，其中大约30个研究团队活跃在国际学术前沿，极大提升了我国膜科学技术的基础研究水平。此外，国外知名膜企业不断进入中国市场，众多本土膜公司也相继建立，拥有近1 000家膜公司，其中超过300个为膜制造厂家。我国的膜工业出现蓬勃发展的局面，拥有自主知识产权的新膜技术不断涌现，某些膜技术达到国际先进水平，膜工程技术也日趋成熟，规模急剧扩大，成本大幅度降低，各种膜技术正在广泛应用到各个行业和领域，对国民经济的发展贡献越来越大。

ER8-2 膜科学发展史

二、常见分离膜的类型

分离膜的分类方式有多种，常见的有以下几种。

1. 按分离过程分，有微滤膜、超滤膜、纳滤膜、反渗透膜、透析膜、气体分离膜、渗透蒸发膜、离子交换膜等。

2. 按相态分，有固态膜、液态膜和气态膜。

3. 按材料分，有天然膜（如生物膜和天然无机膜或有机高分子膜）和合成膜（无机或有机高分子聚合物膜）两种。

4. 按结构分，有整体膜、复合膜；均质无孔膜、多孔膜（对称膜、非对称膜）等。

5. 按几何形状分，有中空纤维膜、管式膜、平板膜等。

本章采用按分离过程的分类方式对膜分离技术进行介绍。需要说明的是，无论哪种分类，膜的显微结构大多为多孔、对称或不对称结构。图8-1和图8-2为微孔滤膜和非对称性膜的电镜扫描图，以此为例说明这种膜结构的特点。微孔滤膜膜厚50～250μm，内含有相互交

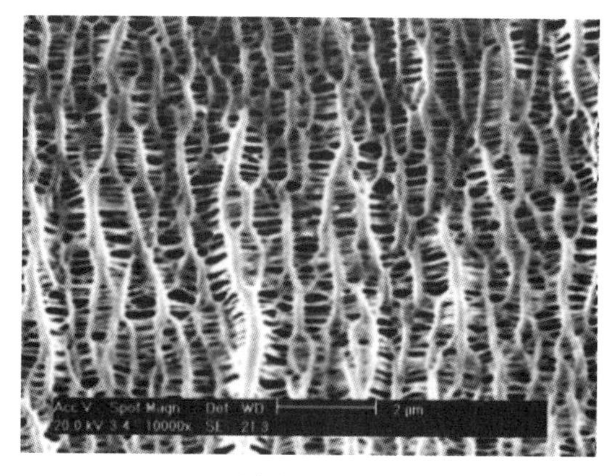

图8-1 微孔滤膜断面电镜图

联的微孔道，这些孔道曲曲折折，孔径一般为 0.01～20μm，对于小分子物质，微孔膜的透过率高，但选择性低。当原料混合物中一些物质的分子尺寸大于膜的平均孔径，而另些物质的分子尺寸小于膜的平均孔径时，用微孔膜可以实现这两类物质的分离。

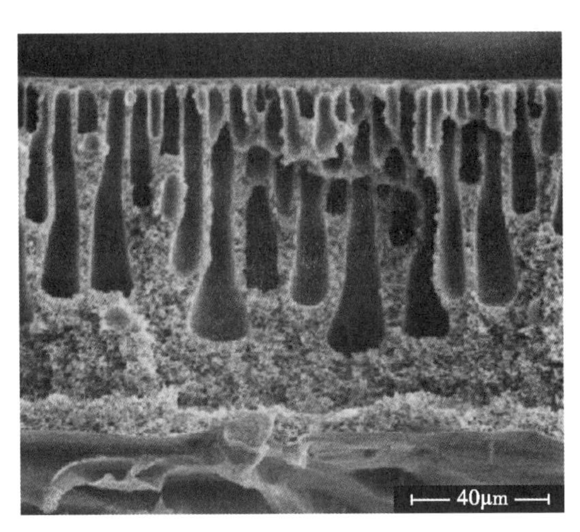

图 8-2 非对称 PES 膜断面电镜图

三、膜分离过程及其特性

膜分离是利用固体半透膜或液膜对混合物（气体或液体）中各组分的渗透性差异来分离混合物的过程。当混合组分进入特定的半透膜中运动时，由于混合物中各组分在膜内的迁移速率不同，从而实现组分间的分离。

膜分离过程的推动力是待分离组分在膜两侧的化学位，具体表现为压力差、浓度差或电位差等。其中，以压力差为推动力的膜分离过程是目前应用最广、历史最悠久的膜过程，包括微滤（microfiltration，MF）、超滤（ultrafiltration，UF）、纳滤（nanofiltration，NF）和反渗透（reverse osmosis，RO）等；以浓度差为推动力的膜分离过程包括透析（dialysis，DL）、气体分离（gas separation，GS）和渗透蒸发（pervaporation，PV）等；以电位差为推动力的膜分离过程称为电渗析（electrodialysis，ED），它用于溶液中带电粒子的分离。常见的膜分离过程及其基本特性见表 8-1。

四、分离膜的材料

分离膜所用材料包括高分子聚合物、金属和陶瓷材料等，其中以高分子聚合物膜最常见，其次是以金属和陶瓷材料为主的无机膜。聚合物膜通常应在较低的温度下使用（最高不超过 200℃），并要求待分离的原料混合物不与膜发生化学作用。当在较高温度下或原料混合物为化学活性混合物时，可以采用由无机材料制成的分离膜。无机膜是以金属及其氧化物、陶瓷、多孔玻璃等为原料，制成相应的金属膜、陶瓷膜、玻璃膜等。这类膜的特点是热稳定性、机械稳定性和化学稳定性好，使用寿命长，污染少且易于清洗，孔径分布均匀等，但易破损、成型

表 8-1 常见膜分离过程的基本特性

过程	分离目的	透过组分	截留组分	推动力	传递机制	膜类型	进料和透过物的物态	示意图
微滤	从溶液或气体中脱除粒子	溶液、气体	0.02～10μm 粒子、胶体、细菌	压力差（<0.1MPa）	筛分	对称／非对称多孔膜（0.02～10μm）	液体／气体	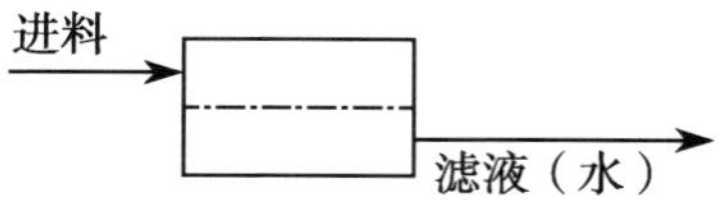 进料；滤液（水）
超滤	溶液脱大分子、大分子溶液脱小分子、大分子分级	小分子溶液	1～20nm 的大分子、细菌、病毒	压力差（0.1～1MPa）	筛分	非对称多孔膜（1.2～20nm）	液体	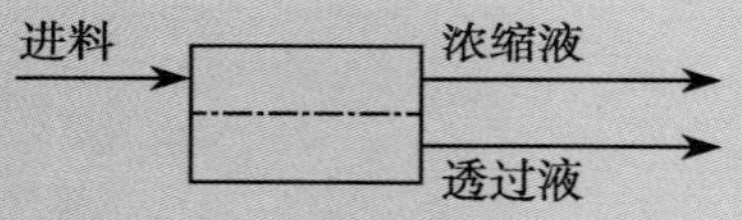 进料；浓缩液；透过液
纳滤	从溶剂中脱除微小分子、多价离子与低价离子分离，或分子量 200～1 000 的分子分级	溶剂、低价小分子溶质	1nm 以上溶质、多价离子	压力差（0.5～1.5MPa）	溶解-扩散、Donnan 效应	非对称荷电膜（<20nm）	液体	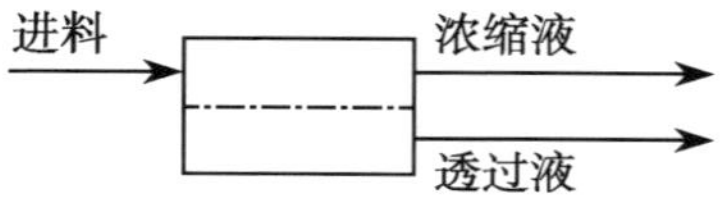 进料；浓缩液；透过液
反渗透	溶剂脱溶质、含小分子溶质溶液浓缩	溶剂、可被电渗析的截留组分	0.1～1nm 小分子溶质	压力差（1～10MPa）	优先吸附、毛细管流动、不完全的溶解-扩散、Donnan 效应	非对称膜或复合膜（0.1～1nm）	液体	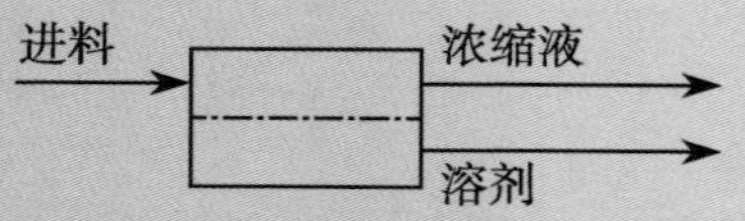 进料；浓缩液；溶剂
透析（渗析）	溶液中的小分子溶质与大分子溶质的分离	小分子溶质	大于 0.02μm 的溶质；血液透析中大于 0.005μm 的溶质	浓度差	微孔膜中的筛分、受阻扩散	非对称膜或离子交换膜（1.5～10nm）	液体	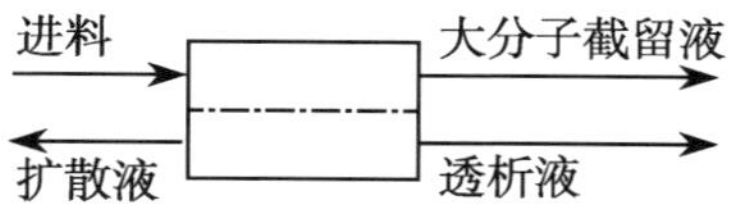 进料；扩散液；大分子截留液；透析液

续表

过程	分离目的	透过组分	截留组分	推动力	传递机制	膜类型	进料和透过物的物态	示意图
电渗透	溶液脱离子，或含离子溶液的浓缩，或离子分级	离子	非电解质及大分子物质	电位差	通过离子交换膜的反离子迁移	离子交换膜（1～10nm）	液体	进料 阳极 阴膜 阳膜 阴极 浓电解质 非离子溶剂 浓电解质
气体分离	气体混合物分离、富集，或特殊组分的脱除	易渗透气体	难渗透气体	压力差为1～10MPa、浓度差	溶解-扩散	均质膜（<50nm）或复合膜	气体	进气 渗余气 渗透气
渗透蒸发	挥发性液体混合物的分离	膜内易溶解组分或挥发性组分	不易溶解或较难挥发组分	分压差、浓度差	溶解-扩散	均质膜（<1nm）、复合膜、非对称膜（0.3～0.5μm）	料液为液体，透过物为气体	进料 溶质或溶剂 溶质或溶剂

性差、造价高。无机材料还可以和聚合物制成杂合膜，该类膜有时能综合无机膜与聚合物膜的优点而具有良好的性能。常用膜制备材料见表 8-2、表 8-3。

表 8-2　常用高分子聚合物膜材料

类别	高分子聚合物	主要应用
纤维素类	再生纤维素	DL、MF、UF
	硝酸纤维素	DL、MF
	二醋酸纤维素 / 三醋酸纤维素	RO、NF、UF、MF
	乙基纤维素	GS
聚砜类	双酚 A 型聚砜	UF、NF 及 RO/GS/PV 基膜
	聚芳醚砜	耐高温 MF、UF
	酚酞型聚醚砜	UF、NF、GS、ED
	酚酞型聚醚酮	UF、GS
	磺化聚醚醚酮	ED、UF
聚酰胺类	脂肪族聚酰胺	MF、膜支撑底布
	聚砜酰胺	MF、UF
	芳香聚酰胺	RO、NF
聚酰亚胺类	脂肪族二酸聚酰亚胺	UF
	全芳香聚酰亚胺	GS
	含氟聚酰亚胺	GS
聚酯类	聚对苯二甲酸乙二醇酯	无纺布、MF、GS、PV、UF
	聚对苯二甲酸丁二醇酯	无纺布、MF、GS、PV、UF
	聚碳酸酯	GS、MF、膜支撑增强材料
聚烯烃类	聚乙烯	MF、UF、膜支撑材料
	聚丙烯	MF、RO、GS、PV 基膜
	聚 4- 甲基 -1- 戊烯	GS
	聚丙烯腈	UF、MF 及 PV 基膜
乙烯类	聚乙烯醇	PV、RO 复合膜保护层
	聚氯乙烯	UF、MF
	聚偏氯乙烯	用于阻隔透气材料或复合膜
含硅类	聚二甲基硅氧烷	GS、PV
	聚三甲硅基丙炔	PV
含氟类	聚四氟乙烯	MF
	聚偏氟乙烯	UF、MF
甲壳素类	氨基葡聚糖	PV、ED

表 8-3　常用无机膜材料

类别	无机材料	主要应用
致密金属类	Pd 及 Pd 合金 Ag 及 Ag 合金	加 H_2/ 脱 H_2 反应 超纯 H_2 制备及氧化反应
固体氧化物电介质	用 Y_2O_3 稳定的 ZrO_2 复合固体氧化物	氧化反应膜反应器、传感器
多孔金属类	多孔不锈钢 多孔 Ti, Ni 多孔 Ag, Pa	膜催化反应器、膜分离器
多孔陶瓷类	Al_2O_3 SiO_2 多孔玻璃 ZrO_2 TiO_2	膜催化反应器、膜分离器
分子筛类	沸石分子筛 碳分子筛	膜催化反应器、膜分离器

五、分离膜的性能表征

在选择合适的膜用于分离工艺时，需要先对膜的性能进行评估。膜的性能主要指膜的分离透过性、力学性能、稳定性及经济性等。

1. 分离透过性　膜的分离透过性又称膜的选择透过性，是指膜对特定组分分离效率的高低。对于不同的膜分离过程，其分离透过性采用不同的表示方法，常用有以下几种。

（1）透过速率：又称透过通量，是指单位时间、单位有效膜面积上透过的量（以体积、摩尔质量或质量表示），其单位为 m/s、kmol/（m^2•s）或 kg/（m^2•s）。如采用 MF、UF 等膜分离技术脱溶剂时，透过速率可以用单位时间透过单位有效膜面积的溶剂体积来表示：

$$J = \frac{V}{At} \qquad 式(8\text{-}1)$$

式中，J 为透过速率，m/s；V 为透过液体积，m^3；A 为膜的有效面积，m^2；t 为运行时间，s。

膜的透过速率与膜材料的化学特性及分离膜的形态结构有关，且随操作推动力的增加而增大。此参数直接决定分离设备的大小。

（2）截留率：对于溶液脱盐或除去混合液中的微粒和高分子物质时，可以用截留率表示膜的分离透过性：

$$R = \frac{c_1 - c_2}{c_1} \times 100\% \qquad 式(8\text{-}2)$$

式中，R 为截留率；c_1、c_2 为原溶液、透过液中溶质的浓度，kg/m^3 或 kmol/m^3。

截留率为 100% 表示溶质全部被截留，为理想的膜分离过程；截留率为 0 则意味着溶质随同溶剂全部透过膜，膜没有达到分离的目的。

（3）截留分子量：一般用于超滤膜的分离性能评价。截留分子量是指截留率为 90% 时所溶质的分子量。截留分子量的高低在一定程度上反映了膜孔径的大小。

（4）膜的流量衰减因数：膜使用一段时间后，由于孔径堵塞、塌陷等原因会导致膜性能下降。经常用流量衰减因数来描述这一现象：

$$J_t=J_1t^m \qquad 式（8\text{-}3）$$

式中，J_1、J_t 分别表示运行 1 小时、t 小时后的透过速率。

膜的流量衰减因数的大小与膜的性能有关，也与膜的使用方式有关。待处理料液过脏、膜保存不当等因素均会导致膜的流量衰减因数增大，最直接的问题就是造成膜的使用寿命缩短。

2. 力学性能 膜的力学性能是判断膜是否具有实用价值的基本指标之一，主要包括膜的压缩强度、拉伸强度、伸长率、复合膜的剥离强度等。膜的力学性能主要取决于膜材料的化学与物理性质、膜的物理结构等。

3. 稳定性 膜的稳定性会影响到膜的运行周期和使用寿命，因此膜的稳定性也是评估膜性能的重要指标之一。膜的稳定性主要取决于膜材料的化学特性，包括耐热性、耐酸碱性能、抗氧化性、抗微生物分解性、表面性质（荷电性或表面吸附性等）、亲水性、疏水性、电性能、毒性等。在具体的膜分离过程中，对膜的更换周期要求是不同的。一般都是愈长愈好，但适宜的更换周期由具体操作条件下进行的经济核算来决定。

4. 经济性 是否在某一分离工艺中应用膜分离技术，考量的重要因素一是膜技术与该分离工艺的匹配程度，即膜技术的引入是否能帮助实现既定分离目标；二是膜的价格，应尽量便宜。分离膜的价格取决于膜材料和膜制造工艺两个方面。适度的分离率、较高的渗透通量、较好的物理化学稳定性、无缺陷和便宜的价格，是膜分离技术能否被用于特定分离工艺的主要因素。

六、常见膜组件类型

所有膜分离装置的核心部分都是膜组件，又称膜分离器，即按一定技术要求将膜组装在一起的组合构件。膜组件一般包括膜，膜的支撑体或连接物，与膜组件中流体分布有关的流道，膜的密封、外壳以及外接口等，还可配备常规预滤器、贮液罐和自动化控制装置等。在开发膜组件的过程中，必须考虑以下几个基本要求：①流体分布均匀，无死角；②压力损失小，具有良好的机械稳定性、化学稳定性和热稳定性；③装填密度大；④制造成本低；⑤更换膜的成本尽可能低；⑥易于清洗。

膜组件与泵、阀门、仪表和管道等附件一起构成膜分离装置，共同实现膜分离功能。膜组件是膜分离装置的核心部件，泵提供分离压力和待分离混合物流动的能量，阀门和仪表对各种操作参数进行显示和控制。

工业上常用的膜组件主要类型有四种：板式、管式、螺旋卷式和中空纤维式。

1. 板式 板式膜组件的基本单元由支撑板、膜片及密封壳组成，如图 8-3 所示。支撑板为平面刚性多孔网状结构，A 侧安装分离膜，膜与支撑板将壳内腔分隔成两个相对独立的空间。料液进入壳体，通过调节阀调节 A 侧出口的流速，使 A 侧空腔相对于 B 侧产生一定的压差，从而使溶剂或可透膜小分子在压力差的作用下透过膜和支撑板网孔进入 B 侧，从而达到脱溶剂及透膜小分子的目的。

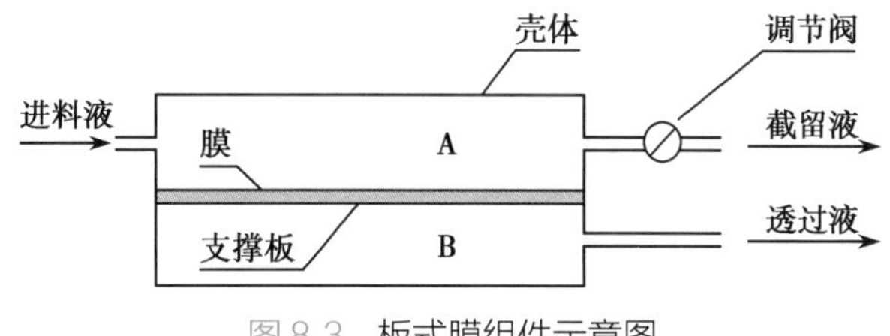

图 8-3　板式膜组件示意图

为了提高效率，可以在同一壳体内按 A、B 相对的方向并排安装多层支撑板和膜，在壳体内形成多个空腔，截留液与透过液互不干扰。这种设计相当于在有限空间内增大了有效膜面积，使单位时间内物料处理量大大提高。

2. 管式　管式膜组件的形式很多，管筒内可以是单管，也可以是管束并联或串联（一般是并联）；液流的流动方式也有管内流和管外流两种方式。若干根单根膜管或若干根整装成一体的束状膜管和支撑架、不锈钢筒体紧固在一起构成管式膜组件。料液流经膜管的内腔（或外腔），溶剂或透膜小分子溶质通过分离膜并汇集流出，而截留液通过另一出口流出。图 8-4 以单管内流模式介绍管式组件的操作：进料液进入管式膜组件的膜管中，通过调节阀调节出口流速，使管膜内外产生压力差，溶剂或可透膜小分子在压力差的作用下透过膜转移到膜外腔中并最终汇集至透过液出口移出。

管式超滤装置由于其结构简单，适应性强，压力损失小，透过量大，清洗、安装方便，并能耐高压，适宜于处理高黏度及稠厚液体，比其他类型的超滤装置应用得更为广泛。

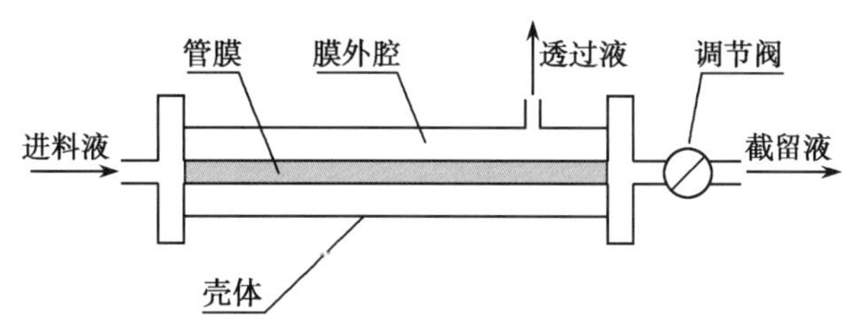

图 8-4　管式膜组件示意图

3. 卷式　卷式膜组件，也被称作“螺旋卷式膜组件”，它是 20 世纪 60 年代中期，美国 Gulf General Atomics 公司在盐水局对海水淡化应用项目的资助下首先开发的。它是平板膜的另一种型式，将膜、支撑材料、膜间隔材料围绕中心管卷紧，形成一个膜组，料液在膜表面通过间隔材料沿轴向流动，而透过液则以螺旋的形式由中心管流出（图 8-5）。

相较于板式和管式膜组件，卷式膜组件中的隔网较窄，一旦膜发生堵塞污染，清洗较板式膜组件和管式膜组件困难，因此对料液的预处理要求较高，同时由于流速较低，单位面积的处理能力不如板式膜组件和管式膜组件。但由于卷式膜组件填充密度较板式膜组件、管式膜组件低，设备投资、换膜费用、单位膜面积能耗均较低，易于实现大面积装备，并且安装拆卸方便，因此在工业废水处理及再利用、料液的浓缩和提纯、乳品果汁及蛋白质浓缩、电泳漆回收、矿泉水制造、医用除热原、印染等领域获得广泛的应用。

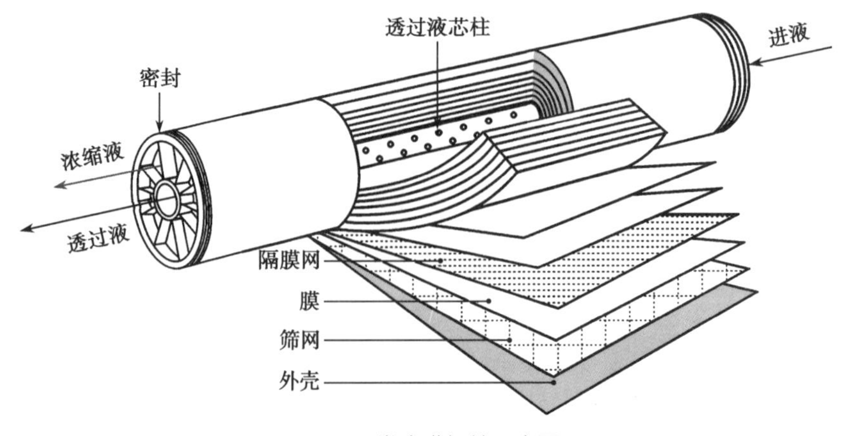

图 8-5　卷式膜组件示意图

4. 中空纤维式　中空纤维式膜组件最早是美国陶氏化学公司以醋酸纤维素膜为原料研制。1967 年杜邦公司研制出以尼龙 -66 为膜材料的工业规模应用的中空纤维式反渗透膜组件。1970 年代初，Amicon 和 Romicon 公司开发了中空纤维式超滤和微滤组件。

中空纤维式膜组件所用的膜直径为 0.2～2.5mm，内外径之比为 2∶1～4∶1，在结构上是非对称的，故其抗压强度靠其自身的非对称结构支撑，可承受 6MPa 的静压力而不致于膜孔被坍塌。膜的耐压强度取决于内外径比，与纤维管壁的厚度无关。

由于中空纤维能承受很高压力而不需任何支撑物，使得设备结构大大简化。中空纤维膜组件的一个重要特点是可采用气体反吹或液体逆洗的方法来除去粒子，以恢复膜的性能（见图 8-6，A 为正常工作状态，B 为反冲状态）。另外，中空纤维填充密度高，可达 16 000～30 000m^2/m^3，因此料液留存体积很小，是一种被广泛应用的膜组件。但中空纤维膜由于其结构特点，在使用时料液进膜前须进行严格的预过滤，清洗困难、换膜费用高，一旦损坏，整只报废。同时，由于纤维管内流动阻力很大，压力损失较大，不宜处理黏稠液体。

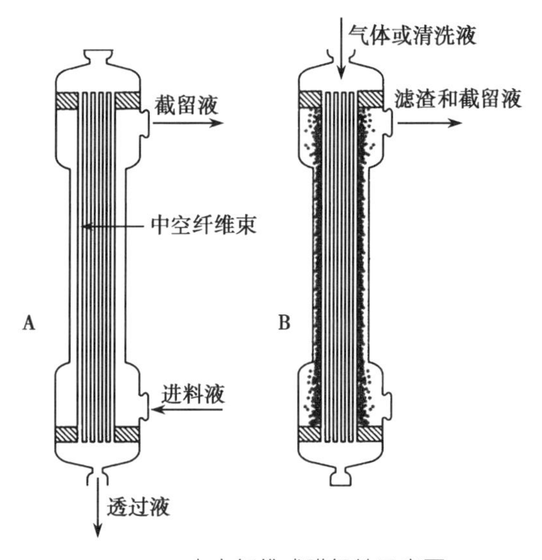

图 8-6　中空纤维式膜组件示意图

中空纤维膜的主要用途包括：①各种纯水与饮用水的净化与除菌；②医用无菌水与注射用水的净化与除热原；③生化发酵液的分离与精制；④血液制品的分离与精制；⑤生产与生活用水的除污净化；⑥果汁饮料的浓缩与精制；⑦低度白酒的除污净化；⑧葡萄酒的澄明化过滤；⑨中药提取液的分离与精制。料液在进入膜装置前，一般都要经过预先处理，以除去其中的颗粒悬浮物等物质，这对延长膜的使用寿命和防止膜孔的堵塞非常重要。

上述四种常用膜组件中，管式和板式膜组件能较好地控制浓差极化，料液预处理简单，而且清洗方便，在经常需要更换处理对象时就特别有利，而卷式和中空纤维式组件则具有耐压性能好、单位空间内有效膜面积大的优点。在具体分离工艺中，可以根据不同的分离要求选择合适的膜组件，如管式和板式膜组件较多被用于生化制药、食品、化工等工业中，而卷式和中空纤维式组件在海水或苦咸水淡化方面占统治地位，目前，大量用于纯水和超纯水处理。

七、膜的污染与清洗

在选择合适的膜分离过程时，要充分考虑到膜在使用过程中可能出现的问题，这是一个经济性问题，也是一个技术性问题。在膜分离过程中，随着膜使用时间的延长，膜的性能会下降，具体表现在膜的渗透通量、切割分子量及膜的孔径等这些表示膜组件性能的指标发生消极变化，这种现象称为膜的污染和劣化，使用与维护不当会导致这种变化加剧。另外在超滤、反渗透等膜分离过程中，还可能产生浓差极化现象，也会引起膜性能的下降。

膜的污染和劣化将导致膜技术在化工、生化过程和食品加工等极有应用价值的领域内不能充分发挥它的作用。膜污染是包括溶质或微粒在膜内吸附和膜面堵塞及沉积的一种综合现象，分为内部污染和外部污染两大类。内部污染是由微粒在膜孔内的沉积和吸附引起的，而外部污染是由膜表面上沉积层的形成而引起的。膜污染的成因又可细分为浓差极化、溶质或微粒的吸附、孔收缩和孔堵塞、溶质或微粒在膜表面的沉积和上述因素的综合。可根据具体成因采用相应的清洗方法使膜性能得以完全或部分恢复。膜的劣化是指由于化学、物理及生物等三个方面的原因导致膜自身发生了不可逆转的变化而引起的膜性能的变化。膜污染和劣化的分类与原因见图 8-7。

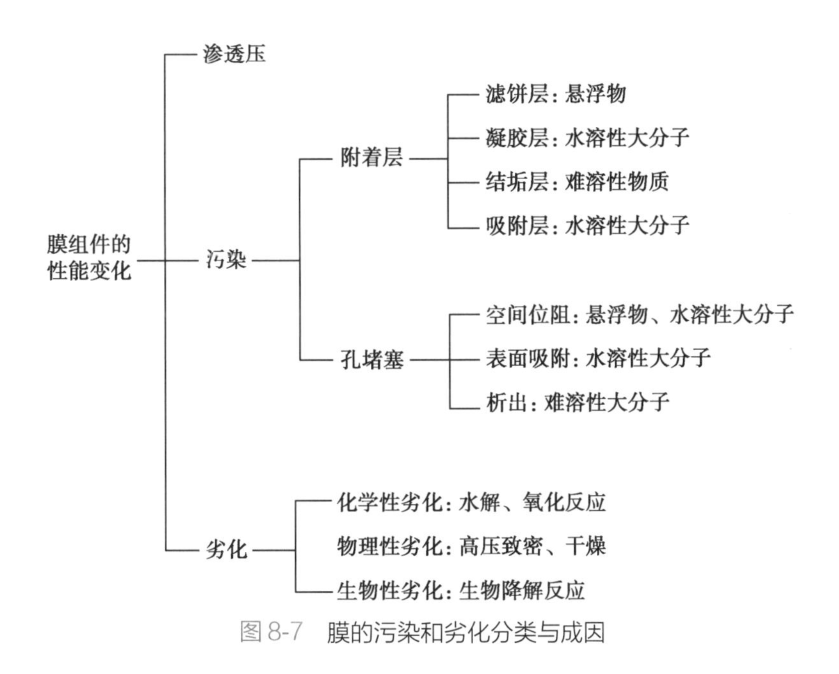

图 8-7　膜的污染和劣化分类与成因

污染和劣化都会降低膜的使用寿命，因此在膜的应用过程中，需要对引起膜污染和劣化的原因进行分析并加以解决。

（一）针对引起污染的原因可采取的解决方式

1. 料液预过滤　如果料液中不溶性微粒或水溶性大分子过多，则膜表面往往容易形成密实的滤饼层、凝胶状吸附层或结垢层，堵塞膜孔，造成膜渗透通量下降。对于不溶性微粒过多的问题，可以在正式的膜分离前先采用砂滤、滤纸过滤、无纺布或纱布过滤等方式去除大部分不溶性大颗粒，或是针对膜面的结垢层性质向料液中预先添加不同类型的阻垢剂，这些措施都可以降低正式膜分离时的滤饼生成率；对于水溶性大分子过多的问题，可以采用向料液中添加絮凝剂、调溶液 pH 或盐析等方法，使水溶性大分子絮凝沉降，然后再预过滤，往往可以得到满意的分离效果。另外也可以按膜孔径大小对料液进行多级过滤，或结合离心等技术对料液进行预处理。一般来说，对中药提取液进行膜分离之前经常采取滤纸或纱布过滤的预处理方式，对生物制药的发酵液预处理时，往往加入絮凝剂或调节料液 pH，使发酵液中的水溶性大分子絮凝后再离心、粗滤，然后再正式进行膜分离。

2. 操作方式优化 这些措施包括热滤、正反向交替过滤、死端过滤改错流过滤等。

如果料液中含有大量的水溶性大分子，料液的黏度就会变大，直接导致水溶性大分子在膜表面形成凝胶层和吸附层，膜性能下降。提高温度往往可以降低料液黏度，增大料液的流动性，因此在保证目标成分和膜稳定的前提下对料液加温并趁热过滤，可以减少凝胶层和吸附层的生成。

膜使用一段时间后，靠近料液入口端的膜面上会有滤饼生成，密实的滤饼会影响膜的透过性。此时可以改变液体流向，即反冲膜件。这种操作方式在膜再生时比较常用，可以全部或部分恢复膜的性能。图 8-6 就是一个膜正反向交替操作的例子。

死端过滤改错流过滤也是一个非常有效的操作方式，可降低膜污染。死端过滤（dead end filtering）和错流过滤（cross-flow filtration）是微滤和超滤运行过程中经常采用的两种操作方式。死端过滤是将料液置于膜的上游，在压力差的推动下，溶剂和透膜成分透过膜成为滤液，大于膜孔的颗粒则被膜截留。形成压差的方式可以是在料液入口侧加压，也可以是在滤液出口侧抽真空。死端过滤随着过滤时间的延长，被截留颗粒将在膜表面形成污染层（图 8-8A），使过滤阻力增加，在操作压力不变的情况下，膜的过滤透过率将下降。因此，死端过滤只能间歇进行，必须周期性地清除膜表面的污染物层或更换膜。

错流过滤运行时，流体在膜表面产生两个分力，一个是垂直于膜面的法向力，使溶剂和透膜成分透过膜面，另一个是平行于膜面的切向力，把膜面的截留物冲刷掉（图 8-8B）。错流过滤透过率下降时，只要设法降低膜面的法向力，提高膜面的切向力，就可以对膜进行有效清洗，使膜恢复原有性能。因此，错流过滤的滤膜表面不易产生浓差极化现象和结垢问题，过滤透过率衰减较慢。错流过滤的运行方式比较灵活，既可以间歇运行，又可以实现连续运行。

（二）针对引起劣化的原因可采取的解决方式

1. 通过调整料液 pH 或加入抗氧剂等防止膜的化学性劣化、通过预先除去或杀死料液中的微生物等防止膜的生物性劣化等，这其中最重要的措施是膜在使用与储存过程中的维护与保养，因为因维护与保养不当造成的膜干燥和微生物降解是造成膜劣化的常见原因。

不同的膜所需的维护和保养条件不同，如超滤膜在使用一段时间后如果停止运行时间达到 7 天以上，需要在关停之前对膜及其组件进行反洗，并且注入保护液。保护液的主要成分为浓度 10% 的丙二醇溶液与浓度为 1% 的亚硫酸氢钠溶液，视膜材料的不同，有不同的保护液可选择。另外，在关闭整个设备的进出口阀门之后，每间隔一个月需要检测一次保护液的

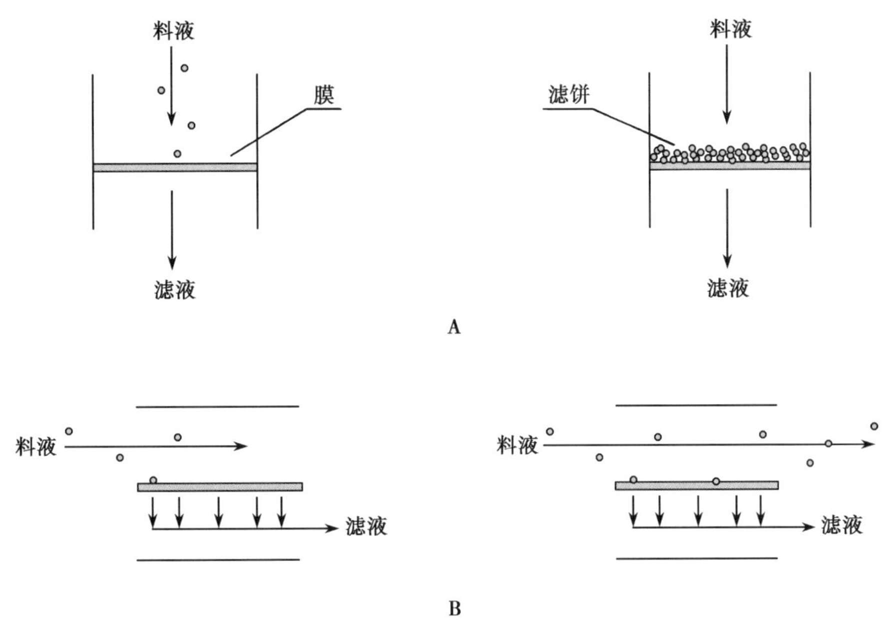

图 8-8　死端过滤改错流过滤效果示意图

pH，并且将环境温度维持在 5～40℃。在超滤膜及其组件停止运行的过程中，需要确保超滤膜始终处于湿态状态，避免脱水变干对其造成不可逆性伤害。

在对膜进行维护时，如果发现膜的性能下降严重，单纯的反冲洗等措施无法恢复，可以考虑采用化学清洗方法，即利用化学药品使其与膜表面的杂质发生化学反应，以达到清洗的目的，如短时间内的低浓度酸、碱处理等。

2．选择抗劣化及污染膜的制备　膜生产厂家和膜用户所期待的防止膜性能变化的最佳方法是在不增加总操作费用条件下不需预处理的抗污染、不易劣化的膜及其组件的开发。这要针对具体的处理体系，有的放矢地进行。现已开发出具有良好抗药性、耐酸碱性及耐热性的超滤膜和反渗透膜。为防止膜的致密化，还可在耐压性能良好的多孔膜支撑体上涂覆具有分离效果的极薄活性层来制备复合膜。此外，还可寻求某些膜材质保证其表面难于形成附着层。如使用膜表面改性法引入亲水基团，或通过过滤法将这种特殊材料沉积在多孔膜支撑体上，在膜表面复合一层亲水性分离层等都可增加膜的抗污染性。

除上述因膜污染及劣化会导致膜性能下降外，在超滤、反渗透等膜分离过程中，还有一种原因也可以引起膜性能下降，即浓差极化。所谓浓差极化，是指在膜分离过程中，料液中的溶液在压力驱动下透过膜，溶质（离子或不同分子量溶质）被截留，在膜与本体溶液界面或临近膜界面区域浓度越来越高。在浓度梯度作用下，溶质又会由膜面向本体溶液扩散，形成边界层，使流体阻力与局部渗透压增加，从而导致溶剂透膜通量下降。图 8-9 为浓差极化示意图，料液中溶质浓度为 c_p，随着膜分离的进行，由于溶剂的透膜造成近膜处溶质浓度 c_w 高于主体溶液浓度 c_0，这两种浓度的比率 c_w/c_0 称为浓差极化度。

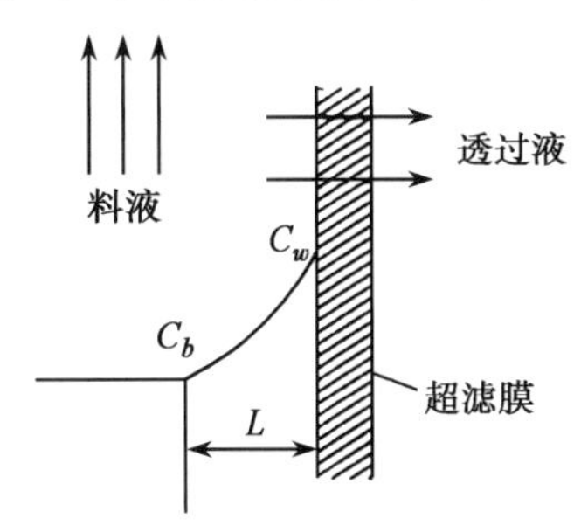

图 8-9　浓差极化示意图

浓差极化与膜污染是不同的概念，但两者又是相互关联、相互影响的：浓差极化会使膜表面被截留组分浓度提高，从而加速膜污染过程，而膜污染使部分膜孔堵塞，也会促使局部浓差极化的加剧。因而，膜污染与浓差极化成因果关系，浓差极化是导致膜渗流量下降和分离效率降低的原因。

浓差极化受到多种因素影响，如流量、传送膜压、交叉流速度以及流动形式（层流或是湍流）。如果浓差极化增强，则会增加阻塞的可能性，膜壁上不同材料的堆积物和不同的运行条件会导致不同类型的阻塞。阻止或至少减少这种阻塞的办法之一是打乱靠近膜壁物质转换的边界层。许多技术都是通过在流体中产生各种不稳定性来达到这个目标的，如可以通过增大流速、脉冲式流速调节、将管道改为弯曲管道等方式降低浓差极化现象的负面影响。但这些措施往往是以生产成本增加为代价的。

膜分离过程具有高效、节能、无二次污染、操作方便、便于集成和放大等优点。多数膜分离过程无相变，能耗低；常温操作，适宜于热敏性物质分离；分离选择性高，适用于许多特殊体系分离（如共沸物、沸点相近物、大分子分级、去离子、电解质与非电解质分离等）；工艺简单，组装方便，占空间小，易于操作和放大，便于和其他分离过程集成或杂化。正是由于这些特点，膜分离技术被广泛应用于食品、化工、制药、环保等领域，膜技术正把我们的生活带入一个新的时代。

第二节　制药工程常用膜分离技术

一、微滤技术

在制药的科研与生产实践中我们经常会用到微滤技术，如用高效液相色谱进行药品检测时，出于保护色谱柱、保障色谱分析效果的目的，配制的流动相要用 0.45μm 的微孔滤膜过滤后才能使用。又如在一些针剂药品的生产工艺中，药液在分装前要加入 0.01%～0.5% 的针剂活性炭除内毒素，然后再将活性炭用 0.25μm 的微孔滤膜过滤除去。

微滤技术是目前应用最普遍的一项压力驱动型膜技术，主要用于微粒的分离、净化、浓缩、提纯等工艺，被广泛应用于医药、食品、化工、环境治理等领域。

1. 微滤过程及其原理　微滤是以微孔膜为过滤介质，以压差为驱动力，利用多孔膜的选择透过性实现直径在 0.1μm 和 10μm 之间的颗粒物、大分子及细菌等不溶性颗粒与溶液分离的过程。

微滤膜具有比较整齐、均匀的多孔结构，在操作压差 Δp（0.01～0.2MPa）的作用下，小于膜孔的粒子通过滤膜，大于膜孔的粒子则被膜截留，使大小不同的组分得以分离。见图 8-10。由于每平方厘米滤膜中约包含 1 000 万至 1 亿个小孔，孔隙率占总体积的 70%～80%，故阻力很小，过滤速度较快。

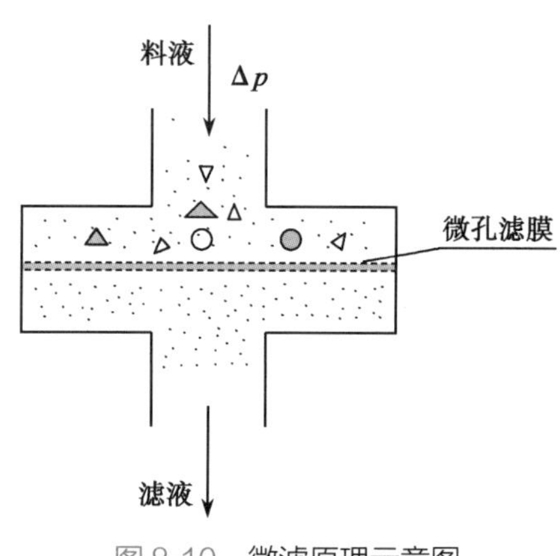

图 8-10　微滤原理示意图

通过上述原理，微滤膜可以把直径在 0.1μm 和 10μm 之间的不溶性颗粒、细菌、胶体以及气溶胶等微小粒子从流体中比较彻底地除去，膜的这种分离能力称为膜对微粒的截流性能，它主要由如图 8-11 所示的几种截留方式构成。

（1）机械截留：又称筛分。溶液中大于或与其孔径相当的微粒由于不能进入膜孔，被截留在膜表面，这种截留称为机械截留，截留的物质在膜表面形成滤饼。

（2）架桥截留：并不是必须孔径大于或与其孔径相当的微粒才能在膜表面被机械截留形成滤饼，小的颗粒也可能相互连接在膜孔上方形成“架桥”，并进一步阻碍其余颗粒进入膜孔，这种现象称为“架桥作用”。

（3）吸附截留：常见的膜材料，如纤维素类、聚酰胺类等材料，可以通过氢键、范德瓦耳斯力等与溶质分子或不溶性颗粒发生物理吸附。

在吸附截留中，还有一种静电吸附模式。为了分离悬浮液中的带电颗粒，可采用带相反电荷的微滤膜，这样就可以用孔径比被分离尺寸大许多的微滤膜进行，既可达到预期分离效果，又可增加通量。例如，孔径为 0.2μm 带正电荷的尼龙微滤膜对水中的热原的去除率大于 95%，而孔径 0.22μm 的不带电荷的醋酸纤维微孔膜对热原的去除效果则不理想。

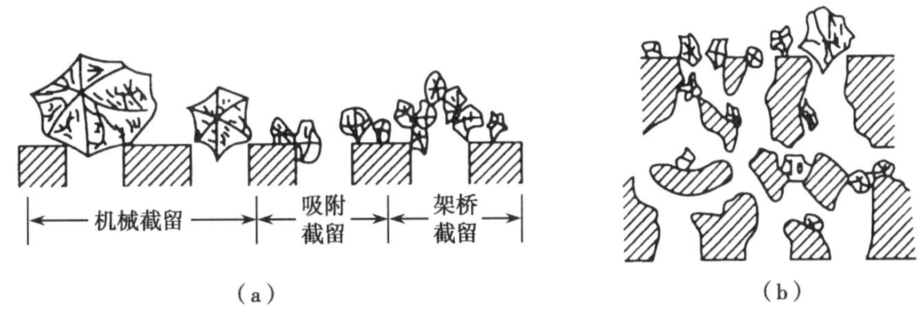

图 8-11　微滤膜截留示意图
（a）在膜表面截留；（b）在膜孔内截留。

（4）膜孔内部截留：这种截留是将微粒截留在膜的内部，而不是在膜的表面。其原因一是膜孔的孔径不完全均一，膜内部部分膜孔径小于膜表面，造成部分微粒虽然可进入表面膜孔，但在内部被“卡住”；二是部分微粒在膜孔内部发生了物理吸附。无论哪一种原因，对膜的性能来讲都是致命性的。

在微滤膜的上述几种截留作用中，表面层截留（机械截留、架桥截留及发生在膜表面的吸附截留）均可以通过反冲或机械去除滤饼的方式恢复膜的性能，而膜孔内部截留则不易清洗，一旦发生膜孔内部截留，膜基本用毕废弃。

结合上述膜截留方式，可将微滤分离的过程描述为以下步骤。

（1）初始阶段，溶剂与大部分比膜孔径小的粒子进入膜孔，大部分穿过膜成为滤液，剩余部分由于各种力的作用被吸附于膜孔内，减小了膜孔的有效直径，而大于或与膜表面孔径相当的微粒以及小部分比膜孔径小的粒子则因筛分、吸附或架桥而被截留在膜表面。

（2）膜孔内吸附趋于饱和，且膜表面形成滤饼层。

（3）随着更多微粒在膜表面的吸附，微粒开始部分堵塞膜孔，最终在膜表面形成一层滤饼层，膜通量趋于稳定。

2. 微滤的特点 微滤过程具有下列特点。

（1）孔径均匀，过滤精度高：微滤膜的孔径比较均匀，呈正态分布，尺寸大的孔径与平均孔径之比一般为 3∶1～4∶1，截留精度高。例如平均孔径为 0.45μm 的滤膜，其孔径变化范围为（0.45±0.02）μm。膜的孔径变化范围与其所能截留的分子量范围密切相关，孔径变化范围越窄，说明膜的过滤精度越高，对特定大小颗粒的截留效果越好。图 8-12 为微滤膜与普通滤纸的孔径分布比较。

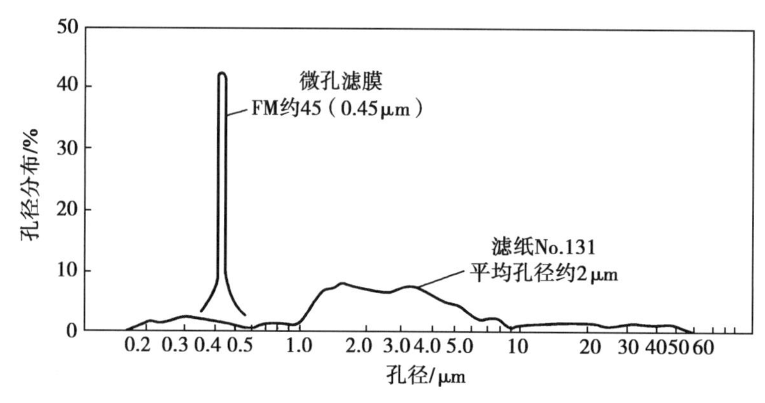

图 8-12 微滤膜与普通滤纸的孔径分布比较

（2）通量大：微孔滤膜的空隙率高达 80% 左右，约为 10^7～10^{11} 个 /cm^2。膜的空隙率越高，意味着过滤通量越大。一般来说，它比同等截留能力的滤纸至少快 40 倍。

（3）膜厚度小，吸附少：微滤膜的厚度只有 10～100μm，对过滤对象的吸附量远远小于传统的机械过滤介质，可以大大减少物料（尤其是贵重物料）的吸附损失，所以微滤膜可以用来对一些只含微量悬浮粒子的液体进行精密过滤澄清，或用来检测、分离某些液体中残存的微量不溶性物质，以及对气体进行类似的处理。

（4）无介质脱落，不产生二次污染：微滤膜为连续的整体结构，可避免一般机械过滤介质容易产生卸载和滤材脱落的问题，该特点使微滤膜的应用领域更加广泛。

（5）颗粒容纳量小，易堵塞：微滤膜内部的比表面积小，颗粒容纳量小易被物料中与膜孔大小相近的微粒堵塞，这是微滤膜和含有微孔结构的分离膜存在的共性问题。

上述特点表明，微滤膜具有在气相、液相流体中截留细菌、固体微粒、有机胶体等杂质的作用，体现出微滤膜技术在净化、分离和浓缩等众多领域中的应用前景。

3. 微滤技术应用实例 微滤是所有膜过程中应用最普遍的一项技术，在医药、食品等领域的除菌过滤、高纯水的制备以及生物和微生物检查分析方面都有大量的应用。以下是微滤技术应用于盐酸马尼地平精制工艺的实例。

案例 8-1 盐酸马尼地平的精制

背景资料：抗高血压药物共有利尿降压药、β 受体拮抗剂、血管紧张素转化酶抑制剂、血管紧张素Ⅱ受体阻滞剂、钙通道阻滞剂及 α 受体拮抗剂 6 大类，其中钙通道阻滞剂是目前临床使用最为广泛、副作用最小的药物。在整个抗高血压药物医院市场中钙通道阻滞剂占据较高的份额，排在各类药物首位。

盐酸马尼地平为第三代钙通道阻滞剂，由日本武田药品工业株式会社原研，国内无进口。盐酸马尼地平有其独特的优势，它不仅可以抑制 L 型钙离子通道，还能抑制 T 型钙离子通道，还可抑制钾离子诱发的血管收缩。它对肾动脉有着更高的选择性，可以抑制 5- 羟色胺诱导的肾动脉收缩。盐酸马尼地平对钾离子诱发的血管收缩的抑制作用强于硝苯地平。体外研究表明，盐酸马尼地平具有高度的血管选择性，对心脏作用很小。

钙通道阻滞剂有心脏负性效应，然而盐酸马尼地平由于它的高度血管选择性，使得它没有心脏负性效应，与其他钙通道阻滞剂相比，它不减少心输出量，对心率也没有影响。临床研究证实，盐酸马尼地平能够平稳降压并且不影响心律。由于盐酸马尼地平的亲脂性高，使得它的蛋白结合率达到了 99%，从而使它作用更持久。综上所述，盐酸马尼地平在同类产品中优势突出，其安全性、疗效良好。

盐酸马尼地平原料药采用全化学合成路线制备，以二苯基溴甲烷为起始原料，合成路线较长，主要包含烷基化反应、羟乙基化、加成、缩合、成盐、精烘包等多个生产工序，涉及较多的单元操作，且生产周期较长。首先在普通合成车间制备盐酸马尼地平粗品，最后进入符合 GMP 要求的 D 级精烘包车间进行精制，得到合格原料药盐酸马尼地平。

问题：盐酸马尼地平粗品制备是在一般生产区进行，对空气中的颗粒物和微生物没有进行相应的控制，同时由于涉及较多单元操作，中间产品和粗品在工序之间流转过程中存在直接暴露在环境中的风险。基于以上风险的存在，可能会导细小颗粒物、灰尘、铁屑、发丝、木屑、纸屑、塑料碎片等机械杂质夹带进入产品，从而对产品造成污染，可能造成炽灼残渣超标。如何在盐酸马尼地平精制工序对不溶性杂质进行彻底有效去除是原料药精烘包工序需要解决的关键问题。

分析讨论：

已知：盐酸马尼地平作为生产制剂的重要药物活性成分，有其严格的质量标准，检验项目包含但不限于性状、鉴别、有关物质、溶剂残留、干燥失重、炽灼残渣、重金属、微生物、含量等。

找寻关键：如何实现各个质量指标符合标准规定限值是原料药生产成败的关键所在。炽灼残渣是其中关键的质量指标之一，炽灼残渣一般规定不大于 0.1%。炽灼残渣超标的影响因素包含无机盐超标、原料杂质引入以及机械杂质等。解决办法包括选择合适的原料、选择合理的单元操作去除杂质、选取合适的设备及与物料直接接触的设备材质、对物料溶液进行必要的过滤等措施。

工艺设计：按工艺要求，将盐酸马尼地平粗品、甲醇加入一般生产区粗品溶解釜中，加热至回流。搅拌回流 30 分钟，确保盐酸马尼地平粗品完全溶解，体系呈溶液状态。保温状态下，用氮气将料液经两级过滤，通过不锈钢洁净管道压入洁净区重结晶釜内，降温结晶，保温养晶，再进行固液分离、烘干、混合，即得成品。这里所采用分离技术即为微滤技术，两级过滤依次为粗滤和精滤，粗滤采用 5μm 聚丙烯材质折叠滤芯，精滤采用 0.22μm 聚丙烯材质折叠滤芯，滤芯为一次性耗材，每批生产技术需要进行拆卸、清洁、更换，包装完好的滤芯未使用前禁止拆除保护性包装，避免滤芯被污染。

结果：按药品质量标准对所得成品进行检验，炽灼残渣检查项均符合要求。说明采用两级微滤能够彻底有效去除料液中夹带的机械杂质，从而降低炽灼残渣超标的风险。

评价：微滤技术用于药品生产相当普遍，尤其是在化学合成原料药需要进行重结晶的生产工序采用微滤技术去除微生物、机械杂质、活性炭等，微滤技术是一种便捷有效的通用技术。

二、超滤技术

超滤是一种利用多孔膜使溶液中的大分子物质与小分子物质和水分离的过程，这种膜分离过程能有效去除水中的胶体、蛋白质、大分子有机物及微生物等，被广泛应用于酶制剂、血液制品及生物制品的浓缩、脱盐和提纯，以及饮用水的净化、工业废水的深度处理等领域。

1. 超滤过程及其原理 超滤属于压力驱动型膜分离技术，其操作静压差一般为 0.1～0.5MPa。超滤膜的膜孔径为 2～100nm，截留分子量为 1 000～300 000。在静压差推动力的作用下，原料液中溶剂和小溶质粒子从高压的料液侧透过膜流到低压侧，而 1～20nm 的大粒子组分被膜所阻拦（图 8-13）。超滤是一种有效截留蛋白质、酶、病毒、胶体、染料等大分子溶质的筛孔分离过程。

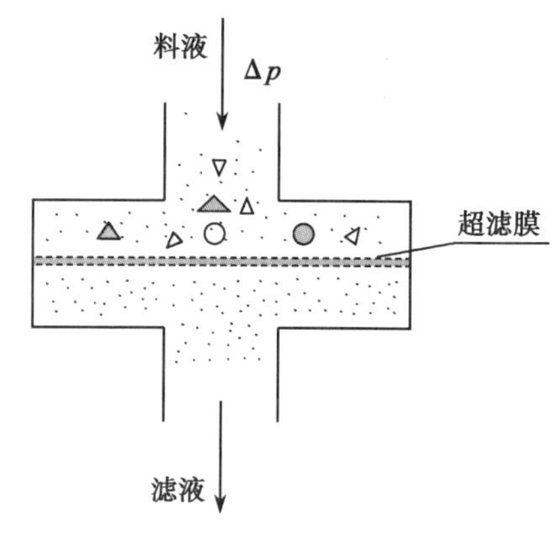

图 8-13　超滤原理示意图

超滤膜的分离作用是由机械截留、架桥和吸附几种机理共同作用的结果。研究发现，超滤过程中溶质在膜上的截留同时存在三种可能性：①溶质在过滤膜表面以及膜孔中产生吸附；②分子直径大小与膜孔径相仿的溶质在膜孔中停留，引起膜孔堵塞；③分子直径大于膜孔径的溶质在膜表而被机械截留，实现筛分。

在实际应用中发现，膜表面的化学、物理特性对大分子溶质的截留也有着重要的影响，因此，在考虑超滤膜的截留性能时，除了考虑机械筛分作用外，还应考虑：①溶质分子在膜表面或膜孔壁上受到吸引或排斥会影响膜对溶质的分离效果，即溶质、溶剂和膜材料之间的相互作用，包括范德瓦耳斯力、静电力、氢键作用力等；②膜的平均孔径和孔径分布等也会影响膜的分离特性。

与微滤过程是针对溶液与不溶性颗粒的分离不同，超滤过程分离的对象一般是大小分子或溶液与粒径为 1～20nm 的大粒子组分的分离，所以超滤膜通常不以其孔径大小作为指标，而以截留分子量作为指标，即所谓的“分子量截留值”。“分子量截留值”是指截留率达 90% 以上的最小被截留物质的分子量，它表示每种超滤膜所额定的截留溶质分子量的范围，大于这个范围的溶质分子绝大多数不能通过该超滤膜，而小于这个范围的溶质分子则正好相反。

由于额定截留分子量的测定多以球形溶质分子的测定结果表示，而受试溶质分子能否被截留及截留率的大小还与其分子形状、化学结合力、溶液条件及膜孔径差异有关，所以相同分子量的溶质截留率不尽相同，用具有相同分子量及截留值的不同膜材料制备的超滤膜对同一物质的截留也不完全一致，故分子量截留值仅为选膜的参考，需要通过必要的试验来确定膜的种类。

与其他的分离膜多干法保存不完全一样，超滤膜由于制膜工艺及膜材料的不同，超滤膜适宜的保存方式有湿态和干态两种，其目的是防止膜水解、微生物侵蚀、冻结及收缩变形等。

ER8-3 超滤膜的储存方式

2. 超滤的特点 超滤过程具有下列特点。

（1）物质不发生相变，在常温、低压下即可进行分离，因此能耗低，设备装置简单，投资费用省，操作方便。

（2）物质在浓缩分离过程中不发生质的变化，因而适合于热敏性物质的处理。

（3）适合稀溶液中微量贵重大分子物质的回收和低浓度大分子物质的浓缩，能将不同分子量的物质分级处理。

（4）超滤膜是由高分子聚合物或无机材料制成，在使用过程中无任何杂质脱落，保证了超滤产品液的纯净。

3. 超滤技术应用实例 超滤技术在制药工艺中的应用已相当普遍，尤其是在生物制剂类药物的生产过程中。而在精密仪器分析的样品前处理工艺中，尽管超滤技术被广泛应用，但却鲜有介绍，故本节选取质谱分析的样品前处理案例对超滤技术的应用予以拓展介绍。

案例 8-2 离心超滤 / 离子色谱 - 三重四极杆质谱法同时测定蔬菜中乙烯利与 2,4- 二氯苯氧乙酸

背景资料：乙烯利和 2,4- 二氯苯氧乙酸（简称 2,4-D）均为常见植物生长调节剂，用于果实催熟、转化性别、周期调节等，两者常配合使用，促进作物生长的同时提高抗逆性。然而，在农业生产过程中，部分商家为追求更大利益而过量施用，造成其在作物中的残留。研究表明，乙烯利在体内具有神经毒性，可能损害免疫和生殖系统；2,4-D 具有较强的致畸变作用，易引起染色体突变并诱发疾病。因此，从食品安全的角度出发，需对农产品中这两种成分进行限度检测。

问题：目前，针对乙烯利和 2,4-D 的常见检验方法有气相色谱 - 质谱法、液相色谱 - 质谱法和离子色谱法等。然而，传统的检测方法还存在不足：一方面，由于待测物易离子化，极性较强，气相色谱 - 质谱法检验往往需要进行复杂且有害的衍生化操作，液相色谱 - 质谱法检验则需更换极性强的 HILIC 柱等色谱柱才可分离，一定程度上增加了检测难度；另一方面，离子色谱法虽适用于极性物质的直接检测，但其可能由于物质结构相近等因素造成检验结果的“假阳性”，为此，可通过串联质谱来提高检测灵敏度。

分析讨论：

已知：针对农残的检测有多种方法，如气相色谱 - 质谱法、液相色谱 - 质谱法和离子色谱法等。这些方法均具有特异性强、灵敏度高的特点，是被行业普遍认可的精密检测。但由于检测前需要对待测物进行复杂且有害的衍生化等操作，步骤烦琐，重现性差，导致检测效率低下，且由于待检样品成分复杂，可能对检测结果造成“假阳性”干扰，并且会降低色谱柱的寿命。

找寻关键：利用超滤膜高效分离去杂的优点，对待检样品进行前处理，不但可以避免复杂且有害的衍生化等操作，同时又高效、快捷。

方法设计：采用离心超滤方法对 4 种蔬菜（茄子、玉米、番茄、辣椒）进行前处理，利用

离子色谱 - 三重四极杆串联质谱检验乙烯利和 2,4-D，实现准确、快速、同时检验。具体方法如下。

样品前处理：从农贸市场采购 4 种蔬菜，经自来水清洗、切块后，均质机打浆。称取 1.0g 菜浆于 15.0ml 离心管中，加去离子水稀释至 5.0ml 振荡 20 分钟，以 8 000r/min 转速离心 5 分钟，将上清液转移至超滤管中，以 8 000r/min 转速离心 20 分钟，滤出液经 0.22μm 水相针筒过滤器过滤后，作为检材提取液供仪器分析。

色谱条件：保护柱为 Dionex IonPac AG19（50mm × 4mm），分离柱采用 Dionex IonPac AS19（250mm × 4mm）；抑制电流为 149.0mA；淋洗液为在线自动生成的 KOH，等度淋洗模式；淋洗浓度为 60mmol/L；进样量设为 100.0μl；流速为 1.0ml/min；柱温为 35.0℃。

质谱条件：电喷雾电离；负离子模式（ESI^-）；扫描模式为多反应监测（MRM）；气帘气压力为 35kPa；碰撞气强度为 Medium；离子化电压为 4 500V；离子源温度为 600℃；喷雾气压为 55kPa；辅助加热气为 60kPa。2 种物质的监测离子对、去簇电压及碰撞能等参数见表 8-4。

表 8-4　乙烯利和 2,4-D 的质谱参数

农残	保留时间 /min	母离子 /（*m/z*）	子离子 /（*m/z*）	去簇电压 /V	碰撞能 /eV
乙烯利	3.83	143.0	107.0*, 79.0	−22.0, −22.0	−15.0, −36.0
2, 4-D	9.32	219.0	161.0*, 125.0	−25.0, −25.0	−11.0, −25.0

注：“*”为定量离子。

结果：当乙烯利和 2,4-D 的质量浓度在 0.5～200.0μg/L 范围内时，线性关系良好（r>0.999 5）。其中，乙烯利的检出限为 0.2μg/L，定量限为 0.7μg/L；2,4-D 的检出限为 0.05μg/L，定量限为 0.17μg/L。乙烯利和 2,4-D 在 4 种蔬菜中的平均回收率范围分别为 88.3%～96.8%、92.5%～101.6%，日内精密度（n=6）范围分别为 2.6%～5.9%、1.2%～4.4%，日间精密度（n=6）范围分别为 2.2%～5.4%、1.1%～3.4%。

评价：在制药领域，超滤技术不但可以用于工艺中的单元操作，也可以用于分析检测，如受检样品的前处理。前处理的目的主要有两个，一是成分的富集；二是借助膜孔的筛分效应可以去除部分杂质。在本案例中，由于离心超滤的采用，使乙烯利和 2,4-D 的检出限分别达到 0.2μg/L 和 0.05μg/L。通过对实际样品的检测，证明该方法快速高效，通过定量限浓度水平的添加实验，证明该方法特异性强，且灵敏度符合国内外对于蔬菜中两种物质残留的限量要求。

本案例在利用超滤技术时，采用了一种叫作“离心超滤管”的特殊膜分离装置。离心超滤管是一种以离心力为主要分离动力的成熟膜分离装置，甚至已成为生物大分子分析检测时对样品进行前处理的“标配”操作装置，有多种商品型号可供选择。

ER8-4　离心超滤管

三、反渗透技术

反渗透是利用半透膜使溶液中的小分子物质和溶剂分离的一种过程，其能有效去除水中

的无机离子及 0.1～2nm 的有机小分子物质。反渗透技术广泛应用于海水淡化、苦咸水淡化，以及电子、制药工业中超纯水的制备，医药与食品饮料工业中低分子物质水溶液的浓缩和有机物质的回收等。目前，反渗透膜分离技术已成为海水和苦咸水淡化最经济的技术，也是超纯水和纯水制备的优选技术，其应用前景广阔，市场潜力很大。

1. 反渗透分离原理 如图 8-14 所示，采用一张只能透水不能透盐的半透膜将纯水和盐水隔开，纯水会自发地透过膜进入盐水侧。这种不同浓度的溶液隔以半透膜（允许溶剂分子通过，不允许溶质分子通过的膜），水分子或其他溶剂分子从低浓度的溶液通过半透膜进入高浓度溶液中的现象，或水分子从水势高的一方通过半透膜向水势低的一方移动的现象，称为渗透（osmosis）。当渗透进行到盐水一侧的液面达到某一高度产生静压差时，水分子从纯水侧向盐水侧的渗透受到抑制，系统达到了动态平衡，这种相对溶剂而言的膜平衡叫作渗透平衡，该平衡时的静压差称为渗透压。渗透压的大小与盐溶液的种类、浓度和温度有关，与膜本身无关。任何溶液都有渗透压，但是如果没有半透膜，则渗透压就无法表现。若在盐水一侧施加一个大于渗透压的压力时，盐水侧的水分子就会透过半透膜进入纯水侧，而盐水侧盐浓度上升，这一现象称为反渗透（reverse osmosis，RO）。反渗透技术就是利用这一原理来进行溶质和溶剂分离的。

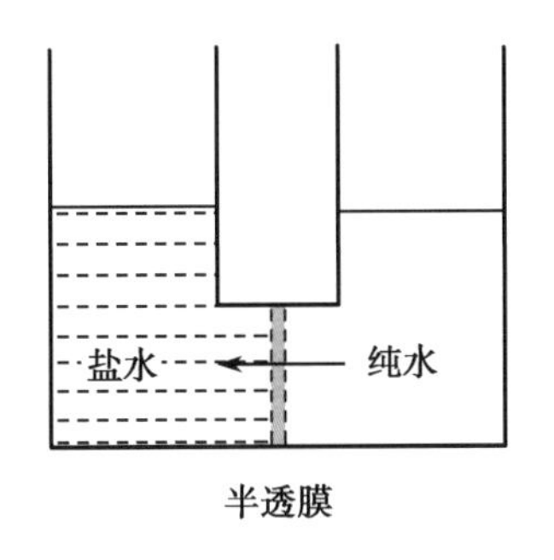

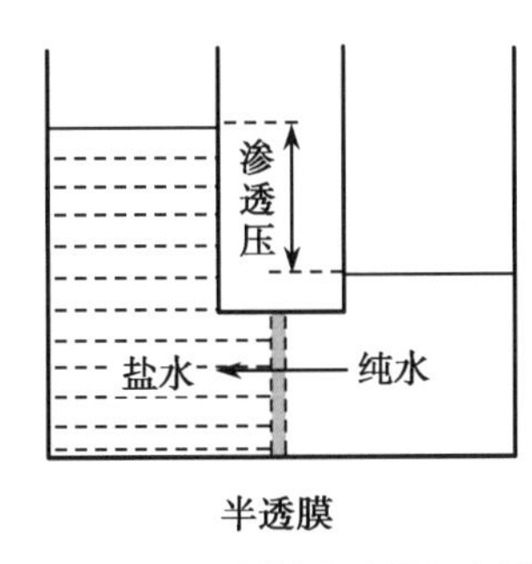

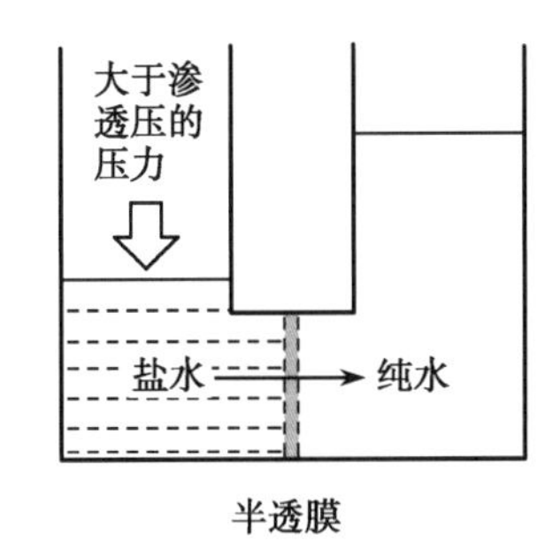

图 8-14 反渗透原理示意图

反渗透就是利用反渗透膜选择性地只能透过溶剂（通常是水）而截留离子物质的性质，以膜两侧静压差为推动力，克服溶剂的渗透压，使溶剂通过反渗透膜而实现对液体混合物进行分离的膜过程。它的操作压差一般为 1.5～10.5MPa，截留组分为 1～10Å（$1Å = 10^{-10}m$）的小分子溶质。除此之外，还可从液体混合物中去除其他全部的悬浮物、溶解物和胶体，例如从水溶液中将水分离出来，从而达到分离、纯化等目的。

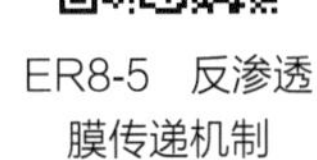

ER8-5 反渗透膜传递机制

关于在反渗透膜分离过程中物质通过膜进行传递的机制，目前有溶解 - 扩散理论、优先吸附 - 毛细管流动理论、氢键理论等多种，以优先吸附 - 毛细管流动理论最为流行。

2. 反渗透的特点 与其他传统水处理技术（如蒸发和冷冻法）相比，反渗透有下列特点。

（1）膜分离效率高，用于海水淡化平均脱盐率高达 99.7%。

（2）杂质去除范围广，包括水中溶解的无机盐以及各类有机物杂质。

（3）产水量大，设备占地小，投资成本低。

（4）能耗低，由于过程不发生相变，不需要对待处理物料进行加热，适于对热敏性物质的分离、浓缩，并且过程能耗很低，用海水生产每立方米淡水仅需要耗电 3kW/h。

（5）生产成本低，大型反渗透装置每立方米淡水生产成本约合人民币 3.5～5.0 元，可以用反渗透技术大规模生产廉价、高品质的纯净水。

3. 反渗透应用实例 在制药领域，水处理是生产过程中重要环节。传统的水处理装置主要采用离子交换等技术对自来水进行软化，结合蒸馏或超滤、微滤等技术进行注射用水的生产。而离子交换技术需要定期用盐对交换柱进行再生处理，废水处理量大。随着反渗透技术的成熟，现代制药领域中的越来越多的水处理工艺采用反渗透技术代替离子交换技术，以降低生产成本与环保压力。

案例 8-3 制药工业中纯化水的制备

背景资料：水在制药工业中是应用最广泛的工艺原料，用作药品的成分、溶剂、稀释剂等。制药用水作为制药原料，各国药典定义了不同质量标准和使用用途的工艺用水，并要求定期检测。《中国药典》（2020 年版四部）对制药用水的质量标准、用途都有明确的定义和要求；各个国家和组织的 GMP 都将制药用水的生产和储存分配系统视为制药生产的关键系统，对其设计、安装、验证、运行和维护等提出明确要求。其中纯化水是用量最大的制药用水，在纯化水的基础上可进一步制备注射用水。《中国药典》（2020 年版二部）对纯化水的解释为饮用水经蒸馏法、离子交换法、反渗透法或其他适宜的方法制备的制药用水。不含任何附加剂，其质量应符合纯化水项下的规定。

纯化水可作为配制普通药物制剂用的溶剂或试验用水；可作为中药注射剂、滴眼剂等灭菌制剂所用饮片的提取溶剂；口服、外用制剂配制用溶剂或稀释剂；非灭菌制剂用器具的精洗用水。也用作非灭菌制剂所用饮片的提取溶剂。纯化水不得用于注射剂的配制与稀释。

纯化水有多种制备方法，应严格监测各生产环节，防止微生物污染。

在《中国药典》（2020 年版二部）中，规定纯化水检查项目包括酸碱度、硝酸盐、亚硝酸盐、氨、电导率、总有机碳、易氧化物、不挥发物、重金属、微生物限度，其中总有机碳和易氧化物两项可选做一项。具体指标见表 8-5。

表 8-5 纯化水检查项目

检验项目	指标限定
酸碱度	按《中国药典》2020 年版二部纯化水项下检查，应符合规定
硝酸盐	<0.000 006%
亚硝酸盐	<0.000 002%
氨	<0.000 03%
电导率	按《中国药典》2020 年版通则 0681 检查，应符合规定
总有机碳	<0.50mg/L（《中国药典》2020 年版通则 0682）
易氧化物	按《中国药典》2020 年版二部纯化水项下检查，应符合规定
不挥发物	<1mg/100ml
重金属	<0.000 01%
微生物限度	依法检查（《中国药典》2020 年版通则 1105），应符合规定

问题：我国地域辽阔，水资源丰富，水质因地域的不同而差异很大。如果原水是井水，则有机物负荷不会很大；如果是地表水，可能含有较高水平的有机物，并且有机物的组成和数量

可能受季节变化影响；市政供水通常是经过氯处理的，在去除氯之前，其中微生物的含量是比较低的，并且其生长通常受到抑制。所以如何把不同来源的原水制备成符合《中国药典》制药用水标准的纯化水是非常关键的问题。

分析讨论：

已知：有两个问题是本案例探讨的前提：一是原水的复杂性。实际生产中由于来源不同，原水中有机物、无机物、颗粒杂质等含量与种类也不尽相同。二是制药用水标准的严格性。由于制药用水与用药安全密切相关，制药用水必须符合《中国药典》规定的相关标准。

找寻关键：传统制水工艺中高能耗的蒸馏等技术逐渐被更高效节能的膜分离技术代替。原水中可能存在的有机物、颗粒性杂质，可通过常规过滤、微滤等方法去除，而去除可溶性的无机物离子（如氯离子等）则更多地应用反渗透技术。

工艺设计：通常情况下纯化水制备系统的配置方式根据地域和水源的不同而不同，纯化水制备系统应根据不同的原水水质情况进行分析与计算，然后配置相应的组件来依次把各指标处理到允许的范围之内。目前在国内纯化水制备系统的主要配置方式如图 8-15 所示，但并不局限于只有这几种。

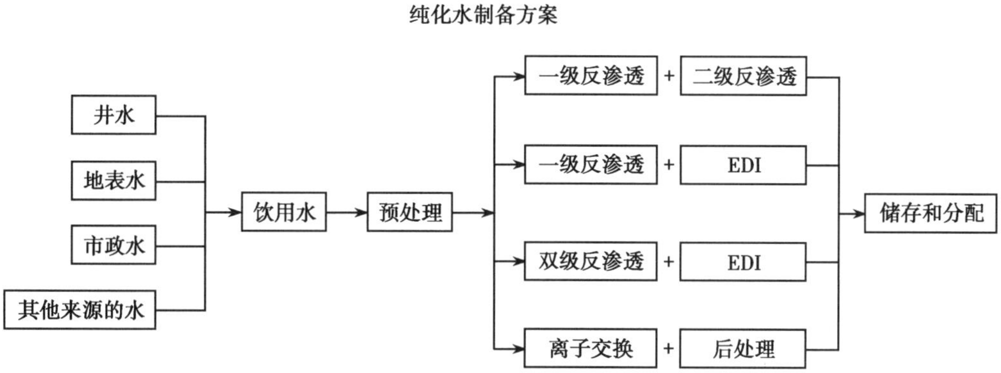

纯化水制备方案

井水
地表水
市政水
其他来源的水
饮用水
预处理
一级反渗透 + 二级反渗透
一级反渗透 + EDI
双级反渗透 + EDI
离子交换 + 后处理
储存和分配

图 8-15　纯化水制备工艺

在纯化水的制备过程中可能涉及的主要组件包含但不限于以下组件。

1. 多介质过滤器　一般称为多机械过滤器或砂滤，过滤介质为不同直径的石英砂分层填装，较大直径的介质通常位于过滤器顶端，水流自上而下通过逐渐精细的介质层，通常情况下介质床的孔隙率应允许去除微粒的尺寸最小为 10～40μm，介质床主要用于过滤除去原水中的大颗粒悬浮物、胶体及泥沙等，以降低原水浊度对膜系统的影响，同时降低污染指数（silting density index，SDI）值，使出水浊度 <1、SDI<5，以达到反渗透系统进水要求。根据原水水质的情况，有时要通过在进水管道投加絮凝剂，采用直流凝聚方式，使水中大部分悬浮物和胶体变成微絮体在多介质滤层中截留而去除。

2. 活性炭过滤器　主要用于去除水中的游离氯、色度、微生物、有机物以及部分重金属等有害物质，以防止它们对反渗透膜系统造成影响。过滤介质通常是由颗粒活性炭（如椰壳、褐煤或无烟煤）构成的固定层。经过处理后的出水余氯应 <0.000 01%。

3. 软化器　通常由盛装树脂的容器、树脂、阀或调节器以及控制系统组成。介质为树脂，目前主要是用钠型阳离子树脂中有可交换的阳离子（Na^+）来交换出原水中的钙离子、镁离子，而降低水的硬度，以防止钙离子、镁等离子在 RO 膜表面结垢，使原水变成软化水后出水硬度能达到 <0.000 15%。

4．膜装置 包括微滤、超滤、纳米过滤和反渗透，其中反渗透系统承担了主要的脱盐任务。典型的反渗透系统包括反渗透给水泵、阻垢剂加药装置、还原剂加药装置、5μm 精密过滤器、一级高压泵、一级反渗透装置、CO_2 脱气装置或 NaOH 加药装置、二级高压泵、二级反渗透装置以及反渗透清洗装置等。反渗透膜的工作单元如图 8-16 所示。

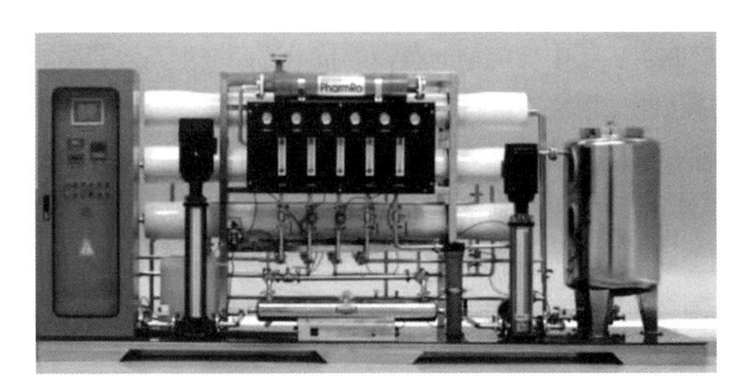

图 8-16　反渗透膜的工作单元

阻垢剂加药装置的作用是在反渗透进水中加入阻垢剂，防止反渗透浓水中碳酸钙、碳酸镁、硫酸钙等难溶盐浓缩后析出结垢堵塞反渗透膜，损坏膜元件的应用特性。阻垢剂是一种有机化合物质，除了能在朗格利尔指数（LSI）= 2.6 情况下运行之外，还能阻止 SO_4^{2-} 的结垢，它的主要作用是相对增加水中结垢物质的溶解性，以防止碳酸钙、硫酸钙等物质对膜的阻碍，同时它还也可以阻止铁离子堵塞膜。系统中是否要安装阻垢剂加药装置，这取决于原水水质与使用者要求的实际情况。

如果采用的是双级反渗透，在二级反渗透高压泵前加入 NaOH 溶液，用以调节进水 pH，使二级反渗透进水中 CO_2 气体以离子形式溶解于水中，并通过二级反渗透去除，使产水满足 EDI 装置进水要求，减轻 EDI 的负担。

膜装置中的反渗透部分是利用半渗透膜去除水中溶解盐类，同时去除一些有机大分子，前阶段没有去除的小颗粒等。半渗透的膜可以渗透水，而不可以渗透其他物质，如多种盐、酸、沉淀、胶体、细菌和内毒素。通常情况下反渗透膜单根膜脱盐率可大于 99.5%。

预处理系统的产水进入反渗透膜组，在压力作用下，大部分水分子和微量其他离子透过反渗透膜，经收集后成为产品水，通过产水管道进入后序设备。水中的大部分盐分、胶体和有机物等不能透过反渗透膜，残留在少量浓水中，由浓水管道排出。

在反渗透装置停止运行时，自动冲洗 3～5 分钟，以去除沉积在膜表面的污垢，对装置和反渗透膜进行有效的保养。

反渗透膜经过长期运行后，会沉积某些难以冲洗的污垢，如有机物、无机盐结垢等，造成反渗透膜性能下降，这类污垢必须使用化学药品进行清洗才能去除，以恢复反渗透膜的性能。化学清洗使用反渗透清洗装置进行，装置通常包括清洗液箱、清洗过滤器、清洗泵以及配套管道、阀门和仪表。

结果: 上述工艺已被广泛应用于纯化水的制备，与传统的蒸馏法相比，采用反渗透技术制备纯化水，能耗低，且更高效。

评价: 反渗透不能完全去除水中的污染物，很难甚至不能去除极小分子量的溶解有机物。但是反渗透能大量去除水中细菌、内毒素、胶体和有机大分子。

反渗透不能完全纯化进料水，通常是用浓水流来去除被膜截留的污染物。很多反渗透的用户利用反渗透单元的浓水作为冷却塔的补充水或压缩机的冷却水等。

二氧化碳可以直接通过反渗透膜，反渗透产水的二氧化碳含量和进水的二氧化碳含量一样。反渗透产水中过量的二氧化碳可能会引起产水的电导率达不到药典的要求。二氧化碳将增加反渗透单元后面的混床中阴离子树脂的负担，所以在进入反渗透前可以通过加 NaOH 除去二氧化碳，如果水中的 CO_2 水平很高，可通过脱气将其浓度降低到 0.000 5%～0.001%，脱气有增加细菌负荷的可能性，应将其安装在有细菌控制措施的地方，例如将脱气器安在一级与二级反渗透之间。

四、纳滤技术

在压力驱动膜分离技术中，除了微滤、超滤和反渗透，还有纳滤膜技术可以选择(图 8-17)。微滤膜允许大分子有机物和溶解性固体(无机盐)溶质等通过，但能截留大于 0.1μm 的悬浮物、细菌、部分病毒及胶体，微滤膜两侧的运行压差(有效推动力)一般为 0.07MPa。超滤膜允许小分子物质和溶解性固体(无机盐)溶质等通过，但能有效截留 2～100nm 之间的胶体、蛋白质、微生物和大分子有机物，用于表征超滤膜的切割分子量一般介于 1 000～100 000 之间，超滤膜两侧的运行压差一般为 0.1～0.7MPa。更小的分子或离子的分离，则有反渗透。纳滤是一种介于超滤和反渗透之间的膜分离技术，它恰好填补了超滤与反渗透之间的空白，能截留透过超滤膜的那部分小分子量的有机物，透析被反渗透膜所截留的无机盐。

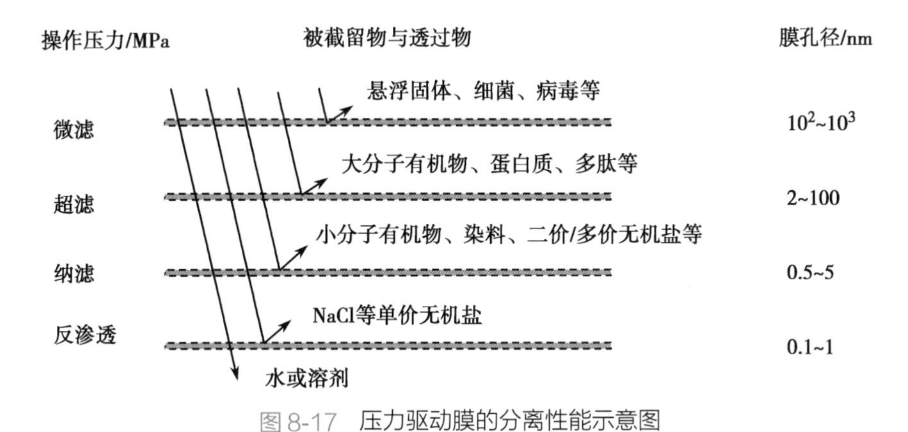

图 8-17　压力驱动膜的分离性能示意图

纳滤是 20 世纪 70 年代末发展起来的一种新型压力驱动膜分离技术，是一种由反渗透发展而来，为适应工业需求、实现成本降低的新型膜分离技术。纳滤膜的孔径为 1nm 左右，在渗透过程中截留率大于 95% 的最小分子约 1nm(非对称微孔膜平均孔径为 2nm)，故称纳滤。纳滤膜能截留分子量大于 200 的有机物和二价或多价无机盐，可选择性透过小分子和单价无机盐，而操作压力为 0.5～2.0MPa 或更低。实验证明，它能使 90% 的 NaCl 透过膜，而使 99% 的蔗糖被截留。

与超滤相比，纳滤可截留的分子量更低，而与反渗透相比，纳滤具有成本优势。因此纳滤膜分离技术虽然起步较晚，但在水的软化、污水和工业废水的净化、有机低分子的脱除和有机物的除盐等方面有独特的优点和明显的节能效果，已广泛应用于水处理、食品浓缩、药物的分离精制、石油的开采与提炼、冶金等领域。

1. 纳滤过程及其原理 纳滤膜除具有三维网格结构外，一般还荷负电，对不同电荷和不同价态的离子具有不同的 Donnan 效应，因此纳滤膜的分离原理是一个复合的过程，包括筛分与电荷效应。

（1）筛分效应：筛分效应，又称位阻效应。纳滤膜分离过程的筛分效应也是压力驱动的，遵循溶解 - 扩散原理，其推动力是膜两侧的压力差。如图 8-18 所示，在料液入口一侧施加一定的压力，在膜上下游压力差 Δp 的作用下，溶液中分子量低于 200 的小分子物质、单价离子及溶剂可以透过膜上的纳米孔流到膜的低压侧，成为透过液，而分子量为 200～2 000 的有机物质及多价离子被截留，从而实现了分子量大于 200 的有机物、多价离子及分子量低于 200 的有机物、单价离子及溶剂的分离。

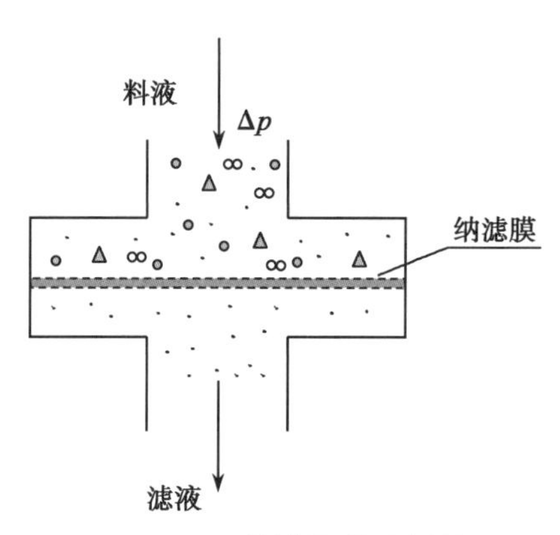

图 8-18 纳滤原理示意图

（2）电荷效应：纳滤膜由于在制备时的特殊处理（如复合化、荷电化），使膜表面带有一定的电荷，分离时溶液中的离子与膜所带电荷的静电相互作用使纳滤膜产生电荷效应（Donnan 效应，指因部分带电粒子不通过半透膜而产生的不均匀电荷，使膜两侧粒子浓度不同的现象）。因此纳滤膜对带有电荷的物质的分离主要是靠电荷效应，如分离无机盐溶液，纳滤膜的截留率通常存在以下影响规律：①一价离子渗透，多价阴离子滞留（高截留率）；②对于阴离子，截留率按下列顺序递增 NO_3^-、Cl^-、OH^-、SO_4^{2-}、CO_3^{2-}；③对于阳离子，截留率递增的顺序为 H^+、Na^+、K^+、Ca^{2+}、Mg^{2+}、Cu^{2+}；④一般来说，随着浓度的增加，膜的截留率下降。大多数纳滤膜的表面带有负电荷，它们通过静电相互作用，阻碍多价离子的渗透。

2. 纳滤特点 纳滤膜的分离特点如下。

（1）纳米级孔径。纳滤膜分离的对象主要为分子大小在 1nm 左右的溶解组分，特别适合于分离分子量为数百的有机小分子物质。对于电中性体系，纳滤膜主要通过筛分效应截留分离体系中粒径大于膜孔径的溶质。

（2）离子选择性。纳滤膜一般为复合膜，在膜表面上常带有电荷基团，通过静电相互作用同溶液中的多价离子产生 Donnan 效应，可实现对多元体系中不同价态离子的分离。纳滤膜对一价离子的截留率不高，仅为 10%～80%，但对二价或多价盐的截留率都在 90% 以上。

（3）操作压力低。纳滤过程所需操作压力一般在 0.5～2.0MPa，对系统动力设备的要求低，设备投资低，具有低能耗的优点。

（4）对疏水型胶体油、蛋白质和其他有机物具有较强的抗污染性。

与反渗透膜相比，纳滤膜具有操作压力低、水通量大的特点，且纳滤能使浓缩与脱盐同步进行，所以用纳滤代替反渗透进行水处理时效率更高；与超滤和微滤膜相比，纳滤膜又具有截留低分子量物质的能力。

纳滤技术的出现填补了超滤和反渗透之间的空白，它具有筛分与电荷双重效应的分离机制，能截留透过超滤膜的小分子量有机物，透过被反渗透膜所截留的无机盐，因此纳滤已广泛应用于水处理、食品浓缩、药物的分离精制、石油的开采与提炼、冶金等领域，特别是在某些分离过程中极具优势，例如水的软化、污水和工业废水的净化、有机低分子的脱除和有机物的除盐等方面有独特的优点和明显的节能效果。

3. 纳滤技术应用实例 目前纳滤作为一种新型膜分离技术，被广泛应用于水的软化和有机污染物的脱除，在制药工业中主要用于中间体的浓缩，母液回收，氨基酸和多肽的分离，中药的分离及有效成分的提取、浓缩等。

案例 8-4 纳滤膜分离在阿奇霉素分离纯化中的应用

背景资料：大环内酯类药物是一系列以大环内酯为母核，通过苷键和羟基结合不同数量的糖分子而形成的药物分子，对人体消化系统、免疫系统、循环系统、呼吸系统疾病及肿瘤均有治疗作用。早期的大环内酯类药物纯化工艺大多采用溶媒萃取或吸附法分离，存在溶剂消耗大、收率低、过程复杂、成本高和产品纯度低等问题。

问题：膜分离技术在大环内酯类药物制备中，分离膜的回收利用问题，目前还是成本控制的难题。简化过程、高收率、高纯度、低能耗、低温运行和安全操作成为大环内酯类药物分离纯化过程亟待解决的问题。

分析讨论：

已知：有机溶剂纳滤（organic solvent nanofiltration，OSN）是较为先进的“绿色”分离技术，能截留溶剂中分子量为 200～1 000 的物质，已应用于润滑油脱蜡、溶剂纯化、催化剂回收和食品加工等方面，且其模块化特点为其与多种工艺偶合提供了便利。OSN 运行过程中的低能耗、无相变，以及可回收溶剂等优点，使其在大环内酯类药物分离纯化方面有着巨大的应用潜力。

找寻关键：本案例主要探讨了纳滤技术用于阿奇霉素分离纯化的潜力。

工艺设计：本案例中，以 0.5g/L 药物溶剂为模拟液，评估纳滤膜对大环内酯类药物的应用性能，评估前膜样品均浸泡于异丙醇 12 小时。采用死端过滤装置和错流过滤装置测试。具体检测方法如下：

配制阿奇霉素乙醇模拟液，收集的样品利用液相色谱 - 紫外 - 可见光检测器检测；配制红霉素甲醇和乙酸正丁酯模拟液，收集的样品通过溶剂交换法至纯水中，测量其 TOC 值；配制克拉霉素丙酮模拟液，收集的样品通过定量蒸发溶剂获得溶质的质量。均按式（8-4）计算。此外，通过该模拟液评估膜样品的长时间运行稳定性。通过错流过滤连续运行 72 小时，记录溶剂通量并测定分离性能。

$$R=\left(1-\frac{c_{\mathrm{p}}}{c_{\mathrm{f}}}\right)\times 100\% \qquad \text{式(8-4)}$$

式中，c_f 和 c_p 分别为初始液和透过液中的溶质浓度。

评价：结果显示，OSN 膜在大环内酯抗生素的分离纯化过程中具有应用潜力，对阿奇霉素 / 乙醇、红霉素 / 甲醇、红霉素 / 乙酸正丁酯和克拉霉素 / 丙酮的截留率分别达到 99.9%±0.0%、95.4%±2.8%、97.0%±1.4% 以及 99.8%±0.0%；溶剂通量达到（34.8±2.1）L/（m^2•h•MPa）、（60.3±1.8）L/（m^2•h•MPa）、（7.4±1.0）L/（m^2•h•MPa）和（29.3±0.8）L/（m^2•h•MPa）。

结论：膜过程改进传统工艺，优势明显，具有流程缩短、成本降低、纯度高、操作简化和危险降低等特点。

五、渗透蒸发技术

液体混合物的分离常常利用其沸点不同而采用蒸馏的方法进行。但是当两种液体混合物的沸点十分接近或形成共沸物时，就需要采用共沸蒸馏的方法，即在上述混合物中加入另一种溶剂，使其形成一种三元的、低沸点共沸物。经蒸馏后，可以把含量较少的杂质组分从混合物中完全脱除。但是共沸蒸馏法存在能耗高且加入的第三组分难回收等问题。

20 世纪 80 年代，一种称之为渗透蒸发的新型膜分离技术兴起。它是在液体混合物中组分蒸气分压差的推动下，利用组分通过致密膜的溶解和扩散速率的不同实现分离的过程，其突出的优点是能够以低能耗实现蒸馏、萃取、吸收等传统方法难以完成的分离任务，对有机溶剂及混合溶剂中微量水的脱除、废水中少量有机污染物的分离及水溶液中高价值有机组分的回收具有明显技术上和经济上的优势。它还可以同生物及化学反应偶合，将反应生成物不断脱除，使反应平衡持续向着有利于生成物的反应方向进行，从而提高产率。

渗透蒸发技术在石油化工、医药、食品、环保等工业领域中具有广阔的应用前景及市场，是一种符合可持续发展战略的"清洁工艺"，不仅本身具有少污染或零污染的优点，而且可以从体系中回收污染物。它是目前正处于开发期和发展期的技术，国际膜学术界的专家们称之为 21 世纪化工领域最有前途的技术之一。

1. 渗透蒸发分离原理 渗透蒸发，又称渗透汽化，是用于液体混合物分离的一种新型膜分离技术。目前，普遍认为渗透蒸发的分离机理是溶解 - 扩散机制，即组分在蒸气分压差的推动下，利用各组分在致密膜中溶解和扩散速度的差异来实现分离的过程。它突出的优点是能够以较低的能耗实现蒸馏、萃取和吸收等传统方法难以完成的分离任务。

渗透蒸发过程的分离原理如图 8-19 所示。具有致密皮层的渗透蒸发膜将料液和渗透物分离为两股独立的物流，料液侧（膜上游侧或膜前侧）一般维持常压，渗透物侧（膜下游侧或膜后侧）则通过抽真空或载气吹扫的方式维持很低的组分分压。在膜两侧组分分压差（化学位梯度）的推动下，料液中各组分扩散通过膜，并在膜后侧汽化为渗透物蒸气。由于料液中各组分的物理化学性质不同，它们在膜中的热力学性质（溶解度）和动力学性质（扩散速度）存在差异，因而料液中各组分渗透通过膜的速度不同，易渗透组分在渗透物蒸气中的份额增加，难渗透组分在料液中的浓度则得以提高。

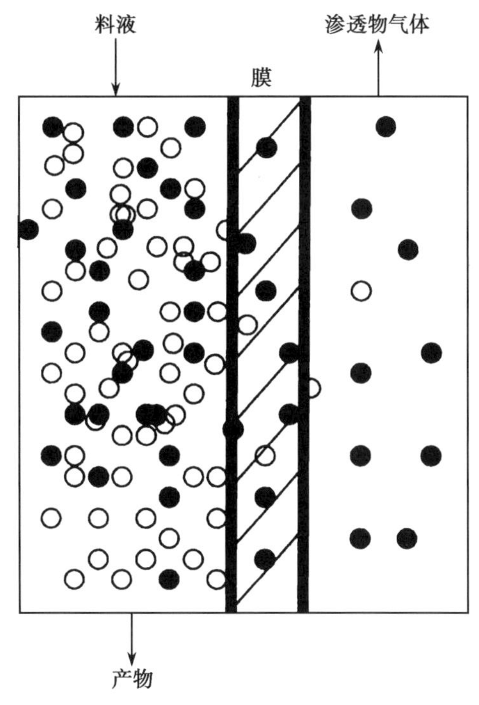

图 8-19　渗透蒸发分离原理

渗透蒸发过程涉及复杂的渗透物与膜、渗透物组分之间的相互作用，因此有很多模型可用于描述渗透汽化过程的传质过程，常见的用于描述渗透蒸发传质过程的模型主要有两个：溶解 - 扩散模型和孔流模型，其中应用较为普遍的是溶解 - 扩散模型。

ER8-6　渗透蒸发模型

与微滤、超滤等膜分离不同的是，渗透蒸发过程中组分有相变发生，相变所需的潜热由原料的显热来提供。渗透蒸发过程赖以完成传质和分离的推动力是组分在膜两侧的蒸气分压差，组分的蒸气分压差越大，推动力越大，传质和分离所需的膜面积越小，因而在可能的条件下，要尽可能地提高组分在膜两侧的蒸气分压差。可以通过提高组分在膜上游侧的蒸气分压，或降低组分在膜下游侧的蒸气分压来实现。为提高组分在膜上游侧的蒸气分压，一般采取加热料液的方法，由于液体压力的变化对蒸气压的影响不太敏感，料液侧采用常压操作方式。而为了降低组分在膜下游侧的蒸气分压，则可以对膜后侧采取以下措施。

（1）冷凝法：在膜后侧放置冷凝器，使部分蒸气凝结为液体，从而达到降低膜下游侧蒸气分压的目的。如果同时在膜的上游侧放置加热器，如图 8-20 所示，这种方式也称作“热渗透蒸发”过程，最早是由 Aptel 等研究提出，其理论上可以增大膜前后蒸气组分的分压差，有利于提高分离效率，但由于不能有效地保证不凝气从系统中排出，同时蒸气从下游侧膜面到冷凝器表面完全依靠分子的扩散和对流，传递速度很低，导致膜下游侧很难达到最佳真空度，限制了这种方法的使用。

（2）抽真空法：在膜后侧放置真空泵，将渗透过膜的渗透物蒸气抽出系统，从而达到降低膜下游侧蒸气分压的目的，如图 8-21 所示。这种操作方式对于一些膜后真空度要求比较高，且没有合适的冷源来冷凝渗透物的情形比较适合。但由于膜后渗透物的排出完全依靠真空泵来实现，大大增加了真空泵的负荷，而且这种操作方式不能回收有价值的渗透物，对以渗透物作为目标产物的情形(如从水溶液中回收香精)不能适用。

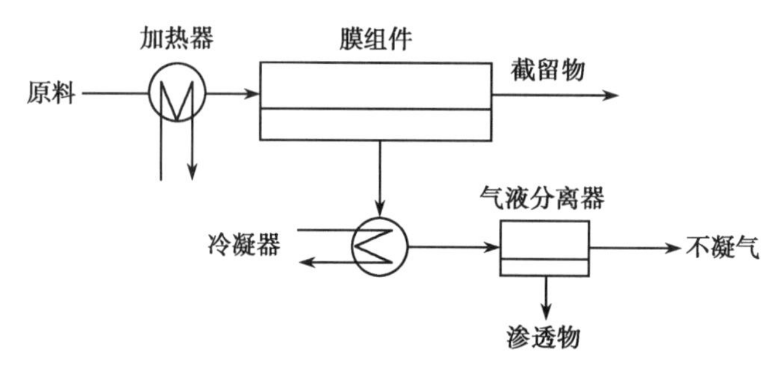

图 8-20 "热渗透蒸发"过程示意图

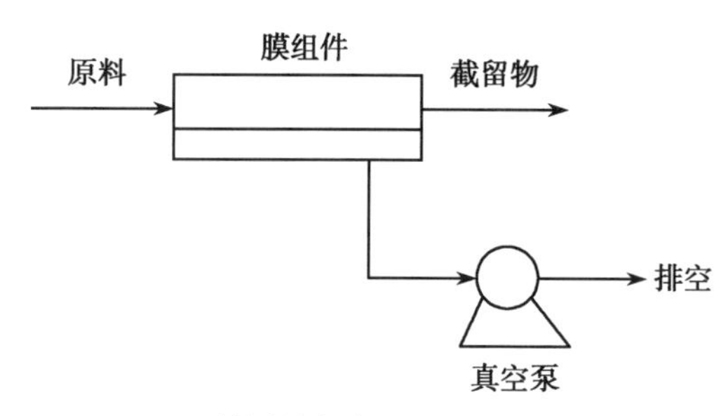

图 8-21 下游侧抽真空的渗透蒸发过程示意图

(3)冷凝加抽真空法：在膜后侧同时放置冷凝器和真空泵，使大部分的渗透物凝结成液体而除去，少部分的不凝气通过真空泵排出，如图 8-22 所示。同单纯的膜后冷凝法相比，该法可使渗透物蒸气在真空泵作用下，以主体流动的方式通过冷凝器，大大提高了传质速率。同单纯的膜后抽真空的方法相比，该法可以大大降低真空泵的负荷，还可减轻对环境的污染，因而是广泛采用的方法。

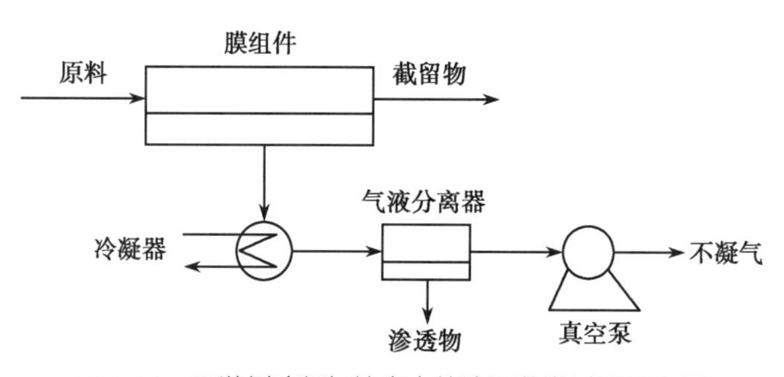

图 8-22 下游侧冷凝加抽真空的渗透蒸发过程示意图

(4)载气吹扫法：不同于上述几种方法，载气吹扫法一般采用不易凝结、不和渗透物组分反应的惰性气体(如氮气)循环流动于膜后侧。在惰性载气流经膜面时，渗透物蒸气离开膜面而进入主体气流，从而达到降低膜后侧组分蒸气分压的目的。混入渗透气体的载气离开膜组件后，一般也经过冷凝器，将其中的渗透蒸气冷凝成液体而除去，载气则循环使用，如图 8-23 所示。在特定情形下也可以考虑采用可凝气为载气，离开膜组件后载气和渗透物蒸气一起冷凝后分离，载气经汽化后循环使用，如图 8-24 所示。这种方式在工业上较少采用。

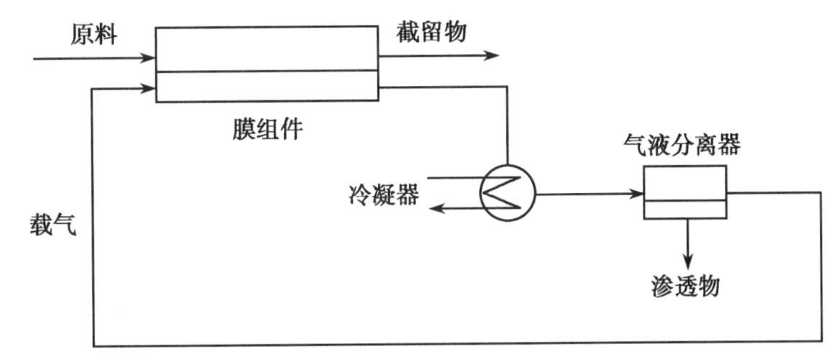

图 8-23　下游侧惰性气体吹扫渗透蒸发过程示意图

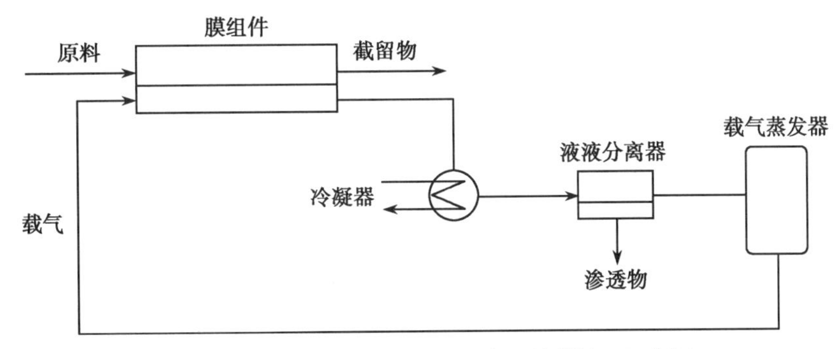

图 8-24　下游侧可凝载气吹扫渗透蒸发过程示意图

（5）溶剂吸收法：这种方法类似于膜吸收，在膜后侧使用适当的溶剂，使渗透物组分通过物理溶解或化学反应而除去。吸收了渗透物的溶剂需要经过精馏等方法再生后循环使用，如图 8-25 所示。这种方法称为吸收渗透蒸发法。与下游侧抽真空或载气吹扫法相比，该方法操作较为复杂，在膜后侧的传质阻力往往较大，因而不常用。

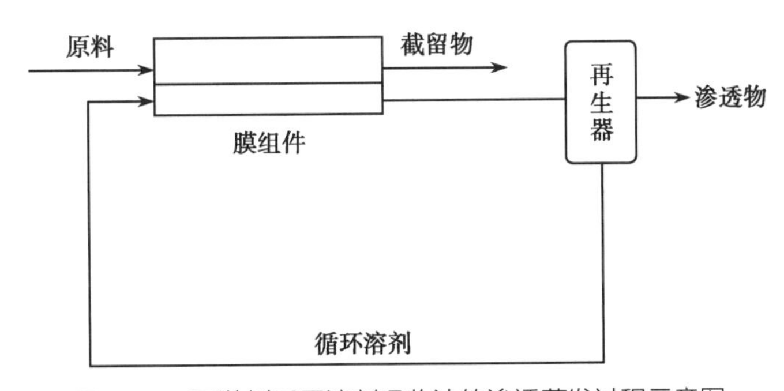

图 8-25　下游侧采用溶剂吸收法的渗透蒸发过程示意图

在上述几种渗透蒸发过程中，料液相维持液相，分离过程中渗透物通过吸收料液的显热汽化为蒸气。近年来，一些研究者提出了所谓的"蒸气渗透"过程。在该过程中，原料液经加热蒸发后变为蒸气，然后通过膜进行分离。在膜的下游侧，同样可以利用上述几种方式维持低的组分分压。蒸气渗透过程和渗透蒸发过程的原料相态不同，渗透蒸发过程涉及组分的相变而蒸气渗透过程无相变发生，但其分离原理、过程设计原则基本类似。

2. 渗透蒸发分离过程的特点　与蒸馏等传统分离技术相比，渗透蒸发过程具有如下的特点。

（1）高效。渗透蒸发过程的分离系数可以达到几百甚至上千，远远高于传统的精馏法所能达到的分离系数，因而所需装置体积小。

渗透蒸发过程的分离原理不再是传统精馏法的气液两相之间的非平衡传质，因而组分的分离可以不受相平衡的限制，能够用于恒沸物或近沸物体系的分离。

（2）能耗低。一般比恒沸精馏法节能 1/2～2/3。

（3）环境友好。过程中不引入其他试剂，产品和环境不会受到污染。

（4）渗透蒸发过程的操作温度可以维持较低，能够用于一些热敏性物质的分离。

（5）经济性好。渗透蒸发过程简单，操作方便，易于放大，便于与其他过程偶合和集成。渗透蒸发系统具有较高的适应性，一套渗透蒸发系统不仅可以用来处理浓度范围很大的同种分离体系，还可以用来处理多种不同的分离体系。

3. 渗透蒸发膜材料与膜组件 渗透蒸发过程与微滤、超滤等相比，工作原理差别比较大，相应在膜材料的选择及制备、膜组件的结构等都有所不同，因此本部分内容对渗透蒸发的膜材料和膜组件作进一步介绍。

从膜材料角度来说，渗透蒸发膜主要包括聚合物膜、有机 / 无机杂化膜和无机膜材料；从应用角度来说，渗透蒸发膜分为优先透水膜、优先透有机物膜和有机物分离膜。渗透蒸发膜选用有机高分子材料有醋酸纤维素酯、聚乙烯醇、聚砜、聚丙烯酸等，无机膜材料则有陶瓷膜、合金膜、高分子金属配合物膜、玻璃膜等。

渗透蒸发过程所用的膜组件主要有板式、螺旋卷式、管式和中空纤维式等几种，在前面的内容中提及，此处不再赘述。但由于渗透蒸发过程的特殊性质，对膜组件的设计有以下特殊要求。

（1）渗透蒸发过程膜后侧的组分分压直接影响到过程的推动力，对分离过程有很大的影响，因此组件的结构要保证膜后侧有较大的流动空间，以便渗透物组分能很容易地排出系统，使膜后侧气体的流动阻力尽量小。

（2）渗透蒸发过程通常在较高温度（60～100℃）下操作。

（3）对于膜后侧采用真空操作方式，要求的真空度较高，同时渗透蒸发过程一般要涉及浓度很高的有机溶剂，如醇类、脂肪烃类、芳香烃类、酮类、酯类和有机硅类等，因此对系统的密封材料有较高的要求。

（4）渗透蒸发过程一般通量较小，主体流体的流速基本不变，因此在膜组件的设计上可以不考虑料液流速的变化。

4. 渗透蒸发应用实例 渗透蒸发技术的应用主要集中在三个方面：有机溶剂脱水、水中脱除有机物和有机物 / 有机物的分离。渗透蒸发过程的分离原理不受热力学平衡的限制，它取决于膜和渗透物组分之间的相互作用，因而特别适合于恒沸物或近沸物体系的分离，例如有机物和水的恒沸或近沸体系中水的脱除。对于组分浓度相近体系的分离，渗透蒸发与其他过程的偶合在经济上更有优势。通过渗透蒸发过程选择性地除去反应体系中的某一种生成物，促使可逆反应向生成物的方向进行，也是渗透蒸发技术很重要的应用。

案例 8-5 富马酸喹硫平生产中乙醇脱水

背景资料：在制药工业生产中，特别是原料药生产过程中，乙醇、叔丁醇、丙酮、乙酸乙酯等有机溶剂大量用于药品的反应、萃取、结晶、清洗等生产工序，这些溶剂使用量大，在使用之后，溶剂中会含有产品、原料、无机盐、酸、碱或者色素之类的杂质，其中也会包括水。在回收套用时，就需要将其中的杂质及水去除。常规使用的方法包括常压蒸馏法、减压蒸馏法、精馏法等传统工艺。

问题：采用传统的工艺处理时耗资大，运行成本高，而且回收的溶剂质量得不到保证，尤其是当体系存在共沸现象或物料含水量较高时，处理技术难度较大，经济性较差。

分析讨论：

已知：在富马酸喹硫平结晶工艺中，采用工业乙醇作为结晶溶剂，正常情况下，含水4%～5%的乙醇溶液比较适合富马酸喹硫平的结晶工艺要求，但随着乙醇的循环套用，其水分含量变化超过5%，从而导致富马酸喹硫平重结晶精制收率显著下降，同时影响产品质量，有关物质将会超标。因此必须降低乙醇中的水分含量或是采用新的合格乙醇。简单的蒸馏方法不能实现乙醇和水的进一步分离，而渗透蒸发分离技术能够有效解决这一问题。

找寻关键：渗透蒸发作为新型环保节能分离技术，尤其是具有不引入第三组分的特点，可解决有机溶剂脱水及回收再利用的问题。

工艺设计：乙醇原料由膜进料泵输送，经预热器预热、加热器升温后，进入膜组件进行脱水。原料中的水分和少量乙醇由膜外侧渗透至膜内侧，在最后一级膜组件出口得到脱水后的乙醇成品液，在预热器中对原料进行预热后进入成品冷却器冷却，最终进入膜成品罐中。膜内侧采用抽真空加冷凝的方式产生推动力，渗透液蒸气在真空机组抽吸下进入渗透液冷凝器，冷凝后的渗透液流至渗透液罐中，未冷凝的蒸气（多为乙醇蒸气）从真空泵出口进入尾气冷凝器进行冷凝器，捕集其中少量的乙醇，工艺流程图见图8-26。

结果：将渗透蒸发装置用于富马酸喹硫平原料药生产过程结晶工艺乙醇回收项目，取得了较大的经济效益。

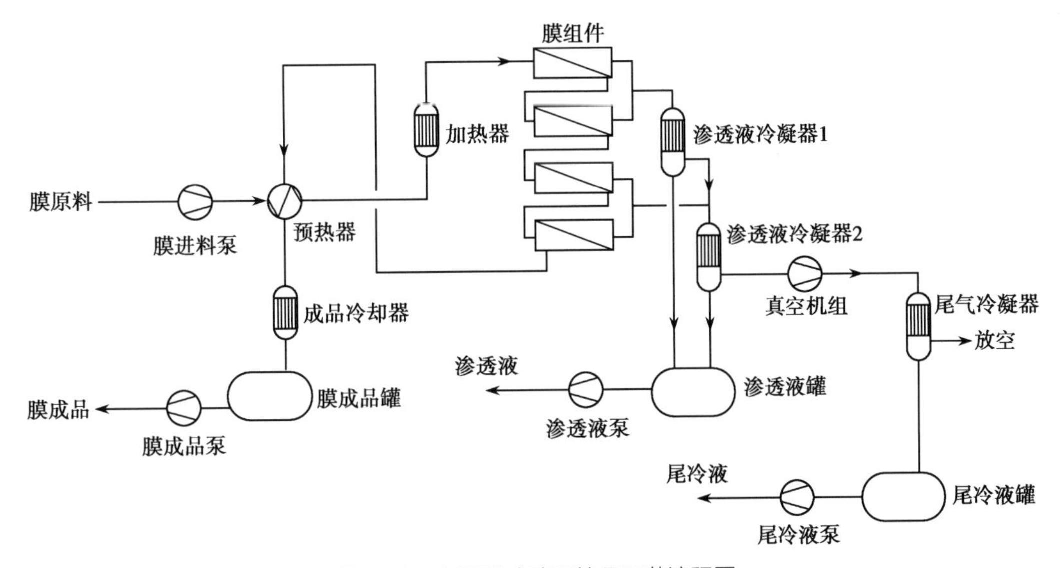

图8-26　富马酸喹硫平结晶工艺流程图

评价：由于渗透蒸发分离技术本身具有的优越性能，在能源紧张、资源短缺的情况下，膜过程作为一项重要的新技术在产业技术改造中被高度重视已在产业界和科技界达成共识。

采用渗透蒸发分离技术的工艺优势如下。

（1）无化学变化。典型的物理分离过程，不用化学试剂和添加剂，产品不受污染。

（2）常温下进行。有效成分损失少，特别适用于热敏性物质，如抗生素、果汁、酶、蛋白的分离与浓缩。

（3）选择性好。可在分子级内进行物质分离，具有普遍滤材无法取代的卓越性能。

（4）能耗低。只需要电能驱动，能耗极低，其费用约为蒸发浓缩或冷冻浓缩的1/8～1/3。

（5）适应性强。处理规模可大可小，可以连续也可以间隙进行，工艺简单，操作方便，易于自动化。

六、膜蒸馏技术

20世纪80年代初发展起来的膜蒸馏技术是膜分离与蒸发过程相结合的一种新型膜分离技术，它以微孔疏水膜为介质，由膜两侧温度差造成两侧蒸气压差，使易挥发组分（水）的蒸气分子通过膜，从高温侧向低温侧扩散，并冷凝。该技术不受渗透压的限制，可以把溶液中溶质直接浓缩到过饱和状态，而这一过程可在相对较低的温度下进行，因此可以利用低温热源，如太阳能、地热和工厂的废热。

膜蒸馏最大的特点是过程中虽伴随有相变，但并不需要把料液加热到沸点，而只需要在膜两侧维持20～40℃的温差，热敏性成分的浓缩是制药行业经常面对的难题，因此该技术在医药领域有更为广阔的应用前景。

1. 膜蒸馏分离原理 膜蒸馏（membrane distillation，MD）过程是利用疏水性微孔膜两侧的温度差所产生的蒸气分压差作为推动力，来实现溶质和溶剂分离的膜分离过程。其原理如图8-27所示（若不特指，均为水溶液的膜蒸馏）。当不同温度的水溶液被疏水性微孔膜分隔开时，由于表面张力的作用，膜两侧的水溶液均不能透过膜孔进入另一侧，但由于热侧水溶液与膜界面的水蒸气压高于冷侧，在两侧水蒸气压差的作用下，水蒸气就会透过膜孔从热侧进入冷侧，然后冷凝下来，从而实现水溶液中溶质和水的分离，这与常规蒸馏中的蒸发、传质、冷凝过程十分相似，所以称其为膜蒸馏过程。

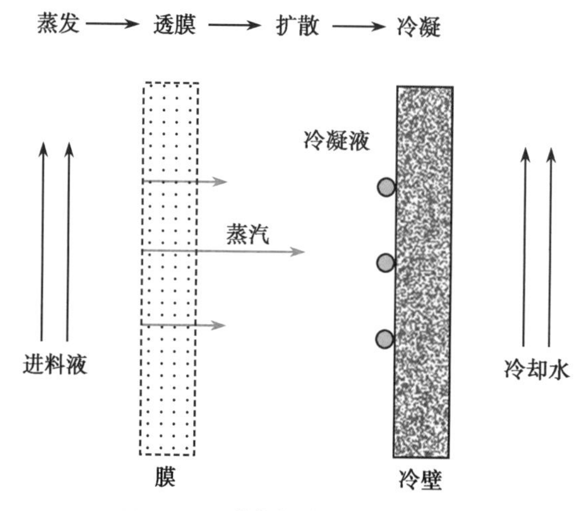

图8-27 膜蒸馏分离原理示意图

与压力驱动的膜分离方式不同，膜蒸馏是以温度为驱动力。但由于膜蒸馏并不需要把料液加热到沸点，甚至可以在常温下工作，因此该技术尤其适合于分离热敏性物质。

2. 膜蒸馏分离的特点 1986年在罗马召开的膜蒸馏研讨会上，与会专家对这一过程进行了命名，并确认膜蒸馏过程必须具备的特征是：①使用的膜是疏水性多孔膜；②膜不应被所处理的液体所浸润；③溶液中的挥发性组分以蒸气的形式通过膜孔；④组分通过膜的推动力是该组分在膜两侧的蒸气压差；⑤膜孔中不发生毛细冷凝现象；⑥膜本身不改变处理液各组分的汽-液平衡；⑦膜至少有一侧与所处理液体直接接触。

膜蒸馏技术具有其他传统分离技术无可比拟的优点。

（1）对于电解质水溶液的分离，不受渗透压的限制，能将溶液中非挥发性电解质浓缩到过饱和状态，直到从溶液中直接分离结晶。因此，它可以完成反渗透不能完成的分离任务，如处理反渗透的浓水、垃圾渗滤液的浓缩液、重金属废水等，并最终使水中的电解质与水完全分离。

（2）膜蒸馏只需要膜两侧维持20～40℃的温差过程就可以进行，因此可以利用低温热源来提供相变热，例如太阳能、地热、工厂的余热等廉价能源。

（3）热侧溶液温度较低，有利于热敏性物质的浓缩。

（4）在非挥发性溶质水溶液的膜蒸馏过程中，因为只有水蒸气能透过膜孔，所以产水十分纯净，可望成为低成本制备超纯水的有效手段。

（5）常压操作，设备简单，操作方便，便于集成和控制。

3. 膜蒸馏膜材料与基本操作模式 与亲水性膜相比，膜蒸馏所用膜材料品种和制膜工艺都十分有限。所用材料一般为疏水性高分子材料，须耐高温，对酸碱及有机溶剂有好的耐受性，所制成的膜要有合适的膜孔径与孔隙率。适合的材料有聚四氟乙烯（PTFE）、聚丙烯（PP）、聚乙烯（PE）、聚偏氟乙烯（PVDF）等。尤其是PVDF，疏水性强、耐热性好，可制成中空纤维多孔膜，是理想的材料。

膜蒸馏系统由预处理装置、加热装置、冷却装置、膜蒸馏组件、热能回收装置等组成，膜组件可为中空纤维式、卷式和板式。根据挥发性组分在膜冷侧冷凝方式的不同，膜蒸馏可分为以下四种不同的基本操作方式。

（1）直接接触式膜蒸馏（direct contact membrane distillation，DCMD）：透过侧为冷的纯水，在膜两侧温差引起的水蒸气压力差驱动下传质，透过的水蒸气直接进入冷侧的纯水中冷凝。在这一操作模式下，膜上游侧的热料液和下游侧冷的纯水都与膜直接接触，装置和运行都比较简单，但是上下游的流体仅有一层薄膜相隔，导热损失较大。适用于透过组分为水的应用，例如脱盐、水溶液（果汁）浓缩等。见图8-28。

（2）气隙式膜蒸馏（air gap membrane distillation，AGMD）：透过侧的冷却介质与膜之间有一个冷却板相隔，膜与冷却板之间存在气隙，从膜孔透过进入气隙中的水蒸气在冷却板上冷凝而不进入冷却介质。适用于除去水溶液中的微量易挥发性组分，但气隙的存在导致热传导及蒸气透膜阻力增加。见图8-29。

（3）气流吹扫式膜蒸馏（sweeping gas membrane distillation，SGMD）：在透过侧通入干燥的气体吹扫，把透过的水蒸气带出组件的外面冷凝。吹扫式膜蒸馏同气隙式膜蒸馏一样适用于除去水溶液中的微量易挥发性组分。在气流吹扫式膜蒸馏中，透过侧为流动气体，克服了气隙式膜蒸馏中静止空气层产生传质阻力的缺点，同时保留了气隙式膜蒸馏中较高的热传导阻力的优点。但是，在收集透过侧组分方面存在较大困难。见图 8-30。

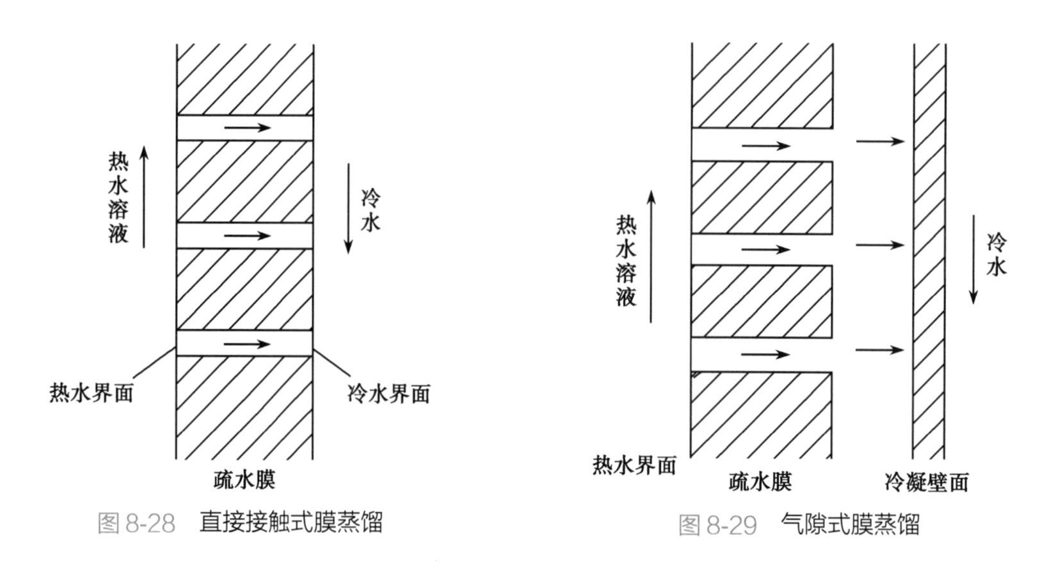

图 8-28　直接接触式膜蒸馏　　图 8-29　气隙式膜蒸馏

（4）真空膜蒸馏（vacuum membrane distillation，VMD）：膜的一侧与进料液体直接接触，另一侧的压力保持在低于进料平衡的蒸气压之下，透过的水蒸气被抽出组件外冷凝，增大膜两侧的水蒸气压力差，可得到较大的透过通量，常常应用于去除稀释溶液中的易挥发性组分。该模式由于传质压力差较大，传质推动力大，与其他分离过程相比，膜通量也具有较大的优势，是目前研究比较多的操作方式。见图 8-31。

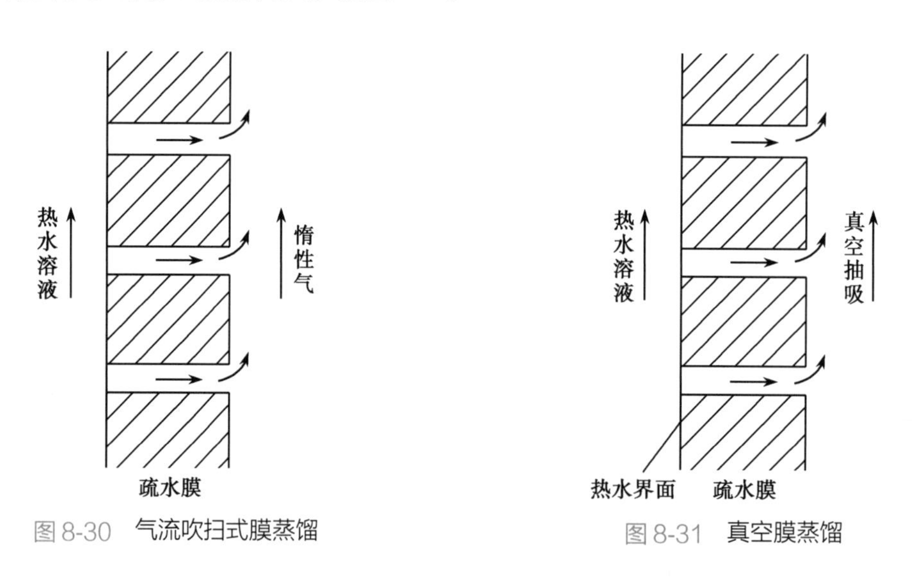

图 8-30　气流吹扫式膜蒸馏　　图 8-31　真空膜蒸馏

在四种基本操作方式的基础上，在实际应用中，也可以采用两种方式的组合操作，例如气隙式和气流吹扫式相结合，在气隙中通过吹扫气流。由于有冷却板，吹扫气流处于恒定的低温，提高了透过通量。膜组件可设计成气流循环、能量回收的形式，也可以采取气隙式和直接接触式相结合，在气隙中不是气体而是液体（蒸馏液），冷却板将蒸馏液冷却，透过的水蒸气进入蒸馏液冷凝。

4. 膜蒸馏应用实例

案例 8-6　膜蒸馏技术在高含盐废水处理中的应用

背景资料：我国水资源人均占有量仅为世界人均的 1/4，世界排名第 109 位。据统计，我国每年废水的排放总量达 365 亿 m^3，大部分江河湖泊都受到严重污染，这一状况加剧了水资源紧缺的危机。尽管国家对环境保护特别是水环境保护日益重视，大量的水污染防治新技术不断涌现，但对于化工、制药、石油、焦化等行业排出的工业废水以及高盐度废水等的达标处理仍然是摆在环境保护工作中的一道难题。

问题：含盐废水是较难处理的废水之一，高盐度有机废水是指含有机物和至少 3.5%（质量分数）总溶解性固体物的废水。含盐废水成分复杂又不具备回收价值，因此，高盐度废水的处理成为当前化工废水处理的难点之一。

分析讨论：

已知：含盐废水中的盐并不具备回收价值，但又不能直接排放，以免造成环境问题。

找寻关键：自然蒸发或加热蒸发是含盐废水处理的传统方法，但存在周期长或能耗高的缺点。而膜蒸馏由于只需要膜两侧维持 20～40℃的温差就可以进行，可以利用低温热源来提供相变热，因此适合用于含盐废水的处理。

工艺设计：在本案例中采用的膜蒸馏组合系统，其核心膜材料为纳米结构高电荷密度电解质膜（NACE 膜），该膜材料主要成分是一种有机 / 无机混合磺化的苯乙烯聚合物，由亲水区和疏水区交替构成，是一种高分子聚合物无孔化学隔膜。亲水区形成的酸性通道可以迅速吸收和释放水分子，形成一条从聚合物一面贯穿到另一面的仅允许水分子快速通过的通道；疏水区为膜材料提供强度保证，化学性质极其稳定，使用寿命长。

NACE 膜的特性主要包括：①高选择性，仅允许水分子通过；②高膜通量，处理量大；③高密闭性，全封闭结构；④低投入，运行费用低；⑤高品质的出水，直接回用。

在膜组件中，NACE 膜材料的一侧与热的待处理废水直接接触（称为热侧），另一侧直接或间接地与冷介质接触（称为冷侧），热侧中的液相水在膜面处扩散并在冷侧汽化，水蒸气通过和冷介质的热交换被冷凝成液相，废水中其他组分则被 NACE 膜材料阻挡在热侧，从而实现废水中污染物的分离。这一过程同时包括了热量和质量的传递，传质的推动力为冷、热两侧水的蒸气压差。

膜蒸馏组合系统主要由进料单元、预处理单元、加热单元、膜蒸发器单元、蒸发结晶单元、冷凝出水单元以及相关附属设备组成，核心设备为膜组件。高含盐废水的试验设备工艺流程见图 8-32。

结果：经过探究进水盐浓度、进料温度、膜面流速、真空度对工艺参数的影响，将膜蒸馏与蒸发结晶系统联动运行，并对最终冷凝水（包含膜蒸馏和蒸发两部分）水质和产水率进行检测分析，分析结果如下：当进水含盐量在 49 000mg/L 时，该套膜蒸馏和蒸发结晶两部分产水情况为膜蒸馏产水率不小于 60%，含盐量不大于 300mg/L，蒸发结晶产水率不小于 90%，含盐量不大于 800mg/L，两股产水混合后含盐量不大 350mg/L，脱盐率达到 99%，回用水回收率达到 92%。

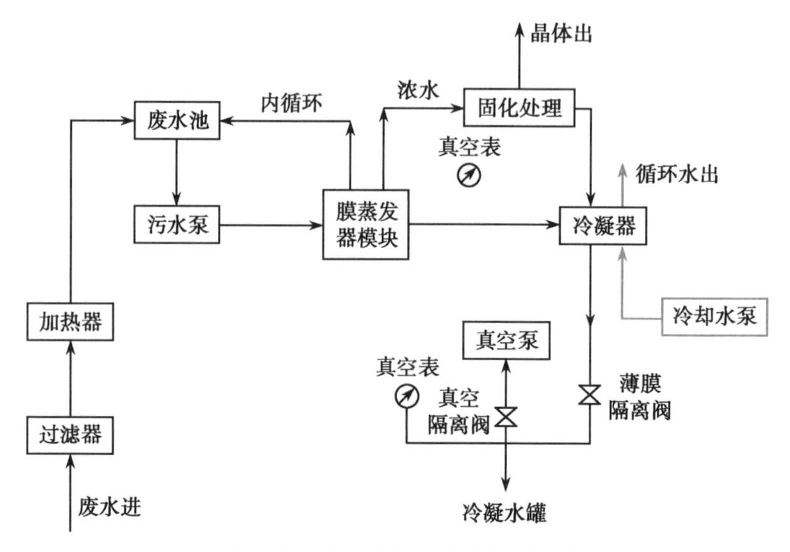

图 8-32　高盐废水处理工艺流程图

评价：膜蒸馏技术是一项新型水处理技术，它以温度差作为分离驱动力，将反渗透和蒸馏技术的最佳属性结为一体，同时又避开了以上两种技术的缺陷，具有运行成本低、抗污染性强、处理效果稳定等优点。该技术具有以下特点：①处理效果稳定，能够获得高品质的出水，同时最大限度地减少浓排水的最终排放量；②充分利用余热，形成运行成本的优势；③系统运行简单，无须复杂的前后处理及维护；④系统稳定，使用寿命长。膜蒸馏系统所采用的膜是一种高分子聚合物无孔化学隔膜，化学性质极其稳定，使用寿命长。

七、电渗析技术

电渗析技术是利用阴、阳离子交换膜所具有的特殊选择透过性能，在电场力的作用下，将溶液中阴、阳离子从溶液中分离出来，实现含盐废水与化学品脱盐、提纯等。电渗析技术可以实现废水脱盐、浓缩或产品的精制、纯化等，是现代电化学技术和传统渗析扩散技术结合的产物。电渗析技术被广泛用于化工、食品、冶金、生物、环保，尤其以应用在化工行业“三废”处理过程中而备受重视，例如用于废盐资源化利用、重金属废水处理以及酸碱回收等。但伴随着压力驱动膜技术（反渗透、纳滤）脱盐率的大幅提高和能耗的有效降低，电渗析技术在传统的海水淡化领域的发展一度受到了严重的制约。近年来，随着特种离子交换膜的研制和传统电渗析工艺及设备的不断革新，电渗析技术以特种分离领域为舞台，进入了一个崭新的发展阶段。

1. 电渗析工作原理　电渗析技术是利用离子交换膜的选择性透过能力，在直流电场作用下，溶液中的荷电离子选择性地定向迁移，经离子交换膜去除的一种膜分离技术。

电渗析过程如图 8-33 所示。图中的 4 片离子交换膜按阴膜、阳膜交替排列。阳离子交换膜（C）带负电荷，吸引正电荷（阳离子），排斥负电荷，只允许阳离子通过；而阴离子交换膜（A）带正电荷，吸引负电荷（阴离子），排斥正电荷，只允许阴离子通过。两类离子交换膜均不透水。当在阴、阳两电极上施加一定的电压时，在直流电场作用下阴、阳离子分别透过相应的膜进行渗析迁移，其结果是使阴、阳离子在室 2 和室 4 被浓缩，称浓室；室 3 的离子浓度下降从而获得一个相对稀的电解质溶液，称淡室。由此可知，采用电渗析过程脱除溶液中的离子基于两个基本条件：①直流电场的作用，使溶液中正、负离子分别向阴极和阳极作定向迁移；②离子交换膜的选择透过性，使溶液中的荷电离子在膜上实现反离子迁移。

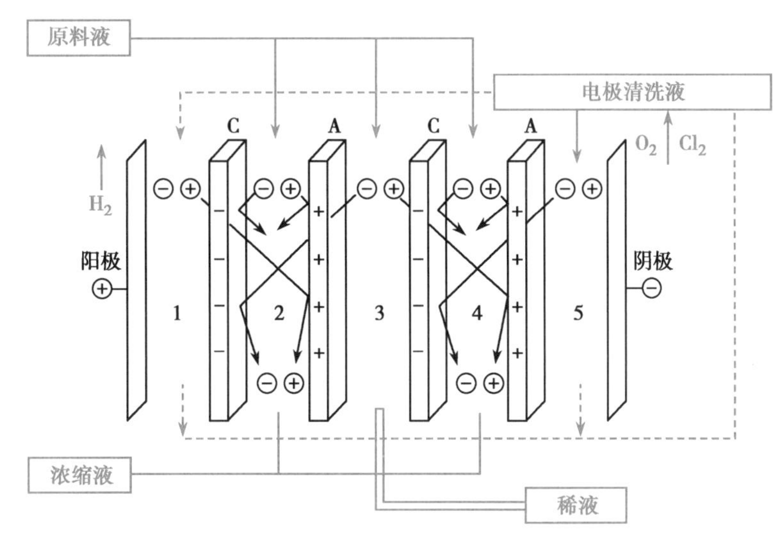

C. 阳离子交换膜；A. 阴离子交换膜。

图 8-33　电渗析过程示意图

ER8-7　离子交换膜与电渗析器

典型的电渗析装置包括离子交换膜和电渗析器两个核心部件。伴随着电渗析过程中阴、阳离子在直流电场作用下的定向迁移，同时还有以下系列过程发生。

（1）电极反应：电极反应是电渗析过程顺利进行必不可少的条件，它完成了膜堆外电子导电与膜堆内离子导电的相互转变。通常在电极处所发生的电极反应如下。

阳极：　$2Cl^- - 2e \longrightarrow Cl_2\uparrow$

　　　　$H_2O - 2e \longrightarrow 0.5O_2\uparrow + 2H^+$

阴极：　$2H_2O + 2e \longrightarrow H_2\uparrow + 2OH^-$

（2）反离子迁移：反离子是指与膜中固定活性基团电性相反的离子。在直流电场的作用下，反离子透过膜进行迁移，它是电渗析过程的唯一目的。

（3）同离子迁移：同离子是指与膜中固定活性基团电性相同的离子。由于阴、阳离子交换膜对阳、阴离子难以实现理论上的完全阻隔，在电渗析过程中总会存在同离子透膜现象，即同离子迁移。同离子迁移与浓度梯度方向相同，降低了电渗析过程的效率。

（4）电解质的浓差扩散：伴随着电渗析过程的进行，膜两侧的离子浓度差异逐渐增大，离子在浓度差的驱动下由浓室向淡室扩散的趋势便愈加显著。这也是降低电渗析过程效率的原因之一。

（5）水的浓差扩散：与离子的浓差扩散一样，伴随着电渗析过程中膜两侧水化学位差的逐渐增大，水将自发地从淡水室中向浓水室迁移。这一过程将直接劣化浓室的浓缩程度，并同时降低了淡化水的产量。

（6）水的压差渗漏：由于膜两侧淡水室和浓水室的静压强不同而产生的机械渗漏称为压

差渗漏。渗漏的方向总是由压力高的一侧向压力低的一侧进行。

（7）水的电渗：电渗析过程中离子是以水合离子的形式存在和迁移的。当离子在直流电场作用下发生定向迁移时，水也被携带着发生了跨膜传递。通常将这部分水的迁移称为水的电渗。

（8）极化：在电渗析器运行过程中，若遇操作电流过大或膜表面溶液更新不畅等不当操作条件时，膜-液界面上会发生水解离，产生的 H^+ 和 OH^- 将进一步承载电流。透过膜迁移的 H^+ 和 OH^- 进而引起浓、淡水液流的酸碱性紊乱，并可能导致膜表面结垢。因此，工程中往往会避免电渗析装置在极化状态下运行。

综上所述，反离子迁移是电渗析的决定性过程，而其他过程均会影响电渗析的除盐和浓缩效果，降低分离过程的效率，并增加分离过程的能耗。因此，电渗析过程期望离子交换膜具有理想的选择分离性能，并能够在优化的操作条件下运行，从而强化主要过程，抑制次要过程，尽量避免非正常过程。

2. 电渗析特点 作为一种脱盐制淡水的方法，电渗析法与离子交换法、蒸馏法、反渗透法等方法相比，具有以下特点。

（1）不需要其他化学药品。电渗析法仅仅利用电能就能进行连续操作，一般不必外加第三种成分进入水中，就可以完成浓缩-淡化的过程或使电解质和非电解质分离开来，这与离子交换法水处理所需要的柱平衡、再生等不同。

（2）所需能量较小。电渗析过程中没有物质状态的改变，主要是利用溶液中离子的电迁移来完成分离任务。不像蒸发法那样，为了除去每升水中的 1g 盐，要将 99g 的水蒸发掉，它仅需要将 1g 盐分迁移出去就可以了。所以从热力学的观点看来，这种过程所需的能量较小，是一种较理想的分离方法。利用电渗析作为离子交换的前处理来制备高纯水，可以减轻离子交换柱的负担，节约大量酸碱，降低生产成本。

（3）设备简单，操作管理方便。电渗析法与其他几种淡化技术比较设备比较简单，易于安装。而且电渗析法一步就可以脱盐淡化，制得初级纯水，不需要附加其他的操作步骤。而离子交换法，使用一段时间后就需要进行烦琐的再生处理。所以它还具有操作管理方便、劳动强度低的优点。

（4）电极反应尚可利用。随着电渗析过程的进行，还有两端电极上的电化学反应——阳极上的氧化反应、阴极上的还原反应发生，这一些反应还可考虑加以利用。

3. 电渗析应用实例 电渗析技术在 20 世纪 50 年代就成功用于苦咸水和海水的淡化。经过半个多世纪的发展，电渗析技术已成为一种成熟而重要的膜分离技术，主要应用于化工废水处理、海水淡化等领域，目前在制药等行业的水处理及特种分离等领域也获得广泛应用。

案例 8-7 电渗析技术在树脂脱附液资源化中的应用

背景资料：层析树脂被广泛应用于制药生产，常用的树脂大体可以分为大孔吸附树脂和离子交换树脂两大类，前者主要用于分离纯化中药中的有效成分，后者可以用于纯水制备、糖液脱色、生化药物的分离与纯化等。

树脂可以循环使用，这大大降低了分离纯化的成本。但为了保证树脂的性能并尽可以延长树脂的使用寿命，树脂每使用一个循环，都需要进行再生处理。大孔吸附树脂的再生剂一般采用碱、酸（最终的流出液混合后形成 NaCl 溶液），离子交换树脂的再生剂一般采用质量分数 15% 左右的 NaCl 溶液。

问题：如何以较低的成本，快速将废液中的盐和有机物有效分离并回收废液中的盐？

分析讨论：

已知：从背景资料可以得出结论，无论哪种树脂，在再生过程中都会产生高盐废液，增加了树脂工程的运行成本。因此，如何将废液中的盐和有机物有效分离，以及回收废液中的盐，是树脂产业化过程中的一个“瓶颈”。虽然有多种方式可以回收废液中的盐，如蒸发、纳滤等。但这些方法都存在效率低下或成本高昂的问题，如纳滤膜能有效截留树脂脱附液中的有机物，实现盐和有机物的分离。但是纳滤膜不能将盐进行有效浓缩，实际应用过程中还需要另外加盐配制再生剂，增加了成本。另外，纳滤膜的投资成本较大。

找寻关键：电渗析技术在 20 世纪 50 年代就成功地用于苦咸水和海水的淡化。经过半个多世纪的发展，电渗析技术已成为一种成熟而重要的膜分离技术，广泛地应用于给水处理、废水处理以及特种分离等领域。

研究表明，电渗析技术能通过电场和选择性透过膜的作用，有效地分离出水体中的盐分。因此，将电渗析技术引入树脂废液的处理，不但可以回收盐，降低生产成本，同时也可大大减轻环保压力，是一条有多重效益的技术方案。

工艺设计：采用电渗析装置对树脂再生所产废水进行处理。该装置处理规模 5t/d，共有 100 对膜对，单张膜有效面积 $84cm^2$，每组膜对电压≤1.2V。所用电渗析膜片为均相膜，离子交换容量 1.50～1.70mmol/g（温度 25℃，相对于干膜质量），厚度（湿）15～55μm（温度 25℃，纯水中平衡 48 小时，水质量分数 20%～30%，分离因子≥25。装置示意图见图 8-34。

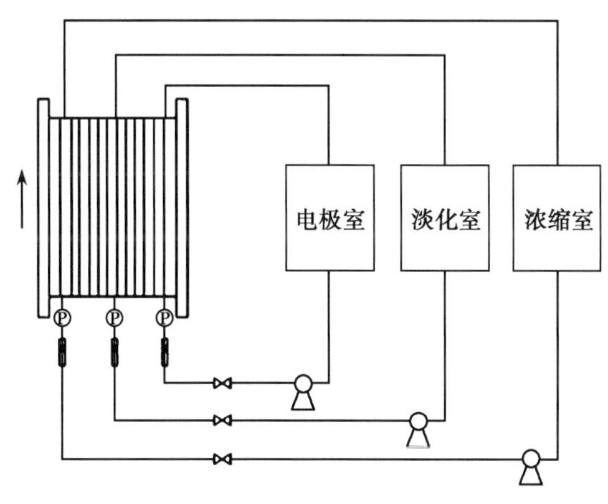

图 8-34　电渗析装置示意图

结果：电渗析能较好地分离树脂脱附液中的盐分和有机物，能够将盐浓缩到 15% 左右进行回用，回用盐的再生效果和新鲜再生剂接近；同时淡化液中盐质量分数降到 0.5% 以下，降低了脱附液后续处理难度。采用电渗析装置，预计处理每吨脱附液可节约运行成本 11.5 元。

评价：在电场作用下，Na^+ 和 Cl^- 定向迁移透过离子交换膜，而脱附液中的类蛋白和类腐殖酸等有机组分大部分不带电，被膜片截留，从而实现了脱附液盐和有机物的分离。结果表明，一级浓缩液盐质量分数可达 14.9%，而高锰酸盐指数（COD_{Mn}）只有 230.6mg/L；二级反应后，淡化液盐质量分数可降至 0.4%，盐和有机物分离效果也比较理想。说明电渗析能够有效分离树脂脱附液中的盐和有机物，经处理后，浓缩液盐质量分数可达到 15% 左右，COD_{Mn} 仅为 100mg/L 左右，可作为新鲜的树脂再生剂重复利用，大大降低了生产成本。

学习思考题

1. 微滤技术在药品生产中应用广泛，除了应用在化学原料药重结晶领域，还有哪些应用领域？

2. 在案例 8-1 中微滤所用的滤芯每次使用完毕就必须要更换，增加生产成本的同时造成工时浪费，为什么不进行重复使用？

3. 在案例 8-1 中为什么要采用两级过滤，而不是直接采用 0.22μm 单级过滤？

4. 超滤可用于生物制剂的浓缩、脱盐。从提高效率、延长超滤膜寿命的角度考虑，在超滤前应对溶液进行何种预处理？

5. 在案例 8-2 中采用了采用了一种叫作"离心超滤管"的特殊膜分离装置。参考乙烯利、2,4-D 分子量及考虑待检样品中可能的大分子成分，如果采用微滤技术对样品进行前处理，会对检测结果造成什么不良结果？

6. 反渗透在实际操作中有温度的限制，大多数反渗透系统对进水的操作都是在什么范围进行的？

7. 反渗透膜必须防止水垢的形成、膜的污染和膜的退化。水垢的控制通常是如何来实现的？反渗透膜污垢（杂质及微生物污染）的减少可通过何种措施实现？

8. 所有的反渗透膜都能用化学剂消毒，特殊制造的膜可以采用 80℃左右的热水消毒。这些化学剂选择依据是什么？

9. 在膜分离中，膜的制备和鉴定是膜分离工程的基础，在实际工业生产中有哪些方法可以对合成的工业用膜进行结构鉴定？

10. 纳滤、超滤、反渗透技术都可以用于制药用水的制备。从膜分离原理上判断三者之间在膜材料上有什么不同？

11. 在乙醇脱水解决方案中，渗透蒸发分离技术于传统的工艺技术突出优势有哪些？

12. 渗透蒸发分离技术可能存在哪些缺点和不足？

13. 在制药领域，含盐废水还可以用哪些膜技术处理？

14. 案例 8-7 采用电渗析技术对树脂再生所产生的废液进行有机物与盐的分离及盐的回收，所得到的浓缩液中盐质量分数达到 15% 左右，可直接用作新鲜的树脂再生剂重复利用，而淡化液中的盐质量分数可降至 0.05%。从经济性的角度判断，如何处理淡化液以进一步降低淡化液的盐浓度？

15. 在案例 8-7 中，经电渗析技术获取的浓缩液中，除了高达 15% 的盐外，还有从树脂上脱附的有机杂质。结合前面介绍的膜分离技术，考虑如何将这些有机杂质部分去除或完全去除？

16. 按分离过程分类，常见膜分离技术有哪些？使其分离过程进行的推动力分别是什么？

17. 对膜性能进行评估的指标有哪些？

18. 开发膜组件时主要考虑哪些因素？工业上常用的膜组件主要有哪几种类型？

19. 什么是膜的污染和劣化？

20. 什么是浓差极化？

21. 微滤膜对微粒的截留性能是由哪几种截留方式实现的？

22. 简述反渗透过程。

23. 与微滤和超滤相比，纳滤过程有什么特点？

24. 简述渗透蒸发的原理。

25. 简述膜蒸馏分离的原理。

26. 膜蒸馏过程的特征是什么？

27. 简述电渗析工作原理。

ER8-8 第八章 目标测试

（曲桂武 谷志勇）

参考文献

[1] 陈翠仙，郭红霞，秦培勇，等. 膜分离. 北京：化学工业出版社，2017.

[2] 王湛，王志，高学理，等. 膜分离技术基础. 3版. 北京：化学工业出版社，2018.

[3] 刘忠洲，张国俊，彭跃莲，等. 膜污染控制策略与清洗 // 第三届中国膜科学与技术报告会论文集. [出版者不详]，2007：16-17.

[4] 徐姝，刘大松，李志宾，等. 巴氏杀菌、微滤及紫外处理对羊乳中菌落数与活性蛋白的影响. 食品与发酵工业，2021，47（15）：150-156.

[5] 徐孙杰，沈倩，罗立汉，等. 芳纶基 OSN 膜分离纯化大环内酯类药物分子的应用. 膜科学与技术，2021，41（3）：111-117.

[6] 卢思佳，杨瑞琴，于素华，等. 离心超滤 / 离子色谱 - 三重四极杆质谱法同时测定蔬菜中乙烯利和 2，4- 二氯苯氧乙酸. 分析测试学报，2022，41（2）：261-265.

[7] 张营. 膜蒸馏技术在高含盐废水中的应用. 水资源开发与管理，2021（6）：45-47.

[8] 曹勋，丁新春，陈利芳，等. 电渗析技术在树脂脱附液资源化中的应用. 工业水处理，2019，39（2）：38-41.

第九章　吸附与离子交换技术

ER9-1　第九章
吸附与离子交换
技术(课件)

1. **课程目标**　掌握吸附及离子交换过程的基本概念、常用吸附剂和分离原理；掌握吸附平衡、离子交换动力学基本原理、吸附及离子交换过程的工艺基本流程及其影响主要因素、工业应用范围及特点；熟悉吸附及离子交换过程的特点及应用条件；了解吸附及离子交换过程设备的结构及工作原理。培养学生分析、解决工艺研究和工业化生产中复杂分离问题的能力。
2. **教学重点**　吸附及离子交换过程基本原理及实际应用；吸附平衡、离子交换动力学。

第一节　吸附

一、吸附的基本概念及原理

吸附是指当流体与多孔固体接触时，流动相中的一种或多种溶质被多孔固体颗粒表面选择性吸附和积累的过程。它是分离和纯化气体和液体混合物的重要单元操作之一。

吸附体系由吸附剂(adsorbent)和吸附质(adsorbate)构成。吸附剂一般是指固体；吸附质一般是指能够以分子、原子或离子形式存在，能够被吸附的气体或液体。

(一)吸附原理

吸附作用是一种表面现象，是吸附表面界面张力缩小的结果。吸附的本质在于表面自由能的过剩，是由于固体表面分子和固体内部分子间作用力不同的结果。根据吸附剂与吸附质之间相互作用力的不同，吸附可分为物理吸附、化学吸附及交换吸附。

1. 物理吸附　吸附质和吸附剂以分子间作用力为主的吸附。对于物理吸附，吸附质在吸附剂表面形成单层或多层分子吸附时，吸附热比较低，接近其液体的汽化热或气体的冷凝热。一般来说，物理吸附是可逆的，吸附和解吸的速率都很快。物理吸附分离在原理上又分为下列四种类型。

(1)选择性吸附：吸附剂与吸附质间的吸附力大小与固体表面和外来分子两者的性质有关。这些性质包括吸附剂表面上原子(离子或基团)和被吸附分子的电荷、偶极矩、表面的几何特性以及被吸附分子的极化率和分子的形状及尺寸。各种表面和分子的这些性质差异引起了吸附力的差异，这就是选择性吸附。

（2）分子筛效应：有些多孔固体中的微孔孔径是均一的，而且与分子尺寸相当。尺寸小于微孔孔径的分子可以进入微孔而被吸附，大于孔径的分子则被排斥在外，这种效应称为分子筛效应。

（3）微孔的扩散效应：气体在多孔固体中的扩散速率与气体的性质、吸附剂材料的性质以及微孔尺寸有关。利用扩散速率的差别可以将混合物分离，例如空气中的氧和氮在碳分子筛吸附剂上的分离。

（4）毛细管凝聚：由于毛细管效应，多孔固体周围的可凝性气体会在其与孔径对应的压力下在微孔中聚集。

2. 化学吸附 吸附质和吸附剂分子间的化学键作用力所引起的吸附。其结合力大，放热量与化学反应热数量级相当，过程往往不可逆。化学吸附的选择性较强，即一种吸附剂只能对某一种或特定的几种物质有吸附作用。化学吸附需要一定的活化能。由于化学吸附生成化学键，因而只能发生单分子层吸附且不易解吸。化学吸附在催化中起重要作用，分离过程中较少使用。

物理吸附与化学吸附的比较见表9-1。

表9-1 物理吸附与化学吸附的比较

理化性质指标	物理吸附	化学吸附
吸附作用力	范德瓦耳斯力	化学键力（多为共价键）
吸附热	近似等于气体凝结热，较小，$\Delta H<0$	近似等于化学反应热，较大，$\Delta H<0$
选择性	低	高
吸附层	单分子层或多分子层	单分子层
吸附速率	快，易达平衡	慢，不易达平衡
可逆性	可逆	不可逆
发生吸附温度	低于吸附质临界温度	远高于吸附质沸点

3. 交换吸附 吸附剂表面如果由极性分子或者离子组成，则会吸引溶液中带相反电荷的离子，形成双电层，同时在吸附剂与溶液间发生离子交换，这种吸附称为交换吸附。静电力吸附的特征包括：吸附区域为极性分子或离子；吸附为单层或多层；吸附过程可逆；吸附的选择性较好。

（二）吸附剂

工业常用的吸附剂通常有活性炭、分子筛、活性氧化铝、硅胶及吸附树脂等。对于吸附剂而言，由于吸附只发生在其表面，因此一个性能良好的吸附剂应该具有合适的孔结构和较大的比表面积。同时，因选择性吸附是吸附剂的关键性质，根据吸附剂表面的选择性，吸附剂又分为疏水吸附剂及亲水吸附剂两种。影响吸附剂性能的主要因素是其化学组成和制造方法。

吸附剂在使用时通常根据使用的环境被制成各种形状，如圆柱形颗粒、球状颗粒、片状颗粒及粉末等。

1. 活性炭 活性炭是碳质吸附剂的总称，是最常用的吸附剂。活性炭是一种多孔、含碳物质的颗粒粉末，一般用木炭、果壳、煤、石油等碳有机物经炭化及活化等加工过程制得。活性炭具有非极性表面，因此它是一种疏水亲有机物的吸附剂。活性炭具有性能稳定、抗腐蚀、吸附容量大、解吸容易及再生性能好的优点。广泛用于溶剂回收、溶液的脱色除臭、气体脱硫及废水处理等领域。

2. 分子筛 分子筛是一类由硅铝四面体形成的三维硅铝酸盐金属结构的晶体，分子筛分为天然和合成两类，如一些天然沸石矿就属于天然的分子筛，但大多数性能优良的分子筛是人工合成的。每一种分子筛都具有特定的均一孔径，因而具有较高的选择性。因原料的配比、组成和制造方法不同，分子筛的孔径和孔结构以及稳定性也不同，因此可以通过改变这些因素制造出各种孔径和形状的分子筛。

工业常用的分子筛有 A 型、X 型、Y 型、ZSM 型及丝光沸石型等（图 9-1）。它们的孔结构及硅铝比不同，性能也有差异。如 A 型分子筛硅铝比较小，对水及其他极性物质有较高的选择性，可用于干燥和净化；而 ZSM 型分子筛硅铝比较高，其表面更多地倾向于疏水性而强烈地吸附弱极性的有机分子。工业应用时通常还可对分子筛进行改性以进一步提高其选择性。

分子筛在工业应用时应注意其使用有一定限制。如果使用温度过高或使用环境的酸性过强都有可能导致分子筛晶体结构破坏而失去吸附分离活性。通常硅铝比高的分子筛稳定性也较高。

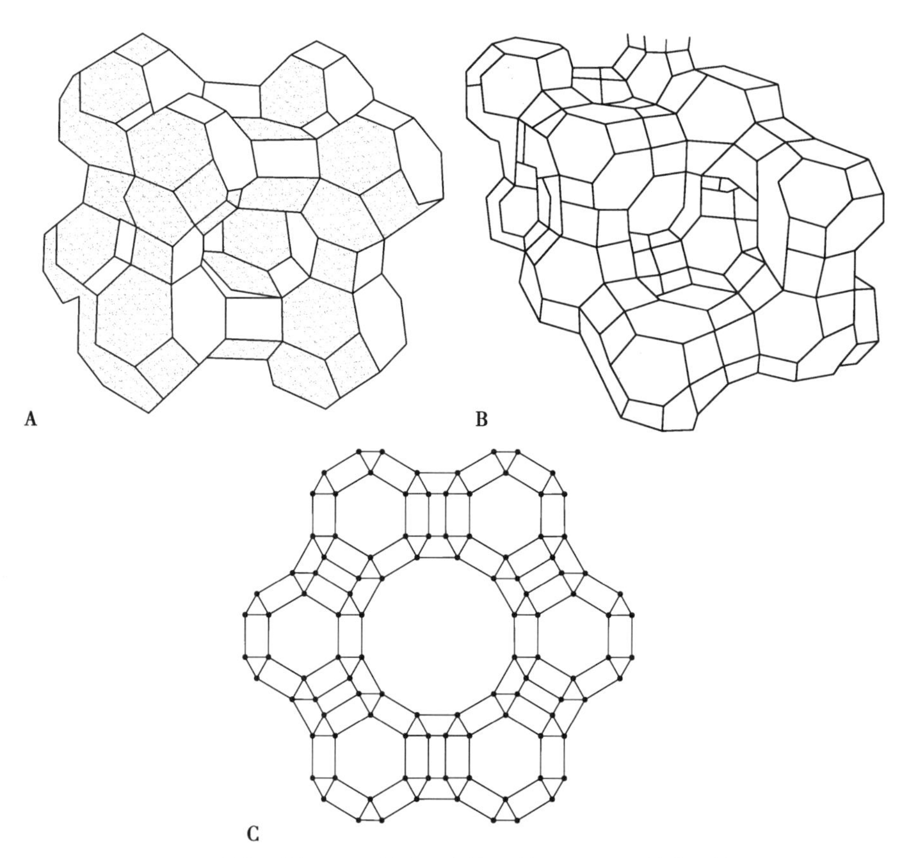

A. A 型分子筛；B. X 型和 Y 型分子筛；C. ZSM 型分子筛。

图 9-1 常见分子筛结构

3. 氧化铝 活性氧化铝是用无机酸的铝盐与碱反应生成氢氧化铝的溶胶，然后转变为凝胶，经过灼烧脱水而得，其化学通式为：$Al_2O_3 \cdot nH_2O$，孔径为（20～50）$\times 10^{-9}$m，比表面积通常为 200～500m^2/g。活性氧化铝的表面活性中心是羟基和路易斯酸中心，极性强，对水具有很高的亲和作用，故广泛用于脱除气体中的水分。例如 CO 与 CO_2、N_2 的吸附分离就可采用浸渍了 Cu^{2+} 的活性氧化铝作吸附剂。

此类吸附剂也有用铝土矿直接加热活化制得，价格较为低廉，常称为活性铝土矿。

4. 硅胶 硅胶是用硅酸钠与无机酸反应生成硅酸，其聚合物在适宜的条件下聚合、缩合而成为硅氧四面体的多聚物，经聚集、洗盐、脱水而成。其化学通式为：$SiO_2 \cdot nH_2O$，孔径为（2～20）$\times 10^{-9}$m，比表面积通常为 100～1 000m^2/g。在制造过程中通过控制胶团的尺寸和堆积的配位数，可以控制硅胶的孔容、孔径和比表面积。硅胶表面活性中心是羟基和路易斯酸中心，因此它也是一种极性吸附剂，易于吸附水、甲醇等极性物质，通常用于高湿度气体的脱水干燥和石油馏分的分离等。在中药制药研究中，硅胶也常作为层析固定相使用。

5. 吸附树脂 大孔吸附树脂是带有巨型网状结构的合成树脂。它具有三维空间立体结构的网状有机高分子骨架，在它的骨架上可连接各种功能基团。一般是固体球形颗粒，不溶于水且具有离子交换特性的有机高分子聚电解质。各种大孔吸附树脂主要用于生化产品的回收、纯水及水处理等过程，在制药过程中有着广泛的应用前景。

大孔吸附树脂按其化学结构中是否含有离子基团和配位原子可以分为离子型大孔吸附树脂、非离子型大孔吸附树脂和螯合树脂。

离子型大孔吸附树脂即大孔型离子交换树脂，其类型及分类方法与凝胶型离子交换树脂相同，主要的区别是在型号前冠有表示大孔吸附树脂的“D”。多数离子型大孔吸附树脂除了一般的离子交换应用外，还有较好的吸附功能，特别是对多数有机物质具有良好的吸附性，可以应用于制药工业中的产品分离与提纯。例如丙烯酸系弱碱性大孔吸附树脂 D315 可以用于有机酸的分离。

非离子型大孔吸附树脂的分子结构中不含有离子型基团，主要依常规吸附作用来实现分离目的，按其极性可以分为不含极性基团的非极性大孔吸附树脂、含有弱极性基团的中极性大孔吸附树脂、含有极性基团的极性大孔吸附树脂以及含有强极性基团的强极性大孔吸附树脂。目前使用的非离子型大孔吸附树脂的骨架大多数是苯乙烯型。其骨架中苯环性质比较活泼，容易引入不同的基团获得不同性质的大孔吸附树脂，其缺点是机械性能较差。

二、吸附平衡

在一定条件下，当流体（气体或液体）与固体吸附剂接触时，流体中的吸附质将被吸附，经过足够长的时间，吸附质，在两相中的浓度不再变化，称为吸附平衡态。在吸附处于平衡的情况下，吸附质分子到达吸附剂表面的速率与离开表面的速率相等。因此，吸附平衡是一个动态的平衡。平衡关系决定了吸附过程的方向和极限，是吸附过程的基本依据。

（一）吸附等温线

吸附平衡在一定温度下，吸附剂中吸附质的含量与流体相中吸附质的浓度或分压间的关系称为吸附等温线（图 9-2）。不同吸附剂与吸附质之间的吸附平衡关系会有所不同，因此吸附等温线的形状不同，吸附等温线的形状直接与吸附剂孔的大小、多少有关。下面重点介绍制药工业常见的四种吸附等温线。

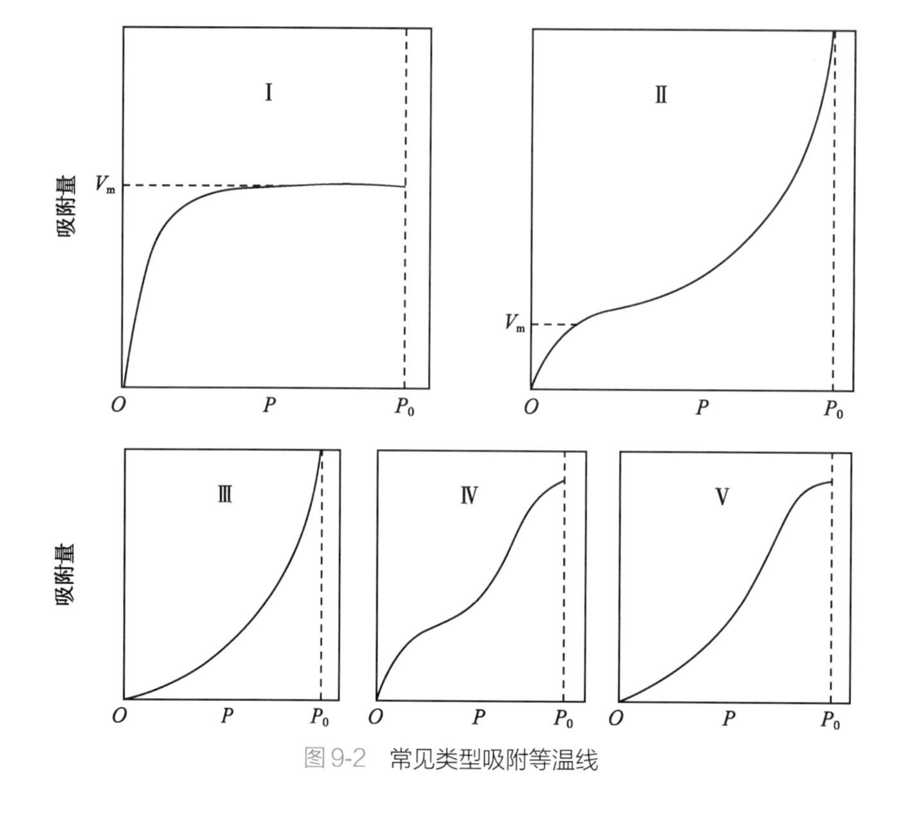

图9-2 常见类型吸附等温线

1. Ⅰ型等温线 Langmuir 等温线。Langmuir 等温线是单层可逆吸附过程，是窄孔进行吸附，而对于微孔来说，可以说是体积充填的结果。样品的外表面积比孔内表面积小很多，吸附容量受孔体积控制。平台转折点为吸附剂的小孔完全被凝聚液充满。如 N_2、O_2 或有机蒸气在孔径只有几个分子大小的活性炭上的吸附。

这类等温线在接近饱和蒸气压时，由于微粒之间存在缝隙，会发生类似于大孔的吸附，等温线会迅速上升。

2. Ⅱ型等温线 S 型等温线。Ⅱ型等温线是发生在非多孔性固体表面或大孔固体上自由的单一多层可逆吸附过程，最普通的多分子层吸附，如在 −195℃时 N_2 在硅胶上的吸附。在低 P/P_0 处的拐点是等温线的第一个陡峭部，它指示单分子层的饱和吸附量，相当于单分子层吸附的完成。随着相对压力的增加，开始形成第二层，在饱和蒸气压时，吸附层数无限大。

这种类型的等温线，在吸附剂孔径大于 20nm 时常遇到。它的固体孔径尺寸无上限。在低 P/P_0 区，曲线凸向上或凸向下，反映了吸附质与吸附剂相互作用的强或弱。

3. Ⅲ型等温线 Ⅲ型等温线在整个压力范围内凸向下，曲线没有拐点，在憎液性表面发生多分子层，或固体和吸附质的吸附相互作用小于吸附质之间的相互作用时，呈现这种类型。例如水蒸气在石墨表面上吸附或在进行过憎水处理的非多孔性金属氧化物上的吸附。在低压区的吸附量少，且不出现 B 点，表明吸附剂和吸附质之间的作用力相当弱。相对压力越高，吸附量越多，表现出有孔充填。有一些物系（例如氮在各种聚合物上的吸附）出现逐渐弯曲的等温线，没有可识别的 B 点，在这种情况下吸附剂和吸附质的相互作用是比较弱的。

4. Ⅳ型等温线 低 P/P_0 区曲线凸向上，与Ⅱ型等温线类似。在较高 P/P_0 区，吸附质发生毛细管凝聚，等温线迅速上升。当所有孔均发生凝聚后，吸附只在远小于内表面积的外表面上发生，曲线平坦。

由于发生毛细管凝聚，在这个区内可观察到滞后现象，即在脱附时得到的等温线与吸附时得到的等温线不重合，脱附等温线在吸附等温线的上方，产生脱附滞后（adsorption hysteresis），呈现滞后环。这种脱附滞后现象与孔的形状及其大小有关，因此通过分析吸脱附等温线能知道孔的大小及其分布。

5. V型等温线 V型等温线的特征是向相对压力轴凸起。与Ⅲ型等温线不同，在更高相对压力下存在一个拐点。V型等温线来源于微孔和介孔固体上的弱气-固相互作用，微孔材料的水蒸气吸附常见此类线型。

（二）吸附计算

1. 亨利公式 在一定温度下，平衡时吸附剂吸附溶质浓度 q 与液相溶质浓度 c 之间的关系为线性函数。

$$q = mc \qquad \text{式(9-1)}$$

式中，q 为吸附量；m 为亨利系数；c 为吸附质浓度。

亨利公式适用于吸附质在流体相中的含量很小，吸附质在吸附剂上的吸附量也很小时，此时吸附量与流体相中吸附质的含量成正比。浓度较高时，上式无效。

2. Langmuir 关系式 Langmuir 关系式是在工程应用中最常用的吸附等温式，其表达式如下：

$$q = q_m \cdot \frac{bp}{1+bp} \qquad \text{式(9-2)}$$

式中，q 为吸附量；q_m 为吸附剂上所有吸附中心均被占据时的饱和吸附量；p 为吸附质的分压；b 为常数。

Langmuir 平衡常数 b 与吸附剂和吸附质的性质以及温度有关，其值越大，表示吸附剂的吸附性能越强。

Langmuir 公式是在如下假设下导出的：

（1）吸附剂表面性质均一，每一个具有剩余价力的表面分子或原子吸附一个气体分子。

（2）气体分子在固体表面为单层吸附。

（3）吸附是动态的，被吸附分子受热运动影响可以重新回到气相。

（4）吸附过程类似于气体的凝结过程，脱附类似于液体的蒸发过程。达到吸附平衡时，吸附速度等于脱附速度。

（5）气体分子在固体表面的凝结速度正比于该组分的气相分压。

（6）吸附在固体表面的气体分子之间无作用力。

该方程较好地描述了低、中压力范围的吸附等温线。当气体中吸附质分压较高，接近饱和蒸气压时，该方程产生偏差。这是由于这时的吸附质可以在微细的毛细管中冷凝，单分子层吸附的假设已不成立。

3. Freundlish 关系式 Freundlish 关系式是一个半经验方程，它的表达式如下：

$$q = Kp^{1/n} \qquad \text{式(9-3)}$$

式中，q 为吸附量；K 为 Freundlish 方程常数，是一个与吸附剂特性、温度有关的经验常数；p

为吸附质的分压；n为与温度有关的经验常数。

Freundlish关系式可以描述大多数抗生素、类固醇、甾类激素等在溶液中的吸附过程。特别是中压范围内，可在较宽的范围内关联Langmuir公式不能很好关联的吸附平衡，因此在实际应用中的使用也更为广泛。

除此之外，还有适用于多分子层吸附的BET公式等。

三、吸附分离的操作方式及设备

吸附分离过程包括吸附过程和解吸过程。吸附分离过程中，常见的操作有以下三种形式。

（1）变温吸附：吸附通常在室温下进行，而解吸在直接或间接加热吸附剂的条件下完成，利用温度的变化实现吸附和解吸再生循环操作。

（2）变压吸附：在较高压力下选择性吸附气体混合物中的某些组分，然后降低压力使吸附剂解吸，利用压力的变化完成循环操作。

（3）变浓度吸附：液体混合物中的某些组分在环境条件下选择性的吸附，然后用少量强吸附性液体解吸再生。

吸附操作有多种形式，实际操作中所选形式与需处理的流体浓度、性质及吸附质被吸附程度有关。工业上利用固体的吸附特性进行吸附分离的操作方式及装置主要有搅拌槽吸附操作、固定床式吸附操作、移动床和流化床吸附操作。其中移动床和流化床吸附操作主要应用于处理量较大的过程，而搅拌槽吸附和固定床吸附在制药工业中的应用较为广泛。

（1）搅拌槽吸附操作：槽式吸附通常是在带有搅拌器的釜式吸附槽中进行，适用于外扩散控制的吸附传质过程。使用搅拌使溶液呈湍流状态，颗粒外表面的膜阻力较少。操作时，将吸附剂与待处理的溶液置于混合搅拌釜或其他混合容器中，使吸附剂在溶液中悬浮混合，达到接触分离的目的。该操作所需工艺简单，所使用的吸附剂也较为廉价，如活性白土、活性炭等，并且一般只使用一次，不考虑再生利用，因此吸附剂损失较大。

（2）固定床式吸附：固定床式吸附即吸附剂固定不动，待处理的溶液通过吸附层，当溶液连续通过填充吸附剂的吸附设备（吸附塔或吸附池）时，溶液中的吸附质便被吸附剂吸附。固定床工艺是水处理工艺中最常用的一种方式。在这个过程中吸附剂颗粒固定不动，大大降低了吸附剂颗粒的机械磨损。若吸附剂数量足够时，从吸附设备流出的溶液中吸附质的浓度可以降低到零。吸附剂使用一段时间后，出水中吸附质的浓度逐渐增加，当增加到某一数值时，应停止吸附操作，将吸附剂进行再生，吸附和再生可在同一设备内交替进行，也可将失效的吸附剂卸出，送到再生设备进行再生（如图9-3所示）。

根据水流方向不同，固定床吸附可分为升流式和降流式两种，降流式固定床吸附，吸附效果较好，但水头损失较大，特别是处理含悬浮物较高的废水时，为了防止悬浮物堵塞吸附层，需要定期进行反冲洗。有时需要在吸附层上部设反冲洗设备。升流式溶液从下而上，水头损失增加较慢，运行时间较长，可通过适当提高溶液流速、使填充层稍有膨胀（上下层不能互相混合）就可以达到自清的目的。

（3）移动床吸附：固定床吸附分离是间歇操作，设备结构简单，操作易于掌握，有一定的可靠性。但固定床切换频繁，是不稳定操作，产品质量会受到一定影响，而且生产能力小，吸附剂用量大。而移动床吸附可以克服该缺点。移动床吸附操作方式如图 9-4 所示，吸附质与吸附剂逆流接触，处理溶液由塔顶流出，再生后的再生剂由塔顶加入。饱和的吸附剂间歇从塔底排出。这种方式可连续进行，适用于较大规模的溶液处理。在移动床吸附器中，由于固体吸附剂连续运动，使流体及吸附剂两相均以恒定的速度通过设备，任一断面上的组成都不随时间而变，即操作是连续稳定状态。为了达到多理论级的分离，故采用逆流操作。但移动床吸附由于吸附剂的不断循环，吸附剂磨损严重，导致吸附剂消耗较大，而且还会因此影响产品的质量。此外，大量固体吸附剂的循环对操作也带来了不便。

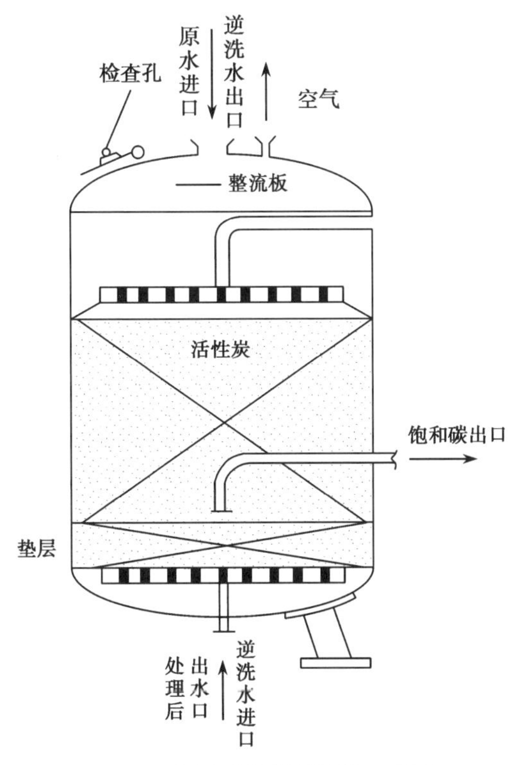

图 9-3　固定床吸附塔构造示意图

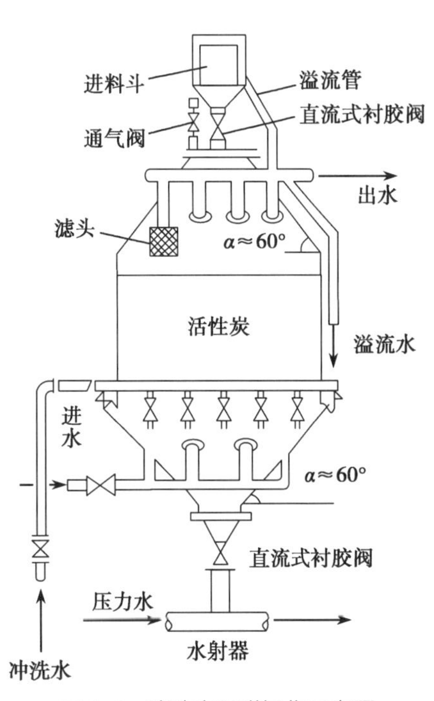

图 9-4　移动床吸附操作示意图

（4）流化床吸附：流化床吸附器是近年来发展的一种吸附器型式。如图 9-5 所示，在流化床吸附器中，使流体自下而上流动，流体的流速控制在一定范围，分置在筛孔板上的吸附剂颗粒，在高速气流的作用下，保证吸附剂颗粒被托起，但不被带出，处于流态化状态进行的吸附操作。流化床吸附的主要优点是吸附剂传质、传热速率快，床层温度均匀，操作稳定，压降小，可处理高黏度或含固体微粒的粗料液。缺点是吸附剂磨损严重。

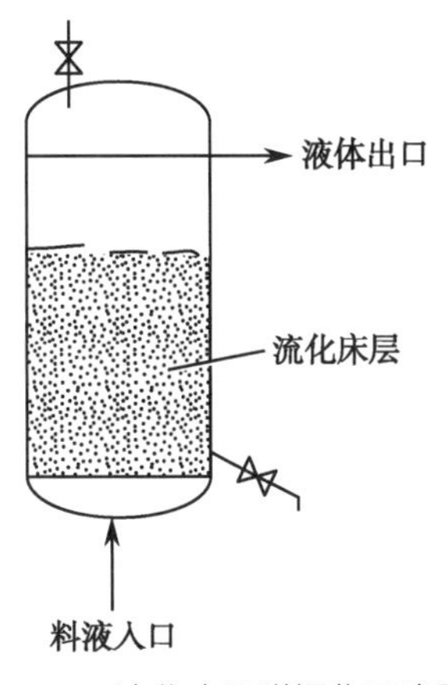

图 9-5　流化床吸附操作示意图

四、吸附分离技术的应用

随着吸附剂的迅猛发展、品种增多，其配套技术装备也相应发展趋于完善，使得吸附分离技术的应用越来越广，下文主要介绍吸附分离技术在水处理及在医药工业的应用。

（一）水处理中的应用

1. 废水处理 吸附在废水处理方面主要用于去除其中的微量污染物，使其达到深度净化，或从高浓度废水中吸附某些物质以进行资源回收利用。有学者从常用湿地基质中筛选出性能良好的填料，依据其特性进行改性，强化湿地填料对磷和氨氮的吸附容量与稳定性，将填料两两组合，得到了净化效果较好的组合形式。

2. 饮用水生产 饮用水直接作用于人体，其水质状况直接影响人类身体健康。许多地方饮用水都有一定程度污染，特别是矿区饮用水重金属污染尤为严重。但饮用水处理技术大都成本较高，发展价格低廉的水处理技术迫在眉睫。活性炭是很优质且廉价的吸附剂，所以它常被用在处理水中，来提升水的洁净程度。同时还可以除臭，并将其中部分细小的微生物过滤掉。鉴于其突出的功能，在饮用水生产中得到了广泛的应用。

（二）在医药工业中的应用

吸附分离技术在医药工业中主要用于药物成分提取纯化、制备医疗用氧、解毒等，随着医药工业发展的需求，吸附分离技术将更广泛地应用于其中。

1. 天然药物中成分的提取 自然资源中的天然药物成分往往与大量化合物共存，且含量极低，因此从中分离纯化有效成分是研究开发领域的重要课题。与传统的溶剂萃取相比，利用吸附树脂从含有大量杂质的水或稀醇提取液中分离微量天然产物具有成本低、效率高、污染少的特点。因此，吸附分离技术在医药工业领域得到了越来越广泛的应用。

2. 药物解毒与分析 吸附分离技术也可用于药物解毒与分析，运用特定的吸附剂可将它们吸附去除。如硝基咪唑类药物广泛用于治疗人与动物的厌氧菌感染和防止各种原虫病，但其具有细胞诱变、动物致癌等潜在的严重危害性，且难以被生物降解。近年来，对于硝基咪唑类抗生素研究最多的是活性炭吸附。如 Moral-Rodriguezt 等研究了活性炭对罗硝唑吸附，利用其芳香环与活性炭间形成 π-π 键特性来降解罗硝唑。Rivera 等采用三种活性炭研究了四种硝基咪唑抗生素（甲硝唑，迪美唑，替硝唑，罗硝唑）的吸附状况，发现活性炭可以有效地去除地表水和地下水环境中的硝基咪唑。

3. 血液净化 某些特定吸附剂可用于去除血液中的毒素，吸附分离技术在血液净化方面有巨大潜能和重要意义。如有学者用血液净化联合 DNA 免疫吸附配合泼尼松片、环磷酰胺治疗重症系统性红斑狼疮的效果显著，可改善患者肾功能，且安全可靠。

4. 活性炭吸附技术用于中药注射液精制 活性炭是一种常用的吸附剂，用于注射液的精制可提高溶液的澄明度、吸附热原及其他杂质。如用活性炭吸附技术来精制紫杉醇注射液。

随着研究的不断深入，吸附分离技术必定将在今后的发展中得到越来越多的应用，传统产业的技术改造和新兴产业的形成是推动其发展的主要动力，新型技术产生于解决问题的过程中，吸附分离技术的研究应与各类产业相结合，与人类健康和环境质量的提高相结合，未来将在各领域产生巨大的经济效益。

第二节 离子交换

一、离子交换的基本概念及原理

离子交换是一种自然现象，早在古希腊时期，人们就用特定的黏土纯化海水，这算是比较早的离子交换法。离子交换法是指用离子交换树脂作为交换剂，在与溶液接触时可与溶液中的离子发生离子交换反应，之后再用合适的洗脱剂将吸附物从树脂上洗脱下来，从而达到分离、浓缩、提纯的目的。自人类合成离子交换树脂以来，离子交换法取得了突飞猛进的发展。随着近现代有机合成工业技术的迅速发展，相继开发了多种新的应用，其应用范围日益扩大，已由最初的水处理工业发展到当前的化工、环境科学及医药等领域。特别是近年来，随着生物产业的快速发展，离子交换技术在生物分离与纯化方面得到了广泛研究，可以有效实现对多种活性物质的分离纯化。

离子交换过程是固液两相间传质和化学反应过程。在离子交换剂内外表面上进行的离子交换反应通常很快，过程速率主要受离子在固液两相的传质过程制约，该传质过程与液-固吸附过程非常相似，均包括外扩散和内扩散步骤。离子交换剂也与吸附剂一样存在再生问题，因此离子交换过程的传质动力学特性、采用的设备形式、过程设计与操作均与吸附过程类似，可以把离子交换视为一类特殊的吸附过程，因此前述吸附过程的诸多内容也同样适用于离子交换过程。

二、离子交换剂

离子交换剂是一种带有可交换离子的不溶性固体。19 世纪末，人们发现土壤和天然沸石具有离子交换能力。因此离子交换技术的早期发现是以沸石类天然矿物等离子交换剂的应用开始的。

离子交换剂的发展是离子交换技术进步的标志。最早用于水处理的离子交换剂是泡沸石，这类化合物对酸碱不太稳定。1905 年 Gans 合成了无机离子交换剂，后来出现了稳定的磺化煤阳离子交换剂。1935 年 Adams 和 Holmes 合成了高分子离子交换树脂，标志着离子交换树脂的诞生，离子交换技术自此得到了较为迅速的发展。1945 年合成的苯乙烯系阳离子、阴离子交换树脂和 20 世纪 50 年代问世的多孔型离子交换树脂，使离子交换树脂的性能得到了进一步的改善，近代离子交换技术的发展进入了全新时期。今天，各种凝胶型聚苯乙烯树脂、聚丙烯酸树脂、大孔树脂及各种专用树脂构成了现代商用交换树脂琳琅满目的庞大家族，也标志着离子交换技术飞速发展的新阶段。

（一）无机离子交换剂

主要是一些具有晶体结构的硅铝酸盐，最具代表性的是沸石类。沸石的晶体构造可分为三种组分：①铝硅酸盐骨架；②骨架内含可交换阳离子 M 的孔道和空洞；③潜在相的水分子，即沸石水。

任何沸石都由硅氧四面体和铝氧四面体组成。硅氧四面体中的硅，可被铝原子置换而构成铝氧四面体。但铝原子是三价的，所以在铝氧四面体中，有一个氧原子的电价没有得到中和，而产生电荷不平衡，使整个铝氧四面体带负电。为了保持中性，必须有带正电的离子来抵消，一般是由碱金属和碱土金属离子来补偿，如 Na^{+}、Ca^{2+} 及 Sr^{2+}、Ba^{2+}、K^{+}、Mg^{2+} 等金属离子。在沸石构造中，金属阳离子位于晶体构造较大并相互通连的孔道或空洞间。因此，阳离子可自由地通过孔道发生交换作用，而不能影响其晶体骨架。

（二）合成无机离子交换剂

合成沸石一般采用硅酸钠水溶液和铝酸钠水溶液，并按规定的比例混合生成铝硅酸凝胶，将其加热，结晶化合成。改变各成分的混合比例、加热温度和搅拌时间等合成条件可制得多种多样的合成沸石。合成沸石具有独特的结晶构造、孔径、表面电场、吸附分离能等物理化学特性，故可作为离子交换剂使用。

（三）分子筛

分子筛是一种人工合成的微型多水合晶体硅铝酸盐，又称沸石分子筛，其结构以硅（铝）氧四面体组成的骨架为基础，具有极大的内表面，是一种选择性很高的新型超微孔离子交换剂。

（四）离子交换树脂

1. 离子交换树脂结构 最常用的交换剂为离子交换树脂。离子交换树脂是带有官能团（有交换离子的活性基团）具有网状结构不溶性的高分子化合物，通常是球形颗粒物。其内部结构如图 9-6 所示，由以下三部分组成。

（1）高分子骨架：由交联的高分子聚合物组成。通常不溶于酸碱和有机溶剂，化学稳定性良好。

（2）功能基团：它连在高分子骨架上，带有可交换的离子（称为反离子）的离子型官能团或带有极性的非离子型官能团。交换基团中的固定部分被束缚在高分子的基体上，不能自由移动，所以称为固定离子。

（3）可交换离子：交换基团的活动部分是与固定离子以离子键结合的符号相反的离子，称为反离子或可交换离子。反离子在溶液中可以离解成自由移动的离子，在一定条件下，它能与符号相同的其他反离子发生交换反应。

2. 离子交换树脂分类 离子交换树脂品种很多，因其原料、制法和用途不同，主要分类如下。

（1）按功能基团分类：可分为强酸性阳离子交换树脂、弱酸性阳离子交换树脂、强碱性阴离子交换树脂、弱碱性阴离子交换树脂。

（2）按结构分类：可分为凝胶型树脂和大孔树脂。凝胶型树脂与大孔树脂的区别是前者没有在颗粒内形成与凝胶连续的孔，凝胶型树脂内只存在分子或分子链之间的间隙，即所谓化学孔。

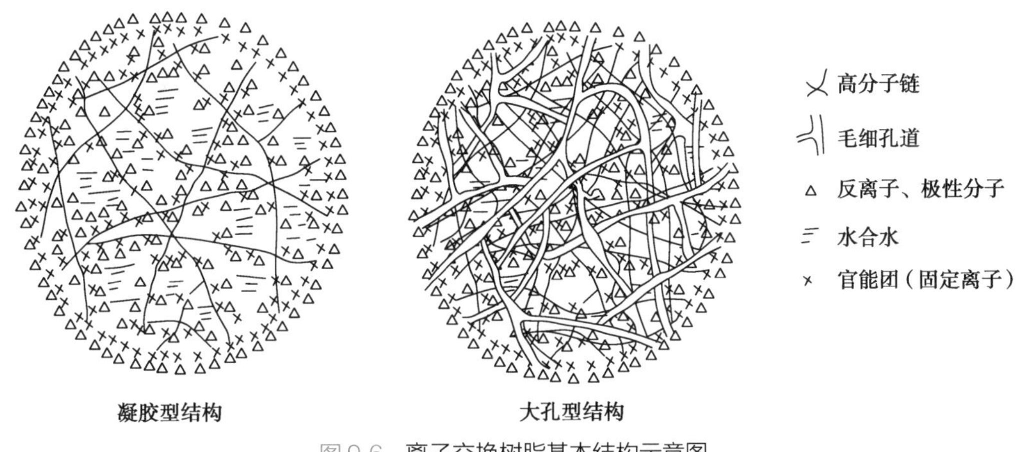

图 9-6　离子交换树脂基本结构示意图

（3）按聚合物单体分类：常见的有苯乙烯系树脂、丙烯酸系树脂、酚醛树脂、环氧树脂及乙烯吡啶系树脂等。

（4）按用途分类：有工业级、食品级、分析级、核级等。

（5）按极性大小分类：分为非极性大孔吸附树脂、中极性大孔吸附树脂、极性大孔吸附树脂。

3. 离子交换树脂命名　离子交换树脂行业标准 GB/T 1631—2008《离子交换树脂命名系统及基本规范》中规定的命名原则为：离子交换树脂的全名称是由分类名称、骨架（或基团）名称、基本名称排列组成的。

离子交换树脂主要分为凝胶型和大孔型两种。凡具有物理孔结构的树脂称为大孔树脂，在全名前加“大孔”两字以示区别。分类属酸性的，在基本名称前加“阳”字；分类属碱性的，在基本名称前加“阴”字。离子交换树脂以三位阿拉伯数字组成，第一位数字代表产品的分类，第二位数字代表骨架的差异，第三位数字为顺序号用以区别基因、交联剂等差异。第一、第二位数字的意义，见表 9-2。

大孔树脂在型号前加“D”，树脂的交联度值可在型号后用“×”号连接阿拉伯数字表示。如 D011×7，表示大孔强酸性丙烯酸系阳离子交换树脂，其交联度为 7。

国外一些产品用字母 C 代表阳离子树脂（C 为 cation 的第一个字母），A 代表阴离子树脂（A 为 anion 的第一个字母）。

表 9-2　国产离子交换树脂命名法的分类代号及骨架代号

分类代号	分类名称	骨架代号	骨架名称
0	强酸性	0	苯乙烯系
1	弱酸性	1	丙烯酸系
2	强碱性	2	酚醛系
3	弱碱性	3	环氧系
4	螯合性	4	乙烯吡啶系
5	两性	5	脲醛系
6	氧化还原	6	氯乙烯系

4. 离子交换树脂性能表征

（1）外观、粒径和粒度分布：离子交换树脂一般为直径在 0.2～1.2mm 的球形粒子，表面光滑，多为乳白色，也有浅黄色、棕色甚至黑色。离子交换树脂的颜色对性能没有影响，但其大小和粒度分布会影响其使用性能。粒径越小，粒度分布越窄，分离性能越好，但粒径太小时对流体阻力大，过滤困难，使用时易流失，难以操作。离子交换树脂的粒径表示方法有两种，一种以颗粒直径表示，另一种以标准筛目表示。国产离子交换树脂的粒度一般为 16～60 目或 0.2～1.2mm，目前产品说明书上的粒度系指离子交换树脂出厂时在水中充分溶胀后的颗粒直径。

离子交换树脂的粒度分布可用不同大小的颗粒所占的比例，即颗粒筛分级分布曲线来表示，并以有效粒径和均匀系数两项指标来描述。有效粒径系指 10% 的树脂颗粒通过，而 90% 的树脂颗粒保留在筛网上的筛孔直径，用 d_{10} 表示。均匀系数是指有 60% 的树脂颗粒通过时的筛孔直径 d_{60} 与有 10% 的树脂颗粒通过时的筛孔直径 d_{10} 的比值。均匀系数小，则粒度组成均匀，对使用有利，一般在 2 左右。d_{10} 表示细颗粒的尺寸，小于 d_{10} 的颗粒是产生流体阻力的主要部分。离子交换树脂的粒度分析可采用粒度分析仪和筛网过筛法进行。

（2）含水量：每克干树脂吸收水分的数量称为含水量，一般是 0.3～0.7g（以百分率表示），离子交换树脂的含水量与树脂的交联度、活性基团的数量和性质、活性离子的性质、介质的性质和浓度、骨架结构等有关。干燥的树脂易破碎，故商品树脂均以湿态密封包装。干燥树脂初次使用前，应先用盐水浸泡后再用水逐步稀释。

因树脂的交联度与含水量和膨胀度有密切关系，所以树脂的含水量测定也是树脂交联度的直接测定。常用的测定方法有干燥法和离心法，也可用水分测定仪测定。

（3）表观密度和骨架密度、堆积密度（湿视密度）和湿真密度。

1）表观密度：表观密度是指干态树脂的重量与干态树脂颗粒本身的体积之比；骨架密度是指干态树脂的重量与干态树脂颗粒骨架的体积之比。

2）堆积密度（湿视密度）：堆积密度是湿态的离子交换树脂在水中充分膨胀后，单位体积树脂（包括树脂颗粒间隙）所具有的质量（g/ml）。一般情况下，交联度越高，湿视密度越大，商品树脂的湿视密度一般在 0.6～0.85g/ml，工业上常用此值来计算交换柱需要装填湿树脂的重量。

3）湿真密度：湿真密度是指单位体积湿树脂内树脂骨架本身的质量密度，不包括树脂颗粒间的孔隙体积（g/ml）。同种高分子骨架的树脂，因化学基团的不同，湿真密度也不同；而对于同种树脂，湿真密度值又可作为树脂所含化学基团数量的量度，即引进的基团越多，湿真密度越大，一般为 1.04～1.30。不同类型树脂，湿真密度不同。

（4）比表面积、孔度和孔容、孔隙率、孔径和孔径分布：比表面积是指树脂的内表面积，比表面积大，有利于提高吸附量和交换速率；孔度是指每单位重量或单位体积的树脂所含有的空隙体积；孔容又称孔体积，指单位质量多孔固体所具有的细孔总容积，以 ml/g 或 ml/ml 表示；孔径指物体表面上孔的直径，孔径大小与合成方法、原料性质等密切相关，凝胶树脂孔径取决于交联度，大孔树脂的孔径在干态和湿态相差不大；孔径分布（pore size distribution）是指材料中存在的各级孔径按数量或体积计算的百分率。

（5）交换容量、再生交换容量和工作交换容量：交换容量是离子交换树脂交换能力的重要参数，是每克干树脂或每毫升湿树脂所能交换的离子的毫克当量数，meq/g（干）或 meq/ml（湿）。当离子为一价时，毫克当量数即是毫克分子数（对二价或多价离子，前者为后者乘离子价数）。它又有总交换容量、工作交换容量和再生交换容量三种表示方式。

1）总交换容量：总交换容量表示每单位数量（重量或体积）树脂能进行离子交换反应的化学基团的总量。

2）工作交换容量：工作交换容量表示树脂在某一定条件下的离子交换能力，它与树脂种类和总交换容量，以及具体工作条件如溶液的组成、流速、温度等因素有关。

3）再生交换容量：再生交换容量表示在一定的再生剂量条件下所取得的再生树脂的交换容量，表明树脂中原有化学基团再生复原的程度。

通常，再生交换容量为总交换容量的 50%～90%（一般控制在 70%～80%），而工作交换容量为再生交换容量的 30%～90%（对再生树脂而言），后一比率亦称为树脂的利用率。在实际使用中，离子交换树脂的交换容量包括了吸附容量，但后者所占的比例因树脂结构不同而异。现仍未能分别进行计算，在具体设计中，需要凭经验数据进行修正，并在实际运行时复核。离子交换树脂交换容量的测定一般以无机离子进行。这些离子尺寸较小，能自由扩散到树脂体内，与内部的全部交换基团起反应。而在实际应用时，溶液中常含有高分子有机物，它们的尺寸较大，难以进入树脂的显微孔中，因而实际的交换容量会低于用无机离子测出的数值。这种情况与树脂的类型、孔的结构尺寸及所处理的物质有关。

（6）机械强度：机械强度是离子交换树脂的一个非常重要的性能指标，它直接影响树脂的使用寿命和其他性能。树脂的机械强度一般用耐压强度、滚磨强度和渗磨强度表示。

（7）膨胀度：膨胀度是指树脂在水中或有机溶剂中体积增大的程度，是离子交换树脂的一项重要性能指标。通过测定树脂溶胀前后的体积变化，即可得出溶胀率。树脂能够溶胀的基本原因是极性功能基强烈吸水或高分子骨架非极性部分吸附有机溶剂所致的体积变化。影响溶胀率的因素有：树脂的交联度、活性基团的数量和性质、活性离子的性质、介质的性质和浓度、骨架结构等。

（8）稳定性：包括热稳定性和化学稳定性。要求离子交换树脂对各种有机溶剂、强酸强碱等稳定，可长期耐受饱和氨水、0.1mol/L 的 $KMnO_4$、0.1mol/L 的 HNO_3 及湿热 NaOH 等，而不发生显著破坏。苯乙烯系离子交换树脂的化学稳定性比缩聚型好；阳树脂比阴树脂稳定，弱碱性羟型阴树脂最差。因温度升高可能使离子交换树脂降解破坏，故各种树脂均有最高操作温度。苯乙烯系离子交换树脂的热稳定性比酚醛树脂稳定，阳树脂比阴树脂稳定。

（9）滴定曲线：滴定曲线是离子交换树脂性能的全面表征，定性地反映活性基团的特征。以每克干离子交换剂加入的 NaOH（或 HCl）为横坐标，以平衡 pH 为纵坐标作图，就可以得到滴定曲线。强酸、强碱树脂的滴定曲线开始有一段水平，然后突升或陡降；弱酸弱碱性树脂的滴定曲线不出现水平部分和转折点而呈现渐进的变化趋势。

三、离子交换平衡

（一）离子交换的基本原理

离子交换是一种自然现象，能够解离的不溶性物质在与溶液接触时可与溶液中的离子发生离子交换反应，其反应通式如下：

$$R^-A^+ + B^+ \rightleftharpoons R^-B^+ + A^+$$

在达到平衡时，在固相和液相中均存在一定比例的 A^+ 和 B^+，反应式中 R^-A^+ 由不溶解的 R^- 和能通过离子交换而进入液相的阳离子 A^+ 组成。R^-A^+ 称为阳离子交换剂，R^- 称为固定离子，A^+ 称为抗衡离子或相对离子或反离子。与此相似，由固定离子 R^+ 和能进行离子交换的阴离子 A^- 组成的 R^+A^- 称为阴离子交换剂，在与溶液接触时能与溶液中的阴离子 B^- 发生阴离子交换反应。

离子交换反应是可逆反应，但这种可逆反应并不是在均相溶液中进行的，是在固态的树脂和溶液的接触界面间发生的。这种反应的可逆性使离子交换树脂可以反复使用。以 001×7 强酸阳离子交换树脂为例说明：001×7 强酸阳离子交换树脂是一种凝胶型离子交换树脂，其内部的网状结构中有无数四通八达的孔道，孔道里面充满了水分子，在孔道的一定部位上分布着可提供交换离子的交换基团。当原水当中的 Ca^{2+}、Mg^{2+} 等阳离子扩散到树脂的孔道中时，由于该树脂对 Ca^{2+}、Mg^{2+} 等阳离子选择性强于对 H^+ 的选择性，所以 H^+ 就与进入树脂孔道中的 Ca^{2+}、Mg^{2+} 等阳离子发生快速的交换反应，Ca^{2+}、Mg^{2+} 等阳离子被固定到树脂交换基团上面，被交换下来的 H^+ 向树脂的孔道中扩散，最终扩散到水中。具体过程为：

（1）边界水膜内扩散在水中的 Ca^{2+}、Mg^{2+} 等阳离子向树脂颗粒表面迁移，并扩散通过树脂表面的边界水膜层，到达树脂表面。

（2）交联网孔内的扩散（或称孔道扩散）Ca^{2+}、Mg^{2+} 等阳离子进入树脂颗粒内部的交联网孔，并进行扩散，到达交换点。

（3）离子交换 Ca^{2+}、Mg^{2+} 等阳离子与树脂基团上可交换的 H^+ 进行交换反应。

（4）交联网孔内被交换下来的 H^+ 在树脂内部交联网孔中向树脂表面扩散。

（5）H^+ 最终扩散到水中。

利用离子交换树脂进行的分离过程归纳起来可分为三种类型。

1. 离子转换或提取某种离子 例如水的软化，将水中的 Ca^{2+} 转换成 Na^+。此时可利用对 Ca^{2+} 有较高选择性的盐式阳离子交换树脂，将 Ca^{2+} 从水中分离出来。

$$2R-SO_3Na + Ca^{2+} \rightleftharpoons (R-SO_3)_2Ca + 2Na^+$$

交换后的 $(R-SO_3)_2Ca$ 可用浓 NaCl 溶液进行再生。

2. 脱盐 例如除掉水中的阴、阳离子制取纯水，此时需要利用离子交换树脂分解中性盐的反应或中和反应。

$$R_{C,S}H + NaCl \rightleftharpoons R_{C,S}Na + HCl$$

$$R_{C,S}OH + NaCl \rightleftharpoons R_{C,S}Cl + NaOH$$

$$HCl + NaOH \rightleftharpoons NaCl + H_2O$$

3. 不同离子的分离 当溶液中诸离子的选择性相差不大时，用简单的离子转换不能单独将某种离子吸附而分离出来，此时须用类似吸附分离或离子交换色谱法分离。

（二）离子交换平衡及离子交换平衡常数

如上所述，能够解离的不溶性物质在与溶液接触时可与溶液中的离子发生离子交换反应。根据质量作用定律，当正反应速度和逆反应速度相等时，溶液中各种离子的浓度就不再改变而达到平衡，即称为离子交换平衡。在达到平衡时，在固相和液相中均存在一定比例的 A^+ 和 B^+，离子交换反应是可逆的，并按等电荷摩尔量进行，遵循质量作用守恒定律。

离子交换平衡主要取决于离子交换树脂的类型结构，尤其是功能基团的类型和交联度以及交换的平衡体系。

考虑阳离子 A 和 B 在阳离子交换树脂和溶液之间进行的交换反应，假设系统中不含其他阳离子。假设开始时反离子 A 在溶液中，B 在离子交换树脂中，离子交换反应为：

$$\upsilon_A B(S) + \upsilon_B A \rightleftharpoons \upsilon_B A(S) + \upsilon_A B \qquad 式(9\text{-}4)$$

式中，A、B 分别代表待交换的两种离子，其中 S 表示树脂相，ν_A、ν_B 分别表示反离子 A 和 B 的化合价。

上述离子交换反应与其他一般的化学反应一样，在达到热力学平衡时，可以根据质量作用定律获得该反应的热力学平衡常数，也就是该离子交换过程的离子交换平衡常数。

$$K = \frac{(\bar{\alpha}_A)^{\nu_B}(\bar{\alpha}_B)^{\nu_A}}{(\bar{\alpha}_B)^{\nu_A}(\bar{\alpha}_A)^{\nu_B}} \qquad 式(9\text{-}5)$$

式中，α 为活度系数，“–”表示树脂相。

对于一些工艺过程的稀溶液来说，可以近似认为溶液中离子的活度系数为 1，并通常将树脂相活度系数结合到平衡常数 K 中，从而可以用浓度来构成一个新的平衡常数，即选择性系数 K_{AB}。

$$K_{AB} = \frac{(\bar{c}_A)^{\nu_B}(\bar{c}_B)^{\nu_A}}{(\bar{c}_B)^{\nu_A}(\bar{c}_A)^{\nu_B}} \qquad 式(9\text{-}6)$$

式中，c 为浓度，“–”表示树脂相。

引入离子分数来表示溶液和树脂相中离子的浓度：

$$x_A = c_A / c_0 \qquad 式(9\text{-}7)$$

$$y_A = \bar{c}_A / \bar{c}_0 \qquad 式(9\text{-}8)$$

式中，x_A、y_A 分别为反离子 A 在液相和树脂相中的摩尔分数；c_A、c_0 分别为液相中反离子 A 的物质的量浓度和反离子总物质的量浓度；$\bar{c}_A$、$\bar{c}_0$分别为单位质量离子交换树脂中反离子 A 和全部反离子的物质的量，$\bar{c}_0$习惯用 Q_0 表示，称为树脂的总交换容量。

由此可得：

$$K_{AB} = \frac{(y_A)^{z_B}(x_B)^{z_A}}{(x_A)^{z_B}(y_B)^{z_A}} \left(\frac{c_0}{Q_0}\right)^{z_A - z_B} \qquad 式(9\text{-}9)$$

定义分配系数

$$m_A = \frac{\bar{c}_A}{c_A} = \frac{y_A Q_0}{x_A c_0} \qquad 式(9\text{-}10)$$

定义分离因子

$$\alpha_{AB}=\frac{y_A/x_A}{y_B/x_B}=\frac{y_A x_B}{y_B x_A}$$ 式（9-11）

如果是一价离子之间的交换。即A、B均为一价离子，$z_A=z_B=1$，则

$$K_{AB}=\frac{y_A x_B}{x_A y_B}=\alpha_{AB}$$ 式（9-12）

图9-7是一价离子及二价/一价离子交换平衡图。如图9-7所示，如果$K_{AB}>1$，则离子A优先交换到树脂相，并且随K的增加，y增加显著，即α_{AB}增加显著；反之，则离子B优先交换到树脂相。

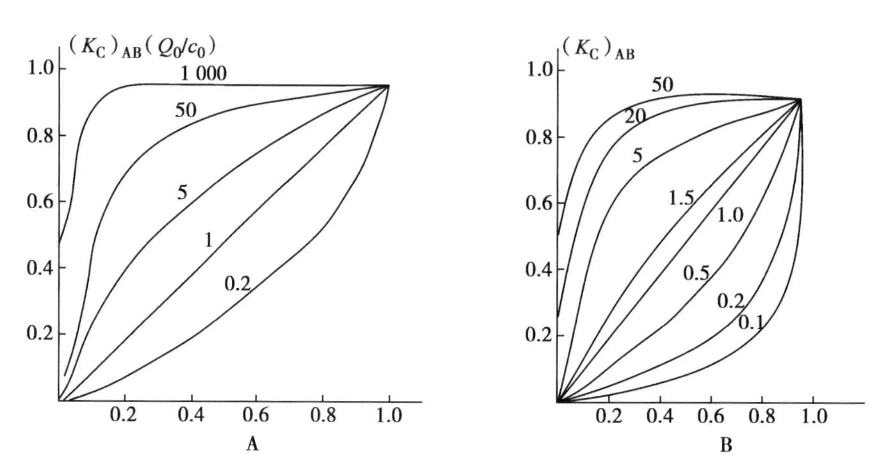

A. 一价离子选择性系数交换平衡图；B. 二价/一价离子交换平衡图。

图9-7 交换平衡图2

对于二价与一价离子的交换，即$z_A=2$，$z_B=1$，选择性系数可表示为：

$$K_{AB}=\frac{y_A(1-x_A)^2}{(1-y_A)^2 x_A}\left(\frac{c_0}{Q_0}\right)$$ 式（9-13）

从平衡常数K的大小可以看出交换剂上的H^+变成Na^+的难易程度。如果$K>1$，则Na^+容易到交换剂上去，而把H^+放出来，K越大，就越容易吸附Na^+而放出H^+。对于一定的树脂来说，与水中不同的离子，有不同的交换能力。因此，K值的大小各不相同。

（三）离子交换树脂的选择性

离子交换树脂对于某些离子显示优先交换的性质。离子交换树脂吸附各种离子的能力不一，有些离子易被交换树脂吸附，但吸附后要置换下来就比较困难；而另一些离子很难被吸附，但被置换下来却比较容易，这种性能称为离子交换的选择性。

在实际应用过程中，离子交换树脂的选择性与许多因素有关。首先是离子交换剂本身的特性，例如交换剂的结构、官能团的类型和交联度，其次是被交换的反离子特性，如离子价态和溶剂化作用以及离子交换条件，如溶液浓度、操作温度等。

（1）交联度对离子交换树脂的影响很大。交联度愈高，同种离子的选择性系数愈大，与此同时，树脂的溶胀度愈小。而低交联度和高溶胀度的树脂会降低小离子对其他离子的选择性系数。

（2）反离子特性的影响。一般来说，离子交换树脂对价数较高的离子选择性较大。对于同族同价的金属离子，原子序数较大的离子其水合半径较小，阳离子交换树脂对其的选择性

较大；对于不同价离子，高价反离子优先交换，有较高的选择性。如对于强酸性阳离子交换树脂来说，它对一些离子的选择性顺序为：$Fe^{3+}>Al^{3+}>Ca^{2+}>Mg^{2+}>K^{+}>Na^{+}>H^{+}$。当反离子能与树脂中固定离子形成较强的离子对或形成键合作用时，这些反离子有较高的选择性。例如弱酸性阳离子交换树脂对 H^{+}、弱碱性阴离子交换树脂对 OH^{-} 有特别强的亲和力，因而都有较高的选择性。溶液中存在的其他离子若与反离子产生缔合或配合反应时，将使该反离子的选择性降低。例如溶液中含有 Cl^{-}，因形成分子化合物 $HgCl_2$，阳离子树脂优先交换其他阳离子，而降低 Hg^{+} 的选择性。

（3）溶液浓度的影响。高价反离子有较高的选择性，但随溶液浓度的增加而降低。

（4）温度影响，离子交换平衡与温度的关系符合热力学基本关系。通常温度升高，选择性系数变小。压力与离子交换平衡无关。

（四）离子交换树脂的再生

鉴于离子交换树脂反应的可逆性，反应后的树脂通过处理，重新转化为原来的离子交换树脂，这样又可以进入下一个循环，其循环次数视所用树脂类型不同而定。

四、离子交换过程传质动力学

离子交换动力学研究的内容包括：离子交换过程是按什么机制进行的；其控制步骤；这些控制步骤服从何种速率定律；该速率定律如何进行理论推导。即离子交换动力学是研究如何建立描述离子交换过程行为的物理模型与数学模型，以及如何求解的问题，包括微观动力学与宏观动力学。前者涉及固体离子交换剂与电解质溶液接触时，伴随交换、平衡、扩散、传递等过程而发生的一系列化学变化、物理变化与电化学变化。后者涉及一系列复杂的流体力学工程行为，固 - 液非均相传质过程，不可避免地要涉及流动场中两相的流体力学行为。

对于离子的扩散来说，它的传递与普通分子不同，必须考虑到电场的作用，而不能仅仅根据基于浓度梯度的菲克第一定律来描述。考虑到浓度差和电场的影响，离子交换过程的总通量可以用 Nernst-Planck 方程来表示：

$$N_{\mathrm{A}}=(N_{\mathrm{A}})_{d}+(N_{\mathrm{A}})_{e}=-D_{\mathrm{A}}\left(\nabla\overline{c}_{\mathrm{A}}+\frac{Z_{\mathrm{A}}\overline{c}_{\mathrm{A}}F}{RT}\nabla\phi\right) \qquad \text{式(9-14)}$$

式中，ϕ 是电势；F 是法拉第常数；下标 d 表示扩散影响，e 表示电荷影响。

式（9-14）假定溶液流速为零，且不考虑压力梯度、温度梯度、活度系数、对流效应等因素对交换过程的影响，在此基础上，离子交换过程的推动力是离子的浓度梯度与电势梯度。

五、离子交换速度

1. 离子交换过程机制 如前所述，离子交换过程不只在树脂颗粒表面上进行，也在颗粒结构内部进行。如同普通吸附过程一样，离子交换过程也可分为以下 5 个步骤。

（1）溶液中待交换离子从溶液主体扩散到树脂颗粒表面。

（2）步骤（1）中扩散到树脂颗粒表面的离子从颗粒外表面扩散到树脂颗粒内表面活性基团上。

（3）与活性基团进行离子交换反应。

（4）被交换下的离子从树脂颗粒内部扩散到颗粒外表面。

（5）被交换下来的离子从颗粒外表面扩散到溶液主体。

其中，（1）和（5）可称为外扩散，（2）和（4）则是内扩散，（3）是离子交换反应。

离子交换过程的总速率往往由外扩散或颗粒内扩散速率决定。离子浓度分布如图 9-8 所示。在某些情况下，交换速率也可能同时受两种扩散控制。对于外扩散控制，主要考虑提高流体流速，从而降低液膜扩散阻力；而对于颗粒内扩散控制，则应考虑减小树脂的颗粒度。

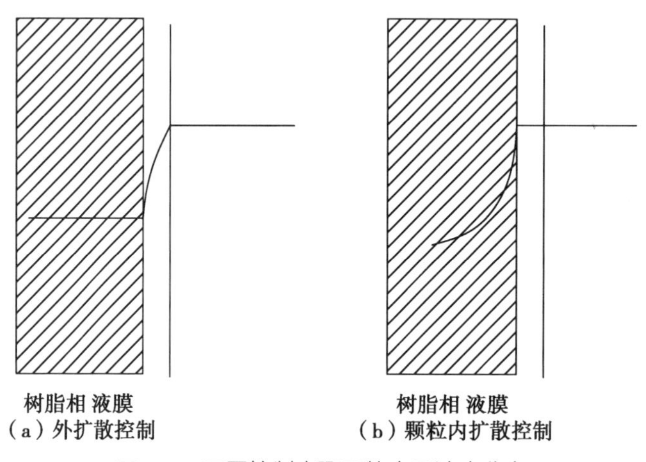

图 9-8　不同控制步骤下的离子浓度分布

对于扩散控制步骤的判定有许多研究者提出了多种不同的方法。例如采用 Helfferich（He 准数）来判断就是其中一种方法。它是根据外扩散控制与内扩散控制两种模型得到的半交换周期来获得判断的。He 准数的表达式如下：

$$He=\frac{Q_0 D_{AB}\delta}{c_0 r_0 D_{AB}}(5+2\alpha_{AB}) \qquad 式(9\text{-}15)$$

当 $He<1$ 时，表示为内扩散控制，He 越小，内扩散影响越大；当 $He>1$ 时，表示外扩散控制所需的半交换期远远大于内扩散的半交换期，表示为外扩散控制，He 越大表示外扩散影响越大；当 $He=1$ 时，则表示外扩散和内扩散模型得到的半交换周期相等，即两者的影响一样大。

当分离因子 $\alpha_{AB}=1$ 时，He 准数可简化为：

$$\frac{Q_0 \overline{D}_{AB}\delta}{c_0 r_0 D_{AB}}>0.14 \qquad 外扩散控制$$

$$\frac{Q_0 \overline{D}_{AB}\delta}{c_0 r_0 D_{AB}}<0.14 \qquad 颗粒内扩散控制$$

2. 影响扩散速度的因素

（1）浓度：增大溶液中离子的浓度，即增大离子的浓度梯度，可增大扩散速度。而且外界溶液中离子浓度也会影响外扩散和内扩散的速度。一般来讲，当外界溶液的浓度≤0.003mol/L

时，外扩散速度会很慢，此时外扩散速度便决定了离子交换速度；当外界溶液浓度≥0.1mol/L时，则内扩散速度决定了整个离子的交换过程。

（2）温度：温度对膜扩散和颗粒扩散影响大体相同，每升高1℃，扩散速度将增加3%～5%。

（3）搅拌速度：搅拌可使膜扩散速度增加。

（4）电荷的影响：对于阳离子，每增加一个电荷，内扩散速度将降低10倍。因为扩散离子是受树脂上固定离子的库仑力作用，所以由于离子电荷增大，导致离子溶剂化程度增加，受到的阻力增大，颗粒扩散速度减小。例如，Na^+、Zn^{2+}和Y^{3+}在交联度为10%的聚乙烯型磺酸基阳离子交换树脂中，25℃时的内扩散速度分别是2.70×10^{-7}、2.89×10^{-8}和3.18×10^{-9}。阴离子电荷的增减对内扩散速度的影响较小，一般每增加一个电荷，内扩散速度大约降低2～3倍。离子的大小也是影响内扩散速度的重要因素之一，溶剂化离子半径大的离子通过树脂多孔网状结构的扩散比较困难。

（5）树脂的交联度：交联度低的树脂内扩散速度大，例如交联度为5%的树脂，离子的内扩散速度比交联度为17%的树脂大约6倍。这是因为交联度低的树脂网眼大，阻力小，便于扩散。树脂的交联度对阴离子内扩散速度的影响不大，对阳离子的影响较大。对一价阳离子而言，当交联度由5%增大到15%时，内扩散速度降低约10倍，而在同样条件下，阴离子内扩散速度只降低约2倍左右，因此适当地采用交联度较低的树脂可以加快交换过程。

（6）颗粒半径：颗粒越小，外扩散与内扩散都越快。因为小颗粒的总表面积大，单位时间内透过半透膜的离子就越多，膜扩散就越快。颗粒越小，进入树脂相的离子经过较短的距离就能与活泼基团的离子发生交换反应，即扩散速度也越快。颗粒扩散速度与树脂颗粒大小的平方成反比，即颗粒半径大小对颗粒扩散速度的影响更为显著。但是颗粒过小，导致离子交换柱的阻力增大，密度增大，从而影响速度。所以需要选择适当大小的交换剂颗粒。

（7）交换容量：离子的内扩散速度随着树脂交换容量的增加而降低。交换容量大，意味着活泼基团多，静电引力大，可供利用的自由空间小，因此内扩散速度降低。

（8）活泼基团的性质：颗粒扩散速度与活泼基团的数目和性质有关。强酸（或碱）性阳（或阴）离子交换树脂的交换速度非常快，但是，在H^+（或OH^-）式的弱酸（或弱碱）性阳（或阴）离子交换树脂中，内扩散速度非常慢，羧酸型离子交换剂的交换速度也是很慢的。

六、离子交换的设备与操作方式

离子交换分离过程通常包括：①待分离料液与离子交换剂进行交换反应；②离子交换剂的再生；③再生后离子交换剂的清洗；等等。在进行离子交换过程的设计和树脂的选择时，既要考虑离子交换反应过程，又要考虑再生、清洗等过程。

离子交换过程的本质与液-固相间的吸附过程类似，所以它所采用的操作方法、设备以及设计过程等均与吸附过程类似。离子交换设备按结构型式可分为罐式、塔式、槽式等。按操作方式可以分为间歇式、半连续式与连续式。

离子交换的吸附操作有多种形式，实际操作中所选形式与需处理的流体浓度、性质及吸附质被吸附程度有关。工业上利用固体的吸附特性进行吸附分离的操作方式及装置主要有搅拌槽吸附、固定床吸附和移动床吸附等。其中移动床吸附主要应用于处理量较大的过程，而相比而言，搅拌槽吸附和固定床吸附在制药工业中的应用较为广泛。

ER9-2 离子交换操作方法（动画）

（一）**搅拌槽吸附操作**

搅拌槽是带有多孔支撑板的筒形容器，通常是在带有搅拌器的釜式吸附槽中进行，离子交换树脂置于支撑板上间歇操作。在此过程中，吸附剂颗粒悬浮于溶液中，搅拌使溶液处于湍动状态，其颗粒外表面的浓度是均一的。过程如下：

（1）交换：将液体置于槽中，通气搅拌，使溶液与树脂充分混合，进行交换，过程接近平衡后，停止搅拌，排出溶液。

（2）再生：放入再生液，通气搅拌，再生完全后，将再生废液排出。

（3）清洗：通入清水，搅拌，洗去树脂中残存的再生液，然后进入下一个循环操作。

搅拌槽吸附操作中，由于槽内溶液处于激烈的湍动状态，吸附剂颗粒表面的液膜阻力减小，有利于液膜扩散控制的传质。这种工艺所需设备简单。但是吸附剂不易再生、不利于自动化工业生产，并且吸附寿命较短。主要用于液体的精制，如脱水、脱色和脱臭等。

搅拌槽吸附操作适用于外扩散控制的吸附传质过程。其传质过程的表达式如下：

$$-\frac{1}{\alpha_P}\left(\frac{\mathrm{d}c}{\mathrm{d}t}\right)=k_L(c-c^*) \qquad \text{式(9-16)}$$

式中，α_P 为单位液体体积中吸附剂颗粒的外表面积，m^2/m^3；k_L 为传质系数，m/s；c^* 为与吸附剂吸附量平衡的液相质量浓度，kg/m^3；c 为与时间 t 对应的质量浓度，kg/m^3。

（二）**固定床吸附操作**

固定床是应用较为广泛的一类离子交换设备，它的构造、操作特性、操作方法和设计等与固定床吸附相似。能够在一定量再生剂的条件下逆流再生获得较高的分离效果，并具有设备结构简单、操作方便、树脂磨损少等优点。

固定床吸附操作的主要设备是装有颗粒状吸附剂的塔式设备。在吸附阶段，被处理的物料不断地流过吸附剂床层，被吸附的组分留在床层中，其余组分从塔中流出。当床层的吸附剂达到饱和时，吸附过程停止，进行解吸操作，用升温、减压或置换等方法将被吸附的组分脱附下来，使吸附剂床层完全再生，然后再进行下一个循环的吸附操作。为了维持工艺过程的连续性，可以设置两个以上的吸附塔，至少有一个塔处于吸附阶段。固定床吸附的特点是设备简单、吸附操作和床层再生方便、吸附剂寿命较长。在固定床吸附过程的初期，流出液中没有溶质。随着时间的推移，床层逐渐饱和。靠近进料端的床层首先达到饱和，而靠近出料端的床层最后达到饱和。图 9-9 是固定床层出口浓度随时间的变化曲线。

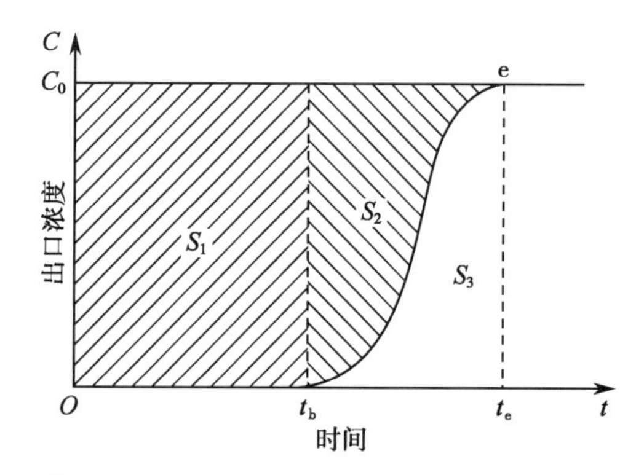

图 9-9 固定床层出口浓度随时间的变化曲线

若流出液中出现溶质所需时间为 t_b，则 t_b 称为穿透时间。从 t_b 开始，流出液中溶质的浓度将持续升高，直至达到与进料浓度相等的 e 点，这段曲线称为穿透曲线，e 点称为干点。穿透曲线的预测是固定床吸附过程设计与操作的基础。

当达到穿透点时，相当于吸附传质区前沿已到达床层出口，此时阴影面积 S_1 对应于床层中的总吸附量，而 S_2 对应于床层中尚能吸附的吸附量。因此，到达穿透点时未利用床层的高度 Z_u 为：

$$Z_u = \frac{S_2}{S_1 + S_2} Z \qquad \text{式(9-17)}$$

已利用床层的高度为：

$$Z_S = \frac{S_1}{S_1 + S_2} Z \qquad \text{式(9-18)}$$

对于特定的吸附体系和操作条件，根据固定床吸附器的透过曲线，可计算出试验条件下达到规定分离要求所需的床层高度 Z。

固定床吸附操作的特点：①固定床吸附塔结构简单，加工容易，操作方便灵活，吸附剂不易磨损，物料的返混少，分离效率高，回收效果好；②固定床吸附操作的传热性能差，当吸附剂颗粒较小时，流体通过床层的压降较大，吸附、再生及冷却等操作需要一定的时间，生产效率较低。固定床吸附操作主要用于气体中溶剂的回收、气体干燥和溶剂脱水等方面。

（三）半连续移动床式离子交换设备

移动床过程属于半连续式离子交换过程。在此设备中，离子交换、再生、清洗等步骤是连续进行的。但是树脂需要在规定的时间内流动一部分，而在树脂的移动期间没有产物流出，所以从整个过程来看只是半连续的。既保留了固定床操作的高效率，简化了阀门与管线，又将吸附、冲洗与洗脱等步骤分开进行。

1. Higgins 环形移动床 该设备是把交换、再生、清洗等几个步骤串联起来，树脂与溶液交替地按照规定的周期移动（见图 9-10），溶液流动期间，树脂为固定床操作。泵推动溶液使树脂脉冲移动。该设备的优点是所需树脂少于固定床，占用面积仅为固定床的 20%～50%；树脂利用率高，设备生产能力大，是一般连续离子交换设备线速度的 5～10 倍，特别适用于处理低浓度的水溶液。再生液的消耗也比固定床少，并且废液少、费用低。因此，目前在水处理（脱盐、脱酸）、制药工业等方面得到了一定的应用。

2. Asahi 移动床 树脂在柱内向下流动时和向上的原料液逆流接触。柱内流出的树脂被压力推动，经过自动控制阀门进入再生柱，再生过程也是逆流操作，再生后的树脂转移至清洗柱内逆流冲洗，干净的树脂再循环回到交换柱上方的贮槽重复使用（见图 9-11）。该设备能够克服普通固定床操作中存在的料液浓度高时树脂用量大和周期性运行中的不连续操作等问题。

3. Aveo 连续移动床 如图 9-12 所示，Avco 连续移动床分为若干段。第 1 段是交换段，第 4 段为洗脱段（再生段），第 2、第 5 段为漂洗段，第 3、第 6 段为隔离段。各股料液分别为：进料 F；交换尾液 T；洗脱剂 E；洗脱液 P；漂洗水 W；树脂 R。并包括反应区、驱动区和清洗区。采用两级驱动器串联，以便获得足够的循环水压力。在初级区用处理后的水作驱动液，在次级区以原料水作为驱动液。再生效率较高。

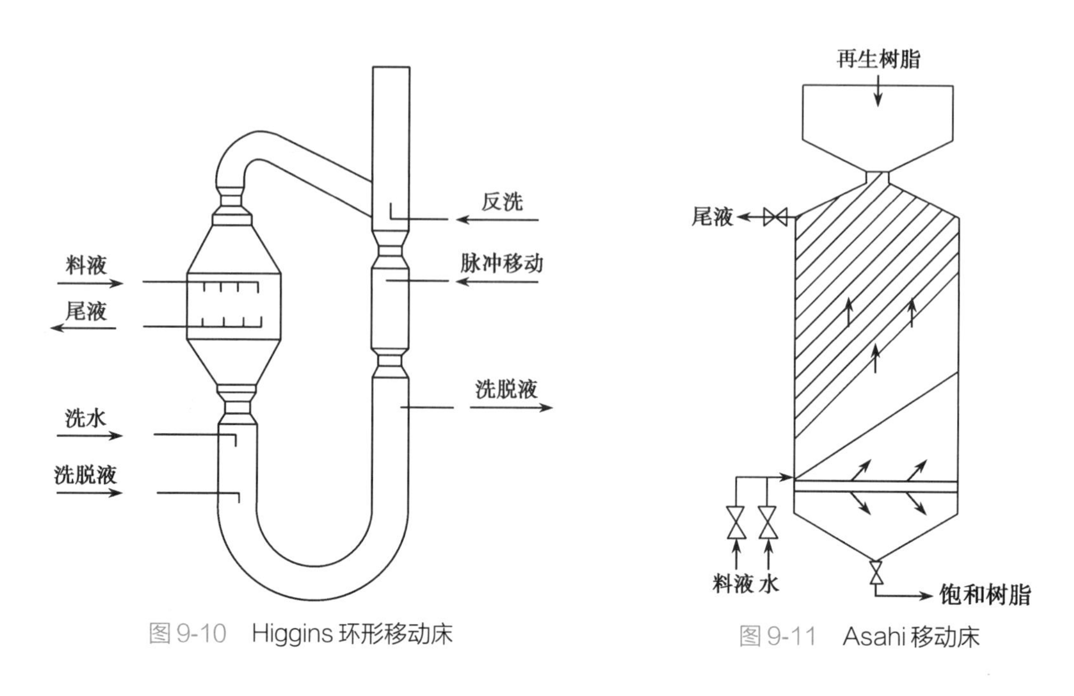

图 9-10　Higgins 环形移动床　　图 9-11　Asahi 移动床

（四）连续式离子交换设备

固定床的离子交换操作中，只能在很短的交换带中进行交换，因此树脂利用率低，生产周期长，如图 9-13 所示，采用连续逆流式操作则可解决这些问题，而且交换速度快，产品质量稳定，连续化生产更易于自动化控制。

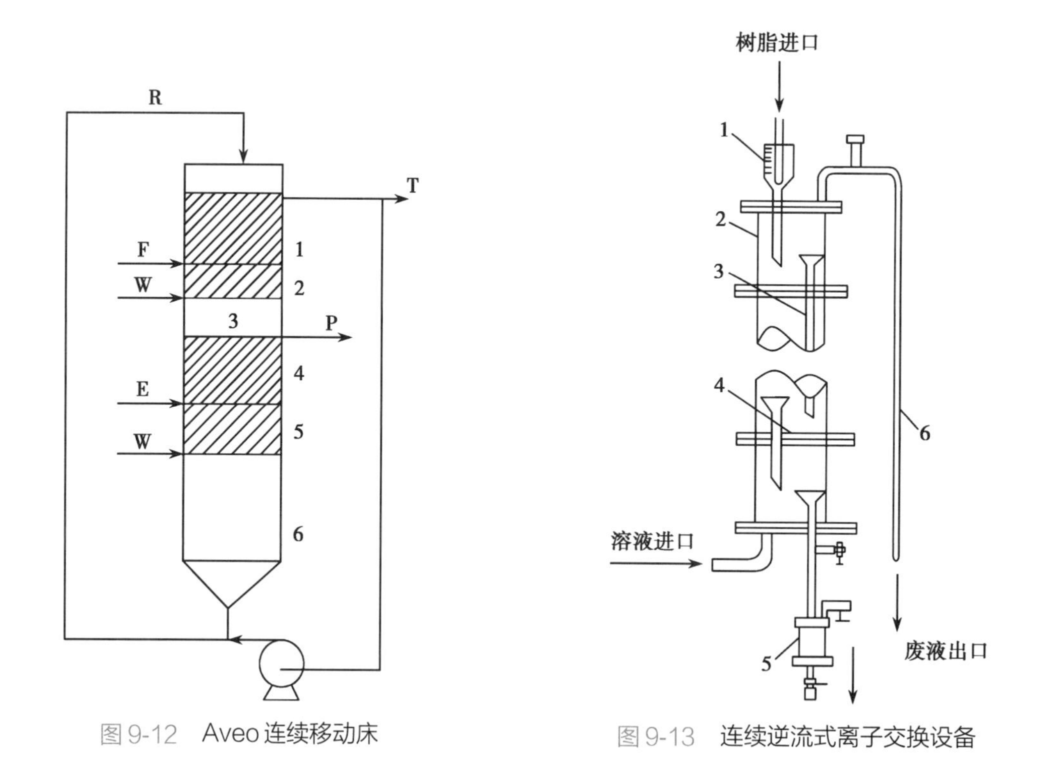

图 9-12　Aveo 连续移动床　　图 9-13　连续逆流式离子交换设备

连续式离子交换设备又分为重力流动式和压力流动式。压力流动式设备包括再生洗涤塔和交换塔。交换塔为多室结构，其中的树脂和溶液为顺流流动，而对于全塔来说，树脂和溶液却为逆流，再生和洗涤共用一塔，水及再生液与树脂均为逆流。连续式装置的树脂在装置内不断流动，但是又形成固定的交换层，具有固定床离子交换器的特点；树脂在装置中与溶液顺流呈沸腾状态，因此又具有沸腾床离子交换器的特点。其工作流程如图 9-14 所示。这种装置的主要优点是能够连续生产，而且效率高；树脂利用率高，再生液耗量少；操作方便。缺点是树脂磨损较大。

重力流动式又称双塔式，工作流程如图 9-15 所示，其主要特点是被处理料液与树脂为逆流流动。经预处理沉淀和过滤后的原水经配水管均匀进入交换塔底部，在塔内向上依次通过各层栅板，与向下降落的树脂逆流接触，进行离子交换，逐渐被软化，至塔项则成为软水，通过滤网流入蓄水池，然后用泵抽送至用水岗位。新生树脂依靠塔的位差动能，从再生塔底部输往交换塔顶部，在沉降过程中，与向上流动的硬水进行离子交换，逐渐成为失效树脂，聚集在交换塔的底部。失效树脂先在再生塔的再生段内，与向上流动的稀释再生液逆流接触而发生离子交换，逐渐被再生成新生树脂。

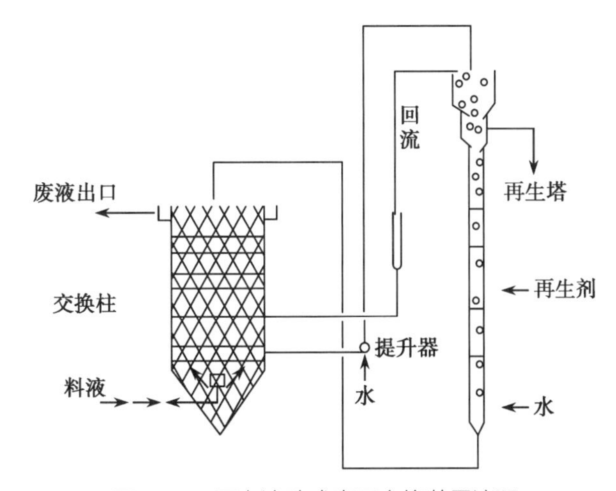

图 9-14　压力流动式离子交换装置流程

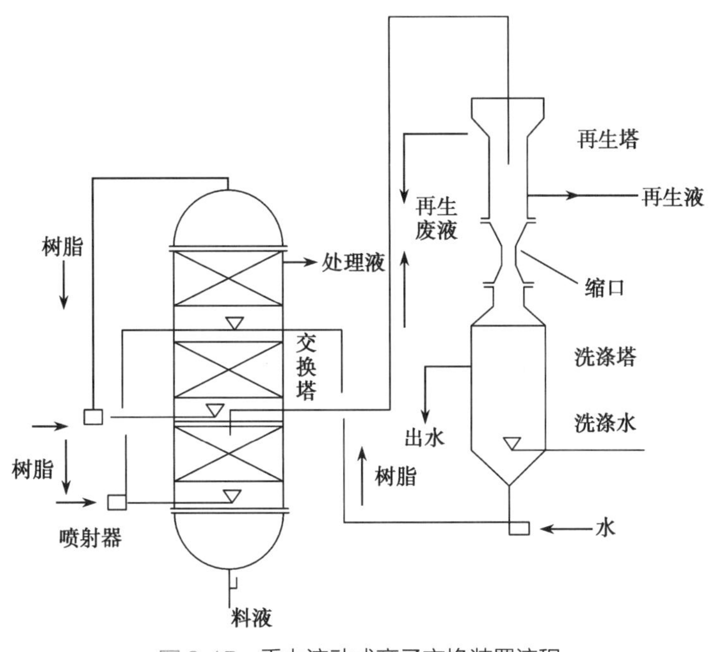

图 9-15　重力流动式离子交换装置流程

七、离子交换在制药工业中的应用

离子交换过程在制药工业有着广泛的应用。制药用的超纯水主要依靠离子交换方法提供；通过离子交换过程，对工业原水去除杂质离子，可以有效地防止水在加热过程中的结垢，保证生产装置的连续正常运行；中药生产过程中，水是最常用的提取溶剂，大多数中药的水提过程都是在加热条件下进行的，因此所采用的水应该是经离子交换处理后的软水，以防止结垢等不良影响。离子交换过程对于一些化合物成分的分离有十分重要的意义，在中药生产中，一些有效目的产物本身具有一定的酸碱性，利用离子交换树脂可以取得很好的分离效果。而抗生素、生化药物、药用氨基酸以及其他药剂的提取、制备也都离不开现代离子交换提纯技术。除此之外，离子交换树脂在制药中还可直接用作离散剂、缓释剂等。

（一）软水和去离子水的处理过程

软化水的制备工艺过程：原水（自来水、井水、山水等）→ Na 型酸性阳离子交换树脂→软水。用方程式表示为：

$$2R^-Na^+ + Ca^{2+}、Mg^{2+} \rightleftharpoons (R^-)_2Ca^{2+}、Mg^{2+} + 2Na^+$$

去离子水制备工艺过程：原水→强酸性阳离子交换树脂→强碱性阴离子交换树脂→混合床→去离子水。用方程式表示为：

$$R^-H^+ + R^+OH^- + MeX \rightleftharpoons R-Me^+ + R^+X^- + H_2O$$

（二）纯水的制备

天然水中常含一些无机盐类，为了除去这些无机盐类以便将水净化，可将水通过氢型强酸性阳离子交换树脂，除去各种阳离子。如以 $CaCl_2$ 代表水中的杂质，则交换反应为：

$$2R-SO_3H + Ca^{2+} \rightleftharpoons (R-SO_3)_2Ca + 2H^+$$

再通过氢氧型强碱性阴离子交换树脂，除去各种阴离子：

$$RN(CH_3)_3OH + Cl^- \rightleftharpoons RN(CH_3)_3Cl + OH^-$$

交换下来的 H^+ 和 OH^- 结合成 H_2O，这样就可以得到相当纯净的“去离子水”，可以代替蒸馏水使用。

（三）从猪血水解液中提取组氨酸

组氨酸是婴儿营养食品的添加剂。医疗上还可作为治疗消化道溃疡、抗胃痛药物，并用作输液配料。将相当于 140kg 猪血粉的猪血煮熟，离心脱水后置于 1 000L 搪瓷反应锅内，加 500kg 工业盐酸水解，经石墨冷凝器回流 22 小时，水解液减压浓缩回收盐酸，用活性炭脱色，在陶瓷过滤器内减压过滤，静置后滤去酪氨酸。滤液加水配成相对密度为 1.02 的溶液，以强酸性氢型阳离子树脂进行固定床吸附，流出液中检验出组氨酸时，停止吸附，用水洗涤柱，之后用 0.1mol/L $NH_3·H_2O$ 洗脱。收集 pH 为 7～10 的洗脱液，树脂用水反冲后，经 1.5～2mol/L 盐酸再生，树脂水洗至流出液 pH 为 4，待用。洗脱液浓缩 10 倍后调 pH 至 3.0～3.5，经活性炭脱色、过滤，再浓缩，加 95% 乙醇静置过夜后过滤，得盐酸组氨酸粗品，经多次重结晶、过滤、洗涤，最后烘干，即得成品。

（四）抗生素分离提纯

弱酸性阳离子树脂可以有效提取精制链霉素。因链霉素分子中有两个强碱洗脱剂性胍基与一个弱碱性葡氨基，故 Amberlite IRC-50 与丙烯酸系弱酸性树脂 110 均为合适的树脂。强酸性阳离子树脂可用于提取、纯化新霉素、卡那霉素、春雷霉素。用强碱性阴离子交换树脂可分离卡那霉素 A 和卡那霉素 B。目前已知的抗生素，如头孢菌素、博来霉素、四环素、红霉素、双环霉素、抗生素 K-73、林肯霉素（Ⅰ、Ⅱ）等几乎均可用高分子吸附剂进行分离、提纯。此外，离子交换技术在一些抗生素的盐型转化（如青霉素钠盐变钾盐，链霉素盐酸盐变硫酸盐、磷酸盐、醋酸盐等，维生素 B 除盐，以及分离维生素 B_{12}、回收生物碱等）的应用中均已达到工业规模或成熟水平。

（五）离子交换树脂在中药中的应用

离子交换与吸附技术在中草药有效成分分离纯化中的应用已取得很大成绩。离子交换与吸附树脂对吸附质的作用主要通过静电引力和范德瓦耳斯力达到分离纯化化合物的目的。因为有活性的中药有效组分，结构和性质千差万别，所以对树脂的要求也不相同。因此，在筛选树脂时，必须对树脂的骨架、功能基、孔径、比表面积和孔容等进行全面的考虑。一般酸性有机物质易被阴离子树脂吸附，碱性有机物质易被阳离子树脂吸附。如酸性色素可用阴离子树脂去除，碱性色素可用阳离子树脂去除。

1. 生物碱　生物碱是自然界中广泛存在的一类碱性含氮化合物，是许多中草药的有效成分，它们在中性和酸性条件下以阳离子形式存在，因此可用阳离子交换树脂将它们从提取液中富集分离出来。此外，生物碱在醇溶液中还能较好地被吸附树脂所吸附。离子交换吸附总生物碱后，可根据各生物碱组分碱性的差异，采用分步洗脱的方法，将生物碱组分一一分离。如钩吻的总生物碱具有良好的抗癌作用，其提取液可以通过 001 × 7 强酸性阳离子交换树脂进行分离，用 2mol/L 的 HCl 可洗脱生物碱。

2. 皂苷　是一类结构复杂的低聚糖苷，可溶于水。其水溶液经摇动振荡能产生大量持久性肥皂状泡沫，因而称为皂苷。皂苷由皂苷元和糖组成。按苷元的结构可分为两类：一类为甾体皂苷，结构中大多含有羟基，呈中性；另一类为三萜类皂苷，有羧基，呈酸性。这两类皂苷一般极性较大，可通过离子交换来分离。例如用 D101 和 D201 树脂（1∶1）混合装柱，采用 50% 的乙醇洗脱，富集与解吸人参皂苷效果较佳。

3. 黄酮　黄酮类化合物是指母核为 2- 苯基色原酮的化合物，一般具有酚羟基，有的还具有羧基，故呈弱酸性，不能很好地与阴离子交换树脂发生交换，但能被吸附树脂较强地吸附。

4. 糖类　糖类分子中含有许多醇羟基，具有弱酸性，在中性水溶液中可与强碱性阴离子交换树脂（OH^- 型）进行离子交换，并易被 10% 的 NaCl 水溶液所解吸，但是许多糖类在强碱性条件下会发生异构化和分解反应，因而限制了强碱性阴离子树脂在糖类分离纯化中的应用。非极性吸附树脂，如 DMD 型不易吸附水中的单糖，但能很好地吸附菊糖等分子量稍大的多糖，故可用于中草药水溶性成分中糖的纯化。

5. 在中药复方中的应用　同一型号大孔树脂对不同有效成分的吸附能力不同。以 LD605 型大孔吸附树脂为例，吸附能力为：生物碱>黄酮>酚类>无机物。因此，在使用同一型号大孔吸附树脂纯化含不同有效成分的中草药复方时，应选择适宜的树脂型号和合适的纯化条件。

八、案例分析

案例 9-1　大孔吸附树脂在中药纯化中的应用研究

背景资料：甘草是我国传统中药材中用量最大的草药之一，具有补脾益气、清热解毒、祛痰止咳、缓急止痛、调和诸药的作用，中医常有“十方九草，无草不成方”的说法，其也是国家卫生部门批准的药食同源的食物之一。甘草酸又称甘草甜素，是一种高甜度低热值的天然甜味剂，属三萜皂苷类，是甘草最主要的活性成分之一，也是甘草甜味的重要来源，甜度为蔗糖的 200～300 倍。研究发现，甘草酸除具有保肝、镇咳、抗炎、抗菌、抗病毒和抗氧化等作用外，还能防治病毒性肝炎、艾滋病、高脂血症和阿尔茨海默病，及增强机体免疫功能。

由于甘草酸具有广泛的应用范围，包括食品、医药、化妆品领域，因此建立一种高效快捷的分离纯化甘草酸的方法有着十分重要的意义。

甘草酸的研究早在半个世纪以前即已开始，关于甘草酸提取液的纯化方法主要有重结晶法、树脂法、聚酰胺法等，而上述甘草酸纯化方法均存在劳动强度大、效率低、容易二次污染等不足。

问题：查阅有关文献，根据甘草酸的性质，选定有效的分离纯化方法，确定工艺路线，对设定的工艺路线进行分析比较，不仅要求技术上的可行性，还要体现经济性、环保性。

已知：根据案例所给的信息，待纯化的物质是甘草酸，先要查找甘草酸的性质，根据甘草酸的性质，选定几种有效的分离纯化方法。

甘草酸的特性：甘草酸的化学分子式为 $C_{42}H_{62}O_{16}$，分子量为 822.4，是由两个葡糖醛酸分子和一个甘草次酸组成。甘草酸为五环三萜皂苷，含有多个苯环及酚羟基结构，苯环为非极性基团，具有疏水性，易溶于有机溶剂，同时由于其结构有较多的羟基和羧基，所以它有很强的亲水性，易溶于水。甘草酸中含有的羧基与稀氨水反应会转化为甘草酸铵。

甘草酸的理化性质主要包括：

（1）外观为白色针状晶体，熔点为 210～220℃，不溶于冷水，可溶于热水、稀乙醇等，遇酸易沉淀。

（2）有特殊的甜味，甜度约为蔗糖的 200～300 倍。

（3）有皂色反应（滴加硫酸，其颜色渐变为橙黄至橙红）及发泡性。

（4）在 5% 稀硫酸加压下可水解出苷元和糖。

找寻关键：和甘草酸结构相似的物质纯化分离时，大孔吸附树脂的选择。

纯化技术选择原则：上述甘草酸纯化方法均存在劳动强度大、效率低、容易二次污染等不足。选择一种能解决上述不足的分离纯化技术，让甘草酸的纯化工艺具有操作简便、能耗低、得率高的特点，且不存在传统纯化方法有机溶剂残留的问题。

工艺设计：

1. 甘草酸的三种纯化工艺　报道的甘草酸提取液的纯化方法主要有有机溶剂萃取法、膜分离法、大孔吸附树脂法等。

（1）有机溶剂萃取法：乙酸乙酯萃取法。甘草酸液经过滤，用乙酸乙酯进行液液萃取，相分离后，上相经旋转蒸发得到甘草酸，溶剂回收后循环使用。其流程如下：

甘草切片 ⟶ 萃取 ⟶ 过滤 ⟶ 乙酸乙酯萃取 ⟶ 相分离 ⟶ 旋转蒸发 ⟶ 浓缩 ⟶ 溶剂回收 ⟶ 甘草酸

（2）膜分离技术纯化甘草酸的工艺：膜分离技术作为一种新型的分离技术，不仅具有操作简便、能耗低的特点，还不存在传统纯化方法有机溶剂残留的问题，尤其适用于天然产物等热稳定性差的生物产品分离，已被广泛应用于多糖、生物酶等活性物质的分离纯化。由于在提取液中存在很多包括糖类、蛋白质、胶质等在内的大分子物质，在使用膜对中药提取液进行分离纯化时，不可避免地会造成膜孔的堵塞污染，降低膜的使用寿命，导致在工业化生产时成本较高。相关文献报道，当膜在低于其负荷极限的情况下过滤时可有效降低膜的不可逆污染问题。因此，在微滤工艺正交优化过程中，所得最优过膜压力为 0.1MPa，保证滤膜在去除糖类、蛋白质等大分子杂质时，使用寿命得到有效延长，降低工业化成本的同时，为后续采用超滤技术及固体膜萃取技术进一步分离纯化甘草酸奠定基础。最佳条件为膜孔径 0.10μm、药液温度 30℃、压力 0.1MPa。

（3）大孔吸附树脂法：取大孔吸附树脂用蒸馏水溶胀，水、乙醇、水洗涤备用，装柱。将甘草粗提物溶于适量水中配成溶液，调 pH 至适宜，以适宜的流速通过树脂，依次用水、乙醇洗脱，收集洗脱液，至检测无甘草酸为止。收集所得的液体减压蒸干得淡黄色产物，将此产物中加适量的活性炭于冰醋酸中脱色重结晶可得纯度较高的无色产品。流程如下：

甘草切片 ⟶ 萃取 ⟶ 过滤 ⟶ 酸析分离 ⟶ 吸附 ⟶ 洗脱 ⟶ 浓缩 ⟶ 脱色 ⟶ 甘草酸

2. 大孔吸附树脂分离纯化甘草酸的工艺要点

（1）树脂预处理：以甘草酸的吸附容量为考核树脂优劣的评价指标，在完全相同的条件下测试不同吸附树脂的吸附性能。通过实验确定某树脂的吸附性能最好且甘草酸均未泄漏，可确定其为分离纯化甘草酸的首选树脂。

（2）甘草酸粗提物的溶液浓度：甘草酸溶液的浓度是影响树脂吸附性能的重要因素之一。吸附树脂的吸附容量不是很大，一般低浓度下进行比较有利；如果原液浓度偏高，则泄漏早，处理量小，树脂使用周期短，从而使树脂再生次数增多；如果原液浓度偏低，耗时增加，工作效率降低，也不可取。可通过实验确定最佳的原液浓度。

（3）pH：在用大孔吸附树脂纯化甘草酸的过程中，原液 pH 对吸附有较大影响，必须严格控制，原液在过柱前可调值为 5～9，如果原液的 pH 低，易凝胶化，分离效果不好；pH 高，则易将色素带下。甘草酸溶液的 pH 为 6.3 时，产率高且带下色素少。

（4）溶液流速：流速过大，会使树脂工作吸附量下降，提早泄漏，且树脂层压头损失增加，耗能增多。

假设：使用不同的大孔吸附树脂，对甘草酸的纯化分离有什么影响？

分析：几条工艺路线的分析比较。有机溶剂萃取法技术成熟，但步骤复杂，有机溶剂消耗量大，能耗较高，收率较低；膜分离技术作为一种新型的分离技术，不仅具有操作简便、能耗低的特点，还不存在传统纯化方法有机溶剂残留的问题，但由于在提取液中存在很多包括糖类、蛋白质、胶质等在内的大分子物质，在使用膜对中药提取液进行分离纯化时，不可避免地会造成膜孔的堵塞污染，降低膜的使用寿命，导致在工业化时成本较高；大孔吸附树脂工艺可连续进行，周期短，收率高，极大地简化了工艺流程，所需设备体积小，后续处理简单，降低了生产能耗，提高了纯化效率，降低了生产成本，产品质量较好，具有更高的经济价值。

评价：由甘草酸的几种纯化工艺可知，同一种产品可以采用多种不同的生产路线，到底采用哪种生产路线，必须对路线进行经济评价分析，找到技术先进、产品成本低、收率高、投资少、能耗低，同时又环保的工艺路线。选用的三种工艺中，大孔吸附树脂法是工业生产中普遍应用而且收率较高的方法。

小结：

（1）合适的树脂可以选择性的从液体混合物中吸附一种或多种组分。

（2）尽管大孔吸附树脂是一种相当成熟的分离技术，但是要找到合适的树脂以保证高的洗脱效率，还需要做相当多的实验探索和努力。

（3）洗脱剂的选择很关键。

案例 9-2　离子交换法提取链霉素

背景资料：链霉素是一种氨基糖苷类抗生素，是继青霉素后第二个生产并用于临床的抗生素。1943 年美国加利福尼亚大学伯克利分校博士、罗格斯大学教授赛尔曼·A·瓦克斯曼从链霉菌中析离得到，瓦克斯曼也因此获得 1952 年诺贝尔生理学或医学奖。它的抗结核杆菌的特效作用，开创了结核病治疗的新纪元。从此，结核杆菌肆虐人类生命几千年的历史得以有了遏制的希望。链霉素能有效抵抗许多细菌（结核杆菌、鼠疫杆菌、大肠埃希菌等）。主要适应证为：与其他抗结核药联合用于结核分枝杆菌所致各种结核病的初治病例，或其他敏感分枝杆菌感染；可单用于治疗土拉菌病，或与其他抗菌药物联合用于鼠疫、腹股沟肉芽肿、布鲁菌病、鼠咬热等治疗；亦可与青霉素或氨苄西林联合治疗甲型溶血性链球菌或肠球菌所致的心内膜炎。我国于 1958 年以来实现产业化生产，链霉素由灰色链霉菌发酵生产，目前已经形成了相当大的生产规模和能力。

分析：

链霉素菌种发酵：将冷干管或沙土管保存的链霉菌孢子接种到斜面培养基上，于 27℃下培养 7 天。待斜面长满孢子后，制成悬浮液接入装有培养基的摇瓶中，于 27℃下培养 45～48 小时，待菌丝生长旺盛后，取若干个摇瓶，合并其中的培养液，将其接种于种子罐内已灭菌的培养基中，通入无菌空气搅拌，在罐温 27℃下培养 62～63 小时，然后接入发酵罐内已灭菌的培养基中，通入无菌空气，搅拌培养，在罐温为 27℃下，发酵约 7～8 天得链霉素发酵原液。

然而链霉素发酵原液中绝大部分是菌丝体和未用完的培养基，以及各种各样的代谢产物，如蛋白质、多肽、色素和 Ca^{2+}、Mg^{2+} 等，链霉素浓度远较各种杂质低，仅为 5 000U/ml 左右，大量蛋白质、多肽和高价离子（Ca^{2+}、Mg^{2+}）的存在对提取分离链霉素提出了挑战。

问题：如何从链霉素发酵原液中提取高纯度的适合药用的安全有效的链霉素成为摆在制药工程技术人员面前的一道难题。

链霉素早期的提取方法有活性炭吸附法、带溶法、沉淀法。采用活性炭吸附，回收率低，残留杂质较多，成本高；采用沉淀法是将链霉素与苯甲胺缩合形成席夫碱沉淀，然后将沉淀物陈化，促进粒子生长，再进行离心分离得沉淀物，沉淀物在酸性条件下分解制得成品，此种方法所得产品纯度不高，另外加沉淀剂苯甲胺的方式和陈化条件对产物的纯度、收率和沉淀物的形状都影响很大，工艺较难控制，生产不稳定。目前国内外多采用离子交换法提取链霉素（图9-16、图9-17）。

工艺设计：采用离子交换法从发酵原液中提取链霉素工艺分以下五步。

1. 预处理 发酵原液先用蒸汽升温至70～75℃，将其中的蛋白质凝固变性，再酸化、过滤除去菌丝和固体物，然后中和得链霉菌素料液。

2. 吸附工艺 链霉菌素料液通过钠式羧酸型阳离子交换树脂，使链霉素与Na^+交换。

3. 解吸工艺 吸附完毕，然后用清水洗去树脂柱中残留的链霉菌素料液，用0.5mol/L H_2SO_4酸洗脱，得到链霉素硫酸盐洗脱液，如在链霉素溶液中加入些EDTA和Na^+，则效果更好。

$$(RCOO)_3Str + 3H^+ \rightleftharpoons 3RCOOH + Str^{3+}$$

4. 精制工艺 所得链霉素洗脱液精制分离掉少量无机盐杂质时，采用交联度较高的强酸性阳离子交换树脂除去无机阳离子，强酸树脂吸附链霉素的量很少。最后使链霉素硫酸盐溶液通过弱碱性离子交换树脂去除阴离子得纯度较高的中性链霉素溶液，再经活性炭脱色得精制液。

5. 后处理工艺 精制液浓缩后再经喷雾干燥得无菌粉状产品。

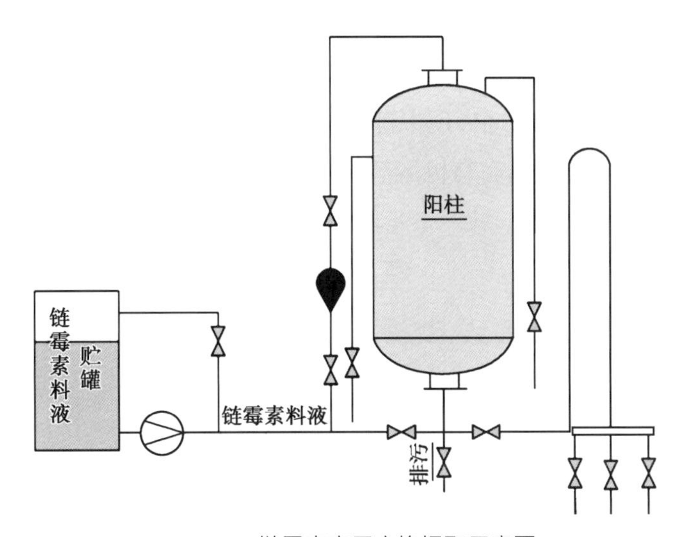

图9-16 链霉素离子交换提取示意图

图9-17 链霉素提取离子交换器

评价与小结：一般认为离子交换过程是按化学当量关系进行的。链霉素（以 Str 表示）是三价离子，它能代表 3 摩尔的钠离子。

吸附：$3RCOONa + Str^{3+} \rightleftharpoons (RCOO)_3Str + 3Na^+$

解吸：$(RCOO)_3Str + 3H^+ \rightleftharpoons 3RCOOH + Str^{3+}$

不同颗粒度的钠式羧酸型阳离子交换树脂吸附链霉素的速度不同，当树脂颗粒比较大时，由于链霉素在树脂内扩散速度很慢，达到平衡需要很长时间，故存在假平衡；当树脂颗粒小时，交换速度和交换量都会提高。

为了提高树脂对链霉素的选择性，工程技术人员曾在树脂中加入惰性成分，使活性中心之间的距离增长，这样，虽然树脂的总交换容量减少了，但是对链霉素的相对交换容量却增大了。实践表明，用离子交换树脂提取链霉素时，交换容量（功能团密度）并不是越大也好，而是存在一个最合适的功能团密度。

离子的化合价影响离子交换树脂的选择性，离子的化合价越高越容易被吸附，离子交换能力首先受离子电荷价的影响，离子的电荷价越高，受树脂上相反电荷的电性吸持力越大，因而具有比低价离子较高的交换能力，树脂的这个特性对链霉素生产具有重大的意义。链霉素因为在中性 pH 时为三价离子，可将吸附在树脂上的钠离子取代，在链霉素生产过程中，采用 pH 为 7.0 左右即 $6.0<pH<7.7$ 比较适宜，树脂能优先吸附原液中的链霉素三价离子。

链霉素离子为高价离子，交换速度慢，但是稀溶液选择性好。实践表明，当链霉素原液稀释 10 倍，链霉素的吸附量增加 10 倍，所以确定链霉素原液的合适浓度意义重大。

链霉素发酵原液中应避免含有有机溶剂，因为有机溶剂会导致树脂对链霉素离子选择性下降，而吸附无机离子。

学习思考题

1. 大孔吸附树脂操作，如何选择合适的树脂？
2. 性能优良的树脂有什么重要特性？
3. 大孔吸附树脂有哪些优点和缺点？
4. 洗脱剂对甘草酸的纯化有什么影响？
5. 链霉素在中性下为正三价离子，可用阳离子还是阴离子树脂进行提取？
6. 链霉素宜用强酸还是弱酸阳离子交换树脂提取？
7. 链霉素进行离子交换提取时为什么在中性下？
8. 链霉素为什么不能用氢型羧基树脂而用钠型树脂来吸附？
9. 链霉素离子交换后如何洗脱？
10. 什么是吸附？吸附原理是什么？
11. 试述常用的吸附剂种类及特性。
12. 吸附过程的影响因素有哪些？
13. 什么是吸附平衡？Langmuir 吸附等温线的意义及应用范围是什么？
14. 简述离子交换树脂的结构和工作原理。

15. 什么是选择性系数？简述影响选择性系数的因素。

16. 常用的离子交换操作方式与设备有哪些？

ER9-3　第九章　目标测试

（张景亚　谷志勇）

参考文献

[1] 李淑芬，白鹏. 制药分离工程. 北京：化学工业出版社，2009.

[2] 宋航. 制药分离工程. 上海：华东理工大学出版社，2011.

[3] 郭立玮. 制药分离工程. 北京：人民卫生出版社，2014.

[4] 索建兰，沈峰，米海林. 三七总皂苷提取工艺的研究. 药物分析杂志，2011，3(6)：1197-1198.

[5] 孔繁晟，贲永光，曾昭智，等. 三七总皂苷超声提取工艺研究. 广东药学院学报，2011，27(4)：379-381.

[6] 张素萍. 中药制药工艺与设备. 北京：化学工业出版社，2005.

[7] 郑裕国，薛亚平，金立群，等. 生物加工过程与设备. 北京：化学工业出版社，2004.

[8] 白鹏. 制药工程导论. 北京：化学工业出版社，2003.

[9] 李淑芬，姜忠义. 高等制药分离工程. 北京：化学工业出版社，2004.

[10] 姜志新，谌竟清，宋正孝. 离子交换分离工程. 天津：天津大学出版社，1992.

[11] 伦世仪. 生化工程. 北京：中国轻工业出版社，1993.

[12] 戚以政，汪叔雄. 生化反应动力学与反应器. 北京：化学工业出版社，1996.

第十章　色谱分离技术

ER10-1　第十章
色谱分离技术
（课件）

1. **课程目标**　在了解色谱分离技术基本概念的基础上，掌握色谱分离原理、工艺基本流程及其影响因素、工业应用范围及特点，培养学生分析、解决工艺研究和工业化生产中复杂分离问题的能力。熟悉各种色谱分离技术的特点及应用条件，了解典型色谱分离设备的结构及工作原理，使学生能综合考虑色谱分离技术发展程度、环保、安全、职业卫生及经济方面的因素，从而能够选择或设计适宜的色谱分离技术。
2. **教学重点**　色谱分离技术基本原理、分类及应用。

第一节　色谱原理与分类

色谱（chromatography）又称为色层或层析，该技术的发明是在1903年，俄国植物学家Tswett研究植物色素的组成时，将植物色素的石油醚抽出液倾入到碳酸钙吸附柱上，当以石油醚进行洗脱时，吸附柱上出现植物色素的不同颜色谱带，于是他首先提出了“色谱法”这一概念。现在，它的含义主要是指多种成分的混合物，由于在流动相和固定相中有不同的分配，在流动过程中，经多次分配后而获得分离。

同其他传统分离纯化方法相比，色谱分离过程具有如下特点。

1. **应用范围广**　极性、非极性，离子型、非离子型，小分子、大分子，无机、有机、生物活性物质，热稳定、热不稳定的化合物都可用色谱方法分离。尤其在生物大分子分离和制备方面，是其他方法无法替代的。

2. **分离效率高**　若用理论塔板数来表示色谱柱的效率，每米柱长可达几千至几十万的塔板数，特别适合于极复杂混合物的分离，且通常收率、产率和纯度都较高。

3. **操作模式多样**　在色谱分离中，可通过选择不同的操作模式，以适应各种不同样品的分离要求。如可选择吸附色谱、分配色谱和亲和色谱等不同的色谱分离方法，也可选择不同的固定相和流动相状态及种类，或可选择间歇式和连续式色谱等。

4. **高灵敏度**　在线检测过程中，可根据产品的性质，应用不同的物理与化学原理，采用不同的高灵敏度检测器进行连续的在线检测，从而保证在达到要求的产品纯度下，获得最高的产率。

一、色谱原理

色谱法的分离原理是利用混合物中各组分在流动相和固定相中溶解 - 解析能力、吸附 - 脱附能力，或其他亲和作用力的差异，当两相做相对运动时，样品各组分在两相中反复多次（$\geqslant 10^3$ 次）受到上述各种作用力的影响，从而使混合物各组分获得互相分离。

如图 10-1 所示，当样品（例如含 A、B 两组分的混合物）进入色谱柱头以后，流动相把样品带入色谱柱内，刚进入柱子时，组分 A 和 B 以混合谱带出现。

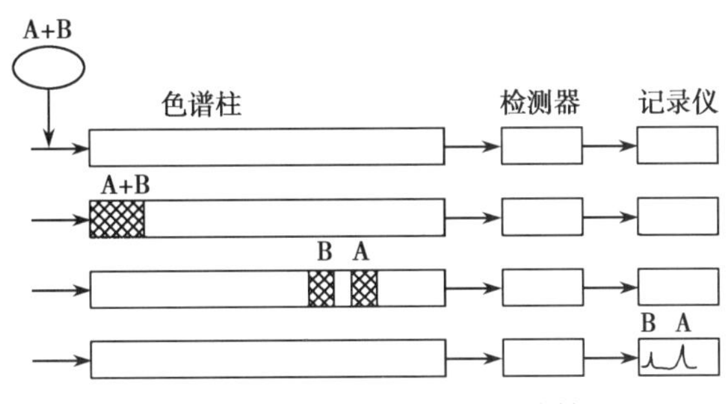

图 10-1　混合物在色谱柱中分离情况

由于各组分在固定相中的溶解 - 解析、或吸附 - 脱附、或其他亲和作用力的差异，各组分在色谱柱中的滞留时间不同，即它们在柱中的运行速度不同。随着流动相的不断流过，组分在柱中两相间经过了反复多次的分配和平衡过程，当运行一定的柱长以后，样品中各组分得到分离。当组分 A 离开色谱柱出口流过检测器时，记录设备就记录出组分 A 的色谱峰；继之当组分 B 离开色谱柱流过检测器时，记录设备就记录出组分 B 的色谱峰。由于色谱柱中存在着涡流扩散、分子扩散（纵向扩散）、传质阻力及其他因素的作用，所记录的色谱峰并不是以一条矩形的谱带出现，而是一条接近正态分布曲线的色谱峰。

二、色谱分类

色谱分类方法繁多，从不同的角度，色谱法可分为不同类别。通常可按分子聚集状态、操作形式及分离原理等进行分类。

1. 按流动相的分子聚集状态分类　在色谱法中，流动相可以是气体、液体或超临界流体。按流动相的不同，可分为气相色谱法（gas chromatography，GC）、液相色谱法（liquid chromatography，LC）和超临界流体色谱法（supercritical fluid chromatography，SFC）等。

2. 按固定相的分子聚集状态分类　色谱法的固定相可分为固体或液体。由此，气相色谱法可分为气 - 固色谱法（gas-solid chromatography，GSC）与气 - 液色谱法（gas-liquid chromatography，GLC）两类；液相色谱法可分为液 - 固色谱法（liquid-solid chromatography，LSC）及液 - 液色谱法（liquid-liquid chromatography，LC）两类。

ER10-2　色谱法按操作形式分类

3. 按操作形式分类　色谱法按操作形式（或固定相的形态）分为柱色谱法、平面色谱法及逆流分配法等。

4. 按色谱过程的分离机制分类 按色谱过程的分离机制可将色谱法分为吸附色谱法、分配色谱法、化学键合相色谱法、空间排阻色谱法、离子交换色谱法、亲和色法、手性色谱法、毛细管电泳法及毛细管电色谱法等类别。前四种为基本类型色谱法。

ER10-3 色谱法按色谱过程的分离机制分类

5. 其他分类方法 其他还有按洗脱动力学过程分类的方法。按该分类法可分为冲洗法、顶替法和迎头法三种。

综上所述，简化分类如表 10-1 所示。

表 10-1 色谱法分类

<table>
<tr><td rowspan="14">色谱法</td><td rowspan="2">气相色谱法</td><td>填充色谱法</td><td colspan="4">气液吸附色谱法（GLC）、气 - 固吸附色谱法（GSC）</td></tr>
<tr><td colspan="5">毛细管色谱法</td></tr>
<tr><td rowspan="8">液相色谱法</td><td rowspan="5">柱色谱法</td><td>经典液相色谱法（LC）</td><td colspan="3">液 - 固分配色谱法（LSC）、离子交换色谱法（IEC）、空间排斥色谱法（凝胶色谱法，SEC）</td></tr>
<tr><td rowspan="4">高效液相色谱法（HPLC）</td><td colspan="3">LSC、SEC</td></tr>
<tr><td colspan="3">反相高效液相色谱法（RHPLC）</td></tr>
<tr><td>化学键合相色谱法（BPC）</td><td>RHPLC、正相高效色谱法（NHPLC）</td><td>各种 HPLC</td></tr>
<tr style="display:none"></tr>
<tr><td rowspan="2">平面色谱法</td><td colspan="4">薄层色谱法（TLC）</td></tr>
<tr><td colspan="4">纸色谱法（PC）、TLC</td></tr>
<tr><td colspan="5">逆流分配色谱法（LLC）</td></tr>
<tr><td rowspan="5">广义毛细管电泳法</td><td rowspan="2">毛细管电泳法（CE）</td><td colspan="4">开口：毛细管区带电泳法（CZE）、胶束电动毛细管色谱法（MECC）</td></tr>
<tr><td colspan="4">填充：毛细管凝胶电冰法（CGE）、毛细管等电聚焦电泳法（CIEF）</td></tr>
<tr><td rowspan="2">毛细管电色谱法（CEC）</td><td colspan="4">填充 CEC</td></tr>
<tr><td colspan="4">壁处理 CEC</td></tr>
<tr><td colspan="5">微流控芯片分析（MFC）</td></tr>
</table>

第二节 色谱过程的基本术语和理论基础

一、色谱过程的基本术语

色谱法中常用参数包括相平衡参数、定性参数、定量参数、柱效参数及分离参数等。由于色谱参数与色谱流出曲线的关系密切，故先介绍色谱流出曲线。

（一）色谱流出曲线与色谱峰

1. 色谱流出曲线 样品被流动相冲洗，通过色谱柱，流经检测器后，所形成的浓度信号（常为电信号）随洗脱时间变化而绘制的曲线，称为色谱流出曲线（简称流出曲线），即浓度 - 时间曲线。

2. 基线 检测器中只有流动相通过或虽有样品的浓度变化而不能为检测器所检出时，所得到的流出曲线称为基线（base line）。

（1）正常基线：应为一条平行于横轴（时间轴）的直线。基线反映仪器及操作条件的恒定程度。基线的高低反映检测器的本底高低。基线也常称为基流（background current），基流一般用 mV 或 mA 表示。基流的大小主要由流动相中的杂质等因素决定。

（2）噪声：各种未知的偶然因素引起的基线（基流）起伏的现象称为噪声（noise，R_N）。噪声的大小用噪声带（峰 - 峰值）的宽度来衡量。通常记录 1 小时基线，取噪声带的最宽处作为噪声 R_N 的衡量。

（3）漂移（d）：基线随时间朝某一方向的缓慢变化，称为漂移（shift），图 10-2。漂移用单位时间基线水平的变化来衡量。漂移主要是实验条件不稳定所引起的。

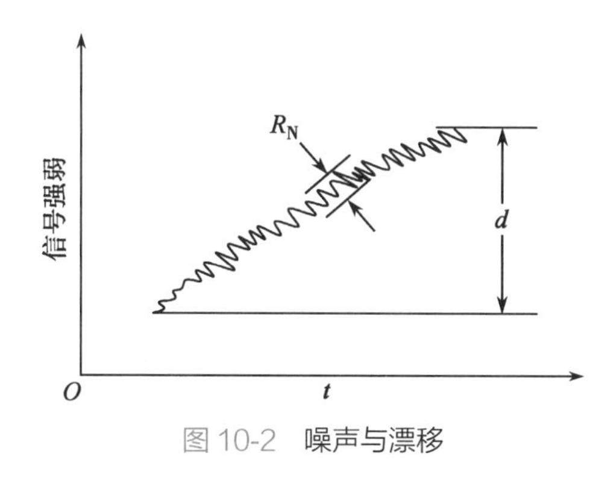

图 10-2 噪声与漂移

3. 色谱峰或色谱带 色谱流出曲线上的突起部分称为色谱峰（peak），图 10-3。

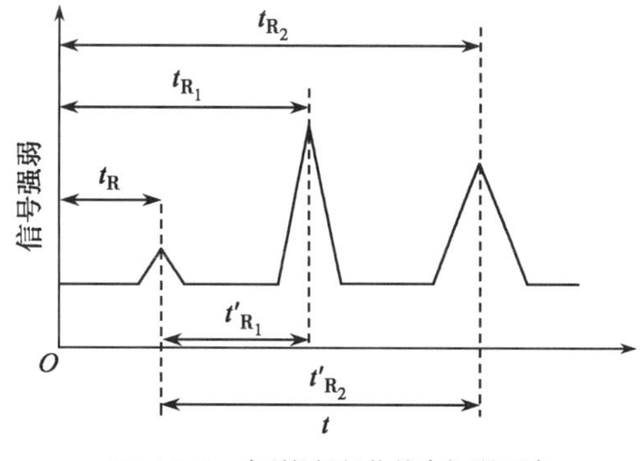

图 10-3 色谱流出曲线（色谱图）

（1）正常色谱峰：正常色谱峰为对称形正态分布曲线，曲线有最高点，以此点的横坐标为中心，曲线对称地向两侧快速单调下降，图 10-4A。

（2）不正常色谱峰：不正常色谱峰有两种，即拖尾峰和前延峰。

1）拖尾峰：前沿陡峭，后沿拖尾的不对称色谱峰称为拖尾峰（tailing peak），图 10-4B。

2）前延峰：前沿平缓，后沿陡峭的不对称色谱峰称为前延峰（leading peak），图 10-4C。

对应三条等温线有三种色谱峰，图 10-4。A 型等温线对应 A 正常峰为理想情况，而实际多为 B 型等温线对应的 B 拖尾峰。因此，只有在浓度稀（进样量小）时，才接近于直线形等温线，才能获得 A 正常峰。C 型等温线对应的 C 前延峰较少见。

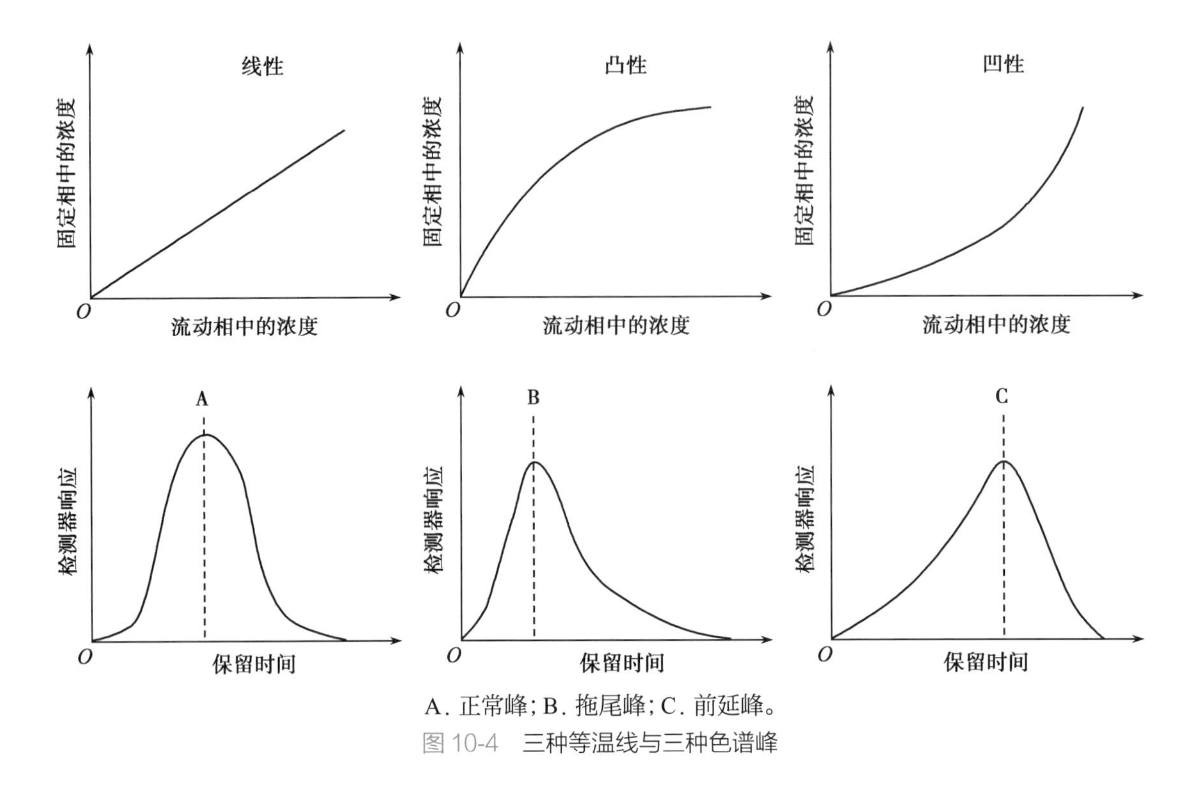

A. 正常峰；B. 拖尾峰；C. 前延峰。

图 10-4　三种等温线与三种色谱峰

（3）对称因子：对称因子（f_s）或称为拖尾因子（T）。正常峰与不正常峰可用对称因子来衡量，即：

$$f_s = \frac{B + A}{2A} \qquad \text{式(10-1)}$$

式中，$0.95 \leqslant f_s \leqslant 1.05$，为正常峰；$f_s < 0.95$，为前延峰；$f_s > 1.05$，为拖尾峰。图 10-5 中，设 x 为 0.05 倍峰宽时的色谱峰高度，即 $x = h/20$，其中 h 为峰高，即色谱峰顶点向基线作垂线的距离。

一个样品组分（以下简称组分）的色谱峰可用 3 个参数（或指标）来描述。峰高（或峰面积）用于定量；峰位（色谱峰顶点对应的时间值）用于定性；峰宽（由色谱峰的两边拐点作切线，与基线交点间的距离即为峰宽，见图 10-6 中的 W）可用于衡量柱效。若描述一组色谱峰，还需要用分离参数表述相邻峰的重叠程度。

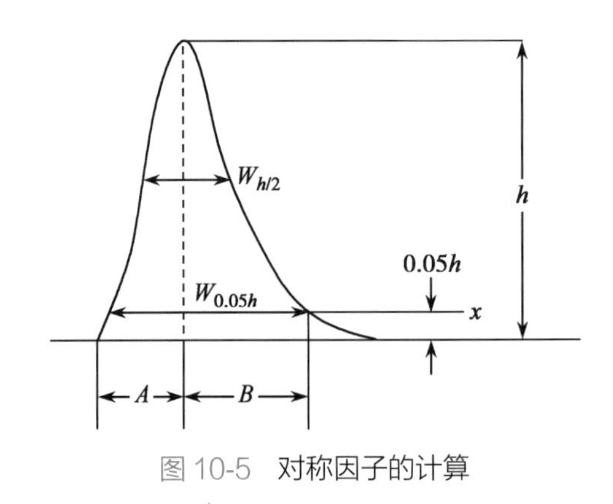

图 10-5　对称因子的计算

（二）相平衡参数

相平衡参数用以描述色谱过程中，样品组分在相对运动的两相中的质量或浓度的比例关系。常用的相平衡参数有分配系数与容量因子。

1. 分配系数（K） 在温度一定时，物质在两相中达到分配平衡后，样品组分在固定相中的浓度（c_s）与在流动相中的浓度（c_m）之比称为分配系数（partition coefficient），并以 K 表示，即

$$K=\frac{c_s}{c_m} \quad \text{式(10-2)}$$

在条件一定（流动相、固定相、温度等一定）、浓度很稀（c_m 很小）时，分配系数只取决于物质的性质，而与浓度无关。K 不仅与组分、固定相与流动相的性质及温度有关，还与色谱柱结构有关，但与流动相的流速及柱长无关。

上述是液 - 液色谱分配系数的定义。液 - 液分配系数，是狭义的分配系数。在不同色谱法中 K 有不同的概念，广义的分配系数（distribution coefficient）包括液 - 液分配色谱法的分配系数、吸附色谱法的吸附系数、离子交换色谱法的选择性系数及凝胶色谱法的渗透系数等。

2. 容量因子（k） 容量因子（k）的定义式为：

$$k=K\frac{V_s}{V_m} \quad \text{式(10-3)}$$

容量因子（capacity factor），也称为分配容量（partition volume）、容量比（capacity ratio）及质量分配系数等。

将分配系数 $K=c_s/c_m$ 代入式（10-3）中，得

$$k=\frac{c_sV_s}{c_mV_m}=\frac{m_s}{m_m} \quad \text{式(10-4)}$$

由式（10-4）可以了解容量因子的物理意义。容量因子是在达到分配平衡后，组分在固定相中的质量（m_s）与流动相中的质量（m_m）之比。因此，容量因子也称为质量分配系数。它是衡量色谱柱对被分离组分保留能力的重要参数。

（三）定性参数

色谱定性参数常用的有保留值（比移值、保留时间和保留体积）、相对保留值与保留指数等。

1. 保留值

（1）保留时间：从进样开始到某个组分色谱峰顶的时间间隔，称为该组分的保留时间（retention time，t_R）。

死时间：不被固定相吸附或溶解的组分的保留时间，称为死时间（dead time，t_0 或 t_M）。例如，在气相色谱中使用热导检测器时，可注入适量的空气来测定死时间；用氢焰检测器时，可用甲烷气测死时间。

调整保留时间：某组分的保留时间扣除死时间后称该组分的调整保留时间（adjusted retention time，$t_{R'}$）。

（2）保留体积：流动相携带样品进入色谱柱，由进样开始，到某个样品组分在柱后出现浓度极大值时，所需通过色谱柱的流动相体积，称为保留体积（retention volume，V_R）。对于具有正常峰形（线形洗脱）的组分，保留体积为样品组分的 1/2 量被流动相带出色谱柱时所需的流动相体

积，也就是样品组分的1/2量由色谱柱中洗脱出来所需流动相的体积，故又称为洗脱体积，显然

$$V_R = t_R \cdot F_c \quad 式(10\text{-}5)$$

式中，F_c为流动相的流量，ml/min。

由式(10-5)可以看出，保留时间长的组分，洗脱体积大。

(四) 柱效参数

色谱柱(或板)的柱效(或板效)通常用理论塔板数或有效理论塔板数衡量，而它们取决于区域宽度。在一定实验条件下，区域宽度越大(峰越"胖")柱效(或板效)越低；反之，则越高。区域宽度有下述表示方法。

1. 标准偏差(σ) 在数理统计中，讨论正态分布曲线时，将$x=\pm1$处(拐点)的峰宽之半称为标准偏差(标准差)(standard deviation，σ)。

在实际测量中，标准差为峰高0.607倍(0.607h)处的峰宽之半，图10-6。

标准偏差的大小代表组分在流出色谱柱过程中物质的分散程度。σ小，分散程度小、峰顶点对应的浓度大、峰形窄、柱效高；σ大，峰形宽、柱效低。

由于0.607h不便于测量，故常使用半峰宽或峰宽来表示区域宽度，但它们都是由σ派生而来。

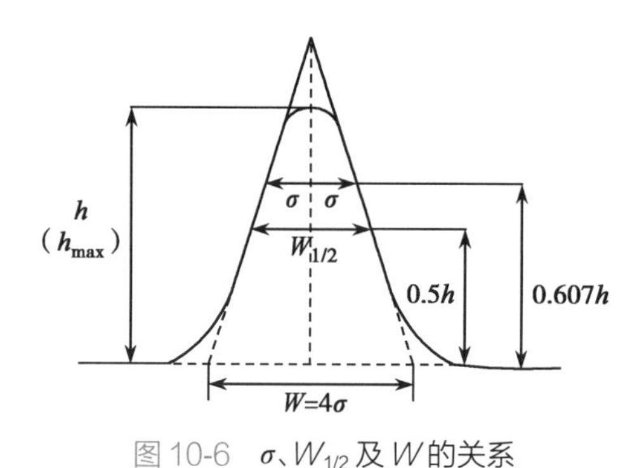

图10-6　σ、$W_{1/2}$及W的关系

2. 半峰宽($W_{1/2}$或$Y_{1/2}$) 半峰宽也称为半腰宽、半宽度。色谱峰峰高之半处的峰宽称为半峰宽(peak width at half-height，$W_{1/2}$)。它的因次与标准偏差相同，是长度或时间。

(五) 分离参数

分离参数用于衡量分离条件的优劣。最常用的分离参数为分离度(R)。分离度又称分辨率，是表达两种洗脱曲线相邻的溶质相互分离的程度。分离度表达为：

$$R_S = \frac{2(t_{R_2} - t_{R_1})}{W_1 + W_2} \quad 式(10\text{-}6)$$

分离度为相邻两峰的保留时间之差与平均峰宽的比值。

二、色谱分离过程的理论基础

(一) 塔板理论

塔板理论认为在色谱柱(或薄层板)中存在着塔板。样品(混合物)的各组分在相邻塔板

的间隔（塔板高度）内，在相对移动的流动相与固定相中达到分配平衡，而后被流动相携带从一块塔板转移至另一块塔板，再达到分配平衡。经多次的平衡转移，使各组分按分配系数的大小顺序，依次流出色谱柱（分配系数小的先出柱）。由于一根色谱柱的塔板数比分馏塔塔板数多得多（HPLC 柱一般为 10^5 块 /m），因此只要组分间的分配系数存在微小的差异，即可通过色谱柱（或薄层板）而被分离。

理论塔板数与理论塔板高度（板高）是衡量柱效（或板效）的指标。理论塔板数取决于固定相种类、性质（粒度、粒度分布等），填充（或铺涂）状况，柱长（或板长），流动相的流速及测定柱效（或板效）所用物质的性质。在液相色谱法中还与流动相的种类、性质有关。

1. **理论塔板数**（theoretical plate number，*n*）

计算公式为：

$$n=\left(\frac{t_R}{\sigma}\right)^2 \qquad 式（10-7）$$

由于：

$$\sigma=\frac{1}{2.355}\cdot W_{1/2}=\frac{1}{4}W \qquad 式（10-8）$$

式（10-7）也可写成：

$$n=5.54\left(\frac{t_R}{W_{1/2}}\right)^2 \qquad 式（10-9）$$

用半峰宽（$W_{1/2}$）计算理论塔板数（n）是最常用的方法。组分的保留时间越长，σ、$W_{1/2}$ 或 W 越小（即峰越瘦），则理论塔板数越大，柱效越高。

若应用调整保留时间 t'_R 计算理论塔板数时，所得值称为有效理论塔板数（$n_{有效}$或 n_{eff}）：

$$n_{有效}=5.54\left(\frac{t'_R}{\sigma}\right)^2=5.54\left(\frac{t'_R}{W_{1/2}}\right)^2=16\left(\frac{t'_R}{W}\right)^2 \qquad 式（10-10）$$

上述诸式用于 GC 及 HPLC 的色谱柱理论塔板数或有效理论塔板数的计算。在 TLC 中，计算板效时，将式（10-9）中的 t_R 改为 l（某组分斑点质量重心至原点的距离）即可，但其 $W_{1/2}$ 常用 b 表示，即：

$$n=5.54\left(\frac{l}{b}\right)^2 \qquad 式（10-11）$$

在 TLC 中还多用真实理论塔板数（$n_{真实}$）代替理论塔板数描写板效，即：

$$n_{真实}=5.54\left(\frac{l}{b_1-b_0}\right)^2 \qquad 式（10-12）$$

式中，b_1 为 $R_f=1$ 组分的半峰宽；b_0 为 $R_f=0$ 组分的半峰宽。

2. **理论塔板高度**（height equivalent to a theoretical plate，*HETP* 或 *H*）

$$H=\frac{L}{n} \qquad 式（10-13）$$

式中，L 为柱长；n 为理论塔板数。

$$H_{有效}=\frac{L}{n_{有效}} \quad 式(10\text{-}14)$$

也可用折合塔板高度(reduced plate height，h)描写柱效，即:

$$h=\frac{H}{d_p} \quad 式(10\text{-}15)$$

式中，d_p为固定相的粒径。

式(10-14)在GC与HPLC中，L为柱长；在TLC中，L是在薄层板上由原点至溶剂前沿间的距离。将n换成$n_{真实}$，则可由式(10-14)计算出薄层板的真实板高。

(二)速率理论

从色谱动力学理论发展过程看，平衡理论是第一个色谱理论，塔板理论是平衡色谱理论的发展，它奠定了色谱理论基础。然而由于其本身的局限性，不能深入地揭示色谱过程的本质，其原因是色谱体系中几乎不存在真正的平衡状态；分配系数与浓度无关，只是在有限浓度范围内成立；纵向扩散也是不可忽略的。后来的学者们从非平衡态去研究色谱过程，其结果不仅与塔板理论导出的结论相符，而且还能解释塔板理论所不能说明的问题。

速率理论就是把色谱过程看作一个动态过程，研究过程中的动力学因素对峰展宽(柱效)的影响。Martin于1952年指出在气相色谱过程中，溶质分子的纵向扩散是引起色谱峰展宽的主要因素。在此基础上，后来有人提出了纵向扩散理论。1956年，Van Deemter全面概括了影响气相色谱柱效的动力学因素，提出了气相色谱速率理论方程式——Van Deemter方程式。1958年，Giddings与Snyder等，根据液体与气体性质的差别，提出了液相色谱速率理论方程式——Giddings方程式。

结合塔板理论的概念，结合影响塔板高度的动力学因素，导出塔板高度H与载气线速度u的关系:

$$H=A+\frac{B}{u}+Cu \quad 式(10\text{-}16)$$

式中，A为涡流扩散项，$\frac{B}{u}$为分子扩散项，Cu为传质阻力项。

1. 涡流扩散项A 气体碰到填充物颗粒时，不断地改变流动方向，使试样组分在气相中形成类似“涡流”的流动，因而引起色谱的扩张。由于

$$A=2\lambda d_p \quad 式(10\text{-}17)$$

表明A与填充物的平均颗粒直径d_p的大小和填充的不均匀性λ有关，而与载气性质、线速度和组分无关，因此使用适当粒度和颗粒均匀的担体，并尽量填充均匀，是减少涡流扩散，提高柱效的有效途径。

2. 分子扩散项$\frac{B}{u}$ 由于试样组分被载气带入色谱柱后，是以“塞子”的形式存在于柱的很小一段空间中，在“塞子”的前后(纵向)存在着浓差而形成浓度梯度，因此使运动着的分子产生纵向扩散。其中:

$$B=2rD_g \quad 式(10\text{-}18)$$

式中，r是因载体填充在柱内而引起气体扩散路径弯曲的因数(弯曲因子)；D_g为组分在气相

中的扩散系数。

分子扩散项与 D_g 的大小成正比，而 D_g 与组分及载气的性质有关，分子量大的组分，其 D_g 小，反比于载气密度的平方根或载气分子量的平方根，所以采用分子量较大的载气（如氮气），可使 B 项降低，D_g 随柱温增高而增加，但反比于柱压。弯曲因子 r 为与填充物有关的因素。

3. 传质项系数 *Cu* *Cu* 包括气相传质阻力系数 C_g 和液相传质阻力系数 C_l 两项，所谓气相传质过程是指试样组分移动到相表面的过程，在这一过程中试样组分将在两相间进行质量交换，即进行浓度分配。这种过程若进行缓慢，表示气相传质阻力大，会引起色谱峰扩张。

第三节　凝胶色谱

凝胶色谱又称分子排阻色谱，是 20 世纪 60 年代初发展起来的一种快速而又简单的分离分析技术，其设备简单、操作方便，不需要有机溶剂，对高分子物质有很高的分离效果。该方法主要用于高聚物的分子量分级分析以及分子量分布测试，同时根据所用凝胶填料不同，可分离油溶性和水溶性物质，分离分子量的范围从几百万到一百以下。

根据分离的对象是水溶性的化合物还是有机溶剂可溶物，凝胶色谱法可分为凝胶过滤色谱（gel filtration chromatography，GFC）和凝胶渗透色谱（gel permeation chromatography，GPC）。

一、凝胶色谱的原理

因凝胶过滤色谱和凝胶渗透色谱采用的分离机制基本类似，故本章只介绍凝胶渗透色谱法原理及相关信息，凝胶过滤色谱法原理本章不再赘述。

1. 凝胶渗透色谱法原理 凝胶渗透色谱是利用高分子溶液通过填充有微孔凝胶（固定相，可分为有机凝胶和无机凝胶）的柱子把高分子按尺寸大小进行分离的方法。GPC 实验能测定聚合物的分子量及分子量分布，确定聚合物支化度及共聚物组成等。优点是快速、简便、重复性好、进样量少、可实现高度自动化。

GPC 的固定相是表面和内部有着各种各样、大小不同的孔洞和通道的微球，可由交联度很高的聚苯乙烯、聚丙烯酰胺、葡聚糖和琼脂糖的凝胶以及多孔硅胶、多孔玻璃等来制备。

在色谱柱中加入高分子溶液，用溶剂淋洗时，体系处于动态平衡状态。聚合物分子在柱内流动过程中，不同大小的分子以不同程度渗透到柱内有大小孔径分布的载体的空洞中去。体积大于凝胶孔隙的分子，由于不能直接进入孔隙而被排阻，直接从表面流过，先流出色谱柱。小分子可以渗入凝胶孔隙中而完全不受排阻，在孔隙中随流动相流动，后流出色谱柱。中等分子介于上述两种情况之间，如图 10-7 所示。

可得出高分子尺寸大小随保留时间（或保留体积 V_R、淋出体积 V_e）变化的曲线，即分子量分布色谱图，如图 10-8 所示。

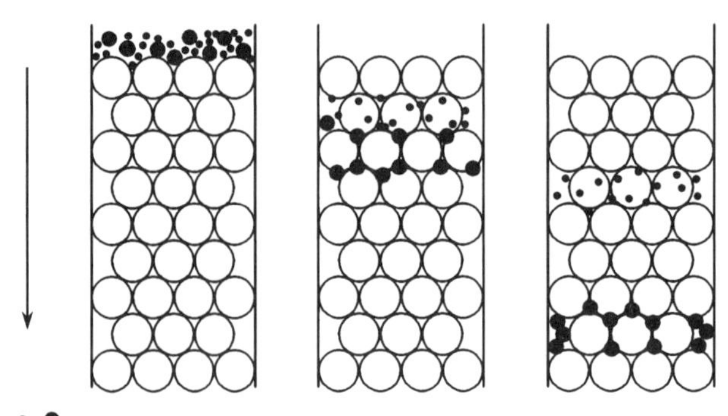

图 10-7　聚合物分子在凝胶柱内流动情况

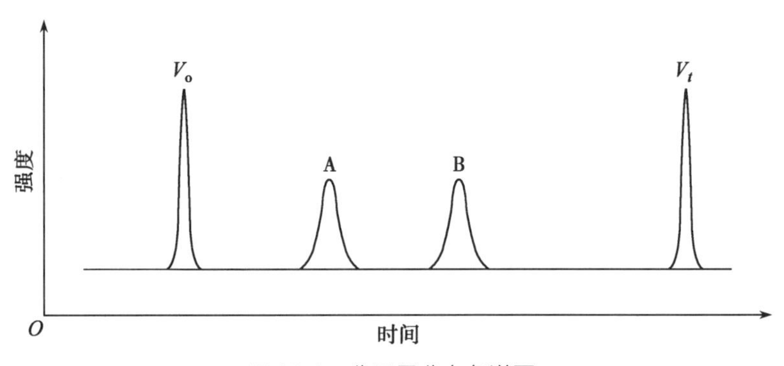

图 10-8　分子量分布色谱图

高分子在溶液中的体积决定于分子量、高分子链的柔顺性、支化、溶剂和温度，当高分子链的结构、溶剂和温度确定后，高分子的体积主要依赖于分子量。基于上述理论，GPC 的每根色谱柱都是有极限的，即排阻极限和渗透极限。

排阻极限是指不能进入凝胶颗粒孔穴内部的最小分子的分子量，所有大于排阻极限的分子都不能进入凝胶颗粒内部，直接从凝胶颗粒外流出，不但达不到分离的目的还有堵塞凝胶孔的可能；渗透极限是指能够完全进入凝胶颗粒孔穴内部的最大分子的分子量，如果两种分子都能全部进入凝胶颗粒孔穴内部，即使它们的大小有差别，也不会有好的分离效果。

所以，在使用 GPC 测定分子量时，必须首先选择好与聚合物分子量范围相配的色谱柱。对一般色谱分辨率和分离效率的定指标，在凝胶渗透色谱中也被沿用。

ER10-4　GPC 柱的填料及流动相

2. GPC 柱的填料及流动相　GPC 柱的填料材料根据来源可分为有机和无机凝胶两大类，流动相的选择首先要考虑被测样品的溶解情况。

ER10-5　几款 SEC 凝胶色谱柱

3. SEC 凝胶色谱柱　常见的 SEC 凝胶色谱柱有 SRT 凝胶色谱柱、Zenix 体积排阻色谱柱、SRT-C 凝胶色谱柱、Nanofilm 系列高分辨率纳米凝胶色谱柱等。

二、凝胶色谱的应用领域

凝胶色谱目前已经被生物化学、分子生物学、生物工程学、分子免疫学以及医学等有关领域广泛采用，不但应用于科学实验研究，而且已经大规模地用于工业生产。

1. 分子量的测定 根据凝胶色谱的原理，样品物质在凝胶色谱柱中的洗脱性质与该物质的分子大小有关。因此选用不同的凝胶色谱柱后，能方便地测定物质的分子量。用此法测定分子量时，可以在各种 pH、离子强度和温度条件下进行。所测定的物质可以是天然状态，也可以是改性后的。

2. 分离多组分混合物 在一个多组分混合物中，因各组分分子量的不同，可以用凝胶色谱法将各组分分开。当被分离组分的分子量相距较大时，如进行蛋白质和氨基酸、核酸和核苷酸等分离时，选择大颗粒、高交联度的凝胶。而当分离物质的分子量差别较小，则选择一种胶粒使被分离组分均包括在该胶粒的分布范围内。

3. 脱盐与分离纯化 特别是在生物大分子的分离纯化过程中，经常使用盐进行盐析或洗脱，其高浓度的盐会给下一步的纯化带来不便，因此需要将盐全部或大部分除去。透析法除盐不仅耗时较长，而且较烦琐。凝胶色谱脱盐就是一种简单又快速的方法。

由于脱盐是将分子量相差很多的两类物质分开，所以一般用于脱盐的凝胶多为大颗粒、高交联度的凝胶。

4. 去热原 热原是微生物产生的某些可以使人发热的物质，多为内毒素，是制药中必须去除的物质。内毒素含脂肪 A、糖类和蛋白，是带负电的复合大分子。内毒素经常是多聚体，凝胶过滤层析可有效地将之去除，特别适用于小分子药物的除热原。去热原选用的凝胶可以与脱盐类似。

第四节 离子交换色谱

以离子交换剂为固定相，以缓冲溶液为流动相，借助于待分离混合物中电离组分对离子交换剂亲和力的不同达到分离离子型或可离子化化合物的目的，这种方法称为离子交换色谱法（ion exchange chromatography，IEC）。

一、基本原理

离子交换色谱是利用离子交换剂上的可交换离子与周围介质中各种带电荷离子间的电荷作用力不同，经过交换平衡达到分离目的的一种柱层析法。

1. 离子交换剂的组成 IEC 所用的色谱填料离子交换剂是人工合成的多聚物，由基质、电荷基团和反离子三部分构成（图 10-9）。基质一般采用的是琼脂糖或葡聚糖凝胶等物质，通过酯化、醚化或氧化等化学反应，引入阳性或阴性离子基团的特殊制剂，因而可与带相反电荷的化学物质进行交换吸附。离子交换剂在水中呈不溶解状态，能释放出反离子，同时与溶液中的其他离子或离子化合物相互结合吸附，结合后不会改变离子交换剂本身和被结合离子或离子化合物的理化性质。

$$\underset{\text{基质}}{\underline{\text{纤维素}}}\ \underset{\text{电荷基团}}{\underline{—O—CH_2—CH_2—SO_3^-}}—\underset{\text{反离子}}{\underline{Na^+}}$$

图 10-9 磺酸基纤维素离子交换剂组成示意图

2. 离子交换剂的选择性 根据离子交换剂上可电离基团（即反离子）所带电荷不同，可将离子交换剂分为阴离子交换剂和阳离子交换剂，反离子带电荷为正的（如 Na^+、H^+）是阳离子交换剂，反离子带电荷为负的（如 Cl^-）是阴离子交换剂。含有欲被分离的离子的溶液通过离子交换柱时，各种离子与离子交换剂上的荷电部位竞争性结合。任何离子通过柱时的移动速率决定于其与离子交换剂的亲和力、电离程度和溶液中各种竞争性离子的性质和浓度。

离子交换剂与水溶液中离子或离子化合物所进行的离子交换反应是可逆的。假定以 RA 代表阳离子交换剂，在溶液中解离出来的阳离子 A^+ 与溶液中的阳离子 B^+ 可发生可逆的交换反应，反应式如下：

$$RA + B^+ \rightleftharpoons RB + A^+$$

该反应能以极快的速率达到平衡，平衡的移动遵循质量作用定律。

离子交换剂对溶液中不同离子具有不同的结合力，结合力的大小取决于离子交换剂的选择性。离子交换剂的选择性可用其反应的平衡常数 K 表示：

$$K = \frac{[RB][A^+]}{[RA][B^+]} \qquad \text{式(10-19)}$$

式中，K 为平衡常数；[RB]为结合的 B 的浓度，mol/L；$[A^+]$为游离态 A 的浓度，mol/L；[RA]为结合的 A 的浓度，mol/L；$[B^+]$为游离态 B 的浓度，mol/L。

如果反应溶液中$[A^+]$等于$[B^+]$，则 K =[RB]/[RA]。若 K>1，即[RB]>[RA]，表示离子交换剂对 B^+ 的结合力大于 A^+；若 K = 1，即[RB]=[RA]，表示离子交换剂对 A^+ 和 B^+ 的结合力相同；若 K<1，即[RB]<[RA]，表示离子交换剂对 B^+ 的结合力小于 A^+。K 值是反映离子交换剂对不同离子结合力或选择性参数，故称 K 为离子交换剂对 A^+ 和 B^+ 的选择系数。

3. pK 对交换量的影响 阳离子交换剂对有机碱的选择性随着 pK 的增大，亲和力增大；对两性化合物的选择性是随着等电点的增大，亲和力增大。阴离子交换剂对有机酸的选择性随着 pK 的减小，亲和力增大；对两性化合物的来说，随着等电点的减小，亲和力增大。

溶液中的离子与交换剂上的离子进行交换，一般来说，电性越强越易交换。对于阳离子树脂，在常温常压的稀溶液中，交换量随交换离子的电价增大而增大，如 $Na^+<Ca^{2+}<Al^{3+}<Si^{4+}$。若交换离子价数相同，交换量随交换离子原子序数增加而增大，如 $Li^+<Na^+<K^+<Pb^+$。

在稀溶液中，强碱性树脂的各负电性基团的离子结合力次序是：

$CH_3COO^-<F^-<OH^-<HCOO^-<Cl^-<SCN^-<Br^-<CrO_4^-<NO_2^-<I^-<C_2O_4^-<SO_4^{2-}<$ 柠檬酸根。

弱碱性阴离子交换树脂对各负电性基团结合力的次序为：$F^-<Cl^-<Br^-<I^-<CH_3COO^-<MoO_4^-<PO_4^-<AsO_4^-<NO_3^-<$ 酒石酸根 < 柠檬酸根 $<CrO_4^-<SO_4^{2-}<OH^-$。

4. pH 对交换能力的影响 两性物质，如蛋白质、核苷酸、氨基酸等与离子交换剂的结合力，其等电点是离子交换层析进行的重要依据。在等电点处，分子的净电荷为零，与交换剂之间没有静电作用；当 pH 在其等电点以上时，分子带负电荷，可结合阴离子交换剂；当 pH 低于等电点时，分子带正电，可结合阳离子交换剂。此外，在相同 pH 条件下，且等电点大于 pH 时，等电点越高，碱性越强，就越容易被阳离子交换剂吸附。因此可利用溶液的 pH 对蛋白质净电荷的影响达到分离纯化蛋白质的目的。

蛋白质分子与交换剂的结合是可逆的，用盐梯度或 pH 梯度可把吸附的蛋白质从柱上洗脱下来。其洗脱过程如图 10-10 所示。

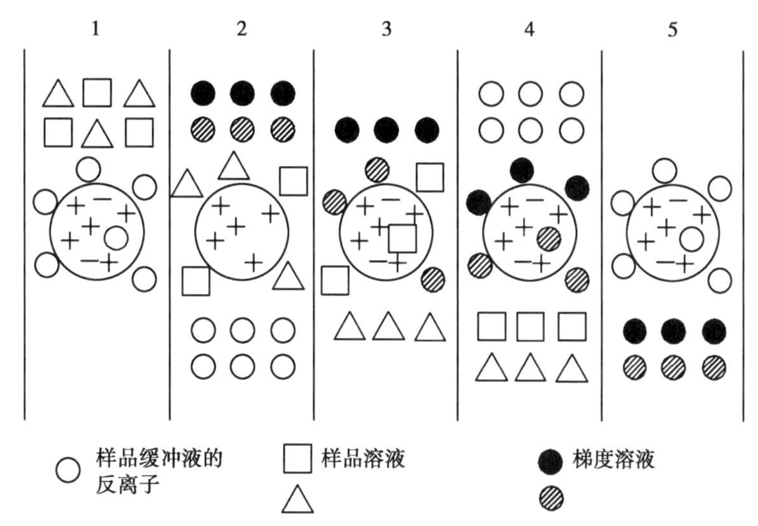

1. 平衡阶段：离子交换剂与反离子结合；2. 吸附阶段：样品与反离子进行交换；3、4. 用梯度缓冲液洗脱，先洗下弱吸附物质，后洗下强吸附物质；5. 再生阶段：用原始平衡缓冲液进行充分洗涤，即可重复使用。

图 10-10　IEC 原理示意图

二、离子交换剂的类型与性质

离子交换剂应具有高度的不溶性，保证在各种溶剂中不会发生溶解；具有稳定的理化性质，在使用过程中，离子交换剂不能因物理化学变化而发生分解；具有较多的交换基团；具有较大的表面积或疏松的孔状结构，确保交换离子自由地发生扩散和交换。

（一）离子交换剂的类型

根据离子交换剂中基质的组成及性质，可将其分成两大类：疏水性离子交换剂和亲水性离子交换剂。

1. 疏水性离子交换剂　此类交换剂的基质是一种与水亲和力较小的人工合成树脂，最常见的是由苯乙烯与交联剂二乙烯苯反应生成的聚合物，在此结构中再以共价键引入不同的电荷基团。由于引入电荷基团的性质不同，又可分为阳离子交换剂、阴离子交换剂及螯合离子交换剂。

（1）阳离子交换剂：阳离子交换剂的电荷基团带负电，反离子带正电，故此类交换剂可与溶液中的阳离子或带正电荷化合物进行交换反应。依据电荷基团的强弱，又可将其分为强酸型、中强酸型及弱酸型三种，详见表 10-2。

表 10-2　疏水性阳离子交换剂的电荷基团

基团	化学式	类型
磺酸基	$-SO_3H$	强酸型
磷酸根	$-PO_3H_2$	中强酸型
亚磷酸根	$-PO_2H_2$	中强酸型
磷酸基	$-O-PO_2H_2$	中强酸型
羧基	$-COOH$	弱酸型

（2）阴离子交换剂：此类交换剂是在基质骨架上引入伯胺（$-NH_2$）、仲胺（$-NHCH_3$）、叔胺[$-N(CH_3)_2$]和季铵[$-N^+(CH_3)_3$]基团后构成的，依据胺基碱性的强弱，可分为强碱性（含季铵基）、弱碱性（含叔胺基、仲胺基、伯胺基）及中强碱性（既含强碱性基团又含弱碱性基团）三种阴离子交换剂。它们与溶液中的离子进行交换时反应式为：

$$R-N^+(CH_3)_3OH^- + Cl^- \rightleftharpoons R-N^+(CH_3)_3Cl^- + OH^-$$

$$R-N(CH_3)_2 + H_2O \rightleftharpoons R-N^+(CH_3)_2H \cdot OH^-$$

$$R-N^+(CH_3)_2H \cdot OH^- + Cl^- \rightleftharpoons R-N^+(CH_3)_2H \cdot Cl^- + OH^-$$

（3）螯合离子交换剂：这类离子交换剂具有吸附（或络合）一些金属离子而排斥另一些离子的能力，可通过改变溶液的酸度提高其选择性。由于它的高选择性，只需要用很短的树脂柱就可以把待测的金属离子浓缩并洗脱下来。

$$n(R-L) + M \rightleftharpoons (R-L)_nM$$

2. 亲水性离子交换剂　亲水性离子交换剂中的基质为天然的或人工合成的化合物，与水亲和性较大，常用的有纤维素、交联葡聚糖及交联琼脂糖等。

（1）纤维素离子交换剂：纤维素离子交换剂或称离子交换纤维素，是以微晶纤维素为基质，再引入电荷基团构成。根据引入电荷基团的性质，也可分为强酸性、弱酸性、强碱性及弱碱性离子交换剂。纤维素离子交换剂中，最为广泛使用的是二乙胺基乙基（DEAE—）纤维素和羧甲基（CM—）纤维素。目前常用的纤维素离子交换剂如表 10-3 所示。离子交换纤维素适用于分离大分子多价电解质。其具有疏松的微结构，对生物高分子物质（如蛋白质和核酸分子）有较大的穿透性；表面积大，因而有较大的吸附容量。基质是亲水性的，避免了疏水性反应对蛋白质分离的干扰；电荷密度较低，与蛋白质分子结合不牢固，在温和洗脱条件下即可达到分离的目的，不会引起蛋白质的变性。但纤维素分子中只有一小部分羟基被取代，结合在其分子上的解离基团数量不多，故交换容量小，仅为交换树脂的 1/10 左右。

表 10-3　离子交换纤维素

功能基团	交换容量/(毫克当量/g)	适宜工作 pH	交换剂	类型
$-PO_3^{2-}$	0.7～7.4	<4.0	磷酸纤维素（P-C）	中强酸型阳离子交换剂
$-(CH_2)_2SO_3^-$	0.2～0.3	极低	磺酸乙基纤维素（SE-C）	强酸型阳离子交换剂

续表

功能基团	交换容量/(毫克当量/g)	适宜工作pH	交换剂	类型
$-CH_2COO^-$	0.5～1.0	>4.0	羟甲基纤维素(CM-C)	弱酸型阳离子交换剂
$-(CH_2)_2N^+(C_2H_5)_3$	0.5～1.0	>8.6	三乙氨基乙基纤维素(TEAE-C)	强碱型阴离子交换剂
$-(CH_2)_2NH(C_2H_5)_2$	0.1～1.0	<8.6	二乙氨基乙基纤维素(DEAE-C)	弱碱型阴离子交换剂
$-(CH_2)_2N^+H_2$	0.3～1.0	—	氨基乙基纤维素(AE-C)	中强碱型阴离子交换剂
$-(CH_2)_2N^+(C_2H_4OH)_3$	0.3～0.5	—	Ecteda 纤维素(ECTE-C)	中强碱型阴离子交换剂

(2)交联葡聚糖离子交换剂:交联葡聚糖离子交换剂是以交联葡聚糖 G-25 和 G-50 为基质,通过化学方法引入电荷基团而制成。其中交换剂 G-50 型适用于分子量为 3×10^4～2×10^5 的物质的分离,交换剂 G-25 型能交换分子量较小(1×10^3～5×10^3)的蛋白质。交联葡聚糖离子交换剂的性质与葡聚糖凝胶很相似,在强酸和强碱中不稳定,在 pH = 7 时可耐 120℃的高热。它既有离子交换作用,又有分子筛性质,可根据分子大小对生物高分子物质进行分级分离,但不适用于分级分离分子量超过 2×10^{10} 的蛋白质。

(3)琼脂糖离子交换剂:主要是以交联琼脂糖 FF(Focurose 6FF)为基质,引入电荷基团而构成。这种离子交换凝胶对 pH 及温度的变化均较稳定,可在 pH 3～10 和 0～70℃范围内使用,改变离子强度或 pH 时,床体积变化不大。例如,DEAE-Focurose FF 为阴离子交换剂;CM-Focurose FF 为阳离子交换剂。它们的外形呈珠状,网孔大,特别适用于分子量大的蛋白质和核酸等化合物的分离,即使加快流速,也不影响分辨率。

(二)离子交换剂及缓冲液的选择

1. 离子交换剂的选择 应用 IEC 技术分离物质时,选择理想的离子交换剂是提高得率和分辨率的重要环节。任何一种离子交换剂都不可能适用于所有样品物质的分离,因此必须根据各类离子交换剂的性质以及待分离物质的理化性质,选择一种最理想的离子交换剂进行层析分离。选择离子交换剂的一般原则如下。

(1)选择阴离子或阳离子交换剂决定于被分离物质所带的电荷性质。如果被分离物质带正电荷,应选择阳离子交换剂;如带负电荷,应选择阴离子交换剂;如被分离物为两性离子,则一般应根据其在稳定 pH 范围内所带电荷的性质来选择交换剂的种类。

(2)蛋白质属于两性电解质,所带电荷取决于所处缓冲液的 pH 大小。应根据缓冲液 pH 大小选择相应的离子交换剂。

(3)强型离子交换剂适用的 pH 范围很广,所以常用来制备去离子水和分离一些在极端 pH 溶液中解离且较稳定的物质。弱型离子交换剂适用的 pH 范围狭窄,在 pH 为中性的溶液中交换容量高,用它分离生物大分子物质时,其活性不易丧失。强酸性阳离子交换树脂虽然可与很多阳离子交换,但不易吸附或吸附很少正电荷的胶体和高分子阳离子,所以一般用弱酸性树脂分离碱性蛋白质。强、弱型离子交换剂的交换容量与适用 pH 范围的比较如图 10-11 所示。

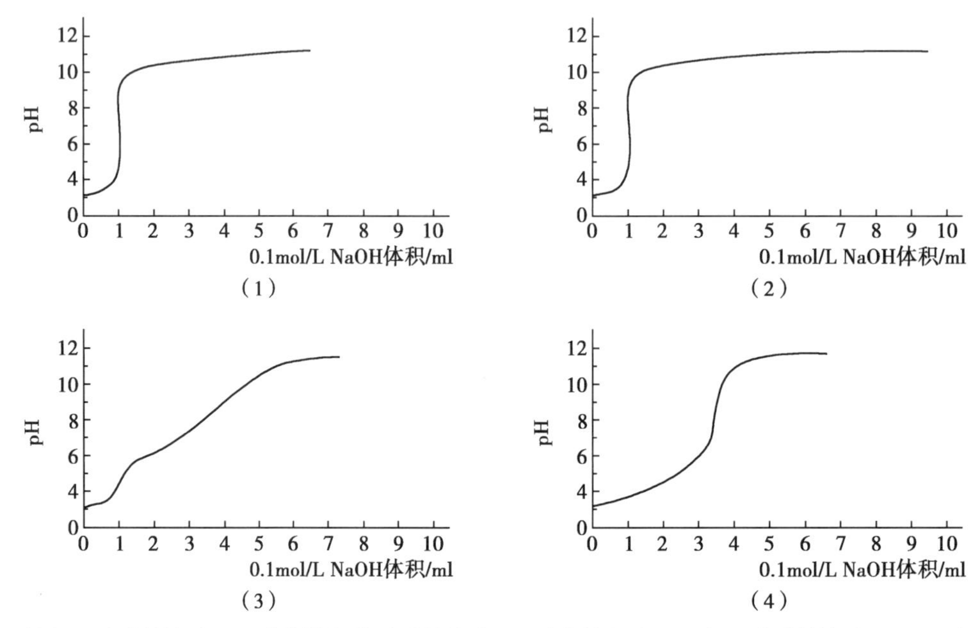

强离子:(1)快流速 QS- 琼脂糖凝胶;(2)快流速 SP- 琼脂糖凝胶。弱离子:(3)快流速 DEAE- 琼脂糖凝胶;(4)快流速 CM- 琼脂糖凝胶。

图 10-11 强、弱型离子交换剂的交换容量以及适用 pH 范围的比较

(4) 离子交换剂处于电中性时常带有一定的反离子，使用时选择何种离子交换剂，取决于交换剂对各种反离子的结合力。为了提高交换容量，一般应选择结合力较小的反离子。据此，强酸型和强碱型离子交换剂应分别选择 H 型和 OH 型；弱酸型和弱碱型交换剂应分别选择 Na 型和 Cl 型。

(5) 交换剂的基质是疏水性还是亲水性，对被分离物质有不同的作用性质(如吸附、分子筛、离子或非离子的作用力等)，因此对被分离物质的稳定性和分离效果均有影响。一般认为，在分离生物大分子物质时，选用亲水性基质的交换剂较为合适，它们对被分离物质的吸附和洗脱都比较温和，生物活性不易破坏。

(6) 交联度：离子交换剂中的基质是通过交联剂交联而制成的，不同离子交换剂中交联剂类型是不同的，如树脂的交联剂为二乙烯苯；纤维素基质的交联剂为 3- 氯代 -1,2- 环氧丙烷；琼脂糖基质中的交联剂为 2,3- 二溴丙醇。一般遵循分子质量较大的物质选择交联度低的交换介质，性质相似的小分子物质选择交联度大的介质。

(7) 交换容量：交换容量是指离子交换剂与溶液中离子或离子化合物进行交换的能力，通常选用交换容量大的介质。

(8) 交换速度：一般情况下，选用交换速度快的介质。

2. 缓冲液的选择 依据蛋白质的种类和等电点等因素选择缓冲液，同时，缓冲液离子应不影响被分离的目的蛋白或干扰其活性，并适当加入防腐剂。

ER10-6 缓冲液的选择

三、离子交换色谱的应用

离子交换色谱（IEC）广泛应用于包括蛋白质、多肽、氨基酸和有机酸等多种生化物质的分析分离，以及样品的脱色等，还可用在原料药中阴、阳离子检测等，具有灵敏度高、重复性好、选择性好、分析速度快等优点。IEC 在蛋白质领域的应用主要包括蛋白质的分离纯化以及蛋白质等电点的测定。

（一）药物中常规阴离子的分析

药品生产环境、生产用水、配位基团、辅料等大多含有常规阴离子，可用阴离子柱进行分析。配位基团常用盐酸（最多）、硫酸（第二）、磷酸、乙酸、甲烷、磺酸、氢溴酸、丙酸、马来酸、柠檬酸等。含有这些配位基团的药物均可通过测定配位基团的阴离子而间接定量。

如氢溴酸右美沙芬糖浆中的主要成分右美沙芬，因其与氢溴酸配位，所以可通过分析溴离子的含量间接测定右美沙芬的含量。

（二）药物中常规阳离子的分析

同阴离子检测类似，药物中的配位基团很多含有常规阳离子，可用阳离子柱进行分析。常见的阳离子有锂离子、钠离子、铵离子、钾离子、钙离子、钡离子、钾离子等。含有这些配位基团的药物均可通过测定配位基团的阳离子而间接定量。

如头孢拉宗钠样品中含有钠离子，可通过检测钠离子的含量测定头孢拉宗钠的含量。再如在抗组胺药和减充血剂中常加入辅料硫酸钙、硫酸镁等，其中的钙、镁离子可采用离子交换柱进行含量测定。

（三）蛋白质的分离纯化

IEC 在生化领域中最主要的用途就是用于各种生物大分子尤其是蛋白质的分离纯化。可以说运用离子交换层析法分离纯化的例子举不胜举。

以下以绿豆几丁质酶的纯化为例做简要介绍。

粗提液先经过常压凝胶亲和层析进行初步纯化，对具有几丁质酶活力的峰进行透析，再进样到强阳离子色谱 SP-Focurosc FF 进行进 步的分离，0 ~0.7mol/L 的盐浓度梯度洗脱，经过凝胶色谱柱 Focudex 75PG 进一步分离纯化，得到绿豆几丁质酶。

（四）蛋白质等电点测定

IEC 是测定蛋白质等电点比较经典的方法。采用 IEC 测定蛋白质等电点的依据是蛋白质与交换剂间的结合力随 pH 的改变而改变。其操作步骤如下。

1. 取一定量的强性离子交换剂（如 SP-Focursoe FF 或 Q-Focurose FF）用蒸馏水进行漂洗。

2. 精确称取等质量的湿胶若干份，分别装入试管中，用不同的 pH 洗涤 5～10 次，离心除去上清液。

3. 于处理好的胶中分别加入样品，反应 10 分钟，离心，取上清液加适量高浓度缓冲液，使各管的 pH 一致，测定吸光度或活力单位。

4. 以吸光度为纵坐标，pH 为横坐标作图，根据截距 b 和斜率 m，测出未知样品的最高吸光度所对应的 pH（Y_H）和最低吸光度所对应的 pH（Y_L），则：

$$pI=[(Y_H+Y_L)/2-b]/m \qquad 式(10\text{-}20)$$

式中，pI 为等电点；Y_H 为未知样品的最高吸光度对应 pH；Y_L 为未知样品的最低吸光度对应 pH；b 为截距；m 为斜率。

一般情况下，为了简便计算，采用：

$$pI=(Y_H+Y_L)/2 \quad 式(10\text{-}21)$$

第五节　疏水作用色谱

疏水作用色谱（hydrophobic interaction chromatography，HIC）是采用具有适度疏水性的填料作为固定相，以含盐的水溶液作为流动相，利用溶质分子的疏水性质差异与固定相间疏水相互作用的强弱不同来实现分离的色谱方法。关于在疏水作用色谱条件下进行分离的概念最早在 1948 年就由 Tiselius 提出，该技术真正得到发展和应用是在 20 世纪 70 年代早期开发出一系列适合进行疏水作用色谱的固定相以后。此后随着新型色谱介质的开发生产和对机制认识的逐步深入，该技术得到了广泛的应用，并且随着高效疏水作用色谱介质的出现，HIC 已在 HPLC 平台上被使用，称为高效疏水作用色谱。

由于疏水作用色谱的分离原理完全不同于离子交换色谱或凝胶过滤色谱等色谱技术，使得该技术与后两者经常被联合使用分离复杂的生物样品。目前该技术的主要应用领域是在蛋白质的纯化方面，成为血清蛋白、膜结合蛋白、核蛋白、受体、重组蛋白等，以及一些药物分子，甚至细胞等分离时的有效手段。

一、疏水作用色谱基本原理

疏水作用色谱是利用表面偶联弱疏水性基团（疏水性配基）的疏水性吸附剂为固定相，根据蛋白质与疏水性吸附剂之间的弱疏水性相互作用的差别进行蛋白质类生物大分子分离纯化的洗脱色谱法。

组成蛋白质的氨基酸中包括一些疏水性氨基酸基团，如苯丙氨酸、酪氨酸。这些基团大部分处于蛋白质内部，但有部分疏水基闭暴露于蛋白质表面。在高离子强度盐溶液中，蛋白质表面的水化层被破坏，更多的疏水部分暴露在外，这些暴露在外的疏水基团与介质上的弱疏水性配基发生疏水性作用，被固定相（疏水性吸附剂）所吸附。被固定相吸附蛋白质在疏水性吸附剂上的分配系数随流动相盐析盐浓度的提高而增大。HIC 采用高盐下吸附，低盐环境下洗脱，如图 10-12 所示。

下面从疏水作用、生物分子的疏水性、生物分子与疏水作用色谱介质间的作用等几个方面详细介绍疏水作用色谱的基本原理。

（一）疏水作用

疏水作用是一种广泛存在的作用，在生物系统中扮演着重要角色，它是球状蛋白高级结构形成、寡聚蛋白亚基间结合、酶的催化和活性调节、生物体内一些小分子与蛋白质结合等生物过程的主要驱动力，同时也是磷脂和其他脂类共同形成生物膜双层结构并整合膜蛋白的基础。

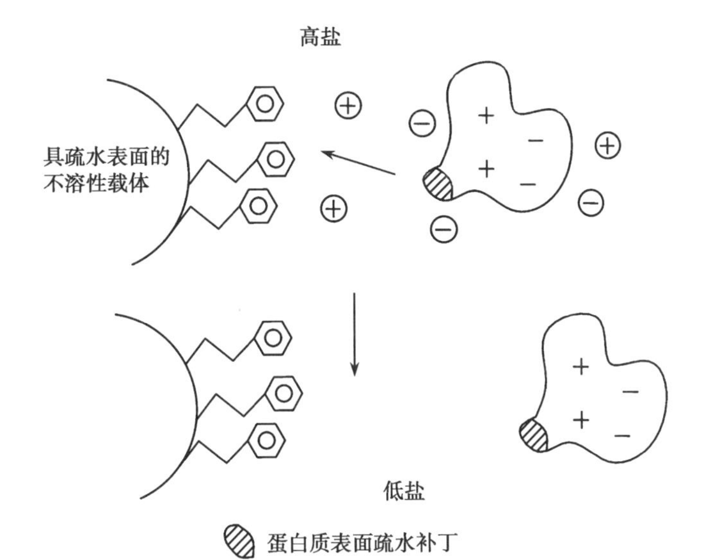

图 10-12　疏水作用层析原理示意图

根据热力学定律，当某个过程的自由能变化（ΔG）为负值时，该过程在热力学上是有利的，能够自发发生，反之则不能。而根据热力学公式：

$$\Delta G = \Delta H - T\Delta S \qquad \text{式(10-22)}$$

式中，ΔG 是由该过程的焓变（ΔH）、熵变（ΔS）和热力学温度决定。

当疏水性溶质分子在水中分散时，会迫使水分子在其周围形成空穴状结构将其包裹，此有序结构的形成会导致熵的减小（$\Delta S<0$），致使 ΔG 为正值，在热力学上不利。在疏水作用发生时，疏水性溶质分子相互靠近，疏水表面积减少，相当一部分水分子从有序结构回到溶液相中导致熵值增加（$\Delta S>0$），引入了负的 ΔG，从而在热力学上有利。因此，非极性分子间的疏水作用不同于其他的化学键，而是由自由能驱动的疏水分子相互聚集以减少其在水相中表面积的特殊作用。

（二）生物分子的疏水性

对于小分子物质，根据其极性的大小可以分为亲水性分子和疏水性分子，一般来说亲水性的小分子很难与 HIC 介质发生作用。但对于疏水作用色谱的主要对象生物大分子如蛋白质而言，其亲水性或疏水性是相对的，即使是亲水性分子也会有局部疏水的区域，从而可能与 HIC 介质发生疏水作用，因此能够根据其疏水性的相对强弱不同进行分离。

以蛋白质为例，球状蛋白质在形成高级结构时，总体趋势是将疏水性氨基酸残基包裹在蛋白质分子内部而将亲水性氨基酸残基分布在分子表面。但实际上真正能完全包裹在分子内部的氨基酸侧链仅占总氨基酸侧链数的 20% 左右，其余均部分或完全暴露在分子表面。蛋白质表面的疏水性是由暴露在表面的疏水性氨基酸的数量和种类，以及部分肽链骨架的疏水性所决定的。因此可以认为蛋白质分子表面含有很多分散在亲水区域内的疏水区（疏水补丁），它们在 HIC 过程中起着重要的作用。然而研究表明，不同的球状蛋白质的疏水表面占分子表面的比例差异并不大，但即使是疏水表面比例非常接近的蛋白质，其在 HIC 中的色谱行为却可能有很大的差异。造成这一现象的原因是蛋白质分子表面的不规则性，即使是球状蛋白质，其分子表面也远非平滑球面，而是粗糙而复杂的，由于空间位阻的关系，有些疏水补丁无法与 HIC 介质发生作用，因此蛋白质在 HIC 中的色谱行为不仅取决于分子表面疏水区的大小和疏水性的强弱，还取决于其疏水区在分子表面的分布。

（三）生物分子与疏水作用色谱介质间的作用

HIC 介质是在特定的基质，如琼脂糖上连接疏水配基（如烷基或芳香基团）组成的。HIC 介质与具有疏水性的生物分子间的作用被认为与疏水性分子在水溶液体系中的自发聚集一样，是由熵增和自由能的变化所驱动的。盐类在疏水作用中起着非常重要的作用，高浓度盐的存在能与水分子发生强烈作用，导致可以在疏水分子周围形成空穴的水分子减少，促进了疏水性分子与色谱介质的疏水配基之间发生结合。因此在 HIC 过程中，在样品吸附阶段采用高盐浓度的溶液，使目标分子结合在色谱柱中，而在洗脱阶段，采用降低洗脱剂中盐浓度的方式使溶质与色谱介质间的疏水作用减弱，从而从色谱柱中解吸而被洗脱下来。

较大的生物分子与色谱介质发生结合时的情况是比较复杂的，一般来说每个分子被吸附的过程都会有一个以上的配基参与。换句话说，分子在色谱介质上发生的结合是多点结合。经研究发现，吸附过程是多步反应过程，其中的限速步骤并非生物分子与色谱介质接触的过程，而是生物分子在色谱介质表面发生缓慢的构象改变和重新定向的步骤。

（四）影响疏水作用色谱过程的参数

影响疏水作用色谱过程的因素来自固定相类型、流动相组成和色谱条件。

1. 固定相　固定相条件，包括采用基质的类型、配基的种类和取代程度，这些都会影响对样品的分离效果，其也是色谱分离时合理选择色谱介质的依据。

疏水配基的种类直接决定着目标分子在色谱分离时的选择性，是选择疏水作用色谱介质时首先要考虑的问题。常见的配基包括烷基和芳香基两大类，其中烷基配基与溶质间显示出单纯的疏水作用，而芳香族配基往往由于和溶质间存在 π 键相互作用而呈现出混合模式的分离行为。对于烷基配基，烷基的链长决定着色谱介质疏水性的强弱，同时还影响着色谱介质的结合容量。在其他条件相同的情况下，HIC 介质对蛋白质的结合容量随着烷基链长的增加而增加。

在配基种类确定的情况下，取代程度的高低决定着 HIC 介质的结合容量和疏水作用强度。在色谱介质上配基取代程度较低时，随着取代程度的增加。色谱介质对蛋白质的结合容量会增加，这是由于配基数量的增加使得蛋白质在色谱介质表面的结合位点增多，从而单位体积的色谱介质能够吸附更多的溶质分子。但是当取代程度达到一定数值后，结合容量就会趋于稳定，此时进一步提高取代程度并不能再增加结合容量。这是由于空间位阻决定了单位色谱介质表面只能结合特定数量的蛋白质，因此当这些表面饱和后，结合容量就不再随取代程度而变化了。但是需要注意的是取代程度的进一步上升将会使与每个蛋白质发生作用的配基数量增加，从而使蛋白质更为牢固地结合于色谱介质上而难以洗脱。基质同样会对色谱结果产生影响，具有相同配基种类和取代程度但不同基质的吸附剂会具有不同的选择性。通常 HIC 介质所采用的是高度亲水性的基质。

2. 流动相　流动相条件对 HIC 的影响主要表现在所用盐的种类和浓度、流动相的 pH 以及其他添加剂的影响。HIC 过程是在高盐浓度下实现样品的吸附，而后在低盐浓度下完成洗脱过程。显然，流动相中盐的种类和浓度是 HIC 中至关重要的参数。不同的离子，特别是阴离子在 HIC 中的作用是不同的。有些离子存在于溶液中时会促进蛋白质发生沉淀，它们能够增加疏水作用；而另一些离子的存在却会促进蛋白质的溶解，称为促溶盐类，它们的存在会破坏疏水作用。Hofmeister 系列指出了不同离子对疏水作用的影响（表 10-4），表中左边的离子能够促进疏水作用，因而经常在 HIC 中使用，而右边的离子属于促溶离子，它们能破坏疏水作用，有时在对色谱介质进行清洗时可以用来洗脱一些结合特别牢固的杂质。

表 10-4　不同离子对疏水作用强弱产生的影响

←蛋白质沉淀（盐析）效应增加

阴离子：PO_4^{3-}，SO_4^{2-}，CH_3COO^-，Cl^-，Br^-，NO_3^-，I^-，SCN^-

阳离子：NH_4^+，Rb^+，K^+，Cs^+，Li^+，Mg^{2+}，Ca^{2+}，Ba^{2+}

蛋白质促溶（盐溶）效应增加→

在所用盐的种类已经确定的情况下，盐浓度的高低会影响到溶质分子与色谱介质的结合强度及色谱介质的结合容量。盐浓度的升高能促进疏水作用，因此 HIC 通常都是在高盐浓度下加样并完成吸附，而通过降低洗脱剂中盐浓度的方法进行洗脱。除此之外，色谱过程的起始盐浓度的高低还会影响色谱介质对蛋白质的结合容量。

流动相的 pH 对色谱行为的影响比较复杂。多数情况下 pH 升高会使得疏水作用减弱，而降低 pH 则增强此作用力，但是对于一些等电点较高的蛋白质，在高的 pH 下却能够牢固地结合在 HIC 介质上。

流动相中的其他添加剂主要指能够减弱疏水作用的醇类、去污剂、促溶盐类等，它们的存在能有效地将溶质分子从 HIC 介质上洗脱下来，同时它们还会影响分离过程的选择性。

3. 色谱条件　除了固定相和流动相之外，色谱过程中的一些其他条件，例如温度、流速等也会影响色谱结果。

（1）温度：温度对 HIC 的影响比较复杂，根据疏水性溶质在水相中相互作用的理论，一方面疏水作用随温度的升高而增强，但另一方面温度的升高会对蛋白质的构象状态和在水中的溶解性等产生影响，从而表现为复杂的特征，由于温度对疏水作用的明显影响，在执行一个特定的色谱任务时应当维持恒定的温度。

（2）流速：流速对 HIC 的影响与其他色谱技术类似，然而由于 HIC 的分离对象主要是蛋白质这类大分子。对流速的敏感性相对较低，因此流速的选择主要考虑分离时间和色谱介质类型等因素。

二、疏水作用色谱的应用

HIC 已被广泛应用于生物分子特别是蛋白质的分离纯化中，而且可作为变性蛋白色谱复性的主要应用技术。

（一）混合物的分离

如将疏水色谱技术用于从猪胰脏中分离纯化激肽释放酶，建立一种简便、快速的分离提纯方法；再如将乙醇沉淀后的血浆上清进行脱盐除乙醇，用阳离子交换色谱介质 CM-

Sepharose FF 以透过式色谱的模式吸附非白蛋白组分，所得样品纯度可大于 99%。

（二）**蛋白质的复性**

疏水色谱同样可进行蛋白质复性，并同时分离纯化。其主要原理：高盐浓度下，疏水色谱介质与变性蛋白质之间以较强的疏水作用力相结合，防止了变性蛋白分子的聚集或沉淀，而变性剂则能快速地随流动相一同流出，实现了变性剂与变性蛋白质的分离，然后，在变性浓度降低的微环境下，随着盐浓度的不断降低，变性蛋白质在解吸过程中重新正确折叠，实现复性。

第六节　反相色谱

如前所述，高效液相色谱法按分离机制的不同分为液 - 固吸附色谱法、液 - 液分配色谱法、离子交换色谱法、离子对色谱法及分子排阻色谱法等。其中，液 - 液色谱法按固定相和流动相的极性不同可分为正相色谱法和反相色谱法。

1. 正相色谱法　采用极性固定相（如聚乙二醇、氨基与腈基键合相），流动相为相对非极性的疏水性溶剂（烷烃类如正己烷、环己烷），常加入乙醇、异丙醇、四氢呋喃、三氯甲烷等调节组分的保留时间。常用于分离中等极性和极性较强的化合物（如酚类、胺类、羰基类及氨基酸类等）。

2. 反相色谱法　采用非极性固定相（如 C_{18}、C_8），流动相为水或缓冲液，常加入甲醇、乙腈、异丙醇、丙酮、四氢呋喃等与水互溶的有机溶剂以调节保留时间。适用于分离非极性和极性较弱的化合物。反相色谱法在现代液相色谱中应用最为广泛，据统计，它占整个 HPLC 应用的 80% 左右。

表 10-5　正相色谱法与反相色谱法比较表

指标	正相色谱法	反相色谱法
固定相极性	高→中	中→低
流动相极性	低→中	中→高
组分洗脱次序	极性小先洗出	极性大先洗出

从表 10-5 可看出，当极性为中等时正相色谱法与反相色谱法没有明显的界线（如氨基键合固定相）。

一、反相色谱的分离机制

流动相极性大于固定相极性的液 - 液色谱法称为反相（逆相）液 - 液色谱法，简称反相色谱法或反相洗脱、反相冲洗。在做反相洗脱时，样品中极性大的组分先流出色谱柱，极性小的组分后出柱，与正相洗脱正好相反，是得名反相色谱法的又一原因。

最早反相液 - 液色谱法的例子，是 1950 年 Howard 和 Martin 用正辛烷为固定相，用水作流动相，进行石蜡油的液 - 液色谱分离。由于反相洗脱固定液更易流失，物理涂渍的液 - 液色谱固定相已失去应用的价值，已被化学键合相所取代。

典型的反相键合色谱法（reversed bonded phase chromatography，RBPC），简称反相色谱法，是用非极性固定相和极性流动相组成的色谱体系。固定相常用十八烷基键合硅胶（octadecylsi-lane，ODS），简称十八烷基键合相；流动相常用甲醇 - 水或乙腈 - 水。

非典型反相色谱系统，由弱极性或中等极性的键合相与极性大于固定相的流动相组成。键合相表面具有非极性烷基官能团及未被取代的硅醇基。硅醇基具有吸附性能，剩余硅醇基的多少，视覆盖率而定。因此，分离机制较复杂，其说法有疏溶剂理论、双保留机理、顶替吸附 - 液相相互作用模型等，现只简要介绍疏溶剂理论。

疏溶剂理论：当一个非极性溶质或溶质分子中的非极性部分与极性溶剂相接触时，相互产生斥力，自由能 G 增加，熵减小，不稳定性增加。根据热力学第二定律，系统由不稳定到稳定是自发的，即熵增加是自发的。因此，为了弥补熵的损失，溶质分子中的非极性基的取向，将导致在溶剂中将形成一个“空腔”，这种效应称为疏溶剂或疏水效应。该理论认为，在键合相反相色谱法中溶质的保留主要不是由于溶质分子与键合相间的色散力，而是溶质分子与极性溶剂分子间的排斥力，促使溶质分子与键合相的羟基发生疏水缔合。非离子型溶质分子（S）与化学键合相的羟基（L）间的缔合反应是可逆的，即：

$$S + L \rightleftharpoons SL$$

按热力学第二定律，反应自发地向自由能 G 减少的方向进行，其关系如下：

$$\ln K = -\Delta G/RT \qquad \text{式(10-23)}$$

则其容量因子 k 与自由能变化 ΔG 的关系如式（10-3）所述：

$$\ln k = \ln(V_s/V_m) - \Delta G/RT \qquad \text{式(10-24)}$$

式中，R 为摩尔气体常量；T 为热力学温度；V_s 是色谱柱中键合相表面所键合的官能团的体积；V_m 是色谱柱中流动相的体积。式（10-24）说明 ΔG 越大，被分离组分的 k 越小，保留时间越短。

二、反相色谱法固定相（色谱柱）

色谱柱最常用的基质是硅胶。因十八烷基键合到硅胶表面不是很完全，硅胶上总有少量的硅羟基裸露在外面，造成样品在进行色谱分离的时会吸附或者键合在这部分硅羟基上，导致色谱峰拖尾。使用三乙胺作为减尾剂，先行与硅羟基吸附，可以使峰型改善。还可以采用封尾技术将未键合硅胶也进行键合钝化，以此改善色谱峰拖尾。

常规的键合基团有 C_8、C_{18}、苯基、氨基、五氟苯基、氰基、裸硅胶等。

1. C_{18} 柱　C_{18} 色谱柱是最常用、几乎每个实验室必备的通用型色谱柱。填料是硅胶基质上键合十八烷基，有较高的碳含量和较好的疏水性，适用于大多数化合物，包括非极性、极性小分子及一些多肽和蛋白质。随着色谱柱制造商的研发，C_{18} 柱的类型还在不断增加，适用 pH 范围由原来的 2～8，发展到现在的 1～14，与纯水相的兼容性越来越好，某些色谱柱即使长时间使用 100% 水相，也不会发生填料疏水塌陷。

2. 苯基柱　苯基柱与 C_{18} 柱相似，是在硅烷基上键合一个苯环。这造成了对于有些特殊的化合物（如芳香族化合物）在反相保留时与 C_{18} 有不同的选择性。在某些条件下，可以将 C_{18} 无法分离的化合物分离。

3. 五氟苯基柱　五氟苯基柱的填料颗粒是在硅烷基上键合一个五氟苯基。与常规的 C_{18} 保留机制相似，但提供了不同的分离选择性，提高了对极性样品的保留，特别是对卤族化合物。

4. 氨基柱　氨基柱是在硅胶的硅羟基上键合了酰胺基，属于 HILIC 模式的色谱柱，其保留机制比较复杂，主要是液 - 液分配、吸附作用、离子相互作用和亲水性保留作用的多模式组合。主要用于分析极性大的化合物，还适合用于糖类化合物的分析。其主要的优点是可以使用高有机相分析反相保留弱的化合物，对质谱离子化有更好的兼容性，可提高检测灵敏度。

5. 裸硅胶柱　未杂化的硅胶颗粒色谱柱在日常分析中也常用于液相色谱 - 质谱联用，裸硅胶柱与氨基柱有相似的保留基质及优点，同属 HILIC 模式的色谱柱。主要用于极性化合物的分析，特别是强极性碱性水溶性化合物，如生物碱、肾上腺素系列。

三、反相色谱法流动相

（一）二元溶剂系统

一般以洗脱力最弱的水作为底剂，再加入一定量的可与水互溶的有机极性调节剂构成，常用的首选极性调节剂为甲醇与乙腈。按洗脱能力的要求（重点组分的 $k=3$ 或 2～5），组成一定比例的甲醇 - 水或乙腈 - 水溶液。

（二）多元溶剂系统

若二元溶剂系统不能满足分离需要，可配制多元溶剂系统。

1. 在二元溶剂系统中加入少量的四氢呋喃，常能改善某些难分离物质对的分离度。

2. 若某些色谱峰拖尾，可加减尾剂。一般常用减尾剂为有机碱类，如三乙胺等。其减尾的作用，主要是有机碱与硅胶的酸性硅羟基作用，降低了硅胶的吸附作用。

3. 用水、甲醇、乙腈与四氢呋喃，按四面体法组成三元或四元溶剂系统，并进行优化，选出最佳溶剂系统。

4. 分离弱有机酸或弱有机碱，可用离子抑制色谱法。具体做法：一是可在流动相中分别加入约 1% 的乙酸或 1% 的氨水；二是加入适量的缓冲盐，常用磷酸或乙酸缓冲盐。其目的是抑制相应的弱酸、弱碱解离，以增加它们在反相固定相中的溶解度，延长保留时间。

第七节　高效液相色谱

从分离原理上讲，高效液相色谱法（high performance liquid chromatography，HPLC）和经典液相（柱）色谱法没有本质的差别，但由于它采用了新型高压输液泵、高灵敏度检测器和高效微粒固定相，而使经典的液相色谱法焕发出新的活力。

高效液相色谱法使用了全多孔微粒固定相，装填在小口径短不锈钢柱内，流动相通过高压输液泵进入高柱压的色谱柱，溶质在固定相的传质、扩散速度大大加快，从而在短的分析时间内获得高柱效和高分离能力。

一、高效液相色谱系统

HPLC 系统（图 10-13）一般由输液泵、进样器、色谱柱、检测器、数据记录及处理装置等组成。其中输液泵、色谱柱、检测器是关键部件。有的仪器还有梯度洗脱装置、在线脱气机、自动进样器、预柱或保护柱、柱温控制器等，现代高效液相色谱仪还有微机控制系统，进行自动化仪器控制和数据处理。制备型高效液相色谱仪还备有自动馏分收集装置。

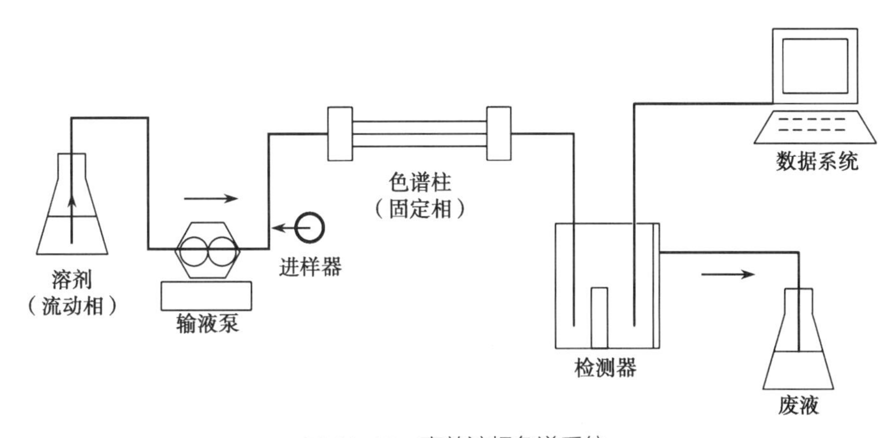

图 10-13　高效液相色谱系统

（一）输液泵

输液泵是 HPLC 系统中最重要的部件之一。泵的性能好坏直接影响到整个系统的质量和分析结果的可靠性。输液泵应具备如下性能：①流量稳定，其 *RSD* 应<0.5%，这对定性定量的准确性至关重要；②流量范围宽，分析型应在 0.1～10ml/min 范围内连续可调，制备型应能达到 100ml/min；③输出压力高，一般应能达到 150～300kg/cm^2；④液缸容积小；⑤密封性能好，耐腐蚀。

泵的种类很多，按输液性质可分为恒流泵和恒压泵。恒流泵按结构又可分为螺旋注射泵、柱塞往复泵和隔膜往复泵。恒压泵受柱阻影响，流量不稳定；螺旋泵缸体太大，这两种泵已被淘汰。目前应用最多的是柱塞往复泵。

（二）进样器

HPLC 进样方式可分为隔膜进样、停流进样、阀进样、自动进样。

一般 HPLC 系统常用六通进样阀，其关键部件由圆形密封垫（转子）和固定底座（定子）组成。由于阀接头和连接管死体积的存在，柱效率低于隔膜进样（约下降 5%～10%），但耐高压（35～40MPa）、进样量准确、重复性好（0.5%）、操作方便。

六通阀进样方式有部分装液法和完全装液法两种。用部分装液法进样时，进样量应不大于定量环体积的 50%（最多 75%），并要求每次进样体积准确、相同。此法进样的准确度和重复性决定于注射器取样的熟练程度，而且易产生由进样引起的峰展宽。用完全装液法进样时，进样量应不小于定量环体积的 5～10 倍（最少 3 倍），这样才能完全置换定量环内的流动相，消除管壁效应，确保进样的准确度及重复性。

（三）色谱柱

色谱是一种分离分析手段，分离是核心，因此担负分离作用的色谱柱是色谱系统的心脏。对色谱柱的要求是柱效高、选择性好、分析速度快等。市售的用于 HPLC 的各种微粒填料如多孔硅胶以及以硅胶为基质的键合相、氧化铝、有机聚合物微球（包括离子交换树脂）、多孔碳等，其粒度一般为 3μm、5μm、7μm、10μm 等，柱效理论值可达 5 万～16 万 /m。对于一般的分析只需 5 000 塔板数的柱效；对于同系物分析，只需 500 塔板数即可，因此一般 10～30cm 左右的柱长就能满足复杂混合物分析的需要。

柱效受柱内外因素影响，为使色谱柱达到最佳效率，除柱外死体积要小外，还要有合理的柱结构（尽可能减少填充床以外的死体积）及装填技术。即使最好的装填技术，在柱中心部位和沿管壁部位的填充情况总是不一样的，靠近管壁的部位比较疏松，易产生沟流，流速较快，影响冲洗剂的流形，使谱带加宽，这就是管壁效应。这种管壁区大约是从管壁向内算起 30 倍粒径的厚度。在一般的液相色谱系统中，柱外效应对柱效的影响远远大于管壁效应。

（四）检测器

检测器是高效液相色谱仪的三大关键部件之一。其作用是把洗脱液中组分的量转变为电信号。HPLC 的检测器要求灵敏度高、噪声低（即对温度、流量等外界变化不敏感）、线性范围宽、重复性好和适用范围广。

UV 检测器是 HPLC 中应用最广泛的检测器，当检测波长范围包括可见光时，又称为紫外 - 可见检测器。它灵敏度高、噪声低、线性范围宽、对流速和温度均不敏感，可用于制备色谱。由于灵敏高，即使是光吸收小、消光系数低的物质也可用 UV 检测器进行微量分析。但要注意流动相中各种溶剂的紫外吸收截止波长。如果溶剂中含有吸光杂质，则会提高背景噪声，降低灵敏度（实际是提高检测限）。此外，梯度洗脱时，还会产生漂移。

ER10-7　检测器性能指标

（五）数据处理和计算机控制系统

早期的高效液相色谱仪器是用记录仪记录检测信号，再手工测量计算。其后，使用积分仪计算并打印出峰高、峰面积和保留时间等参数。20 世纪 80 年代后，计算机技术的广泛应用使 HPLC 操作更加快速、简便、准确、精密和自动化，现在已可在互联网上远程处理数据。计算机的用途包括三个方面：①采集、处理和分析数据；②控制仪器；③色谱系统优化和专家系统。

（六）恒温装置

在高效液相色谱仪中色谱柱及某些检测器都要求能准确地控制工作环境温度，柱子的恒温精度要求在 ±（0.1～0.5℃）之间，检测器的恒温要求则更高。

二、固定相和流动相

（一）固定相

色谱柱中的固定相是高效液相色谱法的最重要的组成部分，它直接关系到柱效与分离度。主要的高效液相色谱固定相类型如下。

1. 液 - 固色谱固定相　液 - 固吸附色谱法用的固定相，多是具有吸附活性的吸附剂。常用的有硅胶、氧化铝及高分子多孔微球（有机胶），其他还有分子筛及聚酰胺等。

2. 化学键合固定相　用化学反应的方法将固定液的官能团键合在载体表面上，所形成的填料称为化学键合相，简称键合相。

3. 离子交换剂　离子交换剂分为离子交换树脂和键合型离子交换剂两类。

4. 离子交换树脂　离子交换树脂是以高分子聚合物，如苯乙烯 - 二乙烯苯为基体，经化学反应在其骨架上引入离子交换基团而生成。离子交换树脂在经典液相色谱中广泛应用，但在高效液相离子交换色谱法中，因这种固定相具有膨胀性、不耐压及传质阻力比较大等缺点，在高效液相色谱中基本上已被键合型离子交换剂所替代。

5. 键合型离子交换剂　键合型离子交换剂是以全多孔球形、无定型硅胶或薄壳型硅胶为载体，其表面经化学键合上所需的离子交换基团。根据所引入基团能电离出阴、阳离子的强度，可分为强碱、弱碱或强酸、弱酸性离子交换剂。如含羧酸基或酚羟基的弱酸性阳离子交换剂等。

6. 其他类型　其他类型的固定相还有：凝胶、手性固定相、亲和色谱固定相等。

（二）流动相

在固定相一定时，流动相的种类、配比能严重影响分离效果。因此，在高效液相色谱中，流动相的选择至关重要。高效液相色谱对流动相的基本要求如下。

1. 不与固定相发生化学反应。
2. 对样品有适宜的溶解度。
3. 黏度小。黏度小则柱阻小、柱压低，组分的扩散系数大，传质阻力小，能提高柱效。
4. 必须与检测器相适应。例如用紫外 - 可见光检测器时，不能选用溶剂的截止波长大于样品的检测波长的溶剂。

第八节　常用制备色谱

一、分离目标

在制备性色谱分离中，需要把握住以下五点。

1. 样品性质　在实际工作中，我们处理的样品是各种各样的。为了进行有效的制备性分离，首先了解一些样品的性质是十分必要的。这些性质通常包括以下几方面。

（1）组成：该样品的组成是已知的或者是未知的。

（2）基体：样品基体的物理或化学性质。

（3）复杂性：样品组成的复杂情况，如是合成产品，或者是天然产品。

（4）性质：样品中各组分的化学性质是否相似，或者相差甚远。

（5）相态：样品是固体、液体或者气体，它们的溶解性如何。

（6）浓度：待收集物在整个样品中的浓度是微量、大量或者是一般。

（7）价值：原料是否易得、是否昂贵，所分离的目标物的价值又如何。

只有掌握了样品的这些初步情况，才能使我们在后面分离方法的建立中有的放矢，从而节省大量的人力、物力以及时间。

2. 产品纯度 对于制备性分离，对产品通常都有一定的纯度要求，也就是说并不是所有的分离都要求产品纯度达到100%，目标收集物只要能达到具体科研或者生产的纯度指标就可以了。如微量的天然产物将其富集到大约70%的含量就可以进行初步鉴定；供核磁及红外测试的样品纯度只要达到95%就可以达到要求；做定量分析用的标准品其含量至少要在99%以上；而一些生物活性物质只需要除去其中的有害成分，并且它们的纯度并不用含量来表示，而是用活力这个概念。只有了解产品对纯度的要求，才能在制备性分离中建立起适当的方法。

3. 制备量 不同的制备性色谱方法都有自己适宜的制备量范围，不同大小直径的色谱柱都有自己最大的样品容量。在分离方法的建立中，还要考虑待收集物在样品中的含量大小以及价格，如果样品昂贵，还要考虑待分离物的回收率等。

4. 时间 时间的长短在分离中也是一个重要的因素，例如有些制备性分离往往要求在一定的时间范围内必须生产出多少重量的产品；也有一些物质不能较长时间经受分离过程中固定相的吸附作用，必须很快地完成分离过程等。所有这些条件的满足，不仅关系到分离条件的优化，也涉及分离装置规模大小的建立。

5. 成本 在大多数情况下，制备性分离最后都要考虑目标收集物的制备性成本，在一些化学产品的合成，尤其是一些生物工程药物的生产中，产物的制备性分离费用很高，有些甚至可以占到整个产品成本的80%以上。

二、常压液相色谱

常压液相色谱主要是采用经典的柱色谱技术，经典柱色谱是在药物合成和天然药物化学等一般的常规分离制备中应用最为广泛的技术，其操作过程如图10-14所示。

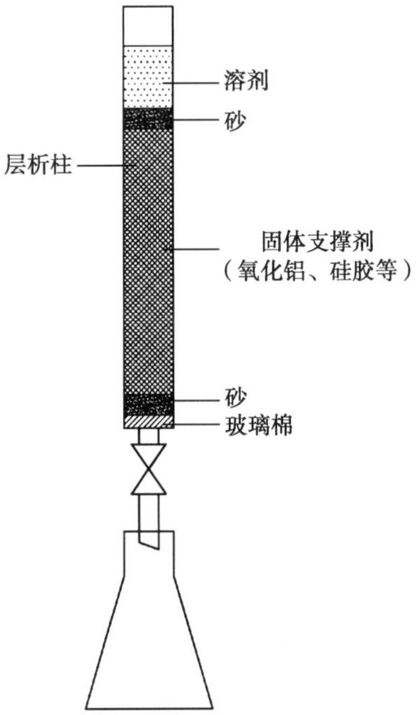

图10-14 经典柱色谱操作示意图

三、制备型加压液相色谱

制备型加压液相色谱（pressurized liquid chromatography，Pre-PLC），区别于靠重力驱动的

柱色谱。它是目前技术手段最成熟、应用最为广泛的一种制备分离技术。它有多种可供选择的分离模式(反相、正相、离子交换、体积排斥、疏水作用、亲和色谱等)。而且近年来由于压缩柱技术的出现,特别是动态轴向压缩技术出现,使其可以完成大规模的分离工作。因此,制备型加压液相色谱技术在生物化工和制药工业中具有重要的地位。

(一)基本操作原理

制备型加压液相色谱一般为间歇式操作,以间歇式进行加样,即样品进入色谱系统后,必须完全流出色谱柱后才能进行下一次的分离纯化。它的系统装置组成如图 10-15 所示。

样品溶液从色谱柱顶端加入,用泵连续输入流动相,样品溶液中的溶质在流动相和固定相之间进行扩散传质,由于溶质各组分在两相间的分配情况不同,使各组分在柱中移动速度不同而得到分离。色谱柱出口流出液经检测器检测,通过色谱工作站将流出液的浓度变化以色谱峰的形式进行描述,根据依次流出色谱柱的色谱峰对流出液中各组分进行收集。

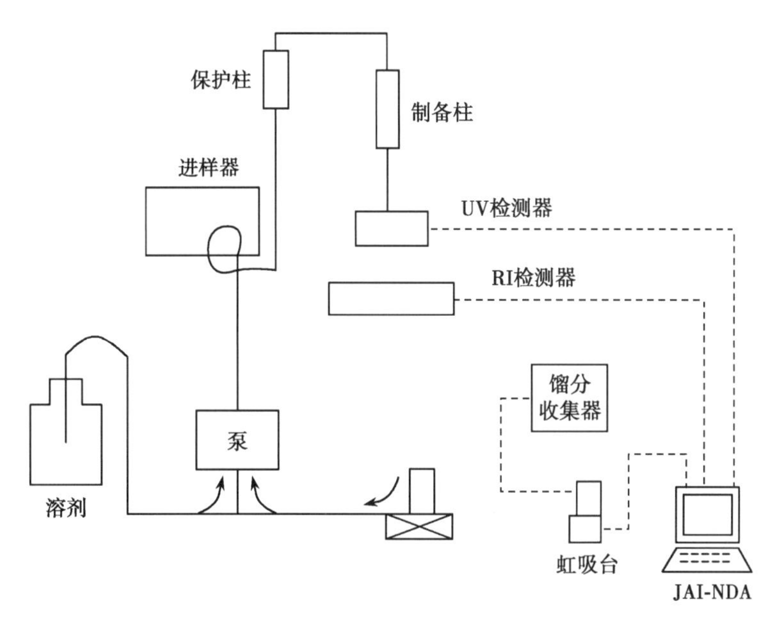

图 10-15　制备型加压液相色谱系统装置组成

(二)动态轴向压缩色谱

动态轴向压缩(dynamicaxial compression, DAC)色谱是制备型加压液相色谱大规模应用的一种类型。

动态轴向压缩色谱柱法源于 Godbille 等的研究工作,所采用的设备是一套不同于传统匀浆法的新型色谱设备(图 10-16)。其基本原理是:移动活塞至柱的最底端,把上端的盖子(由图 10-16 中 2、3 组成)移开,将填料匀浆倒入空腔中,再将盖子移回图中所示位置并固定到法兰上,利用千斤顶施加压力给传动轴,压缩活塞向柱顶移动。由于柱两端分别有多孔板,可使管内气体或液体透过而阻止填料微粒通过,当床层内的匀浆受到一定压力时,微粒就会在空腔中堆实,而调浆溶剂从多孔板通过,由导管输出柱外。由于填料微粒被均匀、连续地堆实,因而获得好的柱性能。在整个色谱柱使用过程中,柱内始终保持一定压力,从面保持床层稳定(微粒不移动位置)、均匀且没有空隙形成。将盖子移开,用活塞压挤固体床层,使填科微粒移出柱体,以更换新的填料。

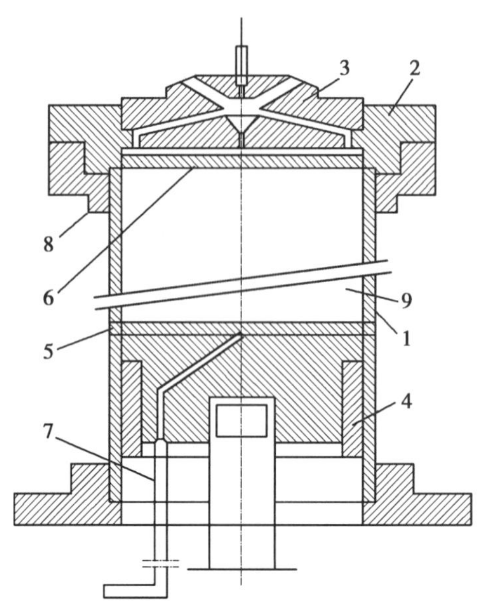

1. 活塞柱；2. 外柱盖；3. 内柱盖；4. 活塞；5. 下多孔板；6. 上多孔板；7. 导管；8. 法兰；9. 空腔。

图 10-16　动态轴向压缩色谱柱剖面图

四、扩展床吸附色谱

扩展床吸附色谱（expanded bed adsorption，EBA）是适应基因工程、单克隆细胞工程等生物工程的下游纯化工作需要而发展起来的一项色谱技术。近来，随着基因工程技术的发展和广泛使用，色谱技术逐渐成熟起来，而且应用越来越广泛。

扩展床吸附色谱的工作原理与一般吸附色谱相同，扩展床吸附色谱通过装填的凝胶颗粒上结合功能基团与目标生物分子进行亲和吸附、静电吸附、疏水作用、金属螯合作用等产生吸附力，从而达到分离纯化目标生物分子的目的。但 EBA 色谱的工作过程与一般吸附色谱不同，在 EBA 色谱分离过程中，凝胶颗粒随着液相的上向流动面缓慢上升，凝胶颗粒间的间隙逐渐扩大，凝胶柱的床层逐渐扩展，由于凝胶颗粒间的间隙扩大，使样品中的细胞、细胞碎片、颗粒等有形物质能够流穿而不会堆积在凝胶柱床上造成堵塞。可见 EBA 色谱与固定柱吸附色谱相比具有相对的流动性，而与传统意义的流化床又有区别。EBA 色谱分离过程是柱床扩展过程，因此这种色谱分离过程就称为 EBA 色谱，又称为流动柱吸附色谱（fluidized bed adsorption，FBA）。

EBA 色谱的分离过程：凝胶颗粒柱在上向流动液体作用下向上扩展，当上向液体流速与凝胶颗粒的沉降速度达到平衡时，凝胶颗粒处于平衡悬浮状态，这时形成稳态流动柱床。柱塞的位置处于柱床的顶部。接着将未经离心、澄清过滤等处理的样品液上向流动而得到冲洗，未被吸附的物质都流出床层，这时停止上向流动液体，凝胶颗粒沉降下来，柱塞也逐渐下降至沉降床层下面。然后以洗脱液向下流动进行洗脱，得到目标蛋白质的浓缩液。以便进行进一步纯化工作。洗脱完成后，用适当的缓冲液对柱床进行再生。

五、液 - 液高速色谱

液 - 液高速色谱法也称高速逆流色谱法（high-speed counter current chromatography, HSCCC），又称反流色谱法或逆流分配法。一种多次液 - 液连续萃取的分离技术，可得到类似于色谱法的分离，也可视为不使用固体支持介质的液 - 液分配色谱法。它不使用固体支撑介质，色谱柱材料为空的聚四氟乙烯管或玻璃管。选用不相混溶的两相溶剂系统，其中一相作为固定相并依靠重力或离心力保留在柱中，另一相作为流动相。

作为一种色谱分离方法，HSOCC 与 HPLC 最大的不同在于柱分离系统。如果将一套大家所熟知的制备 HPLC 系统的色谱柱部分用一台 HSCCC 的螺旋管式离心分离仪代替，即可构成一套 HSCCC 色谱分离系统，如图 10-17 所示。它包括储液罐、输液泵、色谱柱、检测器、色谱工作站或数据采集软件或记录器及收集器等组成部分。

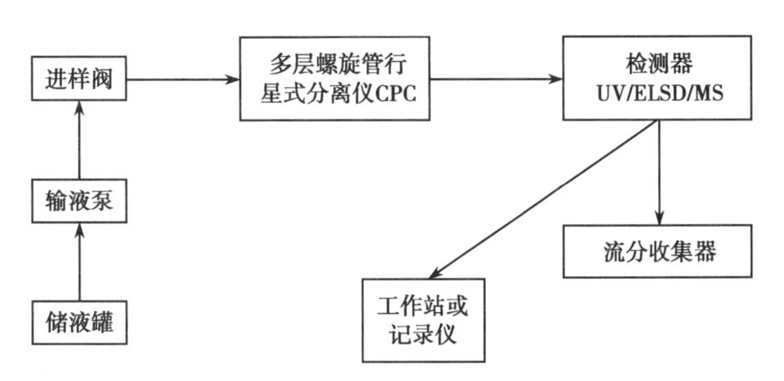

图 10-17　HSCCC 色谱分离系统的构成

第九节　案例分析

案例 10-1　提取吴茱萸碱和吴茱萸次碱

背景资料：吴茱萸为芸香科植物吴茱萸、石虎或疏毛吴茱萸的干燥近成熟果实，具有散寒止痛、降逆止呕、助阳止泻之功效，主治厥阴头痛、寒疝腹痛、寒湿脚气、经行腹痛、脘腹胀痛、呕吐吞酸、五更泄泻。

吴茱萸所含化学成分复杂，有生物碱类、柠檬苦素类、挥发油类、脂肪酸类、氨基酸类等。其中吴茱萸生物碱为其主要药效成分，吴茱萸生物碱中，又以吴茱萸碱和吴茱萸次碱为主要生物碱。吴茱萸碱和吴茱萸次碱有镇痛、抗炎、止呕、扩张血管及强心等作用，吴茱萸次碱还有抗胃黏膜损伤的作用。

问题：查阅相关资料，选择适当的分离纯化方法，如何将吴茱萸碱从药材中分离出来？

已知：吴茱萸碱在吴茱萸中含量仅为 0.4% 左右，吴茱萸中还含有挥发油和果糖，提取分离吴茱萸碱难度较大。

找寻关键：吴茱萸药材中杂质成分种类较多，性质各异，将主成分吴茱萸碱与其他成分实现较好的分离，是方案设计的关键点。

工艺设计:

方案一:制备色谱法

采用制备色谱法分离提取吴茱萸碱,其工艺流程如下:

乙醇溶解→有机溶剂萃取→减压浓缩→中压色谱层析→收集组分→梯度洗脱→减压浓缩→冷冻干燥→产品

详述如下:

(1)将吴茱萸粉末按一定质量比溶于95%乙醇溶液中,60℃加热回流3次,上清液再用50μm滤膜过滤,滤液减压回收除去乙醇溶剂后,得到粗提液。

(2)所得粗提液先用2倍体积的石油醚萃取,下层水相再用5倍体积的二氯甲烷萃取,萃取5次,石油醚层回收石油醚下层弃去,合并二氯甲烷层萃取液,35℃经减压浓缩得到黑色浓浸膏。

(3)将所得的黑色浓浸膏用甲醇溶解,干法拌样后,进行中压色谱柱层析。上样到直径50mm、粒径300目的硅胶柱,用石油醚、乙酸乙酯混合溶剂进行梯度洗脱,根据出峰情况分段收集半成品;此步骤目的主要是把吴茱萸碱和吴茱萸次碱从复杂的粗提液中分离出来。

(4)收集的组分,以反相十八烷基硅烷键合硅胶(C_{18})为固定相,检测波长为225nm,进行线性洗脱,分别收集含有吴茱萸碱和吴茱萸次碱的组分。

(5)将含有吴茱萸碱和吴茱萸次碱的组分分别经过减压浓缩、冷冻干燥,即得到纯度99%以上的吴茱萸碱和吴茱萸次碱样品。

方案二:浸取、反渗透法

吴茱萸药材→粉碎→乙醇提取→过滤→减压除乙醇→反渗透过滤浓缩→冷冻干燥→产品

详述如下:

(1)吴茱萸药材置于粉碎机中粉碎。

(2)浸取罐中加入药材粉末,再加入10倍70%乙醇溶液,保温提取时间24小时。

(3)取上层清液,再用50μm滤膜过滤,滤液减压回收除去乙醇溶剂后,得到粗提液。

(4)粗提液经反渗透过滤装置浓缩得到粗品。

(5)粗品冷冻干燥,获得产品。

假设: 采用方案二进行分离提纯,与方案一相比,有哪些优缺点?

分析与评价: 方案二为中药材提取的常规方法,采用静态溶剂浸取的方法提取有效成分,之后采用反渗透装置提纯,最终得到产品。该方法中反渗透装置可除去大多数杂质成分,但会存在部分与吴茱萸碱分子大小接近或其他性质接近的成分,影响产品纯度。

方案一的优点在于不仅减少了有机溶剂的使用量,而且可以在短时间内得到成品,缩短纯化工艺时间。因采用梯度洗脱纯化产品,对产品的选择性大大提高,可提高产品纯度,提高分离效率。

案例10-2 脱除天然维生素E中玉米赤霉烯酮

背景资料: 玉米赤霉烯酮(zearalenone, ZEA)是由镰刀菌属等真菌产生的一类具有类雌激素作用的次级代谢产物,广泛存在于一些谷类作物中,如玉米、高粱和小麦等,特别是玉米及其副产品。ZEA具有生殖毒性、遗传毒性、致癌毒性以及强烈的致畸毒性等,也可对内分泌造成影响，并可能诱发肿瘤。早在1993年被国际癌症研究机构列为I类致癌物。

玉米赤霉烯酮的分子式为$C_{18}H_{22}O_5$，分子量为318，对热稳定（120℃加热4小时未分解）。

问题：查阅相关资料，选择适当的分离纯化方法和工艺参数，脱除天然维生素E中玉米赤霉烯酮。

已知：天然维生素E的加工流程为：玉米→玉米油→副产物脱臭馏出物→维生素E，从该工艺流程可以看出，由于玉米中ZEA污染比较严重，导致维生素E中ZEA检出率较高。

找寻关键：通过调整上样液浓度、上样量、色谱柱装填材料等参数对维生素E中ZEA进行检测与控制。

工艺设计：采用高效制备色谱法检测与回收所得维生素E样品中玉米赤霉烯酮，调整工艺参数，设计出如下方案。

方案一

（1）称取维生素E样品（玉米赤霉烯酮质量含量450ppb）120g，溶于300ml的纯正己烷中，配制成浓度为400mg/ml的上样液，上样量400%。

（2）使用硅胶表面键合C_8连接二醇基修饰填料（键合量为3.3μmol/m^2）装填的色谱柱（柱规格20mm×150mm，粒径30μm，孔径填料质量30g）。

（3）色谱柱温度为30℃，用正己烷洗脱，流速10ml/min，出目标峰后根据峰形曲线收集0～55分钟目标解析液，浓缩及干燥，所得维生素E样品中玉米赤霉烯酮含量为27.5ppb，产品回收率为99.5%。

方案二

（1）称取维生素E样品（玉米赤霉烯酮质量含量450ppb）900g，溶于3 000ml纯正己烷中，配制成浓度200mg/ml的上样液，上样量为300%。

（2）使用硅胶表面键合C_4连接二醇基修饰填料（键合量为3.2μmol/m^2）装填的色谱柱（柱规格50mm×250mm，粒径60μm，孔径填料质量300g）。

（3）色谱柱温度为40℃，用正己烷洗脱，流速30ml/min，出目标峰后根据峰形曲线收集30～155分钟目标解析液用现有技术浓缩及干燥，所得维生素E样品中玉米赤霉烯酮含量为17.8ppb，产品回收率为99.6%。

方案三：与方案一不同之处在于采用石油醚溶解、含水甲醇萃取，再以蒙脱石或颗粒状活性炭吸附剂作为固定相材料，其他条件同方案一，将维生素E经过上述条件分离，浓缩液收集后玉米赤霉烯酮的含量为200ppb，产品回收率为66.6%。

假设：欲同时获得高含量和高回收率的目标解析液，如何选择合适的工艺参数？

分析与评价：方案一与方案二选用相同的溶剂，但上样浓度、装填材料和洗脱速度略有不同，得到方案一的维生素E样品中玉米赤霉烯酮含量方案一略高于方案二，可以看到，增加上样量、洗脱速度及改变装置填料，不会明显提高分离效果。方案三改变了萃取剂及固定相材料，得到的玉米赤霉烯酮含量远高于方案一和方案二，但产品回收率较低。综上，在方案选取上，应根据具体生产要求选择合适的方案，通过优化试验得到优化的生产参数，找到溶剂消耗少、稳定性好、载样量大、回收率高、工艺流程简单、操作简便、不会对产品造成二次污染的使用与工业生产的分离纯化方案。

学习思考题

1. 制备色谱分离方案设计中，应考虑哪些可变参数，其对分离结果会产生怎样的影响？
2. 根据制备色谱的分离特点，提出该方法适用于哪些分离场合？
3. 色谱分类方法有哪些？
4. 凝胶色谱的应用领域有哪些？请举例说明。
5. 简述制备色谱的基本操作原理？
6. 影响疏水作用色谱过程的参数有哪些？分别做以说明。
7. 高效液相色谱由哪几部分组成？其各自的功能是什么？

ER10-8　第十章　目标测试

（于　巍　谷志勇）

参考文献

[1] ZHAO M C，VANDERSLUIS M，STOUT J，et al. Affinity chromatography for vaccines manufacturing：Finally ready for prime time? Vaccine，2019，37（36）：5491-5503.

[2] ARAKAWA T. Review on the Application of Mixed-mode Chromatography for Separation of Structure Isoforms.Curr Protein Pept Sci，2019，20（1）：56-60.

[3] NAGASE K，KANAZAWA H.Temperature-responsive chromatography for bioseparations：A review.Anal Chim Acta，2020，1138（22）：191-212.

[4] 苏州汇通色谱分离纯化有限公司．一种中压制备色谱且纯化高纯吴茱萸碱和吴茱萸次碱的方法：201811540223.1.2019-02-22.

[5] 中国科学院大连化学物理研究所．一种脱除天然维生素 E 中玉米赤霉烯酮的高效制备色谱方法：201911240228.7.2021-06-08.

[6] 孙毓庆．现代色谱法及其在药物分析中的应用．北京：科学出版社，2005.

第十一章　电泳分离技术

ER11-1　第十一章
电泳分离技术
（课件）

1. **课程目标**　掌握电泳分离技术的基本原理、影响电泳迁移率的主要因素、电泳分离技术应用特点和使用范围；熟悉毛细管电泳的基本构成和工作原理，以及各种电泳技术的特点和应用条件；了解电泳技术的应用前景和最新进展。培养学生分析、解决工艺研究和工业化生产中复杂分离的能力，可综合考虑物料性质、分离需求和成本效率等因素，设计或选择适宜的电泳分离技术。通过案例学习，提升学生学习的主动性和参与性，激发创新意识和创新精神。
2. **教学重点**　电泳的基本原理；电泳迁移率的影响因素；各种电泳技术的特点和应用条件。

电泳（electrophoresis，EP）是指带电粒子在电场作用下发生定向迁移的过程。许多重要的生物分子，如氨基酸、多肽、蛋白质、核酸等都具有可电离基团，在特定的 pH 下可以带正电或负电。在电场的作用下，这些带电粒子会向着与其所带电荷相反的电极方向移动。电泳技术就是在电场的作用下，利用样品体系中不同粒子带电性质以及粒子大小、形状等性质的差异，使带电粒子产生不同的迁移速度，从而对样品进行分离、鉴定或提纯的技术。

第一节　电泳的基本原理

在电场中，带电粒子在黏性介质中主要受到电场力和介质的摩擦阻力这两种作用力，见图 11-1，推动粒子运动的电场力 F 等于粒子的净电荷 Q 与电场强度 E 的乘积，即：

$$F=QE \qquad 式(11\text{-}1)$$

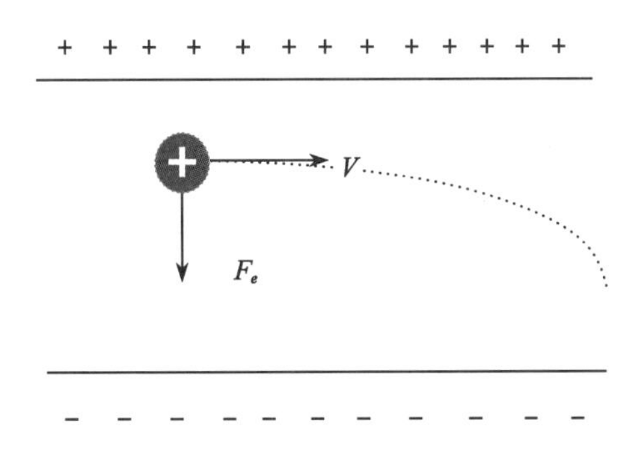

图 11-1　粒子在电场中的受力示意图

而荷电粒子在运动时又受到流体的黏性阻力f,对于球形粒子,此阻力服从Stoke定律。

$$f=6\pi r\eta v \qquad 式(11\text{-}2)$$

式中,r为粒子半径,η为溶液黏度,v为电泳迁移速度。

当粒子以稳态运动时,粒子所受的库仑力等于阻力,即$F=f$,颗粒恒速迁移。

$$QE=6\pi r\eta v \qquad 式(11\text{-}3)$$

由式(11-3)可知,电泳迁移速度与带电粒子的大小、介质黏度、所带的电荷有关,此外电场强度、环境等多种因素也有影响。

电泳淌度(electrophoreticmobility),又称电泳迁移率,用u表示,是指在单位电场强度(1V/cm)时的泳动速度,将式(11-3)两边同除以电场强度E,可得电泳淌度,是该带电粒子的物化特征性参数。即:

$$u=v\cdot E^{-1} \qquad 式(11\text{-}4)$$

将式(11-3)代入式(11-4)得:

$$u=Q\cdot(6\pi r\eta)^{-1} \qquad 式(11\text{-}5)$$

由式(11-5)可以看出,电泳淌度与带电粒子所带净电荷成正比,与粒子的大小和溶液的黏度成反比。

第二节　电泳技术类型

一、常用电泳分类

虽然各种电泳技术的基本原理都相同,但在实际应用中,由于研究对象及目的等不同,电泳分为以下几类。

1. 界面电泳(moving boundary electrophoresis) 是指在溶液中进行的电泳,没有固体支持物。由于没有固定支持介质,所以扩散和对流都比较强,因此分离效果较差。当溶液中有几种带电粒子时,通电后由于不同种类粒子泳动速度不同,在溶液中形成相应的区带界面,但区带界面由于扩散而易于互相重叠,不易得到纯品,且分离后不易收集。界面电泳因电泳仪构造复杂、体积庞大、操作要求严格等原因,目前已很少被应用。在界面电泳基础上发展起来的纸电泳和凝胶电泳技术有更高分辨率,已取代界面电泳。

2. 区带电泳(zone electrophoresis) 是指待分离的各组分在支持介质中被分离成若干明显区带的电泳过程。区带电泳以不同类型的物质作为支持体,样品在固定的介质中进行电泳,减少了扩散和对流等干扰作用,故区带电泳的分离效果远比界面电泳要好。带电颗粒在电场作用下于液体中移动,除颗粒受电场作用之外,也受到溶质颗粒与固相载体吸附作用的影响,其迁移是各种影响综合的结果。区带电泳因电泳仪构造简单、体积小、操作方便等原因,发展迅速,是当前应用最为广泛的电泳技术。

3. 等速电泳(isotachophoresis,ITP) 是一种不连续介质电泳技术,在电泳稳态时,各区带相随,分成清晰的界面,具有相同的泳动速度。

将样品置于含慢离子和快离子的缓冲液中，快离子的电泳迁移率大于其他离子，使其后面的离子浓度降低，形成一个由低到高的电势梯度场，减慢了快离子的迁移速度，并促使后面的离子加速向前移动；而慢离子电泳迁移率小于其他所有的离子，同理会加速向前移动去靠近比它迁移快的离子。结果所有的离子都被压缩在慢离子和快离子之间，以几乎相等的速度迁移。

4. 等电聚焦电泳（isoelectric focusing，IEF） 含多氨基多羧基的一系列聚合物混合形成的两性电解质在电场作用下，能形成一个从阳极到阴极 pH 逐渐增加的 pH 梯度场。当不同的粒子处于这种环境中时，处于比其等电点低的 pH 环境中的粒子会带正电荷，向阴极方向移动；处于高于其等电点的 pH 环境的粒子会带负电荷，而向阳极方向移动。在移动过程中随环境 pH 改变，到达与其等电点相同的 pH 环境中，其所带电荷数为零，在电场中不再移动而集聚成区带，从而达到使不同粒子分离的目的。根据这一原理发展了管式等电聚焦电泳和平板等电聚焦电泳，两者主要用于实验室内进行分析检测，也可用于少量样品制备。

二、影响电泳迁移率的因素

1. 电场强度影响 电场强度是指每 1cm 的电位降，亦即电势梯度。电场强度愈高，带电质点移动速度也愈快。

2. 电渗影响 在电场作用下液体对于固体支持物的相对移动称为电渗（electro-osmosis）。带电固体与液体接触时，容易在固 - 液界面上形成双电层，产生电势差。电渗产生的原因是固体支持物多孔，且带有可解离的化学基团，因此常吸附溶液中的正离子或负离子，使溶液相对带负电或正电。如以滤纸作支持物时，纸上纤维素吸附 OH^- 带负电荷，与纸接触的水溶液因产生 H_3O^+，带正电荷移向负极，若质点原来在电场中移向负极，结果质点的表现速度比其固有速度要快，若质点原来移向正极，表现速度比其固有速度要慢，可见应尽可能选择低电渗作用的支持物以减少电渗的影响。

3. 颗粒的性质 一般来说，颗粒所带净电荷多，直径小而接近于球形，则在电场中泳动速度快，反之则慢。带电荷的高分子在电解质溶液中把一些带有相反电荷的离子吸引在其周围，形成离子扩散层。加以电场时，颗粒向符号相反的电极移动，即带阳电荷颗粒移向负极，带阴电荷颗粒移向正移；由于离子扩散层带有过剩与颗粒相反的电荷，可以向相反方向移动。颗粒与离子扩散之间的静电引力可使颗粒的泳动度减慢。进行小分子的分离需要考虑离子扩散层产生的影响。

4. 溶液性质的影响

（1）溶液的 pH：溶液的 pH 决定了化合物解离的程度，也决定了质点所带的净电荷。对蛋白质、氨基酸等两性电解质，其溶液 pH 离等电点愈远，质点所带净电荷愈多，向相反电极的电泳速度也愈快。

（2）溶液的离子强度：溶液的离子强度越高，质点的泳动速度越慢，但区带分离度却较清晰；反之则越快，区带分离度亦较差。所以电极溶液的离子强度必须选择最佳数值。

（3）溶液的黏度：溶液黏度越大，质点的泳动速度小；溶液黏度越小，质点的泳动速度大。分离时需要考虑溶液黏度的影响。

质点的泳动速度并不完全取决于溶液 pH、离子强度和黏度的影响，还会受到所用缓冲液的影响。分离时需要综合考虑。

第三节　常用的电泳方法

一、聚丙烯酰胺凝胶电泳

聚丙烯酰胺凝胶电泳（polyacrylamide gel electrophoresis，PAGE）是一种常用的凝胶电泳，普遍用于分离蛋白质及较小分子的核酸。聚丙烯酰胺凝胶是由单体丙烯酰胺和交联剂甲叉双丙烯酰胺在催化剂作用下聚合并交联而形成的具有三维空间结构的一种人工合成凝胶。聚丙烯酰胺凝胶是多孔介质，不仅能防止对流，把扩散减少到最低；而且其孔径大小与生物大分子具有相似的数量级，能主动参与生物分子的分离，具有分子筛效应。因此，在使用聚丙烯酰胺凝胶电泳进行蛋白质分离时，在电泳过程中分离效果不仅取决于蛋白质的电荷密度，还取决于蛋白质的尺寸和形状。

ER11-2　凝胶电泳（动画）

二、十二烷基硫酸钠聚丙烯酰胺凝胶电泳

十二烷基硫酸钠聚丙烯酰胺凝胶电泳（sodium dodecyl sulfate polyacrylamide gel electrophoresis，SDS-PAGE）是聚丙烯酰胺凝胶电泳中最常用的一种蛋白表达分析技术。分离原理是根据被分析组分分子量大小的不同，使其在电泳胶中分离。蛋白质的 SDS-PAGE 技术最初由 shapiro 于 1967 年建立，他们发现在样品介质和丙烯酰胺凝胶中加入离子表面活性剂和强还原剂（SDS）后，蛋白质亚基的电泳迁移率主要取决于亚基分子量的大小（可以忽略电荷因素）。SDS 是阴离子表面活性剂，作为变性剂和助溶试剂，可断裂分子内和分子间的氢键，使分子去折叠，破坏蛋白分子的二、三级结构。SDS 带负电，可使各种蛋白质 -SDS 复合物都带上相同密度的负电荷，从而可掩盖不同种蛋白质间原有的电荷差别。SDS 与蛋白质结合后，还可引起构象改变，形成的蛋白质 -SDS 复合物在凝胶中的迁移率，不再受蛋白质原的电荷和形状的影响，进入分离胶后，由于聚丙烯酰胺的分子筛作用，小分子的蛋白质可以容易的通过凝胶孔径，阻力小，迁移速度快；大分子蛋白质则受到较大的阻力而被滞后，不同蛋白质在电泳过程中就会根据其各自分子量的大小而被分离。SDS-PAGE 常用于测定蛋白质的分子量和蛋白分离过程中纯度的检测。

ER11-3　SDS-PAGE 基本原理（动画）

三、等电聚焦电泳

等电聚焦是利用有 pH 梯度的介质分离等电点不同的蛋白质的电泳技术，适用于分离分子量相近而等电点不同的蛋白质组分。在 IEF 的电泳中，具有 pH 梯度的介质，其分布是从阳极到阴极 pH 逐渐增大。由于蛋白质分子具有两性解离及等电点的特征，在碱性区域蛋白质分子带负电

荷向阳极移动，直至某一 pH 位点时失去电荷而停止移动，此处介质的 pH 等于聚焦蛋白质分子的等电点（pI）。位于酸性区域的蛋白质分子带正电荷向阴极移动，最终聚集在与其等电点相等的 pH 位置上，从而实现分离。等电点不同的蛋白质混合物加入有 pH 梯度的凝胶介质中，在电场内经过一定时间后，各组分将分别聚焦在各自等电点相应的 pH 位置上，形成分离的蛋白质区带。

四、双向电泳

双向电泳是指在相互垂直的两个方向上依次进行两个分离机制具有明显差异的单向电泳，是蛋白质组研究和发展的核心技术之一。1975 年，意大利生化学家 OFarrell 发明了双向电泳技术。它是利用蛋白质的带电性和分子量大小的差异，通过两次凝胶电泳达到分离蛋白质组的技术。第一向电泳依据蛋白质的等电点不同，通过等电聚焦将带不同净电荷的蛋白质进行分离。在此基础上，依据蛋白质分子量的不同进行第二向（第一向垂直的方向上）的 SDS 聚丙烯酰胺凝胶电泳将其分离。

ER11-4　等电聚焦法（动画）

五、毛细管电泳

毛细管电泳（capillary electrophoresis，CE）又称高效毛细管电泳（high performance capillary electrophoresis，HPCE），是指以毛细管为分离通道，以高压电场为驱动力，依据样品中各组分之间在淌度和分配行为上的差异而实现分离的一类液相分离技术。根据分离原理的不同，毛细管电泳可分为 7 种不同的分离模式。即毛细管区带电泳（capillary zone electrophoresis，CZE）、毛细管凝胶电泳（capillary gel electrophoresis，CGE）、胶束电动毛细管色谱（micellar electrokinetic capillary chromatography，MECC）、亲和毛细管电泳（affinity capillary electrophoresis，ACE）、毛细管电色谱（capillary electroosmotic chromatography，CEC）、毛细管等电聚焦（capillary isoelectric focusing，CIEF）、毛细管等速电泳（capillary isotachphoresis，CITP）。其中以 CZE 模式为最基本和最常用的，常用以分析带电溶质。而 CGE 为在毛细管管中充入凝胶以起到分子筛的作用，蛋白分析中常用此技术，主要用于测定蛋白质、DNA 等大分子化合物；MECC 为改变缓冲液，形成胶束，被分离物质在水相和胶束相之间发生分配并随电渗流在毛细管内迁移而分离，主要用于中性物质的分离；此外的其他各分离模式大多可看成是 CZE 的变种，见表 11-1。

ER11-5　双向电泳（动画）

表 11-1　毛细管电泳常用的分离模式

分离模式	载体电解质	类型
自由溶液毛细管电泳	缓冲溶液	区带电泳
毛细管胶束电动色谱	胶束 - 缓冲溶液	区带电泳
毛细管凝胶电泳	凝胶 - 缓冲溶液	区带电泳
毛细管等电聚焦	不同等电点的两性电解质	等电聚焦
毛细管等速电泳	前导电解质，终止电解质	等速电泳

（一）毛细管电泳的基本原理

毛细管电泳是一种典型的速差分离方法，在毛细管电泳中，电泳和电渗现象是影响组分分离的重要因素。

1. 电泳迁移 不同分子所带电荷性质、多少不同，形状、大小各异，在一定电解质及pH的缓冲液或其他溶液内，受电场作用，样品中各组分按一定速度迁移，从而形成电泳。电泳迁移速度v可用下式表示：

$$v=\mu E \quad 式(11\text{-}6)$$

式中，E为电场强度（$E=V \cdot L^{-1}$，V为电压，L为毛细管总长度），μ为电泳淌度。迁移时间可表示为：

$$t_{\mathrm{m}}=Ll \cdot (\mu V)^{-1} \quad 式(11\text{-}7)$$

式中，l为毛细管有效长度，即从进样端到检测器的距离。

从式（11-7）可以看出，高电压和短毛细管可缩短迁移时间，但必须避免焦耳热的产生。

2. 电渗迁移 电渗迁移是指在电场作用下，溶液相对于带电管壁移动的现象，其大小与毛细管壁表面电荷有关。对石英毛细管来说，在一般情况下，由于硅羟基SiOH电离成SiO^-，使管壁表面带负电，为了保持电荷平衡，溶液中一对离子（在一般情况下是阳离子）被吸附到表面附近，形成了双电层。当在毛细管两端加上电压时，双电层中的阳离子向阴极移动，由于离子是溶剂化的，所以带动了毛细管中整体溶液向阴极移动，形成电渗流（electroosmotic flow，EOF）。

在通常情况下，电渗流的速度远远大于电泳流，所以所有组分均向负极移动，但速度各不相同。正离子的运动方向和电渗流一致，最先流出；中性粒子的电泳流速度为“零”，其迁移速度相当于电渗流速度；负离子的运动方向和电渗流方向相反，但因电渗流速度一般都大于电泳流速度，故它将在中性粒子之后流出。也就是说，在毛细管电泳中，阳离子迁移速度最快，中性离子次之，阴离子最慢。但对小离子（如钠、钾、氯等）分析时，组分的电泳速率一般大于电渗速率。另外，毛细管壁电荷的改性会使电渗发生变化，在这些情况下，阳离子和阴离子可能向不同的方向移动。必须指出的是电渗是溶液整体的流动，它不能改变分离的选择性。电渗流是毛细管电泳中必不可少的组成部分。

（二）毛细管电泳的仪器装置

毛细管电泳装置主要由高压电源、毛细管、检测器以及两个供毛细管两端插入而又可和电源相连的电泳槽。如图11-2所示为毛细管电泳装置结构示意图。

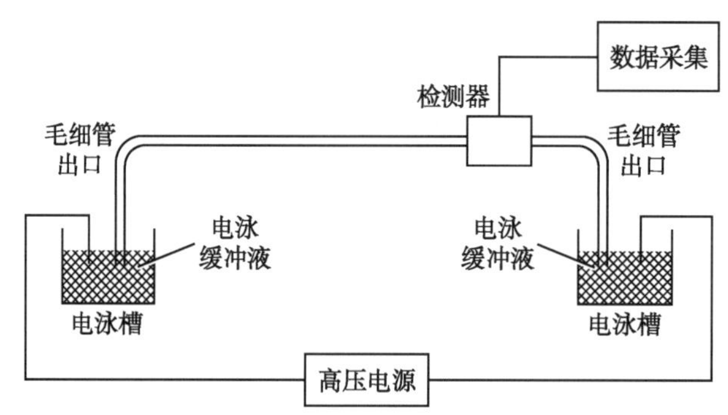

图11-2 毛细管电泳仪器装置结构示意图

毛细管电泳中常用的直流高压源电压为 0～±30kV，电流为 200～300μA。为保持迁移时间的重现性，要求电压的稳定性在 ±0.1%。高压源应可以更换极性，最好是使用双极性的高压源，电压、电流和功率输出模式任意可选和可梯度控制。高压源有恒压、恒电流或恒功率等方式。最常用的是恒压源，恒电流或恒功率方式对等速电泳实验或对毛细管温度难以控制的实验是有用的。

毛细管柱（capillary column）是高效毛细管电泳的分离部件，也是内充缓冲液的导体，可满足紫外 / 可见光透过和富有弹性。柱子的材质、几何尺寸、内壁的处理对柱效都有直接的影响。目前商品柱大多采用弹性石英柱，尺寸为内径 25～100μm、长 200～400mm。为进一步改善柱分离效能，管内壁的改进是研究工作的方向和重点。

检测器是毛细管电泳仪的关键部件之一，其结构和检测方式与所用检测原理与方法有关。高效毛细管电泳仪常用检测器有紫外 - 可见光检测器、荧光或激光诱导荧光检测器、电化学检测器（包括安培检测器和电导检测器）和质谱检测器等，其中紫外 - 可见光检测器和荧光或激光诱导荧光检测器是应用最广泛的毛细管电泳检测器，多采用柱上检测方式。紫外 - 可见光检测器检测限一般为 10^{-6}～10^{-5}mol/L；荧光检测器，检测样品常需要衍生化，检测限一般为 10^{-8}～10^{-7}mol/L；激光诱导荧光检测器敏度非常高，检测样品也常需要衍生化，检测限一般为 10^{-12}～10^{-10}mol/L。电化学检测器中的安培检测方法可达到很高的灵敏度，但重复性和再现性不甚理想，有待进一步发展；电导检测器一般灵敏度不高，但适合高电导成分如金属离子、有机酸、无机离子等的检测；非接触式电导检测器”，是电导检测器的新开发方向；可实现无损检测，有待进一步开发。电化学检测器一般选择柱后检测。毛细管电泳还可与质谱检测器联用，即毛细管电泳 - 质谱联用（capillary electrophoresis-mass spectrometry，CE-MS）技术，具有上样体积小、分离效率高、分析速度快、灵敏度高等优势，目前已被广泛用于分离分析研究领域。

毛细管电泳所使用的毛细管内径只有几十微米，进样体积一般在纳升级，不能使用一般的进样器进样。毛细管电泳进样需要无死体积的进样方法，可使毛细管与样品直接接触，再经由重力、电场力或其他动力驱动样品进入管中。常见的进样方法主要有电动进样法、压差进样法和扩散进样法。电动进样和压差进样是毛细管电泳中常用的进样方法。电动进样利用样品瓶代替缓冲溶液瓶，再加电压，通常使用的电场强度比分离时小 3～5 倍，样品组分由电迁移和电渗流进入毛细管中，对毛细管填充介质没有特别要求，属于普适性进样方法，可实现自动化操作，对离子组分存在歧视效应。压差进样法要求毛细管填充有流动介质，如溶液等，可将样品溶液带入。压差进样法可在毛细管进样端加压（正压进样），或在检测端抽真空（负压进样），或通过提高进样端相对高度由虹吸作用进样，其中采用压缩空气（钢瓶气）可实现正压进样，并可与毛细管清洗系统共用，一般较为常用；负压进样需要特别精密的控制设计，容易因泄漏等原因出现不重复进样；或可调节进样槽和出口槽之间的相对高度使之产生虹吸作用，将样品引入。压差进样法对样品组分没有歧视效应。扩散进样法利用浓度差扩散原理，当将毛细管插入样品溶液时，样品分子因在管口界面存在浓度差而向管内扩散。扩散进样对毛细管内的填充介质没有任何限制，属普适性进样方法。扩散进样具有双向性，在样品分子进入毛细管的同时，管中的背景物质也向管外扩散，可得到畸变程度较小（与背景差别不大)的初始区带，能抑制背景干扰、提高分辨率。扩散与迁移速度和方向无关，可抑制进样歧视。

(三)毛细管电泳的特点及注意问题

毛细管电泳通常使用内径为25～100μm的弹性(聚酰亚胺)涂层熔融石英管，其孔径可向下缩减到数百纳米，向上可扩展到300～500μm，具有容积小、表面积大、散热快、可加高电场(100～1 000V/cm)的特点。由此，毛细管电泳具有以下优点。

(1)高效：自由溶液毛细管电泳的效率在10^5～10^6理论板之间，毛细管凝胶电泳的效率可达10^7理论板以上。

(2)快速：几十秒至十几分钟即可完成分离。

(3)微量：进样所需的体积可小到1μl，消耗体积在1～50nl之间。

(4)应用范围广：从无机离子到整个细胞，具有"万能"分析功能或潜力。

(5)经济：实验样品仅需几毫升缓冲溶液，维持费用低。

毛细管电泳的主要问题如下。

(1)样品收集能力低。

(2)用于特殊用途的毛细管柱中需要填充一些非液体介质如凝胶等，填充柱的价格相对较高。

(3)毛细管容积小而侧面积相对大，管壁对样品的作用容易被放大，有吸附性的样品如蛋白质等容易粘壁而不利于分析。

(4)电渗变化影响分离重现性和分离模式的选用，必须对电渗进行定量控制。

(5)细长的毛细管柱虽然对样品的分离起到了较好的作用，但由于吸附、电渗变化、不规则层流等因素，往往会使实验的重现性较差，必须不断摸索条件以提高实验重现性。

(四)毛细管电泳技术在医药领域中的应用

毛细管电泳(CE)在医药领域的应用较广泛，适用对象有离子、小分子药物、基因工程产品、蛋白质、脱氧核糖核酸(DNA)基因诊断、手性对映体等；样品来源可为各种化学药物及其制剂，天然产物、中药材及其复方制剂，各种生物样品如血清、尿液、脑髓液，及离体及活体组织、单细胞样品等。选择其与制药工程相关部分的主要应用简介如下。

1. 药物分析

(1)主药成分分析：CE能用于片剂、注射液、大输液及糖浆、滴耳液等各种剂型中主药成分的定量测定，其结果和HPLC或UPLC相当。CE比HPLC或UPLC优越之处在于可减少样品前处理过程、方法简单、成本低。如HPLC或UPLC为防止污染色谱柱，往往需要进行萃取、过滤和离心，而在CE中就可减免。如用低pH的缓冲液测定糖浆中碱性主药含量时，为防止因赋形剂呈中性，停留在进样端不迁移而在清洗时冲走，可将糖浆样品稀释后直接进样，无须前处理。对于发色基团少的样品，HPLC或UPLC很难定量，而CE可用低波长紫外(如180～200nm)或用间接紫外法进行测定。CE在灵敏度和精密度不如药物分析常用的HPLC或UPLC时，CE可通过多种分离模式提供独特的选择性，获得与常用HPLC或UPLC不同的分离效果。

(2)相关物质检测：CE用于药物相关杂质检测时的优点在于低波长、快速、简单、在线检测。许多杂质及中间体因生色团弱，用 HPLC 或 UPLC 很难或不可能测定，特别对那些在降解过程中丢失生色团的药物可用 CE 在低波长下（180～200nm）进行测定。用低波长紫外测定还可以弥补浓度、灵敏度不足的缺点，如对硫酸沙丁胺醇和相关杂质检测，CE 用 200nm 检测比用 276nm（HPLC）时的信号增强 10 倍。

2. 中药成分的分离、分析

（1）各类有效成分的测定：CE 法可用于生物碱、黄酮类、苷类、有机酸类、醌类、酚类及香豆素类等多种中药成分的分离和含量测定。其中，生物碱在缓冲体系中大多带有部分正电荷，一般可用毛细管区带电泳模式；蒽醌类化合物结构中多有羟基和羧基，可采用 CZE 和 MECC 分析。

（2）中药复方制剂的成分分析：如 CE 法测定戊己丸中盐酸小檗碱与芍药苷的含量；MECC 法分析小承气汤中大黄、枳壳、厚朴等药味所含柑橘苷、厚朴酚、大黄素、番泻苷等 6 种不同的活性成分，可在 20 分钟内将上述成分基线分离，并可做定量分析。

（3）在中药鉴定中的应用：如采用 HPCE 法对不同属群的大青叶药材进行研究，结果表明，异地栽培的不同居群大青叶酸性提取液的化学成分及含量有显著差别，依据电泳图谱中特征峰的迁移时间和峰面积，能有效地鉴别大青叶的不同来源。

（4）中药指纹图谱的应用：CE 在中药指纹图谱的应用主要用于中药单味药、复方及其制剂指纹图谱建立。中药单味药、复方及其制剂是多组分复杂体系，CE 多种分离模式提供独特的选择性分离复杂样品的优势，其体现在分离效率、选择性、快速与经济性等方面，弥补了 HPLC 或 UPLC 在中药单味药、复方及其制剂中全成分表征难点和局限性，可完善单味药、复方及其制剂指纹图谱评价，全面反映中药单味药、复方及其制剂中所含化学成分的种类与数量，进而对药品质量进行整体描述和评价，客观全面地反映其质量的真实性、优良性和稳定性。

（5）中药代谢、蛋白质组学分析的应用：电泳作为一种高效的分离技术，与高选择性及高灵敏度的质谱联用，可使 CE-MS 系统的灵敏度显著提高，弥补了 CE 在定性方面的缺陷。在实验对象组织、细胞、体液等复杂样品的代谢、蛋白质组学分析等方面提供支撑。

3. 手性对映体分离分析 由于 CE 的分离效率高、分离模式多和分析时间短等优点，CE 在分离手性对映体方面的应用发展很快。其方法之一是让手性对映体和某些试剂反应后，利用两对映体产物间微小差别用 CE 进行分离。常用的手性选择剂有环糊精、冠醚、手性选择性金属络合物、胆酸盐、手性混合胶束等。目前在相关机制研究上，已提出 CE 分离手性对映体的数学模型。

4. 疾病预防控制领域的应用 CE 具有分离时间短、分析效率高、试剂用量少的优势，在聚合酶链式反应产物分析、核酸序列测定、DNA 变异和分型分析、食源性致病微生物分析及疫苗分析等工作中 CE 发挥了重要作用。

六、连续电泳

连续电泳是指使用相同孔径的凝胶、相同缓冲系统的样品缓冲液、凝胶缓冲液和电极缓冲液，pH 恒定，离子强度不同的区带电泳。连续电泳分离蛋白质时，由于分子筛效应不明显，一般多用于分离组分比较简单的样品，且没有堆积胶的浓缩作用，分辨率低，加样时必须加成一条极窄的带，以使样品能很好地分离，适合分离 pH 敏感的蛋白质样品。

七、案例分析

案例 11-1 血塞通滴丸中五种皂苷的分离

目前临床常用的三七总皂苷制剂以口服制剂和注射制剂为主，包括血塞通软胶囊、血塞通滴丸、血塞通颗粒、血塞通分散片、血塞通片、血栓通胶囊、血塞通注射液、注射用血塞通（冻干）、血栓通注射液、注射用血栓通（冻干）等，在心脑血管疾病、呼吸系统疾病、泌尿系统疾病、消化系统疾病等治疗中发挥重要作用。血塞通滴丸是根据血塞通片（主要成分为三七总皂苷）处方，利用固体分散技术制成的丸剂，具有活血祛瘀、通脉活络等功效，具有抑制血小板聚集和增加脑血流量的作用，临床常用于脑络瘀阻、胸痹心痛、脑血管后遗症、冠心病心绞痛、中风偏瘫和胸痹心痛等症。三七总皂苷主要成分含三七皂苷 R_1、人参皂苷 Rg_1、人参皂苷 Re、人参皂苷 Rb_1、人参皂苷 Rd。其中人参皂苷 Rb_1、人参皂苷 Rd 是人参二醇型皂苷，三七皂苷 R_1、人参皂苷 Rg_1、人参皂苷 Re 是人参三醇型皂苷。在血塞通滴丸中上述 5 种皂苷总量高于 75%，如何从其他成分中分离出来，并测定其含量?

问题： 查阅有关文献，如何根据已知条件将血塞通滴丸中三七皂苷 R_1、人参皂苷 Rg_1、人参皂苷 Re、人参皂苷 Rb_1、人参皂苷 Rd 与其他成分分离，并进行含量测定? 对设计的分离方案进行分析比较，要求技术上的可行性，还要体现经济性、环保性。

分析讨论：

已知： 三七皂苷 R_1、人参皂苷 Rg_1、人参皂苷 Re、人参皂苷 Rb_1、人参皂苷 Rd 5 种皂苷是血塞通滴丸中的主要药效成分，按照《中华人民共和国药典》（2020 年版）规定，以三七总皂苷为主要成分的口服制剂，三七皂苷 R_1、人参皂苷 Rg_1、人参皂苷 Re、人参皂苷 Rb_1、人参皂苷 Rd 5 种皂苷总量不低于 75%，且 5 种皂苷是质量控制的指标性成分，需要分离并进行定量分析。

找寻关键： 如何根据三七皂苷 R_1、人参皂苷 Rg_1、人参皂苷 Re、人参皂苷 Rb_1、人参皂苷 Rd 与其他成分电泳淌度的差异，以及 5 种皂苷各自电泳淌度的差异，筛选合理、简便的分离方法，并进行 5 种皂苷的含量测定?

分离方案设计：

1. MEKC 色谱条件 毛细管电泳系统配有二极管列阵检测器（photodiode array detector，PDA），0mmol/L 硼砂－20mmol/L 硼酸（pH 8.5），55mmol/L^{-1} SDS，23mmol/L β- 环糊精，13% 异丙醇；检测波长 203nm；分离电压 20kV；工作温度 25℃；工作电流 35.8μA；3.4kPa 压力进样 5 秒；运行 25 分钟；毛细管柱用 0.1mol/L NaOH 冲洗 2 分钟，水冲洗 10 分钟。两次进样间依次用 0.1mol/L NaOH 冲洗 2 分钟，水冲洗 2 分钟，运行缓冲液冲洗 10 分钟，以减少毛细管壁吸附，提高实验重复性和稳定性。

2. 供试品溶液和混合对照品溶液制备 血塞通滴丸甲醇超声至完全溶解后定容，使用前经过 0.22μm 有机微孔滤膜过滤，取续滤液分析；三七皂苷 R_1、人参皂苷 Rg_1、人参皂苷 Re、人参皂苷 Rb_1 和人参皂苷 Rd 对照品用 50% 甲醇制成每 1ml 分别含 0.290mg、0.984mg、

表 11-2　5 种皂苷的结构信息

结构	成分	R_1	R_2	R_3	M. F.	F.W.
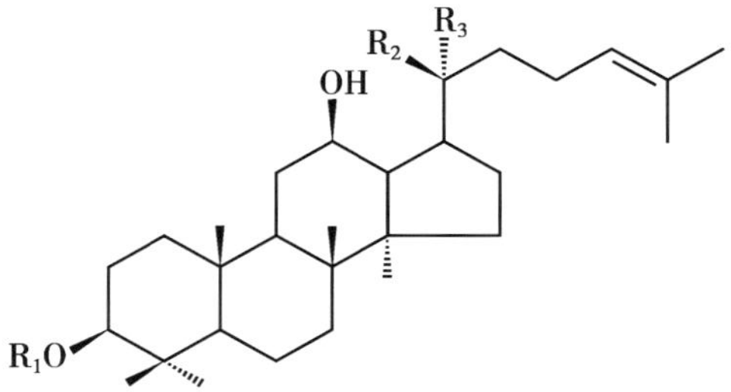	人参皂苷 Rb_1	Glc(2→1)Glc	O-Glc(6→1)Glc	CH_3	$C_{54}H_{92}O_{23}$	1 108
	人参皂苷 Rd	Glc(2→1)Glc	O-Glc	CH_3	$C_{48}H_{82}O_{18}$	946
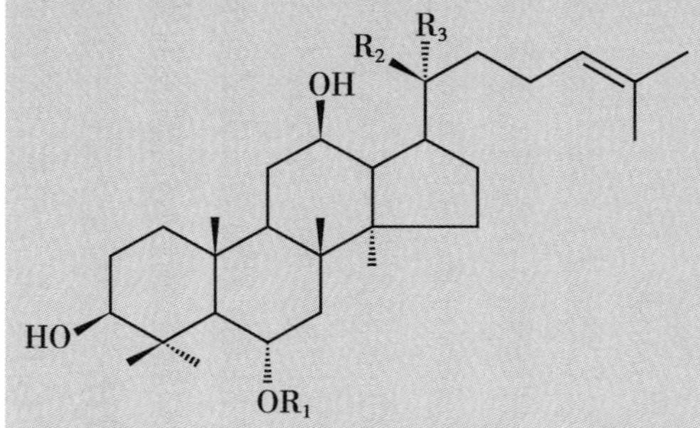	人参皂苷 Re	Glc(2→1)Rha	O-Glc	CH_3	$C_{48}H_{82}O_{18}$	946
	三七皂苷 R_1	Glc(2→1)Xyl	O-Glc	CH_3	$C_{47}H_{80}O_{18}$	932
	人参皂苷 Rg_1	Glc	O-Glc	CH_3	$C_{42}H_{72}O_{14}$	800

0.202mg、0.984mg、0.302mg 的混合对照品溶液，使用前经过 0.22μm 有机微孔滤膜过滤，取续滤液分析。

假设：如采用 HPLC-PDA 分析，会出现何种情况？

分析评价：根据表 11-2 中 5 种皂苷的结构信息可知，人参三醇型三七皂苷 R_1 与人参皂苷 Rg_1 的差异仅是 C-3 位链接甲基五碳糖和五碳糖的差异，人参皂苷 Rg_1 和人参皂苷 Re 的差异是 C-3 位相差一个甲基五碳糖；人参二醇型皂苷人参皂苷 Rb_1 和人参皂苷 Rd 的差异是 C-20 位相差一个六碳糖。一般情况下，采用 HPLC-PDA（分配层析方法）分析方法分析人参三醇型皂苷人参皂苷 Rg_1 和人参皂苷 Re，分析时间长，且难以完全基线分离，不能分别定量分析人参皂苷 Rg_1 和人参皂苷 Re 含量（常以人参皂苷 Rg_1 和人参皂苷 Re 总量定量）；人参二醇型皂苷人参皂苷 Rb_1 和人参皂苷 Rd 容易受其他成分干扰，定量困难。

三七皂苷 R_1、人参皂苷 Rg_1、人参皂苷 Re、人参皂苷 Rb_1 和人参皂苷 Rd 5 种皂苷为中性化合物，利用毛细管电泳的多种分离模式优势，通过有机改性剂种类和浓度、SDS 浓度和样品溶剂的优化，可实现人参三醇型三七皂苷 R_1、人参皂苷 Rg_1、人参皂苷 Re，以及人参二醇型皂苷人参皂苷 Rb_1 和人参皂苷 Rd 可利用电泳技术进行分离。毛细管区带电泳和胶束动电毛细管电泳多用于皂苷类成分的分离分析。

相比较于常用的 HPLC-PDA 分析方法分析三七皂苷 R_1、人参皂苷 Rg_1、人参皂苷 Re、人参皂苷 Rb_1 和人参皂苷 Rd 5 种皂苷，毛细管电泳具有高效、灵敏、快速、样品前处理过程简单、成本低、环境污染小等优势。

案例 11-2　蚓激酶的分离

已知：蚓激酶（lumbrokinase，LK）又称蚯蚓纤溶酶，是一类来源于蚯蚓的具有纤溶活性蛋白酶的总称。文献报道蚓激酶的主要成分是一组来源于蚯蚓的丝氨酸蛋白酶，包括纤维蛋白溶酶、纤维蛋白溶酶原激活物以及类似组织型纤维蛋白溶酶原激活物等。蚓激酶为酸性蛋白质，分子量为 1.6 万～4.5 万。蚓激酶为抗血栓药，其可降低纤维蛋白原含量、缩短优蛋白溶解时间、降低全血黏度及血浆黏度、增加 t-PA 活性、抑制纤溶酶原激活物的活性降低、纤维蛋白降解产物增加等。临床上主要用于血栓性疾病，尤其适用于伴纤维蛋白原增高及血小板聚集率增高的患者。用于缺血性心脑血管疾病，可改善症状、防止病情发展。

问题：查阅有关文献，根据蚓激酶的性质，选择有效的分离纯化方法，设计分离纯化工艺路线，对设计的工艺路线进行分析比较，不仅要求技术上的可行性，还要体现经济性、环保性。

分析讨论：蚓激酶的分离纯化多采用阴离子交换色谱和亲和色谱联合分离方法，先利用阴离子交换色谱进行分离，去除其他成分的干扰后，利用亲和色谱进行富集分离可得到蚓激酶。多色谱组合存在分离操作复杂、耗时长、回收效率低等不足。

已知：根据案例和查阅文献信息可知，蚓激酶为酸性蛋白质，分子量为 1.6 万～4.5 万，蚓激酶的溶纤活性相关的关键蛋白质是纤溶酶和激酶。

找寻关键：根据电泳技术分离特点，利用蚓激酶与其他成分电泳淌度的差异进行分离。

分离工艺设计：

（1）利用 SDS-PAGE 常用于测定蛋白质的分子量和蛋白分离过程中纯度的检测，先测定蚓激酶与其他成分及蛋白质的分子量分布情况。

（2）分离纯化蚓激酶工艺1：利用蚓激酶分子量与其他成分及蛋白质不同，选择聚丙烯酰胺凝胶电泳，利用其分子筛优势，小分子的蛋白质可以容易的通过凝胶孔径，阻力小，迁移速度快；大分子蛋白质则受到较大的阻力而被滞后，不同蛋白质在电泳过程中就会根据其各自分子量的大小而被分离。

（3）分离纯化蚓激酶工艺2：利用蚓激酶与其他成分及蛋白质等电点的差异，选择等电聚焦电泳进行分离。

（4）溶液的配制：配制10mmol/L的磷酸溶液和20mmol/L氢氧化钠溶液，以及pH 3～10的两性电解混合液和1.0mg/ml蚓激酶溶液。配制浓度为2.0%（V/V）的蚓激酶两性电解溶液。

（5）制备pH 3～10梯度聚丙烯酰胺凝胶或聚丙烯酰胺凝胶电泳，点样和进行电泳分析。

（6）洗柱：依次用10mmol/L的磷酸溶液和水洗柱1分钟，运行缓冲液5分钟。

（7）利用SDS-PAGE测定分离纯化蚓激酶的分子量情况。

假设：如果凝胶电泳的pH选择酸性范围会出现什么情况？

分析评价：相较于多色谱组合分离方法，电泳技术分离方法具有简单、方便、制备效率高、成本低等优势，是蛋白质、核酸等生物活性成分分离分析的重要方法。相比较于阴离子交换色谱或亲和色谱来说，电泳技术分离方法具有高灵敏度、高效率、高通量检测等优势。

学习思考题

1. 毛细管电泳适合哪些化学成分的分离？相比较于HPLC有哪些优势？
2. 选择SDS-PAGE分离蚓激酶类活性成分需要考虑哪些注意事项？
3. 利用等电聚焦电泳分离原理分离酸性蛋白质或核酸，如何进行条件优化？
4. 简述常见电泳的分类及其特点。
5. SDS-PAGE分离基本原理是什么？适用特点是什么？
6. 简述影响电泳迁移率的主要影响因素。
7. 聚丙烯酰胺凝胶电泳的基本原理是什么？适用特点是什么？
8. 简述高效毛细管电泳在中药分析中的应用。

ER11-6 第十一章 目标测试

（余河水 陈万仁）

参考文献

[1] 郭立玮. 制药分离工程. 北京：人民卫生出版社，2014.

[2] 罗永明. 中药化学成分提取分离技术与方法. 上海：上海科学技术出版社，2016.

[3] 陈义. 毛细管电泳技术与应用. 3版. 北京：化学工业出版社，2017.
[4] 郭立玮. 中药分离原理与技术. 北京：人民卫生出版社，2010.
[5] 梁玉，张丽华，张玉奎. 毛细管电泳 - 质谱联用技术及其在蛋白质组学中的应用. 色谱，2020，38(10)：1117-1124.
[6] 许旭，陈钢，刘浩. 毛细管电泳用于药物分析的研究进展. 色谱，2020，38(10)：1154-1169.
[7] 朱超，赵新颖，杨歌，等. 毛细管电泳与核酸适配体高效筛选. 分析化学，2020，48(5)：583-589.
[8] 杨歌，赵毅，韩诗邈，等. 毛细管电泳法筛选脱铁转铁蛋白的核酸适配体及筛选影响因素分析. 分析化学，2020，48(5)：632-641.
[9] 李淑楠，侯一哲，彭乐，等. 胶束电动色谱法测定血塞通滴丸5种皂苷类成分及其批次质量一致性评价方法研究. 中国中药杂志，2021，46(22)：5832-5838.
[10] 国家中医心血管病临床医学研究中心，中国医师协会中西医结合医师分会，中国中西医结合学会活血化瘀专业委员会，等. 三七总皂苷制剂临床应用中国专家共识. 中西医结合杂志，2021，40(10)：1157-1167.
[11] 林长缨，丁晓静. 毛细管电泳技术在疾病预防控制领域的应用、发展与挑战. 色谱，2020，38(9)：999-1012.
[12] 王芳，王松，丛海林，等. 基于毛细管电泳 - 质谱联用技术的代谢 / 蛋白质组学分析. 色谱，2020，38(9)：1013-1021.

第十二章　结晶分离

ER12-1　第十二章
结晶分离(课件)

1. **课程目标**　在了解晶体特性和结晶形成过程的基础上，掌握结晶过程热力学和动力学的基本知识。理解制药工业中所涉及的结晶技术的基本原理及其应用，了解典型结晶设备的结构及工作原理。培养学生分析、解决结晶工艺研究和工业化生产中复杂问题的能力，使学生能综合考虑不同结晶技术中环保、安全、职业卫生及经济方面的因素，从而能够选择或设计适宜的结晶技术和工艺。
2. **教学重点**　结晶过程的各种必要条件；影响晶体质量提高的各种因素；结晶技术的应用和结晶设备使用注意事项。

第一节　概述

固体物质以晶体形态从溶液、熔融混合物或蒸气中析出的过程称为结晶(crystallization)，结晶是获得纯净固态物质的重要方法之一。

在化工、冶金、制药、材料、生化等工业生产中，许多产品和中间产品都是以晶体的形态出现的，因此都包含结晶这一单元操作。例如，海水制盐就是一个典型的结晶过程；一些重要的抗生素(青霉素、红霉素等)的生产一般都包括结晶操作。在高新技术领域，结晶操作的重要性也与日俱增，如催化剂行业中超细晶体的生产以及新材料工业中超纯物质的净化都离不开结晶技术。

与其他分离过程比较，结晶过程的主要特点是：能从杂质含量很多的溶液或多组分熔融态混合物中获得非常纯净的晶体产品，结晶产品外观好，在产品的包装、储存、运输和使用上都较方便；对于许多其他方法难以分离的混合物系，如共沸物系、同分异构体物系及热敏性物系等，采用结晶分离往往更为有效；由于熔化热和结晶热比蒸发热要低得多，结晶操作的能耗低，可在较低温度下进行，故对设备的材质要求不高，装置比较简单，操作相对安全，三废的排放少；结晶是多相、多组分的复杂传热传质过程，也涉及表面反应过程，不仅存在晶体粒度和粒度分布的问题，而且对于混合物的完全分离，一次结晶往往是不够的，需要多次重结晶和再结晶。

结晶过程一般可分为溶液结晶、熔融结晶、升华结晶和沉淀结晶四类，其中溶液结晶是化学工业中最常采用的结晶方法，本章将重点讨论溶液结晶过程。

一、结晶的基本概念及原理

（一）结晶的基本概念

晶体是化学组成均一、具有规则形状的固体物质，组成它的微观质点（原子、离子或分子）在三维空间做有序排列，形成有规则的多面体外形，称为结晶多面体。多面体的表面称为晶面，棱边称为晶棱。

为了清楚地表示晶体中原子排列的规律，将原子简化为一个质点，再用假想的线将它们连接起来，形成一个能反映原子排列规律的空间格架，称为晶格。晶格中能够完整地反映晶体晶格特征的最小几何单元，称为晶胞。晶体内部每一质点的晶格都相同，因此晶体中各部分的宏观物理性质（如密度、熔点等）及化学组成都相同。晶体的这一特性保证了晶体产品具有高纯度。晶体按其晶格结构的不同分为七种不同的晶系，即立方晶系、四方晶系、六方晶系、立交晶系、单斜晶系、三斜晶系、三方晶系。各晶系的晶格空间结构如图 12-1 所示。对于不同的物质，所属晶系可能不同。对于同一种物质在不同的条件下可以形成不同的晶系，也可能是两种晶系的混合物。

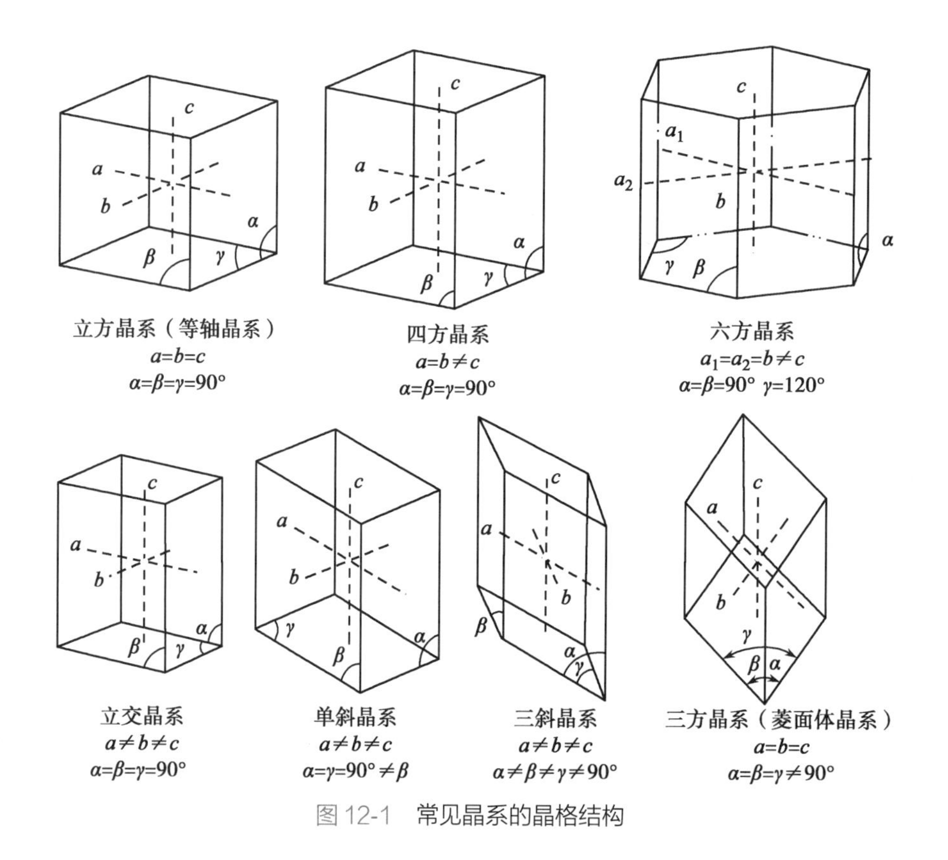

图 12-1 常见晶系的晶格结构

化学组成相同的物质，在不同的物理化学条件下，能结晶成两种或多种不同结构晶体的现象，称为多晶型现象。药物的多晶型现象，在制药生产中尤其重要。对于同一种药物，即使分子组成相同，若其微观或宏观形态不同，其药效或毒性也不同。如氯霉素、利福平、林可霉素等抗菌药，能形成多种类型晶体，但只有一种或两种晶型的药物才有药效。有的药品一旦晶型改变，对病人可能由良药变为毒药。所以对于医药生产，结晶绝不是一种简单的提纯手段，而是制取具有医药活性及特定固体药物的一个不可缺少的关键手段。医药对于晶型和固体形态的严格要求，赋予了医药结晶过程不同于一般工业结晶过程的特点，它对结晶工艺过程和结晶器的构型提出了异常严格的要求。只有在特定的结晶工艺条件和特定的物理场环境下，才能生产出特定晶型的医药产品；也只有特定构型的结晶器，才能保证特定的流体力学条件，才能保证生产出的医药产品具有所要求的晶体形状与粒度分布。

（二）结晶的原理

溶质从溶液中结晶出来要经历两个步骤：首先要产生微观的晶粒作为结晶的核心，这个核心称为晶核。然后晶核长大，成为宏观的晶体，这个过程称为晶体生长。无论是成核过程还是晶体生长过程，都必须以浓度差，即溶液的过饱和度作为推动力。溶液的过饱和度的大小直接影响成核和晶体生长过程的快慢，而这两个过程的快慢又影响着晶体产品的粒度分布。因此，过饱和度是结晶过程中一个极其重要的参数。

在结晶器中由溶液结晶出来的晶体与余留下来的溶液所构成的混合物，称为晶浆，通常需要用搅拌器或其他方法让晶浆中的晶体悬浮在液相中，以促进结晶的进行，因此晶浆也称为悬浮体。晶浆去除了悬浮于其中的晶体后所余留的溶液称为母液。工业上，通常在对晶浆进行固液分离以后，再用适当的溶剂对固体进行洗涤，以尽量除去由于黏附和包藏母液所带来的杂质。

按照结晶过程中过饱和度形成的方式，可将溶液结晶分为两大类：移除部分溶剂的结晶和不移除溶剂的结晶。也可按照操作是否连续，将结晶操作分为间歇式和连续式，或按有无搅拌装置分为搅拌式和无搅拌式等。

二、制药工业中常用的结晶方法及晶型分析法

（一）制药工业中常用的结晶方法

结晶技术作为医药公司生存和发展的动力，作为药品质量保证的核心技术，在医药工业中得到了广泛的应用。在医药生产中，溶液结晶、熔融结晶、反应结晶及偶合结晶技术的开发和应用进展十分迅速。现代结晶技术的应用已经脱离了传统工业中单纯地提纯和精制药品，更多地是通过结晶技术来实现对药物晶体形态的控制，以达到提高药效和生物活性的目的。

1. 溶液结晶技术在医药生产中的应用 溶液结晶是指采用一定的技术（如蒸发、冷却或者加入溶析剂等）使得溶液处于过饱和状态，从而使溶质自动从溶液中析出的过程，主要包括过饱和溶液的形成、晶核的形成及生长三个步骤。溶液结晶过程中影响晶体质量的因素是复杂多样的，工业生产中通过控制过饱和度、降温速率、搅拌速率、晶种的加入、溶析剂的加入等方法来实现对药品晶形和晶体粒度分布（crystal size distribution，PSD）的控制。根据达到过饱和的技术不同，将溶液结晶主要分为蒸发结晶、冷却结晶和溶析结晶三种。

（1）蒸发结晶：蒸发结晶是指在常压或减压的条件下对溶液进行加热，以除去部分溶剂，使溶液浓缩并产生过饱和度，最终析出晶体产品。它的不足之处是较其他结晶方法能耗大，随着温度的升高会使热敏性药物发生变性，且容易导致加热面上结垢。在实际生产过程中通常采用真空蒸发的方式进行结晶，目的在于降低操作的温度，减少能量消耗。工业上采用蒸

发结晶进行药物分离的例子包括青霉素、庆大霉素提取液的浓缩结晶等。

加热是蒸发结晶的重要手段之一，该过程的推动力是加热介质与物料之间的温差，温差越高，设备蒸发的效率也会提高。由于溶液沸点的改变，导致温度不断变化，所以该结晶过程有着操作不稳定，难以控制，会出现产品结块、粘壁，甚至堵塞加热器的缺点。

（2）冷却结晶：作为操作简单且常用的一种结晶方法，冷却结晶通过对溶液进行降温最终产生过饱和度而析出晶体。如对乙酰氨基酚、牛磺酸等药品的精制过程，就是将粗品加入水中，升温至全部溶解，加入活性炭除色，调节 pH，分别降温至 20℃和 10℃，析出结晶。

工业上，冷却结晶一般分为间接换热冷却结晶和直接冷却结晶两种。间接冷却换热结晶是指溶液通过夹套中的冷却剂提供的冷量进行降温结晶，如维生素、盐酸帕罗西汀等的生产。它的缺点是容易在冷却表面结垢，导致换热效率下降；直接冷却结晶技术是指溶液与冷却介质直接混合制冷，克服了上述的缺点，但是容易造成溶液的污染。

（3）溶析结晶：溶析结晶是在溶液中加入某种溶剂，从而降低溶质在溶液中的溶解度并最终析出产品。加入的溶剂通常被称为溶析剂或者沉淀剂，常用的物质有氯化钠、硫酸铵等盐类溶液、气体、醇类和酮类等。它的特点是适合于低温条件下操作，对于热敏性药物的提纯精制有着得天独厚的优势；且结晶过程能量消耗极低，如采用溶析制备 NaCl 晶体时，比四效蒸发结晶的能耗降低了约 29%。制药工业中，溶析结晶技术的应用有制备晶种、药物中间体等。如向巴龙霉素硫酸盐的浓缩液中加入 11 倍体积的质量分数为 95% 的乙醇，即可溶析得到巴龙霉素硫酸盐晶体。再如左旋氨氯地平的生产过程中，温度为 25℃，以二氯甲烷为溶剂，正庚烷为溶析剂，搅拌速度为 300r/min，生产的产品纯度达到了 99.6%，且收率也明显提高，该过程简单易于操作。

溶析结晶过程需要注意的是选择合适且绿色环保的溶析剂，好的溶析剂可以保留更多的杂质，提高药物产品的纯度，这也将是未来溶析剂发展的方向。

2. 熔融结晶技术在医药生产中的应用 熔融结晶是利用固 - 液相平衡来实现物质分离与纯化的过程。熔融结晶分为结晶和发汗两个过程。熔融液经过结晶后，晶体在结晶器壁上析出，在晶体的表面和内部还包藏有部分杂质，所以粗晶体要经过发汗过程来提纯。发汗是将含有杂质的结晶，缓慢升高温度到接近熔点（平衡温度），含杂质较多的局部晶层熔点较低，首先熔化而从晶体内部渗出的现象，它是建立在传热、传质和固液相平衡理论基础之上的操作过程。发汗后晶体的纯度不仅与加热速率有关，而且与晶层的形成和生长过程有关，降温速率快、结晶温度低会增加晶层的厚度，杂质也会增多，这样，发汗提纯的效果就越好。制药工业中采用熔融结晶技术主要是用于分离提纯药物同分异构体、中间体和精细化工药品。如异喹啉可以用于合成药物及杀虫剂，相关专利报道了异喹啉的提纯分离技术，可以将含量为 85% 的异喹啉经过熔融结晶制得纯度在 99% 以上。

熔融结晶的优点是相比于精馏过程能耗少，操作条件温和，数据表明熔融热只是蒸发热的 1/4～1/2，制得产品的纯度高（纯度 >99.99%），环境污染少，不需要加入其他溶剂。它的缺点是晶体生长缓慢，工业中需要大量的设备运行。而且结晶过程中要保持溶液中温度的均匀分布，所以生产中对熔融结晶装备有特别的要求。

3. 反应结晶技术在医药生产中的应用 反应结晶或反应沉淀结晶均属于沉淀结晶的范

畴，其原理是借助两个或两个以上的可溶物质发生化学反应生成溶解度很小的新物质，形成过饱和溶液并析出晶体，过滤分离得到产品。反应沉淀结晶法的特点是反应时间短、过饱和度高、成核迅速，可以使一些易生成沉淀的物质与其他组分分离，从而实现提纯精制的目的。医药工业中用反应结晶技术来生产的产品有青霉素、7- 氨基头孢烷酸、7- 氨基脱乙酰氧基头孢烷酸等。

4. 偶合结晶技术在医药生产中的应用 将传统的结晶技术与新型分离技术进行有效组合，或者将两种以上的分离技术组合成一种极具效率的集成化结晶操作单元，以期达到提高产品选择性和收率，最终实现工业化生产的目的，这就是偶合结晶技术。偶合结晶是制药工艺中结晶分离技术未来主要的发展趋势之一。近年来，人们关注的偶合结晶技术有精馏 - 结晶技术、离解萃取结晶技术、膜偶合结晶技术、超临界流体萃取结晶技术及传统结晶技术之间的偶合等。例如，在青蒿素的精制工艺中采用超临界流体技术偶合重结晶技术，就大大地降低了其成本。

（二）制药工业中常用的晶型分析法

在对药物晶型的研究中，晶型的检测分析技术一向是备受关注的领域。目前应用于晶型领域的检测方法，根据其技术原理可以大体分为以下几种。①衍射分析：包括单晶 X 射线衍射分析、粉末 X 射线衍射分析，属药物晶型研究的权威技术方法；②热分析：主要包括差示扫描量热分析、热重分析、熔点分析等，适用于热力学性质差异较大或含有结晶溶剂、结晶水的晶型物质；③光谱分析：主要包括红外光谱、近红外光谱、拉曼光谱等；④波谱分析：如固态核磁共振法；⑤显微分析：包括光学显微镜、扫描电子显微镜、热载台显微镜、偏光显微镜等；⑥其他方法：如近年来兴起的太赫兹、动态水吸附等。

在进行晶型质量控制时，原料药的质量控制相对来说较为简单，上述涉及的各种方法，只要是对这个药物不同晶型物质有特征性的都可以用于其定性控制。在定量质量控制方面，粉末 X 射线衍射方法最为常用，也可应用差示扫描量热、红外光谱、拉曼光谱、固态核磁共振波谱法等。但是，对于复杂多成分组成的药物制剂而言，其制剂中原料药晶型的定性与定量检测通常只能依赖于粉末 X 射线衍射分析，其分析优势是由粉末 X 射线衍射为物相鉴别方法的原理所决定的。

三、药物结晶对其生物利用度及药效的影响

生物利用度是活性成分（药物或代谢物）进入人体循环的分量和速度，从而使活性成分进入作用部位。固体药物由于多晶型自由能之间差异以及分子间作用力不同，导致样品的溶解度有差异，可造成药物生物利用度不同，从而影响药物在体内的吸收，产生药效差异。药物多晶型在稳定性方面，可将其分为稳定型、亚稳定型和不稳定型。我们知道，稳定型熔点高、化学稳定性较好，但溶出速度慢，溶解度小，所以生物利用度最差。而不稳定型则由于其溶出速度快，溶解度大，生物利用度最高。亚稳定型介于稳定型和不稳定型之间，储存一段时间会向稳定型转变。如尼莫地平的低熔点型在常温下大于高熔点型的溶解度，从而其低熔点型的生物利用度高。药物多晶型对生物利用度的影响普遍存在，但不是所有多晶型对生物利用度都

有显著差异。

晶型对药物药效的影响是目前药学界比较关心的问题，同一药物在疗效上的差异，其原因除了生产工艺的不同而产生的质量差异之外，另一个可能因素就是药物晶型的影响。药物的不同晶型，由于溶解度和溶出速率的不同，从而影响生物利用度，进而导致临床疗效的差异。文献报道西咪替丁存在 A、B、C 等多种晶型，仅 A 型最有效，国产的西咪替丁一般并非完全是 A 型，从而影响了疗效。抗溃疡药法莫替丁有 4 种晶型，其熔点、红外光谱及理化性质差异明显，抑制胃酸分泌的活性 B 型大于 A 型。有些药物，结晶状态反而不如非晶型疗效好，如无定型的新生霉素混悬剂。

第二节　结晶过程的理论基础

一、结晶成核过程热力学

（一）相平衡与溶解度

任何固体物质与其溶液相接触时，如溶液尚未饱和，则固体溶解；如溶液已过饱和，则该物质在溶液中的逾量部分将会析出。但如果溶液恰好达到饱和，则固体溶解与析出的速率相等，此时固体与其溶液已达相平衡。固体与其溶液间的这种相平衡关系，通常可用固体在溶剂中的溶解度来表示。物质的溶解度与其化学性质、溶剂的性质及温度有关。一定物质在一定溶剂中的溶解度主要随温度变化，而随压力的变化很小，可忽略不计。因此，溶解度的数据通常用溶解度对温度所标绘的曲线来表示。图 12-2 为某些无机盐在水中的溶解度曲线。

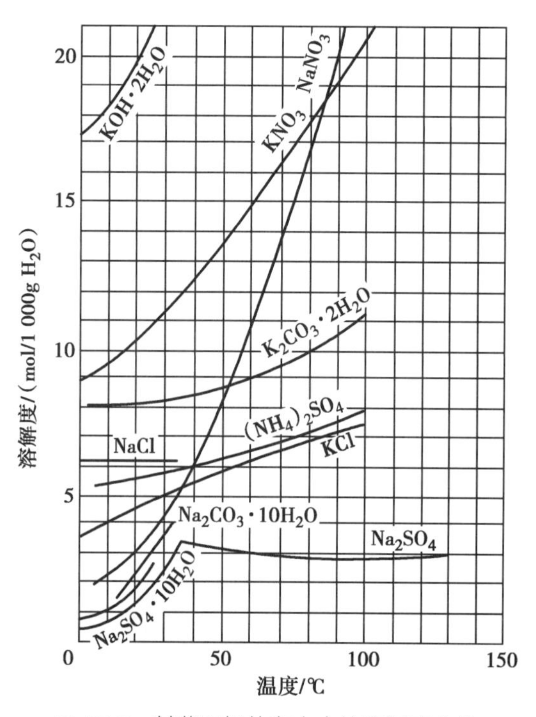

图 12-2　某些无机盐在水中的溶解度曲线

由图 12-2 可见，固体物质的溶解度曲线有三种类型：第一类是曲线比较陡，表明这些物质的溶解度随温度升高而明显增大，如 $NaNO_3$、KNO_3 等；第二类是曲线比较平坦，表明溶解度受温度的影响不显著，如 NaCl、$(NH_4)_2SO_4$ 等；第三类是溶解度曲线有折点（变态点），它表示其组成有所改变，这主要是一些可形成晶体水合物的物质，例如 $Na_2SO_4 \cdot 10H_2O$ 随温度升高转变为 Na_2SO_4（变态点温度为 32.4℃）。这类物质的溶解度随温度的升高反而减小。物质的溶解度曲线的特征对于结晶方法的选择起决定性的作用。对于溶解度随温度变化敏感的物质，可选用变温方法结晶分离；对于溶解度随温度变化缓慢的物质，可用蒸发结晶的方法（移除一部分溶剂）分离。不仅如此，通过物质在不同温度下的溶解度数据还可以计算结晶过程的理论产量。

（二）溶液的过饱和与介稳区

溶液饱和时溶质不能析出，溶质浓度超过该条件下的溶解度时，该溶液称为过饱和溶液。过饱和溶液达到一定的浓度时会有溶质析出，开始形成新的固相时，过饱和浓度和温度的关系可用过饱和曲线描述，如图 12-3 所示。

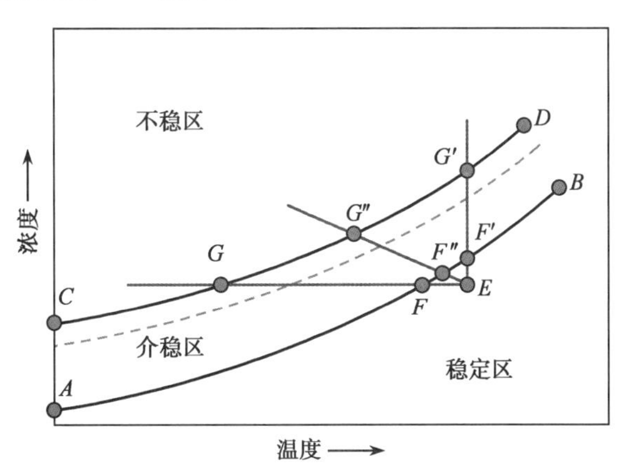

图 12-3　溶液的过饱和与超溶解度曲线

图 12-3 中 *AB* 线为溶解度曲线，*CD* 线为过饱和曲线，与溶解度曲线大致平行。*AB* 曲线以下的区域为稳定区，在此区域的溶液尚未达到饱和，因而没有结晶的可能。*AB* 曲线以上是过饱和区，此区又可分为两个部分：*AB* 线和 *CD* 线之间的区域称为介稳区，在此区域内不会自发地产生晶核，但如果溶液中加入晶体，则能诱导结晶进行，这种加入的晶体称为晶种；*CD* 线以上是不稳区，在此区域内能自发地产生晶核。由图 12-3 可知，将初始状态为 *E* 点的洁净溶液冷却至 *F* 点，溶液刚好达到饱和，但没有结晶析出；当由点 *F* 继续冷却至 *G* 点，溶液经过介稳区，虽已处于过饱和状态，但仍不能自发地产生晶核（不加晶种的情况下）；当冷却超过 *G* 点进入不稳区后，溶液才能自发地产生晶核。另外，也可以采用在恒温的条件下蒸发溶剂的方法，使溶液达到过饱和，如图中 *EF'G'* 所示。或者采用冷却与蒸发相结合的方法，如图中 *EF''G''* 所示，可以完成溶液的结晶过程。

二、制药工业结晶过程晶体生长动力学

（一）晶核的形成

晶核是过饱和溶液中初始生成的微小晶粒，是晶体生长过程必不可少的核心。晶核的形

成机理尚无成熟的理论。一般认为，溶液中的溶质以分子、离子或原子为单元进行着快速无规则运动，由于碰撞作用运动单元会结合在一起，当结合的溶质足够多，能够形成一个有明确边界的新物相粒子时，晶胚就出现了。根据溶液过饱和度的不同，当晶胚大小达到临界半径时，新晶核就形成了。在介稳区内，洁净的过饱和溶液还不能自发地产生晶核。只有进入不稳区后，晶核才能自发地产生。这种在均相过饱和溶液中自发产生晶核的过程称为均相初级成核。如果溶液中混入外来固体杂质粒子，则这些杂质粒子对初级成核有诱导作用。这种在非均相过饱和溶液（混入了固体杂质颗粒）自发产生晶核的过程称为非均相初级成核。

由于真实料液中总是包含有固形微粒，存在很大的非均相界面，所以通常的初级成核多为非均相成核。因为非均相微粒尺寸的不确定性及界面性质的复杂性，使用热力学理论推导出来初级成核速率方程并不方便。在应用中通常使用简单的经验公式

$$B = k\Delta c^p \qquad \text{式(12-1)}$$

式中，B 为非均相成核速率；k、p 为常数；Δc 为料液中溶质的实际浓度与其饱和溶解度的差值。

上式表明，晶体的初级成核速率正比于过饱和浓度差 Δc 的 p 次幂。

另外，一种成核过程是在有晶体存在的过饱和溶液中进行的，称为二次成核。二次成核也属于非均相成核过程，它是在晶体之间或者晶体与其他固体（器壁、搅拌器等）碰撞时所产生的微小晶粒的诱导下发生的。由于可在较低的过饱和度下发生，在实际生产过程中，二次成核是晶核的主要来源。

由于二次成核涉及的参数和问题较多，有关的定量理论关系还未建立，目前研究认为主导二次成核过程的机制有剪切力成核和接触成核。在晶体生长过程中，在剪切力和碰撞导致的冲击力作用下，会有碎片微粒从晶体上脱离下来，当该微粒尺寸大于溶液所对应的临界半径时，就会成为新晶核。二次成核速率是过饱和度的函数，同时受到晶体密度、搅拌强度、料液温度等因素的影响。这里给出一个经验表达式

$$B = k\Delta c^l \rho^m p^n \qquad \text{式(12-2)}$$

式中，B 为二次成核速率，m^3/s；k 为常数，是温度的函数；ρ 为晶体悬浮密度，kg/m^3；p 为搅拌强度，线速度 m/s 或搅拌转数 s^{-1}；l, m, n 为常数，是操作条件的函数。

结晶过程中成核速率是初级成核速率与二次成核速率的和，但由于初级成核速率相对很小，往往可以忽略不计，故常用二次成核速率来表达。

（二）结晶生长

在过饱和溶液中已有晶核形成或加入晶种后，在过饱和度的推动下，晶核或晶种将长大，这种现象称为晶体生长。根据晶体扩散学说，晶体的生长由以下三个步骤组成。

（1）扩散过程：在扩散作用下，结晶溶质穿过靠近晶体表面的滞流层，从溶液中转移到晶体的表面。此过程为分子扩散过程，扩散过程的速度取决于液相主体浓度 c 与晶体表面浓度 c_i 之差。

$$\frac{dm}{dt} = k_d A(c - c_i) \qquad \text{式(12-3)}$$

式中，k_d 为扩散传质系数；A 为晶体表面积；c 为液相主体浓度；c_i 为液相界面浓度。

（2）表面反应过程：溶质达到晶体表面，在微观力场作用下长入晶面，同时放出结晶热。这是一个表面反应过程，其速度取决于晶体表面浓度 c_i 与饱和浓度 c^* 之差。

$$\frac{\mathrm{d}m}{\mathrm{d}t}=k_r A(c_i-c^*) \quad \text{式(12-4)}$$

式中，k_r 为表面反应速率常数；A 为晶体表面积；c^* 为溶液饱和浓度；c_i 为液相界面浓度。

联立式（12-3）和式（12-4），可得：

$$\frac{\mathrm{d}m}{\mathrm{d}t}=\frac{A(c-c^*)}{\frac{1}{k_d}+\frac{1}{k_r}} \quad \text{式(12-5)}$$

其中（$c-c^*$）为总传质推动力，即过饱和度；$\frac{1}{K}=\frac{1}{k_d}+\frac{1}{k_r}$ 为总传质系数，则有：

$$\frac{\mathrm{d}m}{\mathrm{d}t}=KA(c-c^*) \quad \text{式(12-6)}$$

（3）传热过程：放出的结晶热传递回到溶液中。通常结晶放热量并不大，并且单位时间放热量还受到晶体生长速度的限制，因此其对结晶过程的影响一般可忽略不计。

三、制药工业结晶过程设计理论

结晶器的大型化要求设计方法有更高的可靠性，设计工作建立在更坚实的理论之上，迄今已提出的设计模型颇多，但往往是大同小异。在介绍结晶过程设计理论之前，需要强调的是，结晶器设计结果的可靠性与其说取决于设计方法，不如说取决于试验工作的质量。即在设计工作开始之前应首先用所处理的工业原料液在适当规模的结晶装置中完成结晶动力学参数的测量及操作参数的选择，然后才能进行结晶器的设计。否则无论采用哪种设计模型也无法取得满意的结果。

晶体粒度分布问题直接与晶体的成核速率和生长速率，以及晶体在结晶器内的停留时间长短有关，间接的则几乎与结晶器所有的重要操作参数，如结晶温度、溶液的过饱和度、悬浮液的循环速率、搅拌强度、晶体磨损、晶型改变与否有关，因此，相互关系错综复杂。Randolph 及 Larson 将粒数衡算方法及粒数密度的概念应用于工业结晶过程，得以将产品的粒度分布与结晶器的结构参数及操作参数联系起来，成为工业结晶理论发展的一个里程碑。

工业结晶是一个较复杂的过程，与其他化工单元过程相比，其理论研究进展较慢，长期以来结晶器的设计还主要依赖于经验。直到近 20 年，随着对结晶成核与生长动力学的研究，以及对非均相流体力学与传热传质规律的研究的不断深入，才促使结晶器设计由完全依赖经验逐渐向半理论半经验的方法转变。工业结晶器的模拟、放大与设计是目前国际工业结晶界的主要研究课题之一。

设计计算的主要目的为：在规定的产品晶体粒度及生产速率下，计算结晶器所需的有效体积。结晶器的设计方法是以晶体的粒数衡算模型为基础的，其中较为重要的方法，一个是由 Larson 和 Garside 提出的，另一个是由 Nyvlt 和 Mullin 提出的，两者都是半理论模型，彼此的基本原理相似，仅在表达方式上有区别。由于晶体粒数衡算模型及其在结晶器设计中的理论知识较繁杂，具体内容请参阅本章后面列出的相关参考文献。

第三节　结晶过程对药物粒度及分布的控制

一、溶析结晶过程

溶析结晶是指在溶液中原来与溶质分子作用的溶剂分子，部分或全部与新加入的其他物质作用，使溶液体系的自由能大为提高，导致溶液过饱和而使溶质析出。所加入组分的特点就是在易溶于原物系溶剂的同时，能够降低目的物的溶解度。在化工生产中常用的组分为氯化钠，因此这种结晶方法习惯上被称为盐析结晶法。根据加入组分的不同，也可以有其他的叫法，例如在有机溶剂料液体系中加入水使溶质析出可称为“水析法”，而往水溶液体系中加入有机溶剂使溶质析出可称为“溶析法”。

在生化产品及药品生产中，盐析法应用较多，其中的溶析法在抗生素及其中间体的生产中有着广泛的应用。由于添加了新的组分，盐析结晶的母液需要更深入的处理，例如回收溶剂、脱盐等，这有时会带来一些工艺及设备问题。但与其他方法相比，盐析结晶法有着独特的优点：①能够在稳定的温度、压力条件下进行操作，适用于热敏及易挥发物料的结晶；②由于对不同组分的溶解度不同，适当选择的添加溶剂可以在析出目的物的同时，将杂质组分保留在母液中，从而提高产品的纯度；③可与冷却结晶或反应结晶等方法结合起来，提高目的物溶质的收率。其缺点是常需要回收设备来处理结晶母液，以回收溶剂和盐析剂。

与冷却和溶剂蒸发不同，盐析结晶需要往结晶物系中添加新物料，这样才能达到要求的过饱和度。与冷却结晶器相比，盐析结晶器有着明显的不同：首先，结晶器有效体积大，在间歇结晶过程中这一区别尤其明显，例如采用溶析法的头孢菌素 C 盐结晶，加入的溶剂量达到了原浓缩液的 1/3～1/2，这就要求结晶器要预留出容纳新添加物料的体积。其次，由于传质速度的问题，在新添加物料时很容易会引起局部浓度过高，这就要求该物料在反应器内能够与原物料实现充分而均匀的混合。通常在反应器内设置足够强度的搅拌，尤其当所投物料为固体时，但也要避免剪切力过强而引起剧烈的二次起晶。当所投物料局部浓度过高会破坏目的物结构或产生新杂质时，往往还要在投料口设置分布器。

二、蒸发结晶过程

将稀溶液加热蒸发而移除部分溶剂的结晶过程称为蒸发结晶。它是使结晶母液在加压、常压或减压条件下加热蒸发浓缩而产生过饱和度。此法适用于溶解度随温度降低而变化不大或具有逆溶解度特性的物系。蒸发结晶消耗的热能较多，加热面的结垢问题也会给操作带来困难。蒸发结晶也常在减压条件下进行，目的在于降低操作温度，减小热能损耗。

蒸发结晶器是利用蒸发部分溶剂来达到溶液的过饱和度的，这使得它与普通料液浓缩所用的蒸发器在原理和结构上非常相似。但需要指出的是，普通的蒸发器用于蒸发结晶操作时，对晶体的粒度不能有效地加以控制。遇到必须严格控制晶体粒度的场合，则需要将溶液先在普通的蒸发器中浓缩至略低于饱和浓度，然后移送至带有粒度分布装置的结晶器中完成结晶过程。

如在硫酸铵蒸发过程中，分别对三个不同温度下的结晶过程进行了研究。实验中，蒸发温度通过真空度来控制。结晶器中的母液先用水浴预热到接近所要的蒸发温度后，再开启真空泵，这样可以避免在升温过程中的蒸发现象，使得蒸发速率产生变化。

不同蒸发温度下硫酸铵产品的平均粒度（mean size，MS）值和变异系数（coefficient of variation，CV）值如表 12-1 所示。

表 12-1 不同蒸发温度下硫酸铵产品的MS和CV值

蒸发温度/℃	MS/μm	CV
50	351.46	64.96
70	754.23	44.56
80	535.61	61.06

由表 12-1 中的结果可知，蒸发温度过高或过低，产品的 MS 值都会有所减小，当温度为50℃时，粒度相对更小。蒸发温度过低，表明系统内真空度过高，这使得母液中的过饱和度增加，成核速率增加，使得晶体产品的主粒度较小，并且粒度分布也不太均匀。而当蒸发温度过高时，晶体在溶液中与搅拌器和结晶器壁之间的碰撞增多，形成的细小晶体数量增多，也使得粒度分布不均匀。

三、冷却结晶过程

冷却结晶过程基本上不去除溶剂，而是通过冷却降温使溶液变成过饱和。此法适用于溶解度随温度而显著下降的物系。晶核产生后，将溶液缓慢冷却，维持溶液在介稳区中的育晶区，晶体慢慢长大。冷却的方法分为自然冷却、间接换热冷却法和直接接触冷却法等。

将热的结晶溶液置于无搅拌的，有时甚至是敞口的结晶釜中，靠大气自然冷却而降温结晶。此法所需的时间较久，所得产品的纯度较低，粒度分布不均，容易发生结块现象。由于这种结晶过程设备成本低，安装使用条件要求不高，目前在某些产品量不大、对产品纯度及粒度要求又不严格的情况下仍在应用。

相对于自然冷却法，间接换热冷却法在结晶釜周围或内部设置冷却夹套或管道，通过冷却剂带走釜内热量而降温。间接换热釜式结晶器是目前应用最广的冷却结晶器，分为内循环式和外循环式。冷却结晶过程所需冷量由夹套或外部换热器提供。内循环式冷却结晶器由于换热面积的限制，换热量不能太大。而外循环式冷却结晶器通过外部换热器传热，由于溶液的强制循环，传热系数较大，还可根据需要加大换热面积，但必须选用合适的循环泵，以避免悬浮晶体的磨损破碎。

间接换热冷却结晶的缺点是冷却表面结垢及结垢导致的换热器效率下降。而直接接触冷却结晶避免了这一问题的发生，它的原理是通过冷却介质与热结晶母液的直接混合达到冷却结晶的目的。常用的冷却介质为惰性的液态烃类，如乙烯、氟利昂等。但应注意，采用这种操作时，冷却介质须不能污染结晶产品，且不能与结晶溶液中的溶剂互溶或难以分离。

对于冷却结晶过程，影响结晶药物的粒度和粒度分布的主要因素为是否加晶种及冷却曲线的控制。对于不加晶种的迅速冷却结晶，溶液易于自发成核，释放的结晶潜热又使溶液温度略有上升，冷却后又产生更多的核，以致难以控制结晶成核及生长的过程。而在加入晶种并缓慢冷却的结晶过程中，结晶是在介稳区内进行的，避免了自发成核，晶种的生长速率也能得以控制，但要维持结晶生长，还是需要按照最佳冷却曲线进行结晶操作。

第四节　制药工业常用结晶设备操作原理

一、冷却结晶器

按照过程操作条件的需要，间接换热冷却结晶器可以是连续的，也可以是间歇的，多为夹套式或内设冷却管结构。这类结晶器结构简单，设备造价低，但生产能力比较小，过饱和度无法控制，器壁上容易形成晶垢，影响传热效率。为了减小清洗损失，有些结晶器在夹套冷却的内壁装有毛刷，既起到搅拌作用，又可减缓结垢速度，延长使用时间。此外，还有双循环结晶器，即圆锥形遮流管分成两个空腔的壳体，由同心装置的中心管形成两个内循环回路。由螺旋搅拌桨形成一个回路，由另一个空腔形成第二个回路，产生双循环，以提高换热强度，增加结晶生产能力和消除传热表面结垢，如图 12-4 所示。还有强制外循环冷却结晶器，如图 12-5 所示。

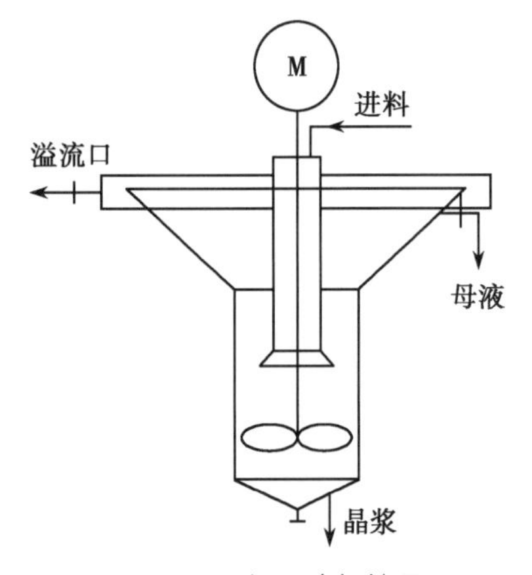

图 12-4　双循环冷却结晶器

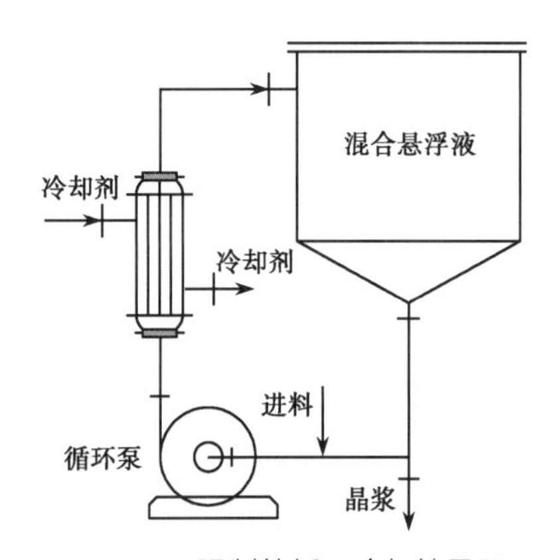

图 12-5　强制外循环冷却结晶器

二、蒸发结晶器

图 12-6 是典型蒸发式 Krystal-Oslo 结晶器。加料溶液由 G 进入，经循环泵进入加热器，蒸汽在管间通入，产生过饱和。溶液在蒸发室内排出蒸汽（A 点）由顶部导出。溶液在蒸发室分离蒸汽后，由中央下行管直送到结晶生长段的底部（E 点），然后再向上方流经晶体流化床

层，过饱和得以消失，晶床中的晶粒得以生长。当粒子生长到要求的大小后，从产品取出口排出，排出晶浆经稠后器、离心分离，母液送回结晶器。固体直接作为商品，或者干燥后出售。

Krystal-Oslo 结晶器大多数是采用分级的流化床，粒子长大后沉降速度超过悬浮速度而下沉。因此底部聚积着大粒的结晶，晶浆的浓度也比上面的高。这也正好是新鲜的过饱和溶液先接触的所在，在密集的晶群中迅速消失过饱和度，流经上部由 O 点排出，作为母液排出系统，或者在多效蒸发系统中，进入下一级蒸发。

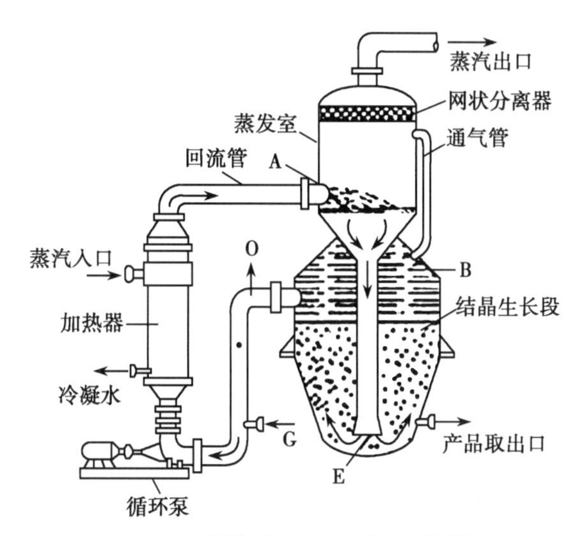

图 12-6 蒸发式 Krystal-Oslo 结晶器

DTB 是 Draft Tube Babbled 的缩写，即遮挡板与导流管的意思，简称遮导式结晶器，如图 12-7 所示。液体循环方向是经过导流管快速上升至蒸发液面，然后使过饱和溶液沿环形面

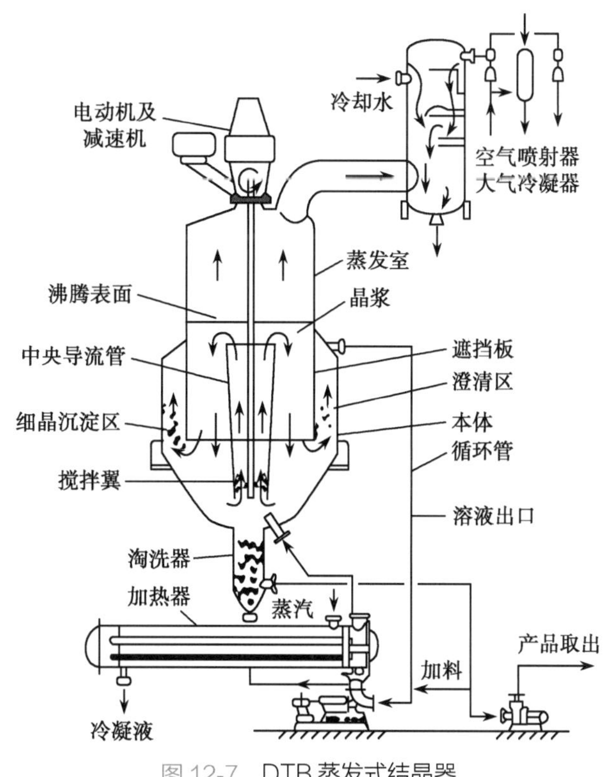

图 12-7 DTB 蒸发式结晶器

流向下部，属于快升慢降型循环。在强烈循环区内晶浆的浓度是一致的，所以过饱和度的控制比较容易，而且过饱和溶液始终与加料溶液并流。由于在搅拌桨的阻力下，循环量较大，所以这是一种过饱和度最低的结晶器。它的特点是结晶循环泵设在内部，阻力小。为了提高循环螺旋桨的效率，需要一个导液管。遮挡板的钟罩结构是为了把强烈循环的结晶生长区与溢流液穿过的细晶沉淀区隔开，互不干扰。

对于蒸发结晶，温度是影响结晶粒度及其分布的主要因素。因此在工业生产中，在考虑节省能源的同时，选择一个合适的蒸发温度，也便于对系统蒸发过程的控制。

三、真空式结晶器

真空结晶是使溶剂在真空下绝热闪蒸，同时依靠浓缩与冷却两种效应来产生过饱和度，又称真空绝热冷却结晶。此法适用于具有正溶解度特性且溶解度随温度的变化中等的物系。该法不外加热源，仅仅利用真空系统的抽真空作用，通过不断提高真空度，由于对应的溶液沸点低于原料液温度，从而使溶液自发蒸发，然后冷却结晶，并使晶体慢慢长大。其实质是溶液通过蒸发浓缩及冷却两种效应来产生过饱和度。

真空绝热冷却和蒸发结晶的相同之处是都有溶剂的蒸发，都需要抽真空。区别为前者的真空度更高，操作温度一般都低于大气温度。真空式结晶器的原料溶液多半是靠装置外部的加热器预热，然后注入结晶器。当进入真空蒸发器后，立即发生闪蒸效应，瞬间即可把蒸汽抽走，随后就开始继续降温过程，当达到稳定状态后，溶液的温度与饱和蒸汽的压力相平衡。因此，真空结晶器既有蒸发效应又有制冷效应，也就是同时起到移去溶剂与冷却溶液的作用。

目前工业上常用的真空结晶器是 Krystal-Oslo 真空结晶器，如图 12-8A 所示是分级式，也就是控制循环泵抽吸的是基本不含晶体的清溶液，然后输送到蒸发室去进行闪蒸，在一定的真空度下与溶液达到气液相平衡而得到降温制冷的效应。下部的结晶生长器主要是使过饱和溶液经中央降液管直伸入生长器的底部，再徐徐穿过流态化的晶床层，从而消失过饱和现象，晶体也就逐渐长大。按照粒度的大小自动地从下至上分级排列，而晶浆浓度也是从下向上逐步下降，上升到循环泵入口附近已变成清液。分级操作法使底部晶粒与上部未生长到产品粒度的晶粒互相分开，取出管是插在底部，因此产品取出来的都是均匀的球状大粒结晶，这是它的优点。然而要达到分级的目的，受到流态化的终端速度和晶浆浓度的限制，循环泵的输送量是受到限制的。这就必然带来两个缺点：一是过饱和度较大，安全的过饱和介稳区一般都很狭窄，生产能力的弹性很小；二是由于上述现象的存在，造成同一直径的设备比晶浆循环操作的生产能力要低几倍。

为克服上述缺点，采用图 12-8B 所示的晶浆循环操作法。从装置的外观上看不出有什么区别，但在本质上截然不同。实际上是加大了晶浆循环液量，由生长段经过循环管到蒸发室再回到晶床之中的是同一个晶浆浓度。有晶核存在时，过饱和的介稳区虽然压得更窄，但晶核的发生速率也会大为减小，因此设备各部位的结晶疤垢生长也就比较缓慢。又由于加大了循环泵输液量，能弥补过饱和度值较小的因素，故实际产量在相同的晶床截面条件下，可比分级操作法高若干倍。这种晶浆循环法所取出的产品结晶是大小晶粒相混合的，如果要得到均匀的颗粒，就必须增加外部的分级设备，把大晶粒淘选出来过滤分离，把不合格的晶粒随同溶液返回结晶系统。

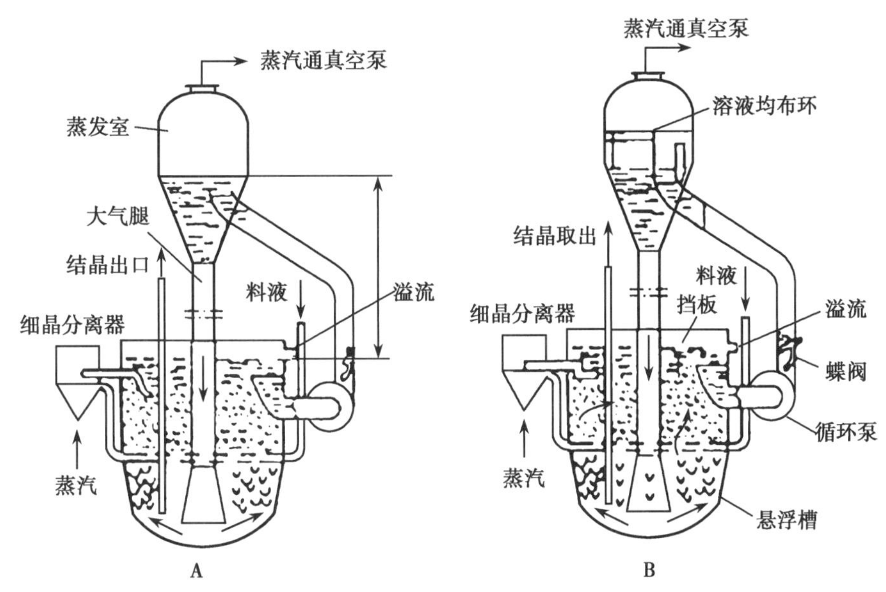

A. 分级式（清液循环）；B. 混浆型（晶浆循环）。

图 12-8　Krystal-Oslo 真空结晶器

第五节　案例分析

案例 12-1　氨苄西林钠精制

氨苄西林钠（ampicillin sodium）为广谱的半合成抗生素，是 β- 内酰胺类抗生素。它可抑制、干扰对其敏感的细菌细胞壁的合成从而达到抗菌效果，对革兰氏阳性球菌、杆菌和革兰氏阴性球菌、杆菌均有抑制作用，尤其对大肠埃希菌、流感杆菌、志贺菌和一些变异杆菌的抗菌作用强。它还可以与庆大霉素、卡那霉素、头孢菌素等合用，用于耐药性金黄色葡萄球菌引起的感染。氨苄西林钠由于具有抗菌谱广、毒性低、药效高和价格便宜等特点，在医药市场上有独特的优势。

问题：查阅有关文献，根据氨苄西林钠的性质，选定有效的纯化方法，确定工艺路线，对设定的工艺路线进行分析比较，不仅要求技术上的可行性，还要体现经济性、环保性。

分析讨论：

已知：氨苄西林钠的化学结构如下：

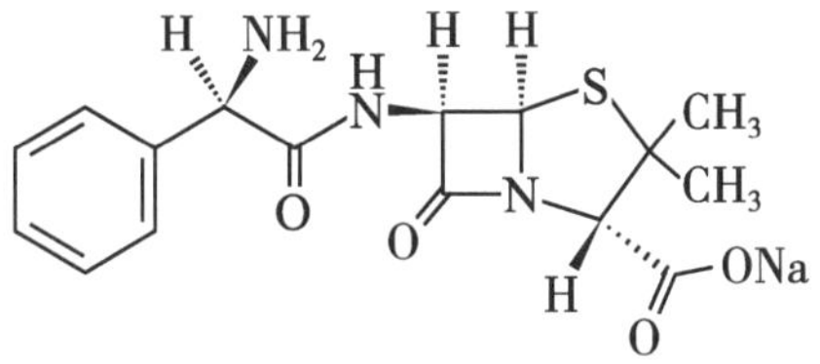

氨苄西林钠的分子结构中含有以β-内酰胺为母核的四元环酰胺和四氢噻唑环形成的并合环的结构，它的7位上连有侧链苯乙酰氨基。由于β-内酰胺环容易遭到破坏而降解，所以氨苄西林钠不耐酸、碱和热。

找寻关键：选择合适的精制方法和条件，使氨苄西林钠和杂质分开，同时能保持氨苄西林钠活性。

工艺设计：氨苄西林钠的生产工艺有喷雾干燥法、冷冻干燥法和溶析结晶法。

1. 溶析结晶法 是用有机碱将氨苄西林溶解在有机溶剂中，后加入含有钠离子的有机成盐剂，使其进行复分解反应，生成氨苄西林钠结晶，然后通过分离、洗涤、造粒、干燥而得到氨苄西林钠。溶析结晶法生产氨苄西林钠的工艺过程如图12-9所示。

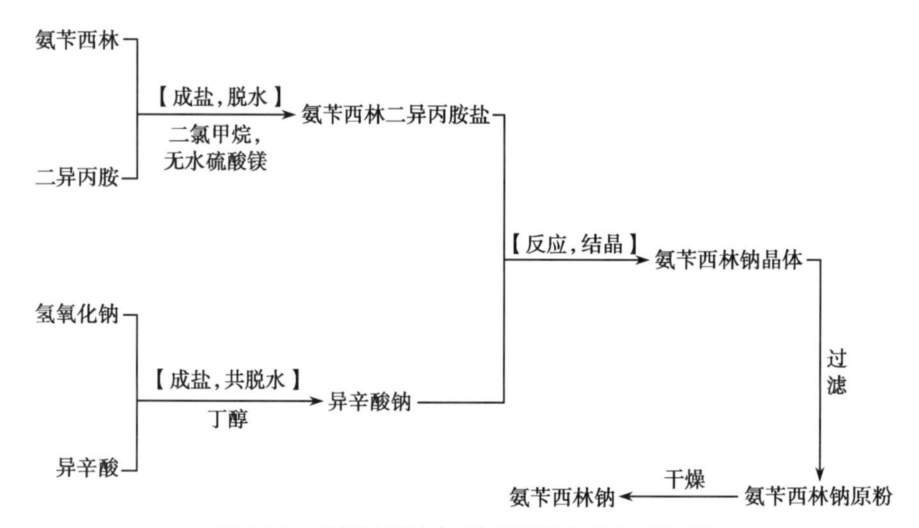

图12-9 溶析结晶法生产氨苄西林钠的工艺流程

氨苄西林钠溶析结晶的工艺过程如下：

（1）异辛酸钠的制备：

$$CH_3-(CH_2)_3\underset{\underset{C_2H_5}{|}}{C}HCOOH + NaOH = CH_3-(CH_2)_3\underset{\underset{C_2H_5}{|}}{C}HCOONa + H_2O$$

异辛酸　　　　　　　　异辛酸钠

（2）氨苄西林二异丙胺盐的制备：

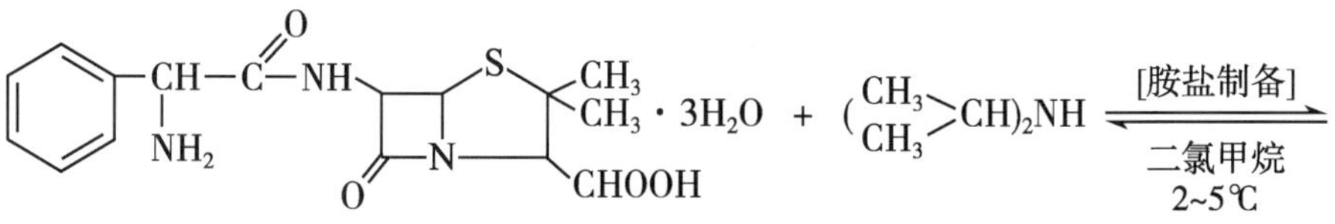

CH_3, $CH_3 \cdot 3H_2O$, NH_2, $CHOOH$ + $\left(\begin{matrix}CH_3\\CH_3\end{matrix}>CH\right)_2NH$ $\xrightleftharpoons[\text{二氯甲烷}\ 2\sim5℃]{[\text{胺盐制备}]}$

氨苄西林三水物　　　　二异丙胺

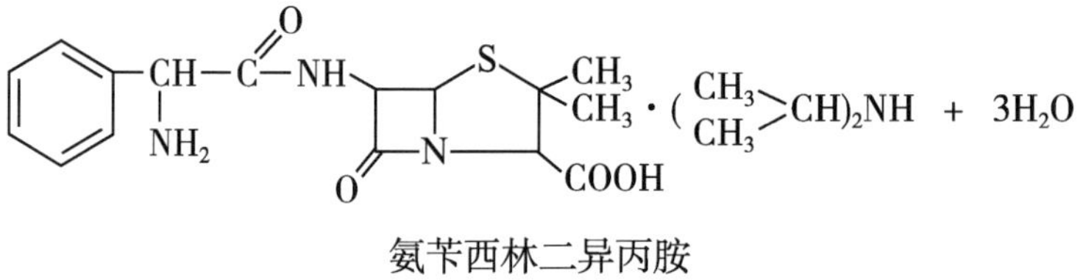

CH_3, $CH_3 \cdot \left(\begin{matrix}CH_3\\CH_3\end{matrix}>CH\right)_2NH + 3H_2O$, NH_2, $COOH$

氨苄西林二异丙胺

（3）氨苄西林钠的生成与结晶

$$\text{氨苄西林} \cdot ((CH_3)_2CH)_2NH + CH_3-(CH_2)_3CH(C_2H_5)COONa \rightleftharpoons \text{氨苄西林钠（COONa）} + CH_3-(CH_2)_3CH(C_2H_5)COOH \cdot ((CH_3)_2CH)_2NH$$

氨苄西林钠

该方法先后通过氨苄西林溶解、反应、结晶等工序，原料中所带来的以及各工序中产生的杂质通过结晶过程去除，因此，该方法所生产的产品具有产品质量高、杂质少、稳定性好等优点。另外，结晶法氨苄西林钠还有其特殊的用途，它可与 *β*- 内酰胺酶抑制剂形成复合制剂而得到临床上更广泛的应用。

2. 喷雾干燥法 是将氨苄西林溶解于氢氧化钠水溶液中，用加热的空气流（80～90℃）将高速流动的喷雾状氨苄西林钠水溶液中的水带走，而形成氨苄西林钠粉末，其生产工艺流程如图 12-10 所示。

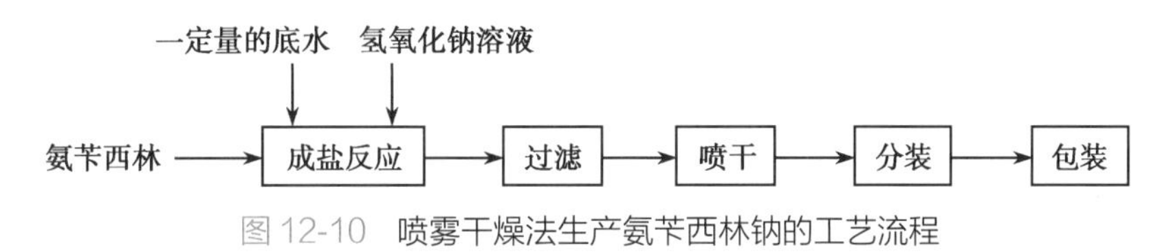

图 12-10 喷雾干燥法生产氨苄西林钠的工艺流程

这种方法制成的氨苄西林钠因在碱性条件下受热，易产生降解，使得产品质量较差，该方法已被国外大部分企业停用。

3. 冷冻干燥法 是将氨苄西林溶解于氢氧化钠水溶液后，将溶液降温至 −70℃左右，在真空（−0.095～0.098MPa）条件下将氨苄西林钠水溶液中的水分进行升华而得到氨苄西林钠粉末，其生产工艺流程如图 12-11 所示。

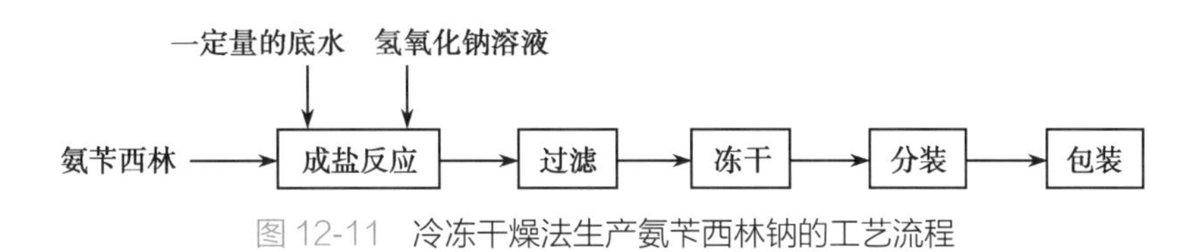

图 12-11 冷冻干燥法生产氨苄西林钠的工艺流程

冷冻干燥法是国内外普遍采用的方法，具有生产成本低、质量居中等特点。

假设：以二氯甲烷为溶剂的溶析结晶法生产工艺中涉及较多的有机溶剂，如异辛酸会影响产品的澄清度。假设用乙腈替代二氯甲烷，对产品质量和产品晶型有什么影响？

分析：已经工业化的氨苄西林钠生产方法有三种，分别为喷雾干燥法、冷冻干燥法和溶析结晶法。由于生产方法的不同，氨苄西林钠活性成分在生产过程所受到的破坏也不尽相同。根据氨苄西林钠不耐酸、碱和热的特点，可以看出喷雾干燥法、冷冻干燥法由于需要使用强碱剂氢氧化钠，加上喷雾干燥法要在较高温度下进行，*β*- 内酰胺环容易遭到破坏而降解，所得到产品的含量、降解物质和色级等质量指标比溶媒结晶法产品差。溶析结晶法是用有机碱将氨苄西林溶解在有机溶剂中，加入含有钠离子的有机成盐剂，使其进行复分解反应，生成氨苄西林钠结晶，原料中所带来的以及各工序中产生的杂质可以通过结晶过程去除，因此产品具有纯度高、聚合杂质少、过敏反应低、稳定性好的优点。

评价：用喷雾干燥法制备时，由于氨苄西林钠在碱性条件下受热易分解，使得产品质量差，因此大部分生产厂家已停用；冷冻干燥法生产成本低，过去在国内外被普遍采用，但其产品的有效期仅为2～3年；溶析结晶法生产的产品具有质量高、杂质少、产品粒度大、粒度分布均匀、稳定性好等优点，产品有效期长达4～5年。因此，目前大部分厂家采用溶析结晶法精制生产氨苄西林钠。

学习思考题

1. 结晶过程的原理是什么？
2. 结晶分离有什么特点？
3. 制药工业中常用的结晶方法有哪些？
4. 制药工业中常用的晶型分析法有哪几种？
5. 什么是过饱和度？简述不同的过饱和度对结晶过程的影响。
6. 溶液的稳定区、介稳区和不稳定区各有何特点？实际的工业结晶过程需要控制在哪个区域内进行？
7. 何为结晶过程初级成核和二次成核？简述工业结晶过程采用二次成核的实际意义。
8. 试给出几种常用的结晶器形式，并说明相应结晶设备的操作原理。
9. 氨苄西林钠的工业化生产方法有哪些？分别说明这些方法的优缺点。
10. 氨苄西林钠溶析结晶产品有什么特点？
11. 影响氨苄西林钠溶析结晶过程的因素有哪些？
12. 溶液结晶的方法有哪几种？
13. 结晶过程可分为哪几种？
14. 结晶过程包括哪两个阶段？
15. 通过查阅文献了解结晶新技术、新设备的进展及在制药工业中的应用。

ER12-2　第十二章　目标测试

（刘建文　李　华　陈万仁）

参考文献

[1] 宋航，李华. 制药分离工程. 北京：科学出版社，2019.

[2] 李淑芬，白鹏. 制药分离工程. 北京：化学工业出版社，2009.
[3] 郭立玮. 制药分离工程. 北京：人民卫生出版社，2014.
[4] 应国清. 药物分离工程. 杭州：浙江大学出版社，2011.
[5] 尹芳华，钟璟. 现代分离技术. 北京：化学工业出版社，2009.
[6] 廖传华，柴本银，黄振仁. 分离过程与设备. 北京：中国石化出版社，2008.
[7] 柴诚敬，贾绍义. 化工原理：下册. 3版. 北京：高等教育出版社，2017.
[8] 靳海波，徐新，何广湘，等. 化工分离过程. 北京：中国石化出版社，2008.
[9] 贾绍义，柴诚敬. 化工传质与分离过程. 2版. 北京：化学工业出版社，2013.
[10] 张国荣，陈慧萍，王国安. 结晶技术在医药生产中的应用. 应用化工，2015，44（1）：154-158.
[11] 杨世颖，周健，张丽，等. 我国化学药物晶型研究现状与进展. 医药导报，2019，38（2）：177-182.
[12] 吴霞，易学文. 药物多晶型对药效及其理化性质影响的研究. 四川理工学院学报（自然科学版），2007（3）：48-50.
[13] 唐素芳. 药物多晶型的研究及其对药效和理化性质的影响. 天津药学，2002，14（2）：12-14.
[14] 杨华伟. 氨苄西林钠溶媒结晶工艺研究. 天津：天津大学，2014.

ER13-1　第十三章
干燥(课件)

第十三章　干燥

1. **课程目标**　在了解干燥基本概念的基础上，掌握喷雾干燥、冷冻干燥、双锥回转真空干燥、流化干燥和三合一干燥的基本概念及干燥原理、工艺基本流程及其影响主要因素、工业应用范围及特点。理解料液的干燥、结晶状或粉状原料药的干燥、制剂过程中各种干燥技术的特点及应用条件，熟悉典型干燥设备的原理、结构及操作，培养学生分析、解决工业化生产中干燥问题的能力，同时综合考虑先进性、环保、安全及经济方面的因素，选择或设计适宜的干燥技术。
2. **教学重点**　干燥过程的基本原理；干燥方法和设备；干燥器选型应考虑的因素。

第一节　概述

干燥技术(drying technology)是利用热能除去物料中的水分(或溶剂)，并利用气流或真空等带走汽化了的水分(或溶剂)，从而获得干燥物品的工艺操作技术。干燥通常是药物成品化前的最后一个工序。因此，干燥的质量直接影响产品的质量和价值。

干燥技术的分类方法有多种，根据加热方式原理不同，可以大致分为以下几种：常压干燥、减压(真空)干燥、喷雾干燥、流化干燥、冷冻干燥、微波干燥以及远红外干燥等。干燥技术的覆盖面较广，既涉及复杂的热质传递机制，又与物系的特性处理规模等密切相关，最后体现在各种不同的设备结构及工艺上。

一台合格的制药干燥设备，不仅需要满足干燥操作要求，还应满足《药品生产质量管理规范》要求；既要满足设备强度、精度、表面粗糙度及运转可靠性等要求，还要考虑结构可拆卸、易清洗、无死角，避免污染物渗入。设计时要消除难以清洗和检查的部位，采用可靠的密封。制造时设备内壁光洁度要高，所有转角要圆滑过渡。

《药品生产质量管理规范》中规定了对制药干燥过程及干燥装置的要求，以保证药品的质量和均一性。

药品生产大致可分为原料药和成品药的生产。在绝大多数原料药的生产中，起始物料或其衍生物都经过明显的化学变化。因此，药品中会含有杂质、污染物、载体、基质、无效物、稀释剂，以及不想要的晶型或分子，这些都可能存在于粗药品中，需要有相应的措施以保证药品的纯净。

在药品生产中的干燥工艺，需要考虑干燥时温度的升高会不会引起药品的降解或发生氧化等反应，以及在干燥过程中如何保证异物不会进入药品中。如热空气干燥时，热空气中可能挟带灰尘与微生物等。再则是干燥设备中不能积存物料或其他杂质，因此原位清洗（clean in place，CIP）、原位灭菌（sterilizing in place，SIP）设施是药品干燥设备所必需的。原位清洗是指装置不必拆卸，利用所配置的管道阀门等将洁净水引入，将装置清洗干净的设施和方法。原位灭菌是使该装置可以利用所配置的管道、阀门或加热器等，将灭菌用的饱和蒸汽或高温热空气引入装置，在规定的温度、压力下维持规定的时间，以利于被处理的装置内可能残留杂菌的杀灭。而灭菌的操作条件要经过规定的方法验证，能够证明其是有效的。

（1）《药品生产质量管理规范》中涉及设备的有关内容：《药品生产质量管理规范》中除了对操作、记录、标签等工艺方面有严格规定以外，也对设备、环境等作了明确的要求。

1302

ER13-2 《药品生产质量管理规范》中涉及设备的有关内容

（2）制药行业干燥装置的主要结构特点：制药行业的干燥装置也和其他制药设备一样，须具有原位清洗及原位灭菌的设施。

对于进入干燥系统的热空气在进入干燥装置之前要经过严格的过滤，对于无菌药品其洁净程度要求达到 A 级。A 级指标是每立方米空气中≥0.5μm 悬浮粒子最大允许数为 3 520 个，≥5μm 的悬浮粒子最大允许数为 20 个，浮游菌的最大允许数为 1，沉降菌的最大允许数为 1。雾化用的空气和其他进入装置的空气，也都必须按此标准要求。根据《药品生产质量管理规范》，这种检测要求定期进行，并作完整的记录。空气的采样口应设在进入干燥装置前，以保证进入干燥装置空气的质量。不允许经过滤后再加热，因为加热器表面会积有灰尘或产生的氧化物会脱落。因此，终端过滤器必须能耐受灭菌温度。

由于药物生产对批号及整批均一性的要求，对连续操作或分盘干燥的一整批物料，就需要整机混合使这批物料质量均一，所以在可能的情况下优先考虑采用分批干燥的方式。为了在干燥器中不积存物料，除了内壁光洁以外在结构上要防止锐角，避免丝网或多孔结构，以利清洗彻底。

为了保证药品质量，《药品生产质量管理规范》强调批号和每一批号质量的均一性。因此，干燥装置，特别是成品干燥装置，应该满足一整批物料的干燥，以免多次、多盘或连续干燥所得产品在干燥结束后，再进行一次混合。而且药品经多次转移也容易增加被污染的机会，所增设的混合器也照样被要求设置原位清洗、原位灭菌等设施，无疑会增加设备及操作成本。因此，比较可行的方法是将干燥装置设计成能足够容纳一个批号的量，分批干燥，并配有原位清洗、原位灭菌的设施。

第二节　料液的干燥

不少原料药在制成干品以前是水溶液，这些药液的干燥一般都采用喷雾干燥。虽然喷雾干燥的热效率较低，但解决了药物的无菌要求，因此迄今已有若干品种药物采用喷雾干燥，如链霉素、庆大霉素等，中药注射用粉针剂双黄连等均采用喷雾干燥。其他如真空滚筒干燥等虽也有试验性报告或介绍，但未见用于工业规模生产。冷冻干燥是干燥温度在0℃以下的干燥方法，适用于热敏性药物、生物制剂和血液制品，但冷冻干燥系统需要在高真空下凝集所升华的蒸汽，动力费用高，且操作周期长，因此单位质量产品的投资高。

药液的干燥方法是选定该药物能耐受的温度为前提。经过实验验证，在可以耐受喷雾干燥的温度和受热时间的条件下，可以不选冷冻干燥，因为该法投资及操作费用均较大。

一、喷雾干燥

喷雾干燥（spray drying）是一种悬浮粒子加工（SPP）技术。液体雾化成微滴，当微滴在热气态干燥介质（通常是空气）运动的过程中，被干燥成单个颗粒。在喷雾干燥机中，液态原料如溶液、悬浮液或乳浊液，能通过一步操作转变成粉状、粒状和块状的产品。典型喷雾干燥机的基本工作流程如图13-1所示。

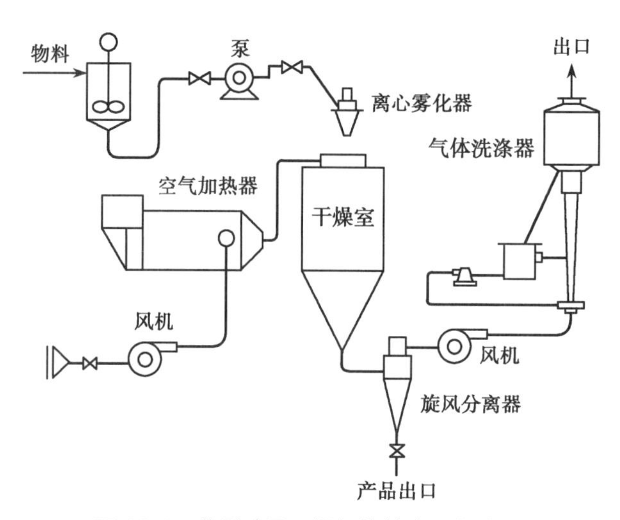

图13-1 典型喷雾干燥机的基本工作流程

药液的喷雾干燥除了考虑该药物耐受温度及受热时间以外，它与其他物料喷雾干燥的差别在于能否保证过程中及最终成品保持无菌，以及喷雾干燥过程中是否有影响药物的异物、润滑油等进入系统。

喷雾干燥技术大致可分为种：气流式、压力式、离心式。这3种雾化方式中，离心式雾化器的离心盘的传动轴分处干燥室内外，故它的密封及防止轴封之细粒脱落比较困难；压力式雾化系统中料液要经过高压泵压送，运作时活塞与缸体的摩擦及连杆的密封，都会影响料液洁净。比较之下，气流雾化因雾化用的空气以及料液在进塔之前均可先经洁净过滤，滤除所挟带颗粒（包括细菌），故而比较适宜药品干燥。在采用气流式雾化器雾化时除了药液需要经无菌过滤以外，雾化用压缩空气也需要采用无菌过滤以达到无菌要求。

Niro公司采用气流雾化来喷雾干燥药品，其气流雾化流程见图13-2。流程中雾化用空气先经过滤器4，升压后通过过滤器及加热器，再经高效过滤器（HEPA）后进雾化器。干燥用空气是先经HEPA再加热然后进喷干塔。药液则是由送料泵经灭菌过滤后至雾化器。其旋风分离器紧靠干燥器，可使管道积料减至最小。

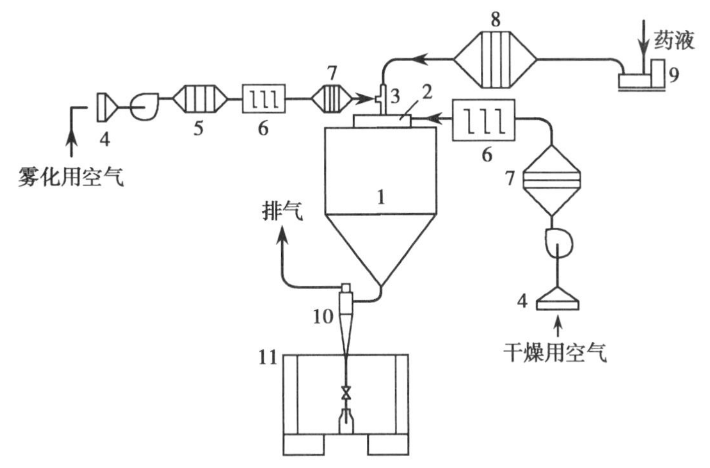

1. 干燥器；2. 空气分布器；3. 雾化器；4. 预过滤器；5. 过滤器；6. 加热器；7. 高效过滤器；8. 药液灭菌过滤器；9. 送料泵；10. 旋风分离器；11. 分装间。

图 13-2 Niro 公司的无菌喷雾干燥装置

我国引进的链霉素无菌喷雾干燥装置是用压缩空气作为干燥用热空气源，用厚层棉花作为此干燥用热空气的灭菌过滤装置。我国自行开发研制的无菌喷雾干燥装置，其装置见图 13-3，其中干燥用热空气是由预过滤、风机、蒸汽加热器、电加热器、中效过滤器和高效过滤器组成，空气的净化程度可以达到 A 级。中、高效二种过滤器都能耐受喷雾干燥用的热空气温度。空气的净化程度远高于经厚层棉花的压缩空气。流程中增设了脉冲袋滤器可以用来捕集旋风分离器未能收集到的部分细粉。这部分细粉不能作为成品，但可重新精制后得到利用。

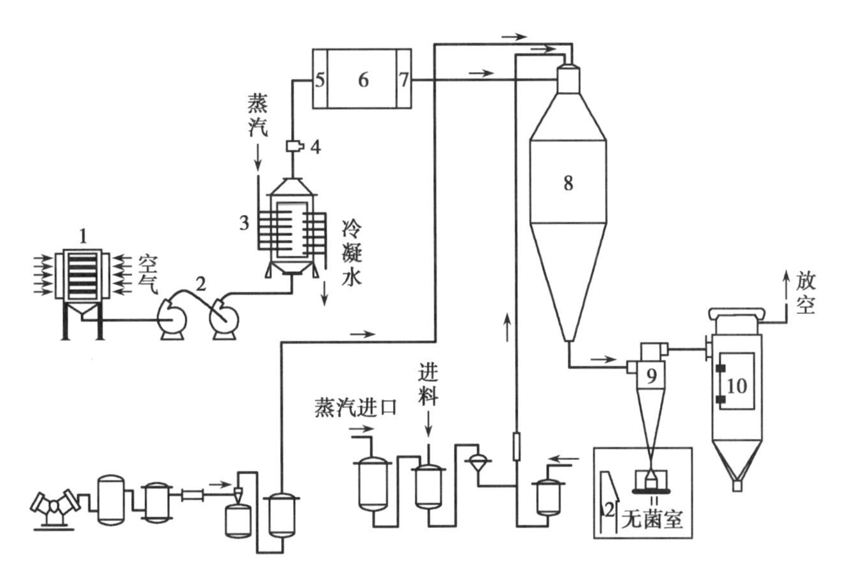

1. 预过滤器；2. 风机；3. 蒸汽加热器；4. 电加热器；5、6、7. 过滤器；8. 干燥器；9. 旋风分离器；10. 脉冲袋滤器。

图 13-3 无菌喷雾干燥装置

无菌喷雾干燥系统的热空气、雾化用空气、药液无菌过滤器都要定期检查过滤效果及按规程更换过滤介质或过滤元件。

喷雾干燥工艺的优点有：操作稳定、易实现连续化和自动化、干燥速度较快、干燥时间（5～30 秒）较短；可由液体物料直接获得固体产品，从而省去蒸发、结晶、分离等操作；产品常为松脆空心颗粒，具有速溶性。

然而，喷雾干燥也存在一些缺点：①设备费用很高；②除非很好地设计和操作，否则热效率不高；③产品在干燥室内的沉积会导致产品质量下降，有起火或爆炸的危险。

喷雾干燥技术的应用广泛，如用于生产青霉素、血液制品、酶类、疫苗等药品，优势明显，但如何节能降耗问题比较突出：亚高温喷雾干燥（进风温度 60～150℃）、常温喷雾干燥（进风温度 60℃以下）、降低能耗与多级干燥都将是今后的研究重点。

二、冷冻干燥

在 0℃以下的寒冬，将洗净的衣服晾在室外，很快就被冻结，但经过一段时间，衣服也会变干，这是因为衣服中已结冰的水升华到空气中了。空气越干燥，空气中水蒸气的分压越低，升华就越快。很久以前，我国和国外都有在冬天将冻肉晾在室外干燥的报道，这些现象就是“冷冻干燥”。冷冻干燥技术在英文里被称为 freeze drying，也被称为 lyophilization。Lyophilization 一词是由 lyophile 衍生来的，lyophile 来源于希腊词 λνοζ 和 φιλειν，含义是“亲液（溶剂）的物质”，说明冻干后的物质具有极强的复水能力。

若干热敏性药物及生物制品、血液制品，要求更低的干燥温度，冷冻干燥是首选的干燥方法。

（一）冷冻干燥的特点

冷冻干燥（freeze drying）方法与其他干燥方法相比有许多优点。

（1）物料在低压下干燥，使物料中的易氧化成分不致氧化变质，同时因低压缺氧，能灭菌或抑制某些细菌的活力。

（2）物料在低温下干燥，使物料中的热敏成分能保留下来，营养成分和风味损失很少，可以最大限度地保留食品原有成分、味道、色泽和芳香。

（3）干燥过程中物料的状态变化如图 13-4 所示。由于物料在升华脱水以前先经冻结，形成稳定的固体骨架，所以水分升华以后，固体骨架基本保持不变，干制品不失原有的固体结构，保持着原有形状。多孔结构的制品具有很理想的速溶性和快速复水性。

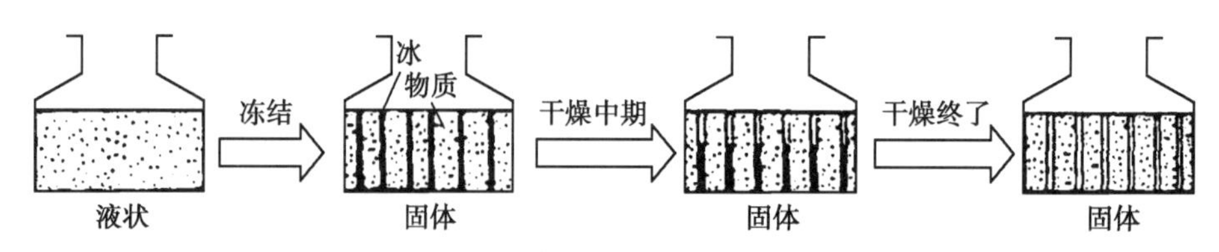

图 13-4　真空冷冻干燥过程物料状态变化

（4）由于物料中水分在预冻以后以冰晶的形态存在，原来溶于水中的无机盐之类的溶解物质被均匀分配在物料之中。升华时溶于水中的物质就地析出，避免了一般干燥方法中因物料内部水分向表面迁移所携带的无机盐在表面析出而造成表面硬化的现象。

（5）脱水彻底，重量轻，适合长途运输和长期保存，在常温下，采用真空包装，保质期可达3～5年。

冷冻干燥的主要缺点是设备的投资和运转费用高、冻干过程时间长、产品成本高。但由于冻干后产品重量减轻，运输费用也会减少；能长期贮存，减少了物料变质损失；对某些农副产品深加工后，可减少资源的浪费，提高自身价值。因此，使真空冷冻干燥的缺点又得到了部分弥补。

（二）冷冻干燥原理

冷冻干燥是先将湿物料冻结到其晶点温度以下，使水分变为固态的冰，然后在适当的真空度下，使冰直接升华为水蒸气，再用真空系统中的水气凝结器（捕水器）将水蒸气冷凝，从而获得干燥制品的技术。干燥过程是水的物态变化和移动的过程。这种变化和移动发生在低温低压下。因此，冷冻干燥的基本原理是在低温低压条件下的传热传质。

（三）纯水的相图与物料中的水分

图 13-5 为纯水的相平衡图。图中以压力为纵坐标，曲线 *AB*、*AC*、*AD* 把平面划分为 3 个区域，对应于水的 3 种不同的集聚态。曲线 *AC* 称为熔（融）解曲线，线上冰水共存，是冰水两相的平衡状态。它不能无限向上延伸，只能到 2×10^8Pa 和 −20℃左右的状态。再升高压力会产生不同结构的冰，相图复杂。曲线 *AD* 称为蒸发（汽化）曲线或冷凝曲线。线上水汽共存，是水汽两相的平衡状态。*AD* 线上的 *D* 点是临界点，该点为 2.18×10^7Pa，温度 374℃，在此点上液态水不存在。曲线 *AB* 为升华或凝聚曲线。线上冰汽共存，是冰汽两相的平衡状态。从理论上讲，*AB* 线可以延伸到绝对零度。真空冷冻干燥最基本的原理就在 *AB* 线上，故又称冷却升华干燥。*AB* 线也是固态冰的蒸气压曲线，它表明不同温度冰的蒸气压。由曲线可知，冰的蒸气压随温度降低而降低。

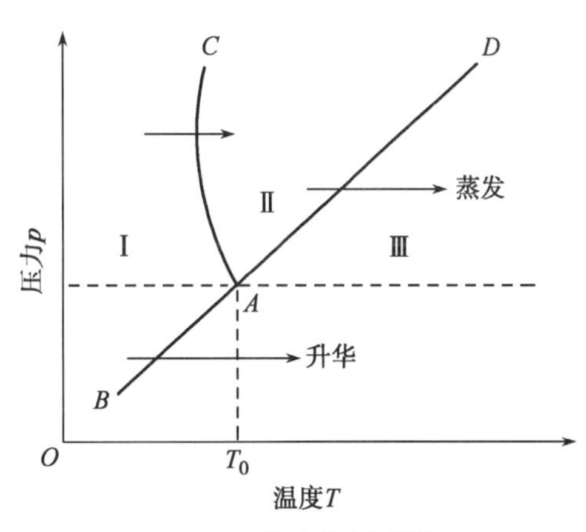

图 13-5　纯水的相平衡图

（四）冷冻干燥阶段

冷冻干燥主要由以下几个阶段组成。

1. 预冻阶段　真空冷冻干燥的第一步就是预冻结。预冻是将溶液中的自由水固化，使干燥后产品与干燥前有相同的形态，防止抽空干燥时起泡、浓缩、收缩和溶质移动等不可逆变化产生，减少因温度下降引起的物质可溶性降低和生命特性的变化。

（1）预冻温度：预冻温度必须低于产品的共晶点温度，各种产品的共晶点温度是不一样的，必须认真测得。实际制定工艺曲线时，一般预冻温度要比共晶点温度低 5～10℃。

（2）预冻时间：物料的冻结过程是放热过程，需要一定时间。达到规定的预冻温度以后，还需要保持一定时间。为使整箱全部产品冻结，一般在产品达到规定的预冻温度后，根据冻干机不同、总装量不同、物品与搁板质检接触不同，由实验确定具体时间。

（3）预冻速率：缓慢冷冻产生的冰晶较大，快速冷冻产生的冰晶较小。对于生物细胞，缓慢冷冻对生命体影响大，快速冷冻影响小。

从冰点到物质的共晶点温度之间需要快速冷冻，否则容易使蛋白质变性，生命体死亡，这一现象称溶质效应。为防止溶质效应发生，在这一温度范围内，应快速冷却。

冷冻时形成的冰晶大小会影响干燥速率和干燥后产品的溶解度。大冰晶利于升华，但干燥后溶解慢，小冰晶升华慢，干后溶解快，能反映出产品原来结构。

综上所述，需要试验一个合适的冷却速率，以得到较高的存活率、较好的物理性状和溶解度，且利于干燥过程中的升华。

2. 升华干燥（一次干燥）过程　物料中的水分，对冷冻干燥过程的分析而言，可以划分为两类：一类是在低温下可被冻结成冰的，这部分水可以称为自由水（free water）或物理截留水；另一类是在低温下不可被冻结的水分，这部分水可以被看作是被“束缚”的，称为结合水或束缚水（bound water）。对于含水量高的物料，其中自由水的含量约占总水分的 90% 以上。图 13-6 是某一物料在冻结和干燥过程中物料的温度变化和含水量变化的示意图。

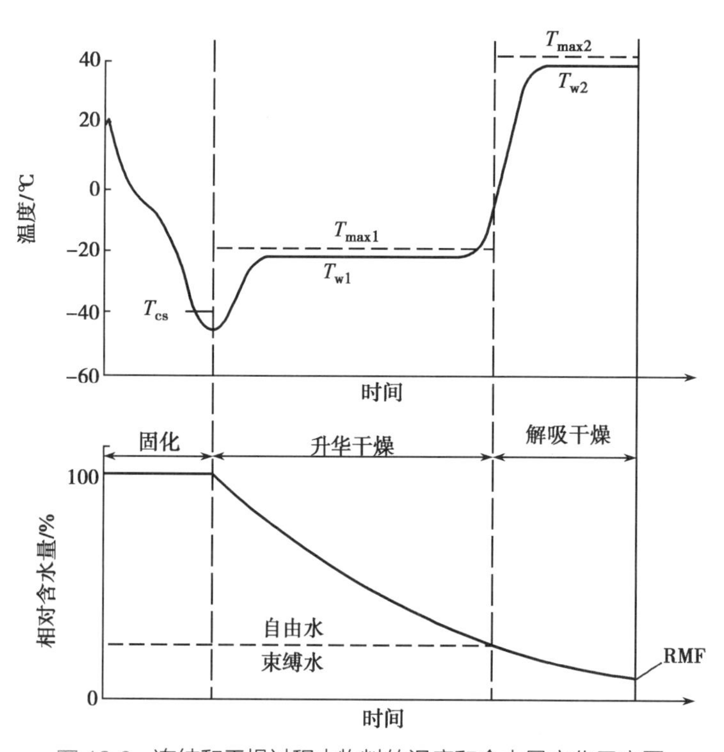

图 13-6　冻结和干燥过程中物料的温度和含水量变化示意图

图 13-6 的横坐标为时间。在图的上半部分，纵坐标为温度；在图的下半部分，纵坐标为物料中的相对含水量（%）。相对含水量最初为 100%，最终为 RMF，即最终要求的剩余含水量

(requested residual moisture final)。

升华干燥(sublimation drying),又称一次干燥(primary drying),是指在低温下对物料加热,使其中被冻结成冰的自由水直接升华成水蒸气。一次干燥的物料温度 T_{w1} 必须低于物料的最高允许温度 T_{max1},T_{max1} 为物料的玻璃化转变温度 T_g,或共晶温度 T_e。如物料温度过高,会出现软化、塌陷等现象。

在一次干燥过程中,所需要的热量为冰的升华热。加热方式可以是搁板导热加热或辐射加热。要维持升华干燥的顺利进行,必须满足两个基本条件:一是升华产生的水蒸气必须不断地从升华表面被移走;二是必须不断地给物料提供升华所需要的热量。如控制不好,会出现软化、融化、隆起、塌陷等现象。因此,升华干燥过程实际上是传热、传质同时进行的过程。只有当传递给升华界面的热量等于从升华界面逸出的水蒸气所需的热量时,升华干燥才能顺利进行。由于物料中的传热、传质过程受到多方面的限制,所以升华干燥是很费时的过程。

3. 解吸干燥(二次干燥)阶段 在第一阶段干燥结束后,在干燥物料的多孔结构表面和极性基团上还吸附着未被冻结的结合水。由于吸附的能量很大,因此必须提供较高的温度和足够的热量,才能实现结合水的解吸过程。但温度又不能过高,否则会造成药品过热而变性。

解吸干燥(desorption drying),又称二次干燥(secondary drying),是在较高温度下加热,使物料中被吸附的部分束缚水解吸,变成"自由"的液态水,再吸热蒸发成水蒸气。在解吸干燥过程中,物料的温度 T_{w2} 必须低于物料的最高允许温度 T_{max2}。最高允许温度 T_{max1} 由物料的性质所决定。如对蛋白质药物,最高允许温度一般应低于 40℃;对果蔬等食品,最高允许温度可以到 60～70℃。

在二次干燥过程中,所需要的热量为解吸附热与蒸发热之和,一般简单称之为解吸热。在二次干燥过程结束时,物料中的含水量应当达到最终要求的剩余含水量 RMF。冻干后物料中的剩余水分含量过高或过低都是不利的。剩余含水量过高不利于长期储存;过低也会损伤物料的活性。经二次干燥后,冻干后物料中的剩余水分含量一般应低于 5%。

4. 封装和储存 经二次干燥后,要进行封装(conditioning-packing)和储存(storage)。在干燥状态下,如果不与空气中的氧气和水蒸气相接触,冻干药品可以长时间储存。待需要使用时,再将其复水(rehydration)。封装仍须在真空条件,或充惰性气体(氮气或氩气)的条件下进行。对于瓶装(vial)的物料,可在干燥室内,用压瓶塞器(stopper)直接将橡胶瓶塞压下,堵住蒸汽通道,并保证密封,如图 13-7 所示。对于安瓿(ampoule)装的物料或较大块的物料,可由干燥室通过真空通道引出,送至真空室,或充惰性气体室,用机械手封装。

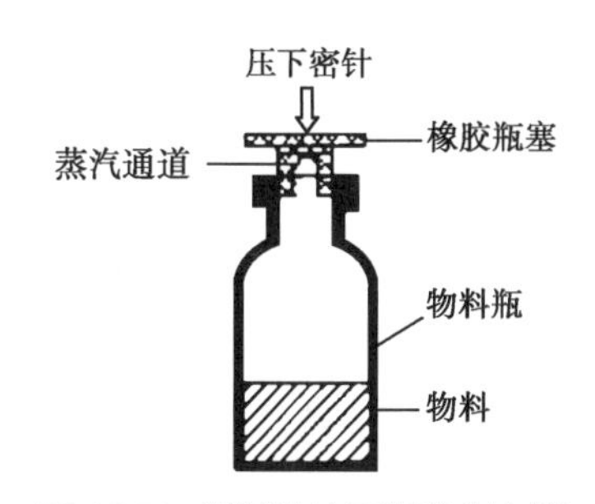

图 13-7 瓶装冷冻干燥物料封装

冻干物料的储藏温度一般是室温。对于某些药品,要求储藏温度为 4℃,特殊的要求 -18℃。这些都是一般冰箱所能满足的。

(五)冷冻干燥系统的主要组成

冷冻干燥系统主要由干燥室(或称冻干箱)、冷阱(cold trap)、制冷系统、真空系统、加热系统和控制系统等组成。如图 13-8 所示。

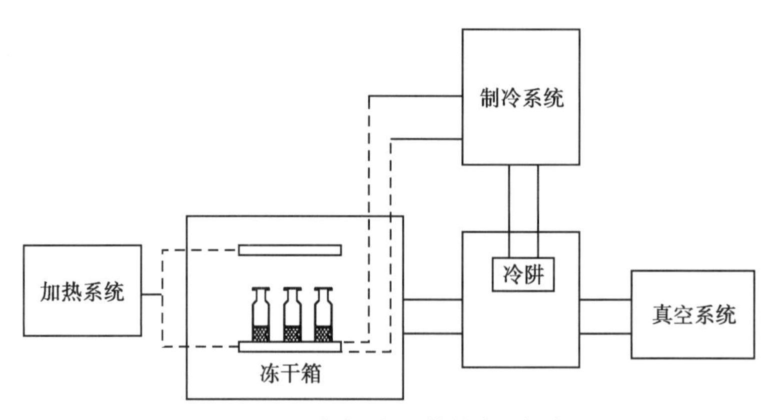

图 13-8　冷冻干燥系统的主要组成

用于药物的冷冻干燥,《药品生产质量管理规范》要求整批产品的均一性。如一台冷冻干燥机在不足以处理一整批物料而需要配备多台干燥机时,应该验证各台机组的干燥性能,如操作温度、时间、成品含水量等,对于若干药品需要在瓶中冲注氮气的,冷冻干燥机应有经灭菌过滤的氮气引入口,干燥室内应有分层自动压紧胶塞的装置。此种胶塞系专门设计,在瓶中注入药液以后,胶塞先插入瓶口一半,在升华时蒸汽利用胶塞前半部之沟槽排出。干燥结束时利用机械装置将整盘药瓶上的半插胶塞压紧到位,与外界空气隔离,其示意图见图 13-9。处理无菌药物的冷冻干燥机也应配置原位清洗及原位灭菌的设施。

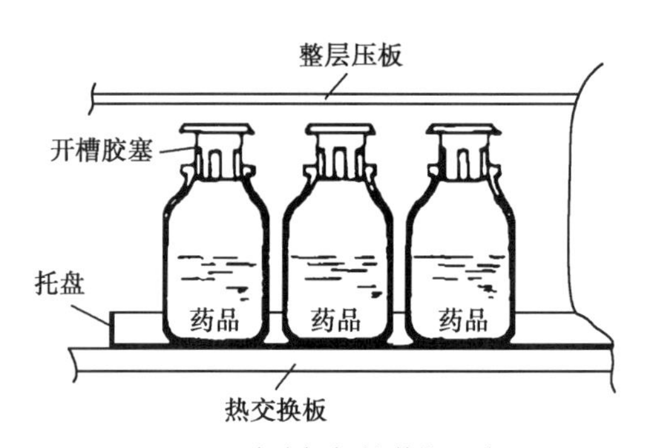

图 13-9　冲注氮气的药瓶示意图

(六)冷冻干燥设备的消毒灭菌

真空冷冻干燥设备的消毒越来越严格。消毒方法必须能够消灭大部分孢子。最理想的是将孢子全部消灭,但实际上,由于大部分细菌能够进入孢子状态,在这种状态下它们会停止繁殖,并且还能抵制不利条件,所以很难做到将孢子全部消灭的理想状态,通常都有大量残存孢子。目前,常用的消毒方法如下。

1. 加热灭菌法

(1)干加热:干加热法是在特别设计的灭菌器中进行灭菌的方法,通过气体或电加热,温度可控,如烘干隧道、干燥烘箱等。干热灭菌的温度通常是在 160～170℃之间或更高,时间不少于 2 小时。焚化或氧化使微生物脱水死亡,从而达到灭菌的目的。干加热是利用氧化杀死细菌,实际上大部分是焚化。因此,直热式冻干机采用这种方法是方便的,只要加热功率加大,冻干箱上的元件能耐 150℃高温就可以了。

(2)直接蒸汽加热:采用专用的低压蒸汽消毒蒸锅,要求蒸汽在 120℃左右、至少加热 30

分钟。为防止有蒸汽加热不到的死角，可在通入蒸汽前将消毒容器抽真空至100Pa左右。这种方法要求冻干箱有蒸汽入口和出口，要备有蒸汽消毒蒸锅。

（3）负压蒸汽加杀菌剂：将冻干箱和整个系统抽至10Pa以下，通入70～90℃的福尔马林溶液，使容器保持在高温状态下2小时。这种方法最好能将冻干箱做成双层壁，以利于蒸汽通入加热保温。

2. 气体杀菌消毒法 气体消毒是利用气态的或汽化的化学物质处理设备或材料的方法。这种方法的优点是消毒在低温下进行，可避免热敏和怕潮湿材料的损坏。该方法能对包装内的物品进行消毒处理，气体消毒剂通过包装物进到液体不能达到的地方。这种方法的缺点是大部分消毒气体有毒，还有些易燃性气体需要特殊的设备，气体消毒灭菌的费用大大高于加热灭菌法，气体消毒需要严格监督和控制以确保有效。

常用消毒剂有环氧乙烷、环氧丙烷、甲醛、溴代甲烷、β-丙醇酸内酯。

3. 辐射灭菌法

（1）紫外线辐射：采用低压汞放电灯作为辐射源，产生波长为2.537×10^{-3}m的紫外线辐射杀菌。

（2）X射线：高压下产生的X射线具有很强的渗透力，可用来消毒食品和药品。它对各种微生物都有杀伤作用（包括某些耐热孢子），但杀死全部细菌需要相当长的辐射时间。

（3）阴极射线：阴极射线具有快速杀菌作用，可在不加热情况下对食品进行有效消毒，其渗透能力可达几厘米。由于电子的质量较小（9.1×10^{-28}g），如果以接近光速的速度运动，可以穿透金属、纸、硬纸板、玻璃和塑料等容器进行消毒。

辐射灭菌法设备昂贵，对操作者需要安全保护措施，目前国内还很少应用。

以上灭菌方法中，应用和研究最广泛的就是干加热灭菌和直接蒸气加热灭菌。采用哪种方法，必须要经过无菌检查以证明所采用方法的效果，同时还要对灭菌方法进行验证。

（七）冷冻干燥技术的应用

1. 药品冷冻干燥 现代药品有很多是热敏性药品，即对温度（主要是高温）比较敏感的药品，如脂质体（liposome）、干扰素（interferon）、生长激素（human growth hormone）等，还有我国的中草药。在生产热敏性药品时，为防止温度过高使药品变性，而影响产品的质量，目前广泛应用的技术是真空冷冻干燥技术。用这种方法制造的药品特征：结构稳定，生物活性基本不变；药物中易挥发性成分和受热易变性成分损失很少；呈多孔状，药效好；排出95%～99%的水分，能在室温或冰箱内长期保存。

对于大多数生物药品来说，冷冻干燥是其生产过程中一项极为重要的制剂手段。据文献报道，约有14%的抗生素类药品、92%的生物大分子类药品、52%其他生物制剂都需要冷冻干燥。实际上，近年来开发出的生物药品都是用冷冻干燥制成的，而且冷冻干燥处于制药流程的最后阶段，它的优劣对药品的品质起着关键的影响作用。

2. 注射剂方面的应用 注射用冻干粉针剂是药品研发中的一种新剂型，近年来在临床上有广泛的应用和广泛的发展前景。与常见粉剂和水剂相比，冻干粉剂有着很好的稳定性，其含水量最低可控制在0.01%以下，能够有效防止药物有效成分在水中降解。冻干粉针剂的制造工艺可以有效防止外来微粒的混入，避免被污染。冻干粉针药品较为均匀地分布在冻干冰架内，可在一定程度上增大药物的比表面积，临床应用时具有良好的即溶性，生物利用度也高于一般粉针。另外，冻干粉针剂还可以用一定的技术手段使药物形成脂质体或者微胶囊化，能够起到控制释放效果。注射用辅酶A常用处方如表13-1所示。

表13-1 注射用辅酶A处方

组成	处方1	处方2
辅酶A	56.1U	112U
水解明胶	5mg	5mg
甘露醇	10mg	10mg
葡萄糖酸钙	1mg	2mg
半胱氨酸	0.5mg	1mg

注射用辅酶A的制法：将上述各成分用适量注射用水溶解，无菌过滤，分装在安瓿中，每支0.5ml，冷冻干燥，熔封，半成品质检、包装。

3. 中药材保存加工方面的应用 例如人参的冷冻干燥法研究。人参在加工过程中经过长时间的日晒、水蒸气蒸发、高温干燥等，大大降低其有效成分含量，并影响其外观色泽以及成品率等。为了改变这种情况，提高人参的加工质量，相关研究人员用真空冷冻干燥法加工人参（即用机械在低温下将鲜参进行快速干燥），为商品人参提供了一个新的加工工艺。

ER13-3 人参的冷冻干燥

第三节 结晶状或粉状原料药的干燥

药品生产中有不少品种是经过提纯结晶或在溶液中析出粉状固体，再经过滤或离心分离得到湿的晶状或粉状药物。这些药物要去除可挥发成分，得到干品。像青霉素、金霉素、磺胺、咖啡因、阿司匹林、林可霉素等原料药物都属这种类型。结晶状或粉状原料药的干燥通常采用如下方法。

一、双锥回转真空干燥

随着药品产量的增加，《药品生产质量管理规范》的实施，以前采用烘箱或真空烘箱进行干燥的药物，现都已改为双锥回转真空干燥机干燥。

（一）双锥回转真空干燥机的结构原理与工艺流程

1. 结构 双锥回转真空干燥机系统由主机、冷凝器、缓冲罐、真空抽气系统、加热系统与控制系统等组成。就主机而言，由回转筒体、真空抽气管路、左右回转轴、传动装置与机架等组成。

2. 工作原理 在回转筒体的密闭夹套中通入热能源（如热水、低压蒸汽或导热油），热量经筒体内壁传给被干燥物料。同时，在动力驱动下，回转筒体作缓慢旋转，筒体内物料不断地混合，从而达到强化干燥的目的。工作时，物料处于真空状态，通过蒸气压的下降作用使物料表面的水分（或溶剂）达到饱和状态而蒸发，并由真空泵抽气及时排出回收。在干燥过程中，物料内部的水分（或溶剂）不断地向表面渗透、蒸发与排出，这3个过程是不断进行的，物料能在很短时间内达到干燥目的。符合《药品生产质量管理规范》要求。

3. 工艺流程 在实际应用过程中，由于各厂家生产原料药特性不同，这就导致了其工艺流程也有所不同。目前，根据其加热方式以及溶剂回收状况的不同，有两种典型的工艺流程：①蒸汽加热不需要回收溶剂工艺流程，如图13-10所示；②热水加热、溶剂回收工艺流程，如图13-11所示。

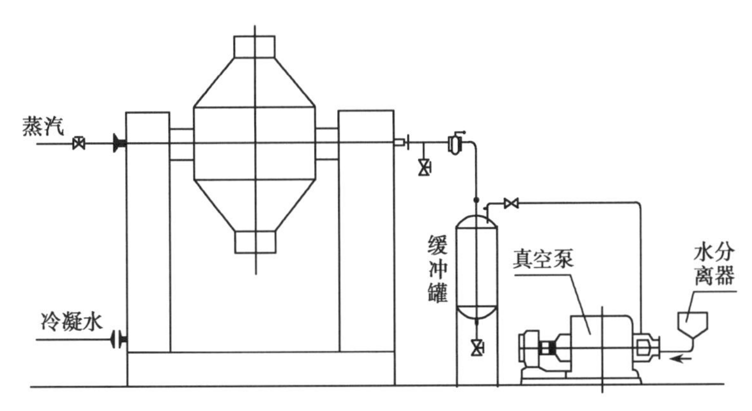

图13-10 蒸汽加热不需要回收溶剂工艺流程

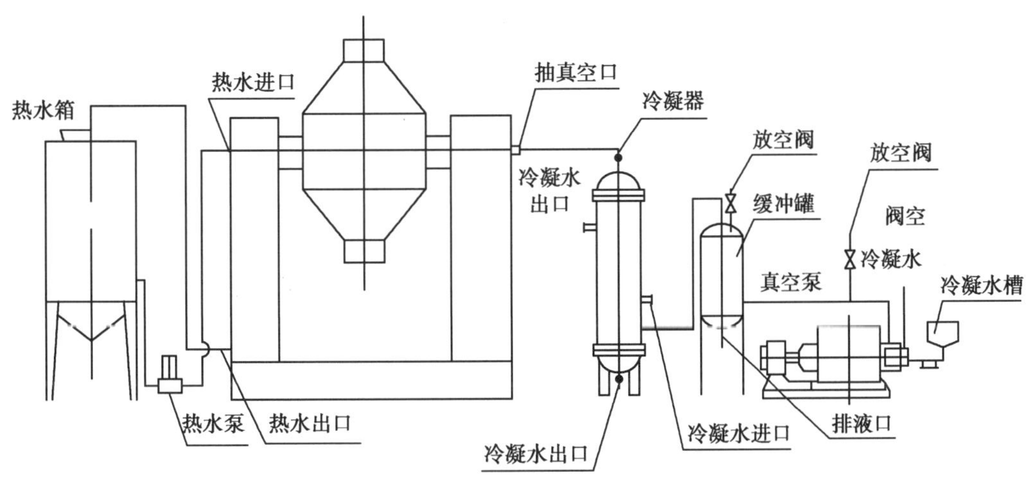

图13-11 热水加热、溶剂回收工艺流程

（二）双锥回转真空干燥机的特点

1. 由于是在真空下干燥，在较低温度下有较高速率，比一般干燥设备速度提高2倍，节约能源，热利用率高，特别适合热敏性物料和易氧化物料的干燥。

2. 间接加热，物料不会被污染，符合《药品生产质量管理规范》要求。

3. 设备维修操作简便，易清洗。

4. 封闭干燥，产品无漏损，不污染，适合强烈刺激、有毒害性物料的干燥。

5. 物料在转动中混合干燥，可以将物料干燥至很低的含水量（≤0.5%），且均匀性好，适合不同物料要求。

6. 设备结构紧凑，占地面积小，操作简便，减轻劳动强度，节省劳力。

（三）**双锥回转真空干燥机的应用**

双锥回转真空干燥机适用于制药、食品等行业生产中含粉状、粒状及纤维的浓缩或混合物料的干燥，特别是需要低温干燥的物料（如原料药、生化制品等），更适用于易氧化、易挥发、热敏性、强烈刺激、有毒性物料和不允许破坏结晶体物料的干燥。化学原料药（如青霉素、维生素系列、磺胺系列）以及一些药物中间体绝大部分都是用双锥回转真空干燥机进行干燥。

二、流化干燥

流化干燥（fluidzing drying）又称沸腾干燥，一种运用流态化技术对颗粒状固体物料进行干燥的方法。在流化床中，颗粒分散在热气流中，上下翻动，互相混合和碰撞，气流和颗粒间又具有大的接触面积，因此流化干燥器具有较高的体积传热系数，热容量系数可达 8 000～25 000kJ/（m^3•h•℃），又由于物料剧烈搅动，大大地减少了气膜阻力，因而热效率较高，可达 60%～80%。流化床干燥装置密封性能好，传动机械又不接触物料，因此不会有杂质混入，这对要求纯洁度高的制药工业来说是十分重要的。

（一）**流化干燥的分类**

按照被干燥物料，可分为三类：①适用于粒状物料；②适用于膏状物料；③适用于悬浮液和溶液等具有流动性的物料。按操作条件不同，可分为两类：连续式和间歇式。按结构状态，可分为一般流化型、搅拌流化型、振动流化型、脉冲流化型、碰撞流化型。

（二）**流化干燥的工作原理**

散粒状固体物料由加料器加入流化床干燥器中，过滤后的洁净空气加热后由鼓风机送入流化床底部经分布板与固体物料接触，形成流化态达到气固的热质交换。物料干燥后由排料口排出，废气由沸腾床顶部排出经旋风除尘器组和布袋除尘器回收固体粉料后排空。

目前，国内流化床干燥装置，从其类型看主要分为立式、卧式和喷雾流化床、振动流化床等。立式三级流化床干燥器见图 13-12。

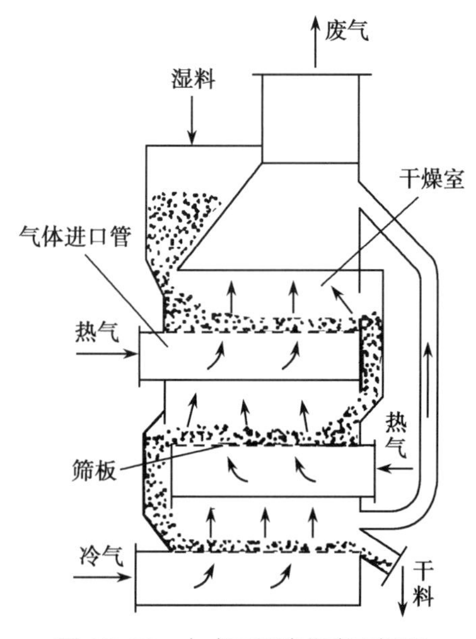

图 13-12 立式三级流化床干燥器

从被干燥的物料来看，大多数的产品为粉状（如氨基匹林、乌洛托品）、颗粒状（如各种片剂、谷物等）、晶状（如氯化铵、聚对苯二甲酸乙二酯等）。被干燥物料的湿含量一般为 10%～30%，物料颗粒度在 120 目以内。

（三）**流化干燥的特点**

流化干燥器结构简单，维修费用低，热效率较高（非结合水分的干燥热效率可达 60%～80%），体积传热系数与气流干燥相当。物料在床层内的停留时间，可根据对最终产品含湿量的要求随意调节，有较大的适应性。由于流化干燥器具有这些优点，所以在药品生产中的应用比较广泛。可实行自动化生产，是连续式干燥设备。干燥速度快，温度低，能保证生产质量，符合《药品生产质量管理规范》要求。

（四）流化干燥应用

流化干燥适用于粉状、晶状等散粒状物料的干燥，如医药药品中的原料药、压片颗粒料、中药的干燥除湿，还用于食品饮料、粮食加工、玉米胚芽、饲料等的干燥，以及矿粉、金属粉等物料的干燥。物料的粒径最大可达6mm，最佳为0.5～3mm。

三、三合一干燥

随着《药品生产质量管理规范》的实施，近年来已推出集结晶-过滤-干燥为一体的联合机，简称三合一。另外，还有一种将药物在结晶设备中结晶以后，连同母液，一并送入过滤-洗涤-干燥联合机中处理，简称也是三合一机。三合一设备是结晶类原料药生产设备的进步，其能免除原过滤干燥两个不同设备间的滤饼输送，减少了产品交叉污染，提高了生产率。

1. 结晶-过滤-干燥三合一机 此种三合一机可将母液送入器内完成结晶过程，结晶后再进行过滤及干燥。为了防止结晶在过滤网下方析出，故设计成器身可180°转动。在结晶阶段可将器身转至滤网在上；结晶完成后转180°，使滤网在下，开始过滤。中间有可伸降的搅拌器，分别用于结晶过程以及过滤阶段的压平滤层和干燥阶段的翻动滤饼层。桨叶中也设有加热介质通道，以提高干燥速度（图13-13）。

2. 过滤-洗涤-干燥三合一机 此种三合一机是将结晶过程在结晶罐中进行，结晶完成后再输入此机开始进行过滤，过滤后再注入洗涤液，并利用搅拌装置进行充分洗涤，然后再过滤，最后进行脱水干燥（图13-14）。由于物料是在结晶以后送入器中，设在下部的滤网可以截留晶体，因此器身可以不做180°旋动，简化了结构。干燥结束后，产品由设在滤网以上的器壁开孔处排出，搅拌器桨叶对物料的排出可起助推作用。现有的几种品牌，在开孔阀门处虽然也用蒸汽灭菌，但所用蒸汽在阀腔内未能达到灭菌所需的压力和温度。

图13-13 结晶-过滤-干燥三合一机

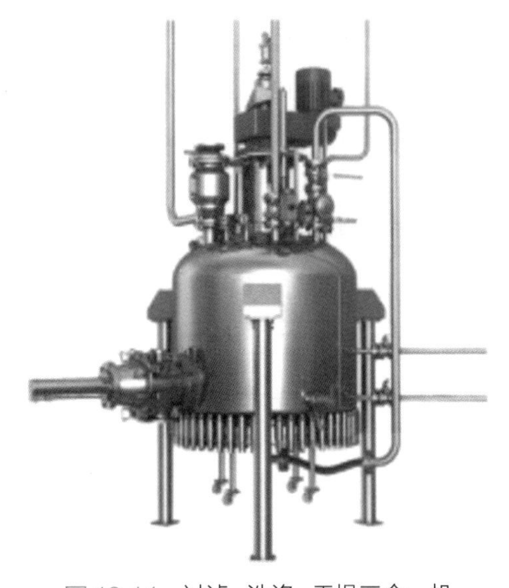

图13-14 过滤-洗涤-干燥三合一机

这两种三合一机都能免除过滤 - 干燥两个环节因不同设备而造成的滤饼层的输送，减少了产品污染的机会。

第四节　制剂过程中的干燥

制剂也是成品药，是由原料药按处方配制而成，包括注射剂（药液或药粉注射剂）、片剂以及口服液剂和外用药物。其中干燥作业主要在片剂的制造过程，注射用药粉一般都是经无菌喷雾干燥或冷冻干燥制得，也有不少是由无菌干燥的结晶分装，如青霉素钾盐等。

片剂的制造根据不同的药片有不同的配方，由一种或多种原料药加辅料（如黏合剂、崩解剂）等，经均匀混合，再制成颗粒。制粒或造粒时需要加少量的水，成粒后再干燥去水。所以制剂过程中的干燥就是片剂造粒操作中的干燥。

造粒过程使用较早的操作是混粉、捏和、造粒和干燥。其干燥是将制得的颗粒盛盘于箱式干燥器中。现已改用沸腾造粒或造粒联合机处理，其是将物料的混合、粘结成粒、干燥等过程在同一设备内一次完成。显然，这种方法的生产效率较高，既简化了工序和设备，又节省了厂房和人力，同时制得的颗粒大小均匀、外观圆整、流动性好，压成的片剂质量也很好。因此，国内已有不少药厂采用了这种较为先进的制粒方法。

制剂药物除了本身的干燥以外，有些包装材料，特别是包装无菌制剂的瓶及胶塞等，均须在清洗洁净后进行灭菌及干燥，以保证药物的质量。

一、制剂过程的制粒干燥

由原料药按处方制成片剂，需要先将药粉制成颗粒，以避免药粉压片时流动性不佳而装量不准，以及药粉会因冲模之动作而飞扬。片剂药物中除主要药物一种或多种按处方配比计量以外还要加入粉状黏合剂、崩解剂等辅助材料。各种物料先一起混合均匀，再加洁净水用捏和机使之成为膏团状物料，膏团状物料可用摇摆颗粒机制成湿颗粒。摇摆颗粒机是由正反向转动的刮板往复 120° 左右将膏团状物料挤过半圆筒状的筛孔，使之成为湿颗粒。湿颗粒须经干燥后送至压片机，压制药片，其流程如图 13-15 所示。

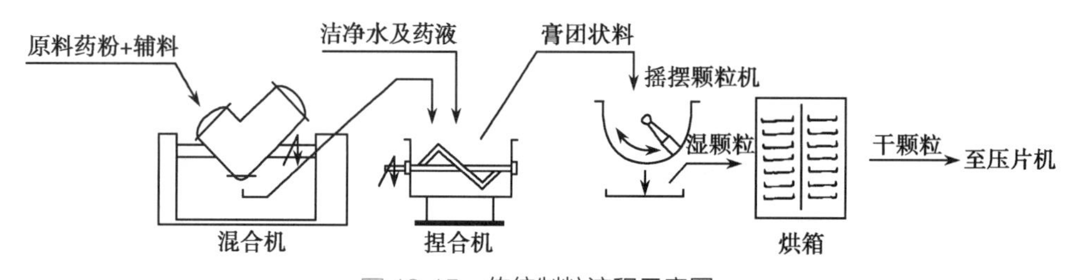

图 13-15　传统制粒流程示意图

在制药领域，制粒有着广泛的应用，固体制剂的制备工艺中，如片剂、颗粒剂、丸剂等，几乎全部包括制粒过程。制粒干燥方法很多，这里介绍几种常用的制粒干燥技术。

（一）流化床制粒干燥

流化床制粒是在自下而上通过的热空气的作用下，使物料粉末保持流态化状态的同时，喷入含有黏合剂的溶液，使粉末结聚成颗粒的方法。由于粉末粒子呈流态化而上下翻滚，如同液体的沸腾状态，故也有沸腾制粒之称；又因为混合、制粒干燥的全过程都可在一个设备内完成，故又称为一步制粒法。流化床制粒机目前已成为制药工业中的主要制粒设备之一，有利于《药品生产质量管理规范》的实施，目前认为是比较理想的制粒设备。

1. 流化床制粒设备的结构与操作 流化床制粒设备的结构示意见图 13-16。主要由容器、气体分布装置（如筛板等）、喷嘴、气固分离装置（如图中袋滤器）、空气进出口、物料排出口等组成。制粒时，把药物粉末与各种辅料装入容器中，从床层下部通过筛板吹入适宜温度的空气，先使药物和辅料在床内保持适宜的流化状态，使其均匀混合，然后开始均匀喷入黏合剂溶液，液滴喷入床层之后，粉末开始结集成粒。经反复的喷雾和干燥过程，当颗粒的大小适宜后，停止喷雾，形成的颗粒继续在床层内因热风的作用使水分汽化而干燥。在整个制粒过程中，袋滤器定时振动，将收集的细粉振落到流化床内继续与液滴和颗粒接触成粒。干颗粒靠本身重力流出，或在气流吹动下排出，或直接输送到下一步工序。

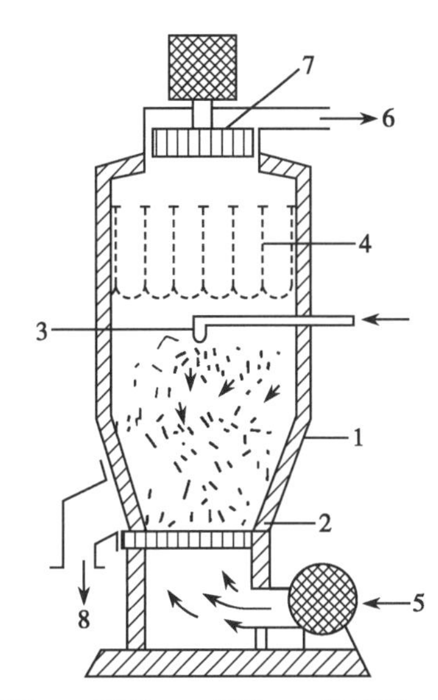

1. 容器；2. 筛板；3. 喷嘴；4. 袋滤器；5. 空气进口；6. 空气出口；7. 排风机；8. 产品出口。

图 13-16 流化床制粒设备的结构

流化制粒的特点包括：①在一台设备内可以进行混合、制粒、干燥、包衣等操作，简化工艺，节约时间；②操作简单，劳动强度低；③因为在密闭容器内操作，所以不仅异物不会混入，而且粉尘不会外溢，既保证质量又避免环境污染；④颗粒粒度均匀，含量均匀，压缩成型性好，制得的片剂崩解迅速，溶出度好，确保片剂质量；⑤设备占地面积小。

2. 制粒机制 流化床制粒的机制主要是黏合剂的架桥作用使粉末相互结集成粒。在悬浮松散的粉末中均匀喷入液滴，靠喷入的液滴使粉末润湿、结聚成粒子核的同时，再由继续喷入的液滴润湿粒子核，在粒子核的润湿表面的黏合架桥作用下相互间结合在一起，形成较大粒子，干燥后，粉粒间的液体架桥变成固体桥，形成多孔性、表面积较大的柔软颗粒。流化床制粒得到的颗粒粒密度小、粒子强度小，但颗粒的溶解性、流动性、压缩成型性较好。

为了发挥流化床制粒的优势，出现了一系列以流化床为母体的多功能新型制粒设备，如流化床搅拌制粒机，与普通的流化床制粒机相比，这种新设备制成的颗粒粒密度大、粒子强度大；又如流化制粒喷雾干燥器，在一个设备内喷雾干燥流化制粒同时进行，由液体原料直接制成颗粒，具有结构紧凑、省工序、节能优点；还有多功能复合型制粒机，内配有流化床、搅拌混合机构、转动的球形拉机等，在一个设备内进行混合、制粒、一次干燥、包衣、二次干燥、冷却等操作。

目前对制粒过程的要求已逐步提高，除要求制成的颗粒具有理想的形态、大小，堆密度、强度等基本性质符合要求外，还对粒子的溶解性、崩解性、孔隙孔径分布、显性、药物的释放性等提出特别要求，即制成功能性颗粒。

（二）喷雾制粒干燥

喷雾制粒是将药物溶液或悬浮液、浆状液用雾化器喷成液滴，并散布于热气流中，使水分迅速蒸发以直接获得球状干品的制粒方法。该制粒法直接把液态原料在数秒内干燥成粉状颗粒，因此也叫喷雾干燥制粒法。本法近年来在制药工业中得到了广泛的应用与发展，如抗生素粉针的生产、微型胶囊的制备、固体分散体的研究等都利用了喷雾干燥技术。

喷雾制粒过程分为四个过程：①药液（混悬液）雾化成微小粒子（液滴）；②热风与液滴接触；③水分蒸发；④干品与热风的分离及干品的回收。

图 13-17 为喷雾制粒流程。料液由贮槽 7 进入雾化器 1 喷成液滴分散于气流中，空气经蒸汽加热器 5 和电加热器 6 加热后沿切线方向进入干燥器 2 与液滴接触，液滴中的水分蒸发，液滴经干燥后成固体细粉落于器底。可连续出料或间歇出料，废气由干燥器下方的出口流入旋风分离器 3，进一步分离固体粉粒，然后经风机 4 过滤放空。

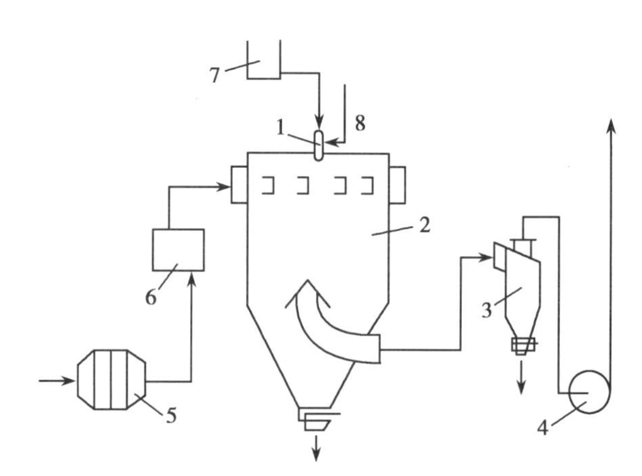

1. 雾化器；2. 干燥器；3. 旋风分离器；4. 风机；5. 加热器；6. 电加热器；7. 料液贮槽；8. 压缩空气。

图 13-17　喷雾制粒流程图

喷雾干燥制粒有以下特征：①由液体原料直接得到粉状固体颗粒；②由于是液滴的干燥，单位重量原料的比表面积大，在数十秒的短时间内可完成干燥；③物料与热风的接触时间短，适合于热敏性物料；④颗粒的粒度范围约 30μm 至数百微米，堆密度范围 200～600kg/m^3，中空球状粒子较多，具有良好的溶解性、流动性和分散性；⑤适合于连续化的大量生产。但其设备庞大，要汽化大量液体，能量消耗大，黏性较大物料易粘壁，也使其应用受到限制。

二、包装材料的干燥

制剂包装材料主要是无菌药粉或药液注射剂所用的洁净、干燥的安瓿瓶、粉针瓶和粉针瓶用的胶塞。这些瓶和胶塞都要经过充分洗净，再用洁净水漂洗干净以防残留毛点或蒸发遗留物。安瓿瓶、粉针瓶的干燥都是经洗瓶机洗净后，传送进入烘瓶段烘干，经冷却再传送到分装机。胶塞的处理早期是用小筐将洗净之胶塞装入，先送至压力锅中蒸汽灭菌，再转移到烘箱中烘干残留水分，为防止外界异物污染胶塞，各小筐外均用透气性材料包覆，稍后改用绞龙洗塞机清洗并烘干，再将干胶塞装入不锈钢扁盒在电热箱中 125℃烘烤 2.5 小时以灭除杂菌。近年来，日本、荷兰、德国都开发研制了若干种清洗或清洗 - 灭菌 - 干燥联合机，以适应严格的制药质量规范要求。

（一）药瓶的干燥

无菌药物所用的药瓶要求干燥、无杂物、无菌，药瓶经清洗只能去除稍大的菌体、尘埃及杂质粒子，还需要通过干燥灭菌去除生物粒子的活性。常规工艺是将清洗达标后的药瓶，由传送结构通过连续烘干机将药瓶烘干，此连续烘干机主要特点是干燥用热空气都经过洁净过滤，用不产生尘粒或脱落氧化物的红外线灯泡作为热源，既能达到杀灭细菌和热原的目的，也可对药瓶进行干燥。其示意图见图 13-18。

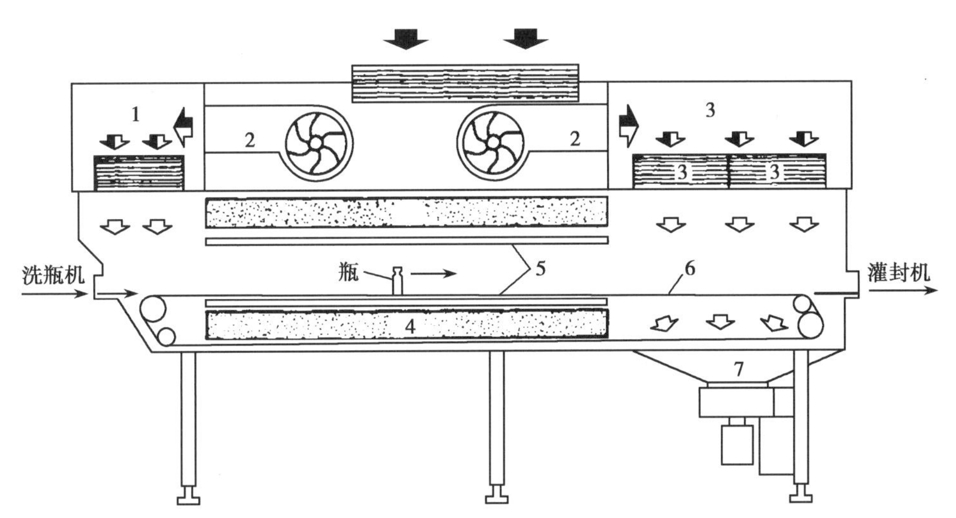

1. 中效过滤器；2. 风机；3. 高效过滤器；4. 隔热层；5. 电热管；6. 水平网带；7. 排风。

图 13-18　无菌药瓶干燥示意图

（二）胶塞的清洗 - 灭菌 - 干燥机

用来封闭无菌药瓶的胶塞虽然不是药物，但与药物密切接触，且要承受注射针头穿过，因此有严格的质量要求。如干燥后的含水量根据不同药物要求在 0.05% 以下或 0.1% 以下，而且处理胶塞的批量要和被分装药物的批量相应，保证均一性。通常胶塞先用 0.3% 的盐酸煮沸 5～15 分钟后，用过滤的自来水连续冲洗 1～2 小时，并不断用空气搅拌，再用蒸馏水冲洗两次，最后经硅化处理后置于 125℃胶塞灭菌烘箱内干燥、灭菌。

由于对整批一致性的要求，以及灭菌可靠性的保证，推动着胶塞清洗、干燥设备向清洗 - 灭菌 - 干燥联合多功能机发展。在单一容器中处理药物可免转移时接触外界，有利于热压灭菌。德国 Huber 及意大利的 Nicomac 推出了大致相同的多室水平转筒式处理机，可以整批清洗、灭菌、干燥胶塞。示意图见图 13-19，胶塞是通过进料口分别加到圆筒的各室之中，以防止转动时不平衡引起振动。卸料时也逐个卸出。器身内设有清洗水、洁净水以及灭菌用蒸汽和干燥用空气进出口。在装好胶塞以后先引入清洗水，必要时加清洁剂，洗净后再用洁净水漂净。然后用经过滤的蒸汽按规定温度、压力、时间进行灭菌。灭菌后用洁净压缩空气加热干燥至规定含水量。经处理胶塞逐室卸出。这类结构对于灭菌条件的保证、胶塞洗净程度以及整批均一性都有改善。但此类机型由于内筒因平衡需要而必须分室，造成进出料须逐间进行，比较烦琐。对水平轴两端需要良好密封并保持运转时洁净。

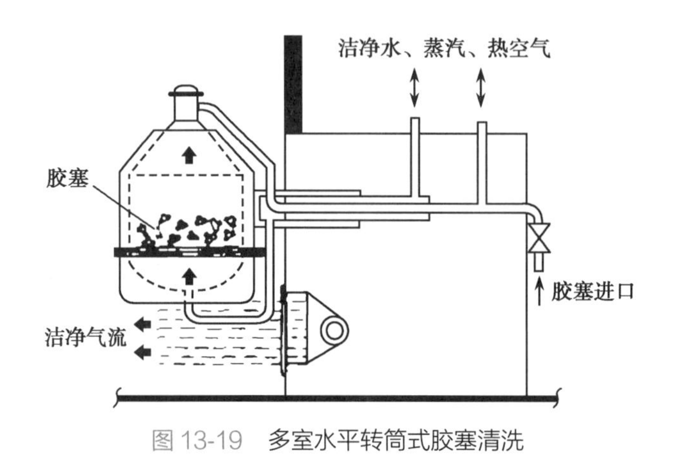

图 13-19　多室水平转筒式胶塞清洗

德国 SMEJA 公司与 CIBA-GEIGY 制药厂合作开发研制了 PRARMA-CLEAN 型胶塞清洗 - 灭菌 - 干燥机。该机主要结构是用单轴支承的具锥底的圆筒，另一端是用法兰连接的椭圆形盖，法兰之间设有流体分布板，用以分布清洗用水、灭菌蒸汽及干燥用空气。在清洗 - 灭菌 - 干燥时锥底向上，胶塞通过管道吸入器内，清洗时所用水从椭圆形盖经分布板向上；灭菌、干燥时亦然。卸料时将器身转 180° 使锥底向下通过控制阀逐桶卸出。在清洗、干燥过程中可使器身左右转动各 45°，以使操作均匀。

在对比分析几种国外机型的基础上，上海医药工业研究院开发研制了 JS 型胶塞清洗 - 灭菌一干燥机。其采用单轴支承锥底圆筒型式，将国外二软管连接进出气、液及吸入胶塞的结构改进为多套管多轴封的结构，使进出管道可用固定的不锈钢管连接，从而可以提高干燥温度，满足了胶塞最终含水量控制在 0.05% 的要求。同时也根据胶塞歇止角大的特点将左右转动角度提高到各 90°，有助于清洗彻底及干燥均匀。现该机已在国内多家制药企业投运，其结构如图 13-20 所示。此机所用清洗用水、蒸汽、干燥用空气均须经洁净过滤，其流程见图 13-21。

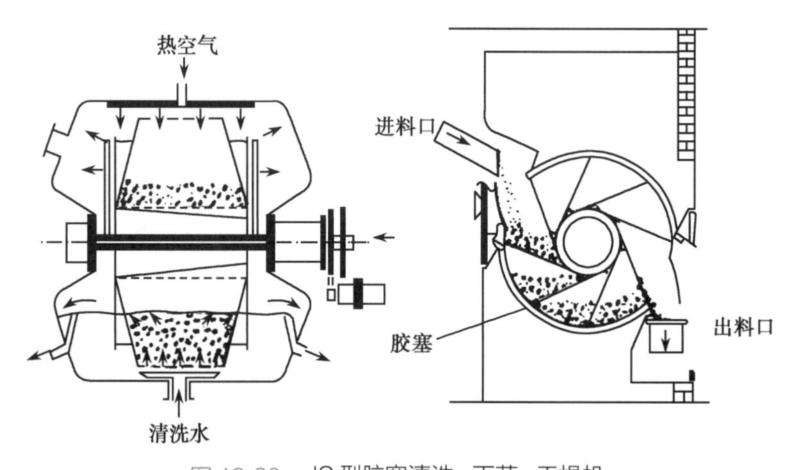

图 13-20　JS 型胶塞清洗 - 灭菌 - 干燥机

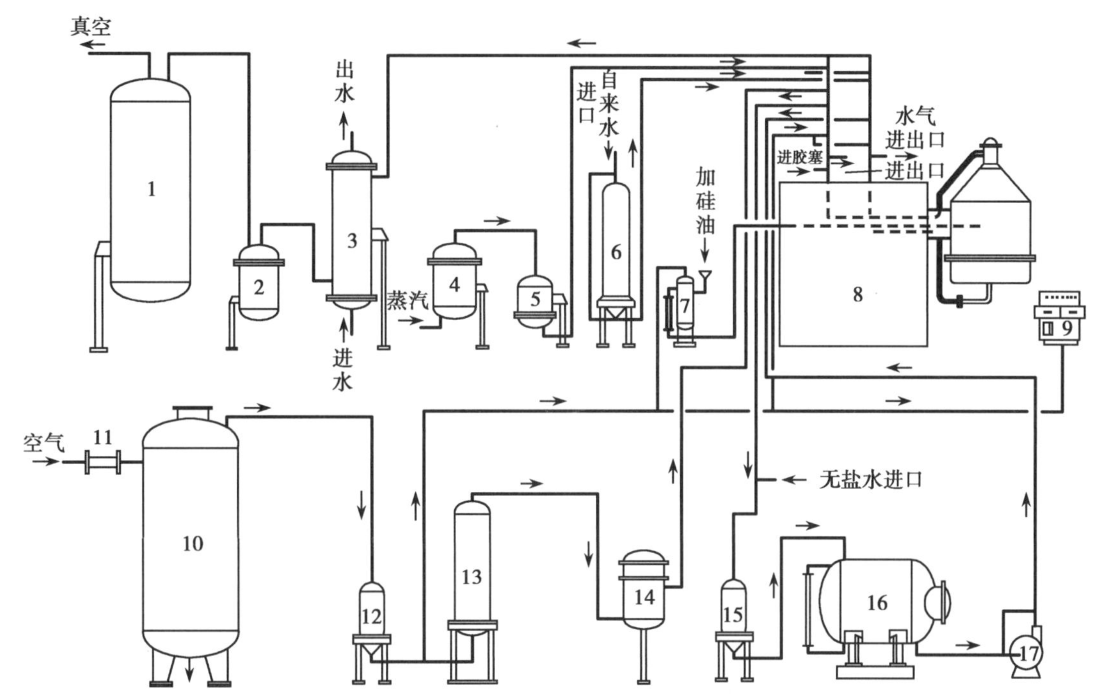

1. 真空贮罐；2. 真空过滤器；3. 冷凝器；4. 蒸汽过滤器；5. 蒸汽砂芯过滤器；6. 自来水过滤器；7. 加料器；8. 胶塞清洗灭菌干燥器；9. 仪表箱；10. 空气贮罐；11. 集雾器；12. 空气过滤器；13. 翅片加热器；14. 电加热器；15. 无盐水过滤器；16. 无盐水贮罐；17. F 型耐腐蚀泵。

图 13-21 胶塞清洗灭菌干燥机流程图

三、其他干燥造粒方法

其他干燥造粒方法主要有厢式干燥、远红外干燥、微波干燥等。

ER13-4 其他干燥造粒方法

第五节 案例分析

案例 13-1 黄连总生物碱原料药的干燥

中药固体原料药是中药制剂中间体常见形式，干燥是中间体粉末制备的必要步骤之一。因加热方式、干燥条件的差异，不同干燥方式可能会对目标样品的成分特性及理化性质造成影响，进而影响制剂过程及制剂工艺。例如黄连为毛茛科植物黄连、三角叶黄连或云连的干燥根茎，具有清热燥湿、泻火解毒的功能。其有效成分为黄连总生物碱，主要代表成分为小檗碱、巴马丁、黄连碱、药根碱、表小檗碱等。现代医学证明，黄连总生物碱具有改善糖代谢、调节血脂、降低血压、抑菌抗炎、免疫调节、抗肿瘤等多种药理作用。黄连总生物碱原料药的质量对制剂至关重要，而其原料药的质量很大程度上取决于干燥工艺。

问题：查阅有关文献，根据黄连总生物碱的性质，选定有效的干燥方法，确定工艺路线，对设定的工艺路线进行分析比较，不仅要求技术上的可行性，还要体现经济性、环保性。

工艺设计：黄连总生物碱的生产工艺如图 13-22 所示。分别采用真空干燥、冷冻干燥、喷雾干燥对黄连总生物碱提取液进行干燥。

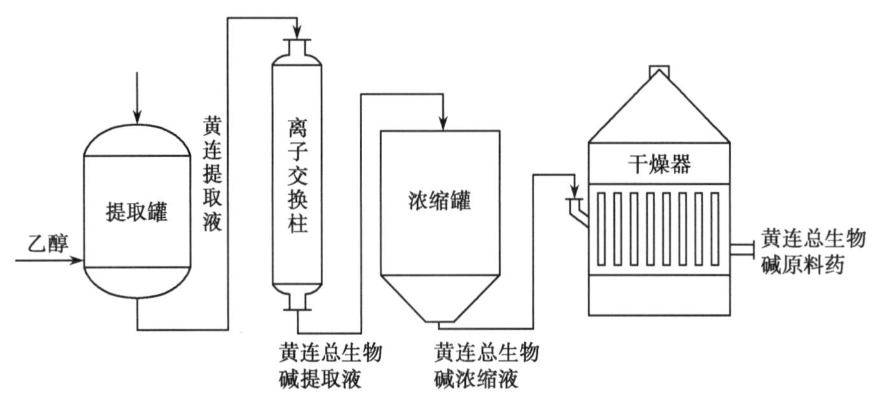

图 13-22　黄连总生物碱生产工艺框图

（1）原料药制备：采用微波辅助乙醇回流提取黄连总生物碱，选择 D101 树脂用离子交换法进行提取液的纯化，洗脱液 60℃减压浓缩至黏稠状，待用。

（2）真空干燥：将黄连总生物碱浓缩液，60℃下真空干燥 24 小时。

（3）冷冻干燥：将黄连总生物碱浓缩液，−50℃下冷冻干燥 24 小时。

（4）喷雾干燥：进风口温度 180℃，出风口温度 80℃，浸膏比重 1.15。

假设：如果采用热风干燥黄连总生物碱，对有效活性成分含量有什么影响？哪种干燥方式得到的黄连总生物碱原料药更适合于制剂？

分析：通过有效成分含量、外观形态、流动性、吸湿性、可压性等参数对三种干燥方式进行比较。不同干燥方法对生物碱含量的影响见表 13-2。

表 13-2　干燥方法对生物碱含量的影响　单位：%

	小檗碱	巴马汀	黄连碱	表小檗碱	药根碱
真空干燥	36.27±1.61	7.03±0.31	10.76±0.42	4.41±0.13	3.37±0.11
冷冻干燥	36.05±0.51	6.99±0.10	11.30±0.12	4.42±0.04	3.29±0.04
喷雾干燥	37.27±0.68	7.27±0.14	11.61±0.18	4.55±0.05	3.42±0.04

由表 13-1 可知，不同干燥方式所得黄连总生物碱中 5 种成分含量差异不明显。

但不同的干燥方式对黄连总生物碱原料药的外观形态和粒径有显著影响，喷雾干燥、真空干燥、冷冻干燥所得粉体大小差异较大。真空干燥与冷冻干燥所得粉体差异不明显，粉体粒径较大，粒径分布宽；喷雾干燥所得粉粒较圆整，粒径小且大小较均一（图 13-23，表 13-3）。

流动性好、吸湿性弱的粉体更适合制剂。粉体的流动性与密度及表面形态相关，密度越大，表面越光滑接近于球形，休止角 α 越小，流动性越好。不同干燥方法所得黄连总生物碱原料药的休止角均小于 40°，且真空干燥<喷雾干燥<冷冻干燥。而吸湿特性参数越小，粉体的吸湿性能越弱，真空干燥<喷雾干燥<冷冻干燥。可见，真空干燥得到的黄连总生物碱粉体适合压片。用三种不同干燥方式得到的粉末直接压制成平面片剂，其抗张强度的测量也验证了真空干燥所得到的黄连总生物碱原料药可压性最合适。不同干燥方法所得黄连总生物碱特性参数见表 13-4。

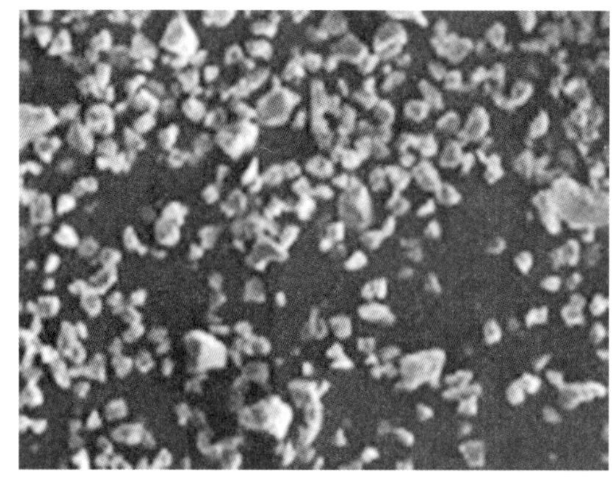

A 喷雾干燥

B 真空干燥

C 冷冻干燥

图 13-23 黄连总生物碱扫描电镜图

表 13-3 不同干燥方法所得黄连总生物碱粉末粒径

干燥方法	粒径 /μm	
	D_{50}	D_{90}
真空干燥	63.87	165.4
冷冻干燥	73.82	183.7
喷雾干燥	4.01	9.06

表 13-4 不同干燥方法所得黄连总生物碱特性参数

干燥方法	休止角 /°	吸湿性 /%	抗张强度 /MPa
真空干燥	35.17±0.17	8.47	0.19±0. 04
冷冻干燥	35.22±0.32	9.00	0.12±0. 02
喷雾干燥	36.79±0.20	8.10	0.10±0. 02

评价：冷冻干燥所得粉末较疏松、易粘连，且不利于大批量制备；喷雾干燥所得粉末粒径较小且均一，但比表面积大，使其易吸湿，且流动性相对欠缺，不利于后续制剂的成型工艺；真空干燥所得粉末易粉碎、制备简易，且流动性、成型性、吸湿性均相对较好，更适合后续的制剂研究。此外，与冷冻干燥相比较，真空干燥设备和生产成本低；和喷雾干燥相比较，真空干燥封闭操作，无粉尘污染，适合制药生产中粉状物料的干燥。中药原料药的干燥过程不仅

会影响原料药的粉体学、吸湿潮解性等一系列物理特性，还会影响其化学性质的变化，进而影响后续的制剂工序，最终影响临床疗效。

第六节　干燥技术的发展

干燥设备是制药行业中的重要生产装置。干燥技术的发展将沿着实现有效利用能源、提高产品质量及产量、减少环境影响、安全操作、易于控制、一机多用等方向发展。具体讲，干燥技术的发展方向将着重于以下几个方面。

（1）干燥设备研制向专业化方向发展：干燥设备应用极广，而且需要量也很大，因此干燥设备向专业化方向发展，今后可能出现更多的专业干燥设备。

（2）干燥设备的大型化、系列化和自动化：从干燥技术经济的观点来看，大型化的装置，具有原材料消耗低（与相同产量相比）、能量消耗少、自动化水平高、生产成本低的特点。设备系列化，可对不同生产规模的工厂及时提供成套设备和部件，具有投产快和维修容易的特点。例如喷雾干燥装置，最大生产能力为200t/h，流化床干燥器干燥煤的生产能力可达到350t/h。

ER13-5　改进干燥设备，强化干燥过程

（3）改进干燥设备，强化干燥过程。

（4）采用新的干燥方法及组合干燥方法：近年来高频干燥、微波干燥、红外线干燥以及组合干燥发展较快。另外，如利用弹性振动能强化固体物料的干燥，弹性振动能——声波对固体物料表面作用，可使湿固体表面流体边界层破坏，减小传热和传质的阻力，故能强化干燥，但声强不能低于143～145dB，这也是该技术难题。

ER13-6　降低干燥过程中能量的消耗

（5）降低干燥过程中能量的消耗：随着相关产业的发展，对干燥产品质量要求的提高，能量单耗的降低及操作可靠程度的提高都会对干燥技术和设备提出更高的要求。但干燥过程中降低能耗将是一个长远永恒的研究课题。

学习思考题

1. 干燥物料的速度是否越快越好，为什么？
2. 结合药品干燥实例，说明《药品生产质量管理规范》对干燥过程及干燥装置的要求。
3. 试说明冷冻干燥、喷雾干燥和双锥回转真空干燥的基本原理和特点。
4. 制药行业常用的干燥设备有哪些？干燥是高能耗技术，如何降低干燥过程中能量的消耗？
5. 药品物料有哪些特点，进行干燥时根据物料的特点如何选择干燥方法和干燥设备？
6. 制药行业的干燥装置为什么需要原位清洗及原位灭菌的设施？
7. 分析某一具体热敏性药品的冷冻干燥系统，探讨它的优缺点。

ER13-7　第十三章　目标测试

（李　华　石晓华　陈万仁）

参考文献

[1] 宋航. 制药分离工程. 上海：华东理工大学出版社，2011.

[2] 潘永康. 现代干燥技术. 北京：化学工业出版社，2002.

[3] 华泽钊，刘宝林，左建国. 药品和食品的冷冻干燥. 北京：科学出版社，2006.

[4] 邓树海. 现代药物制剂技术. 北京：化学工业出版社，2007.

[5] 云南威信盛宝农业科技有限公司. 一种天麻微波 / 冻干多联干燥加工方法：201610343234.5.2016-10-12.

ER14-1 第十四章
其他新型分离技术
（课件）

第十四章　其他新型分离技术

1. **课程目标**　了解手性基本概念，能描述结晶拆分法、化学拆分法、动力学拆分法、生物拆分法、色谱拆分法和膜拆分法的基本原理，并归纳其在应用方面的异同，掌握手性拆分技术基本流程、工业应用范围及特点。能解释分子印迹技术的定义、特点、适用范围，熟悉分子印迹的制备方法及其在药物分离中的应用特点。
2. **教学重点**　手性药物的制备方法，尤其是不同拆分方法的异同及其适用范围；分子印迹技术的基本原理及其应用。

第一节　手性分离

立体异构是指化合物分子式相同，各原子或基团在空间相互连接的次序、连接方式相同，但在空间的排列方式不同，旋光异构就是立体异构的一种。产生旋光异构的一对分子组成相同，一般理化性质相同，但光学性质却不同。这一对分子均能使偏振光振动平面发生相同角度的旋转，但旋转方向不同。能使偏振光振动平面按顺时针方向旋转的旋光性物质称为右旋体，能使偏振光振动平面按逆时针方向旋转的旋光性物质称为左旋体。有趣的是，存在于自然界的生物体往往是以单一的对映体存在，如组成天然蛋白质的氨基酸大多数是 L-α- 氨基酸，仅在一些抗生素及个别植物的生物碱中发现含有 D-α- 氨基酸。因此，作为生命活动的重要基础物质生物大分子，如蛋白质、氨基酸、核酸多糖及受体等，也具有不对称的性质，故而生命活动中存在手性识别与手性匹配的问题。例如，不对称性的酶只催化特定手性底物的反应，受体仅与特定手性小分子化合物结合。这种关系可形象地用手和手套的关系来说明：左手能够套入左手手套中，而左手与右手手套是互相不匹配的。

一、概述

在自然界中，存在一类分子，不能和它的镜像重合。结构化学家们把这种特性称为手性。手性是自然界的基本属性之一。具有手性的分子称为手性分子。手性（chirality）一词源于希腊词“手”（chiral），左手用 learus 或者 L 表示，右手用 dexter 或者 D 表示。D、L 是最早表示手性分子的方法，现在主要用 R、S 表示。然而，过去很长一段时间里，销售的手性药物多数是外消旋体。自从 20 世纪 60 年代发生“反应停”事件以来，科学家们意识到人体内存在着严格的手性识别与手性匹配，药物手性的研究在新药研发领域引起了极大关注。以单一立体异构体存在并且注册的药物，称为手性药物（chiral drug）。在许多情况下，化合物的一对对映体在生物体内的药理活性、代谢过程、代谢速率及毒性等存在显著差异。具体而言主要表现在以下几个方面：

（1）只有一种对映体具有药理活性，而另一种对映体没有药理作用或活性很小。如氯霉素（chloramphenicol）的左旋体有杀菌作用，右旋体则无药效。

（2）一对对映体中的两个化合物具有等同或近乎等同的同一药理活性。如用于抗心律失常的 β 受体拮抗剂索他洛尔（sotalol）和用于抗组胺药异丙嗪（Promethazine），其两种对映异构体具有近似的药效作用。

（3）一对对映体具有不同的药理活性。这类药物可能因为进入不同组织或者作用于不同靶点，从而呈现出不同的生物活性。这种情况下，往往可以分别开发成两种药物。丙氧吩（propoxyphene）的两个对映体中，左旋丙氧吩是一种止咳剂，右旋丙氧吩则是一种镇痛剂；噻吗洛尔（timolol）的（*S*）- 构型是 β 受体拮抗剂，而其（*R*）- 构型则用于治疗青光眼，两者表现出完全不同的药理活性。

（4）一对对映体之间一个有药理活性，另一个不但没有活性，甚至表现出一定的毒副作用。震惊国际医学界的沙利度胺（thalidomide）最初是以消旋体形式作用为缓解妊娠反应的药物。临床应用证实，这两个对映体中只有（*R*）- 构型的对映体有镇静作用，（*S*）- 构型的对映体是一种强烈致畸剂。

（5）一对对映体之间药理活性相近，但存在差异。β 受体拮抗剂普萘洛尔（propranolol）的两个对映异构体的体外活性相差 98 倍，非甾体抗炎药萘普生（naproxen）的（*S*）- 构型对映体的活性比其对映体的活性强 35 倍。

（6）一对对映体中，一个有活性，另一个具有拮抗作用。这类手性药物的两个对映异构体可能作用于同种受体或组织，且都具有一定的亲和力，但是呈现出相反的药理作用。依托唑啉（etozolin）是一种利尿药，它的（*R*）- 异构体有利尿作用，而（*S*）- 异构体具有抗利尿作用。

二、手性药物的制备方法

据统计，在全球上市的药物中有 56% 的药物为单一构型，剩余的 44% 中仍有 88% 的药物是以外消旋体形式上市的。手性药物的制备方法一般来讲可分为化学、物理和生物三类。从手性技术角度分，获得光学纯化合物的方法可以归纳为手性源（chiral pool）、不对称合成（asymmetric synthesis）以及消旋体拆分（resolution）这三种途径。其中手性源以及不对称合成两种途径不属于分离范畴，本节不作重点讨论。

（一）手性源

在化学合成过程中引入手性源以合成手性化合物。天然存在的手性化合物糖、氨基酸、羟基酸，以及有机合成的手性醇、胺、环氧化合物等都可以作为手性源。天然存在的手性化合物通常只含有一种对映体，而且来源丰富、廉价易得。用它们作为起始原料制备手性药物，无须经过复杂的对映体拆分，十分便捷。目前，许多大宗产品都是用此方法生产，如地尔硫䓬（diltiazem）和左氧氟沙星（levofloxacin）等药物的工业生产。

（二）不对称合成

按照国际纯粹与应用化学联合会（International Union of Pure and Applied Chemistry，IUPAC）金皮书的定义，不对称合成是研究向反应物引入一个或多个具手性元素的化学反应的有机合成分支，也称手性合成、立体选择性合成、对映选择性合成。针对手性的来源，有人把不对称合成分为普通不对称合成和绝对不对称合成。普通不对称合成是指依靠直接或间接天然获得的手性化合物衍生的基团诱导产生手性化合物的合成。而绝对不对称合成是指绝对脱离天然产物来源而通过物理方法（比如说通过圆偏光的照射）诱导产生手性的合成。后者诱导效率低，耗时长，所以目前只有非常有限的几个反应能做到绝对不对称合成。

按照 Morrison 和 Mosher 的定义，不对称合成是"一个有机反应，其中底物分子整体中的非手性单元由反应剂以不等量地生成立体异构产物的途径转化为手性单元"。反应剂可以是化学试剂、催化剂、溶剂或物理因素。随着手性催化剂的发展，不对称催化已经成为不对称合成的最主要策略。根据催化剂的类型可分为不对称金属催化、生物催化和有机小分子催化。不对称金属催化始于 20 世纪 60 年代，在过去半个多世纪里，不对称金属催化得到了迅猛发展，成为了有机合成方法学的前沿研究方向。不对称金属催化的立体选择性控制主要依赖于手性配体。历经多年的发展，不对称合成如今已经在工业界得到了应用，如利用不对称催化氢化反应可实现 L- 多巴的工业生产。该催化反应在底物 / 金属催化剂比低达 20 000/1 的情况下，仍能保持 94% 的对映体过量。

2001 年，诺贝尔化学奖授予发展催化性不对称合成的 3 位科学家，分别是美国孟山都（Monsanto）公司的威廉 S. 诺尔斯（William S. Knowles）、美国斯克里普斯（Scripps）研究所的巴瑞•夏普莱斯（Barry Sharpless）和日本名古屋大学（Nagoya University）的野依良治（Ryōji Noyori）。

相比于金属催化，手性有机小分子催化最早可以追溯到 20 世纪初，但发展较为缓慢。21 世纪初，烯胺催化的分子间不对称羟醛缩合反应、亚胺离子催化的不对称 Diels-Alder 反应、手性双功能催化剂和布朗斯特酸等的相继出现推动了手性有机小分子催化的复兴，使其发展成为一个区别于酶催化和金属催化，具有独立概念和理论体系的研究领域。手性有机小分子催化具有反应条件温和、环境友好、催化剂易于回收利用等优点，符合绿色化学的要求；在药物合成和天然产物全合成中也显示出了十分重要的地位。

2021 年，诺贝尔化学奖授予德国马克斯 • 普朗克煤炭研究所 Benjamin List 教授和美国普林斯顿大学的 David W. C. MacMillan 教授，以表彰他们在"不对称有机催化的发展"中的贡献。他们的工作对药物研究产生了巨大影响，并使化学更加符合绿色发展的趋势。

此外，生物（酶）催化为获取活性药物成分提供了另一种环境友好的途径，受到工业界的重视。由非手性的起始物，经酶的催化合成手性化合物，很多情况下，可将前体近乎 100% 转化为手性目标产物。无手性的富马酸和氨在谷草转氨酶的催化下可以得到光学纯的 L- 天冬氨酸，再与脱羧酶作用，能实现 L- 丙氨酸工业生产。生物催化方法通常不会产生有毒的副产物，在环境污染问题方面比传统化学合成方法要小得多，符合可持续发展和绿色制药理念，是未来手性药物制备最有前景的方法之一。

（三）**消旋体拆分**

1. 消旋体 化学合成的手性化合物通常是两种对映体的等摩尔混合物，称为外消旋体。它由旋光方向相反、旋光能力相同的分子等量混合而成，其旋光性因这些分子间的作用而相互抵消。固态外消旋体有三种类型：外消旋混合物、外消旋化合物、假外消旋体。

（1）外消旋混合物（conglomerate）：又称聚集体，指两个相反构型纯异构体晶体的混合物，在结晶过程中外消旋物的两个异构体分别各自聚结，自发地从溶液中以纯结晶的形式析出。两个不同构型对映异构分子之间的亲和力小于同构型分子之间的亲和力，结晶时只要其中一个构型的分子析出结晶，在它的上面就会有与之相同构型的结晶增长上去，分别长成各自构型的晶体，最终形成等量的、两种相反构型晶体的混合物。这种聚集体也具有不对称的习性，各自的结晶体都呈现互为镜像关系。外消旋混合物的性质和一般混合物的性质相似，其熔点低于单一纯对映异构体，溶解度大于单一纯对映异构体。

（2）外消旋化合物（racemic compound）：两种对映异构体以等量的形式共同存在于晶格中，形成均一的结晶。两个不同构型对映异构分子之间的亲和力大于同构型分子之间的亲和力，结晶时两个不同构型对映异构分子等量析出，共存于同一晶格中。由于分子间的相互作用增强，其熔点常比纯的对映体高，有尖锐的熔点。外消旋化合物的其他物理性质也与组成它的纯对映体的物理性质不同，其熔点处于熔点曲线的最高点，当向外消旋化合物中加入一些纯的对映体时，会引起熔点的下降。固态的红外光谱也显示差异。

（3）假外消旋体（pseudoracemate）：外消旋化合物的一种特殊情况，在假消旋体中两种对映异构体以非等量的形式存在晶格中，形成的是一种固体溶液，也称为外消旋固体溶液。同构型分子之间与相反构型分子之间的亲和力差别不大，两种构型的分子以任意比例相互混杂析出。其熔点曲线是凸形或凹形的，理想的情况下是一条直线。假外消旋体的物理性质与纯对映异构体基本相同。在实际应用过程中，假外消旋体的情况是比较少见的。

区分外消旋化合物、外消旋混合物和假外消旋体的常用方法有：①红外光谱法（IR）；②粉末X射线衍射法（XRD）；③差热分析法（DSC）。由于外消旋化合物是两种对映异构体以等量的形式共同存在晶格中，因此其红外光谱、XRD谱、DSC谱与纯对映异构体相比都有较大的差别。特别是外消旋化合物的DSC谱中，熔化潜热几乎是单一对映异构体的2倍。而外消旋混合物的晶格中只含有一个构型的分子，其红外光谱、XRD谱、DSC谱与纯对映异构体无显著差异。

利用溶解度曲线和熔点也可以区分外消旋化合物、外消旋混合物和假外消旋体。当将外消旋体和任一纯对映异构体混合时，由于外消旋混合物具有混合物的性质，混合后的熔点会升高；而外消旋化合物混合后的熔点会降低；假外消旋体的混合熔点则没有显著变化。这是由于外消旋混合物具有混合物的特点，而假外消旋体属于外消旋固体溶液的缘故。

2. 消旋体拆分方法 拆分是将外消旋体中的两个对映异构体分开，得到光学活性产物的方法，是目前手性药物制备的经典方法和重要途径。据统计，有大约65%的非天然手性药物是由拆分得到的。手性化合物的拆分就是给外消旋混合物制造了一个不对称的环境，使两个对映异构体能够分离开来。手性拆分技术可以分为物理拆分法（含结晶拆分法和色谱拆分法)、化学拆分法、动力学拆分法(生物拆分法为主)(表14-1)。

表14-1 经典手性拆分方法比较

拆分方法	原理	优点	缺点
结晶拆分法	分为直接结晶法和间接结晶法。直接结晶法通过加入某一种异构体作为晶种,诱导与其相同的异构体先行结晶出来;间接结晶法是通过加入天然旋光手性拆分剂,通过分子间作用力,生成一对非对应异构体来实现	设备简单,易于实现工业化	局限性较大、适用范围有限
化学拆分法	通过加入手性试剂,生成非对应异构体将反应快的异构体分出	可调控空间大	目标化合物与手性试剂无法成盐时则无法分离
生物拆分法	通过微生物和酶对异构体的反应速度不同而分离化合物	反应温和效率高、环保	很难快速找到高效拆分的菌种
色谱拆分法	利用旋光性物质对一对对映异构体的吸收性能差异实现拆分。包括气相色谱法、高效液相色谱法、超临界流体色谱法等	效率高,获得的对映体纯度高	使用昂贵的手性材料,操作复杂

(1)物理拆分法:物理拆分法(结晶拆分法)具有操作简单、产品纯度高、易于实现工业化生产的优点,缺点是适用于结晶拆分的化合物较少。结晶拆分不依靠外来手性源,通过外消旋体自发结晶实现拆分,主要包括机械拆分法、优先结晶法、结晶诱导的去外消旋化法以及手性溶剂结晶法等。

1)机械拆分法:直接利用两种对映体的结晶形态不同,进行机械的手工分离。此法仅适用于实验室对极个别易区别的消旋体的拆分。早在1848年,法国化学家路易•巴斯德(Louis Pasteur)就在显微镜下用镊子将右旋和左旋酒石酸进行了拆分。一直以来,人们发现从生物合成的酒石酸会令平面偏振光右旋,但是化学合成得到的酒石酸(异酒石酸)却没有旋光性。然而,这两种途径得到的酒石酸的化学反应和元素构成都是一模一样的。法国科学家路易•巴斯德通过显微镜观察,发现化学合成的异酒石酸里实际上包含了两种晶体。一种就是常见的右旋酒石酸,另一种则是左旋的。两种晶体混合后,使得旋光性消失。这一发现证实了旋光异构体的设想,对结构化学的发展具有重要影响。随后,巴斯德又提出了分子不对称性理论,开创了立体化学研究的途径;其还发现生物体对这两种不对称性的晶体具有明显的选择性。

2)优先结晶法:在饱和或过饱和的外消旋体溶液中加入一个对映异构体的晶种,使该对映异构体稍稍过量因而造成不对称环境,这样旋光性与该晶种相同的异构体就会从溶液中结晶出来。文献最早报道的优先结晶方法是用于肾上腺素的拆分。1934年Duschinsky用该方法分离得到盐酸组氨酸,使人们认识到该方法的实用性。根据优先结晶法是聚集物结晶的原理,可用其溶解度曲线的相图来进行结晶分离过程的分析。20世纪60—70年代,优先结晶方法在工业生产上大规模的用于由丙烯腈制备L-谷氨酸的拆分,每年的产量可达1.3万吨。

优先结晶拆分的前提条件是底物具备外消旋混合物的性质,即同手性作用大于异手性作用。因此,若要选择优先结晶拆分方法,应首先研究底物的理化性质(熔点、溶解度、晶型等),判断其是否属于外消旋混合物。外消旋谷氨酸在水中重结晶形成外消旋化合物,无法进行优先结晶。采用超声辅助的方法，可促使外消旋谷氨酸在超声的空化作用下，形成外消旋混合物，实现其在晶种诱导下的优先结晶拆分。

在实际应用过程中，尤其在工业生产过程中，经常利用优先结晶方法的特点进行循环往复的结晶分离。从 20 世纪 50 年代起用于抗生素氯霉素的中间体的拆分以来，这一方法至今仍然在工业生产中使用。循环优先结晶方法又称为“交叉诱导结晶拆分法”。拆分时，先将外消旋的化合物制成过饱和溶液，向过饱和溶液中加入其中任何一种较纯的旋光体结晶作为晶种，通过冷却使其中一种对映异构体析出。由于其中一种对映异构体的大量析出，使溶液中另一种对映异构体的量进行了富集，再往溶液中加入外消旋的化合物使其成为过饱和溶液，重复如前的操作，则可得到大量的另一种对映异构体的光学纯化合物。例如，默克（Merck）公司通过循环优先结晶方法实现了抗高血压药物 L- 甲基多巴的大规模生产。

影响优先结晶拆分的因素有以下几点：①外消旋体和一种对映异构体的溶解度比小于 2 时比大于 2 更有利于优先结晶法拆分。因为当外消旋体的溶解度小于对映异构体的溶解度时，可扩大溶解度曲线图中可用于优先结晶的区域。②适当的搅拌速度对促进晶体的生长有利，但若一味地提高搅拌速度会使所不期望的对映异构体也自发地成核结晶析出，降低了产品的光学纯度。③所使用晶种的颗粒大小和组成必须均匀。④尽可能减少溶液中存在的其他粒子和颗粒，以免成为杂质晶核影响结晶。

3）结晶诱导的去外消旋化法：结晶诱导的去外消旋化是手性中心外消旋化与优先结晶过程的结合，由于外消旋化速度大于优先结晶速度，在形成稳定的同手性晶体的驱动下得到单一立体异构体。

4）手性溶剂结晶法：在适宜的条件下，成核与晶体的生长并不一定需要特定对映异构体的接种。用直接结晶拆分外消旋对映体的另一条途径就是用化学惰性的手性试剂作为溶剂进行结晶，这种方法是利用外消旋体的两个对映体与化学惰性的手性溶剂的溶剂化作用力的差异。用离子型的金属有机络合物在含羟基的光活性溶剂中进行结晶时，能观察到溶解度的差别。但这种方法需要特殊的手性溶剂，且适合于拆分的外消旋混合物的范围相当小，实际工业生产的意义不大。

（2）化学拆分：化学拆分是利用手性拆分剂将外消旋体拆分为单一光学异构体的拆分方法。手性拆分剂可通过与外消旋体形成盐键得到非对映异构盐，根据溶解度等理化性质的差异，采用结晶方法实现拆分。当外消旋体无可离子化的基团时，手性拆分剂可通过氢键与外消旋体形成非对映异构共晶，再根据理化性质差异实现拆分；或仅与某一对映体形成单一的共晶而实现拆分。化学拆分扩大了通过结晶方式拆分的底物范围，该方法的应用范围更广。

1）经典成盐拆分法：非对映异构体盐结晶拆分是外消旋有机酸（或碱）与手性有机碱（或酸）按一定比例形成非对映异构体盐，根据在溶液中溶解度的差异，某一非对映异构体盐通过形成结晶或沉淀而实现拆分。该方法具有操作简单、易于实现规模化生产的优点，在药物合成工业中得到了广泛的应用。通常拆分碱性物质用酸性拆分剂，拆分酸性物质用碱性拆分剂。

常见的酸性拆分剂有酒石酸、磺酸及其衍生物，例如二苯甲酰酒石酸（dibenzoyltartaric acid，DBTA）、二对甲苯甲酰基酒石酸（di-p-toluoyltartaric acid，DTTA）、苦杏仁酸、苹果酸、樟脑磺酸等)(图 14-1)。有研究用溴化樟脑磺酸作为拆分剂对对羟基甘氨酸(DL-*p*-HPG)进行拆分,经过多次循环,最终能以高达 92% 的收率分离得 D-HPG。其他相关研究人员用光学纯的苯甘氨酸正丁酯或其盐酸盐作为拆分剂来拆分外消旋体苦杏仁酸,实现了光学纯的苦杏仁酸工业化制备。

常用的手性有机碱拆分剂包括辛可宁、辛可尼丁等。有研究采用辛可尼丁拆分了外消旋苹果酸。此外,还有一些新型结构的拆分剂被发现,例如可用螺环硼酸酯盐拆分延胡索乙素外消旋体。

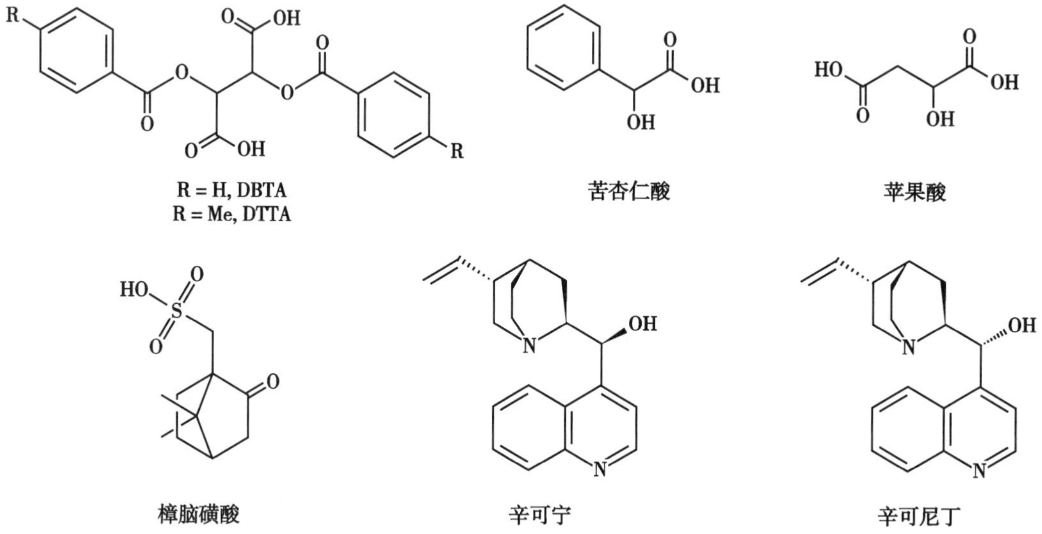

R = H, DBTA
R = Me, DTTA

苦杏仁酸

苹果酸

樟脑磺酸

辛可宁

辛可尼丁

图 14-1　常见的手性拆分剂

对于拆分剂的选择一般需要通过大量的尝试才能得到理想的拆分剂。有研究从现有的大量非对映异构体盐结晶拆分中总结出一条经验规律,即当拆分剂与底物的分子长度相差 3～6 个原子时拆分效果较好。

2)共晶拆分法:拆分剂通过氢键与某一对映体形成共晶而实现拆分;或与外消旋体形成一对非对映异构共晶,再根据理化性质差异实现拆分。共晶拆分适用于拆分不具备离子化基团的外消旋体。共晶拆分中,拆分剂与底物的主要作用力是氢键。与盐键相比,氢键的作用力较弱且具有方向性。在溶液中进行共晶拆分一般只得到拆分剂与某一对映体组成的单一共晶。

由于拆分剂与底物之间的作用力较弱且具有方向性,在溶液体系中寻找适合共晶拆分的拆分剂和拆分条件通常需要大量的尝试。相关研究人员绘制了抗癫痫药左乙拉西坦及其对映体与(*S*)- 苦杏仁酸组成的共晶拆分体系的四元相图,根据相图寻找和优化了拆分条件。有研究利用液体辅助的研磨技术得到了 L- 苹果酸(L-malic acid, L-MA)与抗血吸虫药吡喹酮(*rac*-praziquantel, *rac*-PZQ)的一对非对映异构共晶,重结晶得到(*R*)-PZQ/L-MA 共晶,水洗除去 L-MA 后得到 *ee* 值高达 99% 的(*R*)-PZQ。液体辅助的研磨技术避免了在溶液体系中因拆分剂与底物溶解度的差异而无法得到热力学稳定的共晶,从而提高了寻找适合形成共晶的拆分剂的效率。

3）包结拆分法：广义上，包结拆分是手性拆分剂（主体）形成的手性空穴通过氢键和分子间次级相互作用，对映选择性地包合外消旋客体中的某一对映体形成包结物，而另一对映体则留在母液中。包结拆分法属于分子手性识别范畴，最主要的就是手性主体分子的手性必须与客体分子的相互作用中体现出来。与经典的成盐拆分相比，包结拆分法所拆分的化合物不再局限于有机酸或者有机碱；还可以实现酮、酯、醇、亚砜、铵盐和糖类化合物的拆分，在一定程度上解决了经典成盐拆分方法的不足。包结拆分操作简单、成本低廉、极易放大，具有良好的工业应用前景。

4）Dutch 拆分：Dutch 拆分是在主体拆分剂的基础上加入一种或多种辅助试剂，提高拆分的立体选择性和效率。辅助试剂一般是手性拆分剂的类似物，不参与形成结晶，只是通过改变结晶过程来促进结晶。

（3）动力学拆分：动力学拆分（kinetic resolution，KR）是利用外消旋混合物中两个对映体与手性催化剂反应速率的差异，致使一种对映体能够更快地生成产物以实现手性拆分。动力学拆分的拆分效率取决于转化率和两个对映体反应的速率常数之比，得到光学纯产物的理论最大收率只有 50%。动态动力学拆分（dynamic kinetic resolution，DKR）是动力学拆分与手性位点外消旋化过程的结合，具有高对映选择性和高产率的特点，其理论产率可达 100%。动态动力学拆分须满足以下要求：①外消旋化的速率应大于手性催化的速率；②外消旋化试剂与手性催化剂具有化学相容性，即同时发挥作用而不抑制对方活性；③具有较高的转化率和对映选择性。

动力学拆分可以通过化学或酶的方法实现，在化学方法中反应可以是化学催化反应也可以是化学等量反应。从经济的角度出发，化学催化条件下所进行的反应更为合适。

常用于动力学拆分的酶包括脂肪酶、转氨酶等。其中，脂肪酶因其易得、底物范围广、耐受性高等特点，在酶催化的动力学拆分中应用最广泛。在自然环境中脂肪酶的主要作用是水解脂肪，而在非水溶剂中，部分脂肪酶具有很强的对映选择性酯交换作用。脂肪酶能够对底物进行对映选择性水解、氨解、酯基转移、酰胺化等催化反应，底物包括外消旋的伯醇、仲醇、叔醇、伯胺、酯等，并成功运用到（－）-帕罗西汀盐酸盐、盐酸地尔硫䓬、维生素 D_3 等手性药物的合成。

三、手性药物的色谱分离法

目前用于手性分离的色谱方法主要有液相色谱法、毛细管电泳法、薄层色谱法、气相色谱法和亚临界及超临界流体色谱法等。自 20 世纪 60 年代气相色谱首次被应用于手性化合物的分析以来，色谱技术在手性研究领域已经占据了相当重要的地位。特别是高效液相色谱，适用于极性强、热稳定性差的手性化合物的分析。色谱法效率高，能分离性质只有微小差别的组分。近年来，随着相关技术的进一步发展，色谱法已经成为对映体拆分强有力的手段之一。

（一）高效液相色谱

在手性药物的对映体之间，除了偏正光的偏转方向不同外，其他理化性质在非手性环境中几乎完全相同，因此不能用一般的色谱法对其进行分离。要在色谱仪上进行对映体分离，必须引入一定的手性环境。从对被分离物、固定相和流动相三要素的作用角度来看，常见的HPLC色谱法分离手性化合物的方法可分为直接法和间接法两大类。

1. 直接法 即手性流动相添加剂法(chiral mobile phase additive，CMPA)和手性固定相法(chiral stationary phase，CSP)，前者是将手性选择剂添加到流动相中，利用手性选择剂与药物消旋体中各对映体结合的稳定常数不同，以及药物与结合物在固定相上分配的差异，实现对映体的分离。后者则是由具有光学活性的单体固定在硅胶或其他聚合物上制成。在拆分中，CSP直接与对映体相互作用，其中一个生成具有不稳定的短暂对映体复合物，造成其在色谱柱内保留时间的不同，从而达到分离的目的。直接法的优点在于不需要对样品进行衍生化，使用比较方便。

CMPA分离机制主要包括：①手性包含复合，经常采用的添加剂是环糊精和手性冠醚；②手性配合交换，常用的手性配合试剂多为氨基酸及其衍生物；③手性离子对，常用的手性反离子有奎宁、奎宁丁、10-樟脑磺酸等。另外还有动态手性固定相、手性氢键、蛋白质复合等机制。

2. 间接法 即手性衍生化试剂法(chiral derivazation reagent，CDR)，是将药物对映体先与高光学纯度衍生化试剂反应形成非对映异构体，再进行色谱分离测定。此法主要适用于不宜直接拆分测定的化合物，如手性脂肪胺类、醇类等。该法的优点是衍生化后可用通用的非手性柱分离，无须使用价格昂贵的手性柱，而且可选择衍生化试剂引入发色团提高检测灵敏度，分离效果好。但对手性衍生试剂的要求较高，操作比较麻烦，多在其他方法无法实现时才采用。近几年来，新的性能较好的CDR的出现及应用正在逐渐被克服间接法拆分对映体的缺点。以对苯二异硫氰酸酯为例，因其化学稳定性好，衍生反应条件温和且未见有消旋化现象，已经成为一种极具应用潜力的衍生化试剂。

（二）超临界流体色谱

SFC最早在20世纪60年代由Klesper等提出，起初被称为高压或高密度气相色谱法，主要以超临界烃类作为流动相。在20世纪70年代，二氧化碳成为最常用的超临界流体。当化合物所处的温度、压力均超过临界值时，物质处于超临界状态，其黏度接近于气体，密度、溶剂化能力接近于液体，而扩散率处于气态与液态之间。与气相色谱流动相相比，其溶剂化能力更强；与高效液相色谱中常用的流动相相比，超临界流体黏度低，扩散性高，柱压降较低。以上特点使得SFC可用较大的流速进行快速分析，而不会对色谱峰的峰形产生较大影响。在相同的保留时间内，SFC的分离度更大、理论塔板数更高；在相同的分离度下，SFC的分离时间更短；有机溶剂的消耗量降低。得益于固定相及商品化仪器的相继研发成功，SFC在手性分离甚至制备方面有其独特的应用。

超临界流体色谱法分离手性药物的关键参数：

1. 流动相

(1)超临界流体：现代SFC最常用的超临界流体为超临界二氧化碳。较其他物质来说，它的临界状态(T_c为31.3℃、P_c为7.37MPa)更易于达到；较低的临界温度有利于分析热不稳定化合物；分析后只要将压力降至大气压之后便可将二氧化碳转化为气态除去，也可重新纯化，循环利用降低成本。

（2）夹带剂：二氧化碳极性与戊烷或己烷相近，极性较弱，难以洗脱因含有氢键给体或氢键受体而与极性固定相作用强烈的化合物，因此通常需要加入夹带剂增强流动相的溶解和洗脱能力。在 SFC 中，夹带剂可以发挥多种作用，与待分离物产生相互作用，增加待分离物与流动相的亲和力，使其易被洗脱；与待分离物竞争固定相的氢键供体与受体位点；吸附到固定相表面，使固定相的化学性质发生改变。此外，夹带剂也能够改变手性选择链的空间位置或影响分离物的结构，对待分离物与固定相之间复杂的相互作用产生影响，影响立体选择性。

固定相表面的游离硅醇基具有氢键受体及氢键给体的双重性质，容易导致色谱峰拖尾，峰形较差。因此，在 SFC 中经常使用同时具有氢键给体与受体性质的夹带剂，如甲醇、乙醇等。在 SFC 手性分析过程中，手性环境除了可通过手性固定相来提供外，也可以通过手性流动相与非手性固定相的组合来实现。向流动相中加入手性选择剂，手性添加剂吸附到固定相表面形成非对映复合物，以此实现手性分离。

（3）添加剂：在应用超临界流体色谱法分离碱性或酸性异构体时，由于该类化合物易于离子化，与固定相作用强烈，导致化合物色谱峰展宽，甚至无法洗脱，通常需要加入碱性或酸性添加剂，如三氟乙酸、二乙胺、三乙胺等，以改善化合物的色谱峰形，或者改变它们的保留机制。通常来说，加入添加剂，化合物的峰形变得更加尖锐，而添加剂对于化合物保留时间、选择性、分辨率的影响则与化合物本身性质有关。添加剂的浓度对于保障好的分离效果也至关重要，常用的添加剂浓度一般在 0.3%～2% 范围内。浓度增加超出常用浓度范围时，可能会影响手性化合物的保留时间、峰形、选择性及分离度等。

2. 手性固定相 HPLC 中使用的手性色谱柱基本上可以直接在 SFC 上使用。随着 SFC 技术的普及，可用于 SFC 的手性固定相（chiral stationary phase，CSP）种类越来越多，常见的主要有以下几种。

（1）环糊精（cyclodextrin，CD）及大环抗生素手性色谱柱：环糊精是由吡喃葡萄糖通过 1,4- 苷键连接并互为椅式构象的环状低聚糖化合物。根据吡喃葡萄糖单元的个数，由 6 个葡萄糖形成的六聚体为 α-CD，7 个葡萄糖形成的七聚体为 β-CD，8 个葡萄糖形成的八聚体为 γ-CD。环糊精分子具有相对疏水的内部手性空腔及被羟基包围的亲水性外表面。内部的手性空腔对芳烃或者脂肪烃类侧链具有包容作用，外侧的羟基能够与分析物发生氢键相互作用及偶极 - 偶极相互作用，实现异构体的分离。目前较为常用的手性固定相是环糊精的衍生物。将环糊精衍生之后，不仅能够增加空腔大小，改变其疏水性，还能够以此引入其他手性识别位点，增加手性固定相的异构选择性。

基于大环抗生素类的手性固定相，例如万古霉素、替考拉宁等，在 SFC 中也有应用。大分子结构中通常含有多个手性相互作用位点，因而显现出较为广泛的对映选择性。它们均由数个大环稠合而成的“提篮状”糖苷配基与糖相连组成。其中糖苷配基由 3 或 4 个大环组成，含醚键、酰胺键、肽键等。一般来说，万古霉素作为选择剂的固定相对于碱性化合物的分离效果较好，替考拉宁适用于酸性及碱性化合物的分离，而瑞斯托菌素则只适用于酸性化合物的分离。

（2）Pirkle 型手性色谱柱：Pirkle 型手性色谱柱在 20 世纪 70 年代被开发，是将单分子层的手性有机分子，如含末端羧基或异氰酸酯的手性选择剂，通过适宜的连接基团键合到硅胶载体上制得。分析物与固定相之间的作用主要是π-π相互作用，也包括氢键相互作用、偶极-偶极作用、空间相互作用等。这一类型的手性固定相主要通过手性选择剂及待分离物之间的三点作用实现异构选择，即手性选择剂与一个异构体形成三点作用，而与另外一个异构体形成两点作用。与选择剂形成的复合物稳定性不同使异构体保留时间不同，从而实现异构分离。

（3）基于多糖的手性固定相：由于具有来源广、异构选择能力强等优点，目前基于衍生多糖的手性固定相在SFC中使用最为广泛，包括纤维素和直链淀粉酯、纤维素苯基氨基甲酸酯、直链淀粉苯基氨基甲酸酯、其他多糖氨基甲酸酯、区域选择性取代的多糖衍生物等，其中纤维素及直链淀粉的3，5-二甲基苯基氨基甲酸酯应用最为广泛。在结构中引入吸电子基团，如氟原子，或者引入给电子基团，如烷基等，会增加固定相的异构选择能力，例如目前常用的纤维素三（3-氯-4-甲基苯基氨基甲酸酯）固定相。不同多糖衍生物手性识别能力不同可能是由于各衍生物的螺旋结构存在差异、构象稳定性不同造成的。由于涂覆类多糖手性固定相的溶剂耐受性较差，现多采用在二氧化硅基质上共价结合手性选择分子的方式制备手性固定相。

3. 其他关键参数——柱温、背压　在SFC中，柱温及背压也是方法优化需要考虑的对象。在温度固定的情况下，随着背压的增加，待分离物的保留时间减小。但压力对流动相密度的改变程度与流动相的组成具有密切关系。当流动相只有可高度压缩的二氧化碳时，压力的改变对流动相密度影响较大。而当流动相中改性剂比例较大时，压力的改变对于流动相密度的改变及化合物的保留时间影响较小。温度的改变对保留时间的影响较为复杂，其改变对溶质的蒸气压、超临界流体的密度、溶质及超临界流体的溶解度参数、溶质与固定相之间的相互作用等均有影响。

综合来说，影响保留时间的主要参数为压力及改性剂百分比，而影响选择性的主要参数为温度及改性剂的百分比。在方法开发过程中，首先主要考察固定相及流动相（改性剂及添加剂），之后再针对实验结果，对温度及背压两参数进行系统优化，以达到理想的分离效果。

（三）其他常用手性拆分色谱技术

1. 气相色谱　适合于可挥发、对热稳定的手性分子，操作简单、速度快、重复性和精度高。但是，只能用于具挥发性或衍生后具挥发性的药物分离，拆分范围有限；温度高，易引起手性固定相的消旋。

2. 模拟移动床色谱　模拟移动床色谱（simulated moving bed，SMB）是20世纪60年代由美国UOP公司提出的一种新型的连续色谱分离技术。它是根据化合物的几何学特性把一种或者一类化合物从其他化合物中分离出来，通过对色谱柱的特殊组合及对系统的优化控制实现对色谱技术的有效放大，与简单（批量化）的高效液相色谱法相比更具有优势。SMB技术是一种高效的现代化分离技术，分离能力强、设备体积小、投资成本低、环境污染少、便于实现自动控制，是液相色谱制备分离的一次革新，在手性药物分离领域具有广阔的应用前景。

3. 逆流色谱　逆流色谱（counter-current chromatography，CCC）法又称反流色谱法、逆流分配法。这是一种连续操作的多次液液提取的分离技术，可得到类似于色谱法的分离，也可视为不使用固体支持介质的液液分配色谱法。CCC采用主材料为空的聚四氟乙烯管或玻璃管，不使用固体支撑介质，用不混溶的两相溶剂系统，其中一相作为固定相并依靠重力或离心力保留在柱中，另一相作为流动相。与常用的高压手性液相色谱技术相比，基于液液分配机制的逆流色谱用于各种对映异构体的分离具有独特的优势。一方面，可以免除制备手性固定相昂贵的固定化工艺，对于合适的手性选择物，仅需要将其溶解于液体固定相中，或者以一定浓度添加到液体流动相中，就可重复地用于相应手性对映体的分离；另一方面，供选择的用于对映体分离的手性选择物的范围比固定色谱法范围更广。按照不同仪器构造和流体动力学机制，逆流色谱可分为液滴逆流色谱、回转腔式色谱、旋转腔式逆流色谱、高速逆流色谱及 pH 区带精制逆流色谱，以上色谱均有应用于手性拆分。

4. 毛细管电泳 20 世纪 80 年代以来新兴的一种分离技术，这项技术为极性大、热稳定性差和挥发性手性药物的拆分提供了经济有效的手段，因它操作简单、运行成本低、分离效率高而被广泛应用于药物、生物、大分子、临床医学等领域。常用的手性选择剂有环糊精、冠醚、手性混合胶束、手性纤维素、蛋白质、糖类、大环抗生素等。其中 β-CD 以其分子大小适中、价格便宜被广泛应用。目前，毛细管电泳分离方法的讨论主要集中在各种手性添加剂与对映体药物的匹配以及具体实验中条件最优化选择上。随着各种具体方法的成熟，毛细管电泳分离方法在现实中的应用也会更加广泛。

四、手性药物的膜技术拆分

膜法手性对映体拆分是将外消旋体混合物在外场作用下通过具有对某手性对映体具有识别功能位点的膜相，利用识别位点与不同手性对映体分子之间的相互作用的差异，选择性地使一种对映体通过膜相，而另一对映体不通过膜相，进而实现对外消旋体的分离。手性拆分膜系统包括非专一性和专一性底物催化两大类。自 1974 年膜拆分对映体问世以来，膜法拆分已经由缺乏稳定性和载体耗量大的手性液膜发展到选择性和选择稳定性均较高的聚合物膜拆分。目前主要有手性液膜、协助手性拆分的非手性固体膜和直接拆分的手性固体膜三大体系。

（一）液膜拆分技术

液膜拆分技术是将具有手性识别功能的物质（或称手性载体）溶解在一定的溶剂中制成有机相液膜，制得的液膜具有手性选择性。由于膜两侧高浓度相和低浓度相的浓度差推动力，外消旋体会有选择地从高浓度相往低浓度相迁移。膜的选择性差异造成两种对映异构体的迁移速率不一致，迁移较快的一种对映异构体在低浓度相中相对于迁移较慢的异构体得到富集。根据性质和制备工艺，液膜可以分为厚体液膜、乳状液膜和支撑液膜三种（图 14-2）。

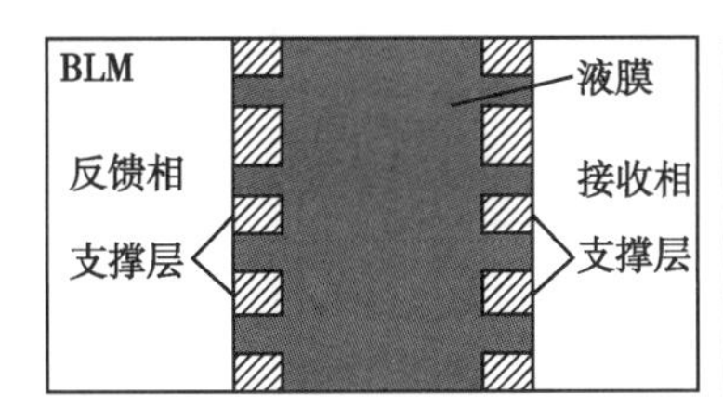

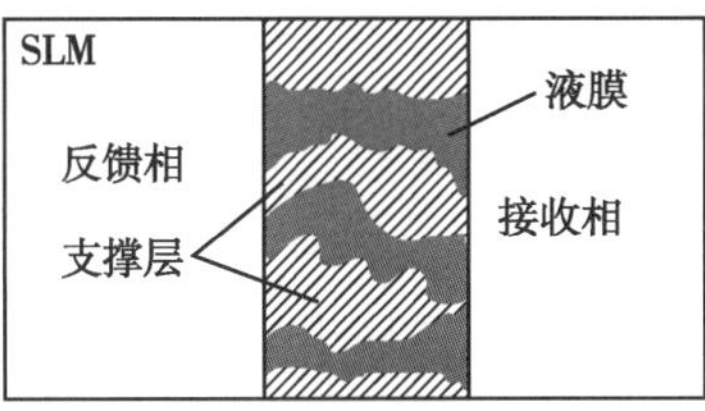

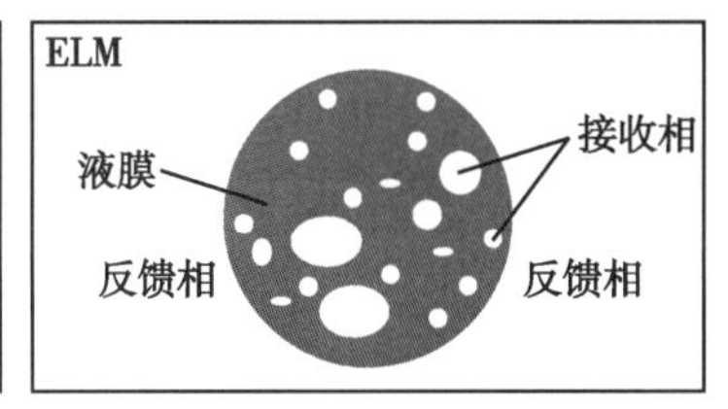

图 14-2 三种液膜拆分示意图

1. 厚体液膜 厚体液膜（bulk liquid membrane，BLM）也叫本体液膜，是一种操作最简单的液膜技术。在厚体液膜中，一层相对较厚的不混溶有机相流体将料液相与接收相分开，膜相不需要支撑，仅仅借助不可混溶性与其他相分开。整个制备过程中，无须加入表面活性剂、增稠剂等添加物，也无须液膜乳化过程中的制乳、破乳等工序。该种膜的膜层较厚，界面平稳，迁移接近一种稳态过程，对获取传质过程热力学及动力学数据有很强的优势。厚体液膜的主要缺点是传质面积太小，相对于支撑液膜和乳化液膜，它的传质速率相对较低，且溶剂用量较大。

有研究利用 *β*- 环糊精作为手性载体，采用厚体液膜对外消旋氯噻酮混合物进行手性富集。我国著名有机化学家黄可龙等采用 D-(+)- 二苯甲酰酒石酸作为手性载体，研究了 pH 和手性载体浓度对克伦特罗厚体液膜手性拆分性能的影响，并对拆分过程进行了动力学分析。

2. 乳状液膜　乳状液膜（emulsion liquid membrane，ELM）又称液体表面活性剂膜，它的内相和外相可以是互溶或部分互溶，而它们与膜相互不相溶，膜相通常含有表面活性剂、萃取剂（载体）、溶剂与其他添加剂，以控制液膜的稳定性。乳化液膜可分为油膜和水膜，当处理水溶液时用油膜，当处理有机溶液时用水膜。油膜是由有机碳氢化合物、表面活性剂、添加剂等组成，与水不相混溶的液相，充分乳化后制成 W（水）/O（油）型乳液，再将其分散于水溶液中，形成 W/O/W 型多相乳液。水膜是由水、表面活性剂、添加剂等组成，与油不相混的液相，充分乳化后制成 O/W 型乳液，再将其分散于需要处理的有机溶液中，形成 O/W/O 型多相乳液。这种体系包括三部分：膜相、内包相和连续相。通常内包相和连续相是互溶的，膜相以膜溶剂为基本成分。手性冠醚通过液体膜可作为氨基酸及胺类对映体选择性的中间媒介，几乎所有的氨基酸都可通过它们的对映体形式分离，其中大空间位阻基团的氨基酸会有较高的光学拆分率。

有研究利用 *N*- 癸基 -L- 羟基脯氨酸为手性载体制备了手性乳化液膜。该膜能较好地实现对 D- 苯丙氨酸的手性分离，随着时间的推移，浓度效应会使膜的选择分离性降低。乳化液膜的优点在于传质速度相对较大，对极性溶剂容量大，并且由于表面活性剂的稳定效应，传质过程也比较稳定；缺点是体系太复杂，适用范围小。

3. 支撑液膜　支撑液膜（supported liquid membrane，SLM）将多孔惰性基膜（支撑体）浸在溶解有载体的膜溶剂中，在表面张力的作用下，膜溶剂充满微孔而形成支撑液膜。其液膜相（包括载体和膜溶剂）存在于支撑体的微孔，可以承受较大的压力，而且由于载体的存在，此类液膜具有很高的选择性，支撑液膜的其他优点是通量大、手性选择剂的需求量低；主要缺点是使用寿命短、稳定性差，如何提高液膜稳定性将成为今后研究的方向。

有研究利用支撑液膜实现了对苯丙氨酸手性对映体和甲硫氨酸手性对映体的手性分离；另有研究利用奎宁 / 奎纳啶作为载体制备了能拆分 *N*- 保护氨基酸衍生物外消旋体的可持续性支撑液膜。

（二）固膜拆分技术

固膜拆分是利用膜内或是膜外自身的手性位点对异构体的亲和能力差别，在不同推动力下使不同异构体在膜中选择性通过，从而达到分离效果。固膜拆分的推动力可以是压力差、浓度差和电势差。其中，压力差推动的固体膜拆分过程一般有超滤以及微滤，浓度差推动的固体膜拆分过程为渗析，电势差推动的固体膜拆分过程为电渗析。物质通过膜渗透是由被拆分物质在膜中的分配行为和它们在膜中的扩散速度决定的，为了提高膜的对映体选择性，需要同时优化这两个因素。固膜根据膜材料特性和制备工艺可以分为三类：分子印迹膜、本体固膜、改性固膜。

1. 分子印迹膜 分子印迹膜（molecular imprinted solid membranes, MISM）就是应用分子印迹技术人工合成对印迹分子具有专一识别能力的新型分离膜。它是通过在膜制备过程中引入模板分子，除去模板分子后使膜材料形成具有分子记忆与识别作用的空穴。这些空穴只允许与其构型相吻合的一种对映体（D 型或 L 型）通过，而另一种对映体只能被截留下来，从而达到手性分离的目的。有研究以 2- 乙基甲基丙烯酸作为功能单体，以三羟甲基丙烷三甲基丙烯酸酯作为交联剂，通过光引发聚合在聚偏二氟乙烯（Polyvinylidene fluoride, PVDF）基膜上复合一层分子印记聚合物，实现对 3,5- 环磷腺苷（cyclic adenosine monophosphate, cAMP）的手性分离。另有研究者制备出了能有效分离药物（*S*）- 萘普森（*S*-Nap）及其对映异构体的分子印迹复合膜，膜运输实验表明，（*S*）-Nap 流通量明显大于其他对映异构体，选择因子达 1.6。

2. 本体固膜 本体固膜（bulk solid membranes, BSM）是利用手性膜材（通常是手性化的基础膜材，如手性聚砜）在一定条件下制备出铸膜液，经过浸渍沉淀相转化法（L-S 法）成膜并通过交联等方法固定膜结构，最终得到对特定的氨基酸实现手性拆分的固膜。本体固膜的优点是合成步骤简单、操作简单；缺点是合适的膜材少、适用面窄、膜的传质通量与膜的选择性难以平衡。有研究利用三步法通过非共价键将 *N*- 十二烷基 -4- 羟基 -L- 脯氨酸作为载体结合到聚砜上，合成两种手性聚砜（chiral polysulfone A, CPSA）和（chiral polysulfone B, CPSB）。CPSA 的具体做法分为以下三步：①用 1, 2- 溴代十二烷将普通聚砜的残留羟基烷基化；②用氯取代羟基③再用 4- 羟基 -L- 脯氨酸将氯取代得到目标产物。CPSB 的制备方法和 CPSA 类似，所不同的是 CPSB 利用特定芳香环的锂化反应预先引入羟基，再和乙醛反应。由于引入了额外的羟基，B 型手性砜具有更多的手性印迹点位，理论上更有利于手性分离，但是溶解性能较差，所以实验室中常采用 A 型手性砜作为膜材料。

3. 改性固膜 改性固膜（modified solid membranes, MSM）是利用接枝技术在基膜表层涂覆具有手性分离作用的聚合物层，制备出具有对映分离能力的复合膜。手性分离主要在表层发生，基膜起到的仅仅是支撑作用。改性固膜优点是可设计性好、针对性佳、分离效率高、适用面广；缺点是改性后的固膜通常会在机械强度、耐受性等方面受到影响，而且在分离过程中与手性选择剂结合后的对映体不易分离。有研究利用牛血清蛋白（bovine serum albumin, BSA）作为手性选择剂，以 160mg/g 的比率均匀地接枝到多孔中空纤维膜上制得 BSA 复合膜，将溶解在 Tris-HCl 缓冲液中的色氨酸（tryptophan, Trp）溶液作为移动相，通过 BSA 复合膜的渗透作用可以实现 L-Trp 和 D-Trp 的手性拆分。另有研究利用 PVA 作为基膜、β- 环糊精作为手性选择剂和离子交换材料制备出同时具有离子交换能力和手性分离特性的手性阳离子交换固膜和手性阴离子交换固膜。

（三）分离功能膜特征要求

根据膜分离和手性拆分的要求，用于手性拆分的膜需要具备以下的特征：①膜要有一定的强度；②膜的透过选择性较高；③膜通量要大；④通量及选择性应稳定；⑤同一种膜可用于分离多种化合物；⑥目标异构体在膜中优先通过的选择性及通量的大小可控等。对分离功能膜来说，特征①是基本要求；特征②和③是至关重要的，通常是衡量一个膜优劣的两个基本要素。一般的膜分离中选择性和通量常呈反向关系，如何制备选择性高且通量大的手性拆分膜是研究的热点。特征④同样重要，通过对目前应用的手性拆分膜的研究，观察到大多数手性拆分膜在分离开始阶段具有较高的选择性，随后就会发生较大幅度下降的现象。在满足①～④特点的基础上，若能从⑤与⑥两方面进一步改善膜的特性，必将使膜分离在手性拆分中显示出更大的工业应用潜力。

近年来，随着膜材料研究的不断深入发展，新型的分离膜材料如二维材料、金属有机框架材料（metal organic framework，MOFs）、共价有机框架材料（covalent organic framework，COFs）、自具微孔聚合物等在手性对映体的分离展现出卓越的分离性能。

五、案例分析

案例 14-1　卡托普利的手性合成

卡托普利（captopril）是一种血管紧张素转化酶抑制剂（angiotensin converting enzyme inhibitor，ACEI），被应用于治疗高血压和某些类型的充血性心力衰竭。作为第一种 ACEI 类药物，由于其新的作用机制和革命性的开发过程，卡托普利被认为是一个药物治疗上的突破。卡托普利最早由百时美施贵宝公司（Bristol-Myers Squibb）生产，商品名是开博通（Capoten）。卡托普利的发明，无疑是高血压治疗史上的一个“里程碑”。

1965 年，Ferreira 从巴西毒蛇——矛头蝮蛇中提取得到一种被称之为缓激肽强化因子（bradykinin potentiating factor，BPF）的多肽混合物，可强化缓激肽的功效。1968 年，Dr. Y.S.（“Mick”）Bakhle 证明狗肺中的 ACE 可被这一多肽混合物抑制。彼时，业内迎来一股分离毒蛇液中的多肽的热潮。Ferreira 和 Greene 从蛇毒液中分离并表征出来的第一个抑制剂是个五肽（BPP5a，Pyr-Lys-Trp-Ala-Pro），它是 ACE 的弱底物，易被酶降解，动物试验上降血压效果非常短暂，因此很快就停止了对它的研究。1971 年到 1973 年，施贵宝的研究人员又分离了 6 个序列长一点的多肽，且都进行了结构确认，并可通过固相技术合成这些多肽。与 BPP5a 的序列大不相同，最有潜力的当属其中的一个九肽（BPP9，替普罗肽，Pyr-Trp-Pro-Arg-Pro-Gln-Ile-Pro-Pro，图 14-3 左），非常稳定。但是，1g 蛇毒液中只能提取出 1μg 的多肽，并且还不能被口服吸收，只能注射给药。很明显，对于高血压的治疗，注射给药途径并不受欢迎。Ondetti 和 Cushman 决心突破这个障碍。他俩推测 ACE 的活性部位与羧肽酶 A 类似，于是他们将研究重点由原来的对 ACE 抑制剂结构研究转向对 ACE 活性部位结构研究，并提出了“基于结构的药物设计”理念；最终通过分子修饰研制出了具有较好口服生物利用度的药物，并被命名为卡托普利（图 14-3 右），成为施贵宝第一个年销售额超过 10 亿美元的重磅级药物。从此之后，基于结构的药物设计理念成为新药研发的基本策略，掀起了制药工业的第二次革命性浪潮，随后有数百个基于这种理念设计的药物应运而生。

研究发现，卡托普利结构中含有两个手性中心，其活性比其非对映体高 100 倍，因此临床上使用的是单一对映体。

问题：查阅相关文献，选择一条合适卡托普利工业生产的合成路线，不仅要求技术上可行，还要体现较好的经济性。

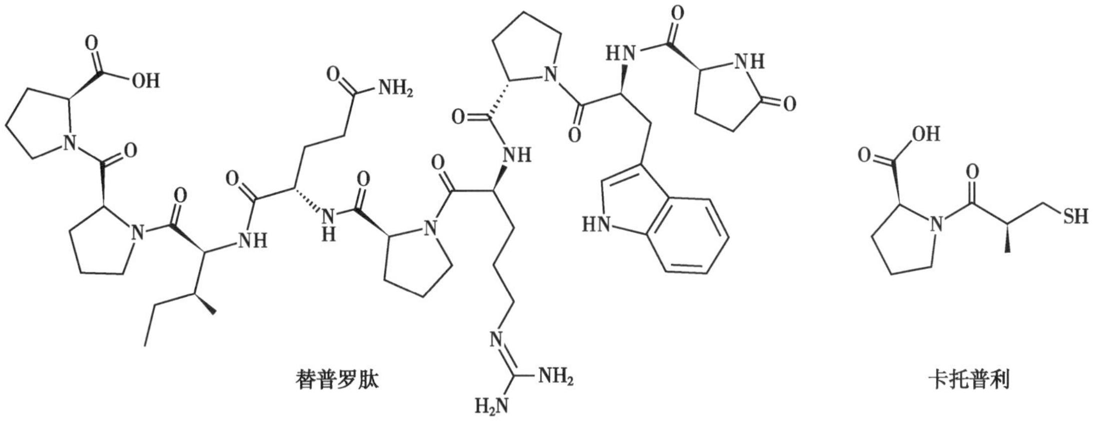

替普罗肽　　卡托普利

图 14-3　替普罗肽和卡托普利结构

已知: 根据案例所给的信息，所要合成的对象卡托普利结构中含有两个手性中心，若在合成过程中不适时对手性中心进行控制，最终得到的产物必然是四种异构体的混合物。经查阅相关文献，卡托普利的合成方法可分为两类：一是先形成酰胺键，后完成（2*S*）与（2*R*）构型化合物的分离，另一类是先制备 2*S* 构型的侧链，再形成酰胺键。

寻找关键: 如何在合成过程中对手性中心进行控制，减少终产物中卡托普利的异构体数量？对比两种合成路径，综合考虑收率、环保、经济因素，选择一条理想的工业合成路线。

工艺设计:

1. 先形成酰胺键，后完成（2*S*）与（2*R*）构型化合物分离的路线

（1）代表路线①：由施贵宝公司于 1977 年开发的一条线路，L- 脯氨酸与氯甲酸苄酯反应保护胺基，在与异丁烯在浓硫酸催化下加成，形成叔丁酯来保护羧基。然后在 Pb/C 催化下去除胺基保护基，再与 3- 乙酰基硫代 -2- 甲基丙酸的外消旋混合物反应得到胺基酰化产物。经水解除去羧基保护基后，与二环己基胺成盐，分离得到（2*S*）构型的异构体，再经过脱盐、水解除去巯基保护基，得到卡托普利（图 14-4）。

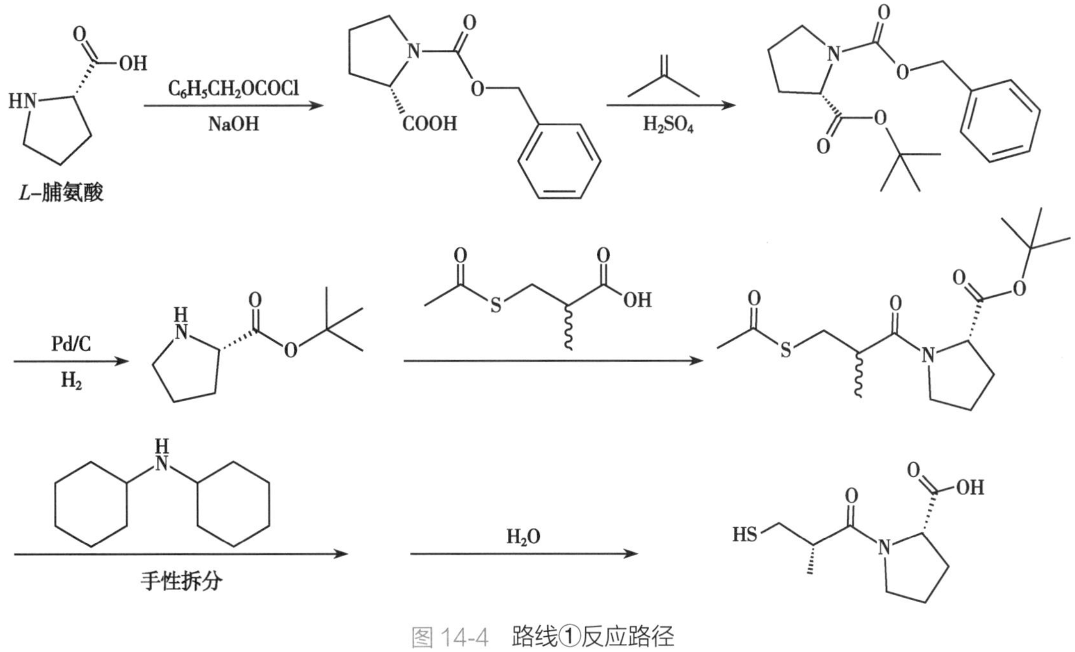

L-脯氨酸　$C_6H_5CH_2OCOCl$ / NaOH　H_2SO_4　Pd/C / H_2　手性拆分　H_2O

图 14-4　路线①反应路径

线路特点：由于保护基的引入，减少了副反应发生的可能性，有利于得到高纯度的目标产物，但同时也增加了反应步骤，使总收率降低。

（2）代表路线②：以甲基丙烯酸为原料，与吡咯烷和二硫化碳加成引入巯基，再用二氯亚砜将羧基转化为酰氯，再与 L- 脯氨酸反应形成酰胺键，该化合物在甲氧基乙醇中重结晶，得到（2*S*）构型产物，再经水解得到卡托普利（图 14-5）。

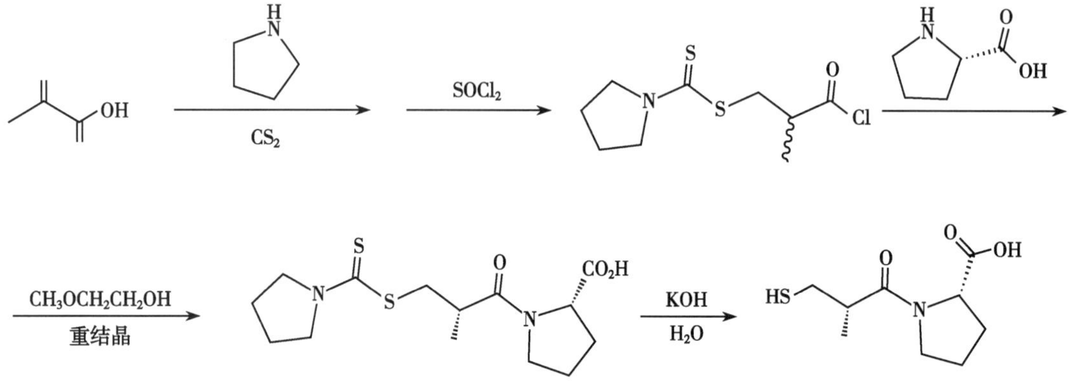

图 14-5　路线②反应路径

线路特点：该方法是工业上生成卡托普利的线路之一，所得化合物为（2*S*）和（2*R*）差向异构体的混合物，不需要与有机碱成盐，直接通过重结晶便可得（2*S*）体的纯品，大幅度地简化了操作。此路线同样不可避免有（2*R*）异构体的产生，具有 L- 脯氨酸单耗大等不足之处。

2. 先制备 2*S* 构型的侧链，后形成酰胺碳氮键的路线

（1）代表性线路③：该类路线的关键在于（2*S*）构型的 3- 取代 -2- 甲基丙酸衍生物的制备。以手性化合物（2*S*）- 甲基 -3- 羟基丙酸为原料，在 *N*,*N*- 二甲基甲酰胺（*N*,*N*-dimethylformamide，DMF）中使用二氯亚砜为氯化剂同时氯化羟基和羧基制得（2*S*）- 甲基 -3- 氯 - 丙酰氯，再与 L- 脯氨酸进行酰化，所得氯化物与 NaHS 反应便可制得卡托普利。原料（2*S*）- 甲基 -3- 羟基丙酸可由异丁醇、异丁醛或异丁酰胺等通过微生物发酵法制备（图 14-6）。

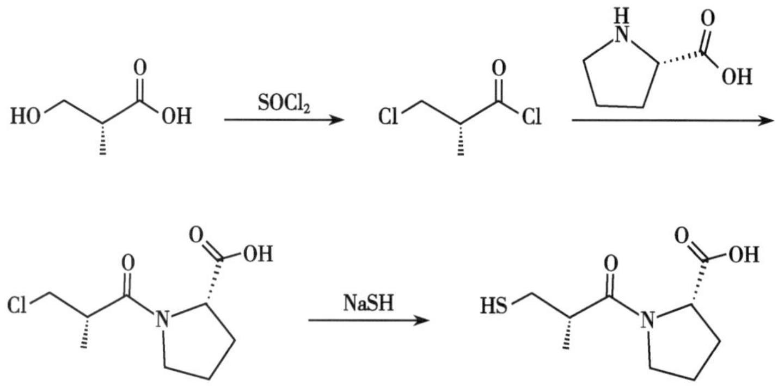

图 14-6　路线③反应路径

线路特点：此线路避免了（2*R*）异构体的产生，从而大幅度降低了 L- 脯氨酸的消耗；巯基的引入在整个路线的最后一步进行，所用的试剂为硫氢化钠，无须使用硫化氢，减少了对环境的污染。该方法也是工业上生成卡托普利的路线之一。

（2）代表性线路④：以3-乙酰基硫代-2-甲基丙酸甲酯的外消旋混合物为底物，使用特定的假单胞菌（Pseudomonas）专一性的催化水解外消旋混合物中的（2*S*）体，同时对（2*R*）体毫无影响，从而实现了两种异构体的拆分。报道称可以使（2*S*）-3-乙酰基硫代-2-甲基丙酸的化学收率达到46%，光学纯度达98%，使用3，4-二氢香豆素水解酶也可以选择性的水解3-乙酰基硫代-2-甲基丙酸甲酯的外消旋混合物中的（2*S*）体，（2*S*）-3-乙酰基硫代-2-甲基丙酸的化学收率可达到49%，光学纯度大于99.9%。余下的（2*R*）-3-乙酰基硫代-2-甲基丙酸甲酯还可以用1,8-二氮杂二环[5.4.0]十一碳-7-烯（1,8-Diazabicyclo[5.4.0]undec-7-ene，DBU）进行化学消旋化（图14-7）。

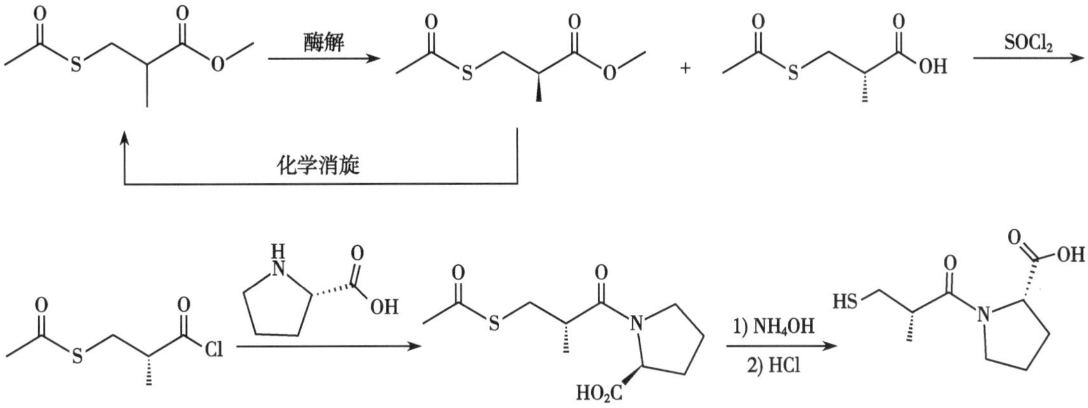

图14-7　路线④反应路径

线路特点：立体选择性强，反应条件温和，化学收率较高，产物光学纯度好，对环境的污染较小，是一个具有良好应用前景的卡托普利制备途径。尤其是由于（2*R*）-3-乙酰基硫代-2-甲基丙酸甲酯可以进行消旋化，继续循环利用，具有较好的原子经济性。

假设：若以2-甲基-3溴丙酸的外消旋体为起始原料合成卡托普利，该如何设计合成路线？

评价：手性药物获得的途径往往不止一种，如何选择要根据实际情况综合分析。在药物研发阶段，时间是关键，如何能在实验室条件下快速获得光学纯的产品以供早期的测试是考虑的首要因素，如卡托普利早期的实验室合成路线。在后期生产阶段，需要从工业角度考虑经济环保的合成路线，对工艺路线进行优化，有利于规模化生产。

第二节　分子印迹技术

一、概述

分子印迹技术（molecular imprinting technology，MIT），也称分子模板技术，即利用分子印迹聚合物（molecular imprinting polymers，MIPs）模拟酶-底物或抗体-抗原之间的相互作用，对印迹分子（也称模板分子）进行专一识别的技术。1940年，诺贝尔化学奖获得者莱纳斯•卡尔•鲍林(Linus Carl Pauling)提出了"抗体形成学说",这为MIT的起步及MIPs的制备提供了早期理论基础,故MIPs亦被形象地描述为"人工抗体"。1949年,Dickey对"专一性吸附剂的制备"进行了阐述,这被视为MIPs的萌芽;1972年Wulff及其同事研究合成了第一个真正意义上的MIP用于外消旋体的拆分,Dickey当时称其为"酶类似物的构建",这标志着MIT的形成。1993年,Vlatakis等研究者利用MIT合成了对茶碱和地西泮具有强结合力和交叉反应性的"抗体模拟物",并应用于人体血清中药物水平的测定。结果显示,"抗体模拟物"与成熟的免疫分析技术获得结果相当。这项研究的成果推动了MIPs从萌芽走向成熟。分子印迹聚合物具有选择性高、稳定性好、使用寿命长和适用范围广等特点,在许多领域,如色谱分离、固相萃取、仿生传感、模拟酶催化和临床药物分析等领域得到了日益广泛的研究和应用。

二、分子印迹技术分离的基本原理

MIPs是以某种化合物分子为模版合成的聚合物,具有较高的特异性识别能力,类似于酶底物的"钥匙锁"相互作用的原理,如图14-8所示。将一个具有特定形状和大小的需要进行识别的分子作为印迹分子(又称模板分子),把该印迹分子与功能单体溶于溶剂,形成主客体复合物,再加入交联剂、引发剂,聚合形成高度交联的聚合物,其内部包埋与功能单体相互作用的印迹分子。然后将印迹分子洗脱,这样MIPs上就留下了与印迹分子形状相匹配的空穴,且空穴内各功能基团的位置与印迹分子互补,这样的空穴对印迹分子具有分子识别特性。因此,MIPs对印迹分子有"记忆"功能,具有高度的选择性。

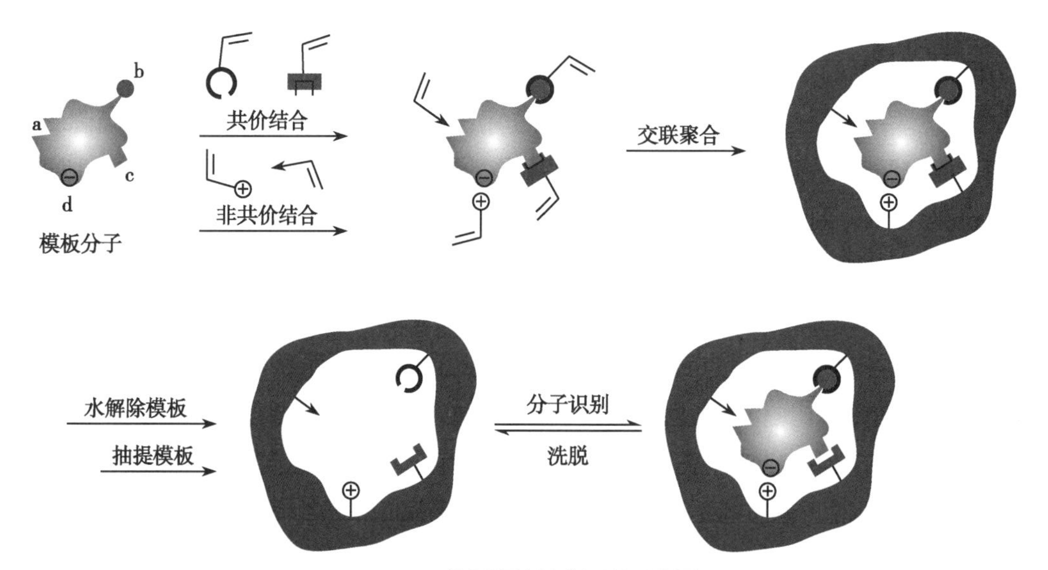

图14-8 分子印迹技术原理示意图

MIPs与印迹分子之间的结合作用主要是通过功能单体和印迹分子之间的作用力来实现的,为了形成有效的MIPs,要求这种相互作用力必须足够强,且能够稳定存在。但是,为了能在形成分子印迹聚合物之后容易洗脱,这种作用力又不能太强。功能单体能够与印迹分子快速地结合、分离,有助于提高MIPs的传质动力学性能。在制备MIPs时,印迹分子和功能单体的选择需要兼顾上述要求。根据印迹分子与功能单体之间结合作用的不同，MIPs 可分为共价键型、非共价键型和金属螯合型 3 类。

1. 共价键型 MIPs 印迹分子与功能单体以可逆的共价键结合，形成相对稳定的主客体复合物，与交联剂共聚；再通过水解等方法使印迹分子与功能单体间的共价键断裂，释放出印迹分子，得到共价型 MIPs。迄今为止，人们使用的共价结合包括硼酸酯、亚胺、缩醛酮等。最具代表性的是形成硼酸酯和亚胺。这类功能单体的选择需要满足两个条件：①功能单体应具有与印迹分子发生共价反应的适宜功能基团；②印迹分子与功能单体预组装的反应是可逆的，在温和条件下实现 MIPs 与印迹分子的结合与释放。

共价结合的优点：①印迹分子与功能单体以共价键形成主客复合物，立体结构明确、性质稳定，在与分子结合过程中功能位点清楚，给 MIPs 的设计带来方便；②聚合条件容易控制。印迹分子与功能单体已经形成稳定的共价复合物，因此在聚合过程中温度变化、酸碱度变化、极性溶剂存在与否等都不会对印迹空间的形成造成破坏性影响。

共价结合的不足：①可供使用的功能单体种类和数量有限，印迹分子与功能单体共价复合物的合成与分离过程复杂，耗费时间，成本较高；②在分子识别过程中，涉及共价健的形成与断裂，印迹分子与 MIPs 结合速率慢，以 MIPs 作色谱固定相时，色谱峰明显拖尾。

2. 非共价键型 MIPs 印迹分子和功能单体不发生化学反应，只以氢键、静电作用力、π-π（偶极 - 偶极）作用力或范德瓦耳斯力形成分子复合物，此过程是分子自组装过程。氢键在许多有机化合物间容易产生，是应用最多的结合方式，氢键作用已被广泛用于氨基酸及其衍生物的印迹过程中。有研究通过核磁共振深入研究 L- 苯丙氨酸与丙烯酸功能单体在三氯甲烷中的相互作用，发现二者不仅存在氢键作用，还存在离子作用。非共价分子印迹的作用往往是多重的，这有利于提高 MIPs 的选择性。

非共价键结合的优点：①印迹分子与功能单体通过氢键、静电作用、范德瓦耳斯力等形成简单的复合物，不必形成共价键，因此功能单体具有一定的广谱性；②合成分子印迹聚合物的操作简单，只需要把印迹分子、功能单体和交联剂等按一定比例混溶于溶剂中引发聚合，不需要先合成共价复合物；③印迹分子结合与释放速率较快，此类 MIPs 作色谱固定相时，峰形对称性较好。

非共价键结合的不足：①功能单体与印迹分子形成复合物的立体结构不稳定，MIPs 与印迹分子的结合位点不够清楚，给 MIPs 的设计带来困难；②对聚合条件要求严格，非共价复合物的稳定性差，在聚合过程中，如果温度偏高、溶剂极性偏大、酸碱度的变化都可能使复合物发生动力学重排，导致 MIPs 识别位点不均匀、印迹效率下降。

3. 金属螯合型 MIPs 金属螯合作用通常是通过配位键产生的，具有高度立体选择性，功能单体与印迹分子结合和断裂均比较温和，聚合时按化学计量配料，不需要过量的功能单体。金属螯合在分子印迹中的应用有两种情况：一种是金属离子本身作为印迹分子，即合成对金属离子有识别作用的 MIPs；二是以有机化合物（如酶、肽类）为印迹分子、以金属离子为桥，实现对印迹分子的识别。目前，用于印迹的金属离子主要有 Ca^{2+}、Zn^{2+}、Cu^{2+}、Ni^{2+}，常用的功能单体有 1- 乙烯基咪唑。

三、分子印迹技术模板制备方法

分子印迹聚合物的常用制备方法主要有本体聚合法、悬浮聚合法、沉淀聚合法、溶胀聚合法、表面印迹法等。

1. 本体聚合法　本体聚合法（bulk polymerization）制备过程是将印迹分子、功能单体、交联剂和引发剂按一定比例溶解在适当的溶剂体系中，然后置入具塞瓶中，充氮除氧，密封，通过热引发或光引发聚合一定时间，得到块状聚合物。块状聚合物再经粉碎、研磨、过筛，索氏提取洗脱除去印迹分子，真空干燥后，即可得到所需粒径的MIPs。此法在各种MIPs的合成方法中颇具代表性，是MIPs的经典合成方法，充分体现了MIPs合成的快速性、精简性及普适性的特点。

纵然如此，该法的缺陷相比之下则更为突出，主要表现于下述几方面：①印迹位点陷于MIPs内部或中心，远离表面，妨碍了被分离模板分子的传质和洗脱，印迹位点的利用效率有待提升；②所得的MIPs为不定型的块状物，粒径间差异性较显著，MIPs的识别效率受到掣肘；③后处理过程中的研磨、筛分，不仅耗时费力，同时亦会造成印迹位点的部分破坏和损伤，牺牲了MIPs的印迹容量。

1989年，Hjerten制备了以丙烯酰胺为功能单体的分子印迹整体柱，是本体聚合技术的一次重大突破。所谓分子印迹整体柱技术，就是在空色谱柱管内注入印迹分子、功能单体、交联剂、致孔剂、引发剂混合物，通过热引发聚合，然后除去致孔剂和印迹分子就得到一根整体柱。此法省去了研磨、筛分、装色谱柱等环节，节省了时间、减少了原料的浪费，还可以通过调节致孔剂的组成来控制柱内微孔的尺寸，减小反压，提高分离效率。

2. 悬浮聚合法　悬浮聚合法（suspension polymerization）将MIPs合成所需的模板、功能性单体一同添加于有机相中，并以此为致孔剂，再将其置入含分散剂的水相中，借助分散剂的稳定作用，经震荡、混合形成内相为有机相，外相为水相的悬浮液。最后通过内相引发的聚合反应最终获得粒度均一的MIPs。此法合成过程便捷、较为省时，但水相的存在对非共价键结能力有负面影响。采用全氟烃类为分散介质，代替传统的有机溶剂或水，加入特制的聚合物表面活性剂，使印迹混合物形成乳液，然后引发聚合。所得的MIPs粒度范围分布窄、形态规则，是目前制备聚合物微球最简便、最常用的方法之一。

3. 沉淀聚合法　沉淀聚合法（precipitation polymerisation）又称非均相溶液聚合，在引发剂的作用下，反应产生自由基引发聚合成线型、分支的低聚物，接着低聚物交联成核从介质中析出，相互聚集而形成聚合物粒子，这些聚合物粒子与低聚物及单体最终形成高交联度的聚合物微球。沉淀聚合法过程简单，不需要研磨。为避免团聚，合成的微球通常只能在低黏度的溶剂中进行，因此对溶剂的黏性要求较高。此外，整个过程对于有机溶剂的使用量和消耗量多，非环境友好。

4. 溶胀聚合法　溶胀聚合法（swelling and polymerization）中典型的溶胀聚合分为两步完成：第一步采用无皂乳液聚合法制备粒径较小的微球；第二步以此微球为种球，将其用一定的乳液多次溶胀，然后再引发聚合得到需要粒径的微球。1994年，Hosoya等首先应用二步溶胀法制备了MIPs。第一步先在水中进行乳液聚合制备聚苯乙烯单分散纳米粒子，粒径为50～

100nm，以此作为第二步溶胀的种子粒子；第二步将种子粒子分散体系加至由功能单体、交联剂、致孔剂和稳定剂组成的混合溶液中，在恒定搅拌速度下完成第二步溶胀。然后加入印迹分子在氮气保护和恒速搅拌下引发聚合反应，生成球形印迹聚合物，最后将印迹分子和致孔剂萃取出来得到 MIPs。用此法可得到粒径均一的多孔微球，适合作色谱固定相。

5. 表面印迹法 表面印迹法（epitope imprinting technology）是近年出现的一种新的方法。所谓表面印迹，就是采取一定措施，把几乎所有的结合位点都局限在具有良好可接触性的表面上，有利于印迹分子的脱除和再结合。因此，此法适合于生物大分子的印迹。通常采用的表面印迹法是在微球载体表面进行修饰或涂层制备分子印迹聚合物材料的一种方法。制备这过程中，功能单体与印迹分子在乳液界面处结合，交联剂与单体聚合后，这种结合物结构就印在了聚合物的表面。因此，这种方法也称表面印迹分子聚合。

表面印迹法的特点：①表面印迹法解决了传统方法对印迹分子包埋过深而无法洗脱的问题；②由于结合位点在聚合物表面，印迹聚合物与印迹分子结合与释放时传质速度快；③制备过程在水溶液中进行，适合生物大分子制备。

此外，近年来还有用硅胶牺牲法、乳液印迹技术、虚拟印迹技术、溶胶 - 凝胶技术等新方法制备 MIPs 的报道。

评价 MIPs 的性能通常用色谱法和静态吸附法评价，主要包括两个指标：①分子印迹材料的吸附量，即所制备的 MIPs 是否保留足够多的活性位点，可实现对印迹分子的结合。②分子吸附的选择性，即当印迹分子与相似分子（如对映体）同时存在于溶剂中时，MIPs 是否能选择性吸附印迹分子，而不是相似物。

四、分子印迹技术在药物提取分离上的应用

（一）分子印迹技术在手性药物分离中的应用

MIPs 作为色谱固定相用于手性拆分，由于其具有选择性高、稳定性好等优点，可以预测对映体的流出顺序，已经成为一种非常有应用前景的手性药物分离方法。早在 1977 年，Wulff 等就报道了以 α-D- 甘露吡喃糖苷为模板制备的 MIPs 作为 HPLC 固定相拆分其外消旋体。1991 年 Mosbach 小组报道了 MIPs 分离手性药物（*R*,*S*）-timolol 的工作。以（*S*）-timolol 为印迹分子，对比了分别以衣康酸和甲基丙烯酸为功能单体对分离效果的影响。其中，以衣康酸为功能单体的 MIPs 选择性高，可实现对映体的基线分离，能在 20 分钟内制备出 20μg 的（*S*）-timolol。1998 年，Hosoya 等以（*S*）-propranolol 为模板分子，用多步溶胀聚合法制备了粒度均一的球形 MIPs，以此为色谱填料分离了手性药物的外消旋体。该方法的一个突破是在分子印迹聚合物合成和分子识别过程中使用了含水的两相溶剂，其中印迹分子和功能单体溶于有机相，作连续相，水作分散相。在此例中，印迹分子与功能单体的作用是静电作用，水的存在并没对分子印迹效率产生较大的不利影响。

例如，萘普生是 2- 芳基丙酸的衍生物，为一种常用的非甾体抗炎药，其（*S*）- 构型的药理活性是（*R*）- 构型的 30 倍，分离该手性药物对提高药物的疗效有很好的作用。有研究用 4- 乙烯基 - 氮苯做功能单体，乙二醇二甲基丙烯酸酯做交联剂，偶氮二异丁腈做引发剂，制备了

(S)- 萘普生的分子印迹聚合物膜，成功地将(S)- 萘普生和(R)- 萘普生进行分离。

再如，他汀类药物是一种还原酶抑制剂，一般以内酯结构和含氧酸形式两种构型存在。在体内，含氧酸形式的为活性药物，可降低血浆胆固醇浓度，而内酯结构的没有活性。有学者在制备洛伐他汀酸分子印迹聚合物膜时，采用聚偏二氟乙烯超滤膜做支撑体来提高膜的机械强度，促进洛伐他汀酸从水溶液中分离出来，降低洛伐他汀生产的成本，此法具有很好的应用前景。

（二）分子印迹技术在中药分离中的应用

将分子印迹技术应用于中药成分的分离纯化，就是以待分离的化合物为印迹分子，制备对该类分子有选择性的 MIPs，以此作为吸附材料用于中药成分的分离纯化。其最大的特点是选择性高、成本低，而且制得的 MIPs 有高度的交联性，不易变形，有良好的机械性能和较长的使用寿命。分子印迹技术在中药活性成分中的应用研究较为广泛，涉及黄酮、多元酚、生物碱、甾体、香豆素等多种类型化合物。

1. 分离生物碱 用(-)- 麻黄碱作印迹分子，甲基丙烯酸作功能单体，季戊四醇三丙烯酸酯为交联剂，在三氯甲烷中合成了 MIPs，作为色谱固定相，以 30% 醋酸水溶液为流动相，可分离麻黄碱。再例如，以苦参碱为印迹分子制微球 MIPs，能从苦参提取物中分离苦参碱，回收率可高达 71.4%。

2. 分离有机酸 用 MIPs 分离天门冬中的原儿茶酸、对羟基苯甲酸、香草酸、丁香酸等有机酸类化合物，回收率可达到 56.3%～82.1%。以绿原酸为印迹分子，以聚偏氟乙烯微孔滤膜为支撑，采用表面修饰法制备分子印迹复合膜。结果表明，复合膜内存在两类结合位点，离解常数分别为 0.151mmol/L 和 0.480mmol/L，对绿原酸的结合量分别为 14.934mmol/L 和 28.123μmol/g。

3. 分离黄酮 槲皮素是一种具有多种生物活性的中药活性成分黄酮类化合物，具有很高的药用价值。从结构上分析，槲皮素含有羟基，具备与功能单体形成氢键的条件，但其分子中含有 5 个羟基，使其极性较大而难溶于非极性或弱极性溶剂。因此，非共价型槲皮素印迹聚合物的制备及其应用受到限制。以槲皮素与 Zn(Ⅱ)的配合物为印迹分子，4- 乙烯基吡啶为功能单体，二甲基丙烯酸乙二醇酯为交联剂，以偶氮二异丁腈为引发剂，在甲醇溶液中制备金属配位分子印迹聚合物。研究发现以 Zn(Ⅱ)- 槲皮素配合物为印迹分子的 MIPs 吸附性能明显高于以槲皮素为模的 MIPs 和非印迹聚合物，这说明在该体系中分子识别过程中 Zn(Ⅱ)的存在是必要的。

4. 分离多酚 厚朴酚与和厚朴酚都是从传统中药厚朴中分离得到的一种含有烯丙基的联苯二酚类化合物。采用一般方法从厚朴中分离的是和厚朴酚及其同分异构体。以和厚朴酚为印迹分子，丙烯酰胺为功能单体，乙二醇二甲基丙烯酸酯为交联剂，聚苯乙烯为种子微球，采用单步溶胀法制备和厚朴酚印迹微球，以厚朴酚为竞争底物，分离因子为 1.85。以厚朴酚为印迹分子，丙烯酰胺为功能单体，丙烯酸乙二醇二甲酯为交联剂，在 SiO_2 微球表面制备核型分子印迹微球，色谱实验表明，分离度可达 2.21，而没加印迹分子的印迹物，却不能实现二者的基线分离。

5. 分离萜类 紫杉醇是从太平洋短叶红豆杉树皮中分离到的一种具有抗癌活性的四环二萜类化合物。以紫杉醇为印迹分子，2- 乙烯基吡啶为功能单体，乙二醇二甲基丙烯酸酯为交联剂，偶氮二异丁腈为引发剂，制备的 MIPs 对紫杉醇具有较高的结合量，选择性较强，可将其用于色谱固定相，为紫杉醇的分离纯化提供一种新的富集材料。

（三）分子印迹技术在氨基酸、肽类药物等分离的应用

1. 分离氨基酸 氨基酸是生物体内不可缺少的营养成分之一。目前上市的大多数氨基酸价格昂贵，主要原因之一就是氨基酸的分离提纯比较困难。有研究针对表面印迹分子构型容易改变的问题，选择具有高导电率又环保的聚吡咯制备了分子印迹聚吡咯纳米线，保留了纳米材料表面印迹后的手性催化特性，用这种单分散的聚吡咯纳米线进行手性催化识别时，比大块的印迹膜有更高的敏感性和更短的响应时间，对苯丙氨酸对映体及其结构类似物樟脑酸对映体都有很好的识别能力，在氨基酸的富集等方面显示出了很好的应用前景。

2. 分离肽类药物 与氨基酸相比，肽类因为有更复杂的结构，使得分离提纯显得更加困难。有研究分别用甲基丙烯酸和丙烯酰胺作功能单体，二甲基乙二醇、三甲基丙烷三甲基丙烯酸酯和 *N*,*N*- 二甲基双丙烯酰胺作交联剂，制备了 6 种 Arg-Gly-Asp（RGD）印迹的聚合物，其中甲基丙烯酸和三甲基丙烷三甲基丙烯酸酯组效果最好。与其他组相比，该聚合物有较低的解离常数和较高的理论结合位点。

3. 分离蛋白质类药物 基因工程和蛋白质工程的发展极大促进了以胰岛素、干扰素、白介素和单克隆抗体等为代表的多肽和蛋白质类药物的研究与开发，使之成为现代医药产品研究发展的方向。但因为分离提纯代价昂贵，限制了一些蛋白质药物的批量生产。如牛血清蛋白是一种应用很广的蛋白质，有研究用水溶性的 3- 氨基苯酸作功能单体，在聚合物中加入超顺磁的氧化铁，制备了含多层核壳结构的聚苯乙烯磁纳米粒，用于牛血红蛋白分离。

（四）分子印迹技术在制药分离领域应用存在的问题

MIPs 作为一种新兴的分离材料，其制备简单、选择性好、分离效率高，被广泛用于药学研究的很多领域。但其本身在理论和应用等方面还存在许多问题，如 MIPs 识别过程的机制和定量描述，功能单体、交联剂的选择局限性等。此外，它在中药活性成分分离纯化的应用中也有一定的局限性：①合成在水中具有分子识别作用的 MIPs 存在困难，中药提取液多为水提液或一定浓度的醇提液，而水和醇的存在，会破坏或削弱印迹分子与功能单体的氢键作用；②有些印迹分子十分昂贵或难于得到，限制了 MIPs 的应用规模；③由于结合位点的非均匀性和实际可利用官能团的数量有限，导致 MIPs 吸附量较低，为达到较大规模的制备水平，需要进一步增加聚合物中的实际有效结合位点以扩大分离柱容量；④制备蛋白类大分子的 MIPs 还有一定困难，现有的分子印迹方法，还很难为生物活性大分子提供高的吸附量和选择性。

五、案例分析

案例 14-2　分子印迹技术用于氨氯地平药物的手性分离

据世界卫生组织报告，在 2012 年，死于心血管疾病的人数为 1 750 万，占全年死亡人数 5 600 万的 31%，为在全世界死亡的最重要原因之一。如果不加控制，高血压将引起脑卒中、心肌梗死、心力衰竭、痴呆、肾功能衰竭和失明。氨氯地平是一种有效的第三代二氢吡啶类钙通道阻滞剂，常用于稳定型心绞痛和轻、中度原发性高血压的治疗，并可阻止实验性动脉粥样硬化，被世界卫生组织（World Health Organization，WHO）和欧洲高血压协会（European Society of Hypertension，ESH）临床抗高血压治疗指南推荐为一线临床抗高血压药物。氨氯地平在临床上以外消旋混合物使用。苯磺酸氨氯地平（amlodipine besylate，ADB）具有一个手性中心（图 14-9）；然而，其（*S*）- 苯磺酸氨氯地平（*S*-ADB）是更有效的钙通道阻滞剂，在大鼠主动脉的体外评价中 *S*-ADB 显示出比（*R*）- 氨氯地平（*R*-ADB）高出大约 2 000 倍的药效，且 *R*-ADB 会带来潜在的副作用，如下肢水肿等。

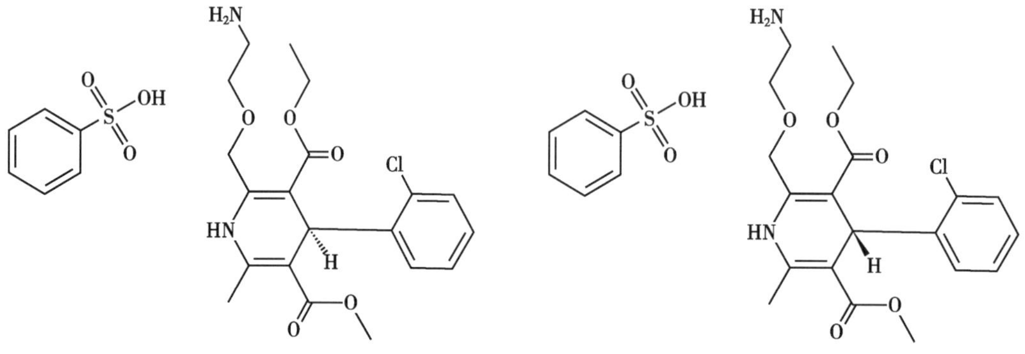

S–ADB　　　　*R*–ADB

图 14-9　ADB 结构

问题：目前手性药物分离多为实验室规模的微量分离分析，而能用于放大并进行较大规模甚至工业化生产的外消旋拆分方法难以建立。请查阅文献，基于分子印迹技术，实现 *S*-ADB 的分离。

已知：ADB 的对映异构体虽然原子连结方式相同，但是空间结构取向不同。

寻找关键：合成 *S*-ADB 分子印迹聚合物时，与模板分子聚合情况较好的功能单体。

工艺设计：

1. 双子型阳离子季铵表面活性剂的合成　量取 90ml（0.322mol）十二烷基二甲基胺，溶于 150ml 乙腈中，在氮气保护下加热到 80℃，慢慢滴加 13.2ml（0.135mol）1,3- 二氯 -2- 丙醇，回流 20 小时。将反应混合液的溶剂减压蒸干，加入 200ml 丙酮，放入冰箱中冷冻（−10℃）过夜，待产物析出后抽滤。粗产物用少量热乙醇溶解，加入 150ml 丙酮重结晶，冷冻过夜后抽滤产物。于真空干燥箱中 40℃干燥，即得双子型阳离子季铵表面活性剂。

2. 介孔二氧化硅微球的制备　将一定量的双子型阳离子季铵表面活性剂溶于不同比例的乙醇溶剂中，加入氨水，机械搅拌 20 分钟，用恒压滴液漏斗逐滴加入一定量的硅酸四乙酯，冷凝回流，反应 6 小时。反应产物抽滤，用水、水 / 乙醇、乙醇分别洗涤三次，产物抽滤并于真空干燥箱中 45℃干燥过夜，得介孔二氧化硅微球。

3. 表面分子印迹微球的制备　将 500mg 介孔二氧化硅微球、一定量的模板分子 *S*-ADB、50ml 致孔溶剂加至 100ml 三口圆底烧瓶中，超声分散 30 分钟。反应装置搭载电动搅拌器、冷凝回流管，并用油泡器对体系进行密封，在 300r/min 搅拌下通氮气 20 分钟。加入单体甲基丙烯酸（methacrylic acid，MAA），搅拌 30 分钟，再加入交联剂二甲基丙烯酸乙二醇酯（ethylene dimethacrylate，EGDMA），接着向体系中加入引发剂偶氮二异丁腈（azodiisobutyronitrile，AIBN）。持续通氮气 30 分钟，于 60℃油封体系中反应 24 小时。产物抽滤，用甲醇 / 乙酸

（V∶V, 9∶1）洗脱液洗涤5次，用荧光光谱仪测定洗脱液中的S-ADB含量，直到洗脱液中无S-ADB。产物再用甲醇洗脱两次，去除残余的乙酸。产物于真空干燥箱中45℃干燥过夜，即得S-ADB的分子印迹复合材料。

4. 静态吸附实验 将30mg的表面分子印迹微球加入250ml具塞锥形瓶中，加入1×10^{-4}mol/L的S-苯磺酸氨氯地平二氯甲烷溶液100ml，充分混匀后于恒温水浴振荡器（25℃）中吸附20分钟。上清液经0.45μm微孔滤膜过滤后用荧光光谱仪测定S-ADB的含量。

5. 动态分离实验 将0.2g制备的表面印迹材料填充到玻璃层析柱（内径为6mm）中，表面印迹材料两端均填充适量的石英棉，制备成分离柱，其柱长为3.0cm，床体积约为0.8ml。用4ml甲醇溶液以0.15ml/min流速冲洗活化分离柱。然后将0.5ml浓度为1×10^{-3}mol/L的外消旋苯磺酸氨氯地平二氯甲烷溶液装载上样，并静置孵化20分钟。以甲醇为淋洗剂，用蠕动泵控制洗脱液的实测流速为0.15ml/min，以每0.5ml为单位收集洗出液，并用HPLC对两种对映体的浓度进行检测。

假设：假设用非对映盐结晶法对外消旋苯磺酸氨氯地平实现手性分离，该如何操作？

评价：分子印迹技术能够实现对目标分子吸附的高选择性，富集常规方法难以实现的目标化合物。

学习思考题

1. 查阅资料，了解卡托普利的合成路线迭代更新过程，试从工艺的角度出发，讨论化学拆分法、生物拆分法以及手性源法在获得手性药物的优缺点。
2. 查阅文献资料，讨论手性起源问题以及手性药物制备技术未来的发展方向。
3. 查阅文献资料，试从工业应用角度讨论分子印迹技术在中药活性成分提取分离中的局限性。
4. 分子印迹技术的原理是什么？它与其他分离技术有何不同？
5. 获取手性药物的途径有哪些？各自的特点是什么？
6. 外消旋体有哪几类，特点是什么？
7. 试讨论物理拆分法、化学拆分法、生物拆分法各自的优缺点及适用范围。
8. 手性膜拆分的特点及特征要求有哪些？
9. 分子印迹技术原理是什么？制备方法有哪些？
10. 分子印迹技术在药物分离方面有哪些应用？

ER14-2　第十四章　目标测试

（向暤月　陈万仁）

参 考 文 献

[1] 张雪荣. 药物分离与纯化技术. 北京：化学工业出版社，2005.
[2] 冯淑华，林强. 药物分离纯化技术. 北京：化学工业出版社，2019.
[3] 郭立玮. 制药分离工程. 北京：人民卫生出版社，2014.
[4] 章伟光，张仕林，郭栋，等. 关注手性药物：从“反应停事件”说起. 大学化学，2019，34(9)：1-12.
[5] 王红磊，许坤. 手性药物拆分技术研究. 化工设计通讯，2020，46(7)：215-216.
[6] 吴秀兰，江金凤，覃丽娟，等. 浅谈手性药物拆分技术研究进展. 海峡药学，2014，26(7)：11-16.
[7] 徐礼生，王治元，刘均忠，等. 生物技术在手性药物合成中的应用进展. 精细化工，2013，30(4)：370-373.
[8] 何玉琴. 分子印迹技术在药物分析中的应用. 中西医结合心血管病电子杂志，2017，5(30)：102.
[9] 孔丹凤，赵雯，卢婷利，等. 分子印迹技术在药物分离中的研究进展. 药学实践杂志，2011，29(3)：161-164.
[10] 孙红，陈素娥，赵龙山. 分子印迹技术在手性药物分离中的研究进展. 海峡药学，2019，31(10)：107-110.

第十五章　清洁制药分离生产

ER15-1　第十五章清洁制药分离生产（课件）

1. **课程目标**　描述制药污染物治理理念，理解末端污染治理和清洁制药分离生产的意义和目的；掌握清洁制药分离生产的实施途径以及末端污染治理方法。通过案例学习，培养学生识别污染、治理污染的能力，学会用清洁生产的思维方式选择合适的分离方案，树立环保意识和可持续发展理念。
2. **教学重点**　清洁制药生产的理论；末端污染治理的方法。

第一节　清洁制药分离生产概述

制药工业产品种类繁多，更新速度快，涉及的化学反应复杂；所用原材料有很大一部分是易燃、易爆的危险品或是有毒有害物质；工艺环节收率不高，往往是几吨、几十吨甚至是上百吨的原材料才制造出 1 吨成品，造成的废液、废气、废渣量相当惊人，严重影响了生态环境。许多发达国家，如美国、德国、日本等，对环境保护的要求日益严格，现已经逐渐放弃了高消耗、高污染的低端产品的生产。我国制药工业在为社会主业现代化建设作出突出贡献的同时其产生的环境问题也暴露出来，成为高能耗、高排放的行业之一。虽然制药工业在“节能、降耗、减污、增效”方面取得了显著成绩，但是与国际先进企业清洁生产水平相比，在一定时间范畴里还有一定的差距。随着绿色制造理念的深入，我国清洁生产成果已经逐步显现。

面对环境问题，特别是污染的危害，人类开始采取各种措施对产生的污染物进行处理。这种对污染物的治理大体上经历了三个阶段，如图 15-1 所示。第一阶段：工业初期的稀释排放阶段。许多污染物或任其自流，让自然界稀释、化解，或为降低眼前污染物浓度，先经人为“稀释”，再行排放，最后靠自然界消纳。但是自然界的容量和自净能力是有限的，超越这个限度必然引发严重后果。第二阶段：末端治理阶段。针对生产末端产生的污染物，通过大量的环境治理费用的投入，开发行之有效的治理技术，建立污染控制措施，对生产过程中产生的大量污染物进行处理。和稀释排放相比，末端治理是一大进步，不仅有利于消除污染事件，也在一定程度上减缓了生产活动对环境污染、对生态破坏的势头。随着工业化的进一步发展，污染物急剧增加，末端治理也很快显现出局限性。20 世纪 50—70 年代，尽管人类为治理污染付出了巨大的代价，全球性的污染问题依然日趋严重。为从根源上消除生产过程中的污染，在吸取末端治理的经验教训基础上，进而又提出了预防为主和综合解决污染问题的治理模式，逐步开始了工业污染防治由末端治理向清洁生产模式的转变。第三阶段：清洁生产阶段。1989 年，联合国环境署率先提出清洁生产的概念，得到国际社会的普遍响应，这是污染治理、环境保护战略由被动转向主动的新潮流。清洁生产改变了末端治理的思想，以其预防为主和综合解决问题的模式，通过不断完善管理，推进技术进步，提高资源、能源利用率，减少污染物的排放，把污染物消除或减少在生产过程中，是对传统发展模式的根本变革。

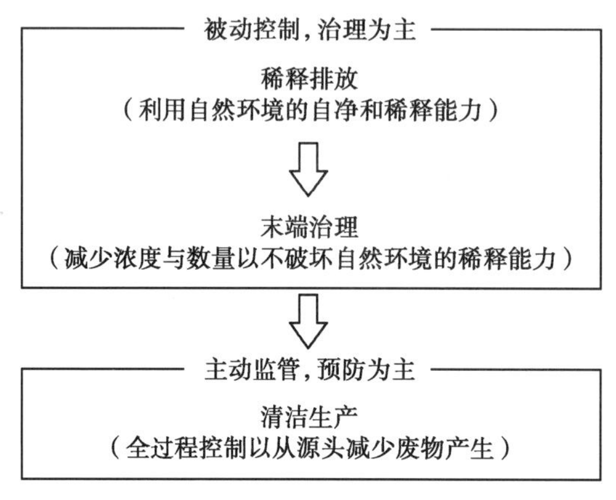

图 15-1 人类污染控制策略演变过程

2012 年 7 月 1 日起实施的新修订的《中华人民共和国清洁生产促进法》第二条对清洁生产给出了实用化的定义：本法所称清洁生产，是指不断采取改进设计、使用清洁的能源和原料、采用先进的工艺技术与设备、改善管理、综合利用等措施，从源头削减污染，提高资源利用效率，减少或者避免生产、服务和产品使用过程中污染物的产生和排放，以减轻或者消除对人类健康和环境的危害。

从上述概念可以看出，清洁生产不仅是指生产场所的清洁，还包括生产过程及产品全生命周期内对自然环境没有污染，生产出来的产品是清洁产品和绿色产品。

清洁生产在使产品满足社会需求的前提下，通过减少资源消耗甚至消除废物的产生，使企业生产过程以及产品消费过程不造成生态环境损害，其内涵包括 5 个基本特征：预防性、综合性、持续性、战略性和统一性。

我国制药企业在环保综合治理方面，从 20 世纪 80 年代开始，基本以末端治理为主，投入了大量的资金和人力，发展了世界上各类先进的污染治理技术，取得了一定的效果。从 21 世纪初开始转向对生产全过程的控制，实施清洁生产、源头减污控制，绿色制药工作逐步启动，企业在实施过程中体会到企业发展、环境友好和社会发展的协调一致所带来的减污、增效，充分认识到企业实现清洁生产势在必行。

第二节　清洁制药分离生产实施

清洁工艺也称无废工艺或少废工艺，它是面向 21 世纪社会和经济可持续发展的重大课题。所谓清洁工艺，即采用先进的生产工艺和设备，将生产工艺和防治污染有机地结合起来，使污染物减少或消灭在工艺过程中。清洁工艺的本质是从根本上解决工业污染问题。开发和采用清洁工艺，既符合预防优于治理的方针，又降低了原材料和能源的消耗，同时提高了企业的经济效益，是保护生态环境和经济建设协调发展的最佳途径。

例如，目前生产规模最大、应用最广的抗生素之一——青霉素，其传统提取的溶媒萃取方法，多用乙酸丁酯为萃取剂，碳酸氢钠水溶液为反萃取剂。此工艺存在明显的缺点：①在酸性条件下萃取青霉素，降解损失严重；②低温操作，生产能耗大；③乙酸丁酯水溶性大，溶剂损失大而且回收困难；④反复萃取次数多，导致发酸和废水量大。为了降低成本、减少污染物排放、提高成品收率，进而增强企业竞争力，改革旧工艺实施清洁生产工艺迫在眉睫。其中，液膜法提取青霉素工艺是将溶于正癸醇的胺类试剂支撑在多孔的聚丙烯膜上，利用青霉素与胺类的化学反应，把青霉素从膜一侧的溶液中选择性吸收转入另外一侧，而且母液中回收青霉素烷酸的收率也较高。膜分离是一种选择性高、操作简单、能耗低的分离方法，它在分离过程中不需要加入任何别的化学试剂，无新的污染源。另外，采用双水相体系（aqueous two-phase system，ATPS）从发酵液中提纯青霉素，工艺简单，收率高，能避免发酵液过滤预处理和酸化操作，不会引起青霉素活性的降低；所需的有机溶剂量大大减少，更减少了废液和废渣的排放量，符合清洁工艺的要求。

就制药工业而言，清洁工艺的本质即是合理利用资源，减少甚至消除废料的产生。制药清洁工艺应综合考虑合理的原料选择，反应路径的洁净化，物料提取、分离技术的选择以及确定合理的流程和工艺参数等。制药清洁工艺包括的内容很多，其中与制药分离过程密切相关的有：①降低原材料和能源的消耗，提高有效利用率、回收利用率和循环利用率；②开发和采用新技术、新工艺，改善生产操作条件，以控制和消除污染；③采用生产工艺装置系统的闭路循环技术；④处理生产中的副产物和废物，使之减少或消除对环境的危害；⑤研究、开发和采用低物耗、低能耗、高效率的“三废”治理技术。因此，清洁工艺的开发和采用离不开传统分离技术的改进，新分离技术的研究、开发和工业应用，以及分离过程之间、反应和分离过程之间的集成化。

闭路循环系统是清洁工艺的重要方面，其核心是将生产工艺过程所产生的废物最大限度地回收和循环使用，减少生产过程中排出废物的数量。如果工艺中的分离系统能够有效地进行分离和再循环，那么该工艺产生的废物就最少。实现分离与再循环系统，使废物最小化的方法可参照以下几种。

1. 废物直接再循环　在大多数情况下，能直接再循环的废物常常是废水，虽然它已被污染，但仍然能代替部分新鲜水作为进料使用。除了水之外，各类制药过程中提取、分离、纯化、干燥及药物成型，都不同程度地涉及有机溶剂。随着制药工业的不断发展，对于溶剂的需求有显著增大的趋势，各种药品生产过程会产生数量不等的废溶剂，这些废溶剂中大部分组分不容易自然降解，不仅污染环境，还会危害人类和动、植物的生命安全。因此，回收和循环使用溶剂对于制药工业的持续发展具有重要意义。可以说，溶剂回收及有效利用是制药企业提高经济效益的必要途径，也是环保的基本要求，可实现经济、环境和社会效益的协调。

2. 进料提纯　如果进料中的杂质参与反应，那么就会使部分原料或产品转变为废物。

避免这类废物产生的最直接方法是将进料净化或提纯。如果原料中有用成分浓度不高，则需要提高浓度。例如许多氧化反应首选空气为氧气来源，而用富氧代替空气可提高反应转化率，减少再循环量，在这种情况下可选用气体膜分离制造富氧空气。

3. 除去分离过程中加入的附加物质 例如在共沸精馏和萃取精馏中需要加入共沸剂和溶剂，如果这些附加物质能够有效循环利用，则不会产生太多的废物，否则应采取措施降低废物的产生。

4. 附加分离与再循环系统 废物一旦被丢弃，它含有的任何有用物质也将变为废物。在这种情况下，需要认真确定废物中有用物质回收率的大小和对环境构成的污染程度，或增加分离有用物质的设备，将有用物质再循环是比较经济的办法。

上述分析表明，清洁工艺除应避免在工艺过程中生成污染物，即从源头减少“三废”之外，生成废物的分离、再循环利用和废物的后处理也是极其重要的，而后一部分任务大多是由化工分离操作承担和完成。

第三节　制药企业末端污染治理技术

企业末端污染的成分复杂、排放污染量大，这些都为污染整顿带来了极大困难，伴随着制药行业的不断发展，末端治理应运而生。末端治理（end-of-pipe treatment）是指在生产过程的末端，针对产生的污染物开发并实施有效的治理技术。末端治理在环境管理发展过程中是一个重要的阶段，它有利于消除污染事件，也在一定程度上减缓了生产活动对环境的污染和破坏趋势。

一、制药企业末端污染之废水

（一）制药工业水污染物排放现状

制药工业是我国环保规划治理的重点之一，是水污染源的重点之一。根据《2015 年环境统计年报》数据显示：2015 年我国工业废水排放量为 199.5 亿吨，其中制药工业废水排放量为 53 258.7 万吨，约占全国工业废水量的 2.67%。我国制药行业迅猛发展，但是废水处理技术相对落后。所以在很长一段时间内，我国制药工业水污染物乱排现象严重，对生态环境造成了严重危害，直接威胁了人类的生活环境及人们的人身安全。随着社会的发展，人们逐渐意识到加强环境保护的重要性，可持续发展理念深入人心，逐渐走出了一条“我们既要绿水青山，也要金山银山，绿水青山就是金山银山。”的绿色可持续发展之路。到 2021 年，我国工业源废水中化学需氧量排放量为 42.3 万吨，污染物排放持续下降，生态环境质量持续改善。

1. 发酵类生物制药废水的特点 ①化学需氧量（chemical oxygen demand，COD）浓度高（5～80g/L）；②高浓度废水间歇排放，酸碱性和温度变化大，冲击负荷较高，需要较大的收集和调节装置；③废水中的悬浮物（suspended solids，SS）浓度高（0.5～25g/L）；④硫酸盐浓度高；

⑤水质成分复杂；⑥废水中含有生物难以降解，甚至对微生物有抑制作用的物质；⑦发酵生物废水一般色度较高。

2. 化学制药废水的特点 ①浓度高，废水中残余的反应物、生成物、溶剂、催化剂等浓度高，COD 浓度可高达几十毫克每升；②含盐量高，无机盐往往是合成反应的副产物，残留到母液中；③ pH 变化大，因酸水或碱水排放，中和反应的酸碱耗量大；④废水中成分单一，营养源不足，难以培养微生物；⑤一些原料或产物具有生物毒性，或者难以被生物降解，如酚类化合物、苯胺类化合物、重金属、苯系物、卤代烃溶剂等。

3. 其他制药废水的特点 ①植物提取类制药废水：废水差异大，废水主要来源于溶剂回收废水、饮片洗涤水、蒸煮浓缩过程的蒸气冷凝水，污染物有植物碎屑、纤维、糖类、有机溶剂等，COD 浓度从数百毫克每升到数千毫克每升不等。②生物制品废水：脂肪、蛋白质含量较高，有的还含有氮环类及噁唑环类有机物质。往往混有较多的动物皮毛、组织和器官碎屑。③制剂生产废水：污染程度不高，所含污染物相对较少。主要是原料和生产器具洗涤水，设备、地面冲洗水。

不同类型制药工艺的废水特点总结如表 15-1 所示。

表 15-1 不同制药工艺废水水质特点

制药工艺分类	废水水质特点
生物制药废水	COD、SS 和硫酸盐浓度高，存在生物毒性
化学制药废水	有机污染物浓度高、含有大量有毒有害难降解物、pH 波动大，难以培养微生物
中药生产废水	负荷波动大、色度高、悬浮物多
生物制品废水	含有大量的动物器官、皮毛组织碎屑、残余培养基和大量氮环类化合物
制剂生产废水	污染程度较低

（二）常用的制药废水处理技术

1. 物理处理法 应用物理作用分离、回收废水中不易溶解的呈悬浮或漂浮状态的污染物而不改变污染物化学本质的处理方法称为物理处理法，以热交换原理为基础的处理法也属于物理法。主要包括下述几种。

（1）混凝沉淀法：在混凝剂的作用下，使废水中的胶体和细微悬浮物凝聚成絮凝体，然后予以分离除去的水处理法。

（2）气浮法：设法使水中产生大量的微气泡，以形成水、气及被去除物质的三相混合体，在界面张力、气泡上升浮力和静水压力差等多种力的共同作用下，促进微细气泡黏附在被去除的微小油滴上，因黏合体密度小于水而上浮到水面，从而使水中油粒被分离去除。

（3）吸附法：是利用多孔性的固体吸附剂将水样中的一种或数种组分吸附于表面，再用适宜溶剂、加热或吹气等方法将预测组分解吸，达到分离和富集的目的。

（4）电解法：电流通过物质而引起化学变化的过程。化学变化是物质失去或获得电子（氧化或还原）的过程。在整个电解过程中，最主要的反应是产生活性金属化合物，通过螯合与吸附作用，将悬浮物转化为大分子絮状物，最后进行沉降和过滤去除水中的污染物。

（5）膜分离法：在压力驱动下，借助气体中各组分在高分子膜表面上的吸附能力以及在膜内溶解、扩散上的差异，即渗透速率差来进行分离。

2. 化学处理法 利用化学原理、化学反应改变废水中的污染物成分的化学本质，使之从溶解、胶体、悬浮状态转变为沉淀、漂浮状态或从固态转变为气态而除去的处理方法称为化学处理法。主要包括下述几种：①催化铁内电解法；②臭氧化法；③ Fenton 试剂法：H_2O_2 在 Fe^{2+} 离子的催化作用下具有氧化多种有机物的能力。过氧化氢与亚铁离子的结合即为 Fenton 试剂，其中 Fe^{2+} 离子主要是作为同质催化剂，而 H_2O_2 起氧化作用。

3. 生物处理法 利用微生物的代谢作用使废水中的有机物及部分不溶性有机物转化为无害的稳定物质而使水得到净化的方法，称为生物处理法。是目前广泛采用的比较成熟、经济的制药废水处理方法，包括好氧生物处理法、厌氧生物处理（或称厌氧消化）法、厌氧 - 好氧生物组合、光合细菌处理法等。一般来说，对于中低浓度的有机废水，可采用好氧生物处理法；对于高浓度有机废水和有机污泥，则采用厌氧生物处理法。

二、制药企业末端污染之废气

挥发性有机物（volatile organic compounds，VOCs）是制药工业中最主要的大气污染物之一，制药工艺中往往需要采用有机溶剂对药品进行分离和提取，这些有机溶剂大部分都为 VOCs。具体来说，在生物发酵、化学合成，有机溶剂的运输、储存、使用和回收，产品提纯干燥及废水处理等过程中会产生各类 VOCs 等污染物。常含有烃类化合物、含氧有机化合物、含氮化合物、含硫化合物和卤素及衍生物等。研究检测表明，已经发现的人们凭嗅觉能感受到的 VOCs 物质有 4 000 余种，其中制药行业产生涉及上百种以上，这些 VOCs 不仅给人的感觉器官以刺激，使人感到不愉快和厌恶，而且大多具有毒性。制药行业涉及的有机溶剂的挥发性和毒性如表 15-2 所示。

表 15-2 制药行业使用的主要有机溶剂及其挥发性与毒性

名称	挥发性	毒性	名称	挥发性	毒性
丙酮	极易挥发	低毒	乙醚	极易挥发	麻醉性
乙酸乙酯	易挥发	低毒、麻醉性	二氯甲烷	极易挥发	低毒，麻醉性强
苯	易挥发	高毒，致癌	异丙醇	易挥发	微毒
甲苯	易挥发	低毒、麻醉性	乙腈	易挥发	中等毒性
二甲苯	易挥发	中等毒性	DMF	易挥发	低毒
甲醇	易挥发	中等毒性，麻醉性	环己烷	易挥发	低毒，中枢抑制
乙醇	易挥发	微毒，麻醉性	甲醛	易挥发	高毒，致癌
正丙醇	易挥发	低毒，刺激性	四氢呋喃	极易挥发	吸入微毒，经口低毒
三氯甲烷	易挥发	中等毒性，强麻醉性	三乙胺	易挥发	低毒，刺激性
苯胺	易挥发	中等毒性	二甲亚砜	易挥发	低毒

（一）不同类型制药行业的 VOCs 来源及特点

1. 发酵类制药行业 发酵类药物是通过微生物发酵的方法产生活性成分，然后经过分离、纯化、精制等得到的一类药物。发酵类药物是从抗生素的生产开始发展起来的，除抗生素外还包括维生素、氨基酸等。对于发酵类制药，VOCs 主要产生于有机溶剂的使用中，尤其对发酵之后的产品进行分离提纯的过程中产生的 VOCs 较多，而在发酵阶段还容易产生甲硫醇、甲硫醚等恶臭气体。

2. 化学合成类制药行业 化学合成类药物一般是指采用生物、化学方法制造的具有预防、治疗和调节机体功能及诊断作用的化学物质。化学合成类药物主要以化学原料为起始反应物，通过化学合成药物中间体，再对药物中间体结构进行改造和修饰，得到目的产物，然后经脱保护、精制、干燥等工序得到最终产品。所以，相比于其他类制药行业，VOCs 的产生除了提取过程使用的溶剂外，主要还来自一些化学原料和化学反应的药物中间体，故化学类制药行业产生的 VOCs 成分更加复杂，是治理和控制的难点。

3. 提取类制药行业 提取类药物是指运用物理、化学、生物化学方法，将生物体中起重要生理作用的各种基本物质经过提取、分离、纯化等手段制造出的药物。提取类制药企业废气中的 VOCs 主要来源于生产工艺中使用的有机溶剂，常用的有机溶剂为乙醇、丙酮。

4. 生物工程类制药行业 生物制药产生的大气污染物主要来自溶剂的使用，主要产生点在于瓶子洗涤、溶剂提取、多肽合成仪等的排风以及实验的排气、制剂过程中的药尘等。

5. 中药类制药行业 中药类制药行业是指以药用植物为主要原料，按照《中国药典》，生产中药饮片和中成药各种剂型产品的制药工业企业。中药饮片产生的废气主要是切制等工序产生的药物粉尘和炮制过程中产生的药烟，中成药产生的废气主要为二氧化硫、烟尘和粉尘，主要来自某些提取工段因煎煮而产生的锅炉烟气，药材粉碎等工序产生的药物粉尘，VOCs 的污染不大，主要来自提取阶段使用的有机溶剂（主要是乙醇）。

（二）典型的 VOCs 处理技术

VOCs 不仅来源十分广泛，而且组成成分也十分复杂，常见的挥发性有机化合物包括烃类、醇类、醚类等，即使对于同一物质，由于其风量、浓度的不同，所需的技术路线也不尽相同，因此，没有一种技术可以解决所有的 VOCs 问题。目前，VOCs 处理方法有数十种，其原理主要有回收有价值溶剂的回收技术和分解 VOCs 分子的破坏技术两大类，实际应用中更多采用组合式技术。比如通过采用浓缩和燃烧相结合的技术来处理低浓度、大流量的有机废气，进而降低设备的投资成本。

1. 吸附工艺技术 吸附剂通过物理结合的方式或化学反应的方式对有害物质进行吸附，进而达到净化废气的目的。该技术在有机废气浓度较低时使用具有较好的效果，但是不宜直接用该技术处理高浓度有机废气，可以在冷凝等方式处理后，再使用该技术对废气进行净化。在吸附过程中，吸附剂、设备、工艺、再生等都是其关键控制点。目前在 VOCs 净化过程中常用的吸附剂有无机和有机吸附剂两类，应选择有巨大的表面积、良好的选择性、较强的再生性、较好的热稳定性以及化学稳定性、较大的吸附容量等的吸附剂。

吸附法对有机废气的净化较为彻底。在不使用深冷、高压的手段下，可达到对有机成分回收利用的目的，且该方法无论是设备还是操作都比较简单，具有较高的自动化程度，不会造成二次污染。

2. 吸收工艺技术 将有机废气和吸收剂进行充分的接触，从而把废气中有害物质吸收出来，完成对废气的净化处理，采用物理吸收或者是化学反应的方式来完成。当完成有害物质的吸收之后，再通过解吸将吸收剂中的有害物质清除，从而实现对吸收剂的清洗，然后进行再生利用，较常用的吸收剂有酸性溶液、清水等。吸收工艺的优势是整个系统为闭路循环，除蒸气冷凝水外无废水、废液排放，蒸气冷凝水可考虑综合回收利用。

不论是吸附法还是吸收法都对处理 VOC 废气有很大的作用。吸附法与吸收法的区别在于过程中，吸收法会一种物质将另一种物质吸进体内与其融和或化合，吸附法不会。

3. 洗涤法工艺技术 把有机废气抽入带有喷淋系统的洗涤塔中，气体通过填料床后可以均匀、充分地与洗涤液进行接触，根据废气中有害物质的理化性质，可采用物理吸附的方式或化学反应的方式将污染物清除，从而使有机废气得到净化。除此之外，洗涤塔还有降温、除尘、除油的作用。清水、植物液、硫酸溶液、氢氧化钠溶液、次氯酸钠溶液等是洗涤法中常用的洗涤剂，其中清水洗涤和植物液洗涤主要利用了污染物在两种溶液中的溶解性，植物液中的一些基团也参与了有机物的化学反应。

4. 冷凝工艺技术 在不同温度以及压力下，气态的污染物具有不同的饱和度，冷凝工艺就是基于该原理，通过降低气态污染物的温度以及增加气态污染物的压力来完成有机物的凝结，最终进行净化回收。对于那些低流速、高浓度的废气，主要使用冷凝技术进行净化，对处理沸点大于 36.85℃、体积分数大于 0.005% 的废气特别有效。冷凝工艺在处理废气的过程中效率会受到温度以及压力的限制，所以处理效率比较低，故在实际应用中主要将其用于废气的预处理以及前级净化，处理后的气体还需要进一步处理才能排放，且回收的溶剂也不能直接利用，需要进一步的处理。

三、制药企业末端污染之废渣

固体废弃物常用的分类方法有以下几种：①按其组成可分为有机废弃物和无机废弃物；②按其形态分为固态、半固态和液(气)态废弃物；③按其污染特性可分为危险废弃物和一般废弃物；④按其来源分为城市生活垃圾、工业固体废物、矿业固体废弃物、危险废弃物和农林业固体废弃物；⑤按照 2020 年我国修订的《中华人民共和国固体废物污染环境防治法》，固体废弃物分为四大类：工业固体废弃物，生活垃圾，建筑垃圾、农业固体废物等，危险废弃物。制药废渣是在制药过程中产生的固体、半固体或浆状废物，是制药工业的主要污染源之一。制药废渣的来源很多，如活性炭脱色精制工序产生的废活性炭，铁粉还原工序产生的铁泥，锰粉氧化工序产生的锰泥，废水处理产生的污泥，以及蒸馏残渣、失活催化剂、过期的药品、不合格的中间体和产品等。

1. 物理处理法 物理处理法是通过浓缩或相变而改变制药废渣的结构，使其便于运输、贮存、利用和处置。主要包括压实、破碎、分选和脱水等，一般用于废渣的预处理。

2. 化学处理法 化学处理法是利用废渣中所含污染物的化学性质，通过化学方法将制药废渣中有害成分转化为无害物质的方法。化学处理法有氧化还原、中和、化学浸出、沉淀法等。对于富含毒性成分的残渣，需要进行解毒处理。

3. 热处理法 热处理是通过高温破坏和改变制药废渣的组成与内部结构，达到减小体积、无害化和综合利用的目的。热处理法有焚烧、热解、湿式氧化、焙烧和烧结等。

4. 固化处理法 指通过物理或化学法，将制药废渣固定或包含在坚固的固体中，以降低或消除有害成分逸出的技术。固化后的产物应具有良好的机械性能、抗渗透、抗浸出、抗干裂、抗冻裂等特性。根据废物的性质、形态和处理目的，固化技术有以下五种方法：水泥基固化法、石灰基固化法、热塑性材料固化法、高分子有机物聚合稳定法和玻璃基固化法。

5. 生物处理法 生物处理是以制药废渣中的可降解有机物为对象，使之转化为稳定产物、能源和其他有用物质的一种处理技术。常用的处理方法有好氧堆肥化、厌氧发酵等。

四、清洁生产与末端污染治理的关系

随着工业化进程的加速，末端治理的局限性也日益显露。首先，处理污染的设施投资大、运行费用高，使企业生产成本上升，经济效益下降；其次，末端治理往往不是彻底治理，而是污染物的转移，如烟气脱硫、除尘形成大量废渣，废水集中处理产生大量污泥等，所以不能根除污染；第三，末端治理未涉及资源的有效利用，不能制止自然资源的浪费。所以，要真正解决污染问题需要实施过程控制，减少污染的产生。

清洁生产推动了以环境保护为基础的绿色经济的蓬勃发展，清洁生产是实现可持续发展的必由之路，这就要求企业要通过提高生产效率改革生产工艺，使用对环境有益的原材料和能源，实现对环境和资源的保护。与传统的末端治理比较清洁生产有以下三个显著的特点。

（1）传统的末端治理往往采取“先污染、后治理”的方式，侧重的是“治”；清洁生产则采取预防为主的思想要求全过程控制和管理，即从产品设计、原材料的选择、采取的工艺、设备的改造、废物的利用等方面，控制污染物的产生和排放，侧重的是“防”。

（2）传统的末端治理采取的是以大量消耗资源和能源为代价来推动经济发展的粗放型增长方式，不仅产生很多环境问题，而且也会使经济难以保持持续健康增长。清洁生产则体现的是集约型的增长方式，要求在不破坏环境的前提下改变传统的粗放型经济发展方式。这就要求企业必须进行技术创新优化产业结构调整，整合资源配置，实现“节能、降耗、减污、增效”的目标。

（3）传统的末端治理往往对于治理污染的投入多、难度大、成本高，经济负担比较重且效益不明显。清洁生产注重实现生产全过程控制，使污染物最大限度消除在生产过程中，原材料和能源消耗降低的同时生产成本得以控制，体现环境效益与经济效益的统一。环境效益与经济效益相统一，是清洁生产与传统的末端治理的最大不同点。

尽管清洁生产有很多末端治理所不具有的优势，但对两者的使用上并不矛盾和排斥。污染的产生和排放与诸多因素有关，包括技术、工艺、设备、管理等，而有些行业受工艺、技术等限制，生产过程中或多或少都会产生一定的污染，产生的污染需要末端进行治理。因此末端治理是清洁生产的补充，是清洁生产的最后环节，两者相辅相成。

第四节　清洁制药分离生产案例

案例 15-1　中药制药工业废水综合处理技术实例

某公司从事中藏药的开发、研制和经营达三十余年，主要产品有乙肝健、虫草精、六味地黄丸、红景天胶囊等。藏药及天然药品生产过程主要包括净洗、润药、提取、浓缩、制丸及包装等工序，废水主要来源于生产废水和生活污水，生产废水来自提取车间、胶囊车间和片剂车间，主要为冲洗、洗涤用各种废液等，为间断性排水，日排放量约 $50m^3$，主要污染指标为重铬酸盐指数（chemical oxygen demand，CODCr）、5 天内耗氧微生物消耗的游离氧数量（biochemical oxygen demand，BOD_5）等；生活污水日排放量约 $30m^3$，主要污染指标为 SS、CODCr、BOD_5、NH_3-N、石油类。

问题：查阅文献资料，针对该藏药公司废水的特点，设计合理的废水处理方案。

寻找关键：根据废水主要污染物的成分及理化性质差异，找到适合的分离方法。

工艺设计：污水处理工艺如图 15-2 所示。

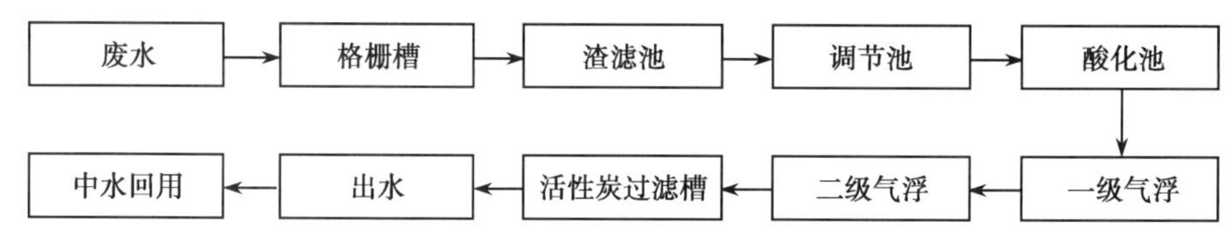

图 15-2　废水处理流程图

1. 预处理部分　预处理设备包括格栅槽、渣滤槽、调节池、酸化池。废水中的较大颗粒悬浮物和漂浮物经过格栅槽除去后，经渣滤槽强化过滤后进入调节池，进行废水水量的调节和水质均衡，把废水混合均匀，保证废水进入后续工序构筑物的水质和水量相对稳定。

2. 物化处理部分　采用两级加压溶气气浮装置，通过加入絮凝剂和助凝剂使废水中的溶解性污染物絮凝，形成细小的絮凝体。再经过活性炭过滤槽，通过过滤、吸附等原理对废水进一步处理，使废水得到处理，达到达标排放的目的，该公司污水处理站进、出口废水监测结果，如表 15-3 所示。

表 15-3　废水处理前后水质监测

检测项目	检测结果		处理效率 /%
	处理前	处理后	
BOD_5/（$mg \cdot L^{-1}$）	144	2	98.6
COD_{Cr}/（$mg \cdot L^{-1}$）	462	31.6	93.2
SS/（$mg \cdot L^{-1}$）	73.7	19.5	73.5
pH	7.22	7.5	—
NH_3-N/（$mg \cdot L^{-1}$）	16.0	2.25	85.9
石油类 /（$mg \cdot L^{-1}$）	1.56	0.55	64.7

3. 中水回用　经过处理后的水可以用于厂区绿化、锅炉除尘、冲洗车辆及厕所等非生活用水。

由于废水调节池管网曝气处理，再经絮凝气浮处理，对污泥处理减轻了许多负荷，黏附于污泥表面的游离水基本在污泥浓缩中分离，内部水较难分离，需要进一步处理，用板框污泥脱水机进行污泥脱水，并加入适量脱水剂使污泥脱水干燥，这样动力消耗少，操作方便，脱水效果好，经脱水后的泥饼，可外运用于施农田。

假设：若该企业新增了化学药物生产线，又该如何综合考虑各方面因素，实施清洁生产？

评价：①活性炭可除去废水中的有机物、胶体分子、微生物、痕量重金属等，并能脱色、除臭。②该工艺过程及设备比较简单，便于管理维修；有较大的灵活性、稳定性和可操作性。③废水总排口 SS、CODcr、BOD_5、NH_3-N、pH、石油类排放浓度符合 GB 8978—1996《污水综合排放标准》二级标准；废水处理设施对废水的处理效率较高，对 CODCr、BOD_5 的去除率分别为 93.2% 和 98.6%，对 SS、NH_3-N、石油类也有不同程度的处理效率。

案例 15-2　化学制药废渣处理实例

头孢噻肟钠是国内多家制药厂生产的新型头孢类抗生素药物之一，该药在生产过程中的酯化和缩合工段产生大量废渣，由于废渣中含有多种刺激性、腐蚀性、毒性成分，不仅污染环境，而且对人体健康造成严重损害。河北省某制药厂的头孢噻肟钠生产废渣中富含丰富的 2-硫醇基苯并噻唑和三苯基氧膦。

已知：2- 硫醇基苯并噻唑是一种橡胶通用型硫化促进剂，具有硫化促进作用快、硫化平坦性低以及混炼时无早期硫化等特点，广泛用于橡胶加工业，还可用于提取农药杀菌剂、切削油、石油防腐剂、润滑油的添加剂等。三苯基氧膦是一种中性配位体，在不同情况下，与稀土离子形成不同配比的络合物，可以用作药物中间体、催化剂、萃取剂等。废渣组成如表 15-4 所示。

表 15-4　废渣的组成

成分	质量分数 /%	成分	质量分数 /%
2- 巯基苯并噻唑	20.0	酯化产物	9.5
三苯基氧膦	10.0	二氯甲烷	8.1
硫甲基苯并噻唑	22.5	其他	29.9

问题：查阅资料，设计工艺对废渣中的 2- 巯基苯并噻唑和三苯基氧膦加以分离利用，以解决制药厂废渣处理难题，实现清洁生产。

寻找关键：根据废渣主要组分之间的理化性质差异，利用废渣中的 2- 巯基苯并噻唑和三苯基氧膦和其他组分在水中溶解性的不同进行分离。

工艺设计：2- 巯基苯并噻唑不溶于水，而其钠盐溶于水，利用 2- 巯基苯并噻唑的钠盐与废渣中其他组分在水中溶解度的不同进行分离，工艺流程如图 15-3 所示。

称取 50g 粉碎的头孢噻肟钠废渣于 400ml 烧杯中，室温下加入 NaOH 溶液（5%）调 pH 为 10，反应 2 小时后静置，减压抽滤，60～65℃下向滤液中加入 10% H_2SO_4（体积分数）至 pH 为 2～3，静置，过滤，得一次 2- 硫醇基苯并噻唑粗品，同法可得二次粗品，向二次粗品中加入适量丙酮，静置，过滤，向滤液中加入适量蒸馏水至 2- 巯基苯并噻唑完全结晶析出，减压抽滤，干燥得纯品。

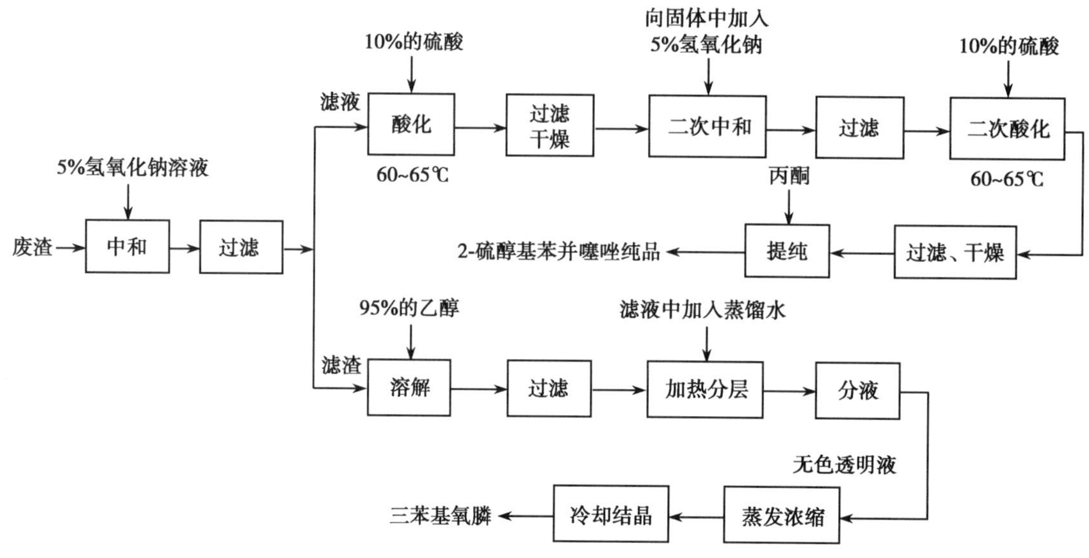

图 15-3　2- 巯基苯并噻唑和三苯基氧膦的提取工艺流程

加入质量分数为 95% 的乙醇于滤渣中，搅拌 2 小时后静置，过滤，滤液加入活性炭脱色，加入适量蒸馏水，加热至分层，上层为无色透明溶液，下层为红色油状物，趁热分液，上层清液旋转蒸发浓缩后，冷却结晶，减压抽滤，干燥得三苯基氧膦结晶。

假设：若该企业生产的抗生素药物分子呈碱性，其废渣该如何处理？

评价：①采用 5% 氢氧化钠溶液二次中和、10% 硫酸在 60～65℃酸化析出、丙酮提纯的方法回收制药废渣中的 2- 巯基苯并噻唑，其产率为 20.0%，通过气质联用仪测得其纯度为 99%。②用 95% 乙醇浸取、加热分层、趁热分液、旋转蒸发浓缩的方法提取三苯基氧膦，其产率为 10.0%，通过气质联用仪测得其纯度为 99%。

学习思考题

1. 结合案例 15-1，分析讨论制药废水的特点。
2. 为什么制药废水的处理难度大，制药废水处理回收技术未来该如何发展？
3. 抗生素生产中，除了上述对废渣的处理之外，还可以通过哪些环节实施清洁生产？
4. 从清洁生产的角度，比较抗生素与普通药物生产过程中的异同。
5. 人类污染控制策略经历了哪些不同的阶段？
6. 清洁生产的意义和目标是什么？
7. 如何实现与制药分离过程有关的工艺的清洁生产？
8. 制药企业的三废都有哪些，各自的特征是什么，如何进行治理？
9. 末端治理有什么局限性，与清洁生产的关系是什么？如何实施制药工业全过程控制以减少污染？

ER15-2　第十五章　目标测试

（向皞月　陈万仁）

参考文献

[1] 苏荣军，郭鸿亮，夏至，等. 清洁生产理论与审核实践. 北京：化学工业出版社，2019.

[2] 陈甫雪. 制药过程安全与环保. 北京：化学工业出版社，2017.

[3] 王渭军. 制药企业废气处理. 低碳世界，2017(17)：13-14.

[4] 郭立玮. 制药分离工程. 北京：人民卫生出版社，2014.

[5] 徐世杰. 试论制药企业废气治理技术及应用. 黑龙江科技信息，2011(18)：28.

[6] 杨永杰. 环境保护与清洁生产. 北京：化学工业出版社，2002.

[7] 彭庆彦，李淑英，郝德祥. 清洁生产是控制环境污染的有效途径. 北方环境，2004(3)：75-77.

[8] 刘颖辉. "末端治理"和"清洁生产". 中国环保产业，2002(6)：11-12.

[9] 刘清，吕航. 末端处理和清洁生产的比较评述. 环境污染与防治，2000(4)，22：34-35.

实训　阿托伐他汀中间体 M4 的制备

阿托伐他汀是一种降血脂药，其作用机理是作为一种 HMG-CoA 还原酶的选择性抑制剂，通过抑制 HMG-CoA 还原酶和胆固醇在肝脏的生物合成而降低血浆胆固醇和脂蛋白水平。主要适应证有原发性高胆固醇血症、混合性高脂血症以及纯合子家族性高胆固醇血症，是目前全球处方用量最多的胆固醇药物之一。

阿托伐他汀的重要中间体，4- 氟 -a-［2- 甲基 -1- 氧丙基］-γ- 氧代 -*N*, *β*- 二苯基苯丁酰胺（M4），其化学结构为：

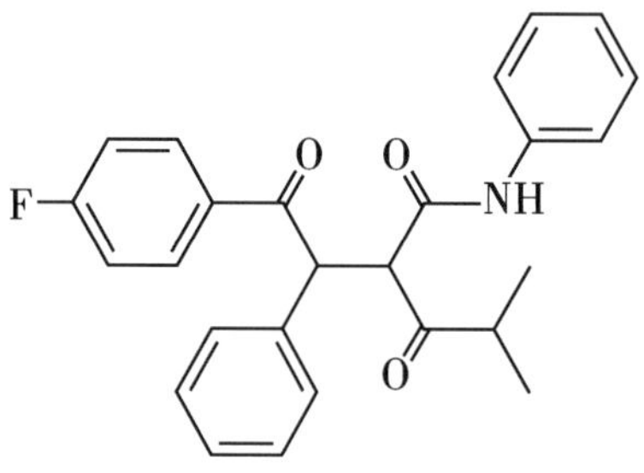

制备路线如下：

【产品的合成】 以异丁酰氯为原料，先合成异丁酰乙酸甲酯，再合成异丁酰乙酰苯胺（M2）。然后，苯乙酰氯与氟苯经傅克反应和溴代反应得到 α- 溴 -4- 氟苯基苯乙酮，以乙醇为溶剂，碳酸钾为催化剂，与异丁酰乙酰苯胺缩合得到 4- 氟 -a-［2- 甲基 -1- 氧丙基］-γ- 氧代 -*N*, *β*- 二苯基苯丁酰胺。

【产品的分离】 反应完成后，向反应液中加入二氯甲烷，升温使产品溶解，离心分离，滤饼用二氯甲烷漂洗，离心至干，滤液转入浓缩釜中，进行减压精馏，回收乙醇和二氯甲烷。蒸馏结束后，对浓缩釜中的物料进行降温冷却，结晶，离心，滤饼用乙醇漂洗，离心至干，得湿品。将湿品转移至双锥回转干燥机中，减压干燥，得到干品。

阿托伐他汀中间体 M4 的制备（视频）

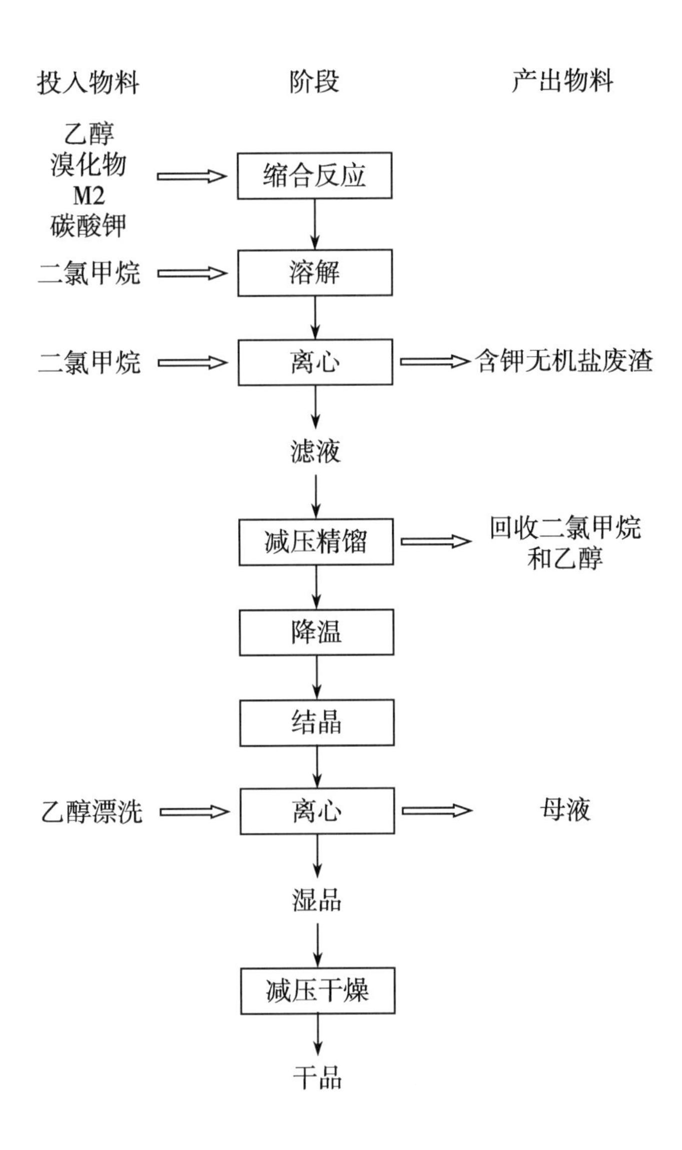
投入物料
阶段
产出物料
乙醇
溴化物
M2
碳酸钾
缩合反应
二氯甲烷
溶解
二氯甲烷
离心
含钾无机盐废渣
滤液
减压精馏
回收二氯甲烷
和乙醇
降温
结晶
乙醇漂洗
离心
母液
湿品
减压干燥
干品

索 引

A

B

C

D

E

F

G

H

J

K

L

M

N

P

Q

R

S

T

W

X

Y

Z